JN190004

Made in
TSUBAME

メイド・イン・ツバメ

金属製品の中小企業集積で世界に羽ばたく新潟県燕市

関満博

新評論

飛燕 世界を翔る

金属の都・新潟県燕市の現場から

上：金属の新たな世界を拓くSUS，鮮やかに着色されたチタン製真空タンブラー▶p.177

中央：洋食器のトップメーカー小林工業のカトラリーブランド「ラッキーウッド」（写真提供：小林工業）▶p.210

左上：器物一筋・玉虎堂製作所のステンレス製ケトル▶p.235／左中：切削加工のエキスパート小林鉄工は小ロットの難しい注文にも対応，若者を引き寄せる魅力的な職場▶p.406／左下：「GLOBAL」ブランドで世界的評価を受ける吉田金属工業のオールステンレス包丁▶p.170

現在の大河津分水取水口。分水が大正 11 年に初通水した際の取水口も残されているが，今は使われていない▶p.35

世界の食卓を支え続けて

① 最も歴史ある洋食器メーカー燕物産，日本で初めて製造されたカトラリー（写真提供：燕物産）▶p.203
② 洋食器の老舗・山崎金属工業のショールームに並ぶ美しい品々▶p.207
③ 建築金物も手がける大泉物産，デンマークの著名デザイナーオーレ・パルスビーとのコラボで「ICHI」ブランドのカトラリーを生産▶p.229
④ バフ研磨専業から洋食器生産へ転身した片力商事，仕上げの研磨はお手のもの▶p.368

⑤ 家庭用品の世界的企業サーモスの新潟事業所で開発された世界初のステンレス製魔法瓶▶p.292
⑥ 全国でも数少ない高級銅製厨房用品メーカー丸新銅器のさわり鍋（和菓子用の餡などを煮るのに使われる）▶p.144
⑦ チタンの発色技術で世界の注目を集めるホリエ。ヒット商品のビアカップを着色液槽から引き上げたところ▶p.180
⑧ 国内唯一の高級銀製テーブルウェア企業・早川器物のショールームに陳列されたまばゆい銀食器の数々▶p.140
⑨ 燕の洋食器産業を支えてきた日本金属洋食器工業組合。1964年竣工の会館（写真提供：日本金属洋食器工業組合）▶p.541

① 200年超の歴史をもつ鎚起銅器工房・玉川堂。手仕事の成形過程▶p.130

② 2010年人間国宝に認定された玉川宣夫氏の作品

③ 玉川堂の薬罐やポットは海外からの引き合いも多い

④ プロ向け理美容用ハサミの領域でレジェンド的存在となっているシゲル工業。裁ちバサミや医療用ハサミ，フードプロセッサーの刃など多彩な製品を生産してきたが，現在の主力は理美容関連。後継者にも恵まれた▶p.154

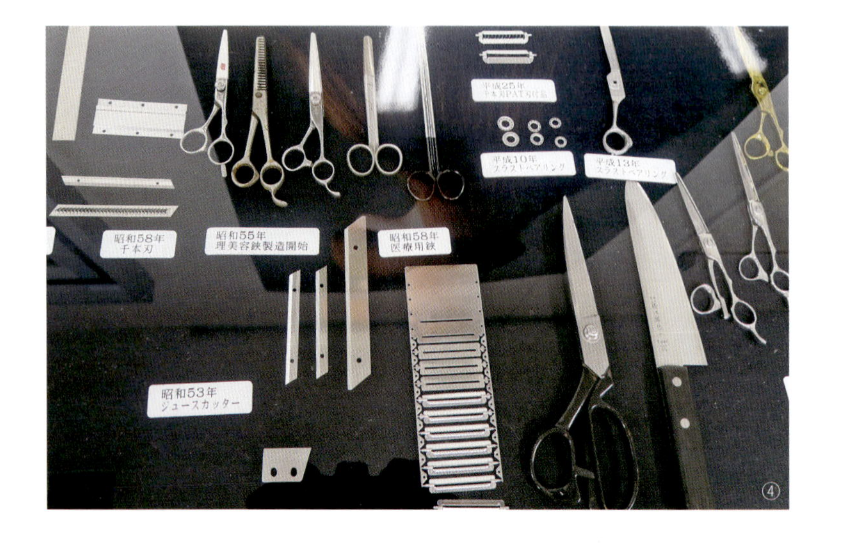

世界を唸らせる伝統と革新の技

その担い手たちの真心と誇り

⑤ 全国屈指の刃物メーカー藤次郎の包丁は切れ味抜群，海外需要も好調な伸び▶p.135

⑥ 洋食器生産の先駆的存在の一つ・荒澤製作所の作業現場。熟練の技でナイフの刃先を磨く▶p.214

⑦ 三宝産業はテーブルウェア・メーカーの代表格。アイスクリーム・ディッシャーの検品の様子▶p.238

⑧ ステンレス製製菓用具で独自の存在感を示す杉安製作所。菓子作りだけでなく弁当作りでも活躍する抜き型▶p.254

⑨ 洋食器からファブレスの生活雑貨に転換した青芳。高齢者や障害者も食事を楽しめるようにと，形状記憶樹脂を使ったカトラリー「Will」シリーズを開発▶p.220

①　三和機販，コップや魔法瓶の成形を行うスピニング機▶p.456
②　製缶・鈑金加工の丸田工業，若い後継者が修業中▶p.444
③　特殊技能「へら絞り」のミノル製作所，若い経営者が職人の養成にも取り組む▶p.459
④　海外展開にも意欲的なステンレス圧延の久保田伸銅所，6段冷間圧延の様子▶p.525
⑤　富士通フロンテック新潟工場で生産されている航空機の主翼リブ▶p.285
⑥　複雑な造形が可能なロストワックスを専業とする新潟精密鋳造の現場▶p.462
⑦　自動旋盤を駆使して精密な部品等を製作する和田挽物。デザイナーやクリエーターとのコラボが増えてきた▶p.399
⑧　旋盤加工専門のイワセ，高精度を要求される機械部品▶p.403
⑨　溶接から鈑金，機械加工まで手がけるゴトウ熔接，現場は女性が多い▶p.468
⑩　東日本最大の鋼材商社・藤田金屬の燕支店は洋食器生産に欠かせないステンレス薄板のコイルセンター▶p.521
⑪　食品・医療・福祉に向かうステンレス精密鈑金の大倉製作所，仕上げの工程▶p.438
⑫　カチオン電着塗装で存在感を高める山忠の塗装ライン▶p.475
⑬　県内最大の真空熱処理企業ヤナギダ，製品を炉に投入する準備▶p.388
⑭　燕・三条エリア唯一の電炉メーカー三星金属工業，完成した鉄筋用の棒鋼▶p.282

思いと技術が結集した
複合金属製品・
複合金属加工基地の今

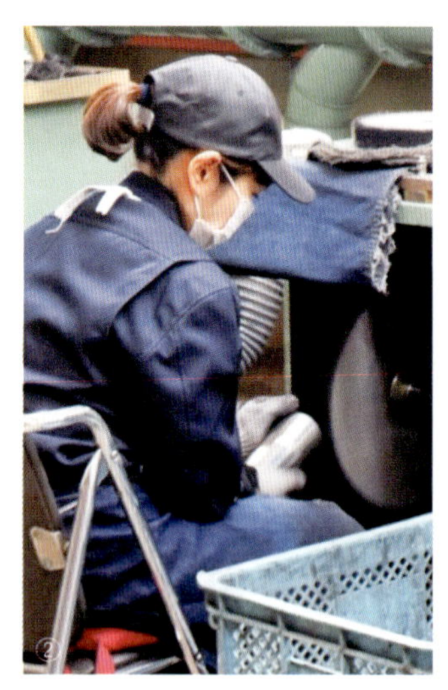

製品を　まちの未來を
磨き上げる
光り輝くまで

① 手磨き鏡面加工の今井技巧，機械向け・超精密ナノの世界に挑む▶p.361

② 金属研磨技能者の育成機関・燕市磨き屋一番館では若者たちが実習に励む▶p.551

③ 伝統的なバフ研磨を究める山﨑研磨工業，後継者を期待される長男は2007年に家業に入った▶p.351，659

④ 電解研磨とアルマイト加工をリードする増田化学工業の製品▶p.375

⑤ 2人の工学博士を擁し新たな地平に挑む中野科学，ステンレス板に着色した製品▶p.372

はじめに

私が新潟県燕市を初めて訪れたのは、プラザ合意（1985年9月22日）のほぼ1年後の1986年9月27日のことであった。当時、私は東京都労働経済局の東京都商工指導所という中小企業の経営指導機関に所属し、東京都内の中小企業の経営診断指導、地域産業調査、工業団地の計画等に携わっていた。プラザ合意以降の急激な円高の影響は大きく、輸出型地場産業は厳しい状況に追い込まれていた。1971年のニクソンショック以来、「円高ドル安」が進んでいたのだが、プラザ合意以降の円高は圧倒的であり、全国の輸出型地場産業は大きな構造転換を余儀なくされていく。

この円高の際に、マスコミが常に真っ先に報道したのが、スプーン、フォーク、ナイフなどステンレス製洋食器の対米輸出産地として名をはせていた燕であった。円高の影響が最も大きい産地として注目されていた。当時、「ツバメが泣けば、補助金がおりる」ともいわれていた。

東京都の職員であった私が燕に向かったのは、長岡テクノポリス開発機構（その後の信濃川テクノポリス開発機構、現にいがた産業創造機構［NICO］）と燕市新産業誘致開発機構（現燕三条地場産業振興センター）の要請を受けてのことであった。JR上野駅まで延伸されていた上越新幹線に初めて乗り、夕方、田園の中にポツリと建っていた燕三条駅に降り立った。宿泊は中ノ口川を渡った河畔の「ホテル三條屋」、他に宿泊施設はみえなかった。早速、若い友人と2人で外に出かけたのだが、いくら探しても居酒屋はなかった。翌9月28日の夕方、三条市役所を訪れた折、職員の方から「燕に居酒屋やバー、スナックはありません。三条には800軒ほどあります」といわれた。「燕は職人の町、三条は商人の町」とは聞いていたが、その夜の三条の飲食街の華やかさで納得できた。

その時は、燕と三条の中小企業を数社ずつまわり、対米輸出型地場産業の燕、三条の置かれている状況を確認できた。以来、燕の中小企業との付き合いが生まれ、継続的に現地訪問を重ねていった。特に1990年代初めの頃は、当時の日本金属洋食器工業組合理事長の青柳芳郎氏（1925［大正14］年生まれ）と現燕副市長（当時燕市商工課職員）の南波瑞夫氏（1954年生まれ）との交流を深め、燕の産業、中小企業のあり方について議論する機会が多かった。青柳氏の「これまでの燕は洋食器の単一製品産地であったが、これからは皆が独自な方向を向く複合金属製品産地になる」という見識には深く感銘を覚えた。

以後、燕の中小企業はステンレス技術をベースに各中小企業が独自な方向に向かい、かつての基幹的な存在であった洋食器の比重は、現在では燕製造業全体の数％程度となり、多様な金属製品・加工技術による世界的な複合金属製品産地の形成に向かっている。かつて全国300とも500ともいわれた地場産業は縮小、ないしは消滅している場合が多いのだが、燕はひとり甦り、新たな可能性に向かっていった。燕の現状は「日本の地場産業の奇跡」というべきではないかと思う。

燕の産業史を振り返ると、信濃川の氾濫に悩まされていた江戸初期の頃、出雲崎代官が疲弊する燕の人びとに和釘の技術を伝えたところから始まるとされる。その後、江戸中期には銅器、煙管、ヤスリ、矢立などの金属加工技術が導入され、和釘を中心にした金属製品産地を形成していった。ただし、明治中期頃になると、和釘は洋釘に席巻され、煙管は紙巻タバコ、矢立は万年筆に置き換えられていく。その間、軍需工業化の中でヤスリが基幹的な産業になった時期もあった。

そして、最大の転換点となったのは第1次世界大戦（1914［大正3］～1918［大正7］年）であり、戦場になったヨーロッパでは必需品の洋食器の生産ができなくなり、その代替地として日本、そして燕に白羽の矢が立った。そのような要請に対し、企業家精神旺盛な燕の人びとは果敢に取り組み、その後の基幹的な産業に育てていった。

第2次世界大戦後は占領軍向けの特需、1950年に勃発した朝鮮戦争特需と続き、戦時の銅価格の高騰を背景に真鍮製からステンレス製に一気に転換していった。1950年代中頃以降は円安構造の中で対米輸出を急拡大させ、早くも1957年の頃からわが国初の日米経済貿易摩擦に直面していく。これに対し、燕では輸出自主規制という枠組みを作り上げていった。この輸出自主規制の仕組みは、その後の1970年代から続く、繊維、カラーTV、半導体、工作機械、自動車等の日米経済摩擦の際の対応の基本的なスキームとなっていく。

1971年のニクソンショック以降は円高に苦しんだが、1985年のプラザ合意以降の円高はそれをはるかに凌ぐ圧倒的なものであり、燕の洋食器の対米輸出はこれでほぼ消滅した。以後、燕は「泣かないツバメ」「ツバメ返し」として、従来のステンレス製洋食器の単一製品産地から、ステンレスをめぐる多様な技術を基軸に各社が独自な方向に向かうという複合金属製品・加工地域に向かっていった。

それから30年、他の多くの地場産業は縮小、消滅していったが、燕はひとり個性的な製品展開を進める世界的な複合金属製品産地、多様な金属加工の複合加工基地として甦っていく。

この間、人口4万人強の旧燕市の範囲で、ピーク時でみると、製造業の事業所数は3167（1973年）、従業者数は1万9067人（1972年）、製造品出荷額等は2372億円（1991年）を数える中小企業による一大生産地を形成していた。このうち、基幹の金属洋食器製造業は、482事業所（1977年）、従業者6126人（1967年）と、各々製造業全体の15.8%、36.0%を占めた。そして、洋食器産業の最後のピークとされた1995年には、関連を含めた燕の金属製品製造業は、事業所数1919（製造業全体の76.3%）、従業者数8492人（61.7%）、製造品出荷額等993億2400万円（50.4%）を占めていた。

そして、その後はかつての基幹であった洋食器部門は縮小し、金属洋食器製造業は、吉田町、分水町と合併後の2016年（従業者4人以上規模）には事業所数45（製造業全体の6.4%）、従業者数719人（4.3%）、製造品出荷額等110億8400万円（2.5%）となっている。反面、2016年の燕の金属製品製造業を含む機械金属工業（7業種）は、事業所数で592（製造業全体の84.7%）、従業者数1万4396人（86.3%）、製造品出荷額等3858億5800万円（88.7%）と、全国でも突出した機械金属製造業の集積する中小都市を形成している。

このようなデータを基礎に、燕の具体的な中小企業に入っていくと、機械金属系、特に金属製品の領域で実に多様な製品が生み出されていること、また、金属加工部門の拡がりが痛感される。1990年代の中頃にイメージされていた複合金属製品産地、多様な複合加工基地がかなりの程度実現されているようにみえる。かつての洋食器単一の時代には低価格量産の中級品の対米輸出が基本であったのだが、現在では全ての金属製品の領域において、アジア、中国製とは差別化された高級化、高品質化が進められ、日本国内からヨーロッパ等の先進国地域で受け止められるものになりつつある。

また、加工部門に関しても、かつては洋食器向けが圧倒的に多かったのだが、現在は加工領域が拡がり、さらに各部門で特殊化、独自化され、受注先は全国に向けられている。むしろ、燕の金属加工部門は縮小している日本の加工部門の中でひとり拡充強化しているようにみえる。中には、アジア、中国に生産・加工拠点を形成し、あるいは世界からの加工依頼に応えようとする中小企業も生まれてきている。まさに、複合金属製品産地・複合加工基地ということができそうである。

ただし、課題がないわけではない。一つは人材に関する点であり、事業承継の問題、また、基幹的な加工部門の一つである研磨部門における縮小、職人の高齢化が指摘されている。さらに、もう一つは、この30年の努力で金属製品の多くの部門で国内シェア80〜100%を誇るようになったトップ企業も少なくないが、人口減少過程にある日本の場合、既存の市場は確実に縮小していく。これまでの日本では、そのようなシェアトップになると縮小するという経験をしたことがない。中小企業がそれを突破していくためには、人口減少、高齢化という環境を受け止めた新たなあり方、新たな事業部門への取り組み、あるいは海外市場の開拓が必要となる。それは、成熟した豊かな先進国日本の中小企業の先駆的な取組みとなろう。燕の複合金属製品産地化、多様な加工部門の集積の次の課題は、そのようなところにありそうである。

振り返ると、私が燕に降り立って3分の1世紀となる。訪問も50回を超えた。20年前の1998年には若い研究者たちと『変貌する地場産業——複合金属製品産地に向かう“燕”』（新評論刊）という小著を公刊したこともある。この間、日本の置かれている条件は相当に変わり、日本の地場産業をめぐる議論は下火になりつつあるようだが、問題として消滅したわけではない。戦後、低価格量産によって一時代を謳歌し、それぞれの地域を支えてきた地場産業、地域産業が、新たな時代にどのようなものになるのかが今こそ問われている。燕はそのような問題を考えるにあたり興味深い示唆を与えることになろう。

燕との付き合いが30年余を超え、古希を過ぎた私は、複合金属製品産地・複合加工基地となってきた燕の、その「これまでと現在」、そして「未来」を語る必要性を痛感、総合的な研究を進めることにした。2016年4月頃から準備を重ね、燕市役所をはじめ、業界の方々の支援をいただき、2018年春から本格的に企業訪問等を重ねた。当初、60～70社程度と考えていたのだが、訪問を重ねるほどに採り上げたい中小企業が増え、2019年7月まで、最終的には114企業の訪問となった。それは新たな発見の日々でもあった。

「地場産業の歴史は、事業転換の歴史」とされるが、燕はその典型であり、人びとの企業家精神の旺盛さが、そのような可能性を生み出している。何度もお邪魔している企業から、初めて訪問した企業のいずれもが、新たな可能性に向かって一歩踏み込んだ取組みを重ねていた。また、若い経営者、後継者が多いことも目を惹いた。彼らは意欲的に新たな可能性に向かっていた。このような人びとが日本の地域産業、モノづくり産業の未来を切り拓いていくのであろう。そのような認識を得る日々であった。

本書は調査から刊行に至るまで、登場していただいた企業の方々に加え、多くの関係する人びとの支援をいただいた。特に、鈴木力燕市長、南波瑞夫副市長、小澤元樹産業振興部長、遠藤一真商工振興課長、柳原久人課長補佐、髙橋裕貴係長、佐藤雅之主任、中野淳主任、永井美帆主事には、企業の紹介、資料の提供等でたいへんにお世話になった。深く感謝を申し上げたい。

また、編集の労をとっていただいた新評論の山田洋氏、吉住亜矢さんに、深くお礼を申し上げたい。まことに、ありがとうございました。

2019年8月3日

関　満博

目 次

メイド・イン・ツバメ

――金属製品の中小企業集積で世界に羽ばたく新潟県燕市――

関　満博

付図　燕市の概念図

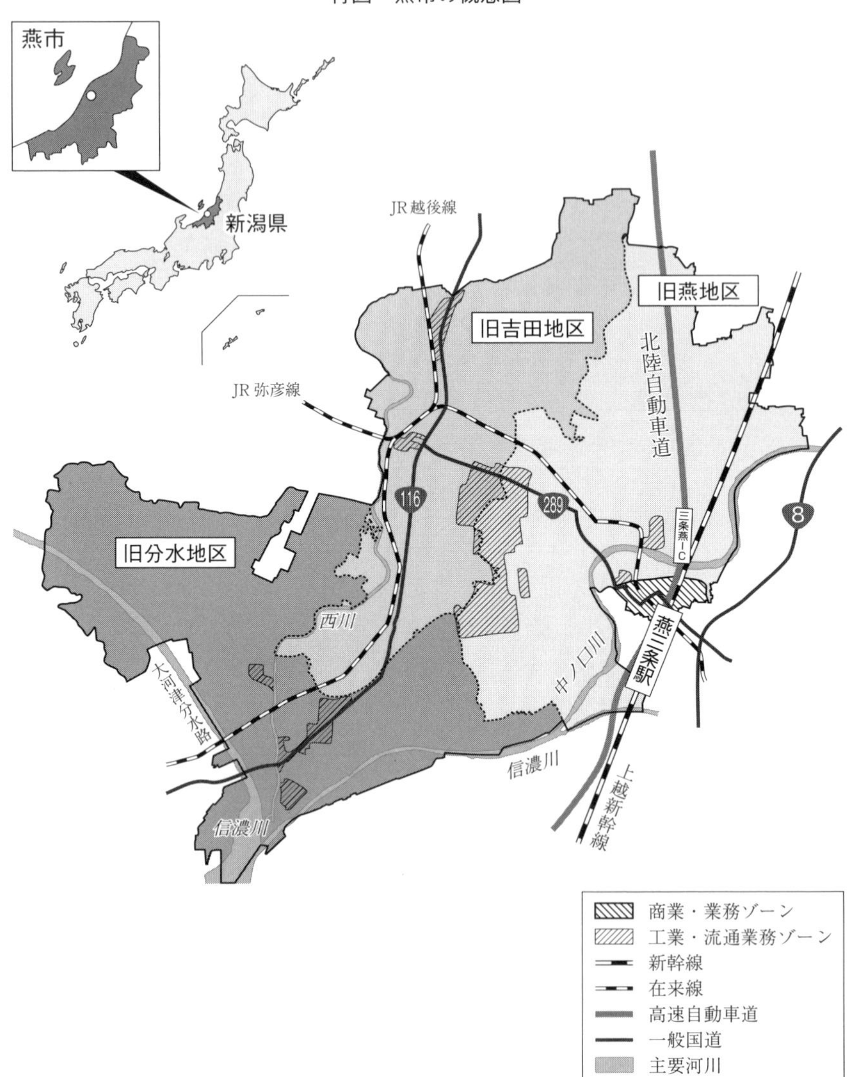

資料：燕市

付表　本書で採り上げた企業の概要

章節項	企業名	地域	創業年	業種等	社長	後継	従業者	海外工場、その他
3-1-1	玉川堂	燕	1816	鎚起銅器	7代	—	28	東京直営店
3-1-2	藤次郎	燕、吉田	1953	刃物	2代	男	105	ドイツ出張所
3-1-3	早川器物	燕	1948	器物、純銀、洋白	2代	男	30	
3-1-4	丸新銅器	燕	1946	業務用銅製厨房用品	4代	男	11	
3-1-5	柄沢ヤスリ	燕	1939	ヤスリ製造	2代	なし	12	女性社長
3-1-6	大岩彫金	燕	1975	金属彫刻	初代	なし	1	
3-1-7	シゲル工業	吉田	1959	理美容用ハサミ	2代	—	40	
3-2-1	遠藤製作所	燕	1947	ゴルフクラブ	5代	—	140	タイ3工場
3-2-2	遠藤工業	燕	1914	荷役機器	3代	男	195	各国に代理店、インドに販社
3-2-3	和田ステンレス工業	吉田	1934	業務用ビール樽	3代	未定	120	
3-2-4	吉田金属工業	吉田	1954	ステンレス包丁	5代	—	104	輸出80%、東京直営店
3-2-5	新越ワークス	燕、新潟	1963	金網、アウトドア製品	2代	男	119	
3-2-6	SUS	燕	1965	真空ボトル	3代	—	68	東京直営店
3-2-7	ホリエ	燕	1984	チタンの発色	2代	男	32	ニューヨーク支社
3-2-8	エビス	吉田	1970	水平器	4代	—	40	
3-2-9	ツノダ	燕、吉田、三条	1964	工具	2代	男	95	タイ工場
3-2-10	エンテック	燕	1951	プラ製食器	2代	男	35	
3-2-11	曙産業	燕	1957	プラスチック製品	2代	男	100	
4-1-1	燕物産	燕	1751	洋食器	10代	男	53	東京支店
4-1-2	山崎金属工業	燕	1919	洋食器、鋼材卸	3代	男	50	ニューヨーク法人
4-1-3	小林工業	燕	1868	洋食器	5代	男	52	
4-1-4	荒澤製作所	燕	1923	洋食器	4代	男	12	
4-1-5	サクライ	燕	1946	洋食器	3代	未定	38	
4-1-6	青芳	燕	1955	テーブルウェア	2代	—	33	上海法人
4-1-7	燕振興工業	燕	1919	カーブミラー、洋食器	3代	男	63	
4-1-8	大泉物産	燕	1943	洋食器、建築金物	4代	—	32	

4-1-9	佐藤金属興業	燕	1976	洋食器、問屋	2 代	—	20	
4-2-1	玉虎堂製作所	燕	1919	器物	4 代	—	30	
4-2-2	三宝産業	燕	1912	テーブルウェア	3 代	男	120	
4-2-3	イケダ	燕	1964	器物	2 代	未定	26	
4-2-4	本間製作所	燕、新潟	1951	器物	3 代	—	56	
4-2-5	日本メタルワークス	燕	1959	器物	2 代	—	17	
4-2-6	燕器工	燕	1953	アウトドア用品等	2 代	男	18	
4-2-7	杉安製作所	吉田	戦前	製菓用具	3 代	女	12	
4-2-8	田辺金具	燕	1955	仏壇金具、金型	4 代	—	67	
4-2-9	タケコシ	燕	1966	プレス加工、器物	2 代	—	13	
4-2-10	サミット工業	燕	1919	鉄製鍋	3 代	—	30	海外輸出開始
5-1-1	北越工業	吉田	1938	コンプレッサ	—	—	550	上海、アメリカ工場
5-1-2	ツインバード工業	吉田	1951	家電製品	3 代	—	300	香港法人
5-1-3	三星金属工業	燕	1951	鉄筋用棒鋼	—	—	220	日本製鉄系、合同製鐵の子会社
5-1-4	富士通フロンテック	吉田	1940	ATM	—	—	417	本社東京、フィリピン工場
5-1-5	パナソニック・ライティング事業部	分水	1973	照明器具	—	—	1,223	旧松下電工分水工場
5-1-6	サーモス	吉田	1980	ステンレス製魔法瓶	—	—	140	世界 15 カ国に関連会社
5-1-7	新潟ダイヤモンド電子	吉田	1987	電子制御機器	—	—	260	親会社大阪、世界 10 カ国に工場
5-1-8	シンワ測定	燕、三条	1971	測定器具等	2 代	—	110	本社三条、中国工場、国内営業所
5-2-1	柴山機械	燕	1964	産業用機械	4 代	男	40	
5-2-2	ダイワメカニック	燕	1984	専用機製作	初代	未定	32	
5-2-3	テック・エンジニアリング	燕	1989	専用機製作	初代	男	32	
5-2-4	ハセガワマシーナリ	燕	1989	専用機製作	初代	男	15	
5-2-5	フジイコーポレーション	燕	1865	除雪機、農機	5 代	—	142	燕市内 3 事業所
5-2-6	ホクエツ	燕	1973	小型農業機械	2 代	—	70	国内営業所 10 カ所
5-2-7	吉田工業	吉田	1980	集塵装置	2 代	—	24	エンジニアリング企業
5-3-1	齋藤金型製作所	燕	1955	プラスチック金型	2 代	男	50	埼玉駐在事務所
5-3-2	武田金型製作所	燕	1978	プレス金型、マグネ製品	初代	—	18	マグネ製品の販社
5-3-3	清和モールド	燕	1986	プラスチック金型	2 代	男	29	養鶏場保有

5-3-4	エーワン・プリス	燕	1981	プレス金型	2代	男	10	
5-3-5	新武	燕	1972	プレス金型	2代	—	8	
6-1-1	山崎研磨工業	燕	1954	バフ研磨	2代	男	3	
6-1-2	徳吉工業	燕	1969	バレル研磨	2代	男	4	
6-1-3	東商技研工業	分水	1970	バレル研磨	2代	—	24	
6-1-4	今井技巧	吉田	1926	鏡面加工	4代	—	16	
6-1-5	富所バフ	燕	1991	バフの生産	2代	男	4	
6-1-6	片力商事	燕	1958	バフ研磨、産地問屋	2代	—	30	
6-2-1	中野科学	燕	1956	表面処理	2代	男	31	
6-2-2	増田化学工業	吉田	1960	電解研磨、アルマイト加工	3代	—	29	
6-2-3	広一化学工業	燕	1952	電解研磨、サンドブラスト	2代	—	17	
6-2-4	高秋化学	燕	1931	メッキ	4代	—	21	
6-2-5	スワオメッキ	燕	1987	金銀メッキ	初代	男	17	
6-2-6	ヤナギダ	吉田	1947	熱処理	3代	男	10	
7-1-1	長谷川挽物製作所	燕	1952	切削加工	3代	男	44	
7-1-2	和田挽物	燕	1981	切削加工	2代	男	21	
7-1-3	イワセ	吉田	1964	旋盤加工	2代	—	9	
7-1-4	小林鉄工	吉田	1961	切削加工	2代	男	30	角モノ、丸モノ
7-1-5	小林鐵工所	燕	1966	切削加工、専用機	2代	男	7	角モノ、丸モノ
7-1-6	阿部鉄工所	燕	1962	機械修理、改造	2代	男	12	
7-2-1	柳田製作所	吉田	1947	レーザー加工	3代	未定	94	
7-2-2	エステーリンク	分水	1973	鈑金加工、自社製品	初代	男	70	バリ取り機
7-2-3	アベキン	燕	1947	鈑金加工、ステンレス家具	3代	—	60	2社M&A
7-2-4	エスシービー	吉田	1993	鈑金加工	2代	—	48	
7-2-5	熊倉シャーリング	燕	1970	鈑金加工	2代	—	42	
7-2-6	阿部工業	分水	1973	鈑金加工	2代	—	42	
7-2-7	大倉製作所	分水	1977	鈑金加工	2代	—	14	
7-2-8	スワロー工業	燕	1945	屋根材、太陽光架台	3代	—	80	

7-2-9	丸田工業	燕	1945	製缶・鈑金	2代	男	6	
7-2-10	関川工業	吉田	1962	プレス加工	2代	男	7	器物メーカーをＭ＆Ａ
7-2-11	協立工業	燕	1962	プレス加工	4代	—	50	星野金型をＭ＆Ａ
7-3-1	三和機販	燕	1982	スピニング加工	2代	未定	5	
7-3-2	ミノル製作所	燕	2017	へら絞り、スピニング	初代	—	7	
7-3-3	新潟精密鋳造	分水	1973	ロストワックス鋳造	初代	男	50	
7-3-4	新興	燕	1947	製缶、鉄道車両部品	4代	男	48	
7-3-5	ゴトウ熔接	吉田	1968	溶接、鈑金	2代	—	30	
7-3-6	本間産業	燕	1979	洗浄	初代	男	14	
7-3-7	山忠	吉田	1989	カチオン電着塗装	2代	男	96	
7-3-8	新潟合成	燕	1955頃	プラスチック射出成形	2代	男	10	
7-3-9	ワイテック	分水	1999	電子部品組立等	2代	—	30	
7-3-10	志田塗料店	燕	1955	塗料販売	2代	男	13	新潟支店
8-1-1	丸山ステンレス	燕	1961	産地問屋	2代	—	9	
8-1-2	遠藤商事	燕	1951	産地問屋	3代	—	302	
8-1-3	江部松商事	燕	1937	産地問屋	3代	—	170	
8-1-4	和平フレイズ	燕	1951	産地問屋	2代	男	340	上海法人、韓国法人
8-1-5	エコー金属	燕	1978	産地問屋	初代	男	137	100円ショップ専門
8-1-6	エムテートリマツ	燕	1937	産地問屋	3代	—	83	
8-2-1	吉川金属	吉田	1946	鋼材卸	3代	—	80	東京営業所
8-2-2	明道メタル	燕	1899	ステンレス薄板圧延	—	—	200	燕創業、現サムソン物産の傘下
8-2-3	藤田金屬燕支店	燕	1891	鋼材卸	4代	—	45	燕創業、現本社新潟市
8-2-4	久保田伸銅所	燕、吉田	1951	ステンレス圧延	2代	—	23	
8-2-5	ほしゆう	吉田	1957	紙加工品、パッケージ	3代	—	116	東京、秋田営業所
8-2-6	森井紙器工業	吉田	1919	ダンボール製造	4代	男	180	香港、深圳営業所
8-2-7	中越運送燕ロジスティクスセンター	燕	1951	物流	—	—	105	加茂で創業、現本社新潟市
8-2-8	ツバメロジス	燕	1962	物流、組立・検査	3代	—	140	上海法人
8-3-1	日本金属洋食器工業組合	燕	1957	協同組合	10代	—	—	
8-3-2	燕三条地場産業振興センター	三条	1988	産業支援	—	—	54	燕市、三条市の共同

8-3-3	磨き屋一番館	燕	2007	磨き工の養成	—	—	—	燕研磨振興㈿運営
8-3-4	つばめいと	燕	2018	インターン宿舎	—	—	—	公益社団運営

注：地域は旧市町。
網かけは100年企業。
後継の「—」は、経営者が若く、当面、後継は意識されていない。
「未定」は、経営者が70歳前後になっている場合。
従業者は海外工場を含まない。

第1章　燕の産業経済の歴史と輪郭

新潟県の越後平野（新潟平野）は、日本海側最大の海岸平野であり、優れた穀倉（水稲）地帯として知られている。この平野が形成されたのは意外に新しく、1万年ほど前とされる[1)]。図1—1に示す越後平野の地形図の白の部分は数万年前には海であり、弥彦・角田山（482 m）の先端が半島のように突き出る大きな湾を形成していた。この半島の先と東側の現在の村上市のあたりから鳥の嘴のように砂州が発生。この東西からの砂州の発達により湾が外海から閉じられ、そして、この閉塞された湾の中に信濃川、阿賀野川から砂が運ばれて堆積、東京都（2192 ㎢）とほぼ同じ面積の約2070 ㎢の越後平野が陸地化された。このような現象は、現在ではほかに、北海道北見市、佐呂間町、湧別町にまたがる日本最大の汽水湖のサロマ湖（152 ㎢、湖沼面積は琵琶湖、霞ヶ浦に次いで第3位）にみられる。

現在の燕市は越後平野の西北、信濃川とその支流の中ノ口川の分岐点を中心に拡がる低地帯にある。信濃川（長野県内では千曲川）は甲州、武州、信州の分水嶺である甲武信ヶ岳（2475 m）から発し、わが国最長の約367 ㎞をたどり、新潟市で日本海に通じる。だが、越後平野に入ってからは、長岡から新潟市の河口までの80 ㎞で高低差はわずか20 m しかない。このため、ひとたび洪水が起こると、越後平野は信濃川に翻弄されてきた。燕周辺にみられる無数の自然堤防は信濃川乱流の名残とされている。氾濫の度に信濃川の本流は流路を変えていたが、1718（享保3）年にようやく信濃川と中之口川（近年は中ノ口川と表記されることが多い）の瀬替工事が行なわれ、これにより信濃川本流がほぼ確定した。それでも信濃川の破堤、氾濫は続き、1717（享保元）年から1865（慶応元）年までの約150年の間に64回の破堤があったとされている。3年に1回は洪水ということになろう。

このような事情の中で、信濃川本流から日本海に分水する請願が1730（享

図 1—1　越後平野の地形図

資料：燕市『燕市史 通史編』1993 年、3 ページ

保 15）年から数次にわたって江戸幕府に出されている。だが、その工事（測量）が始まるのは明治に入ってからであり、大河津分水（9.1 km）としての完成は 1922（大正 11）年まで待たねばならなかった。請願開始から約 190 年の月日を要した。この間、低湿地帯であった燕周辺は、ほぼ 3 年おきに襲う洪水、腰までつかる泥田に悩まされ、農業生産性は低く、農民は疲弊し、出稼ぎ等を

図 1―2　新潟県と燕市の位置／平野と山地

資料：燕市『市民読本 飛燕 市制施行三十周年記念誌』1984 年、4 ページ

余儀なくされていった。このような地域条件の中で、燕では早い時期から和釘、銅器等の金属加工の仕事が重ねられていった。燕の産業の歩みは「事業転換の歩み」とされているのだが、江戸時代以来、穀倉地帯とされていた越後平野の中でも洪水と低い農業生産性に悩み、そこから飛躍していくための産業化へ向けての取組みが重ねられてきたのであった。

1. 江戸期における燕と地域産業

江戸期における燕は、信濃川の氾濫と低湿地帯（泥田）農業との闘い、新田開発の推進、そして、多様な金属加工技術の導入による地域産業振興の取組み

表1—1　燕と産業をめぐる歩み

年	出来事
近世	
1598（慶長 3）年	越後全体から信濃、出羽等の一部を領有（約92万石）していた上杉景勝氏は、会津（当初の所領は120万石、会津郡、置賜郡、信夫郡、伊達郡、佐渡郡）に領地替えされた。その後、上杉氏は関が原の戦いで西軍についたため減封された。1601（慶長6）年、居城は会津若松から米沢に移され、所領は置賜郡、信夫郡、伊達郡の3郡30万石に減封、さらに1664（寛文5）年以降は、置賜郡（現山形県米沢市、長井市、及びその周辺）の15万石とされた。上杉氏以降の越後は小藩、天領などが置かれ、燕周辺は三条藩、天領（出雲崎陣屋代官）、村上藩（飛領）などが支配
1623（元和9）年～1649（慶安2）年	天領時代に、三条城に在任していた出雲崎陣屋代官の大谷清兵衛氏（在任1627［寛永4］～1628［寛永5］年）が、当時毎年のように起こっていた信濃川氾濫による被災者の救済、農家の副業のために江戸から和釘職人を招き、燕と三条で「和釘」生産を指導、明治初期の頃までは燕の基幹産業として80％を占めていた。江戸時代を通じて、江戸では江戸城本丸も焼けた明暦の大火（1657［明暦3］年）をはじめ100回ほどの大火があり、和釘の需要は大きかった
1650（慶安 3）年	田辺右兵衛氏が山崎村を開発、以後、新田開発が相次ぐ。吉田村、平野村、荻野村、鰐穴（えびあな）村、新田村、中田新田等
1681（天和元）年	江戸の田辺善兵衛氏が間瀬銅山の採掘を開始（1920［大正9］年閉山） この頃、燕は「釘鍛冶千人」といわれる和釘産地であった
1718（享保 3）年	信濃川と中之口川の瀬替工事。これにより、信濃川本流が確定
1730（享保15）年	寺泊の豪商本間屋数右衛門氏らが江戸幕府に信濃川の分水建設を請願。以後、数回にわたって請願
明和年間（1764～1771）	この頃、仙台から藤七氏が来燕、「鎚起銅器」の技術を伝える 同じ頃、錺（かざり）職人の星野玄司氏が江戸で住吉張り煙管の製造法を修得し、帰郷
1776（安永 5）年	会津若松の錺職人が燕に投宿、村田張り煙管を伝える
1783（元文 3）年	中屋平左衛門氏、会津から来燕、「鑢（やすり）」の生産が始まる
1795（寛政 7）年	佐野半七氏が「蝶番」を製作、「矢立」の製作も始まる 後に姫路と燕が矢立の二大産地となる
1816（文化13）年	後の玉川（ぎょくせん）堂創業、玉川覚兵衛氏が鎚起銅器の製造を開始
1828（文政11）年	三条地震。信濃川に沿った長径25㎞に及ぶ楕円形の地域（三条、燕、見附などが含まれる）に被害。全壊1万2859戸、半壊8275戸、焼失1204戸、死者1558人、怪我人2666人、堤防の決壊1913間に及んだ
1867（慶応 3）年	大政奉還（徳川幕府時代が終わる）
明治時代以降	
1868（明治元）年	戊辰戦争時（1868［明治元］～1869［明治2］年）、下越・中越では長岡が主戦場となったが、燕はある程度の戦闘はあったものの、市域に直接関係したものではなかった。なお、越後の燕以北は下越、長岡、三条以南、柏崎あたりまでを中越、高田、直江津、糸魚川のあたりを上越という

	小林猶蔵氏、鍛冶業開業（現小林工業）
	信濃川大洪水、燕村を含む信濃川流域は1カ月間冠水
1869（明治 2）年	大河津分水の工事開始（測量程度）
1871（明治 4）年	遠藤俊吉氏、松岳堂開業（現遠藤工業）
1880（明治 13）年	洋釘の普及により、和釘廃れ始める。当時、矢立が隆盛、100 軒の業者
1889（明治 22）年	町村制施行により、燕町誕生
1896（明治 29）年 7 月 22 日	現燕市横田で「横田切れ」といわれる信濃川の破堤による空前の大水害が発生、被害面積は越後平野（約 2 万 ha）のほぼ全体にわたる 1 万 8000ha、家屋流失 2500 戸に及んだ
1901（明治 34）年	町村合併により、燕町、小池村、小中川村、松長村が誕生
1906（明治 39）年	燕初の手回しプレス導入。銅の絞りに成功、機械製品第 1 号はプレス製湯沸かし
1908（明治 41）年	燕町大火、全町の 3 分の 2 焼失
1911（明治 44）年	燕町に電気が導入される
	現燕物産の 8 代目捧（ささげ）吉右エ門氏が、東京銀座の十一屋商店から高級洋食器 36 人分の注文を受け、日本で初めて洋食器を製造
1912（明治 45）年	越後鉄道（現 JR 越後線）白山～西吉田（現吉田）開通
1914（大正 3）年	銅製洋食器の手作り見本作成（第 1 次世界大戦［1914 年 7 月 28 日～1918 年 11 月 11 日］により、ヨーロッパからの依頼）
	遠藤松次郎商店（旧松岳堂、現遠藤工業）開業、輸出洋食器を製造
1915（大正 4）年	燕に手回し猫プレスが普及、また、バフによる機械研磨に成功
	洋食器の手作り生産スタート、当時は 1 人 1 日 10 本程度の生産
1916（大正 5）年	燕に動力線（動力用電気）が導入される
	小林乙蔵工場設立（現小林工業）、金属洋食器を製造
1918（大正 7）年	洋食器の機械生産、大量生産が可能に。小林乙蔵工場が第 1 号機を導入
	玉栄堂の門人山崎文言氏が手作業によるスプーン工房を開設（現山崎金属工業）
1919（大正 8）年	「燕鑢同業組合」設立
1920（大正 9）年	第 1 次世界大戦後のヨーロッパに洋食器の輸出拡大
1921（大正 10）年	現燕物産がオーストリアのボーレル社からステンレス鋼 20 トンを輸入、ステンレス製洋食器の製造を開始
1922（大正 11）年	越後鉄道燕～西吉田間が開通
	大河津分水の水路竣工（9.1 ㎞）、通水開始
1923（大正 12）年	早川栄松氏が早川鐵工所を燕駅前に設立。地場産業向けの産業機械を製造
1925（大正 14）年	越後鉄道燕～東三条間が開通、信越本線（新潟～長岡～直江津～長野～高崎）につながる。なお、上野駅につながる上越線（長岡［宮内］～高崎）の全線開通は 1931（昭和 6）年
1926（大正 15）年	「燕洋食器工業組合」設立、燕町に共同伸銅所が完成。その後、組合の機能は 1957 年設立の「日本輸出洋食器調整組合（翌年、工業組合）」に移行、1992 年 3 月に解散
	山崎文言氏がスウェーデンからステンレス鋼を輸入
1938（昭和 13）年	「燕煙管工業組合」設立
1941（昭和 16）年	一部の技能保存工場（玉川堂）、海軍向け洋食器工場を残し、燕の工場の大半が軍需工場に指定される

資料：燕市、燕市産業史料館他

を重ねていった。また、越後は江戸幕府成立直前までは大大名の上杉氏（約92万石）の支配下にあったのだが、1598（慶長3）年、上杉氏は会津若松に領地替えとなった。その後、堀氏、松平氏が一時期承継していたのだが、大坂夏の陣（1615［慶長20］年）以降、有力大名による支配ではなく、天領と小藩が林立するという形態に変わっていく。

燕周辺は、当初は三条藩の支配下とされたが、1623（元和9）年から1649（慶安2）年の間は天領となり、出雲崎陣屋（代官）の支配下に置かれた。その後は村上藩の飛領などになっていった。また、現在、燕市の中にある旧花見村、桜町村等は長岡藩の分家が独立して与板藩となり、その所領となっていった。なお、越後は地主小作制及び千町歩地主の発達した地域として知られているが、江戸期から明治初期にかけての燕周辺の農業環境は劣悪であり、生産性も低かったことから、越後平野北部の北蒲原郡新発田あたりと比べ、地主小作制、大規模地主はさほどみられなかった。

このような枠組みの中で、燕では江戸期の早い時期（1620年代）から和釘生産を開始し、1680年頃（天和年間）には「釘鍛冶千人[2)]」といわれるほどの和釘産地として知られるようになっていった。

(1) 越後平野と燕周辺の農業
——信濃川の氾濫に悩む

信濃川の氾濫に悩まされた江戸期の燕の農業は、低湿地帯という事情の下で、新田開発を重ねていく。村上藩は1657（明暦3）年から1659（万治2）年にかけて、領内の検地を実施していく。江戸期の検地は豊臣秀吉氏の検地を踏襲し、6尺3寸四方を1歩とし、30歩を1畝、10畝を1反（991.736㎡、ほぼ1000㎡）、10反を1町とした。江戸期の農業については、各地に資料が存在しているものの、全国的な資料を求めることは難しい。燕周辺では、中之口川左岸に展開する大曲村の1634（寛永11）年の資料が存在する[3)]。

全国的にみて、江戸初期の頃の米の反収は平均的には2.5〜3俵（1俵60kg程度）とされている。表1—2の大曲村の場合、上田（反収5俵程度）はなく、中田が一部、大半は下田であり、新田畑も掲示されている。反収は現在の3分

表1―2　1634（寛永11）／大曲村の農地の生産性

区分	面積	石高	1反当たりの生産量（俵）
中田			
午（うま）ノ開	5反余	6石8斗余	約3.4俵
下田			
午ノ開	2町5反余	30石8斗余	約3.1俵
未（ひつじ）ノ開	1町余	13石9斗余	約3.5俵
申（さる）ノ開	1町1反余	14石3斗余	約3.3俵
酉（とり）ノ開	1町1反余	13石3斗余	約3.0俵
戌（いぬ）ノ開	4町4反余	53石9斗余	約3.1俵
新田畑			
午ノ開	2町7反余	32石8斗余	約3.0俵
未ノ開	5反余	5石8斗余	約2.9俵
申ノ開	1町余	3石9斗余	約1俵
酉ノ開	2反8畝余	1石余	約0.9俵
戌ノ開	1反7畝余	1石3斗余	約1.9俵

注：1634（寛永11）年の検地による。
豊臣秀吉氏による検地は、6尺3寸四方を1歩、30歩を1畝、10畝を1反、10反を1町とした。
なお、1石は100升、1升＝約1.5 kgで換算すると、1石は150 kg。
1俵は60 kgであることから、1石は約2.5俵となる。
資料：燕市『燕市史 通史編』1993年、195ページから作成

の1程度の3.0～3.5俵であり、新田畑は1俵前後の場所もある。また、当時の大曲村の農家1戸あたりの耕地は全て6反歩以下であった。この状況に洪水（融雪期の4月と台風期の7～10月に多い）が加われば、農業生産性は相当に低くなるといわざるをえない。

▶西蒲原郡内の「割地制度」、北蒲原方面の「大規模地主」の登場

大きな河川の展開する地域では、洪水が頻繁に起こり、土壌流失なども多く、耕地の生産性は大きく変動する場合が少なくない。そうした地域では「割地制度」というものが発達していった。特に、信濃川流域の氾濫地帯である燕を含む西蒲原郡内では広くみられた。この点、以下のように指摘されている。

「年貢は村単位に課せられ、百姓の持高に応じて村の責任において個々に割り付けされた。西蒲原は、信濃川・中之口川・西川・大通川など大河川が多く、高地と低地、河川や用水路の上流と下流とでは水害の被害も違った。1村内に

おいても、田畑の立地条件により利害に差があった。この不平等を解消するために田畑を定期的に割り替える制度が割地である。［…］西蒲原郡内では特に多かった[4]」とされている。

そして、このような不安定かつ低生産性農業であることから、越後平野北部の新発田などの北蒲原郡内で生じた「千町歩地主」等の大規模地主は、燕周辺では江戸期には発生していない。

新潟県は全国的にみて、大規模地主が大量に発生した地域として知られている。大規模地主が発生した背景は幾つかある。大地主や大商人が新田開発の請負を意欲的に行なった場合、江戸期の年貢や明治以降の地租を払えない農民に金を貸し、返せない農民から土地を取り上げていく場合などがある。特に、後者は明治初期の松方デフレ（1881［明治14］年）以降、急速に拡大したことで知られる。江戸期の年貢は、その年の収穫を分けるものであったが、明治の地租改正（1873［明治6］年）以降は、地券に明示されていた地価に対して固定的な地租（2.5％程度）を徴収するものであり、不作等の場合、農民は地租を支払うことができず、地主に借金し、結果、土地を取り上げられていった。大規模地主の多くは、この明治時代初期に形成されたとされている。

明治30年頃には全国に「千町歩地主」が9家確認されている。うち5家が新潟県にあった。新発田市の市島家（1466町歩）、白勢家（1130町歩）、阿賀野市の斉藤家（1226町歩）、新潟市江南区の伊藤家（1384町歩）、南蒲原郡田上町の田巻家（1260町歩）であった。ちなみに、全国の他の4家は、秋田県大仙市の池田家、山形県庄内の本間家、宮城県石巻市の齋藤家、そして、島根県雲南市の田部家であった。なお、庄内の本間家は日本最大（3000町歩強）の地主として知られている。

このような千町歩地主が新潟県に多く、また、越後平野北部の北蒲原郡内に多いことについては、以下のようにいわれている。「今日わが国の穀倉として知られている新潟県の蒲原平野は、水稲の生産力の上ではどの部分も平準化されているが、明治期には、この同一平坦部の中ではげしい地域差がしめされていたものである。その地域差は、およそ郡を単位にみることができるもので、西蒲原郡は信濃川常習氾濫地としての地位のために最も顕著な低位性を脱することができない。西蒲原郡よりも高い平均生産力を持つ中蒲原郡も、郡内をみれば、信濃川と阿賀野川に挟まれた地帯では、極度に低い反収しかあげることはできない。他方、もっとも高い生産力を古く江戸時代から顕示していた北蒲原郡では、明治の初期にすでに郡平均で２石［約５俵］に近い反収をあげている。この地帯は市島・白勢などの名立たる千町歩地主をはじめ、多くの大地主を江戸時代からもつ早期成立型の地主地帯というべきところである。その高い生産力の基礎には、新発田藩の新田開発による治水と耕地条件の整備の歴史がある[5)]」。

なお、西蒲原郡最大の地主は吉田村（現燕市）の今井家であり[6)]、面積は不明だが（推定では250町歩前後）、地租の基本となる地価額は６万9293円88銭９厘であった。戦前の寄生地主制は明治30年代に絶頂期を迎えるが、西蒲原郡は割地慣行もあり、北蒲原郡などに比べ比較的自作農が安定した地域でもあった。1924（大正13）年の西蒲原郡の小作比率は67.3％、50町歩以上の地主は46家であった。西蒲原郡の明治中期の頃までの反収は極めて低く、明治後期になってようやく増加し始めたとされている。そのため、明治中期の頃までは地主層にとっては小作料を期待しにくく、農地の取得にあまり積極的ではなかった。越後平野の中でも、西蒲原郡内では大規模な千町歩地主が発生しなかった理由とされている。

腰まで漬かる泥田

田仕事に使う「田舟」

資料：いずれも大河津資料館

▶大河津分水の通水と西蒲原郡農業の飛躍的発展

だが、明治後期以降、西蒲原郡の農業生産性は急激に上昇していく。西川用水の定量化、竹野用水の開削、耕地整理事業の推進、排水事業、堆肥等の肥料投入、牛馬耕の導入、さらに農事試験場を中心とした品種改良が大きく貢献した。そして、1922（大正11）年の大河津分水（9.1㎞）の通水が、西蒲原郡の水利を安定させ、農業生産性を劇的に向上させていった。越後平野の中でかつては低生産性に悩んだ西蒲原郡の農業が、その後、最も高い生産性をあげるものになっていった。

ほぼ3年おきにやってくる洪水に対し、1730（享保15）年、寺泊の豪商本間屋数右衛門氏らが江戸幕府に信濃川の分水建設を請願している[7)]。信濃川が日本海に最も接近している大河津（現燕市分水地区）から寺泊（現長岡市）の須走まで（約13㎞）、丘陵を掘割して信濃川の水を日本海に放流し、本流を灌漑用水に残すというものであった。この請願は受け入れられなかったが、以後、数回にわたって請願を重ねていった。このような請願に対し、近隣地域の反応は複雑であった。

出口となる寺泊周辺の漁業者は漁場が荒れることを懸念した。隣の三条は長岡と新潟の中間に位置し、市（いち）や河川交通で繁栄していたが、分水により信濃川

信濃川堤防の「横田破堤記念碑」／分水地区

が浅くなり、経済的に打撃を受けるとして反対した。また、燕とその周辺の村は、信濃川の支流である中之口川から用水を引いていたことから、分水により中之口川が渇水するとして反対している。さらに、幕府は膨大な費用が予想され、受け入れなかった。結局、大河津分水計画は明治時代にまで持ち越されることになった。

大河津分水工事の現場

資料：大河津資料館

大河津分水の当初の取水口。現在は後方に新たに設置され、使われていない

▶「横田切れ」と分水工事の開始

最初の請願から約140年が経過した1869（明治2）年、大河津分水の計画が開始されたが、しばらくは測量程度であり、実際に工事が開始されたのは1910（明治43）年であった。この間、1896（明治29）年7月22日、通称「横田切れ」といわれる明治以降のわが国最大の河川災害が発生する。新潟県の報告によれば、燕を含む西蒲原郡で、死傷者75人、流出家屋457戸、田畑流失240町歩、浸水田畑1万8000町歩と越後平野の80%を超えるものとなり、高低差の少ない西蒲原郡から新潟方面にかけては3カ月ほど泥海と化し、稲は全滅するなど農作物への被害は計り知れないものとなった[8)]。

1896（明治29）年の横田切れが、信濃川分水工事に拍車を掛けたが、内務省からの施工決定の通知を受けたのは1912（明治45）年のことであった。総工費1300万円（新潟県費負担は349万3000円）であった。工事は1909（明治42）年に開始、幾多の困難の中で竣工、1922（大正11）年8月25日、通水した。この工事は、当時、「東洋のパナマ運河（1914年竣工、長さ80㎞）」といわれたものであった。分水通水後、西蒲原郡では致命的な水害は発生していない。以後、西蒲原郡は越後平野でも最も生産性の高い水稲地帯を形成していくのであった。

（2）多様な金属加工技術導入と地域産業
――和釘、鎚起銅器、煙管、ヤスリ、矢立

江戸時代の地方産業化については、江戸中期の農法の改善、農具の発達、新田開発等により、農業生産性が上昇し、農村に余剰が発生、地元の材料、産物を使った「農間余業（副業）」の形で発展していった場合が少なくない。例えば、関東山地周辺の絹織物業などが指摘される[9)]。もう一つの産業化のあり方としては、藩などが産業振興のために他の地域から職人等を招聘し、地域の人びとを導いていった場合などが散見される[10)]。また、江戸中期以降においては、技術高度化のために、職人の招聘、職人の先進地への派遣なども広く行なわれていた。

和釘各種　　　　手加工のヤスリ（左）と機械製造のヤスリ

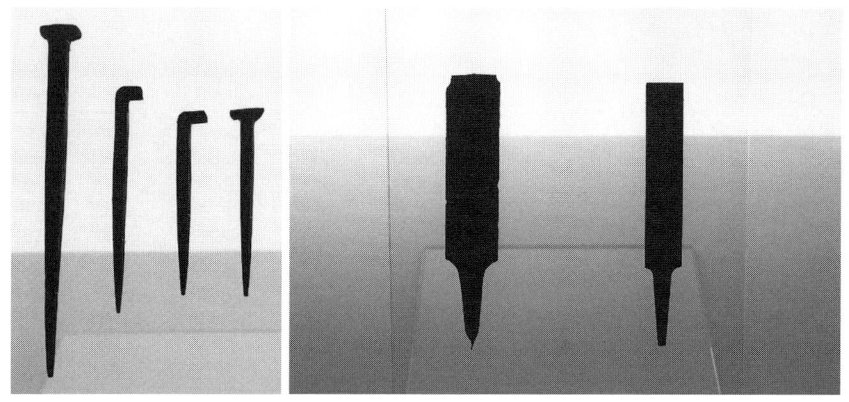

資料：いずれも燕市産業史料館

▶江戸初期に和釘生産を開始

燕の産業化は、江戸時代初期の和釘生産から開始したとされている。資料的な担保がなされているわけではないが、地元の通説では、「江戸時代初期の出雲崎代官・大谷清兵衛（在任期間1627［寛永4］～1628［寛永5］年）が水害に悩む農民の救恤策として江戸から和釘職人を呼び、副業としての和釘製作を奨励したとされるが、裏付けとなる史料等は何も見いだされていない[11]」とされている。

木造建築のみの江戸時代には、各地で大火が起こっている。燕周辺では洪水による建物破壊も多く、和釘の需要は大きかったと思われるが、最大の市場は江戸であった。江戸城の二の丸、本丸も焼失したとされる明暦の大火（1657［明暦3］年）をはじめ、江戸は100回ほどの大火を経験しているが、その度に和釘の需要は拡がっていった。燕から急峻な三国峠を越えて高崎を経由、江戸に運ばれた。

和釘の生産はフイゴと金床と金槌があれば可能であり、特別な設備、技術を必要としない。産業化に向かうにあたって入り易い領域でもあった。むしろ、資材調達、販売先、流通ルートの確保が重要性を帯びていたように思う。関東山麓の織物産地の場合、原材料は地元にあり、農間余業の品物は各地に点在した在方の市に集められ、日本橋の集散地問屋が買い付けに向かったとされている[12]。この点、燕の和釘に関しては、元々、物資流通の地方拠点であった三条の商人により「三条金物」の一環として江戸に持ち込まれていた。当時から「燕は職人町、三条は商人町」として位置づけられていたようである。この利害が相反する職人と商人の関係はなかなか難しく、幾つかのトラブルも報告されている。

▶江戸末期から明治初期の燕の職業／農村工業都市を形成

江戸期の燕の職業別構成は明らかではないが、表1―3（1872［明治5］年）と表1―4（1886［明治19］年）は明治時代初期のものであり、興味深い状況を指し示している。表1―3によると、旧燕町およびその周辺では、職業人口が5955人、うち男性が3002人（構成比50.4%）、女性2953人（49.6%）とほぼ拮抗している。現在と異なり、江戸期の男女比率は男性が少し多いのだが、表1―3は年齢は不詳なものの、ほぼ全ての男女が職業に就いていることを示している。職業別にみると、農業が53.9%、雑業25.0%、工業13.0%となる。商業は7.5%とかなり低い。燕は農村工業都市ということになろう。工業は全て男性であり、女性は雑業の比重が高い。また、雇人が全体で19人しかおらず、各職業は家族経営として営まれていたことがうかがえる。

表1―3　1872（明治5）年／燕の職業別人口

区分	計	男	女	計の%
総計	5,955	3,002	2,953	100.0
医術	17	17	0	0.3
工業	771	771	0	13.0
農業	3,210	1,522	1,688	53.9
商業	448	261	187	7.5
雑業	1,490	425	1,065	25.0
雇人	19	6	3	0.3

注：燕の第5大区小8区（小高村、大曲村、杣木村、太田村、三王淵村、小関村、灰方村、蔵関村、大関村、佐渡村、燕町）の職業別状況。
資料：燕市教育委員会『燕の銅器』1966年、燕市『燕市史 通史編』1993年、536ページ

表1―4　1875（明治8）年／太田村上組・新田・大野の生産物

区分	数量	代金	%	目方
銅器	個	円　銭厘毛		貫　匁
行平	490	85.668	8.1	35.400
赤鍋	240	59.538	5.7	24.600
丸銅瓶	36	15.734	1.5	5.000
茶煎	120	13.3641	1.3	5.200
その他の銅器		74.2225	7.0	
小計		248.5266	23.6	
矢立	個	円　銭厘毛		
上	400	56.000	5.3	
中	500	60.000	5.7	
下	610	61.000	5.8	
小計	1,510	177.000	16.8	
釘	抱	円　銭厘毛		
寸堂釘	31,250	180.000	17.1	
大三寸釘	8,950	447.500	42.5	
小計	40,200	627.500	59.5	
合計		1,053.0266	100.0	

注：その他の銅器としては、銅盤卵焼、水柄杓、上戸、灯銅瓶など13品目が掲載されている。
資料：小林家文書（1875［明治8］年）、燕市『燕市史 通史編』1993年、536ページ

表1―4は、1875（明治8）年の燕郊外の太田村の生産の状況を示している。主要生産品は銅器、矢立、釘であり、総生産額に占める比重は、それぞれ23.6%、16.8%、59.5%であった。和釘が全体の約60%を占めていた。また、和釘のなかでも大三寸釘が総生産額の42.5%を占めていた。この時代はまだ洋釘が浸透しておらず、和釘生産は燕の郊外でも活発に行なわれていたのであった。

表1―5は、燕の町方における1886（明治19）年の多様な職業と担い手を集計している。なお、この集計の中には修業中の弟子は算入されていない。職業は雑業、日雇を含めて86種類にも及び、また、町内996世帯のうち、職業に就いている人は994人を数える。各世帯で何人職業に就いているかは不明だが、

表1—5　1886（明治19）年／燕の町方の諸職調査票

	町 職業	上町	中町	宮町	穀町	横町	野地	計
1	鍛冶職	80	59	34	27	105	54	359
2	鍛工	10	5	7	4	11	7	44
3	銅鍛冶	1	2	1				4
4	彫鍛冶			2				2
5	鉄物	5	7		9	9	1	31
6	鉄工		1					1
7	鉄物商		1		1			2
8	金物	2	2		2	2		8
9	金物商			1			2	3
10	亀工						1	1
11	機	1	4	2	2			9
12	紺屋	2	1					3
13	布等物商		5	4				9
14	木綿			1				1
15	太物（反物）			1	1			2
16	染物		1					1
17	古着商		2	3		1		6
18	縫針職		1					1
19	縫工			1				1
20	仕立工	2	2	4	3	2	3	16
21	藍玉					1		1
22	綿打商		1	2				3
23	大工職	7	4	3	3	6	2	25
24	桶屋職	1	1	1	1	1	1	6
25	木羽職	1	1	1	1	2	1	7
26	木挽	1		3	1			5
27	屋根挽		1					1
28	指物		2					2
29	材木			3		1		4
30	木工			1	2	1		4
31	下駄屋			1	1			2
32	畳職	2	1	1		1		5
33	医	1	1	1			2	5
34	按摩	1						1
35	針治			1			1	2
36	売薬		1					1
37	薬種				1			1
38	髪結職	1			1	1		3
39	蠟燭		1		1			2
40	灯提張			1		2		3
41	傘張		1					1
42	石油製造	1						1
43	油	1	1	2	1	1		6
44	桐油	1						1

45	石炭油		1					1
46	酒造	1		1				2
47	請酒（酒店）	2	1	1	2	1		7
48	古物商		1	5			1	7
49	古道具		1		1			2
50	表具師	1	1	1				1
51	飾職		1					1
52	塗物	1	2				1	4
53	旅籠	2	2	2				6
54	質屋	1	1	1	1			4
55	荒物	4	5	8	1	3	1	22
56	四十物（あいもの）		1		2			3
57	煙草			1	2	3		6
58	菓子	2	4	2	2	1		11
59	飴	1		2	1	2	1	7
60	茶	1		3	1			5
61	豆腐		1					1
62	風呂屋	2	1	2	1	1		7
63	料理	1	1	2				4
64	音曲		1					1
65	画工		1					1
66	泥匠職（左官）		3					3
67	経師		1					1
68	植木			1				1
69	古恙			1				1
70	小間物	4	5		1	2		12
71	瀬戸物		1	1				2
72	紙		1	2				3
73	切花					1		1
74	穀物	2	2	2	1	1	3	11
75	商	2	6	5	2	5		20
76	石工		1					1
77	住職（僧）	1	1	1				3
78	尼（僧）	1						1
79	渡守	2						2
80	舟乗	7	5	7	4	7		30
81	馬喰				2	1		3
82	鋳物			1				1
83	魚商	1	1				1	3
84	農	1	1	1			8	11
85	雑業	15	7	5		6	3	36
86	日雇	27	29	22	5	40	26	149
町内世帯総数		203	199	162	90	222	120	996

注：網かけは、金物系の職業。

資料：燕市『燕市史 通史編』1993年、339～341ページ

かなりの就業率とみることができる。実に多様な職業が拡がっているが、特に、燕は金物関係が多い。最大は鍛冶職で359人（構成比36.1%）を数える。その他金物関係を入れると、441人（44.4%）にのぼる。当時の燕の基幹産業は和釘とされていたのだが、まさに、そのような事情が示されている。

表1—4、表1—5を観察すると、燕の旧町は実に多様な職業を成立させるほどに繁栄しており、そして、移出型産業として和釘を中心にした鍛冶職が集積するものであり、広大な郊外の農村地帯を背景にする農村工業都市を形成していたことがわかる。江戸後期、あるいは中期の頃には、すでにこうしたスタイルが形成されていたことが推測される。

▶間瀬銅山の開発、鎚起銅器、煙管、ヤスリ、矢立の導入

燕の江戸期の産業史を振り返ると、この和釘の他にも幾つかの金属加工技術が導入されていた。まず、1681（元和元）年には、その後の銅関連産業の基礎となる銅鉱山が開発された。江戸の田辺善兵衛氏により、間瀬銅山（燕の西北の現新潟市岩室）の採掘が開始されている。間瀬銅山の銅は緋色銅（ひいろ）といわれ、品質に優れ、多様な銅器生産に用いられていった。なお、間瀬銅山は1920

煙管と矢立

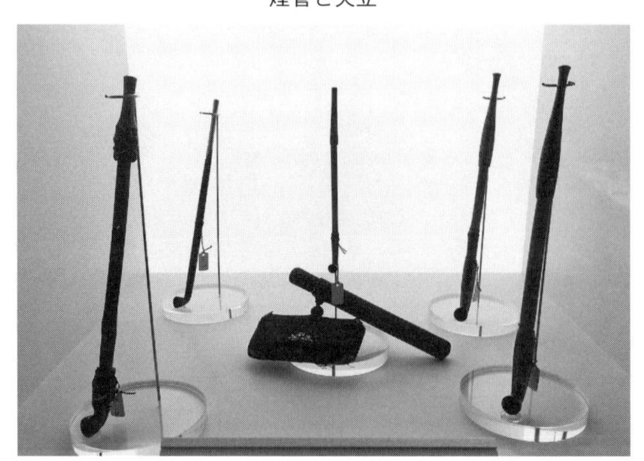

資料：燕市産業史料館

（大正 9）年に閉山されている。

金属加工技術としては、明和年間（1764〜1771）に仙台から藤七氏が来燕、「鎚起銅器」の技術を伝えている。さらに同じ頃、錺（かざり）職人の星野玄司氏が江戸で住吉張り煙管（きせる）の製造法を修得し、帰郷、1776（安永 5）年には、会津若松の錺職人が燕に投宿、村田張り煙管を伝え、1783（元文 3）年には、中屋平左衛門氏が会津から来燕、「鑢（やすり）」の生産技術を伝え、ヤスリの生産も開始されている。1795（寛政 7）年には、佐野半七氏が「蝶番」を製作、「矢立」の製作も始まった。その頃には燕は福井県の小浜と共に全国の和釘二大産地といわれ、また、後に姫路と燕が矢立の二大産地とされていく。

このように、江戸中期以降、和釘産地化していた燕には、金属加工の多様な技術が集まり、その後の金属加工技術の幅を拡げていった[13)]。そして、幕末に近い 1816（文化 13）年には、後の玉川堂（ぎょくせんどう）が創業、玉川覚兵衛氏が鎚起銅器の製造を開始していった。今に続く玉川堂は、200 年以上の歴史を重ねている。

▶洋釘の浸透と燕の和釘産業

このような多様な金属加工技術が導入されたものの、明治の初めの頃までは、燕は圧倒的な和釘の産地であり、総生産額の 80% 程度を占めていた。だが、開港以来、洋風な生活用品、産業資材等が導入され始めていく。その後の燕に重大な影響を与えた洋釘が燕に初めて持ち込まれたのは 1869（明治 2）年とされている。「1 本ずつ手作業で生産される和釘に対し、洋釘（燕では当初「代用釘」と呼ばれた）は、⑴機械による大量生産のため安価、⑵釘の頭に滑り止めが有るため打ち込みが容易、⑶頸（くび）のところに刻みがあるため抜けにくい、などの利点があった。

その洋釘は、1880（明治 13）年、1881（明治 14）年の東京での火災、暴風雨による災害により需要が増大した。特に、1881（明治 14）年の火災では、1 月に 1 万 1000 戸、2 月に 7700 戸が焼失し、和釘が供給不足となり洋釘の使用が増加した。それにつれて洋釘の利点が認識され、洋風建築の増大とも重なって明治 20 年代に和釘と洋釘の需要は逆転した[14)]」といわれている。

このような事態の中で、燕の和釘職人の多くは職を失い、ヤスリ製造等に転

表 1—6　明治後期の燕地域の町村別鍛工数の推移

区分	1983（明 26）	1897（明 30）	1901（明 34）	1903（明 36）	1905（明 38）	1907（明 40）
小池村	4	4	4	5	4	4
大関村	1	2	2			
燕町	417	530	548	540	535	291
杣木村	8	10	8			
東太田村	48	80	81	85	108	160
小高村	12	17	19			
三方崎村	1	1	1			
小中川郷村			1	3		
川前村	1	1	1			
松長村		1	12	12	2	3
計	492	646	677	642	649	458

注：この中には徒弟は含まれていない。
資料：徴発物件一覧表
燕市『燕市史 通史編』1993 年、551 ページ

表 1—7　1893（明治 26）年／燕町の町村別職工・人夫数

区分	大工	船大工	石工	鍛工	車工	桶工	木挽	革工	靴工	縫工	職工合計	人夫
旧燕市管内	57	1	2	492	1	21	9	1		4	588	2,294
小池村	3			4		4	1	1			13	483
大関村	3			1			1				5	162
燕町	27	1	2	417	1	7	3			4	462	150
杣木村				8		1					9	167
東太田村	3			48		3	1				55	455
小高村	2			12		2					16	65
三方崎村	4			1		1					6	172
小中川郷村	6					3	2				11	184
川前村	1			1			1				3	177
松長村	8										8	279
新潟市	272	133	10	53	6	56	81	12	12	59	695	10,920
三条町	51	3	3	107		13	14		1	12	204	425
一ノ木戸村	28	1		126		6	2			7	170	550
裏館村	8			54		3	2				67	267
高田町	108		7	56	2	33	8	30	2	14	260	7,500

単位：人
資料：徴発物件一覧表
燕市『燕市史 通史編』1993 年、543 ページ

換していった。この間の事情は表1—6、表1—7で示されている。表1—6によると、鍛工数の総計は1901（明治34）年の677人から、1907（明治40）年の458人へと6年間で219人の減少、減少率は32.3％となった。また、表1—7では、1893（明治26）年の新潟県の主要工業都市の職工数を示しているが、職工数では新潟市に次いで2番目であり、また、新潟市は大工、船大工が多いのに対し、燕は鍛工が圧倒的に多いという状況であった。この1893（明治26）年頃は、江戸期から続く和釘からの転換に向かう時期であった。

産業構造転換が起こる時、従業者の転換（転職）は遅れ、そして、ある時期から一気に転換が進んでいく。燕の和釘は1880年代中頃から転換が求められていたのだが、ようやく1900年代に入り、一気に進んでいった。「燕の歴史は、事業転換の歴史」とされるが、江戸期以来の基幹産業であった和釘から、明治の中頃には鋼製のヤスリ、そして、銅、真鍮製の煙管、矢立、鎚起銅器などが主力となっていったのであった。

2. 明治後期～昭和戦前の燕の産業展開

江戸時代の燕は、信濃川の氾濫に苦しめられ、農業は低生産性を余儀なくされていた。そのような事情の中で、和釘の技術が導入され、その後の燕の基幹産業となっていった。だが、明治維新以降、洋風文化の流入、洋風製品、資材等の流入の中で、洋釘が導入され、和釘は明治時代中期以降、一気に衰退していく。この間、燕は江戸期に導入されていた「銅器」「煙管」「ヤスリ」「矢立」等に主力を移し、和釘職人の多くもそれらに転換していった。この1890年代（明治30年代中頃）が、「燕の歴史は事業転換の歴史」とされる燕の第1回目の事業転換期となった。

そして、昭和戦前期の燕産業に重大な影響を与えたのが、ヨーロッパが戦場になった第1次世界大戦（1914［大正3］～1918［大正7］年）であり、スプーン、フォーク等の金属洋食器（カトラリー）の代替生産地として燕が注目されていく。当初は真鍮製（銀メッキ、ニッケルメッキ）の手作りであり、職人1人の1日の生産量は10本程度とされていたのだが、その後、機械化も進められ、第２次世界大戦（1941［昭和 16］〜1945 年）にかけての戦間期（第１次世界大戦と第２次世界大戦の間）には、燕の新たな基幹産業、そして輸出産業として発展していく。江戸期以来の和釘は江戸を焦点とする移出産業化に成功していたのだが、大正期の第１次世界大戦以降、金属洋食器はヨーロッパ向けの輸出産業化が進められていったのであった。

（1）明治後期〜大正期の洋食器と産業転換
――和釘が激減、銅器、ヤスリに

明治中期以降、燕の和釘は洋釘に押されて衰退していくが、当面は、江戸期から行なわれていた銅器、煙管、ヤスリ、矢立などに移行していく。ただし、いずれも和釘ほどの事業規模にはならず、特に、明治後期以降、煙管は紙巻タバコに、矢立は万年筆に移行、また、銅器は安価な大阪方面のアルミ製品、琺瑯（ほうろう）製品の登場により衰微し、燕の金属製品工業は構造不況に追い込まれていった。この時期、大河津分水の工事が行なわれており、職を失った職人たちは分水工事に就くか、あるいは他地域への出稼ぎを余儀なくされた。当時、燕市街地から分水の工事現場まで、白米に梅干し一つの弁当を下げて、徒歩で２時間をかけて通ったと伝えられている。

明治末期から大正初めの頃はこのような状況であったのだが、1914（大正3）年に第１次世界大戦が勃発、戦場になったヨーロッパでは洋食器の供給ができなくなり、供給可能な地域として日本、そして燕が登場、その後、大正〜昭和戦前、そして戦後を通じて、燕は金属洋食器の世界的な大産地を形成していくのであった。

▶金属洋食器生産の始まり

燕の金属洋食器生産の始まりについては、燕物産の８代目捧（ささげ）吉右エ門氏（1890［明治 23］〜1984 年）の証言がある[15]。

「銀座の十一屋［…］はもともとランプなどを売っていたが、その後金物を扱う問屋になり、洋食が上流階級の間にはやりはじめると、おもにイギリスのディクソン社から洋食器を輸入して、宮内省や帝国ホテル、財界では三井、三菱、住友などにおさめていた。[…] 当時、わたしの店（司、燕物産の屋号）は、下請業者をたくさん抱えて、銅器やヤスリ、農機具などをつくらせて売っていたが、この十一屋とは長年取引していて、玉栄堂につくってもらった銅器などをおさめていた」。また、8代目捧吉右エ門氏によると、1911（明治44）年、十一屋が日本石油創立者の内藤久寛氏に納入する36人分の高級洋食器の注文を受けた。東京の下請業者ではうまく製作できず、精度の高い銅器を納入していた司へ注文がきた。玉栄堂の今井栄蔵氏が製作して納入したとされている。

「大正3年（1914）7月ヨーロッパで第1次世界大戦が始まり、交戦諸外国は消費財の生産を制限したり、中止せざるを得なくなり、日本には繊維製品をはじめとする軽工業品、あるいは薬品などの注文もあり、未曾有の好景気を創出し、『糸成金』『金成金』などの声が出た。洋食器もまた日本に求めてきたものの一つであった[16]」。

また、先の8代目捧吉右エ門氏は「わたしは東京に出て、神田松枝町にあった取引先の小川吉蔵商店をたずね、その時わたしはしんちゅう製や、それにニッケルメッキをしたフォークを見せられた。そのころは、銀座や新橋に西洋料理の店がふえつつあったし、ホテルの食堂などでも西洋料理が出されたので、洋食器の需要はふえてはいたが、まだほとんどが輸入品で手加工の国産品が、わずかに造られているにすぎなかった」。「あのころ（明治44年）とは違って、一般の人の間にも洋食がはやりはじめている。洋食器も一般向けのがはやってくるのかも知れない。[…] そう思うと、姫フォークを1本見本にもらって帰った。それから高桑重松さんに協力してもらって、フォークをつくってみてもらった。それをもって […] わたしは大阪に注文を取りに行った。[…]（燕の）20軒ばかりの業者が注文に応じてくれた[17]」とされている。

「また、大正3年には山（カクヤマ）平田勇吉の所へ堺市の浅香久平の番頭がスプーンの見本を持って来燕したと言われている。第1次大戦後、米国より浅香商店に見本が送られて来て（洋食器の主産国は英、独、仏でいずれも交戦国）、浅香側は大阪で試作させようとしたところ、北越担当の番頭から『燕は銅器の産地でスプーンを製造する技術がある。しかも物価は安く、低賃金のため安価に作れる』という提案を受けて平田勇吉に申し込んだ[18]」とされている。

このような事情の中で、燕の金属洋食器（真鍮製）の生産が開始されている。初期の製造者として、8代目捧吉右エ門氏（現燕物産）、遠藤松次郎氏（現遠藤工業）、小林乙蔵氏（現小林工業）、山崎文言氏（現山崎金属工業）、星野駒造氏、高桑重松氏、霜鳥平三郎氏などが知られる。

▶1922（大正13）年頃の燕と金属洋食器／黎明期

表1―8、表1―9は、いずれも第1次世界大戦後の燕、及び、新潟県の主要

表1―8　1923（大正14）年／燕町工業の内訳

区分	戸数	従業者数	数量	価格（1,000円）
刃鑢	70	200	6,000	400
銅器	65	320	30,000	400
煙管	150	450	5,400	380
洋食器	10	200	200 （100）	300
度器	2	40	90	60
雑品	50			160

注：「数量」の単位は不明
資料：燕市『燕市史 通史編』1993年、654ページ

表1―9　1922（大正13）年／新潟県主要金物製品の生産額

区分	刃物	銅器	鉄製品	金属製度器	洋食器	合計
三条町	144.0	6.1	88.9	13.8		252.8
燕町	40.2	105.5		4.8	30.0	180.5
与板町	19.0					19.0
脇野町	4.2					4.2
柏崎町	3.1	1.4				4.5
高田市	8.9					8.9
村上市	3.0					3.0
沢根町		4.1				4.1
その他	37.3	9.3	11.1	0.2		57.9

単位：万円
資料：新潟県『新潟県史 通史編8（近代3）』1988年
　　　燕市『燕市史 通史編』1993年、654ページ

工業都市の状況を示したものである。表1―8によると、燕町の製造業事業所(戸数)は347戸、うち、最大は煙管の150戸(構成比43.2%)、以下、刃鏨70戸(20.2%)、銅器65戸(18.7%)であり、洋食器は10戸(2.9%)に過ぎなかった。価格(生産額)は計170万円であり、多い順に刃鏨(40万円)、銅器(40万円)、煙管(38万円)、そして洋食器(30万円)となっていた。すでに明治中期までの基幹産業であった和釘の姿はみえず、その後はヤスリ、煙管、銅器とされていたのだが、いずれも第1次世界大戦後の不況の中で低迷していた。そのような中で、その後の金属洋食器への転換を予見させるかのように、「洋食器」が次第に存在感を高めはじめていることがうかがえる。

一方、表1―9は、同時期の1922(大正13)年の新潟県の主要金属製品産地について、製品別の生産額をみたものである。三条町が最大の生産額を示し、特に、刃物、鉄製品、金属製度器(曲尺(かねじゃく)など)が目立つ。この点、燕町は生産額では三条町の70%規模だが、銅器が圧倒的であり、刃物、そして新規の洋食器が生産額の16%程度になってきたことがわかる。

(2) 戦間期の金属洋食器生産
――第1次世界大戦により、生産・輸出拡大

1920年代の頃になると、燕においても金属洋食器生産が金物生産の一定部分を占めるようになってきたが、キッカケとなったのは、1914(大正3)年の第1次世界大戦の勃発により、金属洋食器生産国であったドイツからの輸入が途絶えたロシアからの依頼であったとされる。イギリスの商社、あるいは、大阪の商社を通じて依頼が燕に届いてきた。表1―10によると、わが国からの金属洋食器の輸出は、1915(大正4)年は3万5000円、1916(大正6)年は25万円、そして、第1次世界大戦の終わる1918(大正8)年は60万円へと拡大するのだが、終戦後の不況の中で、1919(大正9)年には30万円に低下し、その後、1932(昭和7)年までは20~40万円の間にとどまっていた。

なお、戦間期の燕の生産、輸出動向を示す表1―10をみると、幾つかの点が指摘される。生産本数は第1次世界大戦中の1915(大正4)年の4万本から、1918(大正7)年の50万本に拡大するが、第1次世界大戦終戦後は一転して

表 1—10 戦間期／燕金属洋食器工業の生産、輸出推移

区分 年度	生産数 (1000 本)	生産金額 (1000 円)	国内向 (1000 円)	(%)	輸出 (1000 円)	(%)
1915	40	50	15	30.0	35	70.0
1916	250	350	100	28.6	250	71.4
1917	350	500	100	20.0	400	80.0
1918	500	750	150	20.0	600	80.0
1919	400	500	200	40.0	300	60.0
1920	300	370	170	45.9	200	54.1
1921	320	400	200	50.0	200	50.0
1922	380	400	200	50.0	200	50.0
1923	480	450	250	55.6	200	44.4
1924	600	500	300	60.0	200	40.0
1925	800	500	300	60.0	200	40.0
1926	1,000	500	300	60.0	200	40.0
1927	1,200	650	350	53.8	300	46.2
1928	1,500	800	400	50.0	400	50.0
1929	1,500	700	400	57.1	300	43.9
1930	1,500	650	350	53.8	300	46.2
1931	2,000	700	300	42.9	400	57.1
1932	2,400	800	300	37.5	500	62.5
1933	3,000	1,500	500	33.3	1,000	66.7
1934	5,000	2,800	500	17.9	2,300	82.1
1935	7,000	2,500	500	20.0	2,000	80.0
1936	5,000	2,700	500	18.5	2,200	81.5
1937	3,200	3,200	600	18.7	2,600	81.2
1938	3,200	2,800	700	25.0	2,100	75.0
1939	3,300	3,600	400	11.1	3,200	88.9
1940	2,100	2,400	400	16.7	2,000	83.3
1941	900	1,300	160	13.3	1,040	86.7
1942～1945 は戦時中のため、資料欠如						

資料：日本金属洋食器工業組合

30～40 万本に低下している。その後、関東大震災のあった 1923（大正 12）年以降は、「大正モダニズム」といわれる洋風化の進む時代となり、震災復興の中で金属洋食器の国内需要が発生している。1923（大正 12）年から 1930（昭和 5）年までの間は、生産量は 48 万本から 150 万本に拡大し、国内需要が輸出を上回っていた。そして、1935（昭和 10）年には戦前の金属洋食器生産のピークとなる 700 万本を生産している。

この700万本はダースに換算すると58万ダースとなる。第2次世界大戦後、燕は世界的な金属洋食器産地となって対米輸出に踏み込んでいくが、戦後当初の民間貿易再開の1949年の生産本数は210万ダース、そして、ピークの1984年には7588万ダースを生産していく。戦後のピークの1984年に対し、戦前のピークの1935（昭和10）年の生産水準は1%以下の0.76%であった。戦後、燕産地が金属洋食器によってどれほど拡大したかがよくわかる。戦前期は江戸期から続いた基幹産業であった和釘生産から、第2次世界大戦後のステンレス製金属洋食器生産に向けての試行錯誤の時代であり、その基礎的条件が整えられていく時期でもあった。

▶戦前の金属洋食器生産／技術的な動向

戦後の燕の金属洋食器生産はステンレス製に象徴されるものとなっていくが、戦前は真鍮素材が主流であった。その生産はどのように行なわれていたのであろうか。『燕市史 通史編』は、以下のように示している[19]。

小林工業では、「大正4年（1915）頃から本格的に洋食器の製造に取りかかったが、スプーンについては職工1人で1日10本の生産がやっとの状態で、材料である真鍮の圧延もプレスも木槌で行なっていて、羽布（バフ）もなく、鑢を使って荒削りし、朴（ほお）の木の炭に水をつけて最終のみがきを行なった。後には、みがきは女性の内職として下請に出した。フォークについては、真鍮をた

木の型に乗せて叩いて作った

真鍮製のスプーンの製作工程

資料：いずれも燕市産業史料館

たいて平にしてから手廻しの猫プレス（ハンドプレス）にかけて刃を切った」としている。

動力の利用は5馬力の石油発動機による研磨、メッキであったが、本格的な動力利用は動力（電力）線の敷設を待たねばならなかった。燕の動力の利用開始は1916（大正5）年頃のようである。小林工業によれば、1918（大正7）年頃に動力が入り、プレス機械、エアハンマーで圧延を行なったとしている。また、研磨部門も、1915（大正4）年には、従来の木炭による磨きから、バフによる機械研磨に成功している。

燕の金属洋食器生産はスプーン、フォークから始まったが、洋食器のセットを組むためにはナイフが必要になる。だが、燕には当時、刃物加工の技術はなく、隣の三条の技術に依存し、普通鋼を利用して1916（大正7）年頃にはナイフ製造が可能な工場が4〜5軒出てきている。また、ステンレスナイフについては、1927（昭和2）年、8代目捧吉右エ門氏がステンレスナイフを開発した岐阜の関から技術者（焼入れの渡辺増也氏、研磨の佐合金三郎氏、機械加工の西田喜七氏等）を招き、技術を定着させるところから始まった。なお、一般的に、スプーン、フォークに対してナイフが必要になるのは数量的には7分の1から8分の1程度の割合である。

これらの他に、金型技術など、金属洋食器生産に関わる基本技術は戦前期に一定の確立をみせたのであった。

このような取組みを背景に、1930年代中頃には、燕における金属製品の主流は軍需に向かったヤスリに加え、金属洋食器が次第に存在感を高めていった。

表1—11は、ほぼ戦前の金属洋食器生産のピークの1936（昭和11）年の素材別生産数量、金額、そして、国内向と輸出向、朝鮮向を示している。数量的にみると、全生産量540.7万ダースに対し、輸出向は443.7ダース（構成比82.1%）、国内向58.2万ダース（10.8%）、朝鮮向38.8万ダース（7.2%）と、圧倒的に海外依存のスタイルが形成されていた。

素材別（輸出向）では、真鍮製品（構成比78.1%）が圧倒的に高く、鉄製品（3.7%）、ステンレス製品（5.1%）、鋼製品（ナイフ）（11.5%）、洋白製品（1.7%）という構成になった。戦前期においては、まだステンレス製品は5%

大正時代に製造された「Laurel 月桂冠」のセット／燕物産製

資料：燕物産

表1―11　1936（昭和11）年／燕の洋食器生産と輸出

区分	輸出向 数量（1,000ダース）	輸出向 金額（1,000円）	備考	国内向 数量（1,000ダース）	国内向 金額（1,000円）	朝鮮向 数量（1,000ダース）	朝鮮向 金額（1,000円）
真鍮製品	3,464	1,905	アフリカ、スウェーデン マレー、メキシコ	445	240	312	214
鉄製品	162	68	南米、豪州、印度 カナダ、近東諸国	72	30	38	16
ステンレス製品	226	339	フィンランド、南洋	46	69	27	41
鋼製品（ナイフ）	510	416		14	11	8	6
洋白製品	75	188	第三国向輸出	5	13	3	8
計	4,437	2,916		582	363	388	285

資料：燕商工会議所『変革の波路を越えて』1979年
　　　燕市『燕市史 通史編』1993年、668ページ

程度だが、戦後は一気に真鍮製からステンレス製へと大転換をみせ、燕は対米輸出中心の世界的なステンレス製洋食器産地となっていくのであった。

▶燕洋食器具工業組合の設立と共同伸銅所の開設

1914（大正3）年の第1次世界大戦により実質的に開始された燕の金属洋食器生産は、大戦後の不況の時代はあったものの、1923（大正12）年の関東大震災後の復興需要、日本社会の洋風化の進展の中で次第に定着していく。当初、燕物産、小林工業、山崎金属工業等数社によって担われてきた金属洋食器も、燕地域の新たな産業、輸出産業との認識を得ることになり、生産者も増加していった。

特に、第1次世界大戦後の反動不況、輸出停滞、国際収支の悪化を受けて、政府は輸出拡大政策を採っていく。1925（大正14）年には輸出振興、中小輸出業者の保護を目的とした輸出組合法とアウトサイダー規制、カルテルを認めた重要輸出品工業組合法を施行していく。22業種が指定され、燕の金属製品もその枠組みに入っていた。これを受けて燕では1926（大正15）年6月、燕洋食器工業組合が認可されている。初代理事長には8代目捧吉右エ門氏が就いた。当初、組合員11名でスタートしている[20]。

その後、政府は1927（昭和2）年、組合の共同施設に対して補助金を交付する制度を設けたが、燕の工業組合は、以前から課題になっていた原材料の安定供給を目指す共同伸銅所の設立に向かい、民間施設として設置されていた清峯伸銅所を買収、組合所有の共同伸銅所としていった。この伸銅所の意義は大きく、組合員に安定的に資材を供給する役割を演じ、その後の燕の金属洋食器産業の発展に大きく寄与したとされている。

先の表1—10をみても、燕の金属洋食器生産、輸出は第1次世界大戦期に大きく伸びたが、終戦後の不況で停滞するものの、1923（大正12）年以降、関東大震災と世間の洋風化による国内需要に支えられ、さらに、1933（昭和8）年以降は、第2次世界大戦開戦の直前の頃（1939［昭和14］年）までは輸出に主導されて生産額を大きく伸ばしていった。この間、新たな生産者の参入も進み、1936（昭和11）年には組合員64名に拡大していくのであった。

そして、1941（昭和16）年に開戦、燕の金属加工系の工場は、一時期、玉川堂等の一部の技術保存のための工場を残し、大半は軍需工場として組織されていくのであった。

1） このような越後平野の歴史は、燕市『市民読本 飛燕 市制施行三十周年記念誌』1984年、燕市『燕市史 通史編』1993年、を参照した。

2） 江戸期には、いろいろな業界で、「千人」などの表現がよくみられるが、明確な資料は存在していない場合が少なくない。「かなり多い」ということを意味する。江戸期とあまり事情の変わらない明治初期の頃の資料によると、旧燕町時代には約400人の鍛冶職、鍛工は確認されている。

3） 燕市、前掲『燕市史 通史編』、194〜195ページ。

4） 前掲書、290ページ。

5） 守田志郎『地主経済と地方資本』お茶の水書房、1963年初版、1978年改装版、3ページ。

6） 今井家については、吉田町『吉田町史 通史 上巻』2003年、386〜396ページ。

7） 分水計画と周辺地区の反応は、燕市、前掲『市民読本 飛燕 市制施行三十周年記念誌』52〜53ページ。

8） 横田切れ、及び、大河津分水事業については、燕市、前掲『燕市史 通史編』562〜566ページ、分水町『分水町史 通史編』2006年、330〜342、474〜480、501〜513ページ。が詳しい。

9） このような江戸期の地域産業化については、伊藤好一『江戸地廻経済の展開』柏書房、1966年、同『近世在方市の構造』隣人社、1967年、関満博『伝統的地場産業の研究——八王子機業の発展構造分析』中央大学出版部、1985年、を参照されたい。

10） 例えば、藩財政逼迫の中で、先進地から技術（繊維）導入し、産業化を促したものとしては、米沢藩（上杉藩）が知られる。この点については、関満博『農工調和の地方田園都市——企業城下町山形県長井市の中小企業と農業』新評論、2018年、を参照されたい。

11） 燕市、前掲書、341ページ。

12） 関東織物の流通の発展については、関、前掲『伝統的地場産業の研究』を参照されたい。

13） 鎚起銅器、煙管、ヤスリ、矢立等の輪郭とその後の歩み等については、燕商工会議所、前掲書、第1章「燕の産業——転換の歴史」を参照されたい。

14) 燕市、前掲書、537～538ページ。

15) 捧吉右エ門『日本洋食器史』叢文社、1972年、19ページ。

16) 燕市、前掲書、582ページ。

17) 捧、前掲書、26～27ページ。

18) 燕市、前掲書、583ページ

19) 前掲書、585～591ページ。

20) 前掲書、660～668ページ

第2章　洋食器産業の繁栄とその後の展開

燕の地域産業の歴史は「事業転換の歴史」といわれる。江戸初期以降、「和釘」が基幹産業として育ったが、明治に入ってからの洋釘の普及により、伝統の和釘は明治の後期には姿を消している。また、江戸中期以降は銅器、煙管、ヤスリ、矢立が導入され、これらは和釘ほどではないが、江戸期を通じて、特に煙管、矢立は国内の代表的な生産地の一つを形成した。明治後期以降は、煙管は紙巻タバコに替わり、矢立は万年筆に替わっていった。さらに、生活用品の銅器は大阪あたりで発展してきた安価なアルミ（アルマイト）製、琺瑯鉄器製の鍋等の厨房用品に市場を奪われていく。そのため、職を失った金属加工の職人たちの多くはヤスリ職人に転じていった。特に、明治後期以降の軍需産業化の中で、ヤスリの需要は拡大していった。

1914（大正3）年には第1次世界大戦が勃発、ヨーロッパが戦場になっていく。ヨーロッパではドイツが洋食器の主要生産地であったのだが、軍需工業化が優先され、洋食器生産は縮小、代替できそうな国として日本が期待され、大阪商人などを通じて燕がそれを担っていった。当初は木型に真鍮板を乗せ、木槌で叩いて製作した。その後、一部の工程（プレス、研磨）に機械化も進み、第1次世界大戦後の不況はあったものの、日本国内の洋風化、関東大震災（1923［大正12］年）後の復興需要等もあり、戦間期には真鍮製（銀メッキ、ニッケルメッキ）洋食器が普及していった。

第2次世界大戦後は、占領軍による洋食器の特需、さらに、1950年開戦の朝鮮戦争による特需が発生、その後は1ドル＝360円の固定レートの円安構造の中で対米輸出を積極的に展開、生産力を大幅に拡大させていく。そして、早くも1956年頃にはアメリカの洋食器製造業者を刺激し、わが国初の「日米経済貿易摩擦」に直面していく。このような事態の中で、当時の通商産業省（現経済産業省）の指導を受けながら、燕は「輸出自主規制」という方式を編み出し、日本金属洋食器工業組合による輸出調整行為を重ねていった。その後、何度かの規制の解除、再開などが行なわれたのだが、1971年以降の円高、そして、特に1985年のプラザ合意以降の急激な円高により、対米輸出は難しくなっていった。

なお、この日本金属洋食器工業組合によって編み出された「輸出自主規制」の方式は、その後に続く1970年代以降の繊維、鉄鋼製品、カラーTV、VTR、電動工具、工作機械、半導体、自動車等をめぐる日米経済貿易摩擦の際の対応の基本的な枠組みになっていった。ただし、1990年代初めの自動車以降、農畜産物を除き日米経済貿易摩擦は生じていない。1990年代中頃以降は、アジア、中国の近代工業化・輸出産業化が進み、日本が低価格品を大量にアメリカに輸出するという時代は終わり、日本の産業構造が大きな転換期を迎えることになった。燕の洋食器産業の戦後の動きは、そのような展開を象徴するものであった[1)]。

そして、1990年代前半には、洋食器を焦点とする輸出自主規制は意味のないものになり、燕としては洋食器以降のあり方が課題になっていった。この点に関し、当時の日本金属洋食器工業組合は従来の金属洋食器の単一製品産地から、ステンレス技術をベースに、各々が独自な方向に向かう「複合金属製品産地」「生産・物流メガターミナル」を目指していく[2)]。

この章においては、戦後のステンレス製洋食器の拡大、日米経済貿易摩擦、輸出自主規制、1985年のプラザ合意以降の円高と対米輸出の消滅、そして、その後の地域と中小企業をめぐる多様な取組みをみていく。

1. 戦後の対米輸出型産業展開

戦時中は軍需工場化された燕の工場も、戦後すぐの1945年10月には、新潟駐屯の進駐軍第27師団により民需転換を許可された。これを受けて、燕では残されていた軍需生産用の資材を用いて鍋、釜などの不足していた日用品の生産が再開された。当時はモノ不足の時代であり、製品は飛ぶように売れた。洋食器も一部の企業で再開されていった[3)]。

表2—1　戦後の燕産業をめぐる歩み

年月日	出来事
1946年10月	進駐軍とその家族向け180万本を3社で受注（設営用特需）
1947年5月	インドネシア向け賠償貿易（ミッション貿易）のため、燕で10社による日本洋食器貿易会社（日洋貿）を設立、戦後初めての輸出にあたった
1947年頃	貿易再開までの対応策として、燕町内企業が3グループ（日本洋食器㈱、太平洋食器㈱、燕洋食器工業組合輸出部）を発足させ、制限付で少数ながら中南米諸国等へ輸出開始。また、進駐軍の洋食器の大量発注に対しては、3グループそれぞれが共同受注して対応
1949年6月	円が固定相場制で1ドル＝360円として復活 「燕商工会議所」設立
8月	金属洋食器の民間貿易再開
1950年6月25日	朝鮮戦争勃発（1953年7月27日休戦）、ステンレス製洋食器の対米輸出拡大 当時、真鍮製から一気にステンレス製に転換
1954年3月31日	燕市制施行（昭和の大合併）、燕町、小池村、小中川村、松長村の1町3村の合併。直前の1954年1月1日の旧4町村の住民登録人口は3万2173人
1956年	ステンレス製洋食器の輸出比率が90.2%（アメリカ、カナダで85.3%）に達し、アメリカ市場の約30%を超えたため、アメリカの洋食器製造業者が危機感を高めて輸入制限を求める
1957年4月	アメリカのステンレス洋食器製造業者協会は、アメリカ関税委員会に提訴、大幅な関税引き上げと大幅な輸入数量の制限をアメリカ政府に要望
7月	「日本輸出洋食器調整組合（組合員73名）」設立、翌年「日本輸出金属洋食器工業組合」に改組 オールステンレス製洋食器はアメリカの輸入規制対象であったが、プラスチックハンドル製は規制外であったため、プラスチック成形業が急増 「燕プラスチック工業協同組合」設立
1958年1月7日	アメリカの洋食器輸入制限反対市民大会（3000人以上が集まる）
2月5日	渡米陳情団出発（燕市長、燕商工会議所会頭、業界代表ら10人）
3月5日	玉川堂「鎚起銅器」新潟県の無形文化財の指定
1959年3月	燕駅に「物産陳列所」設置
11月1日	アメリカ、洋食器輸入制限措置として、関税割当制度を実施（アイゼンハワー大統領）
1960年5月14日	カナダ、洋食器輸入制限を実施
1960年6月	吉田商工会、分水商工会設立
1962年4月1日	新潟県立燕工業高等学校開校（2004年、新潟県立三条工業高等学校［創立1911年］と統合し、新潟県立県央工業高等学校に改組［三条市］）
1964年6月16日	新潟地震。死者26人、全壊1960戸、半壊6640戸、浸水1万5248戸。最大級の石油コンビナート火災。143基の石油タンクが延焼、12日間続く。燕地区の被害は比較的軽微であり、軽傷4人、住宅半壊5棟、工場半壊1棟であったが、小池地区では、用水路取水口付近の陥没があり、田が冠水、しばらく用水取り入れが不可能になる
1964年7月7日	「日本輸出キッチンツール工業組合（当初組合員43名、燕地区15名、関地区

	24名、東京地区4名)」設立。1966年「日本輸出金属ハウスウェアー工業組合(組合員100名、燕地区68名、関地区25名、東京地区5名、大阪地区1名、三重地区1名)」設立。さらに、2000年、名称を現在の「日本金属ハウスウェア工業組合(組合員92名、燕地区92名、関地区18名、東京地区1名)」に変更
1967年10月12日	アメリカ、洋食器関税割当制度を廃止
12月	燕産地実態調査実施(新潟県・燕産地構造研究会)
1968〜1970年	洋食器輸出急拡大、1967年の4360万ダースから、1970年は6500万ダースに。アメリカ製造業者から輸入制限の要請高まる
1970年9月11日	アメリカ輸入制限反対市民総決起大会(約8000人) 燕市、業界代表9人、輸入制限提起撤回交渉のために渡米
11月25日	「燕市金属洋食器規制対策特別資金」を創設
1971年8月15日	金為替本位制廃止(ニクソンショック)、1ドル360円から308円にドル切り下げ(円切り上げ)
10月1日	アメリカ、洋食器関税割当制度を復活
10月8日	「燕市輸出関連中小企業緊急対策特別資金」受付開始
10月25日	「第1回新潟県燕市物産見本市」を東京で開催
1973年2月24日	アメリカ、通貨調整でドルの10%切り下げを実施 変動為替相場制へ移行(当初1ドル271円30銭)
8月1日	「燕市産業史料館」完成
9月10日	「燕商業卸団地協同組合」設立
10月6日	第4次中東戦争勃発、石油供給制限、狂乱物価(第1次オイルショック)
1974年2月25日	「燕市中小企業経営安定対策緊急融資特別資金」受付開始
11月22日	「燕市中小企業不況対策融資特別資金」受付開始
1976年9月30日	「対米輸出洋食器関税割当制度」を廃止、以後自主規制に
1977年9月26日	「燕市中小企業円高対策経営安定緊急特別資金」受付開始
12月	「円相場高騰関連中小企業対策臨時措置法」施行(洋食器等業種指定)
12月24日	「燕産地産業対策促進協議会」設置
1978年6月6日	金属洋食器輸出問題打開のため、業界代表渡米
9月21日	北陸自動車道開通(新潟〜長岡間)、「三条燕インターチェンジ」供用開始
1979年2月	イラン革命による石油の供給危機(第2次オイルショック)
5月1日	「共同展示館つばめ」完成
7月2日	「産地中小企業対策臨時措置法(産地法)」施行(洋食器、ハウスウェア等業種指定) 日本輸出金属洋食器工業組合が、「日本金属洋食器工業組合」に名称変更
1981年4月7日	中国産業調査のため、燕市、業界代表訪中
6月22日	「燕鎚起銅器」、「伝統的工芸品産業の振興に関する法律(伝産法)」により、伝統的工芸品に指定
1982年11月15日	上越新幹線開業(新潟〜大宮間)、「燕三条駅」開業
1983年12月7日	アメリカ金属洋食器製造業者組合、輸入関税引き上げ救済措置を求め、アメリカ国際貿易委員会(ITC)に提訴。同13日に受理される
1984年6月4日	アメリカ国際貿易委員会、金属洋食器輸入関税引き上げ問題「被害なし」の判定、同日レーガン大統領に報告書を提出

1985年 3 月14日　上越新幹線上野駅乗入れ
「燕三条駅観光物産センター」開業
4 月 1 日　「燕市新産業誘致開発機構」設置
9 月22日　プラザ合意（G5［5カ国蔵相会議］）、以後、円が急騰（1985年6月の1ドル249円から、1年後の1986年9月には153円に上がる）
10月 2 日　関越自動車道全線開通（東京都練馬区～新潟県長岡市）
10月23日　中国産業調査のため、燕市、議会、業界代表訪中
12月12日　「燕市円高対策緊急融資制度資金」受付開始
1986年 2 月25日　「中小企業者事業転換対策等臨時措置法」が施行
6 月24日　「インターナショナルハウスウェアショウ'86東京（第1回）」に燕市物産見本市協会が参加
12月 2 日　「特定地域中小企業対策臨時措置法」による融資開始
1987年 4 月 1 日　「燕市円高関係不況対策行政相談室」開設
「燕市円高対策利子助成金」交付
9 月　日本金属洋食器工業組合「ニューヨーク常設展示場」開設
10月19日　世界的株価暴落（ブラックマンデー）
10月29日　「特定地域市町村連絡協議会」設置
1988年 5 月　「㈶新潟県県央地域地場産業振興センター」開業
1989年 4 月 1 日　3％の消費税導入
1990年 9 月22日　「燕研磨工業会」設立
1991年 6 月20日　上越新幹線東京駅乗入れ
1992年 4 月28日　1983年開始の長岡テクノポリスを拡大し、「信濃川テクノポリス第2期計画」承認（テクノポリス法は1998年に終了。信濃川テクノポリス開発機構は、2004年、㈶にいがた産業創造機構（NICO）に統合。2013年、公益財団法人に移行）
10月 1 日　「燕市中小企業振興資金（不況対策資金）」受付開始
「特定中小企業集積の活性化に関する臨時措置法」施行
10月 7 日　「中小企業大学校三条校」開校
1993年 3 月 3 日　「インランド・デポ（内陸通関拠点）」開設
3 月31日　「特定地域中小企業集積の活性化に関する計画」承認
10月 1 日　「燕市中小企業経営安定対策特別資金」受付開始
11月25日　「特定中小企業者の新分野進出等による経済の構造変化への適応の円滑化に関する臨時措置法」施行
1994年12月 1 日　輸出検査法に基づく輸出検査品目から金属洋食器削除
1995年 4 月14日　「中小企業の創造的事業活動の促進に関する臨時措置法」施行
4 月19日　円が1ドル79円75銭の最高値を記録
5 月 9 日　香港を拠点に海外情報収集等調査事業を実施
6 月28日　商工会議所「東南アジア［ベトナム、タイ、香港］経済視察団」、市長、議長、商工課長参加
7 月 1 日　「製造物責任法（PL法）」施行
12月 1 日　「輸出入取引法」廃止
1996年 2 月 1 日　「燕市中小企業活性化対策特別資金」受付開始
5 月　東大阪市の呼びかけにより、10都市で構成する「中小企業都市連絡協議会

（通称中小企業都市サミット）」設置（燕市は2006年に脱会、現在、7都市）

1997年 3月　「燕市産業振興基本計画」作成
3月31日　「輸出デザイン法」廃止
4月1日　消費税5%に引き上げ
8月29日　「特定産業集積の活性化に関する臨時措置法」に基づく「基盤的技術産業集積の活性化に関する計画」承認

1998年 2月20日　「燕市小規模企業経営安定対策特別資金」受付開始
7月21日　「燕市地域産業対策特別資金」受付開始
10月5日　「第2次燕市地域産業対策特別資金」受付開始
11月16日　「第3次燕市地域産業対策特別資金」受付開始

1999年 7月5日　「燕市中小企業者特別資金」受付開始
7月15日　「三条・燕地域リサーチコア」開業
11月1日　「第2次燕市中小企業者特別資金」受付開始
12月　「中小企業基本法」改正

2000年 6月1日　「大規模小売店舗法」施行

2001年 4月　「燕市経済再生戦略会議」設置
6月1日　「第3次燕市中小企業者特別資金」受付開始
11月24日　燕市経済再生戦略会議が「中国上海市崇明島、浙江省永康市」視察

2002年 1月　日本と中国のステンレス鋼材二重価格解消のため、経済産業省に要望提出

2003年 4月1日　「燕市中小企業資金繰り円滑化特別資金」受付開始

2004年 7月13日　新潟・福島豪雨、市内一部が冠水、停電、一部の市内中小工場も冠水
10月23日　新潟県中越地震。分水地区は全壊8戸、大規模半壊9戸、半壊14戸。災害救助法適用

2006年 3月20日　燕市、吉田町、分水町が合併し、新「燕市」誕生（平成の大合併時）。
合併直前の2005年の1市2町の国勢調査人口は8万3265人

2007年 5月1日　「燕市磨き屋一番館」開業
6月1日　「企業立地促進法」施行
7月16日　新潟県中越沖地震。分水地区を中心に被害。大河津分水路及び信濃川堤防に亀裂生じる

2008年 9月15日　リーマンショック

2009年 1月26日　「経営安定化緊急対策資金」受付開始
10月16日　「えちご燕物産館」両国店オープン（5年ほどで閉鎖）

2010年 4月1日　「㈶新潟県県央地域地場産業振興センター」の名称を「㈶燕三条地場産業振興センター」に変更
玉川堂5代目玉川覚平氏の次男玉川宣夫氏（1942［昭和17］年生まれ）が、重要無形文化財保持者（人間国宝）として認定（鍛金）

2011年 3月11日　東日本大震災
6月12日　東日本大震災の被災地支援として、仮設住宅応援グッズ3000セットを発送

2013年 1月18日　燕市物産見本市協会、「メゾン・エ・オブジェ」（パリ）に出展
5月7日　吉田西太田に燕市役所新庁舎開庁

2014年 4月1日　消費税8%に引き上げ
10月1日　「燕三条ものづくりメッセ2014」「燕三条　工場の祭典」初開催
以後、毎年10月に開催（4日間）

2015年10月1日	国勢調査人口7万9784人
2016年3月25日	「道の駅燕三条地場産センター」開業
4月1日	「燕三条地場産業センター」が公益法人化
2017年4月1日	「道の駅国上（くがみ）」開業
6月	「ネクストリーダーズプロジェクト」を開始
2018年2月13日	インターンシップ受入れ宿泊施設「つばめ産学協創スクエア」開業
5月24日	「産業振興協議会」発足
9月13日	ロンドンに設置された「ジャパンハウス」のオープニングイベントに燕製品の展示、実演（鎚起銅器）

資料：燕市、燕市産業史料館他

1946年には、進駐軍から洋食器の注文が届き、同年10月には、進駐軍とその家族2万世帯分の洋食器を燕の燕物産、山崎金属工業、岐阜県関の関刃物の3社が受注している。スプーン、フォーク、ナイフ11種、計180万本であり、真鍮に銀メッキの高級品であった。これらは、進駐軍の「設営用特需」といわれる。これら3社はそれぞれ地元の協力企業を組織し、対応していった。

その後、この進駐軍向け特需の取扱団体は交易営団新潟支部となり、燕洋食器組合が窓口となって受注し、各組合員が生産、日本通運が出荷にあたった。1947年の第1回目の受注はステンレスを主体とする洋食器であり、米第8軍向け50万本、英・豪軍向け14万本の大量受注となった。燕の生産者10社、岐阜県関の1社が入札して生産した。なお、戦前から一部にステンレス製の生産が行なわれていたが、終戦直後、軍需用のステンレス材が10万トンほど残っており、舞鶴の海軍廠、富山の陸軍廠から調達して対応した。さらに、1950年の朝鮮戦争開戦により銅の価格が高騰し、洋食器生産の素材は真鍮から一気にステンレスへと転換していった。ここから、燕はステンレス製洋食器産地となり、朝鮮戦争後、円安構造の中で対米向け輸出産地として展開していく。

（1）対米輸出と金属洋食器生産の拡大
——最初の日米経済貿易摩擦

1949年の民間貿易再開以前は、進駐軍向け生産に加え、GHQ（連合軍総司令部）の指示の下で、輸出は1947年のインドネシア向け賠償貿易（ミッション貿易）があり、1947年5月の第1回賠償貿易は当時の燕の大手10社が日本

表2—2　燕の金属洋食器の生産、輸出推移

区分	国内		輸出				合計	
	数量	金額	数量		金額	輸出比率	数量	金額
	(1000ダース)	(100万円)	(1000ダース)	(%)	(100万円)	(%)	(1000ダース)	(100万円)
1947		200			13	6.1	1,300	213
1948		211			32	13.0	1,500	244
1949		227			88	28.0	2,100	315
1950		119			221	65.0	2,500	340
1951		92			326	77.9	2,500	418
1952		230			485	67.9	4,300	715
1953		316			538	63.0	4,400	854
1954		133			942	87.6	5,100	1,075
1955		217			1,878	89.6	8,300	2,025
1956		314			2,886	90.2	12,000	3,200
1957			12,100		3,558			
1958			11,800		3,329			
1959			12,800		4,011			
1960			21,600		5,901			
1961			19,500		4,572			
1962			23,200		5,714			
1963			28,700		7,392			
1964			35,800		9,022			
1965			35,180		8,957			
1966			37,800		9,048			
1967			43,600		10,353			
1968	7,700	2,685	50,500	86.8	12,950	82.8	58,200	15,635
1969	8,000	3,065	57,300	87.7	17,480	85.1	65,300	20,545
1970	8,500	3,677	65,000	88.4	20,916	85.0	73,500	24,593
1971	10,400	4,211	59,500	80.8	17,311	80.4	69,900	21,522
1972	10,000	4,046	60,000	85.7	17,620	81.3	70,000	21,666
1973	15,300	6,579	59,880	79.6	19,465	74.7	75,180	26,044
1974	17,000	7,500	58,500	77.5	23,390	75.7	75,500	30,890
1975	15,600	8,658	56,400	78.3	20,503	70.3	72,000	29,161
1976	16,900	8,612	58,700	77.6	25,525	74.8	75,600	34,137
1977	14,000	8,426	61,000	81.3	27,526	76.6	75,000	35,952
1978	12,800	8,410	57,800	81.9	20,902	71.3	70,600	29,312
1979	12,900	9,069	56,150	81.3	20,634	69.5	69,050	29,703
1980	12,100	9,703	65,980	84.5	29,692	75.4	78,080	39,395
1981	10,740	9,453	63,260	85.5	30,327	76.2	74,000	39,780
1982	10,700	9,396	59,810	84.8	24,718	72.5	70,510	34,114
1983	10,540	9,997	61,370	85.4	27,416	73.3	71,910	37,413

1984	9,280	9,825	66,600	87.8	31,942	76.5	75,880	41,767
1985	9,600	10,232	59,580	86.1	27,584	72.9	69,180	37,815
1986	9,400	17,779	51,730	84.6	20,211	53.2	61,130	37,990
1987	9,590	10,363	48,550	83.5	16,830	61.9	58,140	27,193
1988	9,580	10,677	44,430	82.3	16,637	60.9	54,010	27,314
1989	9,800	11,333	45,730	82.4	17,725	61.0	55,530	29,058
1990	9,660	10,836	48,470	83.4	18,568	63.1	58,130	29,405
1991	9,650	11,959	47,080	81.0	20,395	63.0	56,730	32,357
1992	8,970	11,140	45,310	83.5	20,611	64.9	54,280	31,751
1993	8,550	10,008	37,150	81.2	14,108	58.5	45,700	24,116
1994	8,980	10,245	30,880	77.4	9,816	48.9	39,860	20,061

注：空欄は非公表。
1994年12月1日をもって、輸出検査法に基づく輸出検査品目から金属洋食器は削除され、以後、日本金属洋食器工業組合による生産、輸出統計は行なわれていない。
資料：日本金属洋食器工業組合

図2—1　1947～1956年の洋食器の生産と輸出

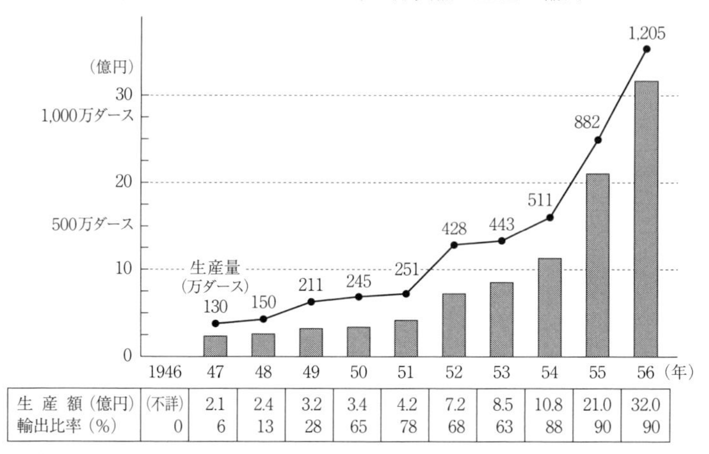

	1946	47	48	49	50	51	52	53	54	55	56
生産額(億円)	(不詳)	2.1	2.4	3.2	3.4	4.2	7.2	8.5	10.8	21.0	32.0
輸出比率(%)	0	6	13	28	65	78	68	63	88	90	90

原資料：日本金属洋食器工業組合
資料：燕市『燕市史 通史編』1993年、744ページ

洋食器貿易会社（通称日洋貿）を設立して対応していった。参加企業は、燕物産、相場工業、燕振興、平田合名、中山由市工場、燕軽金属、久保田重松＝花松、遠藤工業、山崎金属工業、小林工業。代表者には燕物産の8代目捧吉右エ門氏が就き、共同で生産、生産額は800万円にのぼった。

▶戦後の民間貿易の再開

1947年8月には制限付きの民間貿易が再開され、インドネシア、香港、フィリピンなどに2万3600ダースを輸出している。さらに、1948年後半には、アメリカの業者からステンレス製洋食器の注文が入り、第一金属、富士食器（現ナカヨシ）などが輸出している。これが戦後の対米輸出の最初となった。ただし、この頃までは制限付きであった。表2—2をみても、1947年の生産数量は130万ダースに過ぎず、その中で輸出比率は6.1%にとどまっていた。それでも、戦前の洋食器生産のピークである1935（昭和10）年の58万ダースをはるかに超えていた。

1949年12月には自由貿易の輸出が再開、1950年1月には、輸入が再開された。この間、日本の国際社会復帰のために、円の為替が復活され、1949年6月には固定相場制の1ドル＝360円となった。この1ドル＝360円の固定相場は円安設定とされており、アメリカとしても、米ソ冷戦構造の下で、太平洋の西端に展開する戦略拠点の日本に輸出工業化による自力復興を促す意味が込められていた。この点、まだ占領下にあった沖縄、奄美の場合は、1ドル＝120B円と超円高に設定された。B円とは軍票を意味するが、この超円高相場は沖縄の軍事基地化を促すものとされている。沖縄の人びとは工業化に向かわず、基地建設に駆り出されていった[4)]。

そして、1950年6月には朝鮮戦争が勃発、アメリカの洋食器製造業者は軍需工業に転換させられ、それを補うものとして燕の対米輸出が増加していく。アメリカのバイヤーが燕に押し寄せ、「100万ドルバイヤー」「ドルの雨が降る」として騒がれていた。1950年の燕の洋食器の生産数量は250万ダース、生産額3億4000万円、輸出額は2億2100万円、輸出比率は65.0%に達した。このアメリカからの大量受注は1951年前半まで続いた。その後、品質問題等があり、一時期対米輸出は停滞するが、高度経済成長のスタートの年とされる1955年には輸出額は18億7800万円、輸出比率は89.6%に達していった。翌1956年には輸出額はさらに増加し28億8600万円、前年比53.7%増となり、輸出比率は90.2%にまで達したのであった。

▶戦後のステンレス化と研磨、洗浄技術の革新

戦後、急速にステンレス製洋食器の生産が拡大していくが、ステンレス素材の調達、また、ステンレス製品の研磨、洗浄等の技術課題に直面していく[5)]。ステンレス素材の調達は、当初は軍需工場に残されていたもの、あるいは廃材を利用したが、足らず、日本ステンレス直江津工場等各所への模索を重ねたが、うまくいかなかった。その後、洋食器工業組合を中心に新潟県、燕市が八幡製鐵（現日本製鉄）に陳情し、ようやく了解を得、1951年6月、13クロムのステンレス板100トンが組合に納入された。1952年以降は大阪特殊製鋼、関東製鋼等がステンレス材の生産を開始、さらに、1953年には地元の明道金属（現明道メタル）がステンレス材の溶解、圧延を開始している。そして、素材の調達の道筋がついたことにより、その後の生産拡大、対米輸出が推進されていった。

戦後、始められたステンレス材による洋食器は、材質も悪く、研磨も難しかった。その頃、東京の研磨剤業者の光陽社から「注射針や時計部品の加工時に発生する微小なバリを溶かして、除去すると同時に光沢も出す電解研磨方式」というものがあることを聞き、各社が技術の入手を図り、研究を開始していった。ただし、いずれもなかなかうまくいかなかったのだが、「日洋貿」の生産本部にいた兼子敏男氏が第一金属の一部を借りて東陽理化学研究所を設立、大崎正明氏以下15人の技術者と共に1950年、電解研磨の研究、実用化に入っていった。この電解研磨は、硫酸、塩酸等の強酸液をベースに、高圧・強電流でステンレスの表面を1000分の2～4 mm（2～4ミクロン）溶かしてはぎ取るものであり、美しい光沢が生まれ、また、酸化皮膜が形成され、耐酸性も増加した。

東陽理化学研究所は電解研磨法の確立後、技術を地域に開放し、その後の燕の研磨、特に電解研磨の拡がりに大きな役割を果たした。この電解研磨法の拡がりが、その後の燕の洋食器の発展に大きく寄与した。

また、バフ研磨後の残った研磨剤の油脂を除去することが大きな課題になっていた。当時は加熱して拭き取ったり、シンナー等の溶剤で洗浄していたが、引火などの事故も多発していた。このような事情の中で、相場工業にいた山崎

虎雄氏が、1951年、東京で会社を設立、超音波を利用したトリクレン（正確にはトリクロロエチレン）洗浄法に取り組み、成功させた。この方式は1952年から燕に普及、洋食器の生産性向上に大きく寄与した。

これらの戦後の新たな取組みにより、燕は生産力を拡大し、対米輸出を軸にする一大ステンレス製洋食器産地を形成していくのであった。

▶対米輸出激増と経済貿易摩擦問題の発生／第1次経済貿易摩擦

このような戦後の洋食器生産の基礎的条件の整備により、生産量は拡大していくが、特に、アメリカ向け輸出は急増していった。表2—3によると、アメリカ・カナダ向け輸出は、1953年の65.5万ダースから急増し、1956年には760.7万ダースとわずか3年で11.6倍の増加を示した。さらに、表2—4によると、アメリカへの輸出は、1953年の42.2万ダースから1956年には592.9万ダースと14.0倍増となり、日本の輸出はアメリカの生産量の46.9％を占めるものになった。推計すると、日本の洋食器はアメリカ市場の30％前後を占め

表2—3　金属洋食器の仕向地別輸出実績の推移（1953～1956）

仕向地	アメリカ・カナダ				ヨーロッパ				その他				合計			
年度	数量	（%）	金額	（%）	数量	（%）	金額	（%）	数量	（%）	金額	（%）	数量	（%）	金額	（%）
1953	655	20.2	165	30.7	—	—	—	—	2,587	79.8	373	69.3	242	100.0	539	100.0
1954	1,363	32.5	467	49.6	302	7.2	53	5.6	2,534	60.3	422	44.8	4,199	100.0	942	100.0
1955	4,119	60.2	1,367	72.8	311	4.6	62	3.3	2,406	35.2	448	23.9	6,833	100.0	1,878	100.0
1956	7,607	77.2	2,461	85.3	236	2.4	60	2.0	2.015	20.4	365	12.7	9,859	100.0	2,886	100.0

単位：数量は1000ダース、金額は100万円
資料：日本金属洋食器工業組合

表2—4　金属洋食器のアメリカ生産数と日本の対米輸出数の推移

年度	アメリカの生産数（1000ダース）	（%）	日本の輸出数（1000ダース）	（%）	アメリカ市場合計（1000ダース）	（%）	日本の対米輸出数／アメリカ生産数（%）
1953	8,557	95.3	422	4.7	8,979	100.0	4.8
1954	9,466	93.0	712	7.0	10,178	100.0	7.5
1955	13,193	83.4	2.618	16.6	15,811	100.0	19.8
1956	12,627	68.1	5,922	31.9	18,549	100.0	46.9

資料：日本金属洋食器工業組合

るものになっていった[6]。

このような事態に対し、アメリカの洋食器製造業が反発していく。「日本製品の北米輸入は膨大な数量に上り、年々益々増大の傾向にある。このため自国の生産業者は、日本製品の安価に押されて、破滅の危機に直面している。[…]この際、日本製品の輸入を規制するか、または関税を高くするか、さもなければ日本の業界自体が輸出制限を行なうべきである[7]」としていった。1957年4月11日、アメリカのステンレス洋食器製造業者協会は、アメリカ関税委員会に提訴、大幅な関税引き上げと大幅な輸入数量の制限を求めていった。初の「日米経済貿易摩擦」が始まっていく。

その後、1958年1月中旬にアメリカ関税委員会の大統領への勧告が提出される見通しとなり、大幅な関税引き上げ、輸入制限の懸念が強まる中で、日本輸出金属洋食器工業組合は、1958年1月7日、燕東小学校の体育館に市民約3000人を集め「輸入制限反対市民大会」を開催している。こうした中で、アメリカ関税委員会は、1958年1月10日、関税引き上げをアイゼンハワー大統領に勧告した。日本から輸出されるスプーンの関税が19%から40%への引き上げ、ナイフ・フォーク類が12.5%から45%に引き上げられる見通しとなった。

これだけの関税率引き上げに対し、燕側は輸出洋食器総合対策委員会を設置、関係各省庁に陳情、さらに、2月2日、田巻甲市燕市長をはじめ、市議会、業界の10人を渡米陳情団としてアメリカに派遣、13日からアメリカ政府との交渉に入った。この間、日本側は通商産業省の指導の下で輸出自主規制に取り組んだことから、アイゼンハワー大統領は「年末まで保留」とした。そして、その後、1959年10月21日、アイゼンハワー大統領の裁定は以下のように下された。「1ダースあたり3ドル以下、長さ10.2インチ（26㎝）以下のものの年間輸入量は、575万ダースまでは従来通りの関税率（19%）とする。これを超える分については、1934年関税率の50%増の新税率を課せる」というものであった。これにより、対米輸出は抑制されたが、他方でカナダ向けが増え、そこからアメリカに輸出される三角貿易が発生、アメリカから非難されることになる。そのため、カナダは1960年5月、日本製洋食器の輸入制限に踏み出していった。

それでも、燕の洋食器業界は他地域への輸出を切り拓き、輸出数量（表2—2）は、1959年の1280万ダースからアメリカの規制が廃止された1967年の4360万ダースにまで増加していた。さらに、規制廃止後の1968年から1970年にかけて急激な対米輸出増加となり、1970年の輸出は6500万ダースになった。ここで、また日米経済貿易摩擦が再燃していく。

▶第2次経済貿易摩擦、第3次経済貿易摩擦、そして、円高

第2次経済貿易摩擦というべき状況は、1967年10月のアメリカの洋食器関税割当制度の廃止以降、急激に対米輸出が増えたことに起因する。早くも1970年にはアメリカ金属洋食器製造業者協会からは輸入制限の要請が高まっていった。これに対し、燕側は1970年10月1日には「米国輸入制限反対市民総決起大会」を約8000人の市民を集めて開催、南波憲厚燕市長をはじめ市会議員、業界代表9人が輸入制限提起撤回交渉のために渡米している。だが、アメリカは1971年10月1日に洋食器関税割当制度を復活させていった。ここまでが「第2次経済貿易摩擦」というべきであろう。そして、この関税割当制度

1970年9月11日、「米国輸入制限反対市民総決起大会」が開催され、約8000人を集めた

資料：燕市

は1976年9月30日に廃止されている。

そして、廃止される度に燕の洋食器の対米輸出が増加するという構図の中で、1978年にはまたしても関税割当制度の復活が俎上に上がっていく。ここが「第3次経済貿易摩擦」ということになろう。1978年6月には現状打開のために燕からは業界代表が渡米している。1983年12月7日にはアメリカ金属洋食器製造業者組合が、輸入関税引き上げ救済措置を求めて、アメリカ国際貿易委員会（ITC）に提訴、同13日には受理された。この提訴に対しては、アメリカ国際貿易委員会は1984年6月4日、すでに進行していた円高・ドル安構造の中で「被害なし」の判定を下し、同日、レーガン大統領に報告書を提出している。この時点をもって、燕の洋食器をめぐる3次にわたる日米経済貿易摩擦は終結したのであった。

最初の経済貿易摩擦は、1950年代の末、2回目の摩擦は1970年以降、そして、3回目は1983年以降の出来事であった。この間、日米関係よりもはるかに大きな国際経済調整が進められていく。1971年8月15日、金為替本位制が廃止され（ニクソンショック、通称ドルショック）、対米関係では、固定相場制の中で1ドル＝360円が306円へとドルが切り下げられていく（円切り上げ）。さらに、1973年2月24日、アメリカはドルの10％切り下げを実施、併せて、円は固定相場制から変動相場制に移行していった。当初1ドル＝271円30銭で円は変動相場制の時代に踏み込んでいった。その後、2回のオイルショック（1973年10月、1979年2月）を経験している。

そして、しばらくは1ドル＝270～240円前後で推移していたのだが、1985年9月22日、G5（主要5カ国蔵相・中央銀行総裁会議）が開催され、戦後体制の総括が行なわれた（プラザ合意）。以後、対ドル円レートは急騰、1985年6月の1ドル＝249円水準から、1年後の1986年9月には153円水準に上がっていった。その後も趨勢的に円が上昇し、1995年4月19日には当時までの史上最高の1ドル＝79円75銭を経験している。

先の第2次経済貿易摩擦の時期は、1971年のニクソンショックからアメリカのドルの10％切り上げ、円の変動相場制移行（1973年）の時期であり、日米貿易関係は新たな局面を迎えていく。さらに、1983～1984年の第3次経済貿易摩擦の頃は、プラザ合意に結実する戦後体制の総括、大規模な国際経済調整、円高・ドル安が構造化される頃であり、なし崩し的にアメリカ国際貿易委員会への提訴は取り下げられた。このように、燕の洋食器をめぐる日米経済貿易摩擦は、1970年代以降は円高によって大きな影響を受けていった。

日米の経済貿易摩擦は、農畜産物を除いて1990年代初めの自動車問題を最後に、新たに大きな問題として発生していない。新たな国際的な枠組みの中で、日本はかつてのような低価格量産品をアメリカに怒濤のごとく輸出することはなくなっている。このような問題は、2010年代末の現在では近代工業化により低価格量産品を担っている中国とアメリカを焦点にみられているのである。

▶輸出組合による生産・出荷調整

アメリカの関税割当制度に対して、日本側は1957年7月、「日本輸出洋食器調整組合（当初組合員73名）」を設立していく。1947年に施行された日本の独占禁止法（私的独占の禁止及び公正取引の確保に関する法律）は、「私的独占の禁止」「不当な取引制限の禁止」「不公正な取引方法の禁止」の3本柱から構成されている。この中で「不当な取引制限」としてカルテル（談合）の原則禁止を定めている。ただし、二つの場合だけは適用除外としている。一つが「輸出カルテル」であり、もう一つは「中小企業協同組合法」による事業とされる。先の日本輸出洋食器調整組合（その後の日本輸出金属洋食器工業組合）は、この適用除外を受けたものである。組合員以外の輸出を制限することができる。

この点、当時の燕の状況は以下のように報告されている。

「関税割当制度は、米国向け輸出量の制限であり、その量は生産枠と出荷枠で決められるため、『枠』は利権となる。その枠配分をめぐって調整を行なう日本輸出金属洋食器組合（通称洋工）は、加盟業者が150社に増加して、配分をめぐりしばしば紛糾が続いた。この頃、洋食器製造技術を応用し、家庭台所用品の製造に転換する業者も現れた。ハウスウェア産業の台頭である。一方、洋食器製造業者もしたたかであった。輸入制限の洋食器は金属だけの製品であり、スプーンやフォークの柄を木製やプラスチックにした洋食器は規制外であ

プラスチック製柄（ハンドル）の洋食器

資料：燕市産業史料館

るため「異種柄」洋食器を大量生産し活路を見出した。アメリカ以外のカナダ、ドイツなどのヨーロッパへの輸出量は急増し、昭和45年には6500万ダースに達した。産地が『不死鳥の燕』といわれるゆえんである[8)]」としている。

この出荷規制は1957年11月から開始された。当時の日本輸出金属洋食器工業組合が調整にあたったが、出荷枠を前年（1956年）の輸出実績で配分を決めたため反対が多かった。「調整組合は組合員73名をもって設立されたが、翌年の1958年8月には98名となり、調整の効果があらわれた頃から出荷枠に価値が出てきたため、下請業者は争って組合員資格（検査実績とサプライヤーとの契約納品の証明書、生産機械設備の一部を所有）を取得して出荷枠を得ようとした。そのため、組合員は1959年4月には139名、同年11月には181名にまで増加して、出荷枠の配分で常に混乱する状態であった」。この混乱を避けるため、日本輸出金属洋食器工業組合は「出荷配分資格の厳正なる基準を定めることにした。これにより、名目的な出荷者を排除し、下請業者の生産量を確保するため、通産省の意向もあって、出荷枠だけでなく新たな生産枠を設定して設備の使用制限をすることにした。[…] 1960年1月より出荷枠、生産枠の二本建ての調整を実施することになった[9)]」。

なお、この出荷枠等はプラザ合意以降の円高の中で意味をなさないものになり、1990年代中頃までには全て廃止された。そして調整を担っていた日本金属洋食器工業組合の役割は減じ、組合員の脱会が続く。1971年には247名に達していた組合員は、金属洋食器が「輸出検査品目」から削除（1994年）、「輸出入取引法」の廃止（1995年）、「輸出デザイン法」の廃止（1997年）を経ることにより、1997年には組合員105名、そして、2019年3月末現在では39名に減少している。

▶独立創業の活発であった時代

このアメリカによる関税規制、燕における生産力・輸出の拡大、出荷調整は幾つかの興味深い動きを促していった。一つは、洋食器に向けた独立創業、金型、プレス、研磨等の関連業者の独立創業、二つには、規制外となったプラスチック柄（ハンドル）に関連してプラスチック成形業者を生み出し、さらに、三つ目に、新たにハウスウェア（金属器物）製造業者を生み出していった。

表2—5は、1956年以降の燕の製造業、特に金属製品製造業の業種別の事業所数、従業者数を2016年まで示したものである。ここから幾つかの点が指摘できる。

第1は、製造業全体の事業所数が、1956年の1221事業所から、その後、急激に拡大し、ピークの1973年には3167事業所と17年間で2.6倍に増加している。従業者数もこの間、1万0731人から1972年にはピークの1万9057人と、16年間で1.8倍に増加している。当時の国鉄弥彦線燕駅の朝夕は大混雑であったと報告されている。また、当時は福島県などの東北地方からの中卒の集団就職が燕にも来ていた。当時の中卒の集団就職のメインルートは東北地方から東京へというものであったのだが、燕の産業化の勢いは強く、当時の集団就職の一つの受け皿となっていた。洋食器産業の発展により、燕は未曾有の繁栄を謳歌していたということであろう。

第2に、この間の主役であった金属洋食器製造業は、1956年の151事業所、従業者4300人から、事業所数のピークの1977年には482事業所、従業者はピークの1967年には6126人となっていった。それぞれ1956年に対して、3.2倍、

1.4倍となった。小規模零細な独立創業が重ねられたことがうかがわれる。

第3に、この金属洋食器製造業の拡大と歩調を合わせたのが金属研磨製造業であった。1956年の金属研磨製造業は、672事業所、従業者2153人、1事業所あたりの従業者数3.2人であったが、ピーク時の1970年には、それぞれ1702事業所、4380人、2.6人とされている。なお、事業所数の増加は、1956年と1970年の14年間で2.5倍であった。特に、この時期は燕郊外の農村地帯の農家は納屋にバフ研磨機を入れ、夫妻、あるいは夫人1人でバフ研磨（特に、スプーン、フォークのこば磨り）に従事する場合が多かった[10]。

第4に、当時、洋食器の出荷枠（輸出枠）を得られなかった事業者の多くはステンレス製の金属器物に向かった。1956年の金属器物製造業の事業所は24、従業者数は290人であったのだが、1970年には208事業所、従業者数は2452人を数えた。それぞれ、この間、8.7倍、8.5倍となった。なお、金属洋食器製造業は1977年頃をピークに、その後漸減していくが、金属器物製造業のピークは、事業所数が1996年（423事業所）、従業者数のピークは1990年（3999人）であり、事業所数、従業者数で、金属洋食器製造業と金属器物製造業の両者が入れ替わったのは、まさに象徴的だが、プラザ合意の翌年の1986年のことであった。

第5に、1980年代中頃までの他の製造業の状況としては、伝統のヤスリは1956年の60事業所、従業者515人から漸減し、1986年には、24事業所、従業者138人に減少している。もう一つの伝統的な製造業である農業機械も、1956年の38事業所、従業者752人から、一時期少し増加したものの、1986年には37事業所、従業者162人まで縮小していった。他方、増加傾向が著しいのは、プラスチック製品製造業であり、1957年の32事業者、従業者152人から、1986年には128事業所、従業者630人を数えるまでに拡大していった。なお、近年の燕の製造業の一つの特徴を形成しつつある製缶・鈑金製造業が目立ち始めるのは1980年代中頃以降のことであった。

統計的な制約から、比較できる1986年をみると、製造業全体に占める金属製品製造業の比重は、事業所数で78.3%、従業者数で69.5%を占めていたのであった。

表2—5　燕市金属製品製造業の

区分	製造業		金属製品		金属洋食器		金属器物		金属研磨	
	事業所	従業者	事業所	従業者	事業所	従業者	事業所	従業者	事業所	従業者
1956	1,221	10,731			151	4,300	24	290	672	2,153
1957	1,353	11,452			162	4,597	21	327	794	2,540
1958	1,354	11,288			174	4,805	27	400	809	2,370
1959	1,444	13,205			172	5,834	38	445	885	2,672
1960	1,633	14,528			193	5,711	38	584	1,011	3,306
1961	1,630	14,099			187	5,047	61	817	986	2,823
1962	1,674	14,935			206	5,430	52	999	1,001	2,780
1963	2,013	16,198			251	5,796	71	1,267	1,209	3,466
1964	2,113	16,255			263	6,048	68	786	1,277	3,591
1965	2,348	16,453			277	5,895	99	1,407	1,405	3,795
1966	2,446	16,854			281	4,580	131	1,956	1,475	3,887
1967	2,578	17,006			347	6,126	116	1,282	1,553	4,105
1968	2,663	17,396			373	5,884	117	1,784	1,584	4,184
1969	2,861	18,532			384	5,990	173	2,376	1,676	4,300
1970	2,990	18,629			398	5,726	208	2,452	1,702	4,380
1971	2,976	18,998			413	5,949	194	2,350	1,629	4,125
1972	3,134	19,057			413	5,575	182	2,473	1,665	4,091
1973	3,167	18,959			405	5,154	211	2,935	1,579	3,838
1974	3,067	18,168			425	4,989	233	2,616	1,469	3,528
1975	3,105	18,107			459	4,961	273	3,043	1,409	3,355
1976	3,072	17,905	2,433		472	4,973	259	2,957	1,362	3,220
1977	3,048	17,483			482	4,735	273	3,037	1,307	3,034
1978	3,057	17,191			473	4,641	286	2,753	1,289	2,952
1979	3,044	17,231			455	4,503	299	2,697	1,261	2,903
1980	3,009	17,160	2,391	12,290	444	4,422	314	2,909	1,228	2,845
1981	3,025	16,978			438	4,033	326	3,078	1,209	2,829
1982	2,967	16,600			403	3,976	322	2,914	1,161	2,669
1983	2,931	16,592			393	3,484	282	3,133	1,148	2,644
1984	2,903	16,595			407	3,640	382	3,094	1,156	2,737
1985	2,869	16,238	2,269		401	3,510	371	3,182	1,123	2,634
1986	2,839	15,585	2,245	10,826	367	2,994	384	3,143	1,110	2,506
1987	2,793	15,207	2,108	10,230	358	2,794	383	2,892	1,073	2,442
1988	2,782	15,287	2,177	10,250						
1989	2,799	15,386	2,176	10,130						
1990	2,785	15,464	2,158	10,243	330	2,660	392	3,999	1,014	
1991	2,875	15,596	2,231	10,137						
1992	2,794	15,189	2,148	9,779	325	2,454	393	3,960	1,007	2,269
1993	2,691	14,657	2,058	9,330	315	2,149	375	2,952	970	2,170
1994	2,589	14,278	1,989	8,959	316	2,219	360	2,701	925	2,062

事業所数、従業者数の推移

ヤスリ		プラスチック		農業機械		金型		製缶鈑金	
事業所	従業者	事業所	従業者	事業所	従業者	事業所	従業者	事業所	従業者
60	515	—	—	38	752				
64	455	32	152	42	731				
50	373	36	142	31	705				
50	428	40	168	34	766				
49	434	49	214	34	884				
49	475	48	237	29	933				
45	416	65	313	39	1,037				
46	375	91	554	43	904				
52	349	81	333	42	926				
50	377	96	379	51	891				
46	331	89	367	52	875				
44	308	103	384	53	805				
43	297	96	340	48	850				
47	324	95	349	54	777				
47	304	107	449	51	535				
47	282	119	468	38	412				
49	271	137	494	35	364				
47	249	155	589	36	487				
44	249	150	521	50	542				
48	257	166	541	51	535				
42	231	161	460	55	559				
35	205	166	636	59	640				
37	194	158	560	53	600	144	816		
39	219	150	557	49	578				
38	214	154	565	49	534	153	720	54	219
37	199	154	578	40	403			65	267
32	185	149	574	38	383	168	927	65	284
29	177	143	573	36	373			60	162
27	159	135	558	41	435	183	1,056	123	441
25	151	132	592	38	201			129	469
24	138	128	630	37	162	186	1,057	138	461
24	130	121	614	35	227			135	458
								146	511
						187	1,032	161	541
16		127		42				158	547
		129	661			190	1,073	172	571
17	79	128	658	39	350	191	1,123	169	536
14	64	122	651	38	337	182	1,020	159	532
15	79	115	749	35	325	169	896	157	545

1995	2,513	13,760	1,917	8,492	290	1,680	420	2,969	876	1,880
1996	2,445	13,548	1,869	8,558	269	1,736	423	2,828	844	1,843
1997	2,378	13,427	1,804	8,302	264	1,514	400	2,969	797	1,682
1998	2,307	12,959	1,742	7,771	244	1,461	385	2,755	766	1,606
1999	2,218	12,461	1,671	7,477	230	1,390	370	2,623	729	1,482
2000	2,131	11,950	1,601	7,076	224	1,247	342	2,426	703	1,439
2001	2,940	11,352	1,526	6,663	219	1,146	319	2,275	662	1,349
2002	1,908	10,740	1,421	6,224	185	952	294	1,933	617	1,216
2002	923	16,595	476	6,351	82	822	107	1,581	39	289
2003	932	16,643	463	6,203	72	736	101	1,554	41	272
2004	876	16,510	431	6,120	64	681	98	1,583	42	420
2005	877	16,586	425	6,003	64	737	139	2,176	34	421
2006	825	16,592	397	5,866	61	667	127	2,109	30	394
2007	793	16,669	384	6,032	63	735	120	1,984	30	299
2008	824	16,853	397	5,792	65	660	118	2,124	37	323
2009	739	15,513	353	5,505	63	619	113	2,107	29	271
2010	714	14,879	345	5,369	50	606	111	1,826	29	290
2011	766	16,423	377	5,627	56	708	126	1,758	30	298
2012	708	15,470	341	5,633	48	699	109	1,666	31	307
2013	709	15,881	336	5,726	48	652	107	1,666	31	340
2014	704	15,772	328	5,640	45	719	103	1,615	31	320
2015	761	15,784	367	6,009	57	721	111	1,774	40	391
2016	699	16,680	336	6,191	45	719	112	1,919	35	436

単位：件、人
注：2002年までは旧燕市の全数調査。2002年以降は新燕市の従業者4人以上事業所。
　2002年を二つ掲載している。従業者総数が大幅に増えているのは、旧吉田町、旧分水町に大規模工場があ
資料：『工業統計』

(2) プラザ合意後の円高で一つの時代を終える
――洋食器と後発の器物が逆転、約3倍の差

ステンレス洋食器の輸出は日本金属洋食器工業組合により出荷枠が決められていたことから、新たな参入は容易ではなかった。こうしたことから、出荷枠を持たない事業者たちは、一つに、スプーン、フォークのハンドルを規制外の木製、プラスチック製に変えることにより対米輸出に踏み出し、もう一つには、ステンレスの加工技術を活かし、おたまのようなキッチンツール、さらにはステンレス製の家庭用品、生活用品、厨房用品等に転じていった。これらは、金属器物、あるいは金属ハウスウェアと呼ばれるようになっていく[11]。

12	68	110	653	29	139	165	934	89	351
12	62	108	647	28	120	164	933	87	387
13	58	101	609	28	140	164	938	88	318
9	45	102	656	27	137	164	971	99	323
10	47	97	655	24	99	158	936	103	340
10	53	87	613	22	93	162	950	106	336
10	48	86	619	23	124	160	937	104	314
7	40	74	556	14	102	157	895	109	547
4	39	36	492	10	93	85	750	24	313
4	36	33	477	7	69	83	741	28	382
4	36	46	580	11	118	80	757	30	386
3	28	40	876	14	190	99	932	43	609
3	27	40	935	14	239	90	816	41	627
2	22	37	802	14	266	83	858	39	586
—	—	38	648	14	223	87	790	37	482
—	—	36	790	14	241	79	723	34	515
—	—	35	693	13	232	74	698	35	571
—	—	36	628	12	208	80	779	38	643
—	—	33	547	12	189	67	633	35	606
—	—	33	633	12	195	66	676	34	622
—	—	36	662	12	192	66	700	33	614
—	—	38	689	13	174	73	766	39	795
—	—	32	656	13	226	62	716	33	673

るため。

▶金属洋食器と金属器物はプラザ合意直後の1986年に逆転

先の表2—5によると、1956年段階では、金属洋食器製造業は事業所数151、従業者数4300人に対し、金属器物製造業は24事業所、従業者290人と、それぞれ金属洋食器製造業の15.9%、6.7%に過ぎなかった。

だが、表2—5によると、1970年には、金属洋食器製造業は、事業所数398、従業者数5726人、製造品出荷額等は265億9100万に達したが、金属器物製造業は209事業所、2452人、99億6900万円とかなり接近してきている。金属洋食器全盛時代、燕を訪れるアメリカのバイヤーたちは、ステンレス製のシュガーポットなどのポット類、トレイ、カクテル用シェーカー等にも注目し輸出が開始された。表2—6によると、1960年代の後半には、金属器物製造業の輸出比率は50%を超えた。1970年前後までには、金属器物は金属洋食器に次ぐ第2の対米輸出商品に成長していたのであった。

だが、1970年代に入ってからの円高基調の中で、輸出比率は次第に低下していく。金属器物の輸出額は1970年の58億5000万円から、1980年にはピークの167億3400万円まで上昇するが、その間、輸出比率は1970年47.9%から1980年には39.2%に低下、プラザ合意の1985年には93億4700万円、輸出比率28.1%、そして、1996年には22億3600万円、輸出比率9.6%にまで低下していった。円高に加え、特恵関税制度の適用を受けた韓国、台湾等のアジアNIESの台頭による減少ということになる。

この金属器物の領域は、1964年に日本輸出キッチンツール工業組合（現日本金属ハウスウェア工業組合）を設立した当時は、組合員数（43名）は岐阜県の関（24名）が最大であり、それに燕（15名）、東京・大阪（4名）と続いていたのだが、その後、ステンレス製の器物は燕に集約されていった。関はその後刃物に特化し、東京、大阪は競争力を失っていった。さらに、1970年代に入った頃から台湾、韓国勢が登場、アメリカ、ヨーロッパ市場から燕製品は駆逐され、むしろ、オイルダラーに沸く中東市場に向かい、1980年頃には燕の金属器物製造業は輸出最高額を記録したのであった。ただし、翌年の1981年以降は中東市場も失い、その後、一貫して輸出比率を低下させていった[12)]。

なお、金属洋食器組合、金属ハウスウェア組合のいずれにも、組合名の頭に「日本」がついているが、これは全国組織であり、岐阜県関、東京、大阪の事業者もメンバーに入っていたことによる。その後、燕以外の地域の事業者の大半は撤退し、現在は日本金属洋食器工業組合に一部関の事業者が残っているに過ぎない。

そして、この間、金属器物は金属洋食器と異なり、国内市場にはそれなりに対応してきた。表2—6によると、1970年の国内向け63億7000万円、国内比率52.1%から、1985年には、国内向け239億0900万円、国内比率71.9%に達した。国内向けは安定し、1996年には、国内向け232億6100円、国内比率90.4%となっていった。その後は、ほぼ国内市場対象ということであろう。

圧倒的に対米輸出に依存してきた金属洋食器製造業に対し、後発の金属器物

表 2—6 燕の金属ハウスウェアの生産、輸出推移

仕向地 年度	国内向 （100 万円）	（%）	輸出 （100 万円）	（%）	合計 （100 万円）	（%）
1966	2,880	45.1	3,510	54.9	6,390	100.0
1967	3,420	46.4	4,020	54.6	7,440	100.0
1968	4,230	47.4	4,480	52.6	8,710	100.0
1969	5,280	49.2	5,460	50.8	10,740	100.0
1970	6,370	52.1	5,850	47.9	12,220	100.0
1971	7,960	54.5	6,640	45.5	14,600	100.0
1972	9,100	56.5	7,020	43.5	16,120	100.0
1973	14,150	67.5	6,810	32.5	20,960	100.0
1974	14,170	65.7	7,410	34.3	21,580	100.0
1975	17,430	70.4	7,170	29.6	24,600	100.0
1976	18,700	63.3	10,840	36.7	29,540	100.0
1977	20,090	61.7	12,490	38.3	32,580	100.0
1978	22,140	71.0	9,450	29.0	31,590	100.0
1979	24,230	69.0	10,890	31.0	35,090	100.0
1980	25,922	60.8	16,734	39.2	42,657	100.0
1981	26,660	65.0	14,355	35.0	41,015	100.0
1982	28,026	69.2	12,446	30.8	40,472	100.0
1983	26,905	69.1	12,025	30.9	38,930	100.0
1984	24,188	68.7	11,025	31.3	35,213	100.0
1985	23,909	71.9	9,347	28.1	33,256	100.0
1986	23,900	77.6	6,890	22.4	30,790	100.0
1987	24,000	80.8	5,704	19.2	29,704	100.0
1988	23,834	83.6	4,675	16.4	28,509	100.0
1989	25,395	84.5	4,663	15.5	30,058	100.0
1990	27,409	84.4	5,064	15.6	32,473	100.0
1991	27,580	84.5	5,051	15.5	32,631	100.0
1992	25,732	84.9	4,566	15.1	30,298	100.0
1993	24,354	87.8	3,376	12.2	27,730	100.0
1994	23,818	89.2	2,870	10.8	26,668	100.0
1995	23,008	90.2	2,487	9.8	25,495	100.0
1996	23,261	90.4	2,236	9.6	25,497	100.0

資料：日本金属ハウスウェア工業組合

製造業は、輸出依存は相対的に小さく、また、アメリカの関税規制に遭遇することもなく、1970 年代以降の円高基調の中で国内重視の取組みを重ね、次第に存在感を大きくしていった。この間、金属洋食器製造業と金属器物製造業は逆転していくのだが、事業所数、従業者数、製造品出荷額等のいずれにおいて

表2—7　燕市の金属洋食器、金属器物の推移

業種等	金属洋食器製造業						金属器物製造業					
	事業所数		従業者数		製造品出荷額等		事業所数		従業者数		製造品出荷額等	
年	(件)	(%)	(人)	(%)	(100万円)	(%)	(件)	(%)	(人)	(%)	(100万円)	(%)
1970	398	100.0	5,726	100.0	26,591	100.0	208	100.0	2,452	100.0	9,969	100.0
1971	413	103.8	5,945	103.8	26,263	98.8	194	93.3	2,350	95.8	11,313	113.5
1972	413	103.8	5,575	97.4	26,075	98.1	182	87.5	2,473	100.9	12,425	124.6
1973	405	101.8	5,154	90.0	31,354	117.9	211	101.4	2,935	119.7	20,079	201.4
1974	425	106.8	4,989	87.1	34,431	129.5	233	112.0	2,616	106.7	20,294	203.6
1975	459	115.3	4,961	86.6	37,199	139.9	273	131.3	3,043	124.1	23,246	233.2
1976	472	118.6	4,773	83.4	43,429	163.3	259	124.5	2,957	120.6	28,243	283.3
1977	482	121.1	4,635	80.9	46,119	173.4	273	131.3	3,037	123.9	32,407	325.1
1978	473	118.8	4,641	81.1	48,699	183.1	286	137.5	2,753	112.3	29,788	298.8
1979	455	114.3	4,503	78.6	49,852	187.5	299	143.8	2,697	110.0	32,721	328.2
1980	444	111.6	4,422	77.2	50,647	190.5	314	151.0	2,909	118.6	43,192	433.3
1981	438	110.1	4,033	70.4	51,281	192.9	326	156.7	3,078	125.5	45,504	456.5
1982	403	101.3	3,976	69.4	50,115	188.5	322	154.8	2,914	118.8	44,325	444.6
1983	393	98.7	3,484	60.8	43,450	163.4	282	135.6	3,133	127.8	50,078	502.3
1984	407	102.3	3,640	63.6	46,094	173.3	382	183.7	3,094	126.2	45,873	460.2
1985	401	100.8	3,510	61.3	46,424	174.6	371	178.4	3,182	129.8	44,790	449.3
1986	367	92.2	2,994	52.3	40,217	151.2	384	184.6	3,143	128.2	43,581	437.2
1987	358	89.9	2,794	48.8	34,670	130.4	383	184.1	2,892	117.9	40,179	403.0
1988	342	85.9	2,673	46.7	35,536	133.6	389	187.0	2,714	110.7	37,023	371.4
1989	339	85.2	2,647	46.2	37,108	139.6	376	180.8	2,953	120.4	46,466	466.1
1990	330	82.9	2,660	46.5	40,373	151.8	392	188.5	3,000	122.3	49,305	494.6
1991	338	84.9	2,473	43.2	37,756	142.0	404	194.2	3,114	127.0	56,346	565.2
1992	325	81.6	2,454	42.8	37,569	141.3	393	190.8	3,960	161.5	53,981	541.5
1993	315	79.1	2,149	37.5	30,240	113.7	375	182.0	2,952	120.4	49,684	498.4
1994	316	86.9	2,219	38.8	28,160	105.9	360	174.8	2,701	110.2	44,063	442.0
1995	290	72.9	1,680	29.3	22,144	83.3	420	203.9	2,969	121.1	45,071	452.1
1996	269	67.6	1,736	30.3	25,376	95.4	423	205.3	2,828	115.3	44,220	443.6
1997	264	66.3	1,514	26.4	21,737	81.7	400	194.1	2,979	121.5	47,285	474.3
1998	244	61.3	1,461	25.5	19,953	75.0	385	186.9	2,755	112.4	42,758	428.9
1999	230	57.8	1,390	24.3	17,091	64.3	370	179.6	2,623	107.0	37,163	372.8
2000	224	56.3	1,247	21.8	14,187	53.4	342	166.0	2,426	98.9	34,608	347.2
2001	*219*	*55.0*	*1,146*	*20.0*	*12,790*	*48.1*	*319*	*154.9*	*2,275*	*92.8*	*30,819*	*309.1*
2001	93	100.0	898	100.0	11,902	100.0	123	100.0	1,883	100.0	29,619	100.0
2002	82	88.2	822	91.5	10,571	88.8	107	87.0	1,581	84.0	25,459	86.0
2003	72	77.4	736	82.0	10,466	87.9	101	82.1	1,554	82.5	24,660	83.3
2004	64	66.8	681	75.8	8,023	67.4	98	79.7	1,583	84.1	24,074	81.3
2005	64	66.8	737	82.1	9,433	79.3	139	113.0	2,176	115.6	34,209	115.5
2006	61	65.6	667	74.3	9,296	78.1	127	103.2	2,109	112.0	36,207	112.2

2007	63	67.7	735	81.8	11,358	95.4	120	97.6	1,984	105.4	33,452	112.9
2008	65	69.9	660	73.5	10,487	88.1	118	95.9	2,124	112.8	37,493	126.6
2009	53	57.0	619	68.9	8,631	72.5	113	91.9	2,107	111.9	32,358	109.2
2010	50	53.8	606	67.5	8,353	70.2	111	90.2	1,826	97.0	26,461	89.3
2011	56	60.2	708	78.8	11,048	92.8	126	102.4	1,758	93.4	24,660	83.3
2012	48	51.6	699	77.8	11,342	95.3	109	88.6	1,666	88.5	23,253	78.5
2013	48	51.6	652	72.6	11,127	93.5	107	87.0	1,666	88.5	23,350	78.8
2014	45	48.4	719	80.0	12,052	101.3	103	83.7	1,615	85.8	23,327	78.8
2015	57	61.3	721	80.3	11,452	96.2	111	90.2	1,774	94.2	24,297	82.0
2016	45	48.4	719	80.1	11,084	93.1	112	91.1	1,919	101.9	29,597	101.1

注：2001 年までは旧燕市。それ以降は新燕市。
2001 年までは全事業所。それ以降は従業者 4 人以上事業所。
2001 年は全事業所と従業者 4 人以上事業所を併記。
資料：『工業統計』

も、プラザ合意の翌年の 1986 年以降に逆転している。対米輸出を基本にしてきた金属洋食器製造業はプラザ合意以降の円高で壊滅的な打撃を受けたということであろう。

▶プラザ合意以降の洋食器製造業と器物製造業の歩み

表 2―7 により、金属洋食器製造業と金属器物製造業のプラザ合意以降の足取りをみると、幾つかの点が指摘される。

1986 年から事業所の全数調査が行なわれていた 2001 年までの『工業統計』をみると、やはり、金属洋食器製造業の縮小ぶりが際立つ。金属洋食器製造業は、1986 年の事業所数 367、従業者数 2994 人、製造品出荷額等 299 億 4000 万円から、2001 年はそれぞれ 219 事業所、1146 人、製造品出荷額等 127 億 9000 万円と、各々、40.3% 減、61.7% 減、57.3% 減となった。これに対し、金属器物製造業は、1986 年の事業所数 384、従業者数 3143 人、製造品出荷額等 435 億 8100 万円から、2001 年にはそれぞれ 319 事業所、従業者数 2775 人、製造品出荷額等 308 億 1900 万円と、各々 16.9% 減、11.7% 減、29.3% 減にとどまっている。いずれも減少傾向なのだが、金属洋食器製造業の減少が際立ち、金属器物製造業との差が開いていることが確認される。

2002 年以降、『工業統計』は従業者 4 人以上を対象とするものに変わり、従業者 3 人以下の把握ができなくなった。2001 年は両方が併記されている。これをみると、金属洋食器製造業の全事業所数は219、従業者4人以上の事業所は93事業所とされる。従業者3人以下の事業所は126事業所となり、全体の57.5%を占める。金属器物製造業の場合は、全事業所数は319、従業者4人以上が123事業所とされる。従業者3人以下の事業所は196であり、61.4%ということになる。燕の金属洋食器製造業、金属器物製造業のいずれも、従業者3人以下の事業所が60%前後を占めることになる。

この点、製造品出荷額等について、従業者4人以上と従業者3人以下を比較可能な2001年をみると、金属洋食器製造業は、従業者4人以上が119億0200万円に対し、従業者3人以下は8億8800万円と7.5%水準になる。金属器物製造業は、従業者4人以上が296億1900万円に対し、従業者3人以下は12億0000万円と3.9%水準となる。金属洋食器製造業の従業者3人以下企業の場合、1事業所あたりの製造品出荷額等は704万円であり、金属器物製造業の従業者3人以下企業の1事業所あたりの製造品出荷額等は612万円となる。また、従業者1人あたりに換算すると、金属洋食器製造業の従業者3人以下事業所の場合、1人あたりの製造品出荷額等は98万円となる。金属器物製造業の従業者3人以下事業所の場合、1人あたりの製造品出荷額等は306万円となる。特に、金属洋食器製造業の従業者3人以下の事業所は、賃加工の場合も少なくない。そのような事情が反映されているようである。

最新の『工業統計』である2016年分をみると(従業者4人以上)、金属洋食器製造業は事業所数45、従業者数719人、製造品出荷額等110億8400万円となり、2001年に比べると、それぞれ51.6%減、19.9%減、6.9%減となる。金属器物製造業は、事業所数112、従業者数1919人、製造品出荷額等295億9700万円となり、2001年に比べると、それぞれ8.9%減、1.9%増、0.1%減となった。この人口減少、国内市場縮小の中で、金属器物製造業はかなり善戦している。製造品出荷額等でみると、金属洋食器製造業は金属器物製造業の約3分の1規模に縮小しているようである。

このように、戦後から1980年代中頃までの燕産業の主役を演じてきた金属洋食器は、プラザ合意以降、金属器物に主役の位置を譲っていくのだが、他方で、燕産地は洋食器からの転換の課題を受けて、ステンレス加工をベースに新たな方向に転換する事業者を大量に生み出していくのであった。後の各章のケースでみるように、一つは独自製品のメーカーとして、もう一つは加工技術を高め、東日本ほどの範囲までを視野に、新たな可能性を見出していった。現在の燕は、金属洋食器、金属器物の特定製品の産地ではなく、ステンレスをベースに多様な要素を生み出す複合金属製品産地、多様な複合加工技術の集積地となっているといってよい。

2. 燕の生産体制と流通

このように、戦後の金属洋食器の対米輸出により独特な発展を示した燕金属製品産地は、金属洋食器をめぐり興味深い生産・流通構造を形成していく。メーカー、資材関連事業者、産地問屋・物流等の流通事業者、さらに、多様な加工業部門を成立させ、濃密な生産・流通構造を形成していった。特に、当初の対米輸出時代には、元請となる産地メーカーを軸に加工業者を組織し、輸出商社（間接貿易)、海外輸入業者（バイヤー、直接貿易）と直接的に取引していく形態を形成していった。このような形態は輸出型地場産業に独特のものであった。

その後、1985年のプラザ合意以降は、対米輸出は消滅し、メーカー――輸出商社（間接貿易)、メーカー――海外輸入業者（直接貿易）のスタイルは消滅していく。また、燕の洋食器の場合、全盛期には国内向けはわずかなものであり、産地問屋の発達は限定的なものであった。一般に、消費財の伝統的な地場産業の場合、流通の基本形はメーカー――産地問屋―集散地問屋（四大集散地［東京日本橋、名古屋長者町、京都室町、大阪船場等]）―地方問屋―小売店という形を採る場合が少なくない[13]。だが、後の図2―6、図2―7にみるように、洋食器、器物のいずれも集散地問屋を経るケースが非常に少ない。百貨店やユーザー（業務用）に直接納めているケースが多かった。

その後、燕の製品は国内向け中心となっていくが、他の地場産業製品、地方製品のような集散地問屋依存型の展開とはならず、洋食器から転じた独自製品を保有するメーカー群はみずから「集散地問屋」的な機能を保有していく。また、在来の産地問屋も自ら集散地問屋化に向かったようにみえる。その背景には、一つに、1970年代以降の全般的な集散地問屋離れ、他方におけるメーカーの製造問屋化があり[14)]、さらに、燕の場合は高速道、新幹線により位置的条件が劇的に変わったことが作用しているようにみえる。かつては、金物、食器関係の集散地は東京日本橋の合羽橋、大阪難波の道具屋筋であったのだが、燕は地域条件の劇的変化の中で、自ら集散地となっていったのであった。

この節では、洋食器時代からの生産・流通構造を振り返り、そして、新たに形成されている燕の金属製品の生産・流通構造をみていく。

(1) 生産の分業体制と工業団地の展開

『燕市史 通史編』(1993年刊) は、対米輸出問題で揺れていた1958年、1959年頃の燕の洋食器産業の生産構造について、以下のように述べている[15)]。

「燕は街全体が洋食器工業の町であり、表通りを除くと市街地の至る所に工場が点在して住宅と混在している。約2000軒の工場は全て相互依存関係にあって、地域集団的産業の町といえる。工場の規模は中小・零細が大半で完全一貫制の工場は少ない。製造業者(メーカー)をみると、産地問屋が下請工場を掌握して問屋が生産者となった製造販売業と、戦後工場規模が拡大して問屋より独立し生産工程も一貫制に移行して販売面においても代理店制をとる生産工場と、工場制下請をもつ独立工場に分かれる」。

「下請は問屋からの独立傾向がみられ、規模を拡大し自立する傾向の工場もみられるが、いわゆる問屋制下請と工場制下請に分けられる」。

「関連産業としては圧延・伸鉄・伸銅・鍍金・研磨・彫金・金型などがあり、最多は研磨業である。これらの部門は5人以下の零細企業が80%を占める。このような下請工場や関連産業の企業が細分化するのは、洋食器が消費財で多様性で好みや流行に左右され画一的生産に向かず、多品種少量生産型の工業のためである。また、小資本で経営が可能であり、特に研磨業は極めて単純な工程で大した技術も必要とせず、容易に創業できる」。

「また、地域住民は独立心と競争意識が強く、『5年勤めて一家をなす』という言葉があるように工場勤めで技術習得した後に自家で独立する。さらに大きい店や工場を持ち、儲けがなくとも仕事をとり、1日10時間ははたらく」といわれている。

▶生産分業構造の特質

図2―2は、燕の金属洋食器の対米輸出全盛時代の生産分業体制を示している。元請（生産・出荷業者）となるいわゆるメーカーは工場を保有し一貫生産形態をとるものと、製品企画、販売を軸にファブレス（一部の生産機能を持つ場合もある）な製造問屋形態をとるものの2種がある。これら元請は原材料を地元の鋼材販売業、圧延業から調達する。なお、事業規模が大きくなると製鋼メーカーから直接調達していく場合もある。また、元請は企画、販売力とリスクを負わない小資本の生産下請業（半製品）に委託する場合がある。そして、

図2―2　金属洋食器の生産分業体制

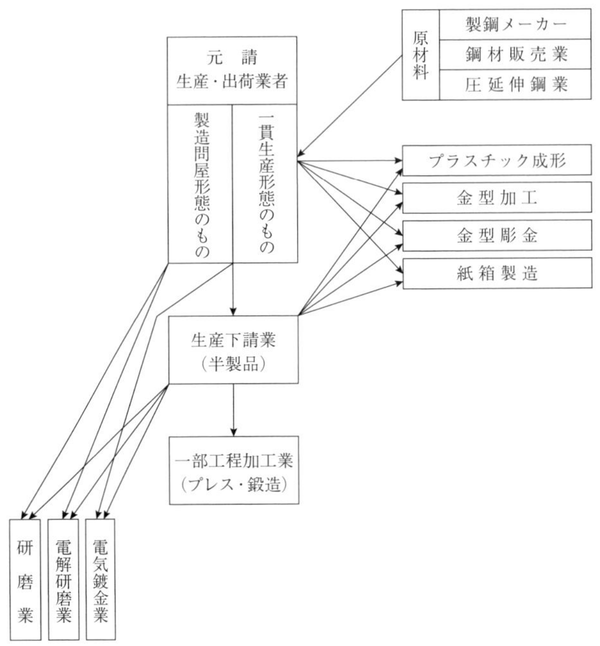

原資料：㈶新潟経済社会リサーチセンター『新潟県経済産業ハンドブック』1983年
資料：燕市『燕市史 通史編』1993年、933ページ

これら生産下請業は一部の主要工程（プレス、鍛造）を専門加工業に委託する場合もある。また、元請、生産下請業は、金型、彫金、電気鍍金、電解研磨、研磨（バフ）、プラスチック成形（異種柄の場合）、さらに、輸出用に使う紙箱を用意していくことになる。

このような形態は、その後に発展する金属器物の場合もほとんど変わらない。なお、金型以下の加工業はさらに細分化され、特殊専門的な機能を身に着けている場合が少なくない。それらが燕という狭い地域的な範囲で重層的に集積し、互いに競争し、協力しながら洋食器、器物が生産されていった。表2―5によると、1980年の頃には、元請・生産下請業を示す金属洋食器製造業は444事業所、金属器物製造業は314事業所、金属研磨業1228事業所（従業者2845人）、プラスチック成形業154事業所、金型153事業所と示され、その他の彫金加工業60事業所、鍍金加工業23事業所が確認されている。これらだけでも1980年には2376の事業所が燕に集積していたのであった。

この点、直近の『工業統計』（2016年）をみると、従業者4人以上の統計になっているが、金属洋食器製造業は45事業所、金属器物製造業は112事業所、金属研磨業は35事業所（従業者436人、研磨工業会によると全従業者は約600人）、プラスチック成形業32事業所、金型62事業所と報告されている。なお、工業用の彫金加工業はほぼ消滅したとされている。これらを合わせると286事業者となる。燕の場合、従業者3人以下が約60％を占めるという事情を考慮すると、金属洋食器、金属器物、そして後の章でみる新たな金属製品部門に展開している事業所を含めて、関連する事業所数は約800から約1000事業所ということになろう。金属洋食器の全盛期に比べ、金属製品関連産業の事業所は約3分の1の規模となる。

そして、在来の金属洋食器、金属器物に関連する元請のメーカーの多くは、金属研磨の部分の減少、高齢化を問題にしている。また、新たな領域の金属製品等に展開している発展的なメーカー群は、多くの工程を地域の加工業者に依存いるものの、必要な工程を内部化する場合も少なくない。

また、燕については「金属製品産地、集積地」といわれるが、「機械金属製品産地、集積地[16]」といわれることはない。現在の燕には、富士通フロンテックのATM、北越工業のコンプレッサ、ツインバード工業のミニ家電、新潟ダイヤモンド電子の電子制御機器等は存在する。だが、これらは燕の工業集積からは少し離れた位置にある。また、地場の機械工業としては、研磨機、バリ取り機に展開する柴山機械、専用機に向かうダイワメカニック、テック・エンジニアリング、ハセガワマシーナリ、バリ取り機のエステーリンク、荷役機械の遠藤工業、除雪機のフジイコーポレーション、小型農機のホクエツ等がある。ただし、燕でメーカーというべき存在の大半は金属製品部門である。

そのような意味で、今後も「金属製品産地、集積地」として歩むのか、多様な加工機能をまとめ上げて「機械金属製品産地、集積地」に向かうのかが問われるのではないかと思う。機械製品部門に展開していくためには、企画・設計技術、制御系の技術、電子的な技術の集積が課題になっていく。また、これまでの金属製品部門と、先端的な機械製品部門とでは、各加工機能の「精密度」の要求水準がかなり異なる。さらに厳しいものになろう。こうした問題にどう応えるか、このあたりも燕の次の課題となっている。図2—3は、機械金属工

図2—3 機械金属工業相互関連図

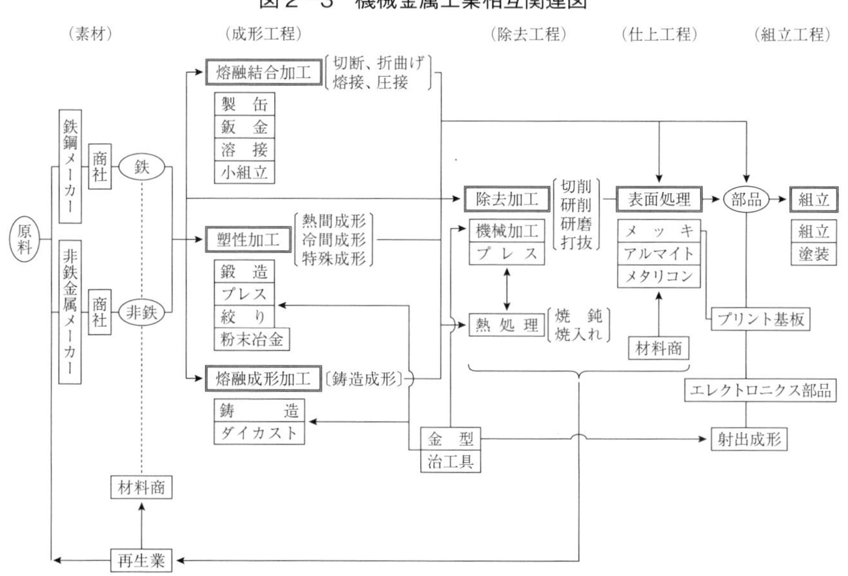

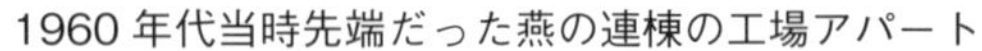
1960年代当時先端だった燕の連棟の工場アパート

業を構成する要素技術とその関連を示している。実に多様な要素技術が必要となる。さらに各要素技術の中で特殊化、専門化が求められ、精度要求もさらに厳しいものになろう。金属洋食器、金属器物、そして、多様な金属製品産地として歩んできた燕は、次はどのような方向に向かうかが問われているのであろう。

▶燕の工業団地の展開

戦後の洋食器産業の発展に伴い、燕の市街地は中小・零細な工場が市街地の中に大量に生まれていく。住宅の軒下、庭などを使った小さな工場が大量に生まれ、次第に拡大していく中で、燕の旧市街地は深刻な住工混在問題[17)]に直面していく。当時の事情は以下のようにいわれている。

「当時の燕市街地は、道路や下水道の整備が遅れていた。産地好況により工場が増加、発展したために住宅と工場が混在する市街地となった。街中は製造メーカーと下請を製品運搬・回収に回るオート三輪や小型トラックで溢れ（3軒に１台、車保有率は日本一といわれた）交通渋滞をおこした。また、工場からの騒音・振動・粉塵・廃水による汚染などの公害が多発した[18)]」。

このような状況は燕に限られたことではなく、経済の高度成長期に入った日

表2―8　燕市の工業団地一覧

団地名	事業主体	事業年度	造成面積	当初の立地企業等
中小企業共同工場	新潟県（高度化事業）	昭和41～42年度（1966～1967年）	4.40 ha	洋食器共同工場㈿他組合員企業31社
燕金属センター団地	公害防止事業団	昭和42年度（1967年）	5.79 ha	燕金属センター㈿組合員企業11社
燕小池工業団地	公害防止事業団	昭和44～46年度（1969～1971年）	24.47 ha	燕小池工業団地㈿組合員企業30社
鍛造団地（吉田）	公害防止事業団	昭和45年度（1970年）	4.47 ha	燕鍛造団地㈿組合員企業10社、一般企業25社
メタルセンター（吉田）	公害防止事業団	昭和46年度（1971年）	16.06 ha	㈿メタルセンター組合員企業15社
小池第2工業団地	燕市	昭和47～48年度（1972～1973年）	8.67 ha	一般企業18社
小関工業団地	燕市	昭和46～47年度（1971～1972年）	4.40 ha	一般企業15社
小関第2工業団地	燕市	昭和47～48年度（1972～1973年）	6.48 ha	㈿燕小関金属工業センター組合員企業8社、一般企業16社
物流センター	燕市、県（高度化事業）	平成3年度（1991年）	25.10 ha	燕商業卸団地㈿組合員企業33社、その他金融機関、トラックターミナル等
小池産業団地	燕市	平成3年度（1991年）	6.31 ha	一般企業24社
小池第2産業団地	燕市	平成6年度（1994年）	4.15 ha	一般企業11社
東栄町工業団地	吉田町	昭和36年度（1961年）	21.3 ha	
鴻巣工業団地	吉田町	昭和46年度（1971年）	30.0 ha	
北越工業団地	吉田町	昭和48年度（1973年）	23.8 ha	北越工業の単独立地
金属センター	吉田町	昭和51年度（1976年）	17.1 ha	
企業団地	吉田町	昭和54～平成8年度（1979～1996年）	36.1 ha	
町畑工業団地	分水町	昭和45年度（1970年）	3.1 ha	
農村地域工業等導入地区	分水町	昭和49年度（1974年）	38.2 ha	
農村地域工業等導入地区	分水町	平成4年度（1992年）	22.6 ha	
合計　19工業団地		総面積	302.5 ha	

注：物流センターは、土地造成は燕市、建物は高度化事業。また、物流センターには、製造業の藤次郎、サクライ等も入居している。
　進出企業は、その後、隣接、あるいは近くの土地を取得している場合があるが、詳細は不明。
資料：燕市

図２―４　燕市の主要工業団地の分布（燕、吉田地区）

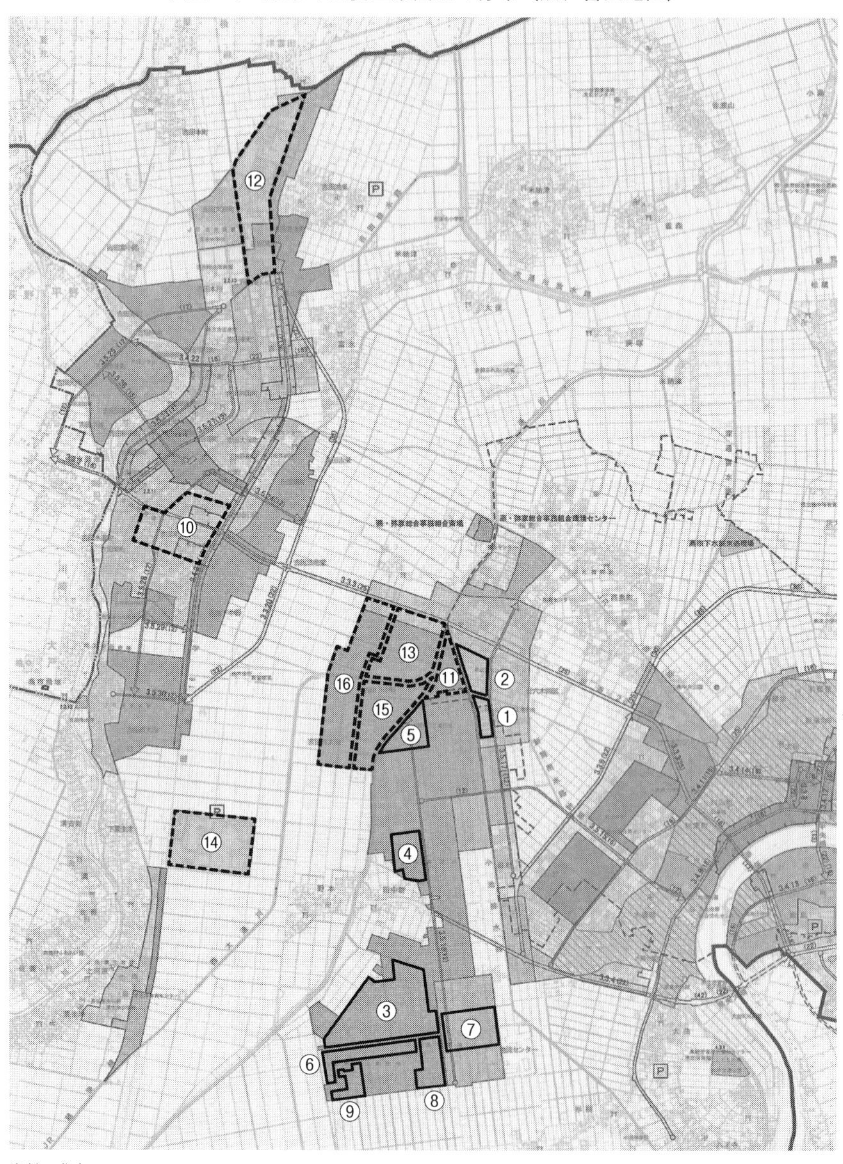

資料：燕市

図2―5　燕市の主要工業団地の分布（分水地区）

団地名		
①	（燕　地　区）	中小企業共同工場
②	（燕　地　区）	金属センター団地
③	（燕　地　区）	燕小池工業団地
④	（燕　地　区）	小関工業団地
⑤	（燕　地　区）	小関第２工業団地
⑥	（燕　地　区）	小池第２工業団地
⑦	（燕　地　区）	物流センター
⑧	（燕　地　区）	小池産業団地
⑨	（燕　地　区）	小池第２産業団地
⑩	（吉田地区）	東栄町工業団地
⑪	（吉田地区）	鍛造団地
⑫	（吉田地区）	鴻巣工業団地
⑬	（吉田地区）	メタルセンター
⑭	（吉田地区）	北越工業団地
⑮	（吉田地区）	金属センター
⑯	（吉田地区）	企業団地
⑰	（分水地区）	町畑工場団地
⑱	（分水地区）	農村地域工業等導入地区（笈ケ島地区）
⑲	（分水地区）	農村地域工業等導入地区（北部地区）

資料：燕市

燕小池工業団地全景

料：燕市

本の都市部に共通する問題となっていった。こうした事態に対し、国は操業環境の改善、公害防止を意識して域内再配置型工業団地の造成に関する二つの方式を提供してきた。一つは当時の通産省と厚生省による公害防止事業団（現環境事業団）事業であり、もう一つは通産省の特殊法人である中小企業振興事業団（現中小企業基盤整備機構）事業であった。いずれも低利長期の資金を貸し出すものであり、都市部及びその周辺で実施されていった[19)]。

このような事情の中で、早くも1966年、燕の洋食器工業組合・ハウスウェア工業組合と燕商工会議所は新潟県に対し、中小企業共同工場（工場アパート）建設促進の陳情を行ない、1970年度までに7団地、入居企業数140社（対象企業の30%）の長期計画を立案している。当時、中小企業の近代化促進は大きな課題であり、国は1966年度から全国10カ所を指定、新潟県内では燕に2カ所、三条に1カ所、工場アパートが建設されることになった。中小企業振興事業団の中小企業高度化事業であり、投資額の80%を低利（2.7%、当時一般的な貸出金利は年7%前後であった）で借り受けた。この第1回目の再配置事業となった工場アパートは燕市郊外の桜町地区であり、4団地から構成され、1966年度から1967年度にかけて42社（4組合）を組織し、それぞれが連棟の建物に入居した。

第1号事業は中小企業高度化事業であったが、第2号事業からは公害防止事業団事業が採用されている。公害防止事業団事業の方が、中小企業高度化事業に比べて融資比率が高い（90％）とされていた。この二つの事業、要件がそれぞれであり、利用者の都合で選択されていった。燕で展開された工業団地事業は表2―8の通りである。

▶燕の工業団地の特徴と課題

現在までに、燕市では19件の工業団地（卸売団地のつばめ物流センターを含む）が設置されている。旧燕市時代に9カ所、旧吉田町7カ所、旧分水町3カ所であった。全体の面積は302.5 haに及ぶ。大半の団地は燕市の郊外、旧吉田町との境目の大通（おおどおり）川流域に設置された。第1号事業は中小企業高度化事業であったが、第2号、第3号事業は公害防止事業団事業、その後は燕市の単独事業となっていった。また、1971年度に推進された吉田町のメタルセンターは大通川に面し、燕の金属センターと隣接している。このメタルセンター事業は公害防止事業団事業であり、燕の金属センター、燕小池工業団地と一体で推進された。また、物流センターについては、土地の造成等は燕市が担い、建物分については中小企業高度化事業を利用している。

これらを含めて、燕の工業団地の特徴は以下のようなものである。

第1に、旧燕市の場合は、域内再配置型の工業団地であり、一部に外部からの進出企業はあるが、基本的には公害防止、操業環境の改善を目指したものである。旧燕市の範囲では大企業を誘致したケースはほとんどない（計測機器大手の北辰電機製作所［現横河］が1972年頃に進出し、1981年には閉鎖されている。跡地の一部にシンワ測定が三条から進出している）。なお、旧吉田町は北越工業、新潟ダイヤモンド電子、サーモス、旧分水町は松下電工（現パナソニック㈱ライティング事業部）を誘致している。この中で、北越工業は1社で1団地を形成している。

第２に、旧吉田町の設置したメタルセンターも含め、旧燕市と旧吉田町の境界に集積させている。11団地が一体に感じさせられる。なお、旧吉田町のメタルセンターは旧燕市街地からの移転を意識して用意された。

第３に、これだけの面積を用意したことにより、旧市街地の住工混在に悩んでいた中小企業に発展のチャンスを与えたものとして評価されている。「この団地がなければ、燕の金属製品工業はここまで発展できなかった」といわれている。

ただし、当初の工業団地からすると50年が経過し、幾つかの課題が指摘されている。

第１は、当初、弥彦線西燕駅からの通勤バスなどがメインであったのだが、現在、そこで働く従業員はクルマ通勤になり、駐車場の確保問題が深刻化している。

第２に、拡大意欲が強い企業も多いのだが、周辺の農地は優良農地であり「農振」がかかっており、新たな工業用地の開発は難しい。燕の工業集積上、新たな要素技術の中小企業の誘致育成、また、先端産業部門の企業誘致を目指しても、提供できる土地が乏しいことが指摘されている。

▶新幹線、高速道、工業団地で農地転用が進む

優良農地の拡がる西蒲原郡、そして、燕市の東側を南北に北陸・関越自動車道（1978年）と上越新幹線（1982年）が南北に貫通している。この工事に加え、1961年に指定された燕市・吉田町の低開発地域工業振興法と1962年に指定された新産業都市指定（新潟市周辺）以降、燕周辺の農地の転用と土地利用の変化が大きく進んだ[20]。

燕を含む西蒲原土地改良区での農地転用面積は、1962年は15.3 haであったが、1963年は31.2 ha、1965年は50 ha、1969年には100 haを超えた。この頃は、新幹線、高速道路用地、工業団地用地買収が顕著に行なわれた。ピークの1972年には226 haに及んだ。1968年から1977年の10年間に転用された農地面積は西蒲原郡全体で約1400 haに達した。この点、旧燕市においては、1965年から1978年までの13年間の転用面積は358 haに及び、1978年の旧燕市の

耕地面積 1723 ha の 20.8% を占めた。

この点、地域産業振興のサイドからすると、燕の旧市街地の住工混在問題は深刻なものであり、また、企業に拡大発展を促すためにも郊外の工業団地建設は不可避なものとなり、燕市、吉田町、公害防止事業団が中心になり大通川の流域に工業団地を設置していったのであった。これに要した面積は、燕市が 84 ha、吉田町が 192 ha とされている。さらに、工業団地の周辺に関連企業が立地したことから、工業団地を中心にする農地転用面積（1965〜1977 年）は、燕市は 358 ha、吉田町は 192 ha となった。転用目的は吉田町の場合は工業団地造成、旧燕市の場合は、工業団地造成に加え、新幹線、高速道への転用が目立った。

多くのデータを提示する余裕はないが、最近の燕の農業関係の幾つかを示すと、興味深い事情がわかる。

第 1 に、3 市町合併により新たな燕市の耕地面積は大きく拡大している。旧燕市の 1955 年の経営耕地面積は 2756 ha、1 戸あたりの経営耕地面積は 1.87 ha であった。北海道を除いた本州以南の平均 1.2〜1.5 ha を超えていた。その後、1970 年代の新幹線、高速道、工業団地の造成により、1985 年には耕地面積は 1977 ha、1 戸当たりの経営耕地面積は 1.42 ha に減少していた。

一般に、近代工業化の進む都市は兼業機会が多いため、耕地面積のうち地目が田の比重が高くなる。2015 年の全国の耕地面積に占める田の比重は 54.4% とされるのだが、燕市は 96.7% を占めている。水稲単作地帯というべきであろう。また、この間、高齢化が進み、燕市の販売農家の年齢構成は 65 歳以上が 60.5% に達した。そして、離農も進み、2015 年現在では、燕市の 1 戸あたりの経営耕地面積は 3.74 ha へと拡大している。北海道を除いて全国的にも高い新潟県平均は 2.62 ha であるが、燕市は新発田市の 3.77 ha に次ぐ新潟県内第 2 位に位置していた。そして、燕市の耕作放棄面積は 96 ha に達している。

土地利用に関する考え方は多様である。限られた土地をどのように使っていくのか、優良農地が拡がる燕のこれからのあり方が問われているであろう。

(2) 独自な流通体制の形成

地方の地域資源をベースに発展した繊維、家具、木工、窯業などの地場産業の場合、地域資源をベースにした特色のある製品展開を進めていく。結城の紬、丹後の白絹（縮緬）、あるいは個性豊かな備前焼、有田焼などが知られる。そのような産地では、各メーカーが独自色を出そうとしても、地域資源に限定されて、同質的な製品になっていく。例えば丹後の白絹（縮緬）として単一製品産地となる。このことが地域のブランドとなり、産地全体として単一製品の量産を促し、消費財の乏しい時代、大きな発展を示した。

このような地域資源を背景にする製品の場合、江戸時代中期以降の流通の仕組みは、東京、名古屋、京都、大阪に集散地問屋（問屋街）が生まれ、全国の産地から買付けし、そして、それを全国に流通させていくという形が生まれていく。東京の日本橋の各種の問屋街はその典型であろう。金物、厨房用品をみれば、東京日本橋の合羽橋、大阪難波の道具屋筋の問屋がそのような役割を演じていた[21)]。

燕の場合、かつての和釘、銅器、煙管、矢立の時代には、主として三条の産地問屋により、日本橋に運ばれていった。だが、戦後の金属洋食器の時代となると、主力が対米輸出ということもあり、これら国内市場を焦点とする「メーカー—産地問屋—集散地問屋—地方問屋—小売店」という方式とは全く異なった仕組みをとっていくことになる。

▶対米輸出全盛時代の洋食器の流通システム

大正時代にヨーロッパ輸出から開始され、特に、戦後は対米輸出を主軸にしてきた洋食器の場合、先に指摘した地域資源をベースに単一製品産地となり、国内市場に向かった多くの地方の地場産業と異なり、また、輸出自主規制という枠組みもあり、その流通システムは独特なものであった、図2—6は、その概略を示しているが、次のような点に特色が認められる。

全体の30％を占めた国内向けの部分は、図2—6では「消費地問屋」と示される合羽橋、道具屋筋の「集散地問屋（問屋街）」等が50％と主力になってい

図2—6　対米輸出全盛期の金属洋食器の流通システム

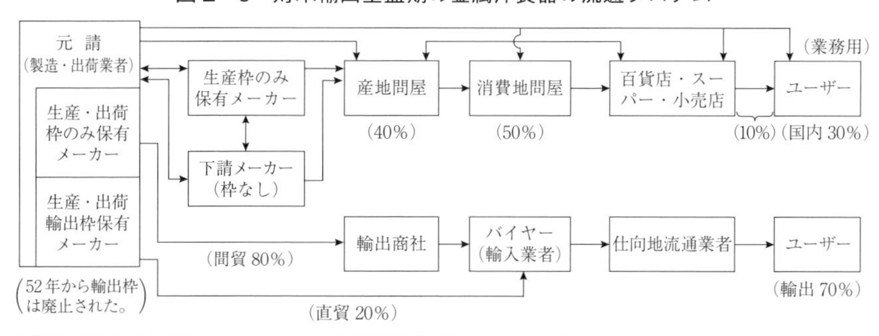

原資料：㈶新潟社会経済リサーチセンター『新潟県経済産業ハンドブック』1983年
資料：燕市『燕市史 通史編』1993年、933ページ

図2—7　金属ハウスウェアの流通システム

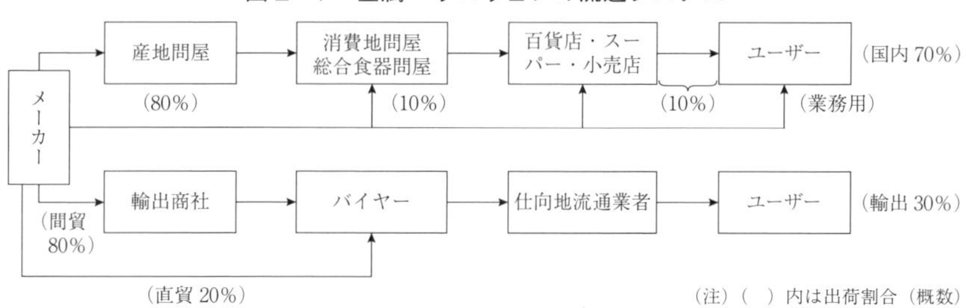

原資料：㈶新潟社会経済リサーチセンター『新潟県経済産業ハンドブック』1983年
資料：燕市『燕市史 通史編』1993年、934ページ

た。その場合、燕の小規模なメーカーは燕の産地問屋経由を採るが、規模の大きい力のあるメーカーは、産地問屋—集散地問屋経由に加え、百貨店・スーパー・小売店直、さらに、業務用のユーザー直という場合もみられた。ユーザー直の場合は、買取りが原則だが、集散地問屋を軸にする流通の場合は、「委託販売、返品可能」が原則であり、リスクは産地メーカーが負うことになる。ただし、商品の力が強い場合、買取りとなる場合もある。燕の洋食器の場合は、買取りが多かったようである。

他方、70%を占めた輸出の場合は、バイヤーの買取りが基本であった。力のあるメーカーはバイヤーとの直接貿易となり、力の乏しいメーカーは国内の輸出商社を経由していた。買取りが基本の輸出は、燕のメーカーにとって魅力的なものであった。特に、買取りが原則の輸出を経験したことから、国内においても買取りが中心になっていたように思える。それだけ、燕の洋食器は力があったということであろう。ただし、輸出が途絶え、市場（国内）に対して生産力が過大になっていくと、当然、取引条件は悪化していく。

この点、金属器物の場合、30％とされた輸出は、金属洋食器と同様の流通システムをとっていた。これに対し、70％を占めていた国内販売ついては、産地問屋経由の比重が80％と高く、日本の伝統的な商品流通の集散地問屋システムの中で流通させていた。買取りか、委託か、また、手形のサイトなどは、商品の力によるが、全体的には買取り中心であったようである。

▶集散地化する燕の産地問屋、メーカー

以上のように、輸出を軸に展開された燕の洋食器の流通システムは、輸出商社、海外のバイヤーを軸に編成され、国内分については、産地問屋、集散地問屋を軸に在来型の仕組みとなっていた。だが、対米輸出が途絶え、産地構造が大きく変わり、従来の洋食器の存在感が縮小している現在、燕の流通をめぐる大きな変化は、一つに、洋食器から転換し、独自製品を展開するメーカーが増えていること、二つに、産地問屋が集散地問屋化してきたという点であろう。また、独自製品を展開するメーカー自身も、在来の産地問屋—集散地問屋経由よりは、自身が直接ユーザー（業務用、直営店）に販売し、さらに、関連商品を調達し、品揃えして販売するなど集散地問屋的な機能を身に着けつつあることも興味深い。

そして、このような枠組みの中で、大きな変化を促したのは燕の有力産地問屋であった遠藤商事であり、早くも1973年、総合カタログを作成、全国の販売先に配布していった。いわば、産地問屋が集散地問屋化に踏み込んだということであろう。全国の小売店は従来の集散地問屋であった東京日本橋の合羽橋、大阪難波の道具屋筋の問屋街に向かう必要がなくなっていった。特に、燕の場合は、上越新幹線で東京駅から最速1時間38分の位置にある。郊外に設置され大規模なつばめ物流センターには、各社が魅力的なショールームを展開、新たな集散地問屋街が形成されている趣である。

図2—8　現在の燕の金属製品の流通システム

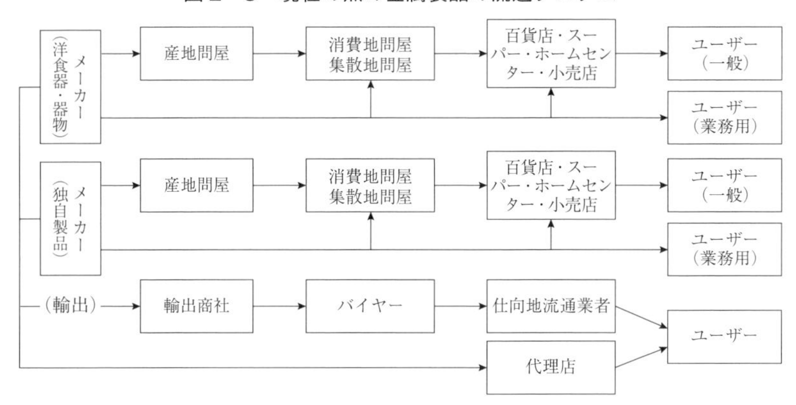

在来の集散地問屋システムは、必需品の低価格量産品を大量に流通させるには良くできた仕組みであったのだが、大量生産、大量販売の時代は終わり、差別化された中高級品がメインになってきた時代、産地問屋自身が企画力を備え、品揃えし、丁寧に小売店等に提供していく時代となってきた。また、独自製品に展開したメーカーにおいては、一部に産地問屋、集散地問屋に依存する部分はあるものの、直接ユーザー（業務用）に働きかけ、あるいは、代理店、直営店による展開に踏み出していく場合が少なくない。

そのようにみると、現在の燕の金属製品をめぐる流通の状況は、全体的には独自販売、集散地問屋化ということができそうである。低価格量産品の流通を担ってきた大都市の集散地問屋が力を失ってきた現在、燕に形成されてきた産地問屋の集散地問屋化、そして、独自製品を展開するメーカーの独自販売、さらに、集散地問屋化が燕に構造化されてきているのである。

(3) 郊外に大規模な物流センターを展開

先に郊外に工業団地を形成していった事情をみたが、特に、物流も兼ねた産地問屋にとって、住工商が混在、密集している燕市街地の状況は深刻なものであった。そのよう事情の中で、地元に卸商業団地形成の気運が盛り上がり、燕市は「産地の産業発展を図る基盤整備の一環として、新流通機構ともいえる

つばめ物流センター

つばめ物流センター案内図

資料：燕市

卸・配送・知識・サービス機能を集約した物流センター（産業サービスセンター）を計画[22]」していく。

場所は郊外の旧吉田町との境に近い大通川流域の工業団地が集積しているエリアであり、隣には燕小池工業団地（通称洋食器センター）が立地している。計画面積は25.1 ha、造成は1972年度から1974年度、この間、中核となる燕商業卸団地協同組合（組合員33名、2001年、㈿つばめ物流センターに改称）を結成している。土地の造成は燕市、建物は中小企業高度化事業を利用した。

入居企業は燕の卸売事業者（33社）が中心だが、その他として㈿つばめ物流センター事務局等が入居するセンター施設をはじめ、金融関係機関3行（第四銀行、北越銀行、簡易郵便局）、トラックターミナル（運輸事業者）、さらに、製造業の藤次郎、サクライ、ホクエツ（丸越工業）も入居している。上越新幹線燕三条駅、北陸自動車道三条燕インターチェンジまでクルマで15分ほどの位置にある。現状、インターチェンジにアクセスする国道289号の整備が課題であり、また、駐車場問題も生じている。それでも、燕の製造業や産地問屋が新たな方向に向かっている現在、この工業団地群に隣接するつばめ物流センターの意義は大きい。

3．3市町合併後の燕の産業展開

平成の大合併といわれる2006年3月20日、燕市と西蒲原郡吉田町、分水町の１市２町が合併し、新しく「燕市」が誕生した。旧燕市の面積は39.35㎢、吉田町は32.00㎢、分水町は39.61㎢、合わせて110.96㎢となった。平成の合併時には三条市、寺泊町、巻町等との合併も模索されたが、１市２町の合併となった。以前からこの１市２町は共通する経済社会圏を形成していた。合併直前の国勢調査（2005年）によると、人口は１市２町で８万3269人であり、新潟県の20市の中で人口規模では第７番目の市となった。なお、面積では19番目となる。

この燕市、越後平野の西南に位置し、信濃川の支流の中ノ口川が流れ、また、山間部は西側に一部存在するだけであり、全体は水稲を中心とする平野を形成している。旧燕市の市街地は江戸時代以来、和釘、銅製品、煙管、ヤスリ、矢立等の金属製品の生産が盛んであり、第２次世界大戦後はステンレス製洋食器の大産地を形成、特に対米輸出で大きく繁栄した。吉田町、分水町は水稲地帯であり、人びとの多くは燕の洋食器産業関連等の事業所に通い、また、燕の洋食器産業の発展に伴う外延的拡大の受け皿としても機能してきた。

この節では、新たな燕市の人口に関わる側面と産業、特に製造業に関わる側面に注目し、現状と課題、そして、今後の可能性をみていく。

（1）人口減少、高齢化の進展と若者の減少

表2―9、表2―10の人口統計をみると、燕市（新市）の人口は、1960年の7万2614人から次第に増加し、1975年には８万人台に入り、2000年に最高の8万4297人に達した。1975年から2010年までの35年間、８万人台を維持してきた。日本の市町村の中で、県庁所在地に隣接している以外で（燕市は新潟市に含まれる旧町村とは接している）、このような人口を維持できたところは極めて少ない。地方の多くの市町村は早ければ1960年をピークに人口減少に突入している場合もあり、遅くても1990年頃をピークに人口減少過程に入っている。後にみるように、燕の金属洋食器を中心にする地域産業の発展が人口を増加させ、さらに、最近まで維持できた最大の要件であろう。

表2—9　燕市地区別人口の推移（1960～2015）

地区	燕市			燕地区			吉田地区			分水地区		
	人口	増減率	構成比	人口	増減率	構成比	人口	増減率	構成比	人口	増減率	構成比
年	（人）	（%）	（%）	（人）	（%）	（%）	（人）	（%）	（%）	（人）	（%）	（%）
1960	72,614	—	100.0	37,547	—	51.7	18,782	—	25.9	16,285	—	22.4
1965	75,366	3.8	100.0	40,134	6.9	53.3	19,496	3.8	25.9	15,736	△3.4	20.9
1970	78,444	4.1	100.0	42,427	5.7	54.1	20,635	5.8	26.3	15,382	△2.2	19.6
1975	80,471	2.6	100.0	43,265	2.0	53.8	21,853	5.9	27.2	15,353	△0.2	19.1
1980	82,984	3.1	100.0	44,236	2.2	53.3	23,175	6.0	27.9	15,573	1.4	18.8
1985	84,181	1.4	100.0	44,651	0.9	53.0	23,802	2.7	28.3	15,728	1.0	18.7
1990	83,377	△1.0	100.0	43,891	△1.7	52.6	23,713	△0.4	28.4	15,773	0.3	18.9
1995	84,051	0.8	100.0	43,589	△0.7	51.9	24,663	4.0	29.3	15,799	0.2	18.8
2000	84,297	0.3	100.0	43,480	△0.3	51.6	25,136	1.9	29.8	15,681	△0.7	18.6
2005	83,269	△1.2	100.0	43,255	△0.5	51.9	24,893	△1.0	29.9	15,121	△3.6	18.2
2010	81,876	△1.7	100.0	43,097	△0.4	52.6	24,224	△2.7	29.6	14,555	△3.7	17.8
2015	79,784	△2.6	100.0	42,331	△1.8	53.1	23,671	△2.3	29.7	13,782	△5.3	17.3

資料：『国勢調査』

▶比較的人口の安定していた燕も減少過程に入る

表2—9は、1960年から2015年までの国勢調査人口の推移を、旧1市2町別に示している。いずれも2005年頃までは比較的安定的に推移していた。旧燕市の場合は、戦前の1920（大正9）年は人口1万8801人であったのだが、1925（大正14）年2万1014人と2万人を超えた。当時は金属洋食器がヨーロッパに輸出された始めた時代であり、産業の活発化に伴う人口増加がみてとれる。そして、戦前の1935（昭和10）年には2万3704人を記録している。

戦後は、1965年に4万人を超え、今日に至るまで4万人を切っていない。旧燕市（燕地区）のエリアは1965年以来、4万人台を維持し、最大は1985年の4万4651人であり、極めて安定的に推移してきた。

吉田地区は1970年に2万人を超える2万0635人となり、その後も増加を続け、2000年にはピークの2万5136人となり、その後、漸減している。この吉田地区の場合は、燕地区からの人口、産業の外延化、スプロール化が進んでいったことを意味しよう。ただし、2005年以降については、人口の減少が認められる。

分水地区については、1960年代から人口は減少気味であった。その後、

表2—10　燕市の年齢（3区分）別人口の推移（1985〜2015）

人口 年	総人口 （人）	（%）	15歳未満 （人）	（%）	15〜64歳 （人）	（%）	65歳以上 （人）	（%）	不詳 （人）	全国高齢化率 （%）
1985	84,181	100.0	18,483	22.0	56,989	67.7	8,709	10.3	—	10.3
1990	83,377	100.0	15,653	18.8	56,957	68.3	10,760	12.9	7	12.1
1995	84,051	100.0	14,058	16.7	56,890	67.7	13,103	15.6	—	14.6
2000	84,297	100.0	13,014	15.4	55,561	65.9	15,701	18.6	21	17.4
2005	83,269	100.0	11,879	14.3	52,828	63.5	18,444	22.2	118	20.2
2010	81,876	100.0	10,835	13.3	50,388	61.7	20,427	25.0	226	23.0
2015	79,784	100.0	9,885	12.4	47,021	59.1	22,686	28.5	192	26.6

注：市町合併以前の2005年以前の数値は3市町の合算値。不詳は構成比から除いている。
高齢化率は65歳以上人口の比率。
資料：『国勢調査』

1980年代以降、盛り返していたのだが、1995年をピークに人口減少過程に入っている。特に、2005年以降、人口の減少率は、5年刻みで、3.6%減（2005年）、3.7%減（2010年）、5.3%減（2015年）と減少幅が大きくなってきている。

これらを全体的にみると、郊外の分水地区は地方小都市にみられる人口減少プロセスに入っているようであり、今後もこのプロセスが続くものと予想される。多くの場合には、若者の減少、高齢化、そして、人口（市場、購買力）減少に伴う商店の減少、買い物問題の発生、農業における担い手不足というプロセスをたどる[23]。今後、事態の推移を注意深くみていく必要がある。

また、2000年の頃までは燕地区から郊外へのスプロール化と、反面における郊外から燕地区への転入などがあり、旧燕市の市街地はいわゆるダム効果を発揮していたが、2005年頃から、その効果が薄れてきているようにみえる。

表2—10は、1985年から2015年までの年齢3区分別の人口を示している。1985年の頃は、燕市の高齢化率（65歳以上人口の比率）は、10.3%と全国平均であったのだが、その後、次第に全国平均を上回り始めている。2015年には全国平均26.6%に対し、28.5%と1.9ポイント上回った。燕市の場合は全国に比べて人口減少のスピードがやや速くなり、今後、高齢化が進んでいくことが予想される。

また、年齢区分別でみると、15歳未満人口が1985年の1万8483人（構成

図2―9　燕市の将来人口推計

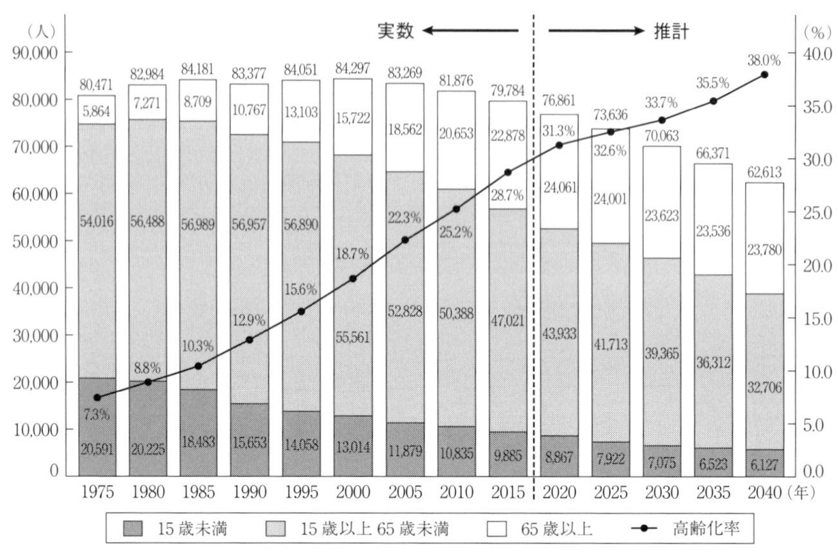

資料：国立社会保障・人口問題研究所、燕市

比22.0%）から、2015年には9885人（12.4%）とほぼ半減していることが注目される。反面、65歳以上人口は、1985年の8709人（10.0%）から、2015年には3倍増に近い2万2686人（28.5%）となっている。そして、生産年齢人口とされる15～64歳人口は、1985年の5万6989人（67.7%）から、2015年に4万7021人（59.1%）と30年で17.5%減となっている。

図2―9の国立社会保障・人口問題研究所の推計によると、2040年には、燕市の人口は6万2613人と2015年に比べて1万7171人の減少、減少率は21.5%に上る。高齢化率は38.0%、15歳未満人口は6127人（9.8%）、15～64歳人口は3万2706人（52.2%）となる。この人口減少、高齢化に対し、それを受け入れて地域のあり方を考えていくのか、あるいは、年少人口、生産人口の増加、また、女性や高齢者の就業の機会を増加させるなど、地域を経営していくための課題と取組みが問われていくことになろう[24]。

表 2—11　燕市民の市内就業者の推移（1990～2015）

区分	1990 就業者	2000 就業者	（%）	2005 就業者	（%）	2010 就業者	（%）	2015 就業者	（%）
市民の就業者	47,347	46,693	100.0	45,283	100.0	42,592	100.0	43,047	100.0
市民の市内就業者		29,807	63.8	27,253	60.0	29,887	70.2	29,428	68.4

資料：『国勢調査』

（2）通勤、交流人口の拡がり

交通手段、特にクルマ通勤が常態化している日本の地方圏においては、年々、通勤圏は拡がっている。遠方への通勤は人それぞれのコスト・パフォーマンスによるであろう。そして、他地域から通勤者を惹きつけている地域は、一般的には経済活動が活発ということになる。このような視点で、表 2—11、表 2—12 を眺めると興味深い。

表 2—11 は、燕市民の就業者のうち、燕市内に就業している人の数を示している。これは、市内の雇用機会を現わす。1995 年の就業者数は 4 万 7347 人であったのだが、5 年おきに実施される国勢調査の度に減少傾向となり、2015 年は 2010 年を上回ったものの、4 万 3047 人と、1995 年に比べ 4300 人の減少、減少率は 9.1% となった。この間の燕市の人口減少率 5.1% を大きく上回った。人口減少以上に就業機会が減少していることになる。人手不足で人が集まらないという事情もあるが、魅力的な就業の場が減少しているとみることもできる。また、市民の市内就業率は 60% 台で上下しているが、人びとの移動が広範囲化している中で、かなり高い水準であると思う。例えば、比較対象にはなりにくいが、東京の墨田区の場合は、区民の区内就業率は、1970 年 75.3%、2000 年 52.3%、そして、2015 年には高層マンションが増え都心通勤者が増加したことから 33.5% にまで低下している[25)]。この市民の市内就業数、就業率は地域の経済活動を把握する重要な指標であり、注意深くみていく必要がある。

▶燕市は流入超過

表 2—12 は、燕市と周辺市町村との就業者の移動を示すものであり、1990

表2―12　燕市と周辺市町村との就業者の移動

区分	1990		2000		2010		2015		増減（人）	
	（人）	（%）	（人）	（%）	（人）	（%）	（人）	（%）	15/90	15/00
燕市から他市町村へ										
新潟市	2,774	35.6	4,026	37.4	4,168	35.2	4,431	34.7	1,657	404
弥彦村	732	9.4	1,018	9.4	988	8.3	984	7.7	252	－34
田上町	10	0.1	31	0.3	63	0.5	47	0.4	37	16
加茂市	97	1.2	195	1.8	249	2.1	297	2.3	197	102
三条市	2,967	38.1	3,760	38.1	4,284	36.2	4,746	37.2	1,779	986
長岡市	1,101	14.1	1,576	14.6	1,811	15.3	1,913	15.0	812	337
見附市	112	1.4	172	1.6	287	2.4	347	2.7	235	175
小計	7,793	100.0	10,778	100.0	11,846	100.0	12,765	100.0	4,972	1,987
他市町村から燕市へ										
新潟市	5,177	44.9	5,943	43.1	6,010	42.0	6,147	41.1	970	204
弥彦村	1,276	11.1	1,528	11.1	1,519	10.6	1,530	10.2	254	2
田上町	94	0.8	156	1.1	197	1.4	220	1.5	126	64
加茂市	263	2.3	432	3.1	521	3.6	548	3.8	285	116
三条市	2,254	19.5	3,760	22.3	3,476	24.3	3,873	27.0	1,619	794
長岡市	2,346	20.2	2,403	17.4	2,273	15.9	2,236	15.4	－110	－167
見附市	120	1.0	238	1.7	327	2.3	404	2.8	284	166
小計	11,530	100.0	13,774	100.0	14,323	100.0	14,958	100.0	3,428	1,184

資料：『国勢調査』

年から2015年までを掲載している。1990年の燕市から周辺市町村への移動は7793人。その後、増加を続け、2015年には1万2765人と4972人の増加となった。この間の増加率は63.8%にのぼる。逆に、1990年の周辺市町村から燕市への移動は1万1530人であり、2015年は1万4958人と3455人の増加となった。増加率は30.0%であった。全体的にみれば、燕市への流入超過が基調にある。周辺市町村の人びとにとって、コスト・パフォーマンス上、燕市が魅力的にみえるのかもしれない。

燕市からの流出が多いのは、三条市、新潟市、長岡市であり、逆に流入が多いのは、新潟市、三条市、長岡市、弥彦村の順になっている。また、最近の2015年統計による市町村別の流出超過が多いものとしては、三条市（超過873人）が目立つが、流入超過の多い市町村は、新潟市（1716人）、弥彦村（546人）、長岡市（323人）となった。

新潟市が流入超過の理由は、市町村合併により燕市に近接していた巻町、中之口村、岩室村が新潟市になり、従来からより近い燕市に職を求めていることによる。長岡市も市町村合併により面積が広大になり（891.1㎢）、燕市に隣接していた寺泊町等が長岡市になったことが大きな理由であろう。1985年段階では、寺泊町から旧燕市への流入は417人を数えていた。旧分水町への流入も考慮すれば、さらに流入は大きなものになる。

三条市との間では、最近まで流出入が拮抗していたのだが、2010年頃から流出が目立つようになってきた。三条市はサービス経済化が進んでおり、それが燕市民を惹きつけているものとみられる。

いずれにしろ、市民の市内就業、また、就業者の移動は経済力を大きく反映するものであり、燕の現状はかなり高水準であることがわかる。ただし、隣接する三条市（面積432.0㎢、2015年人口9万9241人）は燕市と内容が比較的近い製造業の町であるが、サービス業も盛んであり、燕市民を大きく惹きつけている。各市町村にはそれぞれの事情がある。魅力的な就業の場を増やし、市民の市内就業率を高めていくこと、また、周辺市町村からも就業したいと思える経済力の豊かな都市に向かっていくことが求められる。

（3）新たな産業的拡がり

日本の多くの輸出型地場産業は、1985年のプラザ合意以降の円高により劇的な転換を余儀なくされ、消滅していったところも少なくない。かつて300とも500ともいわれた地場産業の中で、現在でも維持、発展を重ねているところは、燕と家具の旭川[26]といわれている。大半の地場産業は大幅に縮小するか、あるいは消滅している。しかも、燕の場合は、従来から「燕の歴史は、事業転換の歴史」といわれるように、戦後の高度成長期を彩った洋食器から、多方面にわたる金属製品による「複合金属製品産地」化、そして、多様な「複合金属加工技術の集積地」へと転換していったことが指摘される。

また、燕市は2006年に隣接する吉田町、分水町と合併し、新「燕市」となるが、従来から吉田町、分水町は燕の郊外を形成し、燕の金属関連企業の外延化の受け皿を形成していた。そうしたことが、3市町の合併をスムーズにしたといわれている。

この項では、主として『経済センサス』『工業統計』を用い、現在の燕の産業、特に金属系産業に焦点を合わせながら、その動向、今後の可能性をみていく。また、新燕市を構成する燕地区、吉田地区、分水地区のそれぞれの地域産業構造にも注目していく。

▶事業所の35%、従業者の43%が製造業／全国平均の倍以上

表2—13は、2009年から2016年までの『経済センサス』の主要部分を整理

表2—13　燕市の事業所、従業者の推移

区分	2009		2012		2014		2016	
	事業所（件）	従業者（人）	事業所（件）	従業者（人）	事業所（件）	従業者（人）	事業所（件）	従業者（人）
燕市	6,246	45,309	5,815	43,308	5,690	43,403	5,483	43,152
第1次産業	31	338	23	227	29	262	31	301
農林業	31	338	23	227	29	262	31	301
漁業	—	—	—	—	—	—	—	—
第2次産業	2,759	22,522	2,545	20,771	2,443	20,559	2,314	20,301
鉱業	1	9	1	6	1	7	1	7
建設業	437	2,169	390	1,949	381	1,833	373	1,761
製造業	2,321	20,344	2,154	18,816	2,061	18,719	1,940	18,533
第3次産業	3,456	22,449	3,247	22,310	3,218	22,582	3,138	22,550
電気・ガス等	3	80	3	33	3	43	4	53
情報通信業	12	74	8	49	9	54	7	18
運輸業・郵便業	79	1,714	78	1,789	69	1,700	69	1,707
卸売・小売業	1,465	9,867	1,352	9,565	1,298	9,202	1,257	9,315
宿泊業・飲食サービス業	420	2,165	416	2,357	412	2,229	408	2,184
金融・保険業	53	754	60	772	53	695	51	677
不動産業・物品賃貸業	249	496	223	391	224	497	211	444
学術研究・専門・技術サービス業	123	710	117	706	115	556	109	582
生活関連サービス業・娯楽業	407	1,359	372	1,310	389	1,543	386	1,436
教育・学習支援業	151	355	145	377	152	385	143	403
医療・福祉	208	2,736	211	2,937	245	3,474	251	3,357
複合サービス事業	28	283	18	201	24	396	20	382
サービス業（他に分類されない）	258	1,856	244	1,823	223	1,808	222	1,992

資料：『経済センサス』

したものである。この経済センサスは以前は『事業所統計』と称され、人口統計の『国勢調査』にあたるものであり、日本における事業所の統計としては最も包括的なものとされてきた。2009年以降『経済センサス』と名前を変え、業種分類も変更・整理されてきた。表2―13は2009年以降分であり、唯一業種分類の連続性が確保できる期間となる。

2009年の燕市の事業所は6246事業所、従業者数は4万5309人であった。日本の事業所数は1991年をピークに減少局面にあるが、燕市も例外ではなく、2016年には5483事業所、従業者4万3152人となった。この間の減少率は事業所が12.2%、従業者数で4.8%であった。この点、全国をみると、この間、減少率は事業所が15.4%、従業者が9.2%であり、燕は全国の減少率よりはかなり低かった。

2016年の全国の産業構成は、事業所数で第1次産業0.6%、第2次産業17.7%、第3次産業81.7%、従業者数で第1次産業0.6%、第2次産業22.1%、第3次産業77.3%であったのだが、燕は事業所数で第1次産業0.6%、第2次産業42.2%、第3次産業57.2%、従業者数で第1次産業0.7%、第2次産業47.0%、第3次産業52.3%となっている。燕は第2次産業、特に製造業が全国平均の倍以上の比率になっていることが注目される。

また、製造業についてみれば、2009年から2016年にかけて、燕市の事業所数は16.4%減、従業者数は8.9%減となった。燕市の全事業所の中では減少率は相対的に高い。このような傾向は全国的なものであり、全事業所の中でも、近年、製造業の減少が目立っている。

他方、他の業種をみると、全国的には減少の著しい卸売・小売業は、全国は2009年から2016年にかけて、事業所数は9.5%減、従業者数は5.2%減であるのに対し、燕市は14.2%減、従業者数は5.6%減であった。事業所数の減少は全国に比べてかなり大きい。全国的に卸売・小売業は大型化が進み、小規模零細層の退出が進んでいるが、燕市でも大規模化がかなり進んでいることがうかがえる。

もう一つ、事業所の動向で注目すべきは、医療・福祉の部門である。2009年には全国の医療・福祉の事業所は全産業の5.8%、従業者数9.6%であった

表2―14　燕市製造業の事業所、従業者数、製造品出荷額等の推移

区分	事業所		従業者		製造品出荷額等	
	(件)	(%)	(人)	(%)	(100万円)	(%)
1956	1,221	38.6	10,731	56.6	9,156	8.5
1957	1,353	42.7	11,452	60.0	11,056	10.3
1958	1,354	42.8	11,288	59.5	11,564	10.8
1959	1,444	45.6	13,205	69.7	12,542	11.7
1960	1,633	51.6	14,528	76.6	16,850	15.7
1961	1,630	51.5	14,099	74.4	16,648	15.5
1962	1,674	52.9	14,935	78.8	19,385	18.1
1963	2,013	63.6	16,198	85.4	25,347	23.7
1964	2,113	66.7	16,255	85.7	26,989	25.2
1965	2,348	74.1	16,453	86.7	27,776	25.9
1966	2,446	77.2	16,854	88.9	33,500	31.3
1967	2,578	81.4	17,006	89.7	39,320	36.7
1968	2,663	84.1	17,396	91.8	47,356	44.2
1969	2,861	90.3	18,532	97.7	61,747	57.7
1970	2,990	94.4	18,629	98.3	72,838	68.0
1971	2,976	94.0	18,998	100.2	74,500	69.6
1972	3,134	99.0	19,057	100.5	79,329	74.1
1973	3,167	100.0	18,959	100.0	107.069	100.0
1974	3,067	96.8	16,668	87.9	131,263	122.6
1975	3,105	98.0	18,107	95.5	128,901	120.4
1976	3,072	97.0	17,905	94.4	154,469	144.3
1977	3,048	96.2	17,483	92.2	169,590	158.4
1978	3,057	96.5	17,191	90.7	166,266	155.3
1979	3,044	96.1	17,231	90.9	182,170	170.1
1980	3,009	95.0	17,160	90.5	201,214	187.9
1981	3,025	95.5	16,978	89.6	199,125	186.0
1982	2,967	93.7	16,660	87.9	195,080	182.2
1983	2,931	92.5	16,592	89.4	196,726	183.7
1984	2,903	91.7	16,595	87.5	202,969	189.6
1985	2,869	90.6	16,238	85.6	199,313	186.2
1986	2,839	89.6	15,585	82.2	185,830	173.3
1987	2,793	88.2	15,202	80.2	176,093	164.5
1988	2,782	87.8	15,287	80.6	194,423	181.6
1989	2,799	88.4	15,386	81.2	209,728	195.9
1990	2,785	87.9	15,464	81.6	224,152	209.4
1991	2,875	90.8	15,596	82.3	237,259	221.6
1992	2,794	88.2	15,189	80.1	226,246	211.3
1993	2,691	85.0	14,657	77.3	201,893	188.6

1994	2,589	81.7	14,278	75.3	193,274	180.5
1995	2,513	79.3	13,760	72.6	196,996	184.0
1996	2,445	77.2	13,548	71.5	201,260	188.0
1997	2,378	75.1	13,427	70.5	207,492	193.8
1998	2,307	72.8	12,959	68.0	185,532	173.3
1999	2,218	70.0	12,461	65.4	164,742	153.9
2000	2,131	67.3	11,950	63.0	164,256	153.4
2001	2,040	64.4	11,352	59.9	158,000	147.6
2002	1,908	60.2	10,740	56.6	159,710	149.2
2003	932	100.0	16,643	100.0	380,345	100.0
2004	876	94.0	16,510	99.2	402,857	105.9
2005	877	95.2	16,586	99.7	381,568	100.3
2006	825	88.5	16,592	99.7	395,950	104.1
2007	793	85.1	16,669	100.2	433,433	114.0
2008	824	88.4	16,853	101.3	430,953	113.3
2009	739	79.3	15,513	93.2	336,078	88.4
2010	714	76.6	14,879	89.4	335,980	88.3
2011	766	82.2	15,423	92.7	361,289	95.0
2012	708	76.0	15,470	93.0	372,059	97.8
2013	709	76.1	15,881	95.4	384,460	101.1
2014	704	75.5	15,772	94.8	406,530	106.9
2015	761	81.7	15,784	94.8	441,319	116.0
2016	699	75.0	16,680	100.2	435,095	114.4

注：2002年以前は旧燕市の統計、2003年以降は合併後の新燕市の統計。%は1956～2002年までは事業所数が最大の1973年を100.0とし、その後は2003年を100.0としている。
この合併に際し、旧吉田町と旧分水町から、パナソニック、富士通フロンテック、北越工業、新潟ダイヤモンド電子等の大規模事業所が加わったことにより、従業者数が6000人程度増加していることに注意が必要。
また、2002年までは全数調査。2003年以降は従業者4人以上事業所。
資料：『工業統計』

のだが、2016年には、それぞれ12.5%、12.5%に拡大している。全産業の中で、この医療・福祉だけが事業所、従業者を増加させている。この点、燕市の医療・福祉は、この間、事業所数の構成比は3.5%から4.6%へ、従業者数の構成比は6.0%から7.8%となった。燕市の医療・福祉部門は全国的には構成比が低いが、燕市においても唯一事業者数、従業者数が増加している部門である。

これまで燕市で圧倒的な存在であった製造業は減少しているとはいえ、依然として事業所、従業者共に全産業の40%以上を維持している。「製造業のまち」「金属製品のまち」燕は依然として健在であるようにみえる。

▶市町合併により、製造品出荷額等が2.5倍超に

表2―14は、『工業統計』の1956年から2016年までの製造業の事業所数、従業者数、製造品出荷額等が示されている。2002年までが全数、2003年以降は従業者4人以上の統計となった。この表からは、幾つかの点が指摘される。

第1に、事業所数の推移だが、1956年に1221事業所であったが、高度成長期となる1950年代後半以降、1960年代を通じて事業所数は増大、1973年にピークとなる3167事業所を記録した。この間の増加は2.6倍であった。洋食器の対米輸出の拡大により、人びとは独立創業を重ねてきたのであった。この間、従業者数も1万0731人から1万8959人へと1.8倍増加している。製造品出荷額等は91億5600万円から1070億6900万円へと11.7倍に増加した。

第2に、1973年は円が変動相場制に移行し、円高基調が始まった年であり、製造業事業所は減少局面に入り、2002年までほぼ一貫して減少を重ねてきた。1973年の3167事業所から、2002年は1908事業所とほぼ3分の2になった。この間、従業者数は8000人ほど減少している。ただし、製造品出荷額等は、円高により振れはあったが、バブル経済期の1991年に最高額の2372億5900万円を計上している。1973年に対して2.2倍の規模であった。全数調査の最後の年の製造品出荷額等は1597億1000万円であり、金属製品をベースにする旧燕市（燕地区）の製造業は、一部に吉田地区、分水地区に外延化する場合もあり、後の表2―18でみるように、その後、製造品出荷額等はほぼ1400億円強で推移していくのであった。

表2―14は、2003年以降、従業者4人以上の統計に切り替わる。さらに、市町村合併は2006年なのだが、2003年以降の統計は新燕市のスケールで提供されている。

第3に、これによると、2003年の従業者4人以上の事業所数は932、従業者1万6643人、製造品出荷額等3803億4500万円となる。特に、旧燕市の時代と合併以後では製造品出荷額等が2.5倍以上に増加していることが注目される。

旧燕市の時代は大規模事業所の誘致はほとんど行なわれていなかった。工業団地を大規模に開発したものの、それらは市街地の住工混在問題を解決するための域内再配置型の工業団地であり、外部から大規模事業所を誘致する余地はなかった。この点、燕市郊外を構成する旧吉田町（吉田地区）と旧分水町（分水地区）は、燕地区から外延化する企業に加え、域外からの大規模事業所の誘致に成功している。典型的なケースは旧分水町の松下電工（現パナソニック㈱ライティング事業部）、旧吉田町の富士通機電（現富士通フロンテック）であろう。その他に、吉田地区、分水地区には北越工業、ツインバード工業、サーモス新潟事業所、新潟ダイヤモンド電子等の大規模事業所が点在し、雇用機会の提供に加え、製造品出荷額等を大きく拡大させている。また、この合併により、従業者数が6000人ほど増加していることも注目される。大規模事業所がその受け皿となっている。

このように、燕地区は依然として金属系の中小企業が集積しているが、吉田地区、分水地区は大規模な工場が点在するという対照的な構図になっているのである。

▶旧燕市時代は、90％前後が金属製品関連産業

表2―15は1995年の旧燕市の『工業統計』、そして、表2―16は新燕市の2016年の『工業統計』である。この二つを比較しながらみていくと、幾つかの点が指摘される。

1995年の燕市製造業は、事業所数2513、従業者数1万3760人、製造品出荷額等1969億9600万円であった。当時は金属洋食器の最後の時代であり、また、金属器物が金属洋食器に代わっていった時代でもあった。むしろ、大きな構造転換、事業転換が求められ始めた頃であった。この時代の特徴として、以下の点が指摘される。

第1は、業種別にみると、金属製品製造業が事業所数76.3％、従業者数61.7％、製造品出荷額等50.4％を占めていた。燕は金属製品の圧倒的な工業都市であった。

第2に、機械金属系7業種で、事業所数の91.2％、従業者数の85.4％、製造

表2—15　燕市製造業の事業所、従業者、出荷額等（1995）

区分	事業所数（件）	事業所数（%）	従業者数（人）	従業者数（%）	製造品出荷額等（100万円）	製造品出荷額等（%）
燕市	2,513	100.0	13,760	100.0	196,996	100.0
食料品・飲料	11	0.4	155	1.1	3,924	2.0
繊維工業・衣服	4	0.2	19	0.1	121	0.1
木材・木製品	13	0.5	86	0.6	856	0.4
家具・装備品	13	0.5	63	0.5	863	0.4
パルプ・紙	30	1.2	321	2.3	5,010	2.5
印刷・化学	12	0.5	76	0.6	351	0.2
石油・石炭	—	—	—	—	—	—
プラスチック製品	110	4.4	653	4.8	9,988	5.1
ゴム製品	7	0.3	29	0.2	215	0.1
なめし革・毛皮	—	—	—	—	—	—
窯業・土石	6	0.2	93	0.7	1,913	1.0
鉄鋼	34	1.3	613	4.5	24,049	12.2
非鉄金属	7	0.3	81	0.6	1,218	0.6
金属製品	1,917	76.3	8,492	61.7	99,324	50.4
一般機械	272	10.8	2,013	14.6	25,395	12.9
電気機械	35	1.4	396	2.9	9,406	4.8
輸送用機械	17	0.7	83	0.6	1,333	0.7
精密機械	11	0.4	73	0.5	702	0.4
その他	14	0.6	514	3.7	12,132	6.2
機械金属系7業種	2,293	91.2	11,751	85.4	162,643	82.6

資料:『工業統計』

品出荷額等の82.6%を占め、これらに関連するプラスチック製品を含めると、さらに、事業所数は95.6%、従業者数の90.2%、製造品出荷額等の87.7%を占めた。全国的にみても、金属製品を中心に機械金属工業がこれだけ密度の高い集積を示している地域は、造船などの小さな企業城下町を除いて、他にないのではないかと思う。

それから10年が過ぎて、かつての基幹産業であった金属洋食器は衰微し、他方で、かつての洋食器から転換し、新たな独自製品や、あるいは特殊な加工機能を身に着けた中小企業が大量に発生していく。世紀をまたぐこの10年ほどで燕の産業構造は劇的に変わっていった。さらに、2006年には燕市、吉田町、分水町の合併となり、人口は約2倍に、そして、地域の産業構成も大きく変わっていった。

表 2—16　燕市製造業の事業所、従業者、製造品出荷額等（2016）

区分	事業所数			従業者数			製造品出荷額等	
	（件）		（%）	（人）		（%）	（100 万円）	（%）
燕市	699		100.0	16,680		100.0	435,095	100.0
食料品・飲料	11	（7）	1.6	423	（16）	2.5	11,871	2.7
繊維・衣服	2	（4）	0.3	56	（9）	0.3	x	x
木材・木製品	6	（11）	0.9	72	（18）	0.4	562	0.1
家具・装備品	5	（14）	0.7	113	（26）	0.7	1,863	0.4
パルプ・紙	19	（16）	2.7	498	（27）	3.0	12,482	2.9
印刷・化学・石油	17	（18）	2.4	261	（33）	1.6	4,967	1.1
プラスチック製品	32	（33）	4.6	565	（70）	3.4	9,112	2.1
ゴム製品	2	（2）	0.3	13	（2）	0.1	x	x
窯業・土石	5	（5）	0.7	46	（11）	0.5	846	0.2
鉄鋼	29	（8）	4.1	955	（19）	5.7	38,179	8.8
非鉄金属	6	（1）	0.9	98	（1）	0.6	2,007	0.5
金属製品	336	（852）	48.1	6,191	（1,528）	37.1	95,725	22.0
一般機械	153	（125）	21.9	3,156	（259）	18.8	57,253	13.2
電気機械	32	（7）	4.6	2,293	（13）	13.7	77,588	17.8
電子部品・情報通信	14	（5）	2.0	991	（12）	5.9	88,938	20.5
輸送用機械	22	（18）	3.1	712	（37）	4.3	26,168	6.0
その他	8	（16）	1.1	237	（29）	1.4	6,648	1.5
機械金属 7 業種	592	（1,011）	84.7	14,396	（3,156）	86.3	385,858	88.7
全数	1,841		100.0	18,790		100.0		
（1～3 人）	（1,142）		62.0	（2,110）		11.2		
4～9 人	299		16.2	1,804		9.6	13,337	3.1
10～19 人	185		10.0	2,501		13.3	32,708	7.5
20～29 人	86		4.7	2,094		11.1	34,215	7.9
30～49 人	65		3.5	2,473		13.2	42,897	9.9
50～99 人	43		2.3	3,127		16.6	72,565	16.7
100 人以上	21		1.1	4,681		24.9	233,373	53.6

注：従業者 4 人以上の事業所。
　　下段の従業者規模別は全数。
　　（　）内は従業者 3 人以下企業。
資料：『工業統計』

▶金属製品集積に、機械系大規模事業が重なる

表 2—16 は、2016 年の燕市の『工業統計』であり、従業者 4 人以上規模の事業所が集計されている。事業所数は 699、従業者数は 1 万 6680 人、製造品出荷額等は 4350 億 9500 万円となる。製造品出荷額等だけをみれば、旧燕市時代の 2 倍以上となる。従業者数も 6000 人前後増えている。吉田地区の富士通

フロンテック、新潟ダイヤモンド電子、サーモス新潟事業所、北越工業、ツインバード工業、分水地区のパナソニック㈱ライティング事業部などの燕市郊外の大規模事業所が大きく影響を与えている。

この結果、『工業統計』は先の1995年の頃とは大きく異なってきた。

第1に、業種別事業所数をみると、従業者4人以上では、最大の金属製品は48.1%であり、機械金属系7業種で84.7%、プラスチック製品を加えると89.3%となっている。新たな燕市では金属製品以外の機械金属系事業所が増えていることを物語っている。この点は、従業者数、製造品出荷額等をみてもうなずける。

第2に、かつては製造品出荷額等について、金属製品が半数程度を占めていたのだが、2016年には、957億2500万円と1995年の993億2900万円と金額的にはさほど変わっていないのだが、構成比は22.0%に低下している。金属製品以外が増えているということであろう。むしろ、かつてはわずかであった機械系の部門の存在が大きくなっている。特に、2016年の電子部品・情報通信は従業者数991人（構成比18.8%）、製造品出荷額等は889億3800万円（20.5%）、電気機械は従業者2293人（13.7%）、製造品出荷額等775億8800万円（17.8%）、一般機械は従業者3156人（18.8%）、製造品出荷額等572億5300万円（13.2%）を占めている。いずれも吉田地区、分水地区の大規模事業所の存在が大きい。燕市全体でみれば、中小企業をベースにする金属製品の産地から、電気機械、電子部品・情報通信、一般機械あたりまでを含む機械金属工業都市に変わってきたことを意味しよう。ただし、これらの新規の部門は限られた大規模事業所によるものであり、地域中小企業に関わる部分は限定的である。これは今後の課題であろう。

第3に、表2—16の下段に示されている従業者規模別の統計が興味深い。従業者3人以下の事業所が1142と全体の62.0%を占め。従業者数の11.2%を占めている。従業者100人以上の事業所は21（構成比1.1%）だが、従業者数の24.9%を占め、製造品出荷額等は53.6%を占めている。数件の大規模事業所による企業城下町的な側面も観察される。膨大な数の中小企業による金属製品がベースにあり、郊外に大規模事業所が点在するという枠組みが燕市の製造業をめぐる基本的な構図になってきたのであろう。

近年、大規模事業所から独立創業する場合もみられ、また、国内回帰を意識する大規模事業所が燕の金属加工に関心を寄せるなど、新たな可能性が拡がってきつつあることも興味深い。燕の機械金属系事業所の集積は新たな色合いを帯びてきつつあるということができる。

▶みえなくなった加工部門もある

表2—17は、燕市の金属製品製造業をさらに細分化してみたものである。1960年から2000年までは全事業所、2010年と2016年は従業者4人以上統計となっている。

統計が比較的整っている1980年をみると、金属製品製造業の事業所数は2391、従業者数は1万2290人を数えた。それが、従業者4人以上となる2016年には事業所数336、従業者数6191人になる。燕の金属製品製造業の場合、60%前後は従業者3人以下であることからすると、2016年の全事業所数は550事業所程度となろう。1980年の約4分の1ということになる。ただし、製造品出荷額等については、全数（1785事業所）であった2000年の1077億7800万円に対し、従業者4人以上を示す2016年は957億2500万円とさほど変わらない。残された事業所が健闘していることになる。

金属洋食器製造業、金属器物製造業は先に論じたが、打抜プレス以下、金型・同部品製造業のあたりまでの事情が興味深い。1980年には38事業所、従業者214人を数えたやすり製造業、また、60事業所、従業者134人を数えた金属彫刻製造業は相当に縮小し、統計的には他の業種に組み込まれたか、あるいは、「その他製造業」として扱われている。銅器もほぼ同様な事情であろう。また、1980年には1228事業所、従業者2845人を数えた金属研磨等製造業は、2016年には35事業所、従業者436人に縮小している。

表2—17に掲載されている業種のなかで、比較的善戦しているのは、利器工匠具、製缶・鈑金、電気めっき、金型・同部品、プラスチック製品製造業等であろう。燕の一時代を支えたやすり、金属彫刻、銅器等は、一部に玉川堂のように伝統工芸的に残っているところもあるが、産業的には役割を終えた場合が

表 2—17　燕市金属製品業種別推移

区分	1960		1980		1990		2000			2010			2016		
	事業所（件）	従業者（人）	事業所（件）	従業者（人）	事業所（件）	従業者（人）	事業所（件）	従業者（人）	出荷額（100 万円）	事業所（件）	従業者（人）	出荷額（100 万円）	事業所（件）	従業者（人）	出荷額（100 万円）
金属製品			2,391	12,290	2,158	10,243	1,785	7,114	107,778	345	5,369	71,950	336	6,191	95,725
金属洋食器	193	5,711	444	4,422	330	2,660	224	1,247	14,187	50	606	8,353	45	719	11,084
金属器物	38	584	314	2,909	392	3,000	342	2,426	34,081	111	1,826	26,641	112	1,919	29,597
打抜プレス	—	—	101	326	—	—	—	—	—	—	—	—	—	—	—
利器工匠具			34	223	32	195	28	139	1,599	13	373	4,935	12	376	5,855
やすり	49	434	38	214	16	100	10	53	316						
製缶・鈑金	—	—	54	219	158	547	106	336	2,163	35	571	7,356	33	673	11,274
作業工具	—	—	19	149	29	181	15	105	1,213	12	213	x	10	246	x
電気めっき			23	271	27	273	18	164	1,339	14	133	1,062	14	142	1,377
金属研磨等	1,011	3,306	1,228	2,845	1,014	2,263	703	1,439	4,723	29	290	1,554	35	436	3,651
金属彫刻			60	134	55	111	32	63	278	2	10	x	2	9	x
銅器	17	165	—	—	—	—	—	—	—	—	—	—	—	—	—
（参考）															
金型・同部部品			213	854	188	1,064	162	950	9,269	74	698	6,170	62	715	9,105
農業用機械	34	884	49	534	42	385	22	93	1,784	13	232	3,614	13	226	3,836
プラスチック製品	49	214	154	565	127	620	87	613	9,403	35	693	11,675	32	565	9,112
鉄鋼										26	849	40,197	29	955	38,179
電気機械器具										23	1,536	48,251	32	2,293	77,588
電子部品・情報通信										6	698	50,463	14	991	89,348

注：2000 年以前は全事業所、以後は従業者 4 人以上事業所。
　2000 年までは旧燕市、2010 年以降は新燕市。
資料：『工業統計』

少なくない。なお、燕の場合には、この50年ほどの間に、洋食器、プレス加工、金属彫刻、銅器等から、他の事業分野に転換していった場合も多い。それらは、後の各章のケースでみることができる。

▶燕地区、吉田地区、分水地区の状況

表2―18は、燕市の3地区別、2006年から2016年までの年次別の『工業統計』である。集計は従業者4人以上規模である。ここから、特徴的なことを指摘すると以下のような点がある。

2016年の各地区の事業所数の構成比をみると、燕地区が67.1％と全体のほぼ3分の2を占める。吉田地区21.0％、分水地区11.9％となる。従業者数は、燕地区48.4％、吉田地区33.3％、分水地区18.3％となる。製造品出荷額等は、燕地区33.3％、吉田地区46.7％、分水地区20.0％であった。製造業をめぐる事情が3地区で相当に異なることがわかる。

製造品出荷額等をみると、2008年のリーマンショックの直前の2007年には4334億3300万円に達していたのだが、その後、2010年には3339億9800万円まで、23.0％の下落となった。その後、回復し、2014年にはリーマンショック前を超える4605億3000万円に達した。いまだにリーマンショック以前に戻れない地域が多い中で、燕の産業の反発力は高いことが指摘される。特に、分水地区の回復は早く、また、吉田地区もそれに次いで早い。ただし、燕地区は2008年に比べて2016年は80％回復の状況である。分水地区、吉田地区は照明器具関係のパナソニック㈱ライティング事業部、ATMの富士通フロンテック、コンプレッサの北越工業、電子制御機器の新潟ダイヤモンド電子等の大規模事業所の回復が寄与している。分水地区では雇用面の回復も早かった。

この点、中小・零細企業の多い燕地区は従業者数の回復はみられるものの、事業所数、製造品出荷額等の回復はいま一つであろう。この3地区の産業構成はそれぞれであり、燕市内はまだら色ということであろう。

表2―19は、先の3地区の2016年の業種別構成である。

燕地区は、事業所数は全体で1391と圧倒的に多いが、従業者3人以下が66.3％とほぼ3分の2を占める。業種的には金属製品が従業者4人以上規模で

表 2—18　燕市 3 地区別、年次別工業統計（2006〜2016）

事業所数

地区	燕地区		吉田地区		分水地区		合計	
年	（件）	（%）	（件）	（%）	（件）	（%）	（件）	（%）
2006	544	100.0	191	100.0	90	100.0	825	100.0
2007	525	96.5	178	93.2	90	100.0	793	96.1
2008	562	103.3	170	89.0	92	102.2	824	99.9
2009	495	91.0	160	83.8	84	93.3	739	89.6
2010	478	87.9	156	81.7	80	88.9	714	86.5
2011	512	94.1	172	90.1	82	91.1	766	92.8
2012	468	80.6	154	80.6	86	95.6	708	85.8
2013	467	85.4	157	82.2	85	94.4	709	85.9
2014	466	85.7	154	80.6	84	93.3	704	85.3
2015	518	95.2	160	83.8	83	92.2	761	92.2
2016	469	86.2	147	77.0	83	92.2	699	84.7

従業者数

地区	燕地区		吉田地区		分水地区		合計	
年	（人）	（%）	（人）	（%）	（人）	（%）	（人）	（%）
2006	8,275	100.0	5,637	100.0	2,680	100.0	16,592	100.0
2007	8,237	99.5	5,755	102.1	2,677	99.9	16,669	100.5
2008	8,350	100.9	5,537	98.2	2,966	110.7	16,853	101.6
2009	7,529	91.0	5,164	91.6	2,820	105.2	15,513	93.5
2010	7,200	87.0	5,147	91.3	2,532	94.5	14,879	89.7
2011	7,388	89.3	5,563	98.7	2,472	92.2	15,423	93.0
2012	7,331	88.6	5,281	93.7	2,858	106.6	15,470	93.2
2013	7,537	91.1	5,428	96.3	2,916	109.9	15,881	95.7
2014	7,541	91.0	5,284	93.7	2,947	110.0	15,772	95.1
2015	7,723	93.3	5,173	91.8	2,888	107.8	15,784	95.1
2016	8,076	97.6	5,550	98.5	3,054	114.0	16,680	100.5

製造品出荷額等

地区	燕地区		吉田地区		分水地区		合計	
年	（100 万円）	（%）	（100 万円）	（%）	（100 万円）	（%）	（100 万円）	（%）
2006	154,572	100.0	179,145	100.0	62,232	100.0	395,950	100.0
2007	165,693	107.2	201,462	112.5	66,278	106.5	433,433	109.5
2008	179,057	115.8	188,263	105.1	63,632	102.2	430,953	108.8
2009	134,013	86.7	151,514	84.6	50,551	81.2	336,078	84.9
2010	122,852	79.3	158,458	88.5	54,671	87.9	333,980	84.3
2011	129,910	84.0	171,176	95.6	60,202	96.7	361,289	91.2
2012	139,937	90.5	167,049	93.2	65,703	105.6	372,059	94.0
2013	143,294	92.7	174,835	97.6	66,331	106.6	384,460	96.8

2014	147,832	95.6	184,799	103.2	73,898	118.7	460,530	116.3
2015	140,752	91.1	216,413	120.8	84,153	135.2	441,319	111.5
2016	144,949	93.8	203,032	113.3	87,114	140.0	435,095	109.9

注：従業者４人以上事業所。
資料：『工業統計』

事業所数 54.6%、機械金属系業種が 86.5% を占める。従業者数（86.8%）、製造品出荷額等（81.3%）の比重が高く、圧倒的に金属製品周辺が多く、中小零細な事業所が多い。

吉田地区は、製造業事業所の数は 290 であるが、従業者３人以下の事業所は全体の 49.3% であり、燕地区に比べて全体的な規模は大きい。事業所数でも燕地域と同様、金属製品（43.2%）、機械金属系業種で 83.7% を占める。燕地区の金属製品周辺の事業所の外延的拡大の受け皿としての機能を担ってきたことをしのばせる。また、吉田地区は従業者 100 人以上規模の事業所が３地区最大の９事業所を数える。代表的存在が富士通フロンテック、北越工業であろう。このような事情から、製造品出荷額等では電子部品・情報通信（43.7%）、さらに、一般機械（13.2%）となっている。やや企業城下町的な状況が形成されている。

分水地区は、製造業事業所の数は 160 であるが、従業者３人以下の事業所は全体の 48.1% であり、吉田地区と同様な状況にある。製造品出荷額等をみると、全体の 62.8% が電気機械となっている。従業者数も 49.7% が電気機械であった。リーディング企業はパナソニック㈱ライティング事業部であり、雇用、製造品出荷額等に大きく貢献している。燕の基礎的産業である金属製品は、事業所数で 21.7%、従業者数で 10.2%、製造品出荷額等で 5.5% にしかすぎない。燕地区の金属製品製造業の拡がりの影響はさほど受けていないといえそうである。むしろ、パナソニック㈱ライティング事業部の企業城下町的なスタイルになっていることが指摘される。

以上のように、戦前戦後を通じて金属洋食器を中心に金属製品産地を形成してきた燕は、その拡大発展の中で郊外の旧吉田町、旧分水町にも外延化していった。この間、旧燕市では工業団地の造成に踏み込んだが、それらは域内再配

表2—19　燕市3地区の

地区 業種	燕地区 事業所数 （件）	 （%）	 従業者数 （人）	 （%）	 製造品出荷額等 （100万円）	 （%）	 事業所数 （件）	 （%）
総数	469	100.0	8,076	100.0	144,949	100.0	147	100.0
食料品・飲料	1	0.2	77	1.0	x	x	6	4.1
繊維・衣服	—	—	—	—	—	—	1	0.7
木材・木製品	4	0.8	52	0.6	x	x	2	1.4
家具・装備品	5	1.1	113	1.4	1,863	1.3	—	—
パルプ・紙製品	9	1.9	201	2.5	3,598	2.5	4	2.7
印刷・化学・石油	9	1.9	93	1.2	1,706	1.0	5	3.4
プラスチック製品	25	5.3	421	5.2	6,821	4.7	4	2.7
ゴム製品	2	0.4	13	0.2	x	x	—	—
窯業・土石	2	0.4	26	0.3	x	x	—	—
鉄鋼	21	4.5	683	8.5	28,208	19.5	8	5.4
非鉄金属	5	1.1	66	0.8	x	x	—	—
金属製品	256	54.6	4,266	52.8	62,660	43.2	62	42.2
一般機械	100	21.3	1,562	19.3	22,663	15.6	24	16.3
電気機械	14	3.0	239	3.0	4,293	3.2	7	4.8
電子部品・情報通信	2	0.4	10	0.1	x	x	10	6.8
輸送用機械	9	1.9	98	1.2	x	x	12	8.2
その他	5	1.1	156	1.9	5,978	4.1	2	1.4
機械金属業種	407	86.5	6,591	86.8	*117,824*	*81.3*	123	83.7
（1～3人）	(922)	(66.3)	(1,693)	(17.3)	—	—	(143)	(49.3)
4～9人	229	16.5	1,385	14.2	14,876	10.3	41	14.1
10～19人	123	8.8	1,636	16.7	22,315	15.4	39	13.4
20～29人	52	3.7	1,252	12.8	21,806	15.3	25	8.6
30～49人	38	2.7	1,430	14.6	23,823	16.4	18	6.2
50～99人	19	1.4	1,311	13.4	30,110	20.8	15	5.2
100人以上	8	0.6	1,062	10.9	32,020	22.1	9	3.1

注：従業者4人以上事業所。
　製造品出荷額等のイタリック体数字は、Xを除く。
資料：『工業統計』

置用の工業団地であり、外部から大規模な事業所を誘致する余地はなかった。これに対し、旧吉田町、旧分水町は旧燕市から金属製品製造業の外延化を一方では受け止めながら、他方で大規模事業所の誘致に成功し、興味深い地域産業構造を形成していった。

燕市をトータルでみるならば、中小企業による金属製品製造業が優越する燕

業種別構成（2016）

吉田地区				分水地区					
従業者数		製造品出荷額等		事業所数		従業者数		製造品出荷額等	
（人）	（%）	（100 万円）	（%）	（件）	（%）	（人）	（%）	（100 万円）	（%）
5,550	100.0	203,032	100.0	83	100.0	3,054	100.0	87,114	100.0
290	5.2	7,369	3.6	4	4.8	56	1.8	x	x
23	0.4	x	x	1	1.2	33	1.0	x	x
20	0.4	x	x	—	—	—	—	—	—
—	—	—	—	—	—	—	—	—	—
152	2.7	3,319	1.6	6	7.2	145	4.7	5,565	6.4
141	2.5	3,133	1.5	3	3.6	27	0.9	128	0.1
48	0.8	454	0.2	3	3.6	97	3.2	1,837	2.1
—	—	—	—	—	—	—	—	—	—
—	—	—	—	3	3.6	20	0.7	x	x
272	4.9	9,971	4.9	—	—	—	—	—	—
—	—	—	—	1	1.2	32	1.0	x	x
1,611	29.0	28,231	13.9	18	21.7	314	10.3	4,835	5.5
1,016	18.3	26,760	13.2	29	34.9	578	18.9	7,830	9.9
536	9.7	18,567	9.1	11	13.3	1,518	49.7	54,728	62.8
890	16.0	88,812	43.7	2	2.4	91	3.0	x	x
475	8.6	15,519	7.6	1	1.2	139	4.6	x	x
77	1.4	x	x	1	1.2	4	0.1	x	x
4,800	86.0	187,860	92.5	62	74.7	2,672	87.5	*67,393*	*77.4*
(273)	(4.7)			(77)	(48.1)	(144)	(4.5)		
252	4.3	3,290	1.6	29	18.1	167	5.2	1,170	1.3
544	9.3	6,241	3.1	23	14.4	321	10.0	4,152	4.8
620	10.6	9,946	4.9	9	5.6	222	6.9	2,463	2.8
682	11.7	12,003	5.9	9	5.6	361	11.3	7,072	8.1
1,087	20.4	29,888	14.7	9	5.6	629	19.7	12,567	14.4
2,265	35.9	141,664	69.8	4	2.5	1,354	42.3	59,689	68.5

地区に、大規模事業所が目立つ吉田地区、分水地区が重なりあっている。これらの多様な要素を基礎にして、燕市全体の新たな可能性を求めた産業化が目指されていくことになる。燕の地域産業、中小企業はまことに興味深い時代に踏み込んでいるのである。

1） このような点については、関満博『フルセット型産業構造を超えて――東アジア新時代のなかの日本産業』中公新書、1993年、同『空洞化を超えて――技術と地域の再構築』日本経済新聞社、1997年、を参照されたい。

2） このような点は、関満博・福田順子編『変貌する地場産業――複合金属製品産地に向かう“燕”』新評論、1998年、を参照されたい。なお、1997年に公表された、燕市『燕市産業振興基本計画』は、官民一体となって作り上げたものであり、その後の燕の金属製品を軸にする産業振興、企業展開のあり方に重要な影響を与えた。

3） 以下、本節の戦後すぐの頃の事情は、燕市『燕市史 通史編』1993年、726〜739ページ、を参照した。

4） 戦後の沖縄の事情等は、関満博『沖縄地域産業の未来』新評論、2012年、を参照されたい。

5） 以下の戦後のステンレス素材、研磨、洗浄等への対応は、燕市、前掲書、744〜746ページ、を参照した。

6） アメリカとの経済貿易摩擦の事情は、前掲書、774〜800ページ、を参照した。

7） 前掲書、774ページ。

8）『試練と革新の歩み 燕商工会議所50周年記念誌』2001年、149ページ。

9） 燕市、前掲書、794〜795ページ。

10） 当時の燕郊外の研磨業は、佐々木博・石井英也・赤羽孝之編『洋食器工業都市・燕の地理学的考察』筑波大学地域科学系、1977年、安田尚「燕市研磨業者の生活と意識」（『上越教育大学研究紀要』第12巻第2号、1993年、が詳しい。当時、研磨業のほぼ半数は農村の副業とされている。農家副業のバフ研磨事業者に集塵装置を提供してきた丸田工業（第7章2—(9)）の丸田脩氏によると、集塵機が農村に普及していったのは1970年代以降とされている。なお、1990年代末の頃の金属研磨業の事情については、一言憲之「産業構造の特徴と人的資源」（関・福田編、前掲書）を参照されたい。

11） 金属器物（金属ハウスウェア）とは、ステンレス鋼、普通鋼、銅、真鍮、洋白製の厨房用器物並びにキッチンツールを指している。

12） この金属器物の中東への展開の詳細は、前掲『試練と革新の歩み 燕商工会議所50周年記念誌』156〜157ページ、を参照されたい。

13） 物資流通における集散地問屋については、同志社大学人文科学研究所編『和装織物業の研究』ミネルヴァ書房、1982年、関満博『地域経済と地場産業――青梅機業の発展構造分析』新評論、1984年、同『伝統的地場産業の研究――八王子機業の発展構造分析』中央大学出版部、1985年、を参照されたい。

14)　流通の集散地問屋を軸にする方式から、製造問屋（メーカー）を軸にする方式への転換は1970年前後から始まる。当初はファション性の強い衣料品から始まり、バッグ、靴、インテリア製品、その他の日用品等と進んでいった。このような点については、中込省三『日本の衣服産業』東洋経済新報社、1975年、が示唆的である。

15)　燕市、前掲書、800ページ。

16)「機械金属工業」集積地としては、東京の大田区、墨田区、東大阪市、静岡県浜松市、長野県諏訪・岡谷市、造船の企業城下町の岡山県玉野市、企業誘致で成功した岩手県北上市等、また小規模なところでは山形県長井市、長野県坂城町等が知られる。大田区については、関満博・加藤秀雄『現代日本の中小機械工業——ナショナル・テクノポリスの形成』新評論、1990年、墨田区については、関満博『メイド・イン・トーキョー——墨田区モノづくり中小企業の未来』新評論、2019年、東大阪市に関しては、植田浩史編『産業集積と中小企業——東大阪地域の構造と課題』創風社、2000年、衣本篁彦『産業集積と地域産業政策——東大阪工業の史的展開と構造的特質』晃洋書房、2003年、湖中斉『都市型産業集積の新展開——東大阪市の産業集積を事例に』御茶の水書房、2009年、前田啓一・町田光弘・井田憲計『大都市型産業集積と生産ネットワーク』世界思想社、2012年、浜松市については、関満博「テクノポリスと中小企業——浜松工業の課題」（関満博『地域中小企業の構造調整——大都市工業と地方工業』新評論、1991年）、長山宗広『日本的スピンオフ・ベンチャー創出論——新しい産業集積と実践コミュニティを事例とする実証研究』同友館、2012年、岡谷市については、関満博・辻田素子編『飛躍する中小企業都市——「岡谷モデル」の模索』新評論、2001年、玉野市については、関満博・岡本博公編『挑戦する企業城下町——造船の岡山県玉野』新評論、2001年、北上市については、関満博・加藤秀雄編『テクノポリスと地域産業振興』新評論、1994年、関満博『「地方創生時代」の中小都市の挑戦——産業集積の先駆モデル・岩手県北上市の現場から』新評論、2017年、長井市については、関満博『農工調和の地方田園都市——企業城下町山形県長井市の中小企業と農業』新評論、2018年、坂城町については、関満博・一言憲之編『地方産業振興と企業家精神』新評論、1996年、などがある。

17)　住工混在問題については、関満博『地域産業の開発プロジェクト』新評論、1990年、また、燕市街地の住工混在については、小田宏信「燕金属工業の地理的環境」（関・福田編、前掲書）を参照されたい。

18)　燕市、前掲書、811ページ。

19)　このような域内再配置型事業については、日本計画行政学会編『都市工業の立地環境整備計画』学陽書房、1987年、を参照されたい。

20)　燕周辺の農地転用の事情は、燕市、前掲書、942～943ページ、を参照した。

21)　集散地問屋を軸にした消費財の流通システムについては、関満博、前掲『伝統的地場産業の研究』、同「地場産業における流通制度の諸問題」(『成城大学大学院創設20周年記念論文集』1988年3月) を参照されたい。

22)　この点については、燕市、前掲書、938～939ページ、を参照した。

23)　地方圏における人口減少、高齢化、商店の減少、買い物弱者問題については、関満博『中山間地域の「買い物弱者」を支える――移動販売・買い物代行・送迎バス・店舗設置』新評論、2015年、を参照されたい。

24)　2015年『国勢調査』によると、新潟県の女性就業率の平均は49.3％であったが、燕市は新潟県内20市の中でトップの54.1％であった。また、高齢者就業率は新潟県平均22.7％に対し、燕市は第2位の29.1％であった。なお、高齢者就業率の第1位は佐渡市の31.9％であった。燕の工場の現場を歩いていると、女性、高齢者を見かけることが非常に多い。燕は女性、高齢者に雇用の機会をかなりのレベルで提供している。

25)　大都市部の代表的な工業集積地である東京都墨田区の事情については、関、前掲『メイド・イン・トーキョー』を参照されたい。

26)　最近の旭川の家具については、関満博『北海道／地域産業と中小企業の未来――成熟社会に向かう北の「現場」から』新評論、2017年、を参照されたい。

第3章　自社ブランド製品を展開する中小企業

江戸時代の初めの頃に和釘が導入されて以来、江戸時代中期の頃には鎚起銅器、煙管、ヤスリ、矢立などの金属製品の加工技術が伝えられ、以後、約350年、燕は「事業転換」を重ねながら、金属製品産地、金属加工技術集積地として興味深い歩みをみせてきた。この歩みが燕の人びとの事業者意識、企業家精神の高さの基礎となっているようにみえる。

江戸期に導入されてきた金属加工技術の中で、燕で承継・高度化されてきた希有な技術としては「鎚起銅器」が知られる。他方、明治年間に和釘は洋釘に、煙管は紙巻タバコに、矢立は万年筆に置き換えられていった。この点、鋼(はがね)を叩いて製造するヤスリは戦時体制の頃までは重要産業として存在したが、その後、縮小し、2007年をもって燕市の『工業統計』(従業者4人以上統計)からは消えている。また、煙管の時代には、彫金、銀メッキの技術が生まれ、その後の燕の金属加工技術の基礎となっていったことも重要であろう。

市場の変転により、求められるものは常に変わっていくが、燕の人びとによって取り組まれた技術は地域技術として蓄積、承継され、次の時代の基礎となっていった。この章では、そのような「地域技術」をベースに現代に維持され、独自な存在感を示す中小企業と、そこから全く姿を変え、独自な近代的製品を生み出している中小企業に注目していく。それらは、複合金属製品産地に向かっている燕の象徴的な存在であり、「伝統」と「革新」の両極を示し、燕の将来にわたる可能性の拡がりを促すことになろう。

1. 伝統をベースにする製品展開

現在の燕において、江戸時代以来の伝統をそのまま、さらに発展させている存在は「鎚起銅器」であり、燕地域の中に10工房ほどが維持されている。中心となるのは1816（文化13）年創業の200年企業である玉川堂（ぎょくせんどう）であり、さらに、その象徴として玉川宣夫氏が重要無形文化財保持者（人間国宝、鍛金）として認定されている。この鎚起銅器、1973（明治6）年のウィーン万国博覧会で好評を博した頃から美術工芸的な性格を強め、日本を代表する伝統工芸美術品の一つとなっていった。その焦点である玉川堂は、燕の金属製品・金属加工のレジェンドとされている。

その他にも、藤次郎の包丁、吉田金属工業のGLOBALブランドのステンレス製包丁なども、主として三条を中心にした刃物をベースに日本の伝統的な刃物をさらに発展させるものであった。また、早川器物の銀・洋白テーブルウェア、丸新銅器の高級銅製厨房用品、柄沢ヤスリのヤスリ製品、大岩彫金の美術工芸品、さらに、シゲル工業の理美容用ハサミなども、燕につちかわれた伝統的な金属加工技術、特に、プレス、絞り、溶接、メッキ、研磨、さらに、鍛工、彫金、熱処理技術等をベースに伝統的かつ差別化された製品を提供している。

このような伝統をベースにする金属製品は、1970年代までの低価格量産品、中級品が支持された基礎的消費の時代をくぐりぬけ、成熟社会、差別化された選択的消費の時代に新たな価値を生み出しつつある[1)]。そして、その存在は多様な方向に向かう地域の中小企業にとっての精神的な基盤となり、さらに技術的な可能性を意識させるものとなっているのである。

（1）1816年開業の鎚起銅器工房、燕金属製品の基礎を築く
——200年を超えて進化、世界から注目（玉川堂）

伝統工芸には、染織、陶芸、漆芸、木工、家具、仏具等実に多様なものがあるが、それらの一つに金工という世界がある。さらに、この金工には、「彫金」「鋳金」「鍛金」の大きく三つの領域がある。この中で、鍛金とは金属を鎚で叩いて打ち延ばし、あるいは、絞って成形するものであり、「鎚起」ともいう。

特に、銅は塊を叩いていくと延びていくが、同時に硬くなる。叩きすぎると割れてしまう。これを「加工硬化」という。そのため、硬くなると火中で熱し、再結晶化を図り再び柔らかくしていく。これを熱処理の世界では「焼き戻し」という。このように、叩いて延ばし、加工硬化すれば焼戻しすることを繰り返

し、イメージする形状にしていくのが「鎚起」とされる。現在の日本に残っている代表的な「鎚起」製品は、新潟県燕の「鎚起銅器」と東京下町の「東京銀器」が知られる。

燕の鍛金の銅の鎚起は、江戸時代後半に始まり、何度かの危機はあったものの、燕の金属製品製造の基礎的な技術として重要な役割を果たし、それ自体が進化を重ね、美術工芸品として今日に至っている。

▶鎚起銅器と玉川堂の200年の歩み

現在、燕地区には10の鎚起工房があるが、最も存在感が大きく、周囲に深い影響を与えてきたのが1816（文化13）年創業の玉川堂であろう。この玉川堂の歩みは以下のようなものである[2)]。

明和年間（1764～1771）	仙台から藤七氏が来燕、鎚起銅器を伝授。後に大泉由兵衛氏により玉川（たまがわ）覚兵衛氏等に技術が伝承される
1816（文化13）年	玉川覚兵衛氏が開業。主に薬罐を作り「也寛（やかん）屋覚兵衛」と称されていた。これが現在の玉川堂となっていく
1873（明治6）年	玉川覚次郎氏（玉川堂2代目）がウィーン万国博覧会に出展、好評を博した。この時に初めて「玉川堂」の銘を入れた
1913（大正2）年	不況により、職人の多くが失職し、当時造成されていた大河津分水の土木作業員となる
1930（昭和5）年	世界的大不況の時期であったが、横浜の支援者により横浜分工場を開設（1942［昭和17］年、戦時下に閉鎖）
1941（昭和16）年	玉川堂、平民銅器等、銅器業者の多くは鍛造業に転じ、新潟県鍛工品製造組合を組織
1942（昭和17）年	玉川堂、文部省より技術保存資格者に認定され、商工省より資材を配給される

	燕航空器製作所設立（代表、玉川堂5代目玉川覚平氏）、中島飛行機の下請
1943（昭和18）年	銅器の製造を全面的に停止し、鍛造業に移行 燕航空機工業㈱を設立、立川航空機の下請となる。当初は玉川堂内にて稼働
1945年	終戦により、物資統制令が解除され、各業者復活に向かう
1958年	玉川堂の鎚起銅器が、新潟県無形文化財に指定
1980年	玉川堂、文化庁より「記録作成等の措置を講ずべき無形文化財」に指定
1981年	燕の鎚起銅器、通商産業大臣指定の伝統的工芸品に指定
2008年	玉川堂の店舗、土蔵、鍛金場、雁木を「登録有形文化財」に登録
2010年	玉川宣夫氏（6代目玉川政男氏の実弟、1942年生まれ）、重要無形文化財保持者（人間国宝）認定。1996年、玉川堂から独立し工房を構える。

人間国宝玉川宣夫氏の作品

玉川堂の入口

玉川堂の展示、販売

詰物、焼き戻しを繰り返し、成形していく

▶伝統工芸の新たな輝き

現在の玉川堂には、玉川基行氏（1970年生まれ）が7代目として就いている。玉川堂の建物は築100年ほどのものであり、登録有形文化財となっている。手前がショールーム、販売所であり、奥が工房になっている。

鎚起銅器は、銅板の地金取りから始まり、加工しやすいように柔らかくする焼き戻し、そして、へこみを付けた木台に地金を置き、木槌で碗型にするところから始まる。その後は、鉄製のトリグチに引っ掛け、外側から鎚で打ち縮めていく。この作業を「詰物」という。そして、加工を進めると加工硬化が生じるため「焼き戻し」をして柔らかくする。この作業を何度も繰り返し成形していく。成形された後は彫金、着色等の加工をふし、仕上げして完成品となる。なお、着色は塗料等を塗るのではなく、加熱すると銅の表面が化学的に変色していくことを利用し、イメージした色にしていく。

玉川堂では、基本的に職人は全工程ができるように養成している。一般的には15年ほどの修業が必要とされていた。現在の玉川堂のスタッフは28人、うち21人が職人であり、若い女性7人を数えていた。女性が入ってきたのは2010年代に入ってからであり、美大卒の人も少なくない。職人の年齢は24歳から67歳で構成されていた。30歳前後の若い人の多い工房であった。勤務時間は8：30〜17：30、それ以外の時間は各個人が作家活動をしていく。玉川堂からはこれまで多くの独立者、作家が生まれていった。

かつて鎚起銅器の市場が大きかった頃には、産地問屋に引き取ってもらい百貨店で売られていたのだが、全体的には縮小しているため「流通」はなくなっている。そのような場合は、工房独自に販売していくことになる。このような流れは、全国の伝統工芸品に共通してみられる傾向であろう。陶器の備前焼、萩焼などもこのような状況になっている。玉川堂の場合は、燕の工房の直売に加え、直営店を東京の南青山と銀座に展開、その他、幾つかの百貨店でも扱っているが、現在では直営店3店でほぼ売り切っていた。日本を代表する伝統的な工芸品の一つであり、世界的な日本ブーム、お茶ブームもあり、海外からの引き合いも少なくない。燕の工房は見学可能なため、外国人の訪問もよくみられる。

トリグチに引っ掛けて叩く詰物の工程

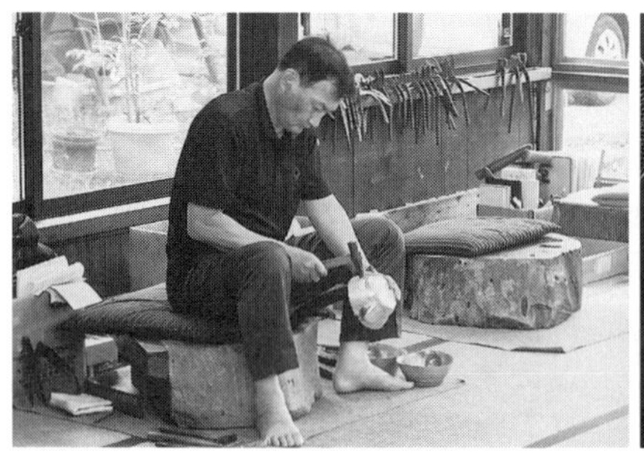

焼き戻しの工程

近年、就業希望者が少なくない。毎年春に1〜2人を募集しているが、以前は中卒が多かったのだが、その後、高卒が多くなり、現在は大卒が主流になっている。美大卒、女性が目立っていた。200年を重ね、燕の金属製品関連部門に大きな影響を与えてきた玉川堂は、輝きを増し、若い人びとを惹きつけているのであった。

なお、現在、燕銅器工芸組合（組合員10名）が組織されている[3]。元祖の玉川堂の他には、山川堂、島倉堂、北越堂、富貴堂、おかもと工房、鍛工舎、雄巧堂の7つの工房が玉川堂出身、松栄堂が松岳堂（現遠藤工業）出身、海玉堂が木々堂出身とされる。玉川堂以外は従業者1〜2人の作家的活動となっている。

第1次世界大戦以降、燕はスプーン、フォーク等の金属洋食器産地となっていくが、特に、プレス・鍛造、絞りに鎚起銅器の技術が大きな影響を与えていく。遠藤工業、山崎金属工業（第4章1—(2))、荒澤製作所（第4章1—(4)）等の初期の金属洋食器メーカー、また、玉虎堂製作所（第4章2—(3)）等の器物メーカーは鎚起銅器出身者が少なくない。近年の燕の多様な金属製品展開において、鎚起銅器をベースにする鍛工、絞りの技術は深く投影されているのである。

(2) 農機具から出発し、全国屈指の刃物メーカーに
——海外売上がほぼ50%（藤次郎）

対米輸出を軸にステンレス製の洋食器、器物（ハウスウェア）で歩んで来た燕、1985年のプラザ合意以降の円高の中で、大きな構造転換を進めてきた。かつての産地生産者が同じ方向を向くというあり方から、金属加工をベースにそれぞれが個性的な取組みを重ね、複合金属製品産地化が目指されてきた。それから30年、1990年代初めのバブル経済崩壊、1990年代後半から2000年代に入ってきて顕著になった安価な中国製品の流入、2008年のリーマンショック、2011年の東日本大震災と、経済ばかりでなく、人びとの心にも大きな影響を与える出来事が続き、燕の事業者は新たな対応を重ねてきた。

そして、30年、明らかに従来とは異なり、新たな可能性に向けて踏み出し

藤次郎ナイフギャラリー

２代目社長の藤田進氏

ている事業者が登場してきている。その代表的な事業者の一つが、伝統の刃物を軸に新たな技術を加え、完成度の高い魅力的な製品を生み出し、独自ブランドを形成、世界的にも注目される存在になってきた藤次郎であろう[4)]。

▶日本の刃物をめぐる新たな状況

全国的に伝統的な製品、生活用品の多くはこの四半世紀、縮小傾向にあるのだが、刃物の世界は事情が異なる。20年ほど前の1990年代末の頃には、全国の包丁の出荷額は150〜160億円といわれたものだが、現在では200億円とされている。国内市場は縮小しているものの、世界的な和食ブーム、寿司ブーム、さらに、切れ味の良い日本刀をイメージさせる日本の刃物への関心の高まりなどにより、輸出が大きく伸びている。

日本の刃物の最大の産地は岐阜県の関であり、日本の生産全体の半分ほどを占め、三条を中心にする新潟が30%、そして、大阪府堺、福井県武生（越前）、山形、高知（土佐）、兵庫県三木などが産地を形成している。そして、全国2番目の産地とされる新潟は三条（約20社）を中心に燕（3社、その他に小規模のところがある）に集中している。燕、三条の範囲では「刃物は三条」のイメージがあるのだが、ここでみる藤次郎の存在感が大きくなり、燕の注目度が高まっている。

国内の刃物の低価格品の市場は、ほぼ中国製に移行している。中国広東省南部に位置する陽江市が中国産刃物の80％を占める大産地を形成しており[5)]、そこから大量に輸入されている。そのような事情の中で、国内は多種少量の高級化に向かっているのだが、先に示したように日本製刃物の評価が高まる中で海外需要が拡大し、毎年伸びている。刃物といえば、ドイツのゾーリンゲン、イギリスのシェフィールド、日本の関が世界の三大産地（3Sといわれる）といわれていたのだが、現在では関製が最高とされている。明らかにゾーリンゲンを超えており、ドイツの有力刃物企業のツヴィリング（ヘンケルス）は関の工場を傘下に納め、最高級品を関で製造していることも興味深い[6)]。

このような中で、後発であった燕の藤次郎は、日本の刃物メーカーとしては五指に入る企業に高まってきた。ほぼ20年ぶりに藤次郎（以前は藤寅工業）を訪れたが、当時に比べ劇的に高まっていることが痛感された。中級品の量産から付加価値の高い高級品へ移行し、また、ヨーロッパを中心にした海外需要が50％に達してきた。そして、外注先が閉鎖などで減少している中で一貫生産に向かい、さらに、工場をリニューアルしてオープンファクトリー化し、人びとを惹きつけている点などが注目される。

▶この20年の変化／海外市場の拡大

藤次郎の前身の藤寅農機（その後、藤寅工業）は、1953年、藤田寅雄氏が燕で創業している。当初は農機具部品、農業用刃物の生産から開始、1955年

鍛造工程

研磨工程

には包丁の生産に入っていった。当初の包丁はステンレス製の果物ナイフであり、隣接する三条の刃物関係者からは相当に低くみられていた。その後、藤次郎は鋼をステンレスで挟み込む「ハガネ割り込み」という製品に展開、さらに、素材開発にも努め、DP法（内部脱炭防止法）で特許を取得するなど、独自な技術開発を重ねてきた。

この間、社内の生産能力の充実に意を尽くし、1968年の吉田工場建設以来、果敢に工場増設を重ね、プレス、鍛造、熱処理、研削、研磨、マーク入れ、刃付け、組立等の主要工程を一貫して備える体制を構築している。20年前には燕市内の内職的な研磨、刃付け等約30～40軒に外注として組織していたのだが、現在、それらは高齢化、廃業が進み、外注は研磨、溶接など5軒程度に縮小している。

この20年ほどの変化をみると、従業員数は75人から現在は105人（男性60%、女性40%）へと増えている。この10年ほどは毎年5人前後を採用してきた。2019年度の採用は3人の予定であったのだが、7人が応募してきた。福島、栃木からの応募もあった。近年、伝統工芸、職人的な職場への希望者は少なくない。

輸出が始まったのは2000年代に入ってから。日本刀のイメージがあるサシミ包丁や三徳（日本の定番の包丁）がヨーロッパを中心に出始め、三徳は世界（ヨーロッパ、中国）の包丁メーカーの定番となってきた。藤次郎はグッドデザイン賞をはじめ数々の賞を受賞しているが、日本国内の展示会にはほとんど出展していない。むしろ、ドイツのアンビエンテ（フランクフルトメッセ）には2004年に初出展し、以後、毎年参加していた。

20年前には商社からのOEM（Original Equipment Manufacture）生産が半分程度を占め、低価格の家庭用包丁がメインであったのだが、現在ではOEMの部分は30% 程度に縮小、さらに、家庭用の部分を半分以下に減らしていた。和包丁と洋包丁が半々ぐらいになり高付加価値化が進んでいた。また、高級品については以前から「藤次郎」ブランドで提供していたのだが、2015年には社名を藤寅工業から藤次郎に改称している。売上額は20年前の約15億円から現在は16億円とさほどの増加ではないが、中身が大幅に変わり付加価値は増大していた。販売の40%は輸出であり、インバウンドの観光客を含めると、実質的には50%は海外需要となる。海外向けは1本5000円から3万円ほどのものが多く、最高で10万円のものが売れる。国内は低価格化が著しく、ホームセンターでは中国製の980円、1980円、デパートでも2980円のものしか売れない。むしろ、結婚式の引き出物のギフトでは包丁はベスト5に入り、5000円～1万円程度のものが出る。

▶オープンファクトリーで、品物の確かさをみてもらう

2代目の現社長は藤田進氏（1962年生まれ）、地元の高校を卒業後、地元有力商社であり、得意先でもあった明道（みょうどう）（和平フレイズに吸収）[7] に4年勤めた後に家業に戻っている。38歳になる2000年に2代目社長に就いた。すでに社長歴19年になる。この間の変化は先にみたように著しく、日本の刃物のトップブランドに上りつめた。 この間、2015年7月には、藤次郎ブランドの発信拠点として「藤次郎ナイフギャラリー」を設置、さらに、2017年7月には、日本の刃物メーカーとしては屈指の工場見学施設である「藤次郎ナイフファクトリー」「藤次郎ナイフアトリエ」をオープンさせ、これらを合わせて「藤次郎オープンファクトリー」として公開していった。

オープンファクトリー化された工場

藤田進氏には3人の子供がいるが、一人息子（1995年生まれ）は三条高校卒業後、新潟の調理学校に学び、その後、オーストラリアに2年留学し家業に戻ってきた。現在は社内で包丁を研ぐ仕事についていた。後継にも不安なしということであろう。

今後の方向としては、オープンファクトリーをさらに増築し、作っている現場をみてもらい、ユーザーに納得して買ってもらえるモノづくりを目指していた。日本の伝統的なモノづくりが世界的に注目されている中で、刃物という領域で世界的なブランドを形成、藤次郎は興味深い事業展開に踏み込んでいるのであった。

（3）国内唯一の高級銀製テーブルウェア企業
──ホテル需要がベース、近年は中国需要（早川器物）

経済産業省の定義では、金属ハウスウェアとは、ステンレス鋼、普通鋼、銅、真鍮、洋白（洋銀、ニッケルシルバー）製の卓上用、厨房洋器物、並びにキッチンツールとされている。そして、素材別、製品分野別、販売先別（輸出用、国内用、デパート、業務用、一般用）等によってある程度専業化されている。ここでみる早川器物は主として洋白を素材とし、国内のホテル、レストラン等の高級業務用製品に特化している企業であり、燕ばかりでなく、現在では国内で一定の生産力のあるほぼ唯一の企業となっている[8)]。

▶国内唯一の高級テーブルウェアのメーカー

早川器物の創業は1948年、家族従業者4人で銅製の急須、茶壺の生産からスタートしている。1950年の頃には、進駐軍キャンプ向けのカクテルシェーカー、パンチボウル等の製品も手掛け、次第に洋白に転じながら、1963年の頃にはアメリカからポット類の受注に成功していく。燕の器物は急須、薬罐等の銅の和食器の伝統を背景にしており、器物の輸出は洋食器に引きずられて開始された。

早川器物の場合、洋白の宴会用テーブルウェア専門の企業としての道を歩んでいく。洋白とは洋銀、ニッケルシルバーとも呼ばれている。素材的には銅

早川器物のショールーム

50〜70%、ニッケル5〜30%、亜鉛10〜35%の合金であり、純銀の持つ肌合い、質感を身に着けながら、優れた耐蝕性等を備えるものであり、古くから銀の代用品として使用されてきた。いわば、テーブルウェアとして、純銀製とステンレス製の中間に位置する。ステンレス製に比べると、価格は約2.5倍であり、ステンレスは機械化が容易であるのに対し、洋白は手仕事の比重の高いロー付け、研磨など職人的熟練を必要とする。したがって、最大顧客（約90%）のホテル、レストランでもグレードの高い所で用いられる。同業者はかつて東京に6社ほどあったのだが、現在は修理を中心とする小規模な事業者1軒のみとなり、早川器物は国内の宴会用洋白テーブルウェアのほぼ唯一の企業となっている。

私は1997年に早川器物を訪問したことがあるが、当時はバブル経済崩壊後であり、国内経済の成熟化が進み、高級ホテル、レストランの建設が停滞、市場が縮小していることが指摘されていた。4〜5年サイクルのリフォームはあ

2代目社長の早川進氏

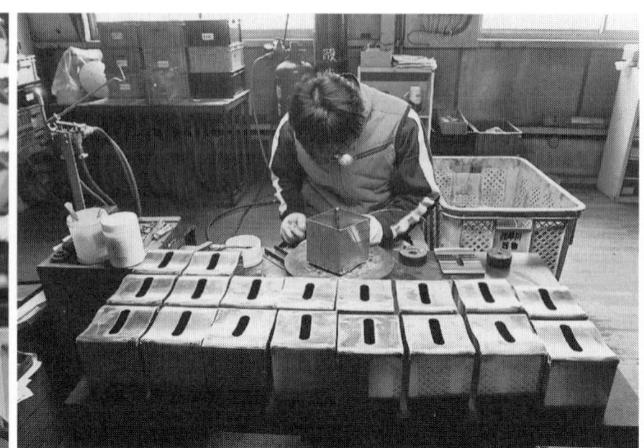

ホテル用ティシュケースの溶接作業

るものの、早川器物の製品の耐用年数は30年ほどとされ、更新需要にも相当に時間がかかる。また、1997年当時、従業員は53人であり、プレス、溶接、メッキ、研磨から構成される中で、特に、仕上げの研磨工の高齢化が進み、技能承継に問題が生じつつあることが指摘されていた。

▶東日本大震災以降、中国需要が拡大

2019年春に訪れると、社長は2代目の早川進氏（1950年生まれ）に代わっていた。その後の状況を尋ねると、開口一番「バブル崩壊後の1995年がガツンと来た。ホテル用の仕事がゼロになり、売上額は前年の50%。しばらく長いトンネルであった」と語り始めた。そのため、家庭用品にも踏み出し、デパート問屋と取引し、ようやく軌道に乗ったが、2008年のリーマンショック、2011年の東日本大震災でデパート向けが縮小、また、観光客も退き始めた。

だが、東日本大震災の後から、中国需要が急に生じてきた。2015年頃がピークであり、バイヤーが早川器物まで訪れ、「前金、ノークレーム、ノーリターン」といわれた。現在の早川器物の製品は、洋白に銀メッキをしたものを中心に、純銀製、真鍮に銀メッキのものまであるが、中国向けは純銀製が70%を占めていた。2015年の頃は年間で銀を1トンほど調達、その調達価格は7000万円にも達した。

銀メッキ工場

バフ研磨工程

早川器物とすれば、業務用、家庭用、輸出を3本柱と考えているが、2018年までは中国向けが70%を占め、業務用は東京オリンピックに向けたホテルの改修、新設により忙しくなり、家庭用は縮小と受け止めていた。象徴的には、ホテルオークラ東京（虎ノ門）の改修、半世紀が経った京王プラザホテル（新宿）のテーブルウェアの補充などの仕事が来ていた。

なお、早川器物は消費者直の販売は行なっていない。国内の問屋約180社（燕20社、東京20社、その他全国）を通している。受注のスタイルは、問屋から現物、絵が届き、早川器物側が表現していく。主材料の洋白は清峰金属工業（つくば）から購入、金型を地元の企業に依頼し、そこから加工に入る、プレス、溶接、銀メッキ、研磨ということになる。プレス以降は社内が中心であり、複雑な形状、ロットの小さいものは、社内に設備されているロストワックス鋳造で対応していた。

▶工房的なモノづくりの現場

1997年段階でも、職人の高齢化等が指摘されていたのだが、事態はさらに進み、溶接、研磨の外注先に後継者がいないことから壊滅状態であり、1997年段階の外注先の溶接7軒、研磨5軒から、現在では溶接2軒、研磨2軒のみとなっていた。なお、これらの職人の多くは早川器物からの独立者であった。また、1997年には従業員は53人であったのだが、現在は30人（男女半々）となっていた。2018年にはハローワークにプレス、溶接、研磨を申し込んだのだが、結局1人も採れていない。この2年は1人も採れていなかった。

現在、現場は、プレス部門2人、メッキ部門4人、溶接部門5人、研磨部門6人、機械加工（金型の補修等）2人で構成されていた。一番若い人で30歳、最高齢は67歳（50年のベテラン）であった。なお、女性は3人、メッキに1人、研磨部門2人であった。研磨の女性のうちの1人は磨き屋一番館（第8章3―(3)）の卒業生であった。この女性は早川器物から3年間出向の形で磨き屋一番館に出ていた。職人不足、高齢化、外注先の廃業も懸念されるが、早川器物は良質な現場を形成していた。

早川進氏もそろそろ70歳、後継が気になるところだが、娘婿（43歳）と養子縁組し、2018年に入社させた。近くの中小企業大学校三条校の後継者育成コース（半年）に出して帰って来たところであった。事業承継は問題なしということであろう。業務用の洋白を中心に、純銀製も手掛けている早川器物は、ステンレス製金属ハウスウェア産地とされる燕では希有な存在であり、複合的な金属製品産地に向かっている燕にとって奥行きを深めていく重要な存在の一つであろう。職人の育成は喫緊の課題であり、工房的な仕事ぶりを広く公開し、モノづくりに対する若者の関心を呼び込んでいくことが求められているのではないかと思う。

(4) 全国でも数少ない高級銅製厨房用品メーカー
——伝統工芸的な生産を重ねる（丸新銅器）

和釘から始まる燕の金属製品の歩みの中で、銅を素材としてきたものは少なくない。燕の郊外には江戸初期の頃から間瀬銅山があり、材料基盤が背景にあったことが指摘される。鎚起銅器、煙管、灰ならしなどから、戦前の真鍮製洋食器などもその範疇に含まれる。そして、そうしたものの一つとして、鍋、釜、フライパンなどの銅製厨房用品がある。ただし、多くの厨房用金属製品はステンレス製となり、素材価格の高い銅製の厨房用品の市場は、高級ホテル、高級寿司屋、天ぷら店などに限られてしまっている。そのため、丸新銅器が手掛けている高級銅製厨房用品の領域は縮小し、燕では現在数社を残すのみとなり、全国的にも他に姿がみえない。一定規模の高級銅製厨房用品のメーカーとして、

小田邦博氏（左）と４代目社長の小田賢治氏　　　　　　木槌で銅板を叩く職人

丸新銅器はほとんど唯一ということになる。事実、製造現場は伝統工芸の工房の趣であった。

▶国内数社の高級業務用銅製厨房用品メーカー

丸新銅器の第３世代の現専務小田邦博氏（1972年生まれ）の祖父は、戦後直ぐの1946年に、燕で菓子屋を始めたのだが、創業後、直ぐに早世した。残された祖母は頑張り屋であり、自身が銅器商の出であったことから、銅器に関連する事業に踏み込んでいった。戦後直ぐの頃は何でも「作れば、売れた」時代であり、引揚者などを集めて、銅器、銅製風呂釜などを手掛けていった。銅製のガス風呂釜は相当に売れ、全国400社といわれたものだが、その後、ガス中毒事故が多発し、ダメになっていった。丸新銅器も1972年には銅製風呂釜から撤退、銅器に戻った。

その頃には、まだ燕には銅器関連の同業者がいたのだが、３K職種であること、後継者がいないことなどから廃業が相次ぎ、現在では丸新銅器を含め数社しか存在していない。主力製品は、和厨房用では、玉子焼器、天ぷら鍋、うどんすき鍋、しゃぶ鍋、山菜鍋、親子鍋、台付炭十能など、洋厨房用では、フライパン、ステーキカバー等がある。これらは基本的には業務用、特に高級ホテル、高級な寿司屋、天ぷら屋等で使われる。また、近年、一般消費者からの人気が高い玉子焼器の場合は、関東型、関東薄焼、関西型、名古屋型、京都型等がある。いずれの製品もユーザーの要望に応えて内面に錫をメッキするものとしないものがある。枝豆などを茹でる際には、メッキしない銅のままの方が青さが際立つとされていた。

原材料は厚さ1mmから3mmの銅板。以前は大阪の三宝産業から仕入れていたのだが、三菱マテリアルに吸収合併された。合併前は1トン単位の発注が可能であったのだが、合併後は4トン単位となり、しかも入荷に半年もかかる。この点が大きなネックとされていた。

図面はほとんどないに等しく、経験とカンに頼っていた。金型を地元の金型屋に発注しているが、1型400〜500万円はする。現在、社内には911型ほどが格納されていた。加工はプレス、絞り、スピニング加工が中心であり、槌目なども入れていた。社内には自社開発の機械が少なくなかった。内面の錫加工は、錫を溶かし、塗って、拭き取る。なお、へら絞りの場合は燕の専門業者に依存していた。現在の従業者は11人、家族関係者が4人を占めていた。会長(現社長の兄)、社長、専務、常務（専務の兄）の構成であり、50年前と規模的にはあまり変わらない。

販売先は、基本的には地元の商社（メインは6〜7社、件数では20数社）であり、そこから中央の集散地問屋に向かう。さらに、そこからネット通販の場合もある。商社とのダブルネームの自社製品が50%、商社からの委託で生産するものが50%。上代価格は商社が決めており、丸新銅器側の出し値の2.5倍程度とされていた。

関東型の玉子焼器

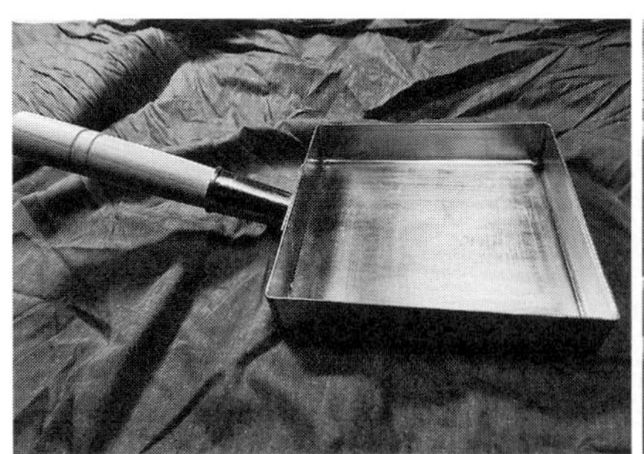

さわり鍋（和菓子用餡などを作る鍋）

▶若い世代が次の可能性に向かう課題

現社長の小田賢治氏は創業者の３男、三条実業高等学校（現新潟県立県央工業高校）機械科の卒業と同時に入社している。その後、母、兄に次いで４代目の社長となった。現在は兄が会長、小田賢治氏が社長、賢治氏の次男の小田邦博氏が専務、邦博氏の３歳上の長男が常務となっていた。邦博氏は地元の高校を経て國學院大学経済学部を卒業、燕市役所に入っている。市役所時代は産業史料館、ガス水道局、公害担当などを重ねていたのだが、後継を予定されていた会長の長男が急に他界し、後継ぎがいなくなったことから指名され、４年で家業に戻っている。邦博氏は「他にしたいこともあったのだが」と語っていた。市役所の仕事と丸新銅器の仕事は全く異なり、特に肉体的に苦しい思いを重ねてきた。すでに家業に19年、現場仕事も事務的な仕事のいずれをもこなしていた。

なお、丸新銅器には営業担当者もカタログもない。安定的な仕事ということなのであろう。邦博氏の３歳上の兄は大学卒業後、東芝府中で検査業務に就いており、世界を回っていたのだが、「疲れた」として10年前に家業に戻ってきた。機械関係に精通しており、工場内の機械設備を縦横に駆使していた。

このように、丸新銅器の仕事は、燕の銅器生産の系譜を受け継ぐものであり、高級業務用銅製厨房用品とされている。当社と同程度の規模の同業者は全国を見渡してもいない。小さな市場なのだが、量的には安定している。ただし、近年、玉子焼器が消費者に注目され、売れ筋の玉子焼器だけを手掛ける小さなメーカーも出てきた。低価格に設定されており、市場でぶつかることも増えてきた。このあたりが一つの懸念事項のようであった。また、工場内を歩くと、原材料、中間在庫、製品在庫がかなり多いことが気になった。原材料の銅板は一定の量でないと原材料メーカーが対応してくれない。

現在、地場の商社から先の事情があまりよく把握されていないようだが、近年の世界的な和食ブームの中で、外国の高級和食店などでは、高級業務用銅製厨房用品への関心も高まっていくのではないか。金属製品産地「燕」の多様性の一翼を担うものとして、海外市場への関心も高め、新たな可能性を模索していくことも必要ではないかと思う。

（5）伝統を踏まえ幅広いヤスリ製品に展開
——燕に残ったヤスリメーカー（柄沢ヤスリ）

燕には江戸期に多様な金属加工技術、金属製品が伝えられてくるが、明治の中頃までの燕の基幹産業は和釘とされていた。だが、明治の中頃には和釘は洋釘に席巻され、その後の軍需工業化の中で、ヤスリが燕の基幹産業になっていった。特に、日清戦争（1894［明治27］～1895［明治28］年）、日露戦争（1904［明治37］～1905［明治38］年）の勃発により軍需生産が活発化し、ヤスリの需要が拡大していった。この明治後期には燕にヤスリ製造業者が個人を含めて400軒を数えたとされる。その後、新潟県鑢（やすり）工業組合の記録によると、日中戦争が勃発した1937（昭和12）年には、組合員60名、従業員550人、製造数は年産4000万本とされていた[9]。

▶ヤスリ事業者は戦後に減少

戦後は『工業統計』が記録されているが（表2—5)、1956年の事業所数60、従業者数515人から漸減し、2000年は10事業所、従業者数53人となり、『工業統計』の集計が従業者4人以上規模となってからは、2007年には2事業所、従業者数は22人となった。2008年からはやすりは『工業統計』には未掲載と

柄沢ヤスリの爪ヤスリ

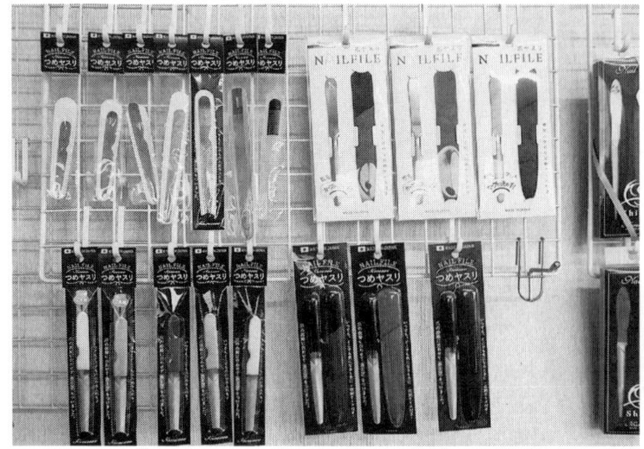

２代目社長の柄沢良子さん

なった。柄沢（からさわ）ヤスリの柄沢良子さんによると、現在、燕のヤスリ企業は工業用が２社、爪ヤスリが１社の３社とされている。

また、全国的にみると、戦前期から燕と広島県呉市仁方（にがた）がヤスリの産地として知られるが、燕は小さなヤスリ、呉は大きなヤスリを得意としてきた。現在、呉の場合は広島地区鑢工業組合に組織され、組合員 27 名が確認される。

▶柄沢ヤスリの輪郭

燕地区で企業的に活動しているのが柄沢ヤスリ、創業は 1939（昭和 14）年であった。創業者は柄沢文三郎氏（1919［大正 3］～2006 年）とされている。ただし、文三郎氏以前に柄沢家は２代ほど職人稼業を重ねていた。文三郎氏は小さなヤスリで特許などを取得していた。

ヤスリの製造工程は、棒材を仕入れ、必要な長さに切断するところから始まる。ここから工程が以下のように編成されていく。

「火造り」………炉で加熱し、ハンマーで叩いて成形する

「焼き鈍し」……電気炉で加熱・徐冷し、目を立てやすいように柔らかくする

「研磨」…………表面を砥石で研磨する

「目立て」………タガネを打ち込んで鋭い目（突起）を立てる

「味噌づけ」……刷毛でヤスリに味噌を塗り、乾かす

「焼入れ」………炉で 820℃ 前後に加熱し、水で急冷し、硬化させる。

「仕上げ」………表面を仕上げる

これらはかつては分業であったのだが、下職がいなくなった現在、柄沢ヤスリでは一貫生産となっていた。また、ヤスリの種類は多く、組ヤスリ、五万石ヤスリ、プラスチックヤスリ、極細ヤスリ、こてヤスリ、爪ヤスリ等もある。大きさも千差万別であり、必要に応じたものが作られている。なお、工程の「味噌づけ[10)]」は、塩分により次の焼入れを安定させる。特定の味噌が必要なわけではなく、市販の味噌が使われていた。

現在、ホームセンター等では中国製のヤスリも販売されているが、日本の職人たちからは国産が支持されているようであった。

目立てする岡部キンさん（96歳）

若い人も目立て作業に

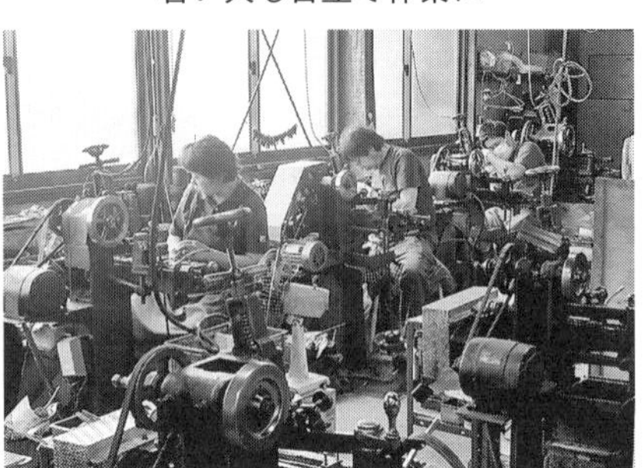

▶高校教師を辞めて家業を継ぐ

燕の最後のヤスリ企業とされる柄沢ヤスリの創業者の柄沢平三郎氏は、60代に入った2000年の頃から病気がちになっていった。そして、仕事はあるのだが、職人が高齢化し、一人ひとり辞めていったことから、平三郎氏は廃業も考えていた。平三郎氏には子息が2人いたが、いずれも承継する環境になく、弟子の1人に承継させようと考えていたのだが、50代で早世した。

そのような状況の中で、平三郎氏は2006年に他界する。平三郎氏の長女の柄沢良子さん51歳の時であった。良子さんは高校の数学の教師であり、ヤスリのことは何も知らなかったが、2010年、54歳の時に高校を退職、2代目の社長に就いていく。当時は、2008年9月に起こったリーマンショックの後遺症から仕事は激減状態であった。社長に就任しても自分の給料は出ず、高校の退職金もつぎ込む状況であった。その頃から、在庫の材料で爪ヤスリを作り始めていった。

良子さんは「2012年の燕市の新商品開発事業に採択されたことが運命を変えた」と語っている。デザイナー、マーケティング会社を入れ、爪ヤスリ、踵ヤスリを開発していった。特に、マスコミへのリリースで、90歳の女性がヤスリを立てていると紹介され、大きな反響を呼んだ。

「90歳の女性」とは1923（大正12）年生まれの岡部キンさん。1962年からこの仕事に就いており、87歳までは8:00〜17:00までのフルタイムで目立てを行なっていた。96歳の現在は9:00〜15:00の体制をとっていた。「今年いっぱ

味噌付けの工程

焼入れ工程

い」と語りながらもここまで続けてきた。ヤスリ生産の生き字引であり、若い職人の手本となっていた。近年はTVなどで紹介されることも多く、柄沢ヤスリに人びとの関心を惹き込む大きな要素となっている。

▶新たな輝きを増す柄沢ヤスリ

柄沢ヤスリの取り扱う製品のカテゴリーは、工業用普通ヤスリ、爪ヤスリ、ダイヤモンドベースの3種類であり、ほぼ3分の1ずつであった。

工業用ヤスリは広島のヤスリメーカーに3分の1、その他は都市の問屋に卸していた。

爪ヤスリはギフトショーに出展し、また、JR東日本の新幹線車内誌『トランヴェール』で紹介され大ヒットとなった。この爪ヤスリが売上額の3分の1を占めていた。現在では生協、三越、高島屋の通販にも掲載されている。

ダイヤモンドベースは柄沢ヤスリしか出来ないものであり、間接的にダイヤモンド会社に納入される。この部分が3分の1を占めている。

現在の柄沢ヤスリの従業者数は12人、男性5人、女性7人から構成されている。上は96歳の岡部キンさん、下は30歳であった。燕の250年に及ぶヤスリの伝統に新たな興味深い要素が加わり、柄沢ヤスリの仕事は新たな輝きをみせているのであった。

(6) 一人親方の彫金師
——多様な要請に応える(大岩彫金)

金工の一つの領域に「彫金」がある。金属をタガネ(鏨)で彫っていくものであり、古くは金銀銅などの工芸品の製作の主要な一つの技法であった。近年は洋食器、金型などの工業製品にも用いられていたのだが、MC(マシニングセンター)や放電加工機といった工作機械の性能が良くなり、彫金技術が金型等に使われることは少なくなっている。

燕の彫金は、1885(明治18)年頃、会津若松から移住してきた彫金師の大原幸太郎氏に始まるとされる。大原氏は煙管の彫金を得意としていた。ここから数人の弟子が生まれていった。第2次世界大戦中は彫金の仕事はなくなり、終戦後、煙管の仕事で復活、さらに、洋食器の柄(ハンドル)への彫金が拡がっていった。1948年には燕彫金組合が組合員50名で設立されている[11]。

『工業統計』によると、1980年の燕の「彫金」は事業所数60、従業者数134人、製造品出荷額等3億9377万円であったが、その後漸減し、1999年は、それぞれ35事業所、75人、3億5159万円となった。この間、主力であった洋食器部門は急減し、仕事量の減少、従事者の高齢化等により、2019年現在、従業者4人以上統計となった『工業統計』には記載はなく、全体で10人を切っ

燕市東太田の大岩彫金

大岩信夫氏

ているのではないかとされている。

▶彫金と熱処理の一人親方

大岩彫金の看板を掲げる大岩信夫氏（1951年生まれ）は、新潟市岩室の出身、吉田商業高校（現吉田高校）を卒業後、燕の彫金工房・原デザイン研究所に修業に入った。当時、兄弟子が1人在籍していた。通常、3年ほどの下働きをしてから、ようやくタガネにさわらせてもらえるのだが、大岩氏は入門時に「5年で年季をあける」約束で入り、プラス半年のお礼奉公後、1975年、24歳の時に仕事場を間借りして独立創業している。なお、修業時の給金は世間の3分の1程度であった。当時はホテルが大量に開業した時代であり、洋食器の柄の金型に彫金していった。

以来、基本的には洋食器の柄への彫金がベースであるのだが、近年、洋食器の仕事は激減し、地場の洋食器メーカー1社の仕事が続いているにすぎない。むしろ、美術工芸的な作品の製作がメインになっている。さらに、近年は燕三条地場産業振興センター、燕市産業史料館、東京表参道の新潟県のアンテナショップ「ネスパス」での実演・体験指導が年間で1カ月ほどとなっていた。その他の仕事としては、大工道具で著名な兵庫県三木から、複雑な「龍」の絵柄の彫金などの仕事が来ていた。

現在、比較的動いているのが、「木の葉の箸置き」であり、彫金した後、紅葉の赤を出すために銅が溶ける1083℃ギリギリまで熱し、興味深い色合いを

タガネは自作する

木の葉の箸置き

出していた。工房は1階が熱処理（バーナーで焼く）、2階が彫金となっていた。かつてバブル経済の頃、甥が3年ほど弟子として入っていたのだが、現在、弟子はいない。甥は燕市内のメーカーに転職していった。

▶伝統技術として承継

新潟県は優れた技能を保有する職人を2005年から「にいがた県央マイスター」として認定しているが、大岩信夫氏は2006年の第2回で認定されている。現在、県央マイスターは30人だが、高齢化が進み、休会の人が8人ほどを数える。現役のマイスターは、本書に登場している企業の関係者として、玉川堂の玉川達士氏（鎚起銅器）、細野五郎氏（鎚起銅器）、富士通フロンテック（第5章1―⑷）の川崎勝治氏（部品検査技術）、燕研磨振興㈿（第8章3―⑶）の高橋千春氏（バフ研磨）、今井技巧（第6章1―⑷）の今井道雄氏（金型研磨）などがいる。金属彫金は大岩氏1人であった。

近年、このような伝統技能が見直され、各地で実演を行なっているが、大岩氏は2018年9月から2019年3月までのほぼ半年間に、ロンドン、シンガポール、ドイツ、モスクワの4カ所に出向いて実演、好評を博していた。

かつては煙管、洋食器への装飾技術として発展したが、近年はMC、放電加工機といった革新的な技術が生まれ、手作業の部分は大きく縮小している。工業技術としての彫金は一つの時代を終えているようである。むしろ、現在では美術工芸、工芸作家的な側面からの注目度が高い。燕の金属製品・金属加工集積の中で、彫金は金属加工の基本技術の一つとして、存在しているのであった。

(7) 高級理美容用ハサミを世界に
――熱処理を究め、良いものを作る（シゲル工業）

日本の理美容用ハサミは、世界的に高い評価を受けている。製造するメーカーは全国に数社散在しているが、金属製品のまち燕には3社が存立している。中でも、シゲル工業は「ハサミの基本は熱処理」と置き、徹底した熱処理技術の追究を重ね、プロ用の理美容ハサミの世界でレジェンド的存在となっている。私は1997年に一度訪問しているが、2012年に移転してきたという新社屋は一

藤田正健氏（左）と創業者の藤田茂氏

シゲル工業の理美容用ハサミ

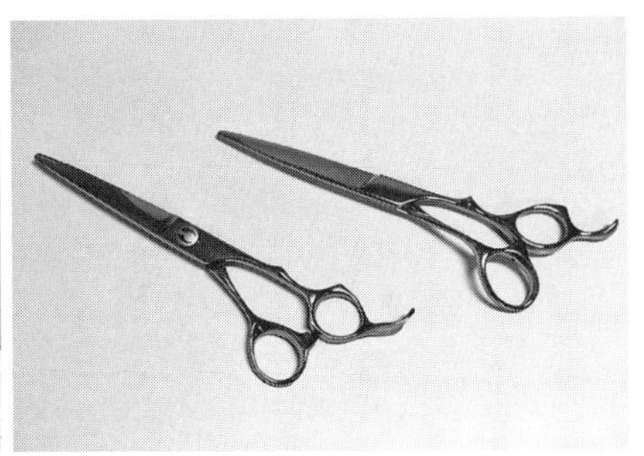

段と立派なものであった。

▶シゲル工業の歩み

シゲル工業の創業者の藤田茂氏（1941［昭和16］年生まれ）は、地元農家の6男1女の6番目の末弟。子供の頃から機械いじりが大好きで、中学を卒業して機械屋に入りたかったのだが、母から反対され、農家の手伝いをさせられた。16歳の時に燕の代表的な機械メーカーであった早川鉄工所にようやく入った。

だが、兄の藤田寅男氏が始めた藤寅農機（現藤次郎）の手が足りないことから手伝うことになり、鶏小屋をつぶして15トンプレスを入れ、農機部品のナットの鍛造に入っていった。この仕事には熱処理の技術が必要なのだが、周辺に技術がないため、日立金属に指導を仰いだ。そして、ようやく納得のいくものができた。ただし、農機は季節性が強く、それを補う為に、藤寅農機は包丁の領域に入っていく。そのために研削盤を導入し、燕市内の研削の仕事を受けていった。藤田茂氏は1959年に㈲藤田利器製作所を始めたのだが、兄の始めた藤寅農機との掛け持ちの状態であった。

1976年にはシゲル工業を法人化し、たちハサミ、華道用ハサミなどの領域に入り、工業用刃物として、タイガー魔法瓶のかき氷の刃、あるいはフードプロセッサーの刃、ダイコンおろし機の刃などの生産にも携わった。

その頃、夫人の兄の夫人（美容師）から、4万8000円の理美容用ハサミを

シゲル工業の歩みを示す製品群

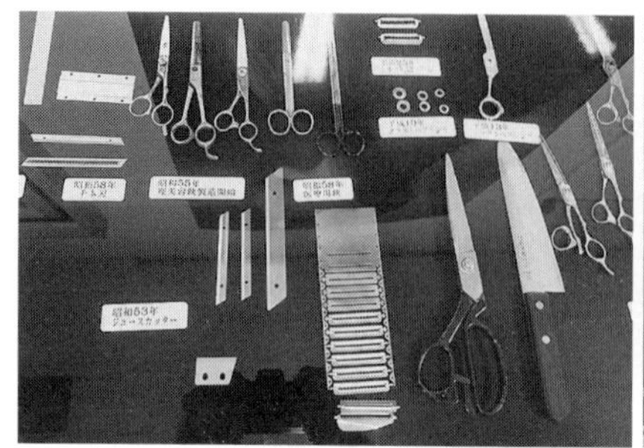

最後の調整工程

みせられ、「ハサミを作って欲しい」と頼まれた。ここで、藤田茂氏は「日本一のハサミを作る」ことを意志決定している。そこから日夜努力を重ね、1979年には特許を取り、機械を設計していく。1982年には完成したが、周囲からは「切れ味は良いが、形が悪い」と指摘され、以後、デザインにも力を注いでいった。その後、理美容用ハサミがメインとなり、1983年には刃物の有力企業である貝印のOEM生産にも踏み出していった。

▶シゲル工業の事業の輪郭と向かうところ

シゲル工業が使う材料は、不二越（富山）が圧延した刃物用特殊鋼材を燕の吉川金属（第8章2―(1)）を通じて仕入れている。生産工程は70ほどに及ぶが、主要な工程は以下の通り。まず、鋼材を所定の大きさに切断（シャーリング）し、成形―熱間鍛造―焼鈍―平坦―穴加工―焼入れ―研削（何工程も）―研磨―調整―組立と重ねていく。調整では数百回叩くこともある。現在、アイテム数は約1000種、金型は700型ほどある。

現在のシゲル工業の取扱製品は理美容用ハサミが80%、調理用刃物が20%の構成であった。流通は問屋がなくなり、貝印などの国内外の理美容関連企業からのOEMが80%、別会社「マック」による代理店経由の自社製品販売が20%の構成であった。この代理店は内外170～180店あり、北米、ヨーロッパに拠点を形成している。なお、自社製品は「bmac」ブランドであった。

現2代目社長の藤田正健氏（1968年生まれ）は、茂氏の長男。元々、継ぐ気はあったが、地元の高校を卒業後、東京新宿の日本電子専門学校に2年在籍し、その後、1年半ほど海外を経験、さらに、1年ほど大阪のパナソニックに勤め、25歳で家業に戻ってきた。1993年の頃であった。すでに理美容ハサミの事業は軌道に乗っていた。その後の変化としては、モノの価格の低下の中にあり、10年前の平均価格10万円が、モノが良くなっても価格が下がり、現在は平均7万円になったこと、機械化を進めたことなどが指摘される。また、プロ用のハサミであるため、ネット通販は意外に少ないことも一つの特徴とされている。さらに、プロ用のハサミはメンテナンスの必要性が高いが、シゲル工業は他社製のハサミも受けていた。材質が異なるためたいへんなのだが、ノウハウの蓄積になるとして積極的に取り組んでいた。

藤田正健氏は「まだまだコストを下げて、良いものを作り、量産で行く。一般用のハサミをプロ仕様で出していきたい」と語っていた。正健氏が社長に就任したのは2006年。すでに13年を重ねるが、会長の茂氏は「毎日、12〜13時間」は会社に来ていた。機械好きが嵩じて、刃物、ハサミの世界に入り、熱処理や鍛造の世界に魅せられ、さらに深めているのであろう。燕の金属加工には幾つかの流れがあるが、シゲル工業は、刃物、ハサミの世界をリードしてきたのであった。

現在の従業員数は約40人、男性60%、女性40%の構成であり、女性は検査、包装、出荷が中心だが、仕上加工にも就いていた。採用は入れ代わりが少なく、ハローワークを利用し、常時補充の体制であり、ほとんどが中途採用であった。2019年4月には3人が入社していた。現場には良い空気が流れていた。

2. 伝統から飛躍する中小企業

1985年のプラザ合意後の急激な円高により、燕の洋食器の対米輸出はほとんどゼロになった。ここから燕は洋食器の単一製品、対米輸出産地からの転換の課題を強く認識していく。「複合金属製品産地」「生産・物流メガターミナル燕」などが目指されていく。ステンレス等の加工技術をベースに、多様な素材、多様な加工方法、さらに独自的な製品開発が強く意識された。その現在の姿は、本書で紹介する個々の中小企業に深く投影されている。現在、かつての洋食器の影は薄くなり、燕の中小企業は個々に個性的かつ魅力的な内容となり、20年以上前に目指していたものに近づいている。

また、中には、1970年前後というかなり早い時期に、洋食器の将来を懸念し、新たな方向に踏み出した中小企業も存在している。このいずれの場合も、生き残り、成功した中小企業と、消え去っていった中小企業があると思う。おそらく、生き残ってきた中小企業の場合、それまでの仕組みを反面教師とし、あるいは、ステンレス技術をベースに新たな方向に向かっていった。そして、本書を通じてみるように、多くの独自的中小企業を生み出していった。その事業者意識と取組みは称賛される。

それから数十年、現在の日本産業、中小企業は大きな転換の時期を迎えている。期待される新規創業は進まず、多くの中小企業は事業承継、後継者問題に悩んでいる[12)]。そのような意味で、この数十年の間に、見事に事業転換し、新たな可能性に踏み込んでいる燕の中小企業の取組みは、これからの日本の中小企業に多くの示唆を与えることになろう。洋食器の対米輸出という成功体験を乗り越え、燕の多くの中小企業はそれぞれ独自に新たな局面を切り拓いていったのであった。

(1) ゴルフクラブのトップメーカー
——生産は早い時期からタイに（遠藤製作所）

「燕の歴史は事業転換の歴史」といわれるが、燕の中でも、ここでみる遠藤製作所の歩みは、その典型のように思える。戦後直ぐの1947年に創業し、ミシン用のネジ回しの生産から入り、キッチンツール、洋食器に転じ、その後、現在の主力であるゴルフクラブに進み、そして、海外展開を積極的に模索し、大規模な生産工場をタイに展開するなど、燕の中でも際立った歩みを重ねてきた。それから30年、この間、バブル経済崩壊、リーマンショック、さらに、日本の人口減少、高齢化などの中で、新たな可能性に向かっていた。

5代目社長の渡部大史氏

主力製品のゴルフヘッド

資料：遠藤製作所

▶創業以来、事業転換の歩み

創業者の遠藤栄松氏（1930［昭和5］年生まれ）は地元の8町歩ほどの自作農の長男として生まれ、高等小学校を卒業して農業を手伝っていたのだが、親が将来を心配して別の事業に入ることを勧め、製造業の世界に向かう[13)]。そのため、近くのミシン部品をやっていた森井工業で数カ月の見習い後、弱冠17歳で独立創業している。真鍮ハンドルのミシン用ネジ回しの生産に入った。だが、その直後の朝鮮戦争により真鍮の価格が高騰したことから、ミシン部品生産に転ずる。このミシン部品はその後23年も続いていった。

その頃の燕は洋食器輸出で賑わっていたことから銀行に相談すると、「もう遅い」とたしなめられ、逆に器物を勧められる。それを受け、遠藤氏は洋食器の対米輸出規制が始まる1957年から規制のないキッチンツールを手掛け始め、特に、おたま、ターナー、ポテトマッシャー等の7ピースセットを用意し、対米輸出の波に乗った。当時、生産の大半は輸出に向けられた。

この間、キッチンツールを扱っていたバイヤーから洋食器の生産を勧められる。だが、洋食器には出荷調整の枠があり、日本金属洋食器工業組合に加入したものの、最低枠の6000ダース／年しか与えられなかった。この点、木製、プラスチック製等の異種柄（ハンドル）の洋食器は枠外であることから1959

年にはプラスチック製柄の洋食器に参入、さらに、ハウスウェアにも参入し、その後、飛躍的な発展を経験している。1966年には現在地に本社工場を建設し、ミシン部品、洋食器、ハウスウェア、キッチンツールの4事業部体制をとった。だが、その頃から業績が上がらなくなるなどの困難に直面する。当時、従業員は170～180人になっていた。

こうした中で、1968年にはゴルフシャフトを生産していた県内企業からゴルフ用品への参入を促され、対米輸出向けのアイアンヘッド生産に踏み出す。当初は赤字が続き、周囲からは「社長の道楽」と揶揄されていた。1972年頃からやや上向きになってきたが、1973年の第1次オイルショックは遠藤製作所にとって「歴史的敗北」ともいうべきものとなり、対米輸出に依存していた遠藤製作所の売上額は40%の減少を経験する。さらに、追い打ちをかけるように、期待した国内で、1974年には官庁のゴルフ禁止令が出された。

こうした事態の中で、「輸出が無くなって目が覚めた」として、以後、一転して国内販売に転換することを決意する。1977年には国内販売会社のエポン販売㈱を設立、ゴルフ用品も完成品に転換したが、売上額はさらに激減した。それでも、次の柱をゴルフクラブと見定め、完成品、高級品の生産を強く意識していく。さらに、1978年には洋食器から完全に撤退した。1978～1979年が遠藤製作所にとっての再スタートというべき時期であった。ようやく1984年頃から目処がつき始め、社内体制も、ゴルフ、ステンレス、精機（ミシン部品）の3事業部に整理したのであった。

▶タイ進出と現在

1985年のプラザ合意後の円高に直面し、海外進出の検討を開始する。当時、ゴルフ関係の受注が増大し始めたこと、また、研磨工が高齢化し、将来に不安があったことなども背景にあった。そして、「穏健、安定、仏教」といった要素を評価して、タイ進出を決定していく。1989年にはゴルフ事業部の生産拡大を目的として「ENDO　THAI」を設立、さらに、早くも1992年にはステンレス事業部の生産拡大を目的として「ENDO STAINLESS STEEL (THAILAND)」を設立した。このタイ進出はかなり大型の投資であり、「絶対に失敗はできない」「燕で作るモノと同じモノができないとダメ」を基本に背水の陣であたった。

現在の遠藤製作所は、ゴルフ事業部、フォージング事業部（鍛造）、メタルスリーブ事業部（OA 機器部品）、医療機器事業部の 4 事業部体制に整理されている。従業員は 20 年ほど前の最盛期には約 450 人を数えていたが、その後、タイへの生産移管を進め、国内は約 140 人となっている。燕は研究開発、マーケティング等に対応している。この間、2003 年には日本証券業協会に店頭登録し、2004 年にはジャスダック証券取引所に株式を上場している。

一方、タイの ENDO　THAI は 1989 年に建設したラクラパン工場に加え、1994 年にはメタルウッドヘッド専門の工場としてゲートウェイ工場を建設。現在では工場を一つに集約し、約 1000 人の従業員が勤務している。また、ENDO　STAINLESS　STEEL（THAILAND）は 1993 年 8 月から稼働し、従業員 150 人でコピー機のシームレス管（メタルスリーブ）の生産に従事している。さらに、1996 年設立の ENDO　FORGING（THAILAND）は従業員約 500 人で鍛造に従事している。これらタイの 3 工場にはタイ人が合わせて 1650 人を数えるが、日本人の駐在はそれぞれの工場に 3～7 人程度であり、かなり現地化も進み、製品も燕で作るものと遜色ないレベルに達している。そして現在、特に遠藤製作所の生産するゴルフクラブは、日本の主力ゴルフメーカーの最高級品の部分に取り上げられ、さらに自社ブランドの「エポン」を含めて、

本社敷地内に設置された「エポンゴルフ」旗艦店

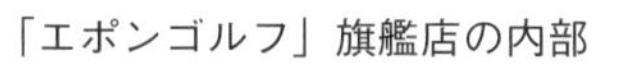
「エポンゴルフ」旗艦店の内部

遠藤製作所は日本のゴルフクラブのトップメーカーとしての評価を得てきた。

▶次世代の事業構想の課題

以上のように、遠藤製作所は何度かの危機を乗り越えながら、激しい企業家精神を背景に、ミシンドライバーからキッチンツール、洋食器、ハウスウェア、そして、ゴルフクラブへと転換してきたのだが、近年は、また新たな構造変化の課題に直面しているようにみえる。現在の主たる事業は、ゴルフヘッド、クルマ部品（鍛造品）、メタルスリーブ（コピー機向け）の三つであるが、ゴルフクラブは人口減少、高齢化、クルマ部品はEV化、メタルスリーブはペーパーレス化に直面、近年は右肩下がりとなっており、このままでは回復は見込めない。

このような事情の中で、2018年に渡部大史氏（1967年生まれ）が5代目社長に就任し、遠藤栄松氏は会長となった。渡部氏は遠藤氏の甥、大学を卒業して27年間、サッポロビールの管理部門（恵比寿）にいた。遠藤氏に口説かれて2017年に副社長として入社、翌年社長に就任した。渡部氏は従来事業の見直しと新規事業の展開を意識していた。当面、視野に入れているのは、次世代産業として期待される航空機、医療機器の領域であり、航空機へのエンジン部品の提供も始まっている。航空、宇宙、防衛に関連するJISQ9100の認証は取得済であった。また、医療機器関係ではチタン製人工関節等に踏み込んでいた。遠藤製作所はステンレス、チタン等の素材技術、鍛造技術が基本技術になっており、航空機、医療機器との親和性は高い。ただし、際立った多種少量を求められる。このような次世代産業の領域で新たな可能性をつかみ取ることが期待される。

（2）早い時代から荷役機器等に展開
——世界中に販売する（遠藤工業）

燕の製造業の中には、江戸期以来の伝統を重ねる鎚起銅器から、独自な製品分野に展開している企業も少なくない。その代表的な存在が遠藤工業であろう。鎚起銅器から出発し、戦前期には洋食器に踏み出し、戦前〜戦中にかけては工作機械生産から軍需品生産、さらに、戦後しばらくは戦時賠償指定工場とされ身動きがとれず、その解除後は洋食器、産業機械分野に向かっていった。そして、少し安定してきた頃から、荷役機器に踏み出し、その後は独特な産業機械分野に展開してきた。「燕の歴史は事業転換の歴史」とされるが、遠藤工業は環境変化に合わせ多方面な取り組みを重ねてきた。

さらに、現在では国内では成熟した産業用機械を発展途上のアジア、北・中・南米、欧州等に輸出している。日本の産業用機械、例えば、繊維機械、木工用機械、製靴機械などのメーカーは、国内需要がなくなると事業そのものを止めてしまう場合が多いのだが、遠藤工業は興味深い取り組みを重ねているのであった。

▶銅器から戦前・戦中は工作機械、そして、戦後

遠藤工業の歴史をたどると[14]、鎚起銅器・鍛金の名工遠藤松次郎氏（1880[明治 13]～1948 年）に行き着く。燕の鎚起銅器職人の家系に生まれた遠藤松次郎氏は、上京し鍛金工芸の平田重光氏に師事し、1907（明治 40）年に帰郷、鎚起銅器工房の松岳堂２代目となっていく。1914（大正３）年には第１次世界大戦が勃発、燕が洋食器製造に向かう年であったが、遠藤松次郎氏は、この年に遠藤松次郎商店を開店している。当時は手動のハンドプレスを用いて茶托などの銅器を生産していた。ここが遠藤工業のスタートとされている。

この間、燕では洋食器生産が活発化し、1926（大正 15）年には洋食器業者が結集、燕洋食器工業組合が設立されていく。遠藤松次郎氏は捧吉右エ門氏らと共にその発起人の１人となっている。そして、1935（昭和 10）年には洋食器の生産・輸出を意識して、遠藤工業㈱を設立している。ここが第２創業となろう。だが、日中戦争が始まる 1937（昭和 12）年頃になるとヨーロッパへの輸出は禁止となり、知人から「これからは工作機械をやりなさい」との助言を得る。そして、幅広い交際関係の中から、日本の工作機械の草分けである池貝鐵工所（品川）の支援を受け、1939（昭和 14）年には旋盤、２軸横ボール盤を製造していった。そして、戦時下の 1940（昭和 15）年には池貝遠藤製作所を設立、工作機械の製造に踏み出す。さらに、1943（昭和 18）年頃から、軍需

３代目社長の遠藤光緑氏

給電用ケーブルリールの製作

大臣の命により小松製作所と経営全般で連携していった。

戦後は、1946年8月にGHQにより賠償指定工場（新潟県で20数カ所）となり、その管理下に置かれた。工作機械の生産は中断された。サンフランシスコ講和条約が結ばれたのは1951年4月、ようやく賠償指定工場は解除された。ここから遠藤工業の戦後が始まっていった。

1952年には工場に残っていた小松製作所の図面から丸鋸盤を製作していく。併せて、洋食器生産も再開していった。そして、いすゞ自動車の技術者の「この外国製バランサーを国産化できないか」との問い合わせから、開発に着手、1954年には完成させている。当初は売れなかったのだが、次第に自動車組立工場に広まり、その後の遠藤工業の代表的な製品になっていった。1963年には自動バフ研磨機、1970年代にはケーブルリール、エアホイスト等の製品を開発していった。この間、洋食器については従来の量産品から高級品に転じていったのだが、1992年には生産を終了させた。

▶狭い範囲の特色のある機械を開発、販売

現在の遠藤工業の製品群は三つ。第1は、1952年に開発したスプリングバランサーやエアホイストであり、自動車の組立工場に大量に使われていた。だが、近年はロボットに市場を奪われ、国内では市場が縮小している。そのため、

給電用ケーブルリールの組立（1）

給電用ケーブルリールの組立（2）

遠藤工業はまだ人手に頼るインド、中南米等の自動車工場向けに果敢に輸出している。荷役機器は50％以上が輸出とされていた。現在、この荷役機器が売上額の50％を占める。第2は、1974年に開発した給電用ケーブルリールをはじめとする給電機器であり、大型クレーン、港湾のガントリークレーン等、移動する機械への給電を支えるものとして働いている。この部分は売上額の30％を占める。第3は1996年頃に開発した環境関係の機械であり、様々なものを砕く破砕機である。これが売上額の20％を占めていた。給電機器と環境機械は国内市場向けであり、いずれも増加傾向にあった。遠藤工業全体として、輸出の比重は25〜30％ほどであった。

販売方式は、代理店、ユーザー直、問屋経由など多様であり、海外は現地の代理店を通している。なお、遠藤工業の場合、国内の営業拠点としては、東京営業部（神田、8人）、大阪営業部（浪速区、7人）、名古屋営業所（中区、5人）、九州営業所（博多区、3人）を置いているが、海外は荷役機器の販売を意識してインドに現地法人の販社（11人）、さらに、中国上海に物資調達拠点を置いていた。ヨーロッパ、アメリカ、ASEANについては各国に代理店を置いているが、インドは適当なパートナーがみつからず、直接、現地法人を構えている。先にも指摘したが、日本の機械メーカーは、国内市場が成熟してくると、そこで事業を停止してしまう場合が少なくない。発展途上段階の国地域では市場があると思うのだが、そこで終わってしまう。遠藤工業の場合は、世界を意識し、インドに販社を設置、さらに、アフリカ諸国にまで販売活動を行なっていることは注目される。

現在の国内の従業員は約200人（男性160人前後、女性40人）であった。このうち、開発スタッフは30人、東京などの地方の営業所には25人ほどが配置されている。工場は燕1カ所であり、敷地面積約5haの中に配置されていた。建物延床面積は1万6600 m^2 であった。現社長は3代目の遠藤光緑氏（1956年生まれ）、1993年に社長に就任していた。4代目の後継者候補は1985年生まれの子息。サラリーマンであったのだが、2年前に入ってきた。遠藤光緑氏は「あうんの呼吸で入ってきた。まだ、後継者候補」としていた。

人材調達については、2019年4月には予定を超えて大卒4人、高卒4人を採用していた。遠藤氏は「今年は良いが、将来はたいへん」と語っていた。人材調達、新技術、新製品の開発、そして、販売に興味深い取り組みを重ねているのであった。

(3) ステンレス製ビール樽、電子材料容器のトップメーカー
――事業転換の歩みを重ねる（和田ステンレス工業）

燕の1980年代中頃以降は、洋食器からの転換が課題とされ、各社がステンレスをベースに多方面に展開していった。皆が同じものを作るのがかつての地

３代目社長の和田克行氏

和田ステンレス工業の全景

資料：和田ステンレス工業

場産業であったのだが、燕はそれ以降、各社が独自な方向を向いていった。その典型的なケースが、ここで検討する和田ステンレス工業であろう。当初のステンレス製洋食器、器物から、ステンレス製魔法瓶、ステンレス製電子材料容器、業務用のステンレス製ビール樽へと転じ、現在では、電子材料容器、業務用ビール樽のいずれも全国シェアの80〜90%を占めるトップメーカーとなっている。

▶ステンレス製電子材料容器とビール樽のトップメーカーに

和田ステンレス工業の創業は1934（昭和9）年頃、現3代目社長和田克行氏（1963年生まれ）の祖父の代であった。燕の旧市街地で洋食器生産に向かった（和田鍛造所）。1964年に法人化、そして、1973年に現在地である旧吉田町のメタルセンター工業団地に移転している。この工業団地は旧吉田町の最初のものであり、和田ステンレス工業と鋼材卸の吉川金属（第8章2—(1)）が最初に入居している。現在の敷地は3万1608 m²、工場建屋は1万4998 m²に及ぶ。

和田克行氏は「当社の歴史は事業転換の歴史」と語るが、洋食器、器物から、1980年にはステンレス製魔法瓶に転換していく。和田ステンレス工業の隣には魔法瓶の日酸サーモ（現サーモス、第5章1—(6)）が進出してくるが、それまで割れやすいガラス製であった魔法瓶の容器を日本で初めて二重構造のステンレス製への転換に成功していく。燕のステンレス加工業者としては和田ステンレス工業が初めて成功し、作りきれないほど売れた。多いときには月に20万本以上となった。その後、サーモス以外に象印マホービン、タイガー魔法瓶等の魔法瓶メーカーもステンレス製に転換、和田ステンレス工業だけではやり切れず、燕の他の中小メーカーも参入していった。当時、和田ステンレス工業はサーモスの仕事が100%であった。このような状況は2000年頃まで続き、売上額もピーク時は40億円前後（魔法瓶の売上額が約50%）を計上していた。ただし、主力のサーモスは1990年代中頃にはマレーシア、中国から入れるようになり、1995年にはサーモスとの取引は終了した。

この間、1985年にはステンレス製電子材料容器を開発、半導体工場向けの高純度薬品を輸送する容器として採用されていった。この容器類は現在では国内トップシェアを占め、和田ステンレス工業の2018年度の売上額約30億円の約3分の2を占めている。さらに、1993年、ステンレス製ビール樽に参入、後発であったのだが、ビールの需要が減少している中で他メーカーが撤退したため、現在では国内市場の80〜90%を占めるトップメーカーとなっている。この部分が売上額の約3分の1を占める。現在、キリン、アサヒ、サントリー、サッポロの4大メーカーに加え、オリオンビール、その他の地ビールメーカーにも供給している。和田氏は「当方の能力がマーケットサイズに合っている」と語っていた。

▶インフラの整っている燕にこだわる

ステンレス材料は燕のコイルセンターから入れ（月100トン以上）、生産は基本的には一貫生産としている。機械設備をみても、油圧プレス5台、クランクプレス15台、シャーリング3台、ベンダー2台、ベンディングロール3台、ターレットパンチプレス1台、レーザー加工機1台、溶接機57台といったプレス・鈑金加工用設備が展開している。さらに、MC、旋盤、研削盤等の機械加工設備が11台、脱脂洗浄器2台、表面処理・酸洗設備2台、検査・測定器類17台、クリーンルーム1棟（洗浄、乾燥、組み付け、検査）が用意されている。ただし、これだけでは足らず、燕を中心に約100社の協力企業を組織している。なお、燕には和田ステンレス工業の直接のユーザーはいない。また、従業員は約120人（女性は25〜26%）、1975年頃から東京支店（5人、北区王子）を置いてあった。

このような事情の中で、ユーザーからは「シェアが大きいだけに、リスク分散のために燕以外に生産拠点を置かないのか」といわれることが多いが、和田氏は「営業的には燕は関係ないが、材料、外注を含め燕にはステンレス加工のインフラが揃っていること、また、経営資源の分散にはさらに倍のスケールが必要なことから、燕から離れることはできない」と語っていた。また、2000年代の末には日系のビールメーカーが展開している中国への工場進出を打診されたが、インフラが整っていないことから進出は考えていない。これからも「日本でやっていく」構えであった。

和田ステンレス工業の製品群

電子材料試薬等向けの容器

▶柔軟性を意識

現3代目社長の和田克行氏は文系の商学部卒、大阪の会計事務所に5年ほど在籍した。将来の希望は銀行員であったのだが、長男であることから呼び戻され、1990年に和田ステンレス工業に入社している。「宿命」と語っていた。2010年代の初めに3代目社長に就任、父は会長となった。入社後すでに約30年、この間赤字を出したことはない。このような優良中小企業であることから、投資育成会社の資本を30%入れている。和田氏の持株は約40%、残りは他人としていた。和田氏は娘2人、下はまだ大学生だが、2人とも「父の会社に興味なし」としていた。後継者については「未定」のようであった。これだけの優良企業なのだが、採用には苦労していた。2019年4月には3人（大卒2人、高卒1人）が入る。和田氏は「スタッフの代替わりが必要。もっと欲しかった」と語っていた。

ステンレス製のビール樽は20～30年は持つ。今は高度成長期の樽の更新期、また、近年の傾向として、大きな飲食店が減り、小さな店になり、20ℓ樽から、小型の10～5ℓ樽へのシフトも進んでいる。人口減少に伴い市場は縮小していく。ステンレス製ビール樽への新規参入はない。電子材料容器については、クルマの電動化に伴うリチウム電池材料は増加しているが、今後、飛躍的な増加にはなりそうもない。

和田氏は「電子材料容器、ビール樽も、結果的にそうなっているだけ。ステンレス加工という固有技術をベースに、どう生きていくのかは変わっていない。

変化に対するDNAを持ち続け、柔軟な対応ができるかが問われる」としていた。「地場産業の歴史は、事業転換の歴史」とされるが、燕がその典型的なケースであり、その燕の代表的な企業の一つが和田ステンレス工業のように思える。人口減少、少子高齢化、市場縮小という中で、ステンレスの加工技術をベースに、和田ステンレス工業は、興味深い歩みを重ねているのであった。

(4) オールステンレス包丁で世界的な評価
――「GLOBAL」ブランドで展開（吉田金属工業）

日本の刃物は世界的に高く評価されている。日本刀のイメージに加え、和食、寿司の浸透により、日本の刃物は、近年、海外市場を拡大させている。その日本の刃物の中で、刀身から柄までオールステンレスの包丁という新たな概念を作り上げた燕の吉田金属工業が注目される。ヨーロッパ、アメリカ、オーストラリア等の先進諸国で高く評価され、海外比率は80％にも上っている。燕には金属製の魅力的な製品は多数あるが、国際化という点ではこの吉田金属工業の「GLOBAL（グローバル）」ブランドのオールステンレス包丁が先端にあるといってよい。

▶オールステンレス包丁で輸出比率80％

吉田金属工業の創業は1954年、旧吉田町でスタートした。創業者は現5代

実質３代目社長の渡邉正人氏

「GLOBAL」ブランドのオールステンレス包丁

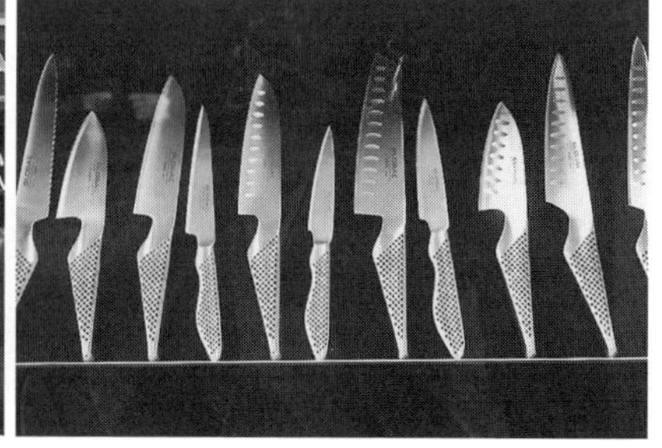

目社長渡邉正人氏（1963年生まれ）の父渡邉勇蔵氏。ステーキナイフやテーブルナイフなどの洋食器製造から始めた。鍛造技術が軸の展開となった。当時は「包丁は鋼」が常識であったのだが、創業者は進取の気質の方であり、ステンレス鋼の中でも医療用ハサミに使われていた硬い素材に着目、「ステンレスの錆びにくい特徴を活かし、切れ味の良い包丁を作ろう」として試行錯誤を重ね、1960年、高品質なステンレス和包丁「文明銀丁」の開発に成功していく。

その後、「何か変わったものを作ろう」ということになり、5年をかけて、1983年、刀身と柄を一体化させたオールステンレス包丁「GLOBAL」を世に送り出した。ただし、当時の国内の反響は「見た目が冷たい」というものであった。その後、GLOBAL商品の海外向け総代理店となるマスターカットラリー（千葉）がドイツ・フランクフルトの展示会（アンビエンテ）に積極的に出展、ヨーロッパでデモを重ね、広まっていった。この間、「GLOBAL」の商標登録をしている。

振り返ると、O157が発見されたのは1982年のアメリカ、その後、ヨーロッパに拡がっていった。刀身と柄が一体化している衛生的なステンレス製のGLOBALへの関心が高まっていった。さらに、GLOBAL商品のデザイン性が高いことも、ヨーロッパ等で注目されるもう一つの要素であった。国内向け商品の開発は社内の2人のスタッフが中心になり、海外向けは専門のデザイナーに「こういう感じ」と伝えて任せている。現在のGLOBALは約300種、2〜3年に1シリーズ（6〜10本）の新製品を発表している。

鍛造職場

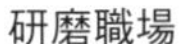

研磨職場

現在の売上額比率は、GLOBAL：文明銀丁＝95：5、国内：海外＝20：80の構成になっていた。売上額は10年前は16～17億円で推移していたのだが、2008年のリーマンショックの影響もなく、近年は25億円前後で推移している。金属製品産地燕を代表する世界的なブランド製品となろう。主たる輸出先はイギリス、フランス、イタリア、スウェーデン、デンマーク、オーストラリア、さらに4～5年前からはアメリカにも出している。現地の代理店は総代理店のマスターカットラリーを通じて1国1社としていた。

また、国内販売については、東京、名古屋、大阪、福岡の商社を通じてデパート、ネット通販（商社経由）を行なっている。さらに東京六本木に直営店（1999年）を展開している。また、ブランド管理上、ネット通販の値引き、国内商社等からの海外輸出は制限していた。

▶工程の大半を内部化、大卒も入る

材料のステンレス鋼は燕の地元の鋼材卸から調達、工程の30％にあたる前半部分は地元の協力工場に依存していた。プレス、溶接、熱処理、メッキなどであった。70％にあたる鍛造、バフ研磨、溶接部（ポロ）の改善、刃物の研磨、柄の研磨、印字（エッチング）、そして、最も重要な刃付けは社内で行なっていた。刃付けの自動化も10年前に確立していた。生産能力は4000～4500本／日であり、月間では10万本になる。近年、協力工場の高齢化により、内製化が進んでいた。

現在の従業員は104人、男性62人、女性42人、女性は検品、包装関係に従事していた。60歳定年制をしき、65歳までは再雇用とし、それ以後は個々の事情で対応していた。2019年3月末に70歳の人が退職し、現在、最高齢は64歳になった。2019年の新卒の採用は3人、大卒2人（長岡造形大学)、高卒1人（県央工業高校、三条）であった。大卒は10年ぶりに採用できた。現在、大卒は3人となる。もう一人は多摩美術大学卒であった。現状、もう少し欲しいところだが、「まあまあ」としていた。

現社長の渡邉正人氏は、創業者の3男であった。長男が会社に残り、次男は獣医となり、正人氏は東京農業大学を卒業して、横浜の食品メーカーに勤めていた。2005年に長男が2代目を継いだのだが、2008年に退社することになり、正人氏が急遽呼び戻された。「社長を継ぐ気はなく、取締役ならば」ということで家業に戻った。その後、第3者が2人代表取締役に就き、創業者は会長職となっていった。7年前に創業者が他界し、2016年に正人氏が5代目（実質3代目とされる）の代表取締役に就いていた。「父と仕事をしたのは3年」と語っていた。

2008年に工場を新設し、多額の借入れを起こしたが、「目途が付いた」と語っていた。正人氏の次の後継者は身内にはいない。正人氏は「10年をかけて社員を何人か候補として育てている」と語っていた。包丁の世界にステンレス鋼を用い、蓄積された鍛造技術と優れたデザインによって革新的な製品を世に送り出し、世界的な評価を受けているGLOBALは、人材も豊富になり、さらに次の革新に向かっているのであった。

(5) 伝統産地で幅広く自社製品を展開
——金網、アウトドア、ペレットストーブ（新越ワークス）

私は1980年代中頃から燕に通っているのだが、全国の伝統的な地場産業地域の中で、燕はほとんど唯一劇的な構造転換を成し遂げた地域として注目している。目立った大きな変化は、一つに、ステンレス加工技術をベースに各メー

山後佑馬氏（左）と2代目社長の山後春信氏

ペレットストーブ

カーが独自な方向に向いたこと、そして、二つ目には、金属製品に関連して燕が全国に対する集散地的な機能に転換（進化）していったことが指摘される。日本の場合、江戸時代以来、日用品の集散地は東京日本橋、名古屋長者町、京都室町、大阪船場の大都市圏の4カ所とされているのだが、燕は地方圏において金属製品の領域で集散地機能を高めていったことが特筆される。

▶三つの事業部に展開

こうした点をみるにあたり、新越ワークスの取組みが興味深い。新越ワークスの創業者は山後（さんご）信二氏（1933年生まれ）、地元農家の次男であり、燕市内の金網メーカーに勤めて技術を学んだ。30歳の1963年に独立創業、新越金網製造工場を設立している。金網のザル等を生産していった。以前は金網のザルの生産は大阪が有力であったのだが、現在では燕が最有力産地となっている。ただし、原材料の金網は大阪で生産されている。新越ワークスも金網は大阪から入れていた。

現2代目社長の山後春信氏（1960年生まれ）は、当初から承継する構えであり、他に少し寄り、家業に戻っている。当時は金網ザル専業で従業員は40～50人ほどであり、金属洋食器と器物中心の燕では異色の存在であった。山後春信氏は家業に戻って早々の1985年には新規事業分野のキャンプ用品部門として㈱ユニフレームを立ち上げている。ガス器具、テーブル、イス等の開発、生産に入っていった。さらに、2009年には㈱さいかい産業（新潟市）をグループ会社化し、ペレットストーブの領域にも入っていった。その後、2014年に社名を㈱新越ワークスと改称、2015年には燕市小関に魅力的な新社屋を建設している。

その結果、現在は金網・線材を中心とした業務用厨房機器の「スリースノー事業部」、LPG燃焼器具を中心にしたアウトドア器具の「ユニフレーム事業部」、ペレットストーブを軸に環境設備と新エネルギー技術に向かう「エネルギー事業部」の大きく三つの事業を編成している。

金網製品群

金網製品の生産

▶自社ブランドを持ち、集散地問屋機能を担う

そして、この新越ワークスの最大の特徴は、3事業分野の製品が基本的に全て自社開発の自社ブランド品であること、社内は組立中心であり、金型、加工の大半は燕を中心とした外注に依存していること、さらに、販売は独自なネットワークを形成し、仕入品を含めて集散地問屋的な機能を担っていることであろう。近年の燕の新たな領域での自社製品化、集散地化の象徴的な動きを示している。

3事業とも開発、販売は全く別に行なわれている。2016年度の総売上額は31億円、2017年9月の従業員数は119人となっていた。2008年のリーマンショック直前の頃は、売上額は20〜25億円前後、従業員は90人であった。この10年で、売上額、従業員数共に、30% 前後の拡大を示していた。全国的にみても、近年、製造業の中小企業でこのような着実な動きを示しているケースは少ない。

一番歴史の古い金網は、仕入商品（中国製も含む）の集散地問屋的な機能をも果たし、燕から全国のチェーン店、専門店に自社ブランド（スリースノー）で卸している。売上額は全体の約50% の15億円前後であった。この部分はやや成熟感があり、横ばい気味だが、近年、アメリカを中心とする海外でラーメン・ブームが発生し、ラーメン用ザルの輸出が好調のようであった。

アウトドア製品は100% 自社ブランド（ユニフレーム）であり、社内は開発と組立のみ、加工は近隣に外注していた。テントの縫製は中国に出していた。

売上額は約12億円であり、この部分は拡大基調であった。販売先はスポーツ用品問屋（東京、大阪）30%、スポーツ専門店チェーン70%であった。新越ワークスが全国に対する集散地問屋機能を担っていた。

ペレットストーブを中心とするエネルギー部門はこれからであり、売上額は約4億円、新製品として移動式ペレット本格ピザ窯を発売開始していた。この領域も全て自社製品であり、販売先は全国の工務店、住宅関係企業としていた。これもやはり集散地問屋機能を担っていた。

▶デザイン・企画力、人材育成が課題

このように、金網製品から出発した新越ワークスは、自社製品開発、自社ブランド、加工の外注組織化、商品仕入、集散地問屋としての機能という興味深い事業モデルを形成していた。事業承継も、長男で3代目を期待される山後佑馬氏（1990年生まれ）が東京農工大学工学部機械システム工学科を卒業して、即家業に戻り、新事業であるペレットストーブの開発・販売に取り組んでいた。次男も家業に戻っている。燕地区は全体的に親子・親族による事業承継がスムーズに進んでいるケースが少なくない。中小企業のまちであり、家業を大事にしていく雰囲気と、商工会議所青年部の活発な活動、交流も若い後継者に力を与えているようにみえる。

次の課題とすれば、日本を代表する金属製品産地としての情報発信、デザイン力、企画力の向上、そのための人材育成があげられる。対米輸出向け金属洋

プレス職場

溶接職場

食器の一大産地であった燕は、この30年をかけて興味深い企業を生み出し、幅広い展開に向かっている。

また、山後春信氏は、後にみる燕の産業界あげて取り組んでいる大学生のインターンの受け皿である「つばめ産学協創スクエア」（第8章3—(4)）事業のリーダーであり、その運営母体の公益社団法人「つばめいと」の代表理事を務めているのであった。

(6) 真空に挑戦、魔法瓶、チタン製真空タンブラー ——地元鋼材卸の子会社として展開（SUS）

ステンレス製ハウスウェア（器物）の領域は、自主規制の枠により輸出向け洋食器に参入できなかった燕の意欲的な事業者たちが取り組んでいった。この金属器物に類別される企業の中には、素材をチタンなどに求める企業、あるいは厨房用品から多様な用途の容器などに向かうところまで多くの企業が生まれている。ここでみるSUSは、ステンレスからチタン、そして、厨房用品から魔法瓶、さらに、チタンの真空タンブラー等に展開し、独自な世界を形成している。

▶ステンレス製魔法瓶、チタン製真空タンブラーの開発

SUSの創業は1965年、旧西川町出身の織田島俊雄氏が燕の器物屋で修業し、

栗田宏社長（左）と幹部たち

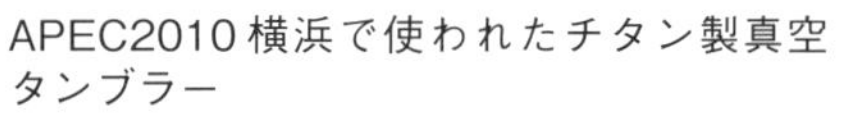
APEC2010横浜で使われたチタン製真空タンブラー

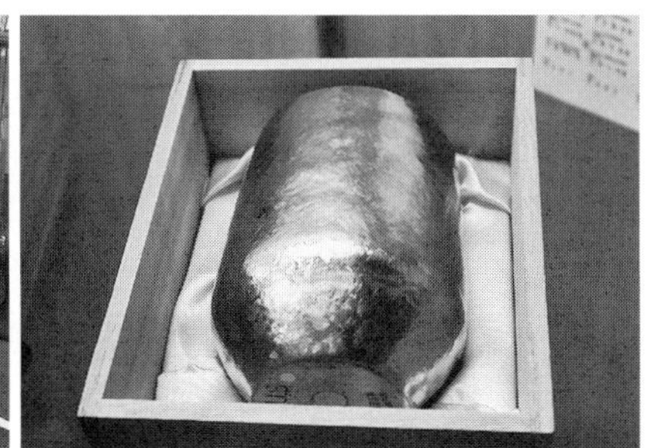

業務用トレー、ボウル、お盆、ちり鍋、灰皿等を生産するところから始まっている。創業者は進取の気質の方であり、「毎年100点考えて、毎年5点の新商品を出す」ことを目指していた。1978年には旧吉田町に工場のあるサーモス（旧日酸サーモ）が、タンクローリー（真空の2重タンク）の技術を応用し、日本で初めてステンレス製の魔法瓶を発売した。そして、それに続いて、翌年には象印マホービン、タイガー魔法瓶も発売している。この状況をみていた織田島氏は「技術はないが、やる」と決め、真空の中で溶接をするために、1982年3月には当時1億円以上した真空チャンバーを導入している。

サーモスに限らず、象印もタイガーも燕の金属加工企業を組織してステンレス製魔法瓶を生産していった。SUSに関しては、当初、散々な評価だったのだが、3年ほどをかけて技術を身に着け、その後、順調に事業を伸ばしていった。

なお、「SUS」の社名は2019年7月1日に「セブン・セブン」から改称している。セブン・セブンの名称は、1960〜1963年にかけてTV放映されたアメリカの私立探偵ものドラマ「サンセット77」に由来する。創業者が「サンセット77」が好きであり、商品名として採用していった。その後、2003年に社名としていた。

この間、サーモス、象印、タイガー共に魔法瓶の生産を一気にアジア、中国に移管していく。また、SUSは取り込み詐欺に遇うなど、金策に苦慮していった。そのため織田島氏は燕の有力鋼材商であった恒成に支援を求めていく。併せて、経営を恒成にみて欲しいとして、2001年、当時恒成の専務であった渋木収一氏に2代目社長に就いてもらった。渋木収一氏はその後、恒成の3代目社長に任じている。このような経緯で、SUSは恒成の子会社となった。

その頃、鋼材商の恒成は光触媒に注目し、チタンを扱い始める。そして、魔法瓶の技術を応用して、SUSはチタンの二重のタンブラーを開発、2008年に発売開始していった。当初は中空のものであったが、しばらくして真空（特許取得）のものにしていった。このチタン製真空二重タンブラーは、2010年、民主党管直人首相時代に横浜で開催されたAPEC2010横浜のランチミーティングの乾杯用と各国首脳への贈答品として採用され、一気に注目されていく。

二重になっている魔法瓶、タンブラー

スピニングマシン

研磨工程

着色されたチタン製真空タンブラー

TV、新聞等の取材が殺到した。この間、SUSは2014年には直営店のSUSgallery を日本橋室町に開設している。その後は、チタンタンブラーに着色も行なっている。現在のSUSの従業員は68人（男性41人、女性27人）であり、恒成の100%子会社になっている。

▶新たなステージに向かう

このチタン製真空タンブラーは、陶磁器商社が採り上げてくれることになり、銀座の和光、銀座シックスなどの高級デパートにも常備されている。現在のSUSの売上額構成は、チタン製真空タンブラーが約50%、ステンレス真空ボトル（魔法瓶）40%、従来品が10%であった。このステンレス真空ボトルは、他社は基本的には海外製であったのだが、SUSのものはメイド・イン・ジャパンであり、インバウンドの客がアウトレット店に殺到、SUSのものが売上額トップとなった。全国魔法瓶工業組合では「真空加工する場所が原産地」とされている。その後、各社も真空加工の部分を日本国内に戻したことから、ブームは下火となった。

現在、ステンレス真空ボトルは一部の製品の生産をいったん中止し、改良に入っている。また、新たなブランドを立て、さらに、社名もセブン・セブンからSUSに変更した。この領域のライバルは、象印マホービン（売上額約850億円）、タイガー魔法瓶（440億円）、サーモス（290億円）であり、売上額10億円規模のSUSは、「チタン」「大手のできない魔法瓶」を差別化の軸に据えていた。

2017年には3代目の社長として栗田宏（ひろむ）氏（1951年生まれ）が就いた。栗田氏は三井物産の出身、5年ほど新潟支店にいたが、当時、恒成と取引があった。63歳で三井物産を退職したのだが、渋木氏から「SUSの販売を手伝って欲しい」と請われ、1年契約で3年手伝った。千葉県の柏から単身赴任で燕に来ていた。その後、「社長をやって欲しい」ということになり、銀行保証は渋木会長ということで栗田氏が社長に就任していった。渋木家は恒成とSUSのオーナーということになる。織田島俊雄氏が1965年に起こした金属器物業のSUSは、鋼材商の恒成の子会社となり、興味深い領域を切り拓き、新たな可能性に向かっているのであった。

(7) チタンの発色技術で世界的に注目
——ベンチャー精神を貫く（ホリエ）

燕小池工業団地のホリエの道路際の壁には、発色されたチタン製品の写真が大量に掲示されていた。ほぼ20年ぶりの2018年11月末に訪れたが、創業者の堀江拓尓氏（1945年生まれ）は、相変わらず意気軒昂であった。20年前の「可能性を信じて突き進むのがベンチャー」という堀江氏の言葉が甦った[15)]。

堀江氏は地元の工業高校機械科の定時制を卒業、15歳の頃から激しいベンチャー精神で開発に明け暮れてきた。1984年、39歳で独立創業するまで、主として燕を中心に9社を渡り歩き、表面処理技術を身に着けていった。独立当初は自社開発した全自動トリクレン（正確にはトリクロロエチレン）洗浄機によるステンレス厨房用品の洗浄に従事していた。その後、貴金属（金、銀）のメッキ業務を開始する。堀江氏自身は今でも、この金銀メッキが自分の本職と語る。そして、1988年、当時の日本鋼管（現JFEスチール）がチタンの建築内装材をホリエに持ち込み、発色を依頼されたことが、チタンとの出会いとなった。

▶チタンの発色に取り組み、100％目的の色を表現

チタンは鋼に比べて比重は約3分の1、強度は同等、耐食性は抜群という特性を保有している。このチタンが単体の金属として使用されるようになったのは第2次世界大戦後であるが、価格が高く、難加工性という事情から一般にはあまり普及せず、航空機や人工衛星の機材用などとして用いられてきた。だが、その後の研究開発により、人体への親和性が高く、抗菌性があり、金属アレルギーを及ぼしにくいなどの特性が明らかになり、一気に注目を集めていった。現在ではガネフレームや人工骨等で親しまれている。こうした特性に加え、堀江氏はチタンの持つ発色性に着目し、チタンに深く惹き込まれていった。

チタンの発色はステンレス発色技術と同様に、酸化皮膜の厚みをコントロールすることにより、光の反射光の干渉を促すことにより得られる。ホリエは試行錯誤を重ねながら、目的の色を100％再現できる技術（カラーリング・プロ

堀江拓尓氏

独特な発色のチタン製ビアカップ

セス）を確立していく。併せて、耐薬品性の高いマスキング剤をブレンドすることにより高度な表面処理を可能にし、さらに、腐食が最も難しいといわれたチタンのエッチング技術なども確立していく。そして、こうした技術の複合により、チタンの発色と製品化に新たな可能性を導き出した。大半はホリエのオリジナル技術であることから、機械設備の自社開発を余儀なくされている。それが、ホリエの独自性の確立につながったことも注目されよう。

▶自社ブランドのビアカップでブレーク

チタン・カラーリングの商品化は、内装材の発色から始まったが、後に、トヨタの高級車であるマジェスタのドアの開口部分に、「CROWN　MAJESTA」のロゴの入った黄金色のスカッフプレートとして採用された。そして、こうした経験を積み重ねる中で、自社開発の商品化に踏み込んでいく。1992年にはチタン・カラーリングによるチタンアートの商品名「カレント」を発売、1993年には光抗菌性のあるピアス「ティピア」を発売している。そして、1995年には表札などのチタン製デザインプレートの量産を開始している。

大きな転機となったのは、20年ほど前。ドイツのツェッペリン・ミュージアムにチタンの自社製の飛行船の模型を持ち込んだのだが、その緻密な発色ぶりが注目された。そのドイツ訪問の際、ビールの旨さに感動し、美味しくビールを飲むためのチタン製ビアカップを製作することを思い立つ。燕の絞りや溶接等の金属加工技術をベースに、魔法瓶の原理を用い、深絞りで薄いチタンの

液槽に浸ける前

数分後に目的の色に発色

板を二重にし、空洞を作ることにより、冷めにくいビアカップを作り、その表面を自在に発色させた。なお、製法は秘密だが、基本的には液槽の中に浸け、電圧を変化させることにより、自在に発色させるというものである。

このビアカップは2006年頃にネットで販売したが、1年で200〜300個しか売れなかった。当時のホリエの主力事業はヤマハ、スズキのバイクのマフラーのOEMの発色事業であり、リーマンショックの前には売上額5億6000万円とピークとなり、従業員も20人となっていた。だが、リーマンショックの影響は著しく、売上額は25%にまで落ち込み、最悪の時期が2年半ほど続いた。

2011年3月11日、東日本大震災が勃発。その日、堀江氏は東京の天王洲アイルで打ち合わせをしていた。東京から帰ることができず、その会社に泊まることになった。そこで食器関係のデパート問屋の人と出会う。その人との話が順調に進み、2011年6月から堀江氏のチタン製ビアカップがデパートの贈答品売場で売られることになった。

このビアカップ、小売価格が1万2000円から1万5000円ほどのものなのだが、一気にブレークし、初年度の1年間で1万個が売れた。その後も売れ続け、現在までの7年間で7万個を販売するヒット商品となった。実は私も以前から1個保有しており、その温度維持能力に驚嘆している。なお、ホリエのビアカップのチタンの絞りは、燕市内の寿金属工業（絞り）、三和機販（スピニング加工、第7章3—(1)）の2社に依存していた。現在の売上額は4億円強、リーマンショック以前のOEM生産の頃に比べて売上額は落ちているが、自社ブランドであることから価格は自分で決めている。そのため、利益率はOEMに比べてはるかに高い。現在の従業員は32人になっていた。

▶ベンチャー精神の堀江氏は、次の世代に事業承継

ホリエの最近のトピックスは、2018年の2月と8月にニューヨークの展示会に出展、好感触を得て、12月、ニューヨークに支社のHORIE USAを立ち上げたことであろう。このニューヨーク支社にはアメリカ留学経験のある堀江氏の長女（1967年生まれ）が支社長として就いていた。市場調査、代理店の掘り起こしに向かっていた。

堀江氏は相変わらず元気を発散させているが、2019年には74歳になる。堀江氏には3人の子供がいるが、長女はニューヨーク支社長、長男の堀江拓生氏（1971年生まれ）は地元の高校を卒業後、東京の経営の専門学校（2年）に学び、帰郷し家業に就いてきた。堀江氏は「うちの技術は一子相伝」と語り、拓生氏に全てを渡していた。2018年4月、堀江氏は代表権のある会長となり、拓生氏が2代目の代表取締役社長に就いた。3番目の次男（1974年生まれ）は研磨担当としてホリエで働いていた。

激しいベンチャー精神で、チタンの発色に新たな世界を切り拓いた創業者の堀江拓尓氏、そして、それを受け継ぐ堀江拓生氏をはじめとする3人の後継者、さらに新たな技術開発を重ね、可能性の幅を拡げていくことが期待される。

(8) 建築・土木用水平器の国内トップメーカー
——メイド・イン・ジャパンで信頼感（エビス）

建築物の床の水平、柱の垂直、あるいは土木工事における配管傾斜などは正確に測定されていく必要がある。水平器（レベル）が登場する以前は、直接、地面に溝を掘り、そこに水を入れて水平の基準にしていた。現在のような水平器は当初欧米からもたらされたが、戦前から国産化が進んでいった。また、工作機械等の水平をとるためにはより精密な精密水準器があり、建築・土木用の水平器とは別の世界を形成している。

水平器の最終的なユーザーは建築・土木職人であり、小型のものは個々の職人が所有している。バブル経済の頃には水平器は消耗品扱いであり、会社が職人に支給し、工事が終わると廃棄されていた。現在はそのようなことはなく、職人個人が買い求めて使い続けている場合が少なくない。また、近年は中国製の安価な水平器が大量に輸入され、ホームセンター等で販売されているが、職人の多くは信頼性の高い国産を求めている。1985年のプラザ合意以前は輸出も大量にあったのだが、円高以降、水平器本体の輸出は減少、コアな部分を構成する気泡管が輸出されている。なお、気泡管とは、円筒形の中の着色された液体に適当な大きさの気泡を入れ、気泡が中心にきた時に水平を表す。このような興味深い事業の国内トップメーカーが燕の新潟市との市境に近いところに

４代目社長の石田英樹氏

上は鋳物製の水平器、下は現在のアルミ製水平器

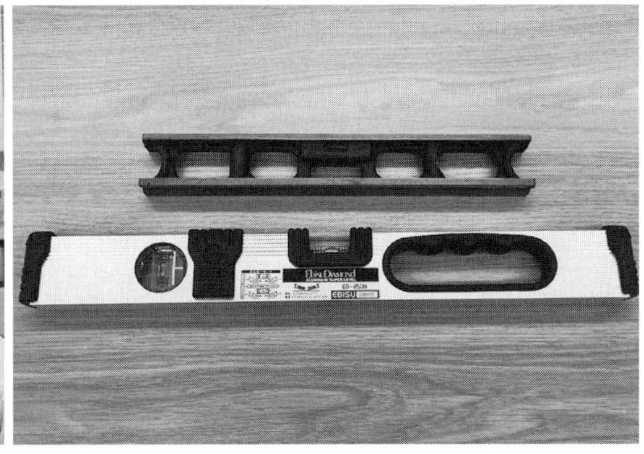

立地していた。

▶農村地帯で水平器の一貫生産に展開

エビスの創業家は燕の丸山家であり、1970年エビス金属として鋳造業を開始、鍋、ハサミなどを生産していた。1973年には地元の商社から水平器をやらないかと持ちかけられ、鋳物の水平器生産の世界に入っていった。当時は中近東を中心とした輸出が70〜80％を占めていた。その頃は中近東では戦争が多発し、破壊された建物の復興に大量の水平器が必要とされた。平和な時代が来ると一気に需要は減少する。1975年頃になると、商社から軽量のアルミでできないかとの打診が入り、一気にアルミ製に転換していった。当時は同業が全国に7〜8社あったのだが、現在では２社となり、エビスが60〜70％のシェア、ライバルのアカツキ製作所（京都府綾部）が20〜30％とされている。

現在、エビスは一部に眼鏡型ルーペを生産しているものの、水平器一本の専業メーカーであり、材料のアルミ材を岐阜のメーカーに押出成形してもらい、切削、穴あけ、気泡管の樹脂成形、そして、組立までの一貫生産体制をしいている。外注としては、研磨、着色、塗装、印刷（シルクスクリーン）、切削などの加工を必要に応じて燕市内の企業に出していた。社内の主要設備はプレス８台（アマダ）、MC2台（マザック）、射出成形機数台、さらに、自動組立機

エビスの多様な水平器

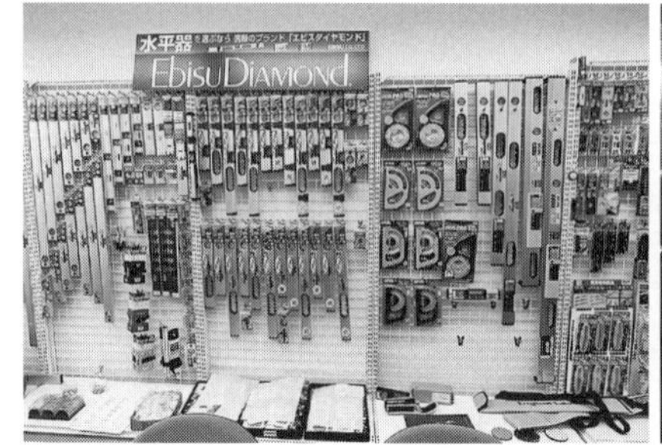

プレス職場

数台を展開していた。自動組立機は従来、静電舎電子工業（日暮里）に出していたが、これからは燕のダイワメカニック（第5章2―(2)）に依頼することになっていた。

現在の従業員は40人、やや増加気味であり、女性が3分の2を占めている。周辺は農村地帯であり、男性の応募は少ないが、女性がかなり順調に採れていた。近くに保育園があめるため、子供のいる女性は働きやすく、また辞めない。正社員は8:30～17:30、パートタイマー（6人）は9:00～15:00に設定されていた。平均年齢は32歳と若く、19歳から63歳までで構成されていた。女性にとって働き易い職場のようであった。

▶現在事業の輪郭

基本的な流通ルートは、エビスから代理店（約10社、大半は三条、兵庫県三木の金物［大工道具］問屋）を経由し、ホームセンター、小売店に流れていく。間に小さな中卸が入る場合もある。ネット通販はエビスは直接行なっていないが、問屋が出している場合はある。また、製品の70%は自社製品だが、電材工具、配管資材の商社、メーカーへのOEM供給が30%程度ある。これらOEM製品の開発は、当方提案、先方企画のいずれもあるが、両者で調整して製品化される。このOEM製品の場合は、全て相手の買取りであり、事業的には安定している。自社製品の場合の企画は社長の石田英樹氏（1962年生まれ）が中心になって社内で行なわれていた。新製品はチラシを作り、商社にまいてもらっていた。価格（小売価格）は、売れ筋の45 cmのものが2840円、120 cmが7000円、2 mが1万6500円とされていた。なお、1985年のプラザ合意以降の円高により、完成品の輸出は途絶えたが、コア部品である気泡管はメキシコなどに100万個単位で輸出されていた。

▶事業承継の今後の課題

エビスの初代から3代目までの社長は丸山家から出ていたが、4代目には縁戚関係のない石田英樹氏が就いていた。3代目の丸山清氏（1954年生まれ）は夫人の看病のために以前からあまり出社しておらず、石田氏が経営の中心になっていた。また、丸山氏には2人の娘がいるが、2018年に娘の連れ合い（32歳）に入社してもらい、後継者として期待していた。石田氏は2018年12月に4代目の社長に就き、丸山清氏は相談役に退いている。石田氏は「自分はつなぎ。5〜6年ぐらいかな」と語っていた。

石田氏は新潟市（現在地から15分程度）の出身、高校卒業後は燕の町の電器店に勤めたが、モノづくりをしたいことから、翌年、エビスに入社している。丸山清氏とは年齢も近く、2人で諸般の改善、新製品開発などを行なってきた。現状、工場は手狭になり、近く（燕）に1300坪の土地を取得、2020年春には新工場が竣工する。現在地は組立、検査、梱包、出荷、そして、新工場では加工、成形、気泡管の組立をすることになる。

今後の方向としては、第1に、エビスのユーザーの大半は現場の職人であることから、安心、安全の商品開発を進めていくこと、そして、第2に、国内の市場は縮小していくことから、海外への部品（気泡管）の輸出拡大、さらに、国内のシェアの拡大を意識していた。水平器という特殊な領域でトップシェアを握りここまで来たが、国内市場としては成熟化し、市場が縮小していくことが予想される。そのような場合には、海外市場（メイド・イン・ジャパン）を求めるか、隣接、関連する部門に展開していくか、あるいは、かなり異なる事業分野を見つけ出し、新たに取り組んでいくかが求められる。燕郊外の農村で女性中心にしたモノづくり企業が拡がっているのであった。

(9) 燕でほぼ唯一、作業工具の総合・一貫メーカー
——タイにも進出(ツノダ)

ペンチ、ニッパー、プライヤー等の作業工具といえば、東大阪、三条が著名だが、燕の吉田地区にこの領域の有力企業が立地している。燕ではほとんど唯一の作業工具メーカーであろう。また、この領域のトップメーカーの一つであり、隣の三条にも工場を展開、さらに、1991年という早い時期にタイに工場を進出させるなど、燕の企業としては異色の展開に踏み出していることでも注目される。

▶燕から三条、さらにタイにも進出

ツノダは燕出身の創業者がプライヤーの加工の下請として、1964年、燕で個人創業している。1972年には㈱角田工具製作所を設立、ペンチ類の生産を開始した。1979年には旧吉田町に本社(燕市吉田下中野)を移転、1988年には燕工場(燕市杉柳)をスタートさせている。さらに、2014年には三条(三条市塚野目)の工場を買収し、屋内配線用電線接続工具(圧着工具)の領域にも踏み込んでいる。この間、1991年にはタイに工場を設立、1993年から操業開始している。この結果、ツノダは本社工場、燕工場、三条工場の国内3工場、海外1工場体制となっている。国内の従業員は95人を数える。

本社工場の生産品目は、強力ニッパー、斜ニッパー、ペンチ類、ラジオペンチであり、燕工場はコンビネーションプライヤー、ウォーターポンププライヤー、三条工場は屋内配線用電線接続工具の専用工場となっている。基本的には各工場共に一貫生産のスタイルをとっている。例えば、ペンチやプライヤーの場合、材料の丸棒を仕入れ、熱間鍛造で成形し、焼鈍した後に機械加工、さらに、焼入れし、最後に組み立てていく。この間、一部の熱処理(焼入れ)を三条に外注しているが、全体的には一貫生産の形となる。なお、タイ工場の場合は日本と同様のニッパー、ペンチ、プライヤーの製品展開だが、基本的には全て内部化している。

このような一貫体制を築き上げたのは、現2代目社長の角田祐治氏(1948

ツノダの製品群

材料の丸棒

丸棒の熱間鍛造による成形

ペンチの具合の調整作業

年生まれ）であった。なお、角田祐治氏はタイ工場設立以来、大半をタイ駐在としていた。日本側は子息の常務を中心に任せる体制をとっていた。なお、タイ工場は従業員約300人体制であり、現地採用の日本人が10人ほどいる。タイで生産されたものの大半は、直接的にヨーロッパ、タイで販売される場合が多く、アメリカ輸出は少ない。タイ工場もすでに30年近くになり、品質的には全く問題がないようであった。

▶良質なメイド・イン・ジャパンの展開

この業界、発祥の地とされる大阪が強く、ツノダのライバルとしてフジ矢

(東大阪)、室本鉄工(枚方)の二つが意識されていた。特に、フジ矢は取扱製品が似ており、また、販売先もホームセンター中心という点も似ている。三条にはペンチ等の作業工具の企業が2社ほどあるが、ライバルというよりも協調する場合が少なくない。この業界、ツノダ、フジ矢、室本鉄工がリーダー的な存在なのであろう。なお、世界的にはドイツのクニペックス(KNIPEX)がプライヤー、レンチなどで最有力企業とされている。東南アジア地域では、メイド・イン・ジャパンが信頼されている。

ツノダの場合、ユーザーからのOEMも一部に引き受けているが、自社ブランド「KingTTC」の部分が多い。品目は全体で約250種に及ぶ。販売に関しては、直販はしておらず、国内については全国40社ほどの卸商社に依存している。これらの卸商は大阪、三条に多い。大阪、三条が作業工具の集散地ということなのであろう。そして、これら卸商社からホームセンター、機械工具関係、金物屋、さらに、ネットに乗せられていく。ツノダの営業は、主力のホームセンターの市場調査に加え、取引先の卸商社を回っていた。

近年の傾向としては、ネットの普及からホームセンターはやや低下気味であった。ネットでは、特にアマゾンの伸びが顕著にみられていた。業界として成長性は乏しいが、安定的な市場はある。また、最近取得した三条工場の屋内配線用電線接続工具は市場性が期待されていた。

このように、ステンレス製金属洋食器、器物で来た燕の中で、作業工具のツノダは異色の存在であり、しかも日本の有力企業の一つとして展開、さらに早い時期からタイにもう一つの生産拠点を設置し、世界を視野に入れていた。かつての洋食器、器物のほぼ単一製品産地であった燕は、特に、1985年のプラザ合意以降、複合金属製品産地の形成、さらにそれらの集散地化の方向を向いているのだが、その一つの有力な取組みとして、ツノダのあり方は注目される。

(10) 金属製品産地の樹脂成形製品メーカー
——給食用メラミン食器に向かう(エンテック)

戦後、対米輸出を拡大させてきた燕は、1957年にアメリカの金属洋食器輸入規制に直面する。これに対し、燕側は規制外のプラスチック製、木製柄の洋食器生産を拡大していった。そのため、金属製品産地に樹脂関連業者が大量に成立していった。ピークの1977年には燕のプラスチック成形業者は166事業所にも達した。ただし、1985年のプラザ合意以降の円高の中で縮小し、2016年の『工業統計』（従業者4人以上）では32事業所に減少している。

そして、このようなプラスチック成形業者も、金属洋食器生産が激減していく中で、1980年代後半以降、独自の道を歩むことを余儀なくされていく[16)]。

▶圧縮成形の草分けとして出発

エンテックの創業は1951年、遠藤鐵男氏によって圧縮成形機（コンプレッション）4台で創業している。1954年には法人化し、遠鐵製作所の名称となった。当初から熱硬化性樹脂を利用した圧縮成形によるコップ、茶托、菓子器などを生産していた。まさに、燕におけるプラスチック成形業の草分けであった。

1957年の対米輸出出荷規制以降、規制外の洋食器柄へのプラスチック利用が急拡大し、さらに、金属フライパン等の柄、ツマミなどにも大量に採用されていく。燕のプラスチック成形業は、燕の金属洋食器の発展と共に拡大していった。また、現在、圧縮成形で用いられている熱硬化性のメラミン樹脂は1962年頃から使われるようになり、当初の洋食器柄から、その後は学校給食、病院給食、社員食堂用の食器として広く利用されるようになった。この業務用

関藤紘希氏

エンテックの製品群

メラミン食器がエンテックの主要商品であった。

なお、圧縮成形とは、メラミン樹脂の粉末を雌雄一体の金型の空洞部に入れ、型締めして温度（160～170℃）と圧力（150～200 kg）を加えるものであり、一定時間後に空洞部の形に硬化した製品ができ上がる。この間、転写紙を入れると自在に模様を転写することもできる。このメラミン樹脂製品は安全性が高く、丈夫で軽いという特性から、大量に取り扱われる給食用食器などに最適なものの一つとされている。十数年前までは、このようなメラミン食器を生産している企業は全国10社とされていたのだが、現在では3～4社にしか過ぎない。

当初、燕のプラスチック成形業は熱硬化性樹脂の圧縮成形から出発したのだが、その後、熱可塑性樹脂であるポリプロピレンを利用した射出成形業が加わっていく。エンテックも射出成形部門にも展開、現在は圧縮成形機9台、射出成形機9台の構成になっていた。現在、燕の食器に展開するプラスチック成形業者の中でも、メラミン食器の圧縮成形をしている企業はエンテックだけになっている。なお、エンテックの売上額は、現在は射出成形品60%、圧縮成形品40% の構成になっていた。

▶給食用食器で独特の世界を形成

エンテックは圧縮成形品と射出成形品の二つの領域で、食器を中心とした日用品のメーカーとして歩んでいる。ユーザーからの依頼による OEM 生産もあるが、大半は企画、デザインから始まり、生産までの一貫メーカーとして存在

プラスチック成形部門

バリ取り、研磨部門

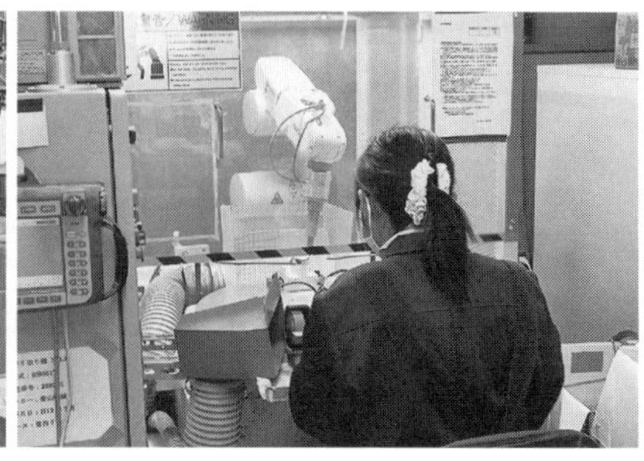

している。金型を燕の金型業者に依存し、原料を仕入れ、成形していく。特に、圧縮成形の場合、バリが出ることからバリ取り、研磨の必要性がある。また、部分的には組立作業もある。これらの一部は地元の内職に出していた。エンテックの従業員は35人、うち、女性が60〜70%を占めていた。

特に、メラミン食器は学校や病院等の給食用がメインであることから、安全性が大きな課題となり、海外メーカー製は採用されない。日本独自の世界を作っている。市場規模もほぼ決まっており、普及率も高く、生産に手間もかかることから他からの新たな参入もない。安定した市場ということであろう。エンテックは遠藤商事などの燕の地場の商社を中心に、10社ほどの商社に供給していた。学校給食用などのモノの性格上、毎年3〜4月によく売れていた。

長年、メラミン食器の圧縮成形に従事してきたが、他の企業にはない独自の技術も保有していた。メラミンの圧縮成形で二色成形するというものであり、現在では食器にしか使っていないが、他の可能性も模索していた。さらに、新たな素材であるトライタンにも関心を寄せていた。このトライタンはビッセフェノールを含んでおらず、欧米では哺乳瓶に使われている。国内ではほとんど流通しておらず、今後の可能性は高い。メラミン食器、射出成形品の次の製品に関心を寄せているのであった。

現在の社長は2代目の遠藤雄作氏（1950年生まれ）。後継は遠藤氏の長女（3姉妹）の連れ合いである関藤紘希氏（1982年生まれ）が予定されていた。関藤氏は富山県射水市の出身、東京の大学を卒業後、幾つかの職を渡り、香港上海銀行日本橋支店を経て2010年にエンテックに入社してきた。現在、燕商工会議所青年部に属し、経営者に向けての勉学、人脈の幅を拡げているところであった。

このように、エンテックは一つの世界を築いたが、1980年代中頃以降、金属洋食器との関わりは薄いものになった。メラミン食器による学校等の給食用食器をメインとなっていった。この点、産地のサイドにおいても、複合産地化が進められ、燕は食器、日用品全体の供給基地、集散地的な性格を帯びてきた。そのような新たな枠組みの中で、エンテックは一つの特色のあるプレーヤーとして存立しているのであった。

（11）アイデア商品で注目のプラスチック製品業
——次々にヒット商品を出す（曙産業）

燕には、家庭用品、業務用厨房用品などの領域で興味深い展開を重ねている中小企業が少なくない。「プラスチック製家庭用日用雑貨」を掲げる曙産業は、次々にヒット商品を世に送り出していることで知られる。1999年に発売した「マジックしゃもじ」は1年間で2000万本も売れる大ヒット商品となった。その後も、次々にヒット商品を出すなど、金属製品の生産者が多い燕において、極めて独自的な存在といえる。

▶プラスチック製品製造に転じ、ヒット商品を連発

曙産業の創業は1952年、現会長の大山治郎氏（1932年生まれ）が大山研磨工業としてバフ研磨機1台を借りてスタートしている。大山治郎氏は大阪市の出身、家庭の都合から父の親戚のあった三条に幼少期に移住している。戦中の1943（昭和18）年には12歳で杉山工業（燕）に住込みで入り、8年ほどの修業を経て、20歳で独立創業している。1955年には大山羽布製作所に改称し、バフの生産も開始している。また、この当時からスクリーン印刷への関心を深めていった。そのことが、その後の曙産業を特色付ける表面加工技術につなが

２代目社長の大山剛氏

曙産業のショールーム

っていった。

1960年には資金不足に陥ったが、対米輸出規制枠の外にあった姫フォークのプラスチック製柄への絵柄の箔押しに革新的な技術を開発し、1961年にはプラスチック製品部門へと参入していった。1966年には射出成形部門に参入、その後、「流れない石鹸箱」「マドラー」「ジャンボジューサー」などを開発、製造していった。1973年には「キッチンパック」「パンスライサー」などを開発、1974年には「全国飲食店まつり」の景品に曙産業の「クシベラ」が採用され、1200万本の大量受注を受けている。

このような事業拡大の中で、外注に出していた金型が間に合わなくなり、金型用工作機械を導入、1978年には㈱曙産業に組織変更し、さらに、1980年には金型部門を独立させ、㈱曙金型を設立している。その結果、曙産業グループは企画・設計、モデル製作、金型設計・製作、プラスチック成形、二次加工、組立包装までの全てを一貫生産できる体制を整え、年間に数十種類の新製品を世に送り出している。現在の主要な設備体制は、金型生産（80％社内）のための設備群に加え、射出成形機は26台（50～450トン）、スクリーン印刷設備、超音波溶着機（10台）等の他に、3Dプリンター、三次元測定器なども用意されている。なお、超音波溶着機はプラスチック本体に刃物を着ける場合に用

最大のヒット商品となった「マジックしゃもじ」

いられている。

このような一連の動きの中で、特に注目されるのは、1997年、大山治郎氏が寿司屋の米粒の付着しない「しゃもじ」に注目し、新たに開発した「マジックしゃもじ」であろう。これは「第二塩化鉄を使いステンレスを腐食させ、さらにスクリーン印刷の技法を合わせることでプラスチックの表面に二重の凹凸ができる金型を設計」したものである。これをベースに、ダブルエンボス加工と呼ばれた新たな加工を施した「マジックしゃもじ」の開発に成功していった。この発明により、2001年、大山治郎氏は食に関する貢献を顕彰する「安藤百福記念賞」を受賞している。

▶モノづくりに徹する

最終的な販売先は、生協、量販店、ホームセンター、家庭用品専門店、ギフト関係などだが、直接的な販売先は燕市内の産地問屋100％。取引先としては120社ほどを数えるが、実質的には60社ほどとしていた。上位20社で全体の70％の構成比であった。また、65〜70％は自社ブランド商品、残りの30〜35％は産地問屋からのOEM生産受託であった。近年、燕のメーカーの中には他社の製品も扱う集散地問屋的な展開に踏み出している場合が少なくないが、曙産業はメーカーに徹し、「モノづくりに徹する」「他のメーカーのモノは扱わない」「モノ真似より、される側にまわりたい」としていた。近年、流通は激変しているが、2代目社長の大山剛氏（1961年生まれ）は、「ネット通販が拡がり、問屋は要らなくなる可能性がある。メーカー機能の問屋は残る」と語っているのであった。

これだけの事業に対して、従業員は正社員65〜66人。それに女性パートタイマーが35人ほどである。全体で約100人（男女半々）ということであろう。採用は中途採用が基本であり、縁故、町内の人、知り合い、ハローワークなどによっていた。2019年4月には中途を2人採用していた。新卒は、たまに開発部門で採用していた。現在、開発担当者は5人在籍している。

現2代目社長の大山剛氏は鹿児島の出身、東京の専門学校卒業後、大山治郎氏の次女と結婚、23歳の時に曙産業に入社している。30歳で専務となり、42

金型の調整

プラスチックの射出成型機

歳になる2003年に2代目社長となった。3代目は大山剛氏の子息（34歳）が予定されていた。事業承継も問題なしということであろう。

また、燕市内に「ビストロ＆café六朝館／大山治郎コレクション美術館」というレストランと美術館が併設されている施設があるが、これは曙産業のレストラン事業として2010年に設立された。現場の声を得る場としていた。大山治郎氏は「幼少時代の逆境を糧に、まさに燕地場産業の厳しさとあたたかさの中で活かされ、地場産業を通じた『ものづくり・創造性』のなかで鍛えられてきたように思います」と語っている。この間、燕市議会議員25年、市議会議長も務め、地域社会へ大きく貢献してきたのであった。

3. 独自性、多様性を高める
——世界の金属製品産地“燕”に向かう

本章では、伝統的なやり方でほとんど唯一の存在として残っている燕の中小企業と、もう一つ、従来事業から新たな事業に踏み込み、成功を収めている中小企業を採り上げた。燕の興味深いところは、新たな事業に踏み込んで成功した中小企業は、本章で採り上げた中小企業ばかりでなく、本書の後に続く各章で採り上げる企業を含め、大量に存在していることであろう。このような状況は全国の地場産業をみても希有なケースである。それだけ、燕の中小企業の事業者意識が高いことが指摘される。

そして、この数十年の取組みの中で、狭い市場ながらも、全国シェアの80〜90%を取って、トップ企業になっている場合も少なくない。唯一の存在になっている伝統工芸的な存在は別にして、新規事業でトップとなっているところは、本章の範囲では、ゴルフクラブの遠藤製作所、バランサーの遠藤工業、業務用ビール樽と電子材料用ステンレス製容器の和田ステンレス、オールステンレス製包丁の吉田金属工業、チタン製タンブラーのSUSとホリエ、水平器のエビス、さらに、本章以外では、カーブミラーの燕振興工業（第4章1—(7)）、製菓用具の杉安製作所（第4章2—(7)）、コンプレッサの北越工業（第5章1—(1)）、測定器具のシンワ測定（第5章1—(8)）、大型除雪機のフジイコーポレーション（第5章2—(4)）などがある。これらは称賛されるべき成果ということができる。

そして、このような全国シェアトップになると、意外なことが起こる。この成熟化し、人口減少、高齢化が進む日本では「市場が日に日に縮小」していく場合が少なくない。ゴルフクラブ、バランサー、業務用ビール樽、水平器、カーブミラー、コンプレッサ、測定器具などは明らかにそのような流れの中にある。このような未経験の事態をどのようにとらえるべきなのかが問われている。

このような場合、新たな事業分野を起こす、あるいは市場を海外に求めるということになろう。燕に残る大半のメーカーは新たな事業分野を起こしている場合が少なくない。海外展開に関しては、遠藤工業のバランサーの取り組みが興味深い。また、後にみる北越工業の場合は、新たな事業分野として高所作業車に見通しをつけ、また、コンプレッサの海外輸出にも踏み込んでいた。フジイコーポレーションの場合は、除雪機のヨーロッパへの輸出と新規事業分野の果樹園用の高所作業車の開発に踏み出していた。測定器具のシンワ測定は、光学測定器等への進出と仕入商品を増やした集散地問屋への展開を進めていた。また、ステンレス包丁の吉田金属工業は早い時期から市場を海外に求め、80%程度は海外輸出となっていた。縮小時代におけるシェアトップ企業のあり方が、燕の一つの課題になっているようであった。また、新素材に着目するエンテック、次々とヒット商品を開発していく曙産業の取組みも興味深い。

全体的には、従来事業分野については、さらに技術、品質レベルを高めていくことが不可欠であろう。海外では中国をはじめとするアジア諸国が追随し、レベル上げてきている。低価格量産の部分は世界的にアジア、中国製に移管していくことは間違いない。燕の企業としては、その上を行くことを心がけ、上級財の供給者として、世界にその位置を確保していくことが求められる。さらに、新規事業も同様であり、技術、品質の優れたもの、独自性の強いものへの展開が求められる。これまでも、燕の中小企業はそのような取組みを重ねてきたのであり、今後、さらに世界を意識して取り組んでいくことが求められているのである。

1） 生活水準が低く、必需品をベースにしている消費のスタイルを「基礎的消費」といい、生活水準が上がり、他の人と差別化された消費に向かう時代の消費を「選択的消費」という。

2） 鎚起銅器と玉川堂の歩み等については、『鎚起銅器』燕市、2016年、が有益である。以下も、これによるところが多い。

3） 前掲書、43ページ。

4） なお、1997年頃の藤次郎については、本章補論2を参照されたい。当時は藤寅工業と称していた。

5） 中国では特定の都市に特定産業の企業が大量に集積している場合が少なくない。特に、浙江省と広東省に顕著にみられる。浙江省のケースについては、関満博編『現代中国の民営中小企業』新評論、2006年、第6章、広東省のケースは第8章を参照されたい。

6） ヨーロッパでは、日本の工芸技術への関心が高まり、有力ブランドメーカーが日本に工場を展開するケースが出てきた。関の刃物に加え、旭川の家具でも同様のことが起こっている。イタリアの高級家具ブランドの「アルフレックス」は、東京に販売拠点（アルフレックスジャパン）を設置しているが、2008年、旭川のカンディハウスと業務提携し、旭川工業団地の中に用地を取得、従業員50人規模の旭川ファクトリーを展開している。旭川家具の状況については、関満博『北海道／地域産業と中小企業の未来――成熟社会に向かう北の「現場」から』新評論、2017年、第7章を参照されたい。

7） 明道については、本書補論2を参照されたい。

8）早川器物の1997年頃の状況は、本書補論2を参照されたい。

9）燕商工会議所『試練と革新の歩み 燕商工会議所五十周年史』2001年、167～169ページ。

10）味噌には、塩、炭、硝酸等が含まれており、ヤスリの目の保護、塩分による焼入れの効果、また、焼き割れを防ぐ効果があるとされる。

11）燕の彫金の成り立ち等は、前掲書、173～177ページ、が詳しい。

12）現代日本の中小企業をめぐる事業承継、後継者問題については、関満博『日本の中小企業――少子高齢化時代の起業・経営・承継』中公新書、2017年、を参照されたい。

13）遠藤栄松氏と遠藤製作所の歩みについては、遠藤栄松『燕よ再び大きく羽ばたいてくれ』新潟日報事業社、2014年、が詳しい。

14）遠藤工業の歩みについては、『遠藤工業株式会社の歩み』遠藤工業株式会社、2011年、を参照した。

15）1997年頃のホリエについては、本書補論2を参照されたい。

16）1997年頃のエンテックについては、本書補論2を参照されたい。

第4章　金属洋食器、器物を高める中小企業

戦後から1985年のプラザ合意の頃までの燕経済を牽引していたステンレス製のスプーン、フォーク等の金属洋食器、出荷額がピークの1981年には、事業所数438、従業者数4422人、出荷額512億8100万円を数え、燕市製造業の事業所数（3015事業所）の14.5%、従業者数（1万6978人）の20.0%、出荷額（1991億2500万円）の25.7%を占めていた。そして、同年の輸出は数量で85.5%、金額で76.2%となっていた。圧倒的に対米輸出が多かった。だが、1985年のプラザ合意以降の急激な円高により輸出競争力を失い、1994年には、事業所数316、従業者数2219人、出荷額281億6000万円に低下、この間、事業所数は27.9%減、従業者数は49.8%減、出荷額は45.1%減となった。実質、半分になったということであろう。

その後も、減少の勢いは止まらず、2016年には、従業者数4人以上統計だが、金属洋食器製造業の事業所数は45、従業者数は719人、出荷額は110億8400万円となっている。燕市製造業に対する比重は、事業所数（699事業所）は6.4%、従業者数（1万6680人）は4.3%、出荷額（4350億9500万円、旧燕市の範囲でみると1449億4900万円）は2.5%（旧燕市に対しては7.6%）であった。燕市製造業における金属洋食器の位置は相当に縮小している。既に基幹的な事業分野とはいえない。

他方、もう一つの雄であった金属器物製造業は、1960年の頃は事業所数38、従業者数584人であり、それぞれ金属洋食器製造業の20.8%、10.2%にしか過ぎなかったのだが、1981年になると、事業所数326、従業者数3078人、出荷額455億0400万円と、それぞれ金属洋食器製造業の74.4%、76.3%、88.9%となってきた。そして、製造品出荷額等において、両者が逆転するのはプラザ合意の翌年の1986年のことであった。その後は、金属洋食器製造業は一段と縮小していく。この点、金属器物製造業も縮小過程に入るものの、金属洋食器

ほどのことはなかった。

そして、両者の格差は拡がり、2016年の金属器物製造業は、事業所数112、従業者数1919人、出荷額295億9700万円となり、金属洋食器製造業の2倍から3倍の規模となっている。ただし、この両者を合わせても、2016年の燕市製造業全体（新燕市）に対しては、事業所数で22.4%、従業数で15.8%、出荷額で9.4%に過ぎない。さらに、金属洋食器製造業、金属器物製造業の小規模零細性が指摘される。

以上のように、現在の燕市産業経済における金属洋食器、金属器物の存在感は大きく減退している。ただし、金属（バフ）研磨、電解研磨、メッキ、プレス等の加工企業で関連している部分はかなり多い。また、金属洋食器、金属器物から他の金属製品製造業やその他の製造業、あるいは加工業に転じている場合も多く、影響力は見掛けほど小さなわけではない。燕市金属製品製造業において、依然として重要な役割を担っているのである。

このような点を受け止め、この章では金属洋食器、金属器物に関わる有力企業の足跡と現在、そして当面する課題、新たな可能性をみていくことにする。

1. 洋食器メーカーの現在

1985年のプラザ合意以降の円高により、日本を代表する輸出型地場産業の燕のステンレス製洋食器業は苦戦を強いられてきた。日本金属洋食器工業組合によると、未確定だが、2018年の年間の出荷額は80億円程度とされていた。現状、国内生産分の海外輸出は激減し、燕のメーカー、商社の韓国、中国、ベトナムへの委託生産部分の海外輸出があることから、業界全体として輸出は70%、国内向けは30%程度とされている。

振り返ると、繊維、玩具、シガレットライター、双眼鏡、クリスマス電球等、特に対米輸出商品に従事していた全国の地場産業は、1970年代に入ってからの円高により圧倒的な縮小に直面し、消え去った場合も少なくない[1)]。その中でも、燕のステンレス製洋食器は、まだ国内に幾らか残っている地場産業といえる。

この節では、燕の洋食器の有力企業を採り上げ、その歩みと現状の中から、当面している課題と次の可能性をみていく。洋食器生産にこだわりさらに高めようとしている中小企業、また、新たな方向を模索している企業の取組みの中から、燕の金属製品産業の未来がみえ隠れするであろう。

(1) 日本で最も歴史のある洋食器メーカー
——日本金属洋食器工業組合の理事長企業（燕物産）

燕の金属製品の歴史は長く、和釘から始まり、その後は鎚起銅器、煙管、ヤスリ、矢立などの技術も導入、そして、これらの金属加工の技術をベースに、大正時代以降、世界的な金属洋食器産地へと向かっていった。この間、多くのプレイヤーが登場してきたが、金属洋食器を日本で初めて製作した企業として燕物産が知られる。

▶燕の洋食器生産の初期をリード

燕物産の前身は、1751（宝暦元）年創業の金物商であり、初代捧（ささげ）吉右エ門氏が創業したことから「金物商の吉右エ門」吉（かなきち）を屋号としていった。以後268年、代々承継する男子が「吉右エ門」を襲名してきた。現在は9代目となる。

明治の時代に入ると、次第に洋風文化が拡がり始めていく。特に洋食が始まり、スプーン、フォーク、ナイフといった洋食器がヨーロッパから輸入されてくる。その輸入の担い手がランプの輸入を手掛けていた東京銀座の十一屋商店であった。その十一屋商店が国産化を求めて、1911（明治44）年、8代目捧吉右エ門氏（1890［明治23］～1984年）に高級洋食器36人分の製作を依頼してくる。8代目吉右エ門氏は、親戚筋の今井栄蔵氏に製作を依頼していく。今井氏は玉川堂で修業し、玉栄堂を起こしていた。燕で初めて洋食器が作られていった。当時は木型に真鍮の板を乗せ、木槌で叩いて製作したとされる[2)]。

大正時代に入ると、大正モダニズムといわれる中で生活の洋風化が一気に進む。1918（大正7）年の頃には燕にプレス、研磨の機械が導入され、捧吉右エ門商店は洋白の洋食器を上野の精養軒（洋食）、函館の五島軒（ロシア料理）、

10代目吉右エ門が予定される捧和雄氏

日本で初めて製作された洋食器

資料：いずれも燕物産

戦前に海軍向けに作られた製品

資料：燕物産

新潟のイタリア軒（イタリア料理）という日本の初期の洋食を担った有名店に納入している。なお、洋白は高価な純銀の代替品として純銀製と同等の品格、重量感があり、また、銅が主成分のために柔らかく、加工性に優れ、細かな装飾が可能となる。高級洋食器として使われていった。

また、1921（大正10）年には、8代目捧吉右エ門氏がオーストリアのボレール社からステンレス鋼20トンを輸入し、ステンレス製洋食器の製造にも着手している。その頃からロシア、満州、朝鮮への輸出も開始されていた。戦時中になると敵性物資として洋食器の生産は停止され、燕の大半の工場は軍需工場とされていった。なお、捧吉右エ門商店は、1944（昭和19）年に名称を現在の「燕物産」に変更している。このように、燕物産は燕の洋食器の黎明期を先導してきたのであった。

▶燕物産の戦後の歩みと現在

戦後の燕の洋食器の歩みは第2章でみた通りだが、燕物産も当初は進駐軍向けのステンレス製洋食器の供給から始まり、その後、輸出に展開していく。当時、欧米は銀製、洋白製の洋食器は自国で生産し、ステンレス製を日本に求めていた。燕物産は輸出向けのステンレス製80%、国内向けはステンレス製、洋白製を合わせて20%程度の構成で対応していた。だが、1958年にはアメリカとの経済貿易摩擦となり、以後、日本金属洋食器工業組合による輸出自主規制の体制をとっていった。この間、燕物産は1973年に現在地の燕小池工業団地に移転している。さらに、1974年には東京の外神田に9階建のビルディングササゲを竣工させ、9階に東京支店事務所とショールームを開設している。

なお、第2章でみたように、1985年9月のプラザ合意以降の円高は燕の洋食器に重大な影響を与え、輸出は一気に消滅した。燕物産は輸出80%、国内20%前後で歩んで来たのだが、輸出はほぼゼロになり、最盛期180人ほどいた従業員も、現在では53人に縮小している。1992年からはデザイナーを起用し、国内重視のオリジナルデザイン6パターンを展開、メーカーとして国内に発信していく構えを強めていく。

この間、10代目吉右エ門襲名を予定される捧和雄氏（1952年生まれ）が2007年に社長に就任している。加えて、捧和雄氏は2014年には日本金属洋食器工業組合第10代理事長（1期2年）に就任、現在3期を重ねている。

現在の燕物産の製品はほぼ100%国内の業務用向けであり、90%がホテル、レストラン向け、その他としては、デパート・ギフト、特注のノベルティ、ユニバーサルデザインによる医療・介護関係となっている。特に、この10年ほどは医療・介護系が増えていた。販売方式は、全国の食器問屋約300店に買い取ってもらっている。燕産地の問屋については20％ほどを依存していた。ホテル、レストラン向けの展示会は毎年2月に行なわれる。新デザインは年に1点ほどだが、この4〜5年は新たなデザインを投入していない。カタログには40点ほどを掲載していた。

生産部門については、戦後は一貫生産のスタイルをとっていたのだが、その後の最盛期の頃には外注依存が増えた。だが、プラザ合意以降は外注先の退出等が始まり、内製化せざるを得なくなり、以前のように一貫生産に戻っている。特に、外注部門で問題になっているのは、ナイフ部門と磨き（バフ研磨）の部門とされていた。いずれも高齢化と後継者不足に悩まされている。

▶新たな時代の可能性に向けて

日本金属洋食器工業組合の理事長でもある捧和雄氏は、ナイフ、研磨の後継者の育成を意識し、さらに、国内市場だけでは無理との判断であり、改めて海外市場に関心を寄せていた。1985年のプラザ合意以降の国際的な環境変化の中で、中国製が大躍進したが、それも一段落し、現在、改めて品質の良い日本製への関心が高まりつつある。この20数年、ドイツの展示会（アンビエンテ）への出展は途切れていたのだが、2019年2月、組合として16社の製品を出展した。高品質な燕製洋食器が新たに注目されていくことを期待したい。

なお、100年以上の歴史を重ねる燕物産の後継者としては、慶応義塾大学大学院理工学研究科を修了し、都市銀行に勤務している捧和雄氏の長男（1990年生まれ）が、近いうちに家業に戻ることが予定されている。戦後の30年ほどの洋食器の対米輸出の時代、そして、プラザ合意以降の30年ほどのたいへんな時代をくぐり抜け、ここに来て新たな可能性もみえ始めている。「シャジ（匙）屋に徹す」という経営理念を掲げる燕物産が新たな可能性を切り拓いていくことが期待される。

(2) 世界ブランドの洋食器メーカーも、円高以降は苦戦
——新たな枠組みを模索（山崎金属工業）

燕物産をはじめ、山崎金属工業、小林工業の３社が戦後の燕洋食器業界のリーディング企業であったのだが、近年はいずれも洋食器部門を縮小させながら次の課題を意識している。ここでは、山崎金属工業の歩みと、当面する課題、そして今後の可能性をみていく。

▶ブランドの確立とアメリカへの進出

山崎金属工業は、1919（大正８）年、山崎文言氏が創業した100年企業であり、燕でも歴史を重ねる有力メーカーの一つである。当初は銀の加工から入り、昭和初期には職人的技能を軸に純銀のスプーン、フォーク等を製作、宮内省などに納入していた。1926（昭和元）年には、その後の燕の洋食器の素材となるステンレス鋼をスウェーデンから輸入するなど先駆的な取組みを重ねてきた。戦時中には軍需工場に指定され、学徒1500人を受け入れ、中島飛行機の隼戦闘機の尾翼製作に従事していた。こうした軍需工場化は当時の燕の一般的な姿であった。戦後は1948年頃から再スタートし、当初は進駐軍向けから始めていった。

山崎金属工業の現経営者であり、３代目社長の山崎悦次氏（1940［昭和15］年生まれ）は、創業者の４男として生まれ、1964年に入社する。入社当初から「燕の洋食器はいずれ構造不況業種になる」と判断、「流通改革」を意識する。従来の燕の場合は、都市の輸出業者から海外の輸入業者を経由し、アメリカの小売店に供給されていたのだが、山崎金属工業は「直貿」を模索していく。そして、1971年、ニクソンショックに直面、自前の世界的ブランドが必要との認識を深め、1975年頃には山崎氏自らアメリカに長期滞在、世界のデザイナー（洋食器、ステンレス以外の分野）20人ほどとの交流を深めていった。そして、「日本は箸の文化であり、洋食器の拡大はあまり期待できない。ボリューム、価格ともに期待できるのはアメリカ」との判断の下に、1980年には、ニューヨークに直販会社の現地法人 Yamazaki Tableware Inc. を設立してい

３代目社長の山崎悦次氏

山崎金属工業の本社屋

る。

当初は知名度がなく、直貿を目指したため輸入業者の抵抗等にも直面、困難を重ねたが、1981～1982年頃にアメリカのデパートで、ヤマザキの最高級ステンレス製品は「安い（銀の３分の１の価格）」「ケアが楽」「デザインも斬新」との評価を受け、基盤を形成していった。何よりも「ブランド」を重視し、メイド・イン・ジャパンであること、自社工場で生産すること、ディスカウントはしない、さらに、コピーされても、コピーはしないを原則にしていった。流通資本に依存し、輸出向けの低価格量産を手掛けていた多くの燕のメーカーとは異なり、自らアメリカに進出し、独自なブランドの確立、流通経路の模索を通じ、強固な存立基盤を確保してきたのであった。

洋食器工業組合員の中でも、最大市場であるアメリカに本格的な現地法人の販売会社を設立した企業は他に見当たらない。それだけ、山崎金属工業の積極性が注目される。1991年には、ノーベル賞90周年記念晩餐会で山崎金属工業の製品が起用されたが、それは、最高級ステンレス製品、独自なブランドを模索し続けてきた山崎金属工業の一つのエポックとなった。

▶他分野の模索と今後の課題

以上のような展開に踏み出していったものの、1990年代に入ってからの一

ショールームに飾られた商品群

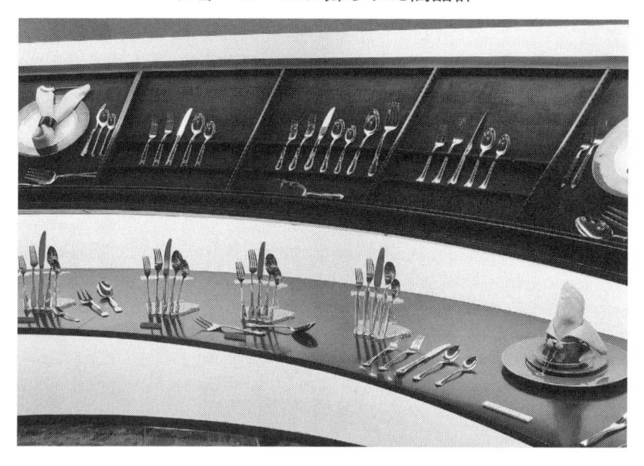

段の円高は、山崎金属工業に重大な影響を及ぼしている。従業員数をみても、1950年代から1970年代の最盛期には350人規模であったのだが、1997年頃は120人、さらに現在は50人に縮小している。ピーク時に比べ7分の1となった。また、事業的には、すでに1952年にステンレス鋼材の卸売業に踏み出し、1975年からはトヨタの自動車部品生産を開始、そして、1991年からは固有技術である金属加工技術にロストワックス鋳造技術を付加し、宝飾製品部門にも参入している。さらに、自社工場生産を原則にしていた山崎金属工業も、1990年代の円高には耐えきれず、一部を韓国企業2社へのOEM供給委託に踏み切っていった[3)]。

現在の山崎金属工業の売上額の80％はステンレス鋼材の卸売、20％程度が金属洋食器である。金属洋食器の地域別売上額は、1997年段階ではアメリカ60％（自社ブランド）、欧州30％（各国一流メーカーのOEM）、日本国内10％（自社ブランド）であったのだが、現在は、全体が縮小し、海外、国内が半々ずつになっていた。

この5年ほどの間にネット通販が普及し、価格破壊が進んでいることが問題にされていた。従来は産地生産者、産地問屋、集散地問屋、地方問屋、小売店という流れであったのだが、ネット通販業者が中抜きし価格を下げて提供してくる。そのため、消費者はデパートをショールームのように扱い、低価格のネット通販に流れていく。このような現象は洋食器に限らず多様な業界で発生し、流通は現在、崩壊状態とされている。

このような状況に対し、山崎金属工業は、第1に、所得水準の向上が著しいASEANへ売り込みしていく、第2に、ストーリー性のある商品の開発、第3に、ネットで売れる商品の開発、そして、第4に、人を幸せにしていく道具を作る、を意識していた。山崎悦次氏の長男の祐一郎氏（1968年生まれ）は輸出担当、次男の修司氏（1973年生まれ）は工場長兼国内営業担当に就いていた。鋼材販売などで事業基盤を確保しているものの、最高レベルの洋食器を提供し続けてきた山崎金属工業が、洋食器部門をどのようにしていくのか、次の時代に若い世代が新たな可能性を切り拓いていくことを期待したい。

(3) 洋食器のトップブランドも成熟化と研磨職人不足に直面
——洋食器専業に徹する（小林工業）

近年、金属洋食器の市場が内外共に縮小しているが、この減少の最大の理由は対米輸出が消失したこと、また、国内的にはホテル等の業務用需要が減少し、さらに、一般消費者向けは成熟化していることが指摘されている。ただし、近年、日本国内ではポルトガルのクチポール（Cutipol）ブランドの斬新なカトラリー[4]が注目されていることは、燕の洋食器メーカーに一つの課題を与えているようにもみえる。

▶最も著名な燕ブランド「LUCKY WOOD」

小林工業は、燕の洋食器の草分け的存在の一つとして知られている。創業は1868（明治元）年、金物製造から出発し、2代目の頃には真鍮製の矢立、灰ならしなどの家庭用金物を手掛けていた。洋食器に入るのは1915（大正4）年とされている。当時、第1次世界大戦が勃発し、ヨーロッパの洋食器生産が停滞したため、ロシア～大阪商人を通じて燕に打診があったところから出発している。真鍮製にニッケルメッキが主流であり、燕では小林工業を含む3社が対応した。ここが燕の洋食器のスタートであった。

第2次世界大戦中は、名古屋造兵廠の監督工場として軍刀の鍔の生産などに従事していたが、戦後はいち早く工場を整備し、素材としてステンレスに注目、また、1947年には小林工業のブランド名であるラッキーウッド（LUCKY WOOD）の商標を立ち上げている。燕では、このLUCKY WOODと山崎金属工業のYAMACOが世界で通用するブランドとされている。

戦後は1948年8月の貿易再開により輸出向け生産を開始、工場近代化と設備の充実に努め、1951年には中小企業庁により、第1回中小企業合理化モデル工場の指定を受けた。当時の日本の中小企業の先端的な工場ということであろう。そして、1961年のアメリカ、カナダの市場調査で、欧米の模倣でないオリジナルのデザインと高品質が不可欠との認識を強め、以後、自社ブランドによる高品質なオリジナル製品の追究を課題としてきた。

主力の洋食器は最盛期の1975年頃までは生産の60%は輸出したが、1997年頃には5%に縮小している。当時、国内市場はデパート（高級品）、量販店、通販、業務用（ホテル、レストラン）などに分かれるが、小林工業は高級品中心であり、デパート（50%）、業務用（30%）が主力であった。純銀から金銀メッキ、ステンレス製品までの幅の広い領域を手掛けていた。日本国内ではこのLUCKY WOODが最も著名な燕ブランドであった。

1975年頃までの最盛期の頃の小林工業は、従業員350人を数えていたのだが、1997年には約100人に縮小していった。この間、1967年の頃にはホテル関係に納入しているアメリカ企業からの委託で金属ハウスウェア（器物）の生産を開始している。燕の他の有力企業の中には、洋食器にこだわり転換の遅れたところもあるが、小林工業は比較的早い時期に進出していった。1997年の頃にはハウスウェアの比重は20%程度に達していた。小林工業の外注依存度は30～40%というものの、デザイン、企画、金型、加工（プレス、鍛造、メッキ、研磨）の全工程を保有する企業として展開してきたのであった[5)]。

▶大きな転換期にある名門企業

2019年2月、ほぼ20年ぶりに小林工業を訪れると、旧知の5代目社長小林貞夫氏（1961年生まれ）が出迎えてくれた。小林氏は「10年ほど前、材料費

5代目社長の小林貞夫氏

LUCKY WOOD ブランド商品

資料：小林工業

が高騰し、ハウスウェアからは撤退した。現在は洋食器のみ、95% は自社製品、国内が 99% になった。従業員も売上額も減少し、従業員はピーク時の7分の1の 52 人、売上額も7分の1の約4億円」と語り、さらに「8年前頃から、研磨職人の高齢化と退職に悩まされている。この2年で熟練の研磨工が8人辞めた。また、仮にウチだけ残っても成り立たない。産地全体で研磨職人の減少、高齢化が障害になってきた」と堰を切ったように語るのであった。

小林工業の場合、スプーン・フォークが 13 万本／月、ナイフが2万本／月のスタイルがバランスが良いとされるが、内外の職人不足のため、現状はスプーン・フォークが8万本、ナイフが1万本となっていた。だが、小林氏は「現状では売上が立たないので、むしろ、なんとかなっている」と語っていた。国内の洋食器市場の成熟化、そして、職人不足が強く認識されているのであった。

このような事情の中で、小林工業は内製化が不可欠と判断、従業員の確保に向かい、この8年間で 22 人を採用、現在、18 人が残っている。平均年齢も8年前は 57 歳であったのだが、現在は 40 歳に若返っている。それでも、「1社で内製化、完全な一貫生産は難しい」と指摘していた。また、数年前には、ものづくり補助金により「こば磨（す）りロボット」を2台導入していた。この装置は

小林工業の工場棟

小林工業のショールーム

不二越のロボットを基本に、市内の機械メーカー柴山機械（第５章2―⑴）が製作してくれた。産地全体として職人の育成・確保と他方でのロボット、自動機の導入が課題とされているようであった。

このような生産基盤の問題に加え、より重要なのは「カトラリーは成熟化し、日本の若い人は買わない」という点であろう。他方でポルトガルのクチポールは評判を呼び、売れている。そのような事情からすると、全く売れないわけではない。独自で魅力的な製品を作り、また、売り方を変えていけば可能性がないわけでもなさそうである。今後も洋食器で進むならば、そのような取組みが不可欠であろう。

商品が成熟化し、趨勢的に市場が縮小していく場合、対応の方向は四つほどであろう。一つは、レジェンドとして勝ち残り、縮小したとしても、確固たる場を確保していくこと、二つ目は、長い年月をかけて独自化、高度化している技術をベースに他の事業領域に可能性を求めること、三つ目は、これまでの取引関係等の中から新たな事業分野を見出していくこと、そして、四つ目は、全く関連のない事業分野に取り組んでいくことであろう。現状の小林工業をみると、一つ目の方向を目指しているようにみえる。そのためには、独自で魅力的な製品の開発、マーケティング、そして、生産体制の整備が不可欠となっているのであろう。燕を代表する洋食器メーカーである小林工業は、これまでの蓄積、信頼をベースに新たな取組みが求められているように思う。

（4）洋食器生産の先駆者の一人
――百貨店向けから、現在はネット通販が主力（荒澤製作所）

1914（大正3）年に勃発した第1次世界大戦によりヨーロッパは戦場と化し、洋食器生産が出来なくなった。その代替生産地として燕が登場、その後、洋食器の世界的な大産地となっていった。この間、洋食器生産をめぐっては多くの先人が登場し、素材転換、製法の多様化、デザインの高度化等が取り組まれ、完成度の高いものになっていった。そのような先人の一人として、荒澤製作所の初代荒澤友作氏がいる。

大正時代から昭和戦前にかけての燕の洋食器の主流は真鍮製であったのだが、荒澤氏は昭和10年頃からステンレス製洋食器生産の技術開発に努め、1937（昭和12）年頃、業界で初めてステンレス製洋食器の生産方式を確立していった。いわば、ステンレス製洋食器の草分けの一人となる。

▶草創期の名門を引き継ぐ

荒澤製作所の創業は1923（大正12）年、高級ホテル向けの洋食器生産に向かっていった。主力の得意先は帝国ホテル、ヒルトンホテル等であった。このように、燕産地の中では高級なものに展開していたのだが、昭和40年代に経営不振に陥り、倒産の危機に直面していく。そのような事態に対して、荒澤製作所は友人であった小林工業の小林鉄之助氏に相談にいった。小林鉄之助氏は「この会社は歴史がある。潰すわけにはいかない」として再建に乗り出し、小林工業がオーナーとなり、併せて、小林鉄之助氏の弟を荒澤家に養子（荒澤茂市氏）に出し、荒澤製作所3代目社長に就けていった。1972～1973年の頃が、荒澤製作所の転換期となった。その当時の従業員は40人ほどであった。その転換期の頃に、業務用の市場を失い、その後は小林工業の紹介で百貨店向けに力を注いでいく。なお、荒澤製作所は業務用の中でも帝国ホテル向けだけは現在も続けている。

現4代目社長の荒澤康夫氏（1953年生まれ）は、大学は化学専攻、1976年に卒業している。兄弟の一番下であったことから自由に就職し、燕の材料メー

４代目社長の荒澤康夫氏

荒澤製作所の洋食器

カーであった明道金属（現明道メタル、第８章２―(2)）に入った。圧延の現場に２年ほどいて退職、輸出用梱包材の燕鋼板コンポーに８年ほど勤めた。主として経理、総務部門にいた。荒澤製作所は小林工業がオーナーであったのだが、父の代（３代目）の頃に父に譲渡され、次の経営者として荒澤康夫氏が戻された。1986年の頃であった。当時、対米輸出向け部門は円高により惨憺たるものであったが、百貨店向け最高級品を扱っていた荒澤製作所は絶好調であり、従業員25人で売上額はピークの４億3000万円を計上している。だが、1991年のバブル経済崩壊後は、高級品は売れなくなっていった。現在の売上額は１億2500万円となっている。

▶百貨店向けがほぼ終わり、ネット通販が主体

荒澤製作所の工場内を巡ると、プレス、ロール、こば磨り、最終磨き、洗浄、直しなどの工程があり、かつての洋食器全盛時代が偲ばれた。かつて活躍したフリクションプレス群は動いていなかった。現在の従業者は12人、役員を除く従業員９人の構成は男性３人、女性６人であった。荒澤氏は「最小限の構成」としていた。なお、スプーン、フォークの側面を磨くこば磨りは外注が多いのだが、こば面などをさらに細かく磨く工程は社内で行なっていた。現場は、時間が止まっている趣であった。

現在の製品構成は、95％がステンレス製。ホテル、レストラン向けの洋白はあまり出ない。銀メッキは地元の高秋化学（第６章の２―(2)）に出していた。

かつての主力フリクションプレスが並ぶ

プレス工は１人になった

ナイフの刃先を磨く

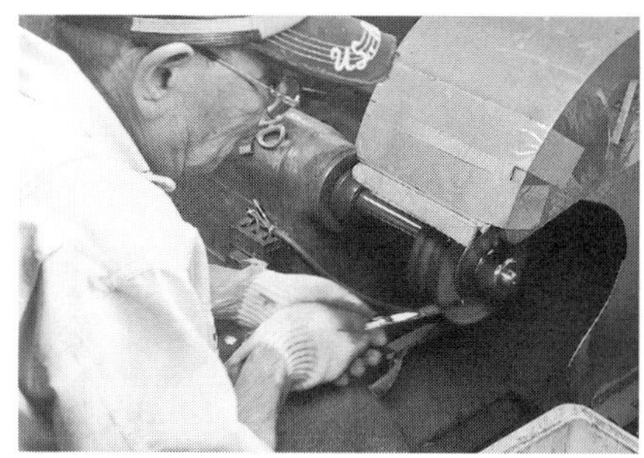

最終のこば磨り

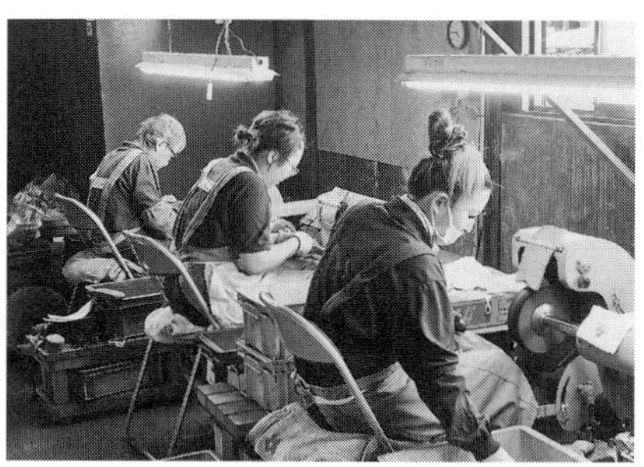

純銀製は１種類のみであり、子供用の「メモリアルスプーン」を提供していた。なお、荒澤康夫氏が入社後、自社ブランドとしてアルファクト（ALFACT）を立ち上げている。「荒澤」「ファクトリー」から採った。

流通は、以前は東京の百貨店問屋のアヅマ（新橋）に95％依存していたのだが、現在はネット通販が60％、東京の商社のOEMが20〜30％、燕市内の産地問屋10％ほどの構成になっている。東京の商社からは一部百貨店に流れていく。主力になってきたネット通販は、一般向けには楽天、アマゾン、ヤフーであり、その他に業務用モール２店に出している。

百貨店がメインの時代は、価格は安定し、下代価格（出荷価格）は上代価格（小売価格）の35〜40％程度であった。この点、モールでは小売価格の20％引きとなる。このため、ネット通販については、当方の小売価格でなければ断ることにしていた。楽天、アマゾンに対しては、低価格品が出回らないように監視していた。このネット通販の価格破壊に対しては、各業界でも問題にされており、荒澤製作所は新規のネット通販には応じない構えであった。

4代目の荒澤康夫氏も60代半ばを過ぎ、後継者の気になるところだが、子息の荒澤元氏（1983年生まれ）が5年ほど前に入社してきた。荒澤元氏は看護大学を卒業後、看護士、保健士として8年ほど仕事に就いていた。仮に「潰れたら看護士に戻る」として入っていた。荒澤康夫氏は「減産して付加価値の高いものへシフトしてやってきた」。現状、「ネット通販でまずまず」と受け止めているのであった。

(5) 国内向け中心にやってきた洋食器メーカー
——市場縮小の中で、多方面を模索（サクライ）

燕の場合、戦後、雨後の筍のように新規の独立創業が重ねられ、全体として巨大な生産力を形成、対米輸出の地場産業として歩んでいった。多くの金属洋食器メーカーは対米輸出を指向し、輸出枠を得られなかった後発企業はキッチンツール、ハウスウェア等に向かった。そのような地域状況の中で、独自な方向に向かった中小企業も稀にみられた。ここで検討するサクライは、「洋食器の国内の比重が高い問屋的メーカー」として独自の道を歩んできた。

私が初めてサクライを訪れたのは22年ほど前の1997年8月、振り返ると、サクライの最盛期の頃であり、売上額15億6000万円を計上、従業員は65人を数えていた[6)]。そして、2018年11月に再訪すると、私と同世代の旧知の3代目社長桜井薫氏（1952年生まれ）は、「色々手掛けてはいるが、売上額はピーク時の3分の1以下、従業員は22人＋パート、再雇用16人の計38人」と語り始めた。

▶産地とは異なった国内販売主体で歩む

サクライは戦後直ぐの1946年、燕の農家の出であった桜井武男氏（1925年生まれ）が、21歳の時に煙管、銅器などの産地製品を行商する桜井武男商店（1953年にサクライに改称）として出発する。その後、進駐軍向け食器納品商

洋食器が並ぶサクライのショールーム

３代目社長の桜井薫氏

社（東京）との付き合いが生まれ、注文に応じて燕のメーカーに製作を依頼、納品していった。このような中で、燕全体が次第に対米輸出向け生産に向かっていくが、サクライは国内販売にこだわり、洋食器の対米輸出の転換期であった1980年代の中頃までは国内販売100％で歩んできた。

この間、国内にも洋食器を使うレストラン等が増加してきたこと、また、日本人向けサイズ、デザインが求められてきたことから、早くも1955年頃には自社ブランドを起こし、メーカーに生産委託をしてきた。ただし、対米輸出が盛んな頃は小ロットの国内向け生産は地元加工企業からは嫌われ、やむなく1967年には燕市郊外に建設された中小企業共同工場（工場アパート）に入居、初めて工場を保有している。

その後、1976年には現在地の物流センターに本拠を移すが、この間、ホテル、レストランの高級化が進み、サクライもそれに対応して1981年には登録商標「SAKS」ブランドを開始している。さらに、当時はデザイナーズ・ブランドが求められ、1994年にはフランスのELLE社とライセンス契約を結んでいる。当時、商品企画の70％は自社、30％が産地問屋、消費地問屋のOEM生産であった。この頃が、サクライの最盛期であった。

当時、生産に関しては、内作は12％程度であり、88％は燕の協力工場（6社）に依存し、金型は100％外注していた。また、1997年春からは中国深圳に工場を保有する香港企業と業務提携を結び、プレスとバフ研磨の1ラインを提供、10年の間に製品で返済してもらうという補償貿易（バーター取引）の形をとった。ただし、この事業は3年で破綻した。

1997年頃、直接の販売先は産地問屋70%（燕、三条で170〜180件の口座があった）であったが、当時、消費地問屋との垣根が低くなり、サクライの消費地問屋の口座は100件にも及んでいた。なお、当時、常時動いている口座は40〜50件ほどであった。こうした問屋を通じて、ホテル、レストラン、デパート、量販店に届けられた。さらに、燕の輸出が激減した1980年代中頃以降、売上額の数%程度のものだが、サクライはむしろ日系の商社を通じてシンガポール、マレーシア等への輸出にも踏み込んでいった。このように、サクライは燕全体の動きとは異質な取組みを重ねてきたのであった。

▶多様な取組みと今後の課題と可能性

現3代目社長の桜井薫氏は武男氏の次男、兄がいたのだが大学4年生の時に早世、当時高校3年生であった薫氏が継ぐことになる。その後、初代が他界し、母が2代目として承継、薫氏は1992年、40歳の時に3代目社長を引き継いでいる。燕の洋食器は厳しくなっていたが、国内中心のサクライは比較的順調に推移していた頃であった。

1997年は秋口から山一証券の倒産、そごうなどのデパートの倒産などが続き、一気に状況が変わっていく。そして、2008年9月のリーマンショックとなる。その頃にはテーブルウェア業界は世界的な再編を迎え、ライセンスブランドも引き揚げられていった。このあたりをサクライの売上額、従業員数でみると、ピークの1997年は15億6000万円、65人であったのだが、リーマンショックの2008年には従業員は50人に縮小、2010年には売上額はピーク時の3分の1まで落ち込んでいった。2018年現在はさらに売上額は縮小し、従業員はパートタイマー、定年延長者を含めて38人となっている。

この間、サクライは多様な取組みを重ねている。

第1は、転写技術であり、1987年の頃にサイン関係の住宅関連への展開を意識して参入、1989年には別会社のトラストとして独立させた。だが、思うような展開にならず、2000年頃に閉鎖している。第2に、先にみた中国深圳の事業は早めに撤退したが、その後、商社経由で中国、ベトナムの企業に若干出資して一部に委託加工を依頼している。第3はシチズンの社内ベンチャーとチタンの洋食器開発を共同で行なったが、これは、現在、サクライが引き取りチタン製スプーン、フォーク等を生産していた。

なお、現在の取引先は、デパート、ホテル、レストラン関係の問屋が40%程度、その他は商社等のOEM生産、さらに、楽天などのネット販売とされていた。現状、ネット通販が価格破壊を引き起こしており、落ち着いた事業環境になっていない。

以上のような状況の中で、事態は思い通りにはいかず、現状、やはり洋食器メインの展開となっている。サクライの製品はデザイン性に優れ、また、独自の表面硬化処理技術により従来のステンレスよりも約3倍の耐擦傷性があり、ホテル、レストランでは好評を得ているのだが、販売には結びつかない。時代がそうしたところにあるのかもしれない。

燕の洋食器は相当程度縮小しているが、サクライ製のような高級品の必要性は高い。この20年ほど、燕の洋食器の認知度は低下しているが、その魅力を発信し、国内の掘り起こしに加え、急速に発展するASEANや中東の湾岸諸国などの高級ホテル建設ラッシュなどにも注目し、日本製、サクライ製の良さをアピールしていくことも必要なのではないかと思う。

(6) 洋食器メーカーから、ファブレスの生活雑貨に転換 ——福祉器具の開発、体験型施設も展開（青芳）

1985年のプラザ合意以降の円高の中で、洋食器産地の燕は未曾有の困難な時期を重ねるが、その転換期というべき時期（1990〜2000年）に日本金属洋食器工業組合の理事長を務め、「作ることよりも、売ることを」「単一製品産地から、複合金属製品産地へ」を掲げ、自らそのような方向に向かい、組合員を鼓舞し続けてきたのが青芳（あおよし）の創業者青柳芳郎氏（1925［大正14］年生まれ）であった。5期10年間の理事長在任は過去最長でもあった。

創業者の青柳芳郎氏　　２代目社長の青柳修次氏

▶プラザ合意以降に生産は４分の１になる

㈱青芳は青柳芳郎氏が1955年に創業、一代で築き上げた燕の洋食器メーカーの典型であり、また、プラザ合意以降の燕の困難の中で、新たな独自的分野に取り組んでいったリーダーともいえる企業である。中国東北戦線に派兵されていた青柳芳郎氏は終戦を黒龍江省ハルビンで迎えるが、ソ連軍の捕虜となり、シベリアのバイカル湖の近くのチタに抑留されていく。−40℃の世界を生き延び、1949年に帰還している。帰国後、6年で独立創業したことになる。

私が初めて青芳（当時は青芳製作所）を訪れたのはプラザ合意の1年後の1986年9月、円高により最盛期の月産120万本から4分の1の30万本に減少し、従業員も最盛期の40数人から27人に減少していた。その頃、すでに青柳芳郎氏は「脱洋食器」を掲げていた。また、当時の青柳芳郎氏の「かつては円高でツバメが泣くと、補助金が下りたが、これからは泣かないツバメ、ツバメ返しだ」と語っていたことが深く印象に残った[7]。

こうした事態に対し、当時、青芳は三つほどの新規事業分野に取り組んでいた。第1は、アルミ製の建築用フードであり、東京の企業からの2次下請仕事であった。第2は、真珠養殖用のハサミであり、三重県伊勢の養殖組合から受注していた。第3は、柏崎の企業からのフロッピーディスク用のアルミダイキャスト製筐体の研磨加工であった。だが、これらはいずれもものにならず、数年で撤退している。

このような苦難を重ねるうちに、輸出が期待できない状況下では「国内しかない」と判断、しかも洋食器以外という認識を固めていった。そして、それまで営業経験がないという事情の下で、「市場が欲しがるモノを作ってもっていくべき」と考え、洋食器に近いテーブルウェアに関心を寄せていく。1982年に娘婿の秋元幸平氏（1955年生まれ）が入社し、翌月には長男の青柳修次氏（1961年生まれ）が入社していたことから、プラザ合意以降は彼らが中心になって進めるようにした。振り返って、現2代目社長の青柳修次氏は「会長（青柳芳郎氏）は組合の理事長で忙しく、一言もいわず、任せてくれ、自分たちで全てやった」と語っている。

▶10年をかけてテーブルウェア専門企業に転身

2代目社長の青柳修次氏は、大学を中退し19歳で青芳製作所に入社している。当時すでに「たいへん」とは聞いており、覚悟を固めて入社した。当時は輸出が98%を占めていた。修次氏は輸出サンプルを手に国内販売の可能性を探っていくのだが、芳しい成果は得られなかった。それをみていた洋陶器、家具等を手掛けていた原宿のLit（現在はない）の社長がみかねて「ウチに来い」ということになり、2年ほど世話になった。そして、戻った後のプラザ合意以降の円高により最悪の事態となった。

以後、国内向けを本格的にスタートさせ、専門的なデザイナーを入社させ、

形状記憶樹脂によるスプーン、フォーク

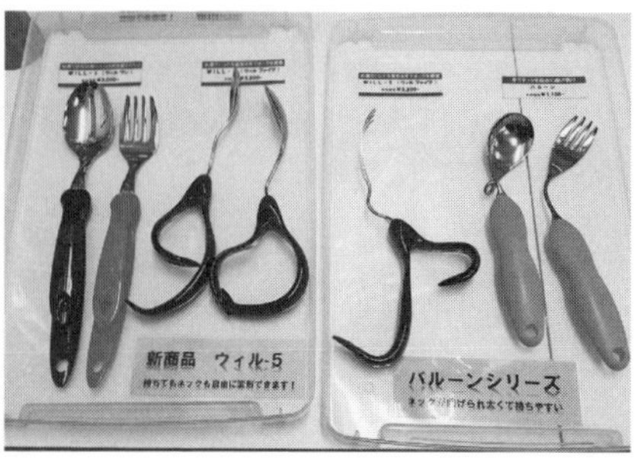

30歳前後の若い女性をターゲットに商品開発を進めていった。1997年にはイメージを一新させる新社屋に移転し、若い人中心の活気のある企業として甦っていった。1997年春に訪れると、金属洋食器は全体の40%、輸出は8%に減少し、逆に輸入が20%になっていた。輸入は欧米からの仕入、また、台湾企業に青芳企画の製品を委託生産に出していた。「カジュアル・プロダクツ」がコンセプトとなり、青芳は10年をかけて、華やかなテーブルウェア専門企業に転身していったのであった[8)]。

▶形状記憶樹脂との出会い、福祉分野に進出

以上に加えて、形状記憶ポリマーをベースにした福祉器具の領域に踏み込んでいく。形状記憶ポリマーとの出会いは、1990年頃、東京の新素材展であった。この形状記憶ポリマーは三菱重工名古屋研究所が開発したポリウレタン系のプラスチック新素材であり、設定温度以上に加熱すると硬いプラスチック状態から柔らかいゴム状態になり、設定温度以下でその状態を固定できる。さらに材料特性として、変形量が大きく、軽量で、変形の繰り返し利用に強い。将来的には、日用品、医療品、医療機器、工業製品など様々な分野で用途開発が期待されている。

こうした新素材に出会った青芳は、信濃川テクノポリスの新材料委員会を通じて三菱重工を紹介され、新製品開発に踏み出していく。特に、得意としてきたスプーン、フォークといった洋食器の柄に形状記憶ポリマーを利用していくことをイメージしていく。柄を個々人の事情に合わせて自在に変形できれば、障害者、高齢者、幼児等に「食事の楽しさを提供できる」のではないかと考えていく。そして、最初に開発されたのが「WIIL・1」という商標のスプーン、フォークであった。この商品は1992年に中小企業長官賞を受賞、さらに、1994年にはフィラデルフィア美術館主催の「日本のデザイン――1950年以来展」選定作品にも選ばれた。その後、開発は一段と本格化し、理学療法士、作業療法士を加えて現在では「WIIL・5」まで進化させ、さらに、福祉関連部門の幅を大きく拡げている。

▶直営福祉用具アンテナショップのWillassistも展開

その後の動きをみると、大きく二つの展開がみてとれる。第1は、2008年に生産部門を廃止し、ファブレスの形態になったこと。もう一つは、福祉部門を拡張し、2009年に本社の隣地に新潟県内最大規模の直営福祉用具アンテナショップのWillassistを展開したことであろう。併せて、2017年には青芳製作所から青芳に社名を変更している。なお、2006年には青柳芳郎氏は会長職となり、2代目社長には青柳修次氏が就いていった。

ファブレスになって以来、燕のメーカー約20社を組織している。ただし、当初、地元の問屋が相手をしてくれないことから自ら地場の問屋として集散地問屋機能を備え、商品仕入のため地場の企業20〜30社を組織している。海外はヨーロッパ（ドイツ、フランス、イタリア）からの製品輸入、台湾、香港、韓国にも生産を委託している。2012年には上海に介護用品の販売を目的に現地法人（欧優喜［上海］商貿有限公司）を独資で設置したのだが、現在、販売は停止し、輸入のサポート業務に就いていた。また、4〜5年前から海外の展示会に出展し、少しずつ欧米を中心に輸出が増加していた。現在の事業領域は、生活雑貨70%、福祉食器30%の構成であり、従業員は国内33人（上海1人）、60%は女性であった。人材の採用は問題なく、女性は地元の人、男性は大卒の県外の人も多い。

新設したWillassistについては、「『ウィルアシスト』というブランドネームには、助けたい、手伝いたい。これからの少子高齢化時代において、手助けを

体験型アンテナショップ「Willassist」

展示場の一部

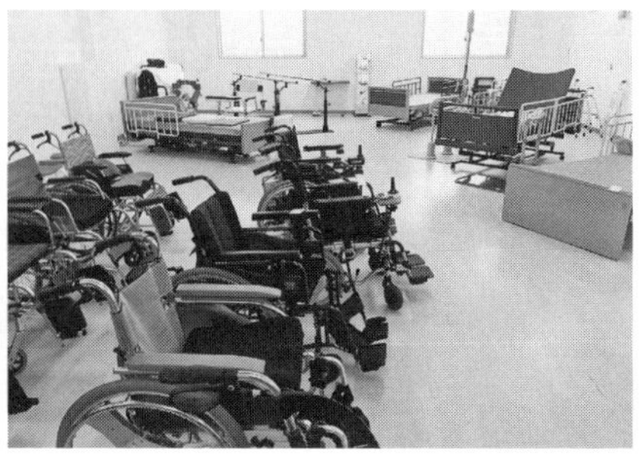

必要とする人に対し必要な道具の提案をしていきたいという思いが込められています。身の回りのものから、食品、車いす、ベッド、福祉車両、住宅改修モデルルームなど、介護する人、される人が、快適な日常生活をすごすための福祉用品の展示・販売をはじめ、専門の相談員が福祉に関するあらゆるご相談にも対応します。介護食品の試食や、福祉車両の試乗など、その場で見て触れて体験していただける展示場も併設しており、商品を実際に見て触れて確かめた上で購入・レンタルすることができます」と記されていた。

このように、この20数年をかけて、青芳は輸出向洋食器メーカーから、テーブルウェア、ファブレス、そして、福祉の領域にまで踏み込んできたのであった。

(7) 早い時期にカーブミラーに展開
――成熟してきたが、現在の方向を究める(燕振興工業)

1885年のプラザ合意以降の円高の中で、燕の洋食器産業は苦境に陥り、事業転換の必要性が生じていった。そのような環境の中で最も早い時期に一定の成果をあげたものとしてステンレス製カーブミラーに展開した燕振興工業が注目された。早くも、1973年という時期にステンレス製道路反射鏡が日本交通安全協会会長の推奨品として認定を受け、同時に燕振興工業は道路反射鏡工場(小池工場)を完成させている。洋食器の時代の頃から次の事業分野を模索し、実際に踏み込んでいた。

▶早い時期から洋食器以外に取り組む

燕振興工業は1919(大正8)年、小柳刃物工場の名称でナイフ製造企業として創業している。100年企業ということになる。戦中の1943(昭和18)年には、燕振興工業に改組し、カトラリーの一貫工場となる。スプーン、フォーク、ナイフから構成されるカトラリーの中で、刃物のナイフは少し性格が異なっており、スプーン、フォークの一貫生産工場は多いものの、ナイフは専門業者に委託する場合が少なくなかった。燕振興工業は刃物出身であり、当初から3種類の一貫生産体制を形成、1ドル=360円時代には輸出貢献企業として表彰さ

３代目社長の小柳孝礼氏

燕小池工業団地内の燕振興工業

れている。だが、ニクソンショック（1971年）、第１次オイルショック（1973年）以後、赤字経営が続いていった。

２代目社長は燕市の交通安全協会の会長に長らく就いており、当時、ガラス製、プラスチック製（アクリルの裏に真空蒸着）であった道路のカーブミラーに関心を抱いていた。反射性、耐久性に優れる製品として、ステンレス研磨（鏡面加工）の可能性を模索していく。早くもニクソンショック後の1971年には開発に着手し、1973年には日本交通安全協会会長の推奨品として認定を受けるまでにこぎつけ、同年、道路鏡工場を新設している。戦後、洋食器に終始していた燕の中では、他の事業分野に展開する早い取組みであった。

ただし、従来の洋食器とは流通経路は全く異なり、多くの苦労を重ねる。当初アプローチした東京の商社が出だしに倒産したこともあり、燕振興工業自身が全国を回る苦労を重ねたが、各県に代理店を置くことに成功していく。ステンレス製道路反射鏡は耐久性、反射性（ステンレスは曇りにくい）に優れ、瞬く間に全国に普及していった。1990年代末の頃のカーブミラーのシェアは、ガラス10%、プラスチック55%、そして、新規のステンレス35%となっていった。安全協会の規定では耐久は５年とされているが、発売以来20数年、取り替え需要はほとんどない。すでに、1995年の頃には成熟期を迎えていたのであった。

構内に設置されたステンレス製カーブミラーのサンプル

この間、本業であった洋食器の比重は激減し、対米輸出はゼロ、国内販売中心に変わっていった。1997年に訪問した際、3代目社長に就任していた小柳孝礼氏（1951年生まれ）は、「私はシャジ屋」だとの構えは崩さず、洋食器は社内一貫体制の維持を前提に、さらにデザイン開発に意を尽くしていた。1997年頃の燕振興工業は、洋食器部門（売上額の20％）、反射鏡・道路標識部門（2部門で80％）という3部門体制をとっていた。当時の従業員は80人を数えていた[9]。

反射鏡の次に取り組んだ道路標識は、1978年には専用工場を完成させ、素材メーカーの住友スリーエム（現スリーエム ジャパン）の新潟県で唯一の特約加工販売店となっていた。さらに、この道路標識の延長として、1995年からはグラフィック・サイン・システムという領域も手掛けていた。このシステムは、道路標識等に写真を貼り付けるものであり、カラー写真1枚あれば、どのようなサイズのものも生産可能としていた。

▶成熟感が強いが事業は安定、次の方向が課題

22年ぶりの2019年2月に訪れると、小柳氏は「自分は社長になって30年になる。この間、赤字は一度もない。ただし、売上額のピークは1992年であ

り、公共投資が削減されている現状では、道路標識等は当時の半分程度。当方の扱っている領域の大半は成熟化しており、下降局面にある」としていた。

現在の売上額構成は、洋食器の比重はさらに減って 10% 程度になり、90% は道路関係であった。全国の道路安全協会のメンバーは 19 社、カーブミラー関係は、20 年前に比べてステンレス製の比重はさらに高まり、ステンレス 50%、プラスチック 42%、ガラス 8% となり、この 10 年ほどは安定していた。ただし、量的にはかつての 40% 水準となっていた。公共投資が減った上に、耐久性が優れていることから更新需要も少ない。さらに、道路標識は特に予算が削減され、仕事は減少していた。

洋食器部門は売上額構成の 10% となっているものの、「自分はシャジ屋」と語る小柳氏は「高感性、日本のモノ、本物を作る」ことを深く意識していた。このような状況の中で、近年、デザイナーが寄ってきて、デザイナー（現在 3 人）と燕振興工業のダブルネームで発売しているが、これらが好調に推移していた。このようなデザイナーものは、ネット販売に加え、近年は「ふるさと納税の返礼品」としても好評を博していた。ただし、出来る量は決まっており、現在の受注残は半年ほどとなっていた。

現在の従業員は 63 人、このうち女性が 17 人を数える。女性は事務に 9 人、現場に 8 人が配置されていた。採用はそれほど難しくなく、ハローワークからの中途採用が多い。2018 年だけでも 10 人ほどを採用していた。30 年も社長を務めてきた小柳氏も 2019 年には 68 歳。後継者が気になるところだが、子息 2 人のうち次男（30 歳）を 2018 年 4 月に会社に入れていた。東京のソフト会社で SE をやっていたのだが、継ぐ気で入ってきた。

小柳氏は今後の方向について、「この方向を続ける。どこまでいくか」と語っていた。基本であった洋食器は 10% 程度に縮小し、その後をリードした道路関係は成熟感が強く、また、公共投資の削減が効いている。他方で、本物にこだわる洋食器部門はテザイナーものが一定の評価を得てきている。この方向を追求していくのか、あるいは、これまでとは異なった領域を切り拓いていくのか。事業承継を含めて、燕振興工業は新たな局面に向かっているようにみえた。

(8) 洋食器から、建築金物、厨房用機器へ
——次はテーブル周り全体に(大泉物産)

戦後、洋食器に展開していた中小企業の多くは対米輸出に向かった場合が多いのだが、中には輸出に向かわず、国内向け生産に従事していったところもある。このような中小企業は円高による仕事量の激減とはならなかったが、1991年頃のバブル経済崩壊には大きな影響を受けていった。このような場合、洋食器から他分野に向かったところも少なくない。燕全体からみれば、建築金物、業務用厨房機器、アウトドアなどへの進出、転換が観察される。

▶海外デザイナーブランド、建築金物、厨房用機器に展開、

大泉物産の創業は戦時中の1943年、現4代目社長大泉一高氏(1965年生まれ)の曾祖父大泉清作氏による。大泉清作氏は燕生まれであり、長じて東京で彫金師となり、宮内省の仕事などをしてきた。戦時中に燕に疎開し、プレスと彫金によりゼロ戦の部品などを製作していた。戦後は、洋食器の対米向け生産が始まり、大泉物産は山崎金属工業、小林工業等の地元の有力メーカーの協力企業として洋食器生産に踏み出す。

しばらくは下請仕事であったのだが、脱下請を目指し、1973年にはオリジナルブランド(TRIO)を立て、国内のデパート向けに転じていった。輸出はほとんどなかったために、1985年のプラザ合意以降の円高に影響されることはなかった。ただし、1990年代の初めにバブル経済がはじけてデパート関連の仕事は激減していく。そのため、洋食器だけでは無理と考え、1992年頃には、絞りの技術を基礎に建築金物の世界に入っていった。大阪の問屋と付き合い、換気扇のフードカバー等を手掛けていった。さらに、その頃、有力外食チェーンストアを親戚から紹介され、厨房用の鍋、釜を手掛けていった。

また、1988年にはデンマークのデザイナーのオーレ・パルスビー氏と契約を結び、1993年からはデンマークの美術工芸のパイオニアとされるカイ・ボイスン氏のカトラリーの生産も開始している。自社ブランド、海外デザイナーブランド、建築金物、厨房用機器と幅広い展開を重ねてきた。

４代目社長の大泉一高氏

大泉物産の本社

大泉物産のカトラリー

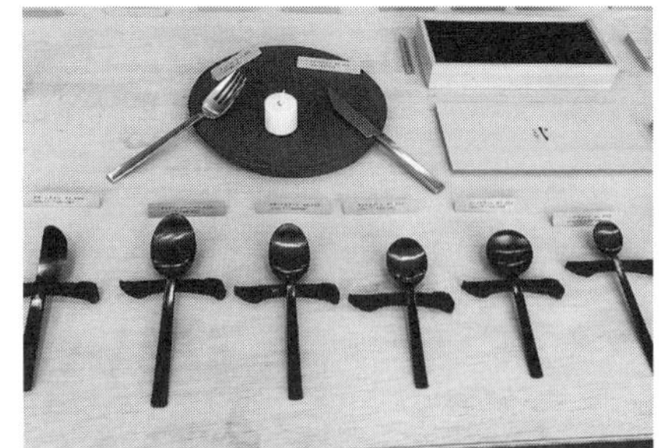

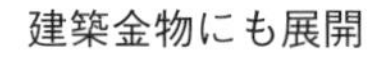
建築金物にも展開

その結果、現在の売上額の構成は、洋食器35%、建築金物45%、厨房用機器10%、その他となっている。また、洋食器の中で、自社のTRIOブランド品は40%、海外デザイナーブランド品は60%であり、近年は海外デザイナーブランド品が好調に推移している。洋食器は見込生産であり、燕市内の産地問屋経由、あるいは直接にJR東京駅のThe Shop、青山のスパイラルマーケット等の雑貨店に卸している。建築金物については、大手住宅メーカーのものを大阪の問屋からのOEMで受けていた。また、厨房用機器は有力外食チェーンストア直であった。建築金物と厨房用機器は受注生産の形となっている。

▶「テーブル周り」に新たな可能性をみる

4代目社長の大泉一高氏は、長男ながらも承継は考えておらず、地元の高校を卒業後、東京で英語の専門学校（3年）に進み、さらに、東芝でコンピュータのプログラミングに従事していた。1989年5月、燕で叔母の葬儀があり、「そろそろ戻らないか」といわれ、そのまま大泉物産に入社している。大泉一高氏24歳の頃であった。当時を振り返って、大泉氏は「小学生の頃は、住宅と工場が一体で、そこが遊び場だったことがよぎった」と語っていた。当時は100％洋食器であり、国内のデパート向けであった。

そこから30年、建築金物に入り、デザイナーブランド品に展開、さらに、有力外食チェーンストア向けの厨房用機器と事業分野が拡がっていった。2017年には4代目社長に就任している。入社当時の従業員は20人、現在は32人（男女半々）となっている。近年、採用はなかなか難しく、ハローワークにプレス工、研磨工、外注担当（配送等）を出しているが、反応はない。また、リクルート等にも出しているが、成果がない。この点が最大の課題の一つのようであった。

今後、大泉物産としては「テーブル周り」全体をプロデュースしたいとしていた。コアとなるカトラリーは自作しているが、皿やグラス、さらに、テーブル、イス等もトータルで扱うことをイメージし、現在、その全体の構想を描いているところであった。当然、陶磁器、ガラス、テーブル等はOEM供給に依存することになろう。

大泉物産の洋食器、建築金物等のデザイン性は優れており、今後向かう「テーブル周り」も魅力的な構成になっていくことが期待される。

(9) ファブレスから集散地問屋型メーカーに
——内製化、海外展開が課題に（佐藤金属興業）

燕には、洋食器製造から出発し、次第に仕入商品を増やし、集散地問屋化していく場合と、もう一つ、産地問屋から出発し、自社製品を増やし、さらに幅広く商品を仕入れて集散地問屋化していく場合もみられる。つばめ物流センターの中に、後発ゆえにファブレスの洋食器メーカーとして出発し、その後、内外の商品を仕入れ、集散地問屋化していった佐藤金属興業が立地していた。

▶ファブレスでスタート、海外委託も

佐藤金属興業の創業は1976年。新潟市白根出身の佐藤文孝氏（1940年生まれ）が地元高校を卒業後、集団就職で燕を訪れ、洋食器製造の燕物産に就職している。燕物産では工場長まで歴任し、36歳の時に自宅の車庫でファブレスの洋食器メーカーをスタートさせている。金型を起こし、メーカーに製造を委託するという方式であった。当初のユーザーは燕物産、ノリタケ（燕）、さらに、航空機の機内食用などであった。なお、機内食用はその後、中国製に置き換えられていった。

現在でも、ファブレスの形態であり、自社で図面を起こし、金型屋に委託し、資本を入れている燕のメーカー３社に製造を委託している。これら３社はいずれも従業員3〜10人の規模である。

現２代目社長の佐藤孝徳氏（1972年生まれ）は、中学校までは地元の燕であったが、野球がしたく山梨の東海大甲府高校に進学、大学はそのまま東海大学工学部金属材料工学科に進む。その後は新横浜の雑貨問屋に修業に入っている。

その頃（1995年頃）の取引先は、燕物産、ノリタケ、森井金属興業等の地

２代目社長の佐藤孝徳氏

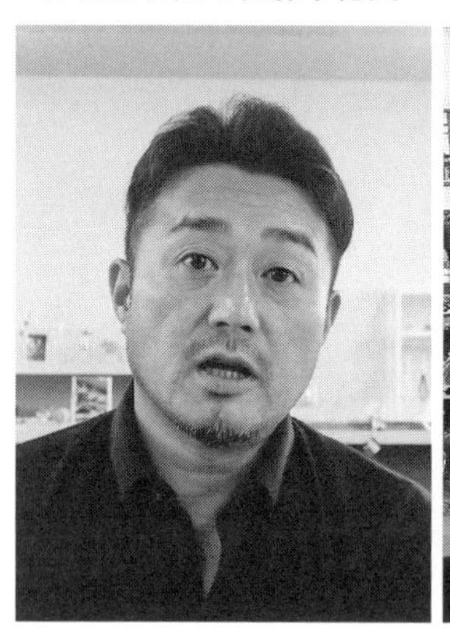

つばめ物流センター内の本社のショールーム

自社企画の燕製品

中国への委託製品

場の問屋のみであったが、主力の森井金属興業が倒産、年商の３分の１ほどのダメージを受けた。これを契機に佐藤孝徳氏は1997年、25歳で家業に入った。主力取引先への依存は20%以下にすること、さらに、外に出て東京のショップに直接営業をかけていく方向に転じている。このあたりから問屋業務に入っていった。2002年頃には洋食器だけのカタログを止めて、総合カタログに切り換えた。この間、2001年にはつばめ物流センターの現在地に移転している。

また、その頃から海外への関心を深め、当初は台湾企業への委託生産から開始し、その後は人件費が上昇したことから中国広州のあたりに向かう。2000年代末の頃から広州進出の台湾企業に出資し、ホテル向けのステンレス製シャンプー容器などを委託生産している。ただし、近年、中国の人件費上昇により、自動化の推進、さらには新たな生産地の模索（国内回帰、ASEAN展開）も必要になっているようであった。

▶国内回帰と海外展開の課題

現状、自社企画がほぼ100%、デザイナーはおらず、会長（先代）と佐藤孝徳氏が企画、デザインを行なっている。ブランドは「SALUS」、サービス、アクティビテイ、ラグジュアリーを組み合わせていた。現在の商売の形は、自社製品60%、問屋業務30%、さらに、その他は燕製品の輸出等であった。佐藤孝徳氏は「日本のパイが縮小しており、海外輸出が不可欠。台湾、タイ、中国等に輸出を拡大したい」としていた。10年後のイメージとしては、自社製品

70%、問屋業務30%とし、さらに、国内向け60%、海外向け40%を描いていた。なお、ネット販売については、ユーザーの小売店が行なっており、佐藤金属興業が行なうと反発されることになり、自社では行なわないとしていた。

現在の従業員は20人（女性12人）、女性は検査、包装がメインであった。佐藤金属興業の場合、年齢構成上、25～35歳が少ないことから、2018年度には6人（男性2人、女性4人）を採用している。これにより、年齢のバランスが取れてきたようであった。佐藤孝徳氏は、2010年、38歳で2代目社長に就いている。現在、佐藤氏は47歳、子供は中学1年（女性）、小学4年（男性）であり、「75歳までガンバル」覚悟であった。

後発ゆえにファブレスで出発、自社製品、自社ブランドに展開。その後、自社企画の委託生産を海外にまで求め、さらに、燕製品の仕入れも増やし、集散地問屋化の方向に向かっていった。この間、国内市場の縮小、燕産地の縮小、小規模メーカーの高齢化等、さらに、海外の人件費高騰に直面、新たな体制を形成していくことを求められている。その場合、自社企画、自社ブランドの強化は基本にあり、生産の国内回帰、内製化、あるいは、新たな海外の生産地の確保が課題とされ、さらに、豊かになってきた中国、ASEAN等の市場開拓が不可欠となってきた。

このように、佐藤金属興業の課題は、日本の製造業が直面しているものの典型であり、一つひとつクリアしていくことが求められているのであろう。

2. ハウスウェア、テーブルウェアのメーカーの現在

戦後の燕のステンレス製品については、当初はスプーン、フォーク等の洋食器部門が発展し、対米輸出で大きく拡大した。だが、1956年頃から、アメリカの洋食器製造業者が危機感を高め、その後の輸入制限に向かっていった。このような動きに対し、1957年には日本輸出洋食器調整組合（翌1958年には、日本輸出洋食器組合に改組）を設立し、輸出カルテルによる対米輸出自主規制に踏み込んでいく。このような枠組みの中で、新規創業者には輸出割当がなく、その多くはステンレス器物（ハウスウェア）の方向に向かっていく。

その後、燕の金属器物製造業は拡大傾向を示し、プラザ合意の翌年の1986年には、事業所数、従業者数、出荷額等のいずれにおいても金属洋食器製造業を追い越している。それでもやはり円高により輸出は激減し、金属洋食器製造業ほどではないが、事業所数等は漸減している。1990年代末以降は、安価な中国製に押されていたが、高級化路線に向かった企業も多く、一定の存在感を示している。

この金属器物については、1964年に日本輸出キッチンツール工業組合（その後、日本金属ハウスウェア工業組合に改称）が設立されている。現在の組合員は58名。その他に商社10社ほどが準組合員として参加している。

この節では、ハウスウェアに展開していった有力中小企業に注目し、その歩みと当面する課題をみながら、世界的な複合金属製品産地に向かう燕の未来の可能性をみていく。

（1）鎚起銅器からステンレス製器物に転換
——ケトルを軸にここまで来た（玉虎堂製作所）

江戸期から始まった鎚起銅器、玉川堂がその系譜を引き継いでいるが、多くの鎚起銅器の職人たちは、大正時代の真鍮製の洋食器、さらに、戦後の器物に移っていった。その典型的な歩みを重ねてきたのが、玉虎（ぎょっこ）堂製作所であろう。創業者は柄沢虎二氏（1898［明治31］～1974年）であり、1913（大正2）年に玉川堂に入門、1919（大正8）年に年季明けし、同年、燕市上町（現秋葉

昭和戦前の趣が漂う玉虎堂製作所

初代柄沢虎二氏の鎚起銅器の作品

町）で玉虎堂を創業している[10)]。

1943（昭和 18）年には、現在地の燕市南 4 丁目に移転している。戦時中は軍需品の加工をしていたのだが、戦後は 1945 年 9 月にはステンレス製の器物の生産に入っていった。ステンレス製器物については、燕で最も早い取り組みであった。また、その後も機械化に意欲的に取り組んできた。以来、70 年以上、ケトルを中心とした器物一筋にやってきた。燕でも希有な存在であろう。

▶玉虎堂製作所の歩みと事業の輪郭

現在、ステンレス材料の仕入は燕の鋼材屋 3 社（吉川金属（第 8 章 2—(1)）、中川ステンレス、足立商店）であり、必要な大きさに切断してもらっている。自社ブランド（MARUTAMA）の製品はデザイナーを起用する場合もあるが、この 10 年ほどはやっていない。一部の変更は時々行なう。金型は地元の金型屋に依存する。ケトル 1 個に対して、金型は 50〜60 型は必要になる。ケトルだけでも 11 種ほどあり、金型の保管はたいへんなことになる。

基本的な工程は、プレスの絞りから始まり、成形した後に組立となるが、組立法はロー付け、溶接、リベットなどが必要に応じて採用される。その後は研磨（大半は外注）、そして、洗浄、検品となる。また、樹脂や木を使う場合は、地元の外注に頼む。このように、玉虎堂製作所の場合、ほぼ内作であり、外注の部分も大半が燕市内であり、仕事が燕の外に出ることはほとんどない。

販売先は、地元の産地問屋であり、2019 年 6 月現在の口座は 86 を数えてい

玉虎堂製作所の工場内

プレスの後のバリを取る職人

最近の製品／薬罐等

た。自社ブランド品が90%、メーカーへのOEM供給が10%ほどであった。問屋へのOEM供給は行なっていない。売上額はこの数年横ばいであり、伸びることは期待できそうもない。

従業員は1960年代後半の頃は最大80人ほどを数えたのだが、1985年には50人、そして、2019年現在は30人となっていた。全体的に女性の比重が高い。

4代目社長の柄沢雄児氏（1970〜2019年）は、先代社長の子息、しばらく東京にいたのだが、事業承継するために10年ほど前に家業に戻ってきた。2017年1月に先代が他界し、そのまま4代目を引き継いでいった。2019年は創業100年ということになろう。なお、柄沢雄児氏は2019年6月、49歳で急逝された。

このように玉虎堂製作所は、燕の伝統である鎚起銅器から入り、戦後は一転して新たな器物に転換していった。そして、それから約70年強、器物一本でここまで来た。燕の中には玉川堂のように鎚起銅器一本で200年以上を重ねている工房もあるが、他方で、洋食器や器物の領域で、玉虎堂製作所ほど徹底的にこだわっているケースは少ない。このこだわりの先には、また、新たな地平が拡がっているのかもしれない。昭和レトロな工場とそこに携わる人びとからは、そのような思いが伝わって来るのであった。

(2) テーブルウェアに徹し、一貫生産体制を形成
——協力工場4社を構内の工場アパートに（三宝産業）

燕の器物メーカー、ハウスウェア・メーカーには、厨房関係を主力にするところと、テーブルウェアを主力にするところがある。このテーブルウェアを主力にする代表的な存在が三宝産業であろう。大正時代に煙管生産から始め、戦後の洋食器全盛時代は洋食器には向かわず、器物関係に展開、その後、内製化を進め、金型、プレス、鈑金関連の設備を増強し、ほぼ一貫生産体制を形成している。そして、約2万アイテムを掲載するカタログを用意し、燕市内にショールームを展開、また、国内、中国などからも仕入れし、集散地問屋的な形態もとっている。さらに、鈑金の能力が高まったことから、事務用・教育用の黒板のフレームなどの新たな領域にまで踏み込んでいるのであった。

▶テーブルウェアに展開、積極的な工場、機械設備投資

三宝産業の創業は3代前の頃の1912（大正元）年、創業者は大阪で修業し、煙管生産からスタートしている。その後、燕は洋食器に展開していくが、三宝産業は洋食器に向かわず、「みんなと違うこと、人の出来ないことをやる」として、戦後は杓子、オタマなどのキッチンツールからスタートしている。1950年には三宝産業㈱として法人化した。1952～1959年の頃には、ステンレス材料によるポット類（コーヒー、ミルク、ティーシュガー）、カクテルシェーカ

三宝産業の主力製品

丸山亘専務（左）と丸山幸一氏

ー、ウイスキーボトル、アイスクリームディッシャー等、業務用卓上器物に展開していった。特に、1964年の東京オリンピックに向けてのホテルの建設ブームに対応し、東京からデザイナーを招聘、ホテル、レストラン向けのテーブルウェアを大量に開発していった。一時期は売上額100億円を超える燕の器物関係のトップ企業であった。

この間、燕市街地から移転拡大を重ね、1979年には現在の燕小池工業団地に第1工場を建設、1986年本社にショールーム設置、1984年に第2工場、1987年に第3工場、1990年に第4工場、1995年金型倉庫、2000年タレパン工場の建設、2015年新社屋完成・事務所移転と重ねている。また、1989年には小池の工場の隣地に外注工場用工場アパート（4社分、溶接2、研磨2）を建設している。

さらに、機械設備投資が積極的に行なわれている。小池団地に移転した1979年には500トン油圧プレス、300トンダブルクランクプレスを導入、以後、倣いフライス盤（1981年）、300トン油圧プレス（1984年）、ワイヤーカット放電加工機（1989年）等の導入、2次元レーザー加工機（1990年）、NCフライス盤（1994年）、洗浄機、3次元レーザー加工機（1996年）、500トン油圧プレス（1997年）、300トン油圧プレス、YAGレーザー溶接機（1998年）、2次元レーザー加工機（1999年）の入れ替え、ターレットパンチプレス2台（2000年）、ターレットパンチプレス（2002年）、高出力レーザー加工機（2004年）の導入、2009年以降は、ターレットパンチプレス、3次元レーザー加工機、

プレス工場

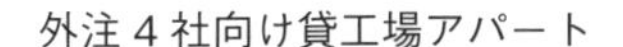

外注4社向け貸工場アパート

YAG レーザー溶接機の入替えを重ねていった。

▶テーブルウェアの総合的な集散地問屋化が進む

かつては基幹のプレスも外注依存が大きかったのだが、「行ったり来たりがたいへん」なことから内製化を進め、その後、金型、鈑金加工（ターレットパンチプレス、レーザー加工、溶接）、洗浄も内製化していった。さらに、隣接の工場アパートには、溶接、研磨の企業を招き入れている。現在、主要な外注先は燕のスピニング加工（2 軒隣）、熱処理、表面処理（電解研磨、メッキ）等であった。

受注先は燕地区の問屋、外資系ホテル（直）であり、30 年ほど前からカタログを発行している（2 年に 1 回改訂、以前は毎年）。現在は約 2 万点が掲載されている。自社製品は「YUKIWA」ブランドであり、「雪の結晶」をイメージして命名されている。この自社ブランド製品の企画・デザインは三宝産業である。アイテム数は約 5000 点とされていた。また、カタログ化に伴い仕入商品のウエイトが高まっている。現在では 80% を占めていた。燕の地場産品に加え、中国からの仕入れ、委託生産も少なくない。これら中国製については、香港、上海、広州、シンガポール等の展示会で知り合い、工場を確認してから取引が開始されていた。浙江省、広州（8 社）が少なくない。そのような意味で、三宝産業もメーカー、製造問屋から集散地問屋化を進めている。同業のライバルとしては、燕の和田助製作所とされていた。

溶接焼けの修正

製品の検査・修正

▶テーブルウェアに加え、次の展開に向かう

工場を巡ると、工場の広さと設備、特にテーブルウェア関係の企業としては鈑金関係の設備の充実ぶりが目を惹いた。テーブルウェア関係の市場は縮小傾向にあり、三宝産業は次の展開として鈑金関係に関心を寄せていた。すでに、事務用・教育用の黒板のフレーム等の大物の鈑金仕事にも従事していた。現在の設備体制、外注組織からしても、鈑金を軸に新たな領域への展開も展望される。

現在の三宝産業の社長は丸山武司氏（1945年生まれ）。2007年に3代目社長に就いていた。従業員90人に加え、定年退職者の嘱託（70歳前後まで）が約30人から構成されていた。丸山家の縁戚関係者7人に加え、遠い親族7人を数えていた。専務の丸山亘氏（1957年生まれ）は社長の甥。営業企画の丸山幸一氏（1983年生まれ）は丸山亘氏の長男であり、大学卒業後、少し間を置いて入社していた。テーブルウェアの総合的なメーカー、集散地問屋から、次の課題は鈑金を軸にした新たな事業領域の形成ということであろう。煙管からテーブルウェア、そして、現在は次の事業領域への転換期のようにも思えた。

（3）カレー皿、抗菌ステンレス業務用器物に展開
――意欲的に新素材に挑戦（イケダ）

戦後、対米向けスプーン、フォークといったステンレス製洋食器輸出で繁栄した燕には、輸出自主規制の枠があり、新規創業者は器物といわれるキッチンツール、ハウスウェアといった領域に向かった場合が少なくなかった。当初は洋食器の影に隠れていたのだが、次第にアメリカの輸入業者からも注目され、対米輸出も増加し、その後は洋食器と並ぶ燕を代表する事業として発展していった。この器物の領域、対米輸出に加え、国内向けも盛んに行なわれていった。

▶「ランチ皿」「カレー皿」でブレーク

イケダの創業者は池田周一氏（1920［大正9］～1999年）、外地から復員し、燕でスクラップ業（銅中心）を個人で開始している。銅のスクラップを集め、登坂金属で溶解し、真鍮、洋白の板にしてもらい、洋食器の花松（現在はな

２代目社長の池田弘氏

イケダが最初に開発したステンレス製「ランチ皿」

い）に供給していた。

この間、池田周一氏は５歳年下の中川健三郎氏とパートナー関係にあり、「これからはステンレスの薄板」と見定め、川鉄商事に飛び込み、ステンレスの薄板の調達に成功していく。この薄板をベースにプレス機械を入れ、中川氏は池田氏に「何か考えて欲しい」と投げかけている。池田周一氏は必死に考え、1963年頃に「ランチ皿」「小判皿」を開発、1964年４月に池田製作所としてスタートしている。

その後、1968年に「カレー皿」を開発、大ヒットとなった。この「カレー皿」、意匠登録、商標登録は却下され、燕で真似する事業者が９社にのぼった。当時は１枚の出し値が270円、毎日1000枚を生産した。さらに、1979年には防衛庁から初年度24万枚の注文があり、３分の２はイケダが対応、残りの３分の１をハウスウェア組合の他のメンバーに任せた。現在は、カレー皿はイケダだけとなり、防衛省からは毎年2000～3000枚の注文がある。

この間、創業者の池田周一氏は青森で４万坪、さらに新潟市でも土地を買いあさったが、バブル経済崩壊で大きな損失を抱える。メインバンクからは「社長は交代した方がよい」と勧められ、1996年、子息の池田弘氏（1954年生まれ）が43歳で２代目社長に就任している。池田弘氏は地元の高校から法政大学法学部に進んだ。燕地区の後継者は岐阜県関の「関徳」に修業に行くことが多いのだが、池田弘氏は反発し、1年間猛勉強を重ね、2年後に家業に戻る約束で法政大学大学院修士課程に進んだ。そして、25歳で帰郷し、家業に入った。当時、従業員は約20人、カレー皿はまだ続いていた。

▶抗菌性商品、エコクリーン商品に展開

家業に戻って以来、カレー皿の次を模索していくが、日新製鋼（現日鉄ステンレス）から「銅が含まれているステンレス材が余っている。何かに使って欲しい」との要望が入る。銅は元々、抗菌性があることは知られていたが、銅数％レベルのステンレス材に抗菌性があることはわからなかった。池田氏は実験を重ね、銅2.0％で抗菌性が突然出てくることを発見、さらに、地元の表面処理の中野科学（第6章2—(1)）と実験を重ね、実用化に成功していく。1996年3月に抗菌性のステンレスのバット、ボウルを発売するが、当初、市場では「抗菌性」は理解されなかった。

だが、1996年5月、岡山県瀬戸内市（当時邑久郡邑久町）の学校給食でO157が検出され、一気に抗菌性食器が注目されていく。この抗菌性食器は実用新案が取れ、イケダと日新製鋼、そして中野科学の3者で合意し、材料の供給先を限定している。タイガー魔法瓶、サーモスに加え、地元の洋食器メーカー、器物メーカー16社にしか供給していない。現在、この抗菌性ステンレス製品は地元では、現在、イケダ、サクライ、日本メタルワークスの3社が対応している。かつてほどではないが、順調に推移していた。現在のイケダの従業

燕に広く普及したフリクションプレス

油圧のプレス機械

員数は26人（男女半々）であり、売上額は3億6000万円を計上していた。池田弘氏が就任した1996年の1億8000万円に比べ倍の売上額になっていた。

現在、池田氏の関心は新素材の「エコクリーン製品」。ステンレス製品や陶磁器にコーティングするものであり、強い剝離性を有する素材であり、刃物、バット、調理用器具、また、油汚れの酷い内装材、レンジフード等への応用が構想されていた。これからの素材だが、今後、注目されることになりそうであった。

燕の金属製品は、従来は地元の卸売業者が日本中の小売店を回って販売していた。現在のイケダの販売方式は二通り。地元の有力卸売業である遠藤商事（第8章1―(2)）と江部松商事（第8章1―(3)）の2社に対しては、当方からサンプルを出し、販売してもらっている。この部分が約65%。もう一つは、地元の遠藤孝商店からのOEM生産（製菓子、製パン用商品）であった。

現在、64歳の池田弘氏にとって、次の課題の一つは後継者。池田氏には2人の娘がいるのだが、池田氏の弟の長男（35歳）が後継者候補としてイケダに入社していた。カレー皿、抗菌性ステンレス製品と歩んできたイケダは次の商品の育成、そして、世代交代が当面する課題のようにみえた。なお、池田弘氏は、2002年にハウスウェア工業組合の副理事長、2011年にはハウスウェア工業組合の理事長に任じていた。

(4) 鍋系、業務厨房用コンテナを主体に展開
——国内にこだわり商品展開、生産体制を形成（本間製作所）

洋食器部門は1985年のプラザ合意以降、大きく縮小したが、輸出の比重がそれほどでもなかった器物は、洋食器ほどの縮小とはなっていない。それでも、1990年代の後半以降、安価な中国製の輸入が活発化し、大きな転換を余儀なくされていく。

このような時代状況の中で、「もっと国内をやる」ことを意識し、特に、ホテル厨房用のホテルパン等の器物やIH対応の鍋などを焦点に興味深い取組みを重ねている本間製作所が存在している。

▶歩みと事業の輪郭

この四半世紀の歩みをみても、工場の増設、金型の内製化（1992年）、鈑金・組立ラインの設置（1996年）、レーザー加工機の導入（1998年）、3次元CADの導入（2002年）、IH鍋の大型化に対応するスピニング加工機械、プレス機械の導入（2008年）、自動倉庫の導入（2012年）と積極的な設備投資に踏み込んでいった。燕の洋食器、器物関連の企業が縮んでいる中で、際立った取組みといえそうである。

本間製作所の前身は本間鉄工所。元々、屑鉄の回収から始まり、鉄工所時代は屑鉄の溶解、鍋、釜の鋳造に従事していた。本間製作所の始まりは二つ前の世代の頃であり、現3代目社長の本間一成氏（1970年生まれ）の祖父が1951年に設立、1954年に燕市内の秋葉町（現本社）でステンレス製厨房用品の製造工場を新設している。さらに本社工場が手狭になり、1973年、近くの旧岩室村（現新潟市）津雲田に土地4000坪を取得、業務用厨房用品製造の津雲田工場を新設している。この津雲田工場は本社からはクルマで20分ほどの距離にある。

1985年のプラザ合意以降の円高の影響は、洋食器ほどではなく、1990年代いっぱいは輸出も続いていた。ただし、その頃には安価な中国製品の輸入が活発化していった。当時は、燕の卸問屋も中国製品の輸入を開始している。3代

3代目社長の本間一成氏

本間製作所の製品群

目社長の本間氏は大学卒業後はシチズン時計に就職、海外営業に携わっていたのだが、29歳になる1999年に家業に戻っている。その頃が燕の洋食器、器物の構造転換期というべき時期であった。本間氏は「衰退する問題に付き合い過ぎた。もっと国内をやる。なんとかしていく」として取り組んでいった。なお、本間氏は34歳になる2004年に3代目社長に就任している。その4年後の2008年にはリーマンショック。売上額は20%以上減少、回復に6年ほどかかった。

業務内容としては、業務用厨房用品製造、家庭用厨房用品製造、卓上用品製造、電気製品製造（電動応用機器）、ステンレス製品の設計・製作、上記に関連する輸出入業務及び販売とされている。取扱品目は、グリストラップ清掃、業務用寸胴鍋、ホテルパン、業務用調理器具、IHクッキングヒーター専用鍋等に加え、ステンレス鈑金加工、ゼロクリアエコクリーン加工等とされる。商品のカテゴリーとしては、鍋系と厨房用のコンテナ系の二つであり、売上額規模では半々の構成になっていた。現在の従業員56人、女性が20人ほどを占め、彼女たちはプレス、研磨、梱包などの現場にも入っている。最近の年間売上額は8億8000万円とされていた。

▶生産体制を充実させ、国内の高い意識に応える

燕の洋食器、器物関係の企業は、近年、精密鈑金部門以外、機械設備の投資意欲はあまり大きくないようだが、先にみたように、本間製作所は意欲的な設備投資を重ねてきた。現有設備をみると、金型関係は立型MC2台、NC倣いフライス盤1台、ワイヤーカット放電加工機2台、3次元CAD3台、2次元CAD2台があり、加工機械としては油圧プレス（300〜600トン）13台、クランクプレス（250トン、350トンなど）32台、フレキションプレス2台、ロボットライン2式、スピニングマシン4台、カーリングマシン5台、溶接機15台、自動研磨機・研磨ライン2式等に加え、ターレットパンチプレス1台、2.5次元レーザー加工機1台、ベンダー2台、バンドソー4台、ロール機4台等から構成されている。本格的なプレス・鈑金、金型工場を構成している。本間氏は「外注先の廃業が多く、内製化せざるをえない」と語っていた。生産の

海外依存はないが、ステンレス材の一部はマレーシアから入れていた。全体的に壮大な設備展開であり、国内でのモノづくりに強い意欲が示されている。

販売先は、地元の有力産地問屋であり、集散地問屋としての性格も強めている遠藤商事、江部松商事等の問屋経由がメインであり、最近ではネットを通じて個人が小さな鍋等を求めてくる場合も増えていた。本間製作所の鍋、厨房器具のデザイン性は高い。料理好きの人びとにとっても魅力的な製品が少なくない。なお、本間製作所の商品は創業の頃から「仔犬」印として提供されてきた。

このような事情の中で、2012年には本社工場の大規模改修工事を行ない、自動倉庫を導入したのに加え、全体をオシャレな外装、内装に変えた。本間氏は「消費者に直接来てもらい、買ってもらう形をとりたい」としていた。かつての低価格品、中級品の大量生産、大量消費の時代から、差別化された使い易く、高品質、デザイン性の優れた調理器具が求められる時代でもある。本間製作所はそのような方向に向かっているようであった。

(5) 燕では後発、雑貨から建材、医療機器部品等まで ――試行錯誤を重ねる（日本メタルワークス）

日本メタルワークスの創業は1959年、その数年前から対米経済貿易摩擦に直面しており、新規の創業者には対米輸出の出荷枠は与えられなかった。そのため、日本メタルワークスは当初から、おたまなどのキッチンツールを地場の問屋からの受注で生産してきた。

1960年代の国内は高度経済成長期の中にあり、しばらくは「作れば、売れる」時代が続いた。その後、第4次中東戦争（1973年）が始まるまでは中近東向けが増加したものの、その後はアメリカ向けにシフトしていく。そして、日本メタルワークスは10年ほど対米輸出向け金属ハウスウェアの仕事に従事していく。1985年のプラザ合意の頃までは生産量の80〜90%は対米輸出が続いていった。この仕事には波はあったものの、ロットはまとまり、現金決済であるなど、魅力的な仕事であった。燕の主力であった洋食器以外でも、燕では1950年代後半から1960年代にかけて企業が大量に創業し、一つの時代を謳歌したのであった。

▶プラザ合意以降の挑戦

だが、プラザ合意後の円高により事態は一変する。輸出は一気に激減し、燕の洋食器業者の廃業も始まりだした。そのため、日本メタルワークスは国内市場を模索し、東京、大阪に仕事を求めて営業活動を重ねるが、事態の改善にはつながらず、週休3日などが続く。その頃には、40人の従業員のうち7人に退職してもらうなどの苦しい状況でもあった。

その後、しばらくして積極的な営業活動の成果が現われ、店頭用厨房器具、医療機器、建築関連等の部品の仕事が動き始めていく。ともかく、ステンレス加工に関するものは何んでも手掛けた。1992年の頃には、そうした新たな分野が軌道に乗り始め、新規事業分野と金属ハウスウェアの比重は7：3の構成になっていった。新規事業分野の受注先は東京から大阪の範囲のメーカー、商社、さらにはベンチャー企業などであった。これら新分野の中でも、医療機器、建築関連等は納期、精度、コストが厳しく、従来の燕の仕事とは全く異なるものであった。日本メタルワークスはこのような世界に飛び込んでいった。

1997年頃には、2代目社長に就いたばかりの坂口作弥氏（1962年生まれ）は燕商工会議所青年部の中核的なメンバーであり、私とよく議論したことを思い返す。当時の日本メタルワークスの経営理念は「生活文化のメタルワークの創造に努める」とあり、得意な分野として「小量中量鈑金加工、小量中量絞り

2代目社長の坂口作弥氏

日本メタルワークスの多様な製品群

加工、深絞り、異形絞り加工、研磨を仕上げとする部品及び製品の加工、各種異種素材を組み合わせてのアッセンブリー」と紹介されていた。1990年代中頃以降、日本メタルワークスは、そのような方向に向かっていったのであった[11)]。

▶年齢を重ね、やや落ち着いた展開に

2019年2月、久し振りに坂口氏と会うと、相変わらず意気軒昂ではあったが、やや落ち着いてきたようにもみえた。この20年の間に「家電、自動車等の大手と付き合い、重宝がられ、売上額も10億円を超える規模になり、消耗した」と語っていた。特に、2008年のリーマンショック時には、個人的には株で損失を重ね、省みることが多く、「初心に帰る」ことを考え、大手との付き合いをやめ、無理をせずに、そこそこの売上額と利益を求める方向に転換したようであった。新たな経営理念は「社業の発展と社員の幸福」とあり、また「一緒に仲間の和を広げましょう」「一緒にやって良かったな～」「これからもずっと付き合いたいな～」と記されてあった。現在の従業者は役員4人を含めて17人、坂口氏は「望んだ姿」と振り返っていた。

現在の営業内容は「国内、輸出向け金属製品および各種パーツの製造販売」とあり、主な製品としては「業務用・家庭用ハウスウェア、ディスプレー什器、製菓器具、医療用品およびパーツ、製缶鈑金、建築用品、抗菌ステンレスによる各種製品、レストラン厨房用品、線材加工品、空調および厨房用フィルター、

日本メタルワークスの多様な取組み

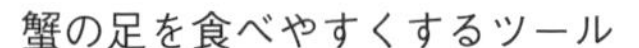
蟹の足を食べやすくするツール

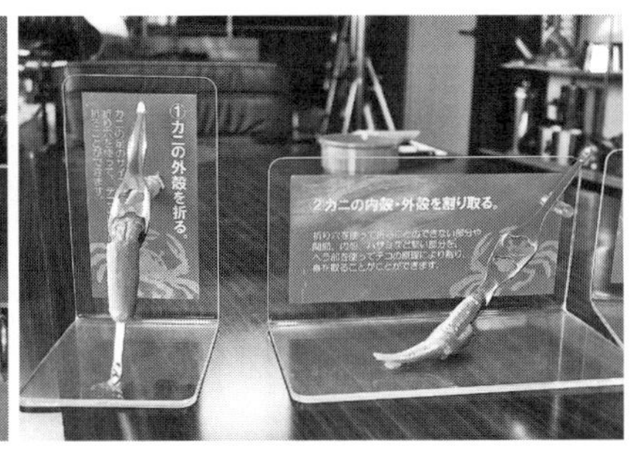

住宅関連パーツ」とされていた。実に多様な方向に向いていることがわかる。ただし、坂口氏は「得意は深絞りだが、主力がない」と振り返っていた。

社内の機械設備をみると、基幹のプレス機は油圧プレス5台、空圧プレス10台、フレキションプレス1台、ポジティブクランクプレス3台の計19台、その他は、レベラーフィーダー、ベンダー、NCパンチプレス、各種溶接機10台、各種研磨機17台、パイプロール加工機、スピニングマシン、シャワー洗浄機等となっていた。プレスを軸にしたプレス・鈑金加工であり、研磨もできるということであろう。

先の経営理念にみるように、「仕事は気が合う人とやっている。そこそこ楽しい」とし、かつては新製品をガンガン打ち出してきたが、最近はそうでもない。だが、そうもいかず、2018年からは燕三条地場産業振興センターに誘われて、開発した自社製品を東京などの展示会に共同で出展するようにしていた。坂口氏の子息は15歳、承継には20年はかかる。57歳の坂口氏はその20年を見据え、金属加工、深絞りをベースに「楽しい仕事」を求めているのであった。

(6) チタンのアウトドア商品等に展開
——次世代は自社製品に向かう（燕器工）

1985年のプラザ合意以降の円高により、洋食器の輸出はほぼ消滅、むしろ、器物が国内市場を中心に存続、現在に至っている。この間、幾つかのドラマが発生、地域の中小企業に多様な影響を与えていった。

その典型的な歩みを重ねた中小企業の一つとして器物メーカーの燕器工が存在している。戦後、プレス（絞り）から出発、器物メーカーとして歩み、その後、チタンのアウトドア商品を手掛け、現在は建築外装用ステンレス製換気口（フード）のOEM生産を主力としている。この間、3代目を予定される後継者が入社し、次の課題としてチタンを軸にした新たな自社製品の開発を視野に入れているのであった。

▶器物メーカーとして歩み、チタンにも向かう

燕器工の創立は1964年だが、その前身がある。前身の相場金属の創業は戦

後の 1953～1954 年の頃であった。相場家は地域の名門であり、現燕器工２代目社長の相場和衛氏（1950 年生まれ）の叔父の相場一清氏は新潟県会議長を務め、もう一人の叔父の相場正夫氏は日本金属洋食器工業組合の第６代目の理事長に就いていた。相場和衛氏の父の相場信氏は新潟大学工学部の出身、プレスから入り、器物メーカーとして展開していった。対米輸出は洋食器が目立ったが、器物も次第にアメリカ輸出されるようになり、1985 年の頃までは右肩上がりであり、アメリカ向けのステンレス製のティカップ、シュガーポットなどが売れていった。1985 年の頃には相場金属の従業員は約 300 人を数えていた。

この間、ホーローも手掛け、農村には人がいるということで、燕から北側１時間半ほど山間部に入った現在の阿賀野市に従業員 50～60 人規模のホーロー工場を設置している。だが、ホーロー製造にはカドミウムを使うため、公害問題に直面、多くの対策をとったものの、経営が傾いていった。

現燕器工社長の相場和衛氏は中央大学理工学部の出身、機械商社に３年ほど勤めて相場金属に入社している。燕器工の設立は、議員であった叔父とその友人たちによるものであり、事実上、相場金属と燕器工が並立していた。だが、その後、相場金属は消滅し、燕器工が事業を続けてきた。

相場和衛氏が燕器工の２代目社長に就いたのはバブル経済崩壊直後の 1992

２代目社長の相場和衛氏

相場大史氏

年であった。縮小気味であった燕器工にとっては、むしろやり易く、右肩上がりが続いた。特に、1994年頃に取り組んだ冒険家の三浦雄一郎氏がキャンプで使うチタン製の軽量の鍋、コップなどが注目を浴びた。薄さ0.3 mmという超軽量のチタン製アウトドア製品（絞りは外注）は、燕器工しかできないとされている。この点について、相場和衛氏は「チタンには縦横の目があり、絞る方向を常に一定にすること、また、専用の油圧油を開発することで可能になった」としている。

▶燕器工の現状と輪郭

現在の従業者数は18人、うち4人は家族であった。家族は社長夫妻、祖母（会長）、長男であった。長男で専務取締役の相場大史（ひろふみ）氏（1985年生まれ）は、地元の高校を卒業し、國學院大学法学部に進んでいる。卒業後は餃子の王将（京都）に勤め、仙台、東京、長野、新潟などの店を回った。4年で退職し、27歳で家業に戻っている。それから6年、現場と外注回りを担っていた。

燕器工の場合、社内には洗浄、溶接、カシメ、タップ立てがあり、検品、梱包が主たる仕事になっている。大半の工程は外注依存であり、30～40社を数えている。基幹のプレス（抜き、絞り）は10社、その他は、材料屋7社、金型屋3～4社などであった。材料を調達し、金型製作を手配し、それをプレス屋に渡していく。プレスされたものを引き取り、後の工程は社内で行なうことになる。

現在の主力の取引先は2社。この2社とは相場和衛氏が2代目社長に就いた27年前から続いている。1社はスポーツ用品のエバニュー（江東）へのOEM供給のチタン製のアウトドア用品であり、売上額の約20%を占める。もう1社は換気口と空調用吹出口の専業メーカーである西邦工業（練馬）のOEM供給であり、売上額の約80%を占めている。

このような2社依存で来ていたのだが、2008年秋のリーマンショック前までは順調であった。だが、その後、売上額が3分の1に減少、10年が経過した現在、リーマンショック前の60～70%水準の状況であった。

3代目を期待される相場大史氏が家業に戻った頃はリーマンショック後の最

外装用ステンレス製換気口

溶接職場

悪の時期であり、現場、外注先を巡り、また、燕商工会議所青年部に参加し、新たな取組みの必要性を痛感させられた時期でもあった。この点に関し、相場大史氏は幾つかの課題を認識していた。

一つ目は、自社製品がない現状からの飛躍。例えば、チタン製のストローなどが意識され、また、主力のエバニュー関係でも当方からの提案の新製品の開発が目指されていた。

二つ目は、新たな OEM 先をみつけるため、展示会への意欲的な出展。

三つ目は、社内のコストなどの見直し。

展示会については、2017 年のパシフィコ横浜の展示会に出展し始めている。チタン製のコッフェルなどが注目を集めていた。

プレスの絞りから出発し、器物メーカーとして歩み、ホーローまで手掛けていたのだが、現状は基幹のプレスは外注依存、後工程のみ社内で対応、さらに、商品開発はユーザーの側にあり、商品にまとめ上げる部分を担うというややブローカー的なものになっている。成長産業分野ではブローカー的な部分の重要性が高いが、安定、あるいはやや縮小気味の事業領域の場合、ブローカー的立場は縮小均衡してしまう場合が少なくない。

若い3代目が引き継いでいくためには、従来事業を見直し、世間の動きを眺めながら、新たな事業領域を切り拓いていく必要がある。チタンやステンレスの加工技術をベースに次に向かう、有力取引先の中で新たな部分を切り拓く、あるいは、全く新たな事業領域を切り拓いていくことが必要であろう。展示会への出展は販売に加え、新たな製品、事業領域との出会いでもあり、また、燕商工会議所青年部の交流は事業意識高揚、ネットワーク形成に有益に働く。そのような取組みを重ねながら新たな可能性に向かっていくことが期待される。

(7) キッチンツールから製菓用具に
――4代目は女性が継ぐ(杉安製作所)

杉安（すぎやす）製作所は、戦前期は牛の鼻環（はなかん）、火箸、灰ならしなどの真鍮製品を作っていた。戦後は洋食器の輸出とは一線を画し、フラフープ、玉子焼器(ステンレス)、キッチンツール(おたま等)と展開、その後、製菓用具の領域に進んでいった。この製菓用具、ヨーロッパが本場だが、日本向けに小さくし、独自な存立基盤を形成、近年、一般家庭に浸透しつつある製パン、洋菓子ブームの中で多様な製品を展開していた。

▶真鍮製品からステンレス製製菓用具へ

杉安製作所の創業は戦前期、現3代目社長の杉山大史（たいし）氏(1942年生まれ)の祖父の頃だが、資料は残ってなく、よくわからない。当時は真鍮製の牛の鼻環、火箸、灰ならし等を製造していた。1951年、父の代(2代目)に会社設立となった。杉安製作所はこの年を創業としていた。先代は目新しいことが好き

3代目社長の杉山大史氏

多様な製菓用具

であり、1950年代末に大ブームとなったフラフープの製造も手掛けていった。ただし、これは一過性に過ぎなかった。その後は、ステンレスの玉子焼器、キッチンツール（おたま、栓抜き、缶切り等）を手掛け、さらに、製菓用具に入っていった。しばらくはキッチンツールと製菓用具が杉安製作所の二本柱であった。この間、輸出はほとんど手掛けていない。

3代目の杉山大史氏は燕の出身、家業は燕で風呂釜（銅製）の製造を行なっていたのだが、次男であることから建築士になることを目指し、中央大学理工学部土木科に進む。だが、大学3～4年生の頃になると、測量の実習で神奈川県（秦野）の山間部に入り、これは向かないと判断、卒業後、家業に入った。そのまま家業にいるつもりでいたのだが、杉安製作所の2代目に見初められ、24歳で杉山家に婿養子で入っている。家業は兄が継いだ。以来、50年、杉安製作所に在籍し、1988年頃に3代目社長に就任している。

その頃はキッチンツール主体であったのだが、主力ユーザーの貝印（創業関、本社東京、関に工場、長岡に流通センター、中国鶴山市に2工場、上海市松江区、ベトナムにも工場）が中国進出を計画し、誘われて中国広東省江門市の中の県クラスの鶴山市に5～6回視察に行き、「これは中国製にやられる」と判断、進出はしなかった。その後、予想通り日本国内は安い中国製に席巻され、杉安製作所は2010年頃にはキッチンツールから撤退、その後は製菓用具及びその周辺に専念してきた。食パン、ケーキ、パイ、タルト用など全体で100種類に及ぶ。

▶事業の輪郭

主たる受注先は貝印、タイガークラウン（燕）などの問屋であり、製品企画は両者で検討して決める。金型は地元の金型屋に依頼し、材料を地元、県外の材料屋から調達する。ステンレス素材であり、フッソ加工、テフロン加工、さらにはアルスター材（鉄にアルミメッキ）などがある。受注ロットは500～2000個ほどであった。工場内にはプレス機（アマダ）、ベンダー等が設置され、絞り、折り、曲げ加工が行なわれていた。研磨は地元の外注に出し、完成品を包装、梱包して問屋に送っていた。なお、工場内にはあまりみられないスウェ

菓子の抜き型など

スウェージング加工による菜箸

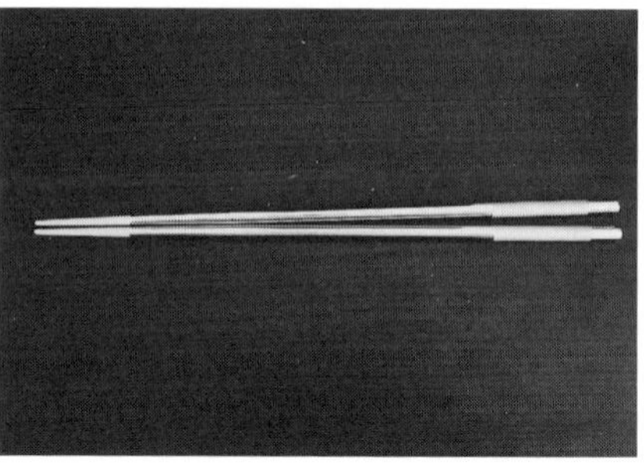

アマダのプレス機による絞り加工

スウェージング加工機

ージング加工機（ダイスと呼ばれる工具を回転させ、棒材、パイプ材を叩いて引き伸ばす）も設置してあった。

この製菓用具の領域、ライバルは意外に少なく、燕に小さいところが2〜3社あるが、30年の実績のある杉安製作所としては、ほとんど「気にならない。マイペース」としていた。また、この5〜6年、100円ショップの高額品（300〜500円）として提供しているが、当方の製品としては低価格であり、儲からない。数でこなすとしていた。輸出は意識していないが、問屋が出している場合もある。基本は国内向けであり、ライバルも意識されず、製パン、製菓ブームの中で、その用具を提供する興味深いビジネスモデルを形成していた。

▶後継は末娘を予定

現在の従業者は役員2人と正社員10人の計12人。2019年1月に2人辞めたため、ハローワークに申し込んでいるが、杉山氏は「多分、ダメだろう。若い人は来ない。紹介されても55〜56歳の人だろう」としていた。

杉山氏の子供は3人（男、男、女）であり、次男を後継と考えていたのだが、早世し、末娘を考えていた。彼女は高校卒業後アメリカに留学、10年ほど前に帰国し、家業に入ってきた。当初から継ぐ構えであった。杉山氏は2020年の東京オリンピックの後ぐらいに譲りたいとしていた。今後については、杉山氏は「娘が決めること。製品は続けていくと思うが、販売はネットなどが増えそう」と語っていた。

燕地域で金属製品関係の事業所で女性経営者、後継者に巡りあうことはほとんどないが、ようやく女性経営者が登場しそうであった。最終ユーザーも女性が多く、より豊かな事業として進化していくことが期待される。

(8) 仏具金具からテーブルウェアへ
——プレス、射出成形金型を内部化（田辺金具）

仏壇は全国各地に産地があり、地域の独特のものが提供されてきた。特に、金仏壇と呼ばれるものは、日本海側、名古屋、大阪、姫路、広島、鹿児島などで広くみられた。ただし、近年の生活様式の大きな変化、特にマンションの拡がりの中で、従来型の仏壇の需要は大きく縮小している。むしろ、現在では「仏壇らしくないもの」へとシフトしている。そのため、家具業界からの参入も少なくない。全体に縮小している中で、仏壇と家具の境界が低くなっているとされる。新潟県は比較的仏壇が残っており、伝統工芸品の指定を受けている仏壇産地が3カ所ある。三条、長岡、白根（新潟市）とされている。

ここで扱う田辺金具が取り扱ってきた領域は「かぶり金具」といい、仏壇の各部所に金メッキしたパーツをかぶせていくものである。それらの金具は元々は手打ちされていたのだが、近年はプレスによる場合が少なくない。そのようなプレスの金仏壇金具を製作する企業が燕に立地し、さらに、近年、トング等のキッチンツール、テーブルウェアに転換を図っているのであった。

修復を依頼された仏壇用金具

新分野のキッチンツール

▶金仏壇金具の手打ちから、プレス加工へ

田辺金具の創業は1955年、田辺太三郎氏によって始められた。田辺氏は新潟市の金具師の長男であり、燕で事業を開始した。当然、伝統的な「手打ち金具」であり、法人化した1977年の頃は従業員10人を数えていた。第1回目の転機となったのは「手打ち」から「プレス」に変わったことであり、1988年にプレス工場を新設している。そして、その後の田辺金具の工場の新増設は著しい。

1993年　本社を現在地の燕市殿島1丁目に新築移転
1997年　メッキ工場、金型工場を新築
2005年　第5メタルファクトリーを新設
　　　　トング他金属雑貨製造販売に着手
2008年　研磨工場を稼働
2010年　錫メッキ工場を増設
2015年　第5メタルファクトリーを増設

燕地区は近年、各社の工場等の新増設が目覚ましいが、この田辺金具の歩みは著しい。特に、プレス工場の設置は、その後の田辺金具の歩みに大きな影響を与えることになった。現在、仏具金具のプレス工場は新潟では田辺金具1社のみであり、全国的にみても京都に1社、さらに金仏壇産地の鹿児島県川辺に幾つかとされている。1990年代以降は、仏壇業者が中国に合弁企業を設立し、中国製の金具を日本に入れ始めていった。

田辺金具のユーザーは、一つは鹿児島（川辺）、秋田（川連）等の仏壇の量産メーカーであり、もう一つは「お洗濯」といわれる再生や取り替え需要であり、全国の仏壇屋を通じて寄せられてくる。現在では復元の場合はスキャナーでとって図面化し、作り直していく。また、このような仏具に加え、田辺金具にはメッキ工場等があることから、関東地区の神輿金具、愛知県、石川県の山車金具の再生の依頼も少なくない。

▶仏具からキッチンツールへの転換

キッチンツールへの進出は、2005年に燕のキッチンツール・メーカーが閉鎖されたが、そこからプレス工が田辺金具に再就職してきたことが契機となった。当時田辺金具には余力があり、「トングでもやってみるか」ということになった。また、その頃入社してきた従業員の父がキッチンツールの流通関係と人脈があり、技術と流通の双方の可能性から、田辺金具は新規投資も行ない、キッチンツールの生産に入っていった。これが第2回目の転機であろう。

当時、仏壇業界は低迷を重ねており、田辺金具の次の商品としてキッチンツール、テーブルウェアが大きく登場してきた。金具もキッチンツールも生産工程はほぼ同じであり、いずれも、金型を用意し、製造工場でプレス、絞り、曲げを行ない、洗浄、メッキ、塗装、組立していく。田辺金具は現在7工場を構

プレス工場

フリクションプレス

えている。キッチンツールに踏み込んで以来、樹脂の必要性も生じ、射出成形機を２台導入、さらに、金型部門もプレス金型部門と射出成形金型部門の両部門を社内に備えていくのであった。金型専業の企業で、プレス、成形金型の両方を持っているところは少ないが、田辺金具は金型両部門に加え、プレス、成形、メッキ、洗浄等の一通りの機能を身に着けているのであった。

現在の事業分野は大きく、仏壇金具製造販売、再生の部門と、キッチンツール、テーブルウェア部門の二つの部門になるが、仏壇関係が低迷している中で、キッチンツール、テーブルウェア部門の売上額の比重はほぼ半分に高まっている。新たな事業分野への転換が成功したということであろう。主要な取引先は、キッチンツール、テーブルウェア関係は、燕の遠藤商事、江部松商事、エムテートリマツ（第８章１―⑹）、新越ワークス（第３章２―⑸）、三条のオークスなどであり、仏壇関係は、遠誠（守口）、すゞや（浜松）、三村松（広島市）、吉運堂（新潟市）などであった。

この間、従業員は減少気味であり、2014 年の 86 人から、現在は 67 人（女性がやや多い）となっていた。現在、採用はしていない。また、経営者は２代目から「臼杵」姓になり、３代目は臼杵芳郎氏（1944 年生まれ）、４代目は芳郎氏の弟の臼杵和朗氏（1946 年生まれ）が 2019 年２月に就任している。高齢の兄弟による承継となった。

伝統的な産業でありながら、「手打ち」から「プレス加工」へ、さらに「金具」から「キッチンツール、テーブルウェア」へと２度の転換を遂げた田辺金具は、プレスと樹脂の成形、そして、それらの金型製作という幅広い領域を身に着け、次に向かっているのであった。

（9）自社製品を幅広く展開
――――プレス加工、樹脂成形加工、金型を内部化（タケコシ）

燕の洋食器、器物の発展の中で、プレス、研磨などの下請加工に従事する中小企業が大量に現われたが、それらの加工企業の中からメーカーに転じていった場合も少なくない。その多くは洋食器メーカー、器物メーカーとなっていった。ここでみるタケコシは、プレス加工からケトル、金網製品などの領域のメ

２代目社長の竹越孝行氏

タケコシの自動倉庫／金型と製品が置かれる

ーカーとして歩み、他方でベースであるプレス加工は、現在では燕産地とはあまり関わりのない家電部品、機械部品に向かっていた。

▶下請プレス加工から自社製品に

タケコシの創業は1966年、現２代目社長の竹越孝行氏（1963年生まれ）の父が現在地で弟と共にプレス加工の下請として出発している。その後、多様性のある器物のプレス加工に従事してきたことから、加工技術の幅が拡がり、機械部品のプレス加工の領域にまで拡がっていった。HPには「各種金属のプレス加工・液圧を使ったバルジ加工・パイプの小R曲げ加工などをしております。温間絞りによる深絞り・異形絞りはもとより、液圧バルジ成型を組み合わせることにより、様々な形状に対応できます」と記されてあった。

２代目社長の竹越孝行氏は高校まで燕で暮らし、大学は東京、経営学部に学んだ。卒業後はコンピュータのシステム開発に従事した。仕事はきつく、３年弱で家業に戻った。当時のタケコシの従業員は25人ほど、下請のプレス加工に加え、自社製品のケトル、鍋、ザルなどの製品も作り始めていた。竹越氏は現場（プレス）、外注回り（研磨、溶接、メッキ）等に従事してきた。2000年代になると父が闘病生活となり、2005年に社長を引き継いでいる。父は翌年に他界した。この間、一時「発芽玄米」とそれを作る機械にまで踏み込んでいたのだが、市場規模が小さく、20 年ほど前には撤退している。その後は「金物」に注力してきた。

2008 年 9 月のリーマンショックの影響は大きく、売上額は 10% ほど低下した。受注先が 1 社に偏らないこと、最大でも 15% 程度を意識している。もう一つ、業種が偏らないことに努めていた。

▶自社製品と部品加工

現在は、大きく自社製品（クジャクマーク、60～70%）と部品加工（30～40%）の構成となっていた。家庭用品は一部に OEM もあるが、大半は自社製品であり、在庫負担もある。素材は銅（10%）とステンレス（90%）であった。また、抗菌ステンレスの製品もあり、20 年来の定番商品になっていた。さらに、社内には大型の自動倉庫（428 パレット）があり、在庫の製品とプレス金型（数千型）が格納されていた。自社製品は地元の産地問屋に販売し、そこからデパート、ホームセンターに納められていた。ネット通販は 30% 程度低い価格となり、当方ではどうにもならず、困っていた。ネット通販の低価格化は全国的な問題であり、今後どのようになっていくか予想もできない。

もう一つの主力の部品加工の部分の大半は県外向けであり、関東から長野、さらに秋田にもある。いずれも大手企業の地方工場であり、その口座を取得していた。部品としては、家電部品、製造ラインやプラントに入るものであり、

バルジ加工により、右の部品が左の形状になる

液圧バルジ加工機／片岡鉄工所製

ロットは数十個から多い場合には数万個ということもある。竹越氏は「この部分を増やしたい」としていた。

溶接、研磨工程は外注（燕）であり、社内ではプレス加工と組立が行なわれていた。エアークラッチプレス11台（アマダ、45～110トン）、油圧プレス2台（片岡鉄工所、150トン）、油圧パイプ加工機1台（柴山機械）、液圧バルジ加工機1台（片岡鉄工所）、洗浄機2台等が設置されていた。なお、柴山機械と片岡鉄工所は燕の地場の機械メーカーだが、片岡鉄工所はすでに閉鎖されている。燕の場合、地場の機械メーカーが活躍した時代もあったのだが、近年、その多くは縮小、撤退し、全国ブランドの機械メーカー製を採用している場合が少なくない。

従業員はこの十数年減少を重ね、現在は13人（男性6人、女性7人）となっていた。現場では女性がプレス加工、洗浄などにも携わっていた。この1～2年、採用はなく、2019年度は募集しているのだが、反応は鈍い。燕全体に人手不足は深刻になっている。また、竹越孝行氏の子供は4人。上3人は娘だが、4人目の長男は、現在、大学1年生（経済学部）であり、「継ぐ気はある」としていた。

銅クラッシーケトル

銅板排水口ゴミ受け

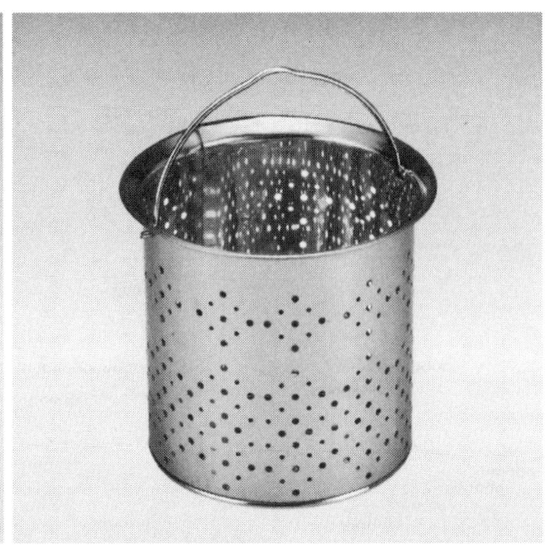

資料：いずれもタケコシ

現状は人が足らず、手が回らない状態だが、自社製品の高級家庭用品、プレスの部品加工も順調であり、この二つの部門をベースに存在感を高めていくことが期待される。

(10) ステンレス産地で鉄製鍋の一貫生産
——自社ブランドで海外輸出も（サミット工業）

ステンレス製品産地の燕には珍しく、サミット工業は鉄製の鍋に特化する中小企業であった。元々は金物の卸商から始め、戦後、ステンレス洋食器メーカーとして再開し、器物にも展開、先代の時代は、製品を三条の問屋に歩いて持っていった。その後、鉄製の鍋に転換、地元の問屋のOEM生産が多かったのだが、その後、自社製品をスタートさせ、さらに、海外輸出にも取り組んでいる。

▶ステンレス洋食器から鉄製鍋に転換

サミット工業の創業は1919（大正8）年、3代目の現社長峯島健一氏（1968年生まれ）の祖父の代であった。戦後は1947年、燕市内で峯島洋食器㈱を設立、ステンレス洋食器メーカーとしてスタートしている。輸出向け、国内向けに従事していた。洋食器の日米経済貿易摩擦の際は、プラスチック製柄を生産

3代目社長の 峯島健一氏

鉄製の天ぷら鍋

するためにプラスチック成形も行なっていた。燕市街地からやや離れた現在地（燕市松橋）には1973年に着地している。

その頃、ゴルフクラブの遠藤製作所グループのエポン販売から「鉄製で鋳物のような鍋を作れないか」との打診があり、ステンレス洋食器が激減する中で、サミット工業は鉄製鍋に転換していった。鉄製鍋の生産工程は以下の通り。なお、サミット工業の「サミット（Summit）」は、「頂上、峯」から採っていた。

まず、鉄板は三条の鋼材商から仕入れる。燕の鋼材商はステンレスがメインであり、三条は鉄に強い。この鋼材を所定のサイズに切断し、プレス機械（絞り）にかける。サミット工業は基本的に一貫生産体制であり、プレス部門は油圧プレス3台、クランクプレス7〜8台、その他プレス機十数台を数える。プレスの後はバリを取るためのふち抜きを行ない、注ぎ口加工、穴あけ加工と重ね、成形が済むと洗浄、さらに塗装を行なう。また、必要に応じて柄の組立を行ない完成していく。柄はほとんど金属だが、一部に木製もある。この木製柄は三条の木工業者に依頼する。プレスの金型は燕の金型屋に頼むこともあるが、基本的には社内で生産していた。なお、これらの金型の所有はほとんど自社所有であった。金型置き場には約1000型が格納されていた。

主たる製品は、揚げる鍋（天ぷら用、これからスタートした）、炒める鍋（木製柄と鉄製柄）がある。鉄製柄のものは「北京鍋」という。さらに焼く鍋、プロ仕様などがある。サミット工業製の鍋は黒色に塗装していた。全体に厚みのある重厚な製品に仕上がっていた。

プレス機への金型の取付け

プレス成形された鍋

▶リーマンショックで方向を変えていく

鉄製鍋に踏み込み、鉄鍋のOEMを主として順調に推移したのだが、リーマンショックで大きな打撃を受ける。当時は主要商社1社への依存度が高かった（60～70%）。これを契機に以前から進めていた自社製品開発に力を注ぐ。自社製品の数が増加し、また、顧客開拓を進め、主要商社への依存度は25%とし、逆に市内外の商社4社が45%程度となり、バランスが取れてきた。また、近年、中国、アメリカ輸出も増えている。

企画・デザインは、以前は問屋から「こういうもの」との依頼があったのだが、現在は、自社で企画し、社内の金型担当者と調整して決める。峯島氏は「営業はなし。商談室に置いておくと、勝手に引き合いがくる。商品が営業」と語っていた。

峯島健一氏は千葉の大学を卒業、地元のヨシカワ（鈑金）に3年在籍し、2006年に家業に入った。その頃にはすでに鉄製鍋に変わっていた。3代目社長に就いたのは2008年8月。翌9月にはリーマンショックが到来する。しばらく影響はなかったのだが、2009年の中頃から注文が来なくなった。この時に「自分たちで自由に扱う製品がないとダメ」と痛感し、自社製品、自社ブランドに関心を抱いていく。Summitブランドで問屋を抜いて市場に投入すると、問屋筋から「怒られた」。現在、自社ブランド品は新越ワークスを通じて生協ルート（カタログ掲載）に一部出している。そして、国内の直接販売がなかなか難しいことから、海外を模索していった。

樹脂の吹き付け塗装

ほぼ完成した鉄製鍋

▶海外販売が一気に高まる

海外への売り方はわからなかったのだが、2009〜2010年の頃に通販のアリババから連絡が入り、東京のセミナーにも参加してみた。峯島氏は「意外に真面目」と受け止め、アリババのサイトに掲載していった。3年目ぐらいになると問い合わせが来るようになった。サミット工業の海外展開はここから開始された。

現在、輸出は、アメリカ（業務用）、中国（家庭用）向けが多くなっている。アメリカ向けは中華レストラン向け（北京鍋）が多く、年間約1万枚、売上額で年間2000万円ほどはいく。2016年にはアメリカのTV局が取材に来ていた。この北京鍋が突破口になり、鉄製鍋は、近年、海外向けが増えていた。現在では自社ブランド品の売上額は国内、海外合わせて25〜30%になって来た。峯島氏は「海外向けがこれだけスピード早く来るとは思っていなかった」と語っていた。国内市場が縮小気味の現在、日本のメーカーにとって海外展開は一つの大きな課題なのだが、サミット工業はアリババを通じて新たな可能性をつかみつつあった。

サミット工業の現在の従業員は、パートタイマーを入れて30人、男性13人、女性17人から構成されていた。一貫生産の中で細かな作業が多く、女性向きとされていた。建屋は増設によりやや錯綜しているが、ステンレス製品産地の燕において、鉄製鍋の一貫生産が粛々と行なわれ、ここに来て一気に海外販売の比重を高めているのであった。

3. 高級化に向かい、他分野に向かう

戦後、洋食器の世界は純銀、洋白、ステンレス製と大きく三つの領域に分かれ、純銀製が最高級とされ、次いで洋白、そしてステンレス製が位置づけられていった。燕の大半はステンレス製に向かい、円安構造の中で低中級品の量の出るゾンーンの対米低価格大量輸出の時代を謳歌した。だが、この領域はその後の円高、さらに、中国を中心とするアジア諸国地域の低価格量産品に席巻されていく。後発の金属器物もほぼ同様の構図の中に置かれていく。日本国内も

低価格量産品の世界は中国、アジア製で埋められていった。

このような事情の中で、国内の高級品市場が期待されるのだが、全体的に成熟感が強く、人びとはモノを買わなくなっている。日本の人口は減少傾向にあり、今後大きく市場が拡大していくことは期待できない。特に、洋食器については明らかに生産力過剰ということになろう。その場合の対応の仕方としては、全体を縮小させ、限られた企業が高級化路線を追求し、事業規模は小さくとも高付加価値、差別化された無比の存在となっていくか、あるいは、他分野の可能性を追求していくかになろう。

▶高級化路線、差別化路線に向かう

洋食器を焦点に、高級化路線、差別化路線に進む場合、純銀、洋白、ステンレス製といった階層構造の中で、ステンレス製の独自性を表現し、その中で魅力的な製品になっていくことが不可欠であろう。この点は、金器、銀器、銅器といった素材別の階層構造の中で、燕の鎚起銅器が独自の位置を占めていることが示唆的であろう。銀や洋白製の安価な代替品としてではなく、ステンレス製そのものの良さをベースにどのように高級化、差別化を図れるかが問われることになろう。この点、燕の吉田金属工業（第３章２—⑷）のGLOBALブランドのオールステンレス製の包丁は、美しさと切れ味、さらに衛生面から欧米で高く評価されていることは注目に値する。

また、日本の優れた伝統工芸の世界では、かつての低価格量産のものは消え去り、一部の差別化されたものだけが生き残っている。例えば、陶器の備前焼、萩焼、また、飛騨の家具などが注目される。これらの個性は際立っており、縮小しているものの、確実に存在感がある。いずれの場合も、素材、熟練の技、そして、一貫生産であり、流通も個別化している。大産地を形成してきた燕の場合、規模のイメージは立ちにくいが、高級化、差別化は一つの究極の姿であるように思う。世界に受け入れられているフランスのバカラなどもその一つの典型のように思う。モノづくりにおけるメイド・イン・ジャパンの信頼性は高く、燕の洋食器、ハウスウエアは、世界に注目、信頼されるものとして新たな方向を模索していく必要がある。

▶他分野の可能性／「素材」「加工」「用途」

他分野に向かう場合、ポイントは三つある。「素材」「加工」「用途」である。モノの差別化の最大のポイントは「素材」であり、ステンレスを中心に新たな素材開発に向かうことが求められる。すでに開発されている抗菌ステンレス、エコクリーン材、チタンなどの異種材の可能性を追求していくことが求められる。「素材」が最大の差別化要因になるであろう。

「加工」については、燕にはプレス（絞り）、スピニング、へら絞り、切削、多様な研磨技術、表面処理技術が蓄積されている。これらを組み合わせ、新たな領域を切り拓いていく必要がある。この点は「素材」「用途」に深く関わり合うものである。「素材」も必要な新たな加工法が確立されていかないと、世の中で利用されていかない。また、「用途」と関連して、加工精度、仕上がりの問題も課題となる。

「用途」については、これまでは消費財が中心であったが、先端技術、産業用に関わる部分への挑戦も不可欠であろう。次世代産業といわれる医療機器、航空・宇宙、エネルギー分野に事業体として、あるいは、「素材」開発、「加工」技術の側面から踏み込み、新たな可能性に向かうことが求められる。これまでも、建築資材、医療機器の領域に踏み込み、取組姿勢、精度等で新たな認識を得ている場合もある。先進国企業として、途上国と差別化された領域に進む場合、全く新たなものを生み出す「プロトタイプ」創出機能が基本になる[12)]。それを「素材」「加工」「用途」を見通しながら、踏み込んだ取組みを重ねていくことが求められるであろう。

1）　輸出型地場産業の円高による縮小については、ニット製品、玩具、シガレットライター等に展開していた東京の墨田区の事情が典型的であろう。この点については、関満博『メイド・イン・トーキョー――墨田区モノづくり中小企業の未来』新評論、2019年、を参照されたい。

2）　東京銀座の十一屋商店と燕の洋食器生産の事情については、捧吉右エ門『日本洋食器史』叢文社、1972年、燕物産株式会社『Web Museum カトラリーの歴史 1.

2』を参照した。

3） 1997年頃の山崎金属工業については、本書補論2を参照されたい。

4） カトラリーとは、食卓用のスプーン、フォーク、ナイフ等の総称。

5） 1997年頃の小林工業については、本書補論2を参照されたい。

6） 1997年頃のサクライについては、本書補論2を参照されたい。

7） 1986年頃の青芳の状況については、本書補論1を参照されたい。

8） 1997年頃の青芳については、本書補論2を参照されたい。

9） 1997年頃の燕振興工業の事情は、本書補論2を参照されたい。

10） 玉虎堂の歩みについては、小林孝助編集『玉虎堂製作所――戦前・戦後の日々を語る』2014年、私家版、が有益である。

11） 1997年頃の日本メタルワークスの事情と坂口作弥氏の取組みは、本書補論2を参照されたい。

12） 「プロトタイプ創出機能」については、関満博『フルセット型産業構造を超えて――東アジア新時代のなかの日本産業』中公新書、1993年、を参照されたい。

第5章　大規模工場、機械、金型メーカーの展開

機械金属系の事業の場合、それを牽引するものとして大規模工場、機械メーカー、金属製品メーカー、さらに、金型メーカー等の存在が指摘される。このような存在は外部から仕事を持ち込み、あるいは外部に製品を販売するものとなり、地域に付加価値を生み出していく。また、地域に大きな雇用の場を提供していくことになる。さらに、機械製品を生産していく場合、地域の多様な要素技術を動員し、地域技術の拡がりと高度化に寄与する点が少なくない。また、このような存在からは独立創業者が生まれることも指摘される。

特に、大規模工場の場合、地場資本から大きくなっていく場合と、外部からの進出の場合とがあるが、いずれの場合も地域産業に大きな影響を与えていく。燕の場合は、事業者意識が旺盛であり、地場資本から大規模化している場合も数社みられ、さらに、旧燕市の郊外を形成していた旧吉田町、旧分水町は意欲的に大規模工場を誘致してきたことも指摘される。

中小の機械メーカーに関しては、当初は洋食器生産に関連するプレス及び周辺機器、研磨機関連に幾つかのメーカーを生み出したが、洋食器の衰退と共に機械生産事業所は縮小した。もう一つ、燕の場合は郊外の旧小池村が江戸時代から農機具の産地であり、現在でもその系統を受け継ぐ農機関連メーカーが存在していることも興味深い。また、金属製品のメーカーについては、本書第3章、第4章でその役割等をみてきた。

金型に関しては、洋食器のプレス金型から開始され、その後、洋食器の輸出規制の中でプラスチックの柄（ハンドル）の可能性が拡がり、樹脂成形金型が生まれていった。金型事業は生産期間が長く、また、独立的に存在できることから、その後、全国にユーザーを求め独自化していく場合も少なくない。燕にもそのような金型メーカーが展開している。

金属洋食器、器物に展開してきた燕においても、大規模工場、中小の機械メ

ーカー、多様な金型企業が展開し、地域の機械工業集積に重要な役割を演じているのである。

1. 地場と進出の大規模工場

地場の資本から大規模化する場合と、大規模工場の進出とでは、初期的段階では意味が大きく異なる。地場の場合は限られた機能から拡大発展していくのに対し、進出大規模工場の場合は、豊富な労働力、安価で広大な用地、交通条件等が進出の大きな要素になる。また、燕の場合は早い時期からステンレスの加工技術が集積していたが、その技術集積に着目する進出もあった。

そして、それらの発展過程の中で、大規模工場と地域中小企業の交流も生まれ、刺激的な関係が形成され、地域中小企業の厚みを形成し、また、大規模化する工場からの独立創業なども起こり、地域産業全体が活性化していくことが期待される。

ただし、日本のこの半世紀の経験からすると、国内的には経済発展に伴う人件費の上昇、人手不足、そして、対外的には「安くて豊富な労働力」をベースにするアジア、中国への生産移管が大規模に推進されていることがわかる。特に、進出大規模工場の多くは、当該企業の世界的な展開の一部を構成する場合が多いため、主として中国、アジアへの生産移管、さらに、労働集約的なスタイルから自動化、ロボット化を進め、雇用の形態も大きく変化していく。国内の大規模工場の多くは、生産を縮小し、技術・研究開発のマザー工場的なものに変化していくか、あるいは、国内工場再編の中で閉鎖になっていくこともある。それが、この半世紀の間の国内大規模工場の大きな流れであろう。

他方、中国をはじめとする東アジア諸国の経済・産業発展の中で人件費の上昇は著しく、大企業においても、一部に国内回帰が認められる。このような相反する動きの中で、地方における大規模工場は揺り動かされていく。現在は、そうした構造変化の中にある。国内回帰を促す最大の要件は、技術の高度化を支える「人材」にあり、その育成と供給が地域工業の充実に大きく寄与するであろう。

燕には、地場から立ち上がった大規模工場、外部から進出してきた大規模工場が折り重なって存在し、いずれも興味深い方向に向かおうとしている。

(1) 戦前創業の地場企業が売上額370億円、東証第一部上場企業に ――コンプレッサのトップメーカー(北越工業/AIRMAN)

AIRMANブランドの北越工業、コンプレッサのトップ企業として知られるが、その成立は1938(昭和13)年、現在の燕市分水地区(旧西蒲原郡地蔵堂町)の若者2人と地元の有力者(町会議員)の3人でスタートした。現燕市の中でも郊外に位置する分水地区から出発した企業が、その後、日本を代表するコンプレッサメーカーとなり、さらに、東京証券取引所市場第一部上場企業として売上額も370億円に達している。

▶北越工業の草創の頃/多様な人材が関わる

昭和10年代、日中戦争が始まった頃であり、日本の企業のほとんどは軍需と無縁ではいられなかった。北越工業の前身の地蔵堂鋳物工業所は、そうした時代、地元の若者、渡辺久太郎氏、渡辺勇蔵氏の2人が事業化を意識し、地元の有力者であった氏田万三郎氏(初代社長)に相談したところから始まる。自転車部品、農機具も考えたが、他と競合しそうにないコンプレッサに行きあたる[1)]。

だが、新潟県内にはコンプレッサメーカーはなく、つてを求めて氏田氏が上

吉田地区の北越工業の正門

工場から搬出されるコンプレッサ

京、北越商会社長山崎彦一氏（三条市出身、その後北越工業２代目社長）と出会う。この山崎氏の紹介で東亜空気機械と接触、初めてコンプレッサのアンローダの受注を得ることに成功していった。注文を受け、図面を持ち帰り、早速、10個のアンローダを試作して納品。不良は１個のみであり、技術の確かさが確認された。そして、1938年５月、正式に㈱地蔵堂鋳物工業所が設立されていった。資本金は１万5000円であった。当時は日中戦争が激しさを増し、コンプレッサの需要は拡大していった。

1939年、氏田氏が勇退、２代目社長に山崎彦一氏が就き、商号を北越鋳物機械㈱と改称している。山崎氏は、事業の重点を北越商会から北越鋳物機械に移していった。さらに、1939年12月には、これまでのコンプレッサ部品の製造から、コンプレッサの完成品の生産に転換、商号を現在の北越工業へ改称、15馬力、20馬力の水冷竪型空気圧縮機の完成品の生産に向かっていった。第２次大戦中は、軍用コンプレッサの需要は大きく、また、海軍からは特殊潜航艇「海龍」の高圧空気圧縮機の注文も舞い込んできた。「海龍」の発案者は海軍特別研究所所長の佐藤五郎氏であった。なお、「海龍」は完成をみないうちに終戦となる。佐藤五郎氏は新潟県村松町（現五泉市）の出身、高圧空気圧縮機を発注した縁から、戦後、北越工業に招かれ、その後、５代目社長に就いていく。佐藤氏は海軍特別研究所時代の技術者を帯同、北越工業の技術的な基盤を形成していった。

このように、北越工業は草深い分水の地で誕生したものの、興味深い人的ネットワークにより、新たな可能性に向かったのであった。

▶北越工業の戦後の歩み／生産拠点は燕、多品種に展開

戦後の北越工業の主な歩みは、以下の通り。

1946年　小型高速往復動ポータブルコンプレッサの開発により、軍需から民需に転換

1948年　戦後復興に向かう韓国へ大型定置コンプレッサを輸出。輸出の第１号となる

1950年　朝鮮戦争下、極東米軍にポータブルコンプレッサ200台納入

1952年　佐藤五郎社長により、「AIRMAN」ブランドが付けられる
1955年　国産初のロータリーコンプレッサ完成、小河内ダム建設現場で稼働
1966年　南ア連邦との技術提携調印、ノックダウン工場始動
1968年　中華人民共和国と年間輸出協定調印
1970年　年間生産台数1万台を突破。名実ともに世界一のコンプレッサメーカーとなる
1971年　ディーゼル発電機発売。製品の多角化を図る
1980年　吉田工場（現本社）完成（敷地面積24万m^2）。新潟証券取引所に株式上場
1981年　ミニバックホー発売
1990年　吉田工場増設、コンプレッサ、発電機関係を集約。分水工場はミニバックホー専用とする。
2000年　東京証券取引所市場第二部に上場
2001年　燕市に子会社のファンドリーを設立
2003年　分水町に子会社のイーエヌシステムを設立。台湾企業との合弁で上海に合弁会社設立
2006年　本店所在地を燕市大武新田（旧分水町）から、燕市下粟生津（旧吉田町）に変更
2008年　高所作業車発売
2014年　東京証券取引所市場第一部に指定。アメリカのジョージア州に現地法人設立

以上のように、戦後の北越工業は、製品がコンプレッサから発電機、バックホー、さらに、高所作業車へと拡大、そして、本社を旧分水町から旧吉田町に移転し、旧分水町の工場はイーエヌシステムとした。国内の生産工場は全て燕市内に展開している。

本社工場は、鋳物、機械加工、鈑金、塗装、組立までの一貫工場であり、2001年に設置したファンドリーは従業員約20人で鋳物、機械加工に従事し、他社分も受けている。2003年に設立したイーエヌシステムは従業員約100人、

コンプレッサの心臓部／機械加工部品

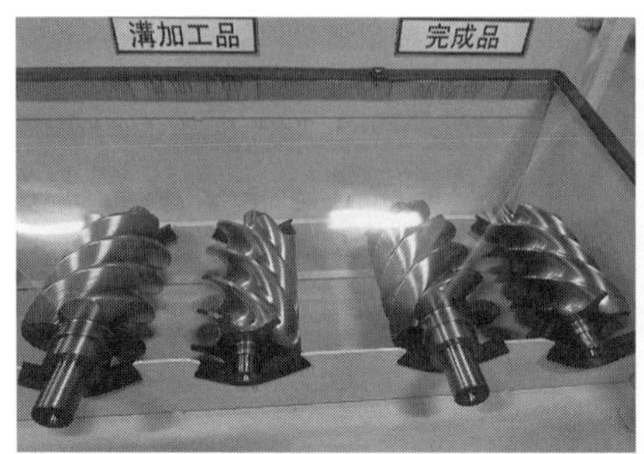

組み立てられたコンプレッサの基幹部分

以前はエアマン電子といい、アルプス電気（小出）の磁気ヘッドの下請をやっていたのだが、現在は、高所作業車を生産している。なお、北越工業の海外生産は、2003年上海に設立した台湾との合弁企業（約40人、組立)、さらに、アメリカの現地法人であり、いずれも現地向けの生産としていた。

▶北越工業の現状と課題

北越工業の事業領域は、一つは建設工事現場用のコンプレッサであり、国内トップ企業として国内シェア90％を占める。特に、エンジンコンプレッサは国内独占であり、発電機にライバルが一部いるにすぎない。もう一つは工場設備用コンプレッサであるが、後発であるため、日立産機、三井精機、コベルコの3社が市場シェアの70～80％を握っており、北越工業のシェアは10～12％程度とされていた。新規分野の高所作業車は、国内シェアは60％程度。ライバルは海外メーカーと国内ではアイチコーポレーションがある。また、全製品の販売先は海外向け30～40％であり、北米、アジアが多い。中国は変動が大きいとしていた。

近年の売上額の推移をみると、リーマンショック前のピークの2008年は297億円であったのだが、リーマンショック後の2010年は174億円と、ピーク時の半分に近い58.6％水準まで落ちた。その後、回復し、2018年は350億円、そして、2019年は370億円が見込まれていた。ここに来て、高所作業車と輸出が好調としていた。

エンジンコンプレッサの完成品

北越工業の生産体制は、基本的には一貫生産であるが、一部、機械加工、鈑金加工は地元燕の中小企業4〜5社に出していた。工場生産はトヨタの指導を受けて200機種が混流の形態で動き、1日に70台前後が生産されていた。また、燕には鋼材の卸売業者が沢山いるが、北越工業規模になると鋼材メーカー直接であり、北越工業の場合は日本製鉄から入れていた。

これだけの事業規模に対し、グループ全体で約800人、営業主体の東京本社（西新宿）は約60人、燕の工場は550人（女性80人）ほどであった。採用は「なんとかなっている」が、メーカー営業の希望者は少なく、営業マンの採用に苦戦していた。2019年4月の採用は大卒14人（理系8人、文系6人）、高卒18人が採れていた。

今後の課題としては、主力のエンジンコンプレッサの比重が高く、長い目でみると下り坂が懸念され、市場規模の大きいモーター系、さらに、今後は北米、ASEAN市場にも関心を深めていた。特定品目のシェアが高い企業として、多方面にわたる模索が重ねられていた。戦前に若者2人と相談を受けた地元の有力者の3人でスタートした鋳物の事業は、これほどの事業になっているのであった。

（2）地場のメッキ加工業から、家電メーカーに転身
——ミニ家電で独自領域を切り拓く（ツインバード工業）

燕、三条は洋食器、作業工具、刃物等の金属製品を発展させ、多様な要素技術を生み出し、金属加工の基盤技術としていった。ただし、戦後も高度成長期を過ぎる頃から、基幹であった対米輸出向けの燕の洋食器、三条の作業工具（車載用）等の金属製品に陰りがみえ始め、金属製品メーカー、あるいは、基盤技術の加工業者の中から新たな事業領域に踏み出していった場合も少なくない。そうした企業の典型としてここでみるツインバード工業が存在している。ツインバード工業はメッキ加工業として三条で設立され、その後、燕（吉田地区）に移転、その頃から自社製品の開発に踏み出し、現在では家電メーカーとして独自な展開を重ねている。

▶家電の世界で独自な開発商品を提供

ツインバード工業の創業は1951年、野水重太郎氏によって三条市においてメッキを主体とする野水電化被膜工業所としてスタートする。その後、早くも1962年には自社製品としてフライパン、コート掛けなどを生産している。ただし、その頃はまだメッキ加工の下請仕事が大半であり、売上額の半分を依存

３代目社長の野水重明氏

ツインバード工業のショールーム

していた企業（三条）の不渡りをかぶり、倒産の危機にも直面している。ここから、下請仕事からの脱却、自社開発の必要性を痛感、燕物産（第4章1—(1)）に「何を作ったらいいのか」の助言をもらいにいく。そして、燕物産の助言から「ニッケルシルバー（洋白）のキャンディトレイのナポレオントレー」を開発していく。この製品はギフトや輸出でブレークし、中には1000万枚も売れたトレーもあり、ここでツインバード工業の基礎が築かれた。

1972年頃には、異素材（ガラス、陶器、プラスチック）と組み合わせた金属ハウスウェアの開発に着手、年間50万台を超える大ヒットも経験している。この経験が「テレビと蛍光灯を組み合わせたランタン」など、異なるものを組み合わせていくというツインバード工業の独自な展開のキッカケになっていった。その当時の開発製品としては、時計、ラジオと何かを組み合わせていくものが多かった。この間、1981年には当時の吉田町の誘致により、現在地に移転している。1988年には、タッチセンサーインバータ蛍光灯を開発、大手家電メーカーよりリーズナブルな価格で提供、ここから家電製品へ参入していく。この間、1979年には現在のツインバード工業に社名を変更している[2)]。

以後、テレビランタン（1995年）、電気お茶ひき器（1998年）、ホームベーカリー（2000年）、充電式スティック型クリーナー（2001年）、お風呂テレビ(2001年)、頭皮洗浄ブラシ（2006年）、ミラーガラスオーブントースター(2008年)、LEDデスクライト（2010年）、低速回転と航空力学を応用した扇風機のコアンダエア（2011年）、ワイパースティック型クリーナーフキトリッシュ（2012年）、聴くテレビ（2012年）、ミラーガラスフラット電子レンジ(2013年)、ノンフライオーブン（2014年）、コンパクトブレンダー（2015年）、冷蔵室・冷凍室が半分ずつのハーフ&ハーフ（2017年）、世界一美味しいコーヒーをたてる全自動コーヒーメーカー（2018年）等、毎年興味深い製品を世に提供し続けている。

基本的なターゲットは独身者（若い人）であり、「あったらいいな」と思える製品を開発していった。そして、ツインバード工業の強みと特徴としては、以下の点が掲げられている。

①　企画・開発スタッフが約70人、全従業員の約23%を占める。家電メー

ヒット商品のミラーガラス電子レンジ

新商品の冷凍・冷蔵庫「ハーフ&ハーフ」

カーとしては突出した比率である

② 大手家電メーカーでは数万単位のロットが基本とされるが、ツインバード工業では数千のロットでも対応していく

③ コンパクトな組織であり、スピード開発が可能

④ お客の声をリアルに反映できる商品企画

⑤ 全ての製品は、社員が実際に使ってテスト

⑥ 燕、三条の技術と職人ネットワーク

⑦ 過酷なテストを経て製品化、安心安全の品質保証

⑧ コールセンターを本社内に設置、お客の声を大切に

⑨ 新たな情報発信拠点として、新・東京オフィスを完成（2015年）

これらを含めて、「私たちは、誰よりもお客様のお声を大切にする家電メーカーを目指します。」「私たちは、どこよりもお客様と距離の近い家電メーカーを目指します。」とし、「一緒に、つくる。お客様と。」を掲げているのである。

▶ツインバード工業の現在の輪郭

私が初めてツインバード工業を訪れたのは1999年2月、当時はテレビランタン、コンパクト精米器、小さなトースターなどが開発されていた頃であった。大手家電の製品しか知らなかった当方にとって、新鮮な思いがした。当時、商品アイテムは700、従業員数は412人、うち開発スタッフは約70人であった。生産の基本は国内であり、30％以上安いと海外生産としていた。そのさらに

20年前の頃は百貨店に出していたのだが、当時は量販店のベスト電器、コジマ電気、さらにホームセンター、通販を媒体にしていた。また、海外生産については、香港事務所を開設し（1997年）、深圳経済特区を中心にするエリアの7〜8社に生産委託していた。

それから20年が経過した現在、調理家電や掃除機等がメインになり、機能も優れ、洗練されたものになってきた。10年前の2000年代末の頃は海外生産比率が90％までに上がっていたのだが、2010年代末の現在は70％に低下していた。中国の人件費上昇に対し、ASEANも検討したのだが、まだ環境が不十分との判断であり、2020年を目途に50％は国内生産を目指していた。この間、地元の燕、三条地域に目を向けると、壮大な企業集積、基盤技術の集積があり、国内回帰の意義を改めて痛感していた。

現在の製品のカテゴリーは、オーブントースター、電子レンジ、コーヒーメーカーなどの調理家電が30％、掃除機関係が20％であり、白物家電としては、「ハーフ＆ハーフ」の商品名の冷蔵庫を110ℓ、150ℓ、200ℓの3種を展開し始めていた。独身者からは冷凍部分の大きなものという要請があり、冷蔵、冷凍部分を半分ずつにした。これは中国に委託していた。全体的には、商品アイテムを少し減らし、600ほどにしていた。

販売先別の売上額構成は、家電量販店3分の1、ギフト・通販が3分の1、そして、OEM生産が3分の1であった。このOEM部分は病院、ホテル用冷蔵庫、浴室テレビ等である。なお、輸出も十数％ある。

従業員数は最大500人を数えたことがあったが、現在は約300人、開発スタッフは変わらず70人規模であった。減員の理由は組立ラインがかつては5本あったのだが、現在は2本に減らしたことによる。毎年の開発は40〜50点、新商品の売上額構成は約20％、商品構成は4〜5年で入れ替わっていた。採用は近年苦しくなっているが、2018年4月採用は10人、うち開発スタッフは2人、東京工業大学と新潟大学卒であった。なお、開発スタッフは全員大学院卒で構成されていた。

▶新たな可能性に向かう

現在の社長は3代目の野水重明氏（1965年生まれ）、当初から継ぐ構えであり、大学は工学院大学短期大学。即入社したが、3年間は住友銀行に出向に出された。そして、メーカーの社長としては技術が必要と考え、近くの長岡技術科学大学の大学院に入学、6年在籍し博士（工学）を取得している。さらに、1999年末から2003年10月までの4年間は香港事務所に駐在していた。大学院博士課程、香港駐在と貴重な経験を重ねたものと思う。

2代目の野水重勝氏（1942年生まれ）が成し遂げた家電メーカーへの転身を受け継ぎ、野水重明氏の社長就任は2011年、その頃から、開発製品も一段と洗練されたものになってきた。また、2015年春には、日本橋小伝馬町に9階建のビルを取得、情報発信、収集拠点として整備した。営業拠点として60人が在籍している。2018年2月期の売上額は131億円を計上していた。この間、1996年には新潟証券取引所に株式上場、2000年には東京証券取引所市場第二部に株式上場となった。

これだけの事業になってきたツインバード工業の次の課題を、野水重明氏は、一つに「国内でしっかりブランディング」していく。二つに「海外に販売」していく、そして、三つ目に「新技術のスターリングクーラーの商品化」を目指すとしていた。この三つ目のスターリングクーラーとは、シャープの元副社長で液晶の開発者として知られる佐々木正氏からの紹介でアメリカから技術導入したものであり、2002年には自社開発で量産技術は確立されている。ノンフロン冷凍機であり、1分間で—100℃まで下げられ、最大—273℃まで下げられる、精密な温度管理も可能である。医療関係の運搬、産業用としても利用可能性が高い。従来の家電領域とは異なる新たな事業分野への展開のキッカケになりそうであった。このように、ツインバード工業は発展的な企業として、燕地域で興味深い展開を重ねているのであった。

（3）鉄筋コンクリート用棒鋼を生産
——燕、三条地域唯一の電炉メーカー（三星金属工業）

鉄のスクラップを回収して、電気炉で溶解し鋼材を生産する電炉メーカーと

三星金属工業の工場

三星金属工業の構内

資料：三星金属工業

いう鉄鋼メーカーが存在している。製品は型鋼、線材、棒鋼などである。鉄鉱石から粗鋼を生産する日本製鉄、JFE スチール、神戸製鋼などの高炉メーカーとは区分される。全国に電炉メーカーは 27 社、各都道府県に全て配置されているわけではない。新潟県の場合は、燕の三星金属工業と長岡の北越メタルの 2 工場が存在している。新潟はそれだけスクラップが発生し、また、市場もあるということであろう。

また、一般に、電炉メーカーは 100 マイル（約 160 km）からスクラップを回収し、また、その範囲を中心に鋼材を販売していく。現在ではこの回収、販売の範囲はかなり明確な分担の構図になっている。新潟の場合、燕と長岡に電炉メーカーがあるが、棲み分けされているようである。

▶三星金属工業、合同製鐵、日本製鉄

三星金属工業は、1951 年、地元資本により伸鉄生産を目的に市内朝日町で設立された。1959 年には製鋼工場を設置、電炉メーカーの仲間入りをした。1978 年に現在地（15.57 ha）を取得、1994 年に現在の工場を完成させている。だが、その後、鉄鋼メーカー間における構造改革、再編の中で、2007 年、合同製鐵と資本提携、資本金 22 億 4755 万円（合同製鐵 51％、連結子会社）となり、さらに、2015 年、100％ 合同製鐵の子会社となった。

合同製鐵は、1937（昭和 12）年設立の大阪製鋼が、1977 年、大谷重工（大田区）を合併して成立している。その後、日本砂鐵鋼業と江東製鋼が合併し合同製鐵の姫路製鐵所が発足、さらに、1991年に船橋製鋼を合併、合同製鐵の船橋製造所が発足している。1994年には高炉を休止し、電気炉専門メーカーとなっている。東証一部上場企業であり、資本金348億円、2018年3月期の売上額は単独で594億円、連結で994億円、従業員数は単独で717人、連結で1423人を数えている。筆頭株主は日本製鉄（14.97％）である。

▶三星金属工業の事業展開の輪郭と課題

三星金属工業の製品は鉄筋用の棒鋼であり、県内を中心（60〜70％）に富山、長野、遠くは山形、秋田方面からもスクラップを集めてくる。集荷業者はディラー（中間ディラー、小口ブローカーもいる）と呼ばれ、各地からスクラップを集める。三星金属工業に来るディーラーは20社ほどであり、周辺の電炉メーカーを睨みながら、価格の高いところに押し込んでくる。支払いは現金決済であり、彼らは20トントレーラーで持ち込んでくる。それらは屋外スクラップ置き場（2万トン）、屋内スクラップ置き場（1万トン）に適宜置いていく。なお、ステンレスはクロムが入っていることから取り扱わない。この点は、ディーラーが仕分けしてくる。なお、鋼材3万トンを生産するには、一部歩留りがあるため、スクラップ3.1万トンほどが必要になる。

スクラップは電気炉で溶解され、ビレットになり、その後、圧延されて所定のサイズとなる。三星金属工業の場合、従来は灯油を使っていたのだが、2007

屋外スクラップ置き場

完成した鉄筋用棒鋼

年には都市ガスに転換していた。これによりCO_2は25%削減された。また、電気炉は大量の電気を必要とするが、三星金属工業は東北電力と特高電圧の契約を結び、電気炉は電気代が安い夜間に運転していた。平日は22:00〜8:00（製鋼）、22:00〜10:00（圧延）の時間帯を利用し、土日はフル操業していた。鋼材のコストはスクラップが50%、電気代が20%前後であった。現在の従業員は220人、女性は事務に17人ほど在籍していた。

販売先は新潟県内が20%、北関東が多く、遠くは青森から三重ほどの範囲であった。運送は主要4社に任せ、基本は20トン車で運ぶが、建設現場、倉庫の事情により小口で運ぶ場合もある。

1970年の頃の全国の鉄筋コンクリート用棒鋼の市場は約1500万トンとされていたのだが、人口減少、高齢化、公共投資の減少により、現在、国内市場ほぼ半分の800万トンになっている。今後、減る要素はあるが、増える要素はみえない。電炉メーカーとしては、地産地消を目指しており、現在の量を維持していきたいとしていた。各地の電炉メーカーの市場とシェアはほぼ固定しており、このような枠組みの中で、リサイクル性の強い電炉メーカーの活動が重ねられているのであった。

（4）金融、流通、公共などの接点（フロント）の事業 ——ATM等のマザー工場（富士通フロンテック新潟工場）

富士通といえば、日本を代表する通信機器メーカーであり、実に多様な事業を展開している。その一つに「金融、流通、公共など、さまざまな分野でお客様と生活者の接点（フロント）で事業を展開しています」とする事業体が富士通フロンテックということになる。本社は東京都稲城市矢野口、設立は1940（昭和15）年、資本金約84億円、従業員数は単独で1675人（うち新潟工場［燕］は417人）、連結では3685人を数える。売上額は約1000億円、東京証券取引所市場第二部に上場している。

燕（吉田地区）の新潟工場は、富士通フロンテックのマザー工場として位置づけられ、敷地面積4万2534 m^2、延床面積4万3334 m^2を展開、グローバルプロダクトビジネスとして、ATM、営業店端末、メカコンポーネント等、パ

富士通フロンテック新潟工場

富士通フロンテックの主要製品／ATM

ブリックソリューションビジネスとして公営競技（競馬等）向け関連商品、公共表示関連、せり関連、医療向け各種システム、金型及び精密切削加工部品、フロントソリューションビジネスとして手のひら静脈認証、RFID（Radio Frequency Identification 電波による個体識別）、モバイルシステム等に展開している。

▶富士通フロンテックの歩みと輪郭

富士通フロンテックの前身は、1940（昭和15）年、旧吉田町の地場資本により㈱金岩工作所として設立されている。主として金属洋食器、自動車部品の製造に従事していた。戦時中の1944（昭和19）年に、富士通が全株式を取得、商号を蒲原機械工業㈱に改称している。その後の歩みは、以下の通り。

1946年　電話機部品、交換機部品の製造
1956年　表示機器の設計・製造・試験の一貫生産を開始
1966年　本社を吉田工場（現新潟工場）から東京都稲城市の矢野口工場に移転
1972年　商号を富士通機電に改称
1988年　東京証券取引所市場第二部に上場
1996年　フィリピンに子会社 FUJITSU DIE-TECH CORPORATION OF THE PHILIPPINS を設立
2001年　東京工場の表示製造部門を新潟工場に移転

2002年　商号を富士通フロンテックに改称
2005年　大宮ソリューションセンター（さいたま市）を開設
2009年　北米の開発・調達・製造拠点として、Fujitsu Frontech North America Incを立ち上げ
2018年　韓国に合弁会社を設立

これらにより、現在の富士通フロンテックの主要機能の配置は、国内は稲城市の本社・東京工場（約600人）、燕の新潟工場（約420人）、大宮・熊谷ソリューションセンター（約1600人）となり、メカユニットの主力海外生産工場であるフィリピン工場は1500〜1700人（日本人11人）となっている。研究開発は主として東京工場で行なわれ、新潟工場がマザー工場として機能し、フィリピン工場がメカユニットの生産、また、国内外に部品等の委託生産を行なっている。さらに、大宮・熊谷のソリューションセンターがサービス提供の機能を担う。

特に、主力のATM、営業店端末などは、カスタマイズ（800種ほど）されることが一般的であり、生産のロボット化は難しく、人間のフレキシビリティをベースに新潟工場で組み立てられていた。さらに、新潟工場は蒲原機械工業以来の機械加工、金型製作の基礎があり、自動車、航空機、半導体製造装置関連、医療機器関連の金型、精密機械加工部品の生産にも従事していた。大手自動車メーカー向けなどのトランスミッション部品、航空機の主翼のリブ、プライベートジェットのタービンブレードの試作、生産が行なわれていた。

なお、地元との関連については、切削の一部（粗加工）は地元に出していたが、表面処理、金型のコーティングは長岡、栃木、そして、かなり量のある筐体（鈑金）は群馬県伊勢崎、栃木県宇都宮、岩手県北上に出していた。地元発注は一部ということであろう。

▶「変化に対応できる工場」の課題

大型でカスタマイズされたATMなどは、標準化された部品をフィリピン工場等から入れ、新潟工場で組み立てられている。主力事業の一つであるフロントソリューションビジネスの手のひら静脈認証センサー、RFIDなどの小型

航空機の主翼のリブ／片翼に16枚用いる

医療器具

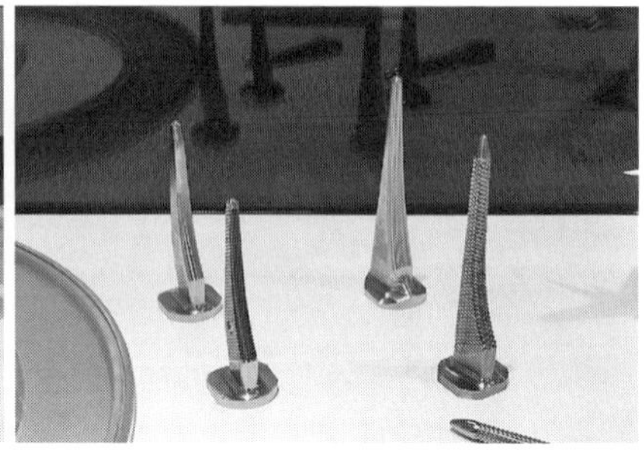

機器は中国などへの委託が基本となっていた。モノづくりの国内回帰がいわれているが、回帰する部分は特殊なもの、特に安心、安全、信頼性が問われるものに限られてきている。そのような世界レベルの大きな枠組みの中で次に向かうことが求められている。

富士通フロンテックの最初の海外工場となったフィリピン工場に関しては、1990年代の中頃に、中国かフィリピンと考え、1996年段階で金型部門を進出させ、2002年にメカユニット部門を移管している。この関係から、新潟工場の従業員数は1999年には800人を超えていたのだが、その後、段階的に縮小し、現在の約420人体制となった。男性が283人（67%）、女性137人（33%）の構成であり、平均年齢は男性45.8歳、女性46.8歳、全体では46.2歳とやや高齢化が進んでいる。2019年4月の採用は、高卒3人（地元工業高校）、大卒（本社採用）1人であった。近年の人手不足の中で本社採用も近年厳しくなっていた。

今後の事業については、キャッシュレス化、銀行の統廃合が進むことが予想され、「厳しい」と受け止めていた。今後は小型化、また、近年普及してきたホテルの精算機などを視野に入れていた。新潟工場としては、「モノづくりのあり方」を焦点に、フィリピン工場との連携の中で「変化に対応できる工場」を目指していた。

戦前に創業し、そろそろ80年を迎える新潟工場だが、当初からの金型、機械加工から、むしろ、メカユニットのフィリピン工場への移管、そして、現在ではカスタマイズされたATM等の多種少量の組立が主力になっている。組立の現場では、少人数のグループによる効率的な生産が模索されていた。標準化されたものは次第に海外に移管され、国内は特殊なカスタマイズされるものなどに移行し、その分解が進んでいく。その次の姿は定かでないが、国内生産の比重は次第に縮小し、難しいものに傾斜していくことが予想される。そのような枠組みの中で、金型、精密機械加工部品、ATMの組立を主力としてきた富士通フロンテック、及び新潟工場の次のあり方が問われているようであった。

(5) 新潟に唯一残ったパナソニックの工場
——LED照明器具に展開（パナソニック・ライティング事業部新潟工場）

パナソニックは松下幸之助氏（1894［明治27］〜1989年）の時代に、「各県1工場」を目指して多くの工場を展開していった。新潟県では燕市の分水地区（旧分水町）にパナソニック㈱ライフソリューションズ社ライティング事業部新潟工場が展開、従業員1200人を超える燕市では最大規模の工場となっている。

分水地区への進出は1973年、松下電工分水工場として出発している。なお、以前、新潟県にはパナソニック関連の工場は、新井工場（半導体、妙高市）、小千谷工場があったのだが、現在は撤退、ないし他の工場に移管されていった。現在では、ライティング事業部新潟工場が新潟県で唯一のパナソニックの工場となっている。

ライティング事業部新潟工場

主力の一体型LEDベースライト

▶パナソニックとライティング事業部の輪郭

パナソニックは1918（大正7）年、松下幸之助氏により松下電気器具製作所として設立される。電球用ソケットからの出発であった。その後、日本を代表する家電メーカーとして発展していくが、終戦直後の1945年11月、解散命令を受けて解体され、松下電工（その後のパナソニック電工）等に分解されていく。基幹事業の一つの「器具事業」は松下電工が受け継ぎ、「光源事業」はその後の松下電子工業が引き継いでいった。

2002年には当時の松下電機産業が松下電工を子会社化し、2008年には社名を「パナソニック」に統一し、パナソニック、パナソニック電工とした。また、これを機にブランドは「パナソニック」に統一された。2011年には、パナソニックがパナソニック電工、三洋電機を完全子会社化し、翌2012年にはパナソニック電工と三洋電機を吸収合併した。この時に、ライティング事業部を事業統合している。このライティング事業部は、2019年3月末まではパナソニック㈱エコソリューションズ社に属していたのだが、2019年4月の組織改正により、現在のパナソニック㈱ライフソリューションズ社ライティング事業部となった。

このライティング事業部は、照明器具を取り扱う機器事業を中心に光源事業、デバイス事業の3部門から構成されている。ライティング事業部における国内製造拠点は9カ所、うち照明器具生産工場は、春日工場（屋外照明、兵庫県春日町）、福井工場（照明施設、福井県坂井市）、伊賀工場（住宅用、インテリア用、三重県伊賀市）、そして、新潟工場は、一体型LEDベースライト、LED誘導灯、LED非常用照明器具の製造拠点となっている。また、ライティング事業部の海外製造拠点は11カ所を数えるが、北米、中国（3拠点）、インドネシア、ヨーロッパ（6拠点）である。

▶新潟工場の輪郭と現状、課題

新潟工場は、1973年、蛍光器具を製造するための工場として、松下電工分水工場としてスタートしている。旧分水町の誘致もあったが、当時の松下電工社長の丹羽正治氏が決めたとされている。だが、立ち上がり早々、第1次オイルショックに直面、作るものがなくなり、1975年頃は照明器具の売上は立たず、彦根工場からドライヤー、バリカンなどを移管し糊口をしのぎ、次第に照明器具に入っていった。2003年には埼玉工場（三郷）を閉鎖し、新潟工場に統合、防災関係や誘導灯などの照明器具を作り始めた。

その後の大きな転機は2012年、光源が一気にLEDに変わり、LEDと器具の一体化が進み、新潟工場はその専用工場になっていった。この領域の研究開発は大阪の門真で行ない、春日工場、福井工場、伊賀工場、そして、新潟工場で製造していくことになる。原材料の鉄板は海外生産品（日本メーカー）、樹脂は国内、LEDは国内、電線は県外からもたらされるが、前工程のハーネスの組立等は燕市内の中小企業に依頼していた。

現在の新潟工場は敷地面積14.4 ha、建物面積約5万 m^2 という壮大なものである。2019年4月現在の従業員数は1223人である。平均年齢は43歳、男女比は男性56%、女性44% であった。女性はラインないし検査部門に多いが、近年、自動化が進み、女性は減少気味であった。

大卒の採用は門真の事業部であり、高卒の採用は新潟工場で行なう。2019年4月の実績では、大卒1人、高専卒1人、高卒10人であった。高卒の大半は工業高校卒であった。新潟工場では、普通科の生徒は進学してしまい、なかなか採用できないとの受け止め方であった。大卒は新潟工場には配属の形で来

LED 誘導灯　　LED 非常用照明器具

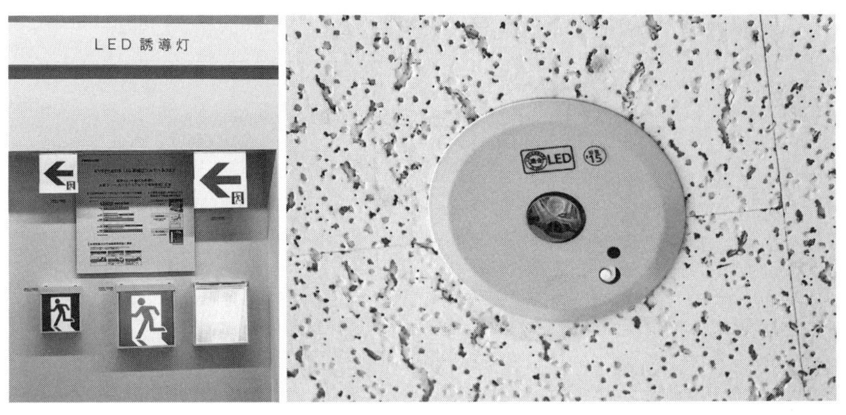

る。近くに社宅を設けているが、そこで50人ほどが暮らしていた。

事業的な見通しについては、現在、すでにLED照明は飽和状態であり、次の事業領域を求めて多方面な可能性を探っている状況であった。1990年頃まで一世を風靡した日本の電気・電子産業は、この四半世紀、大きな転換を求められ、成熟経済社会、人口減少、少子高齢化等により、新たな役割が求められている。人びとに「幸せ」を届けてきたパナソニックとしては、国内外の新たな枠組みの中で、次に向かっていくことを期待したい。

(6) ステンレス魔法瓶の開拓者
——燕は技術・物流センターに(サーモス新潟事業所)

サーモスの資料によると、「1980年代にドイツの物理学者A・F・ヴァインホルトが、真空容器を発想し、この考えをイギリスの科学者ジェームス・デュワーが、1982年に真空の二重ガラス容器を考案しました。このガラス製の真空ボトルが現在の魔法びんの原型といえるもので、『デュワーびん』として知られています」。「デュワーの元でガラス容器を製造していたドイツのガラス職人ラインホルト・ブルガーは、このガラス製の真空ボトルを保護用の金属ケースで被うことを考案しました。このパテントをドイツで取得し、翌1904年にブルガーは、THERMOS G.m.b.H(テルモス有限会社)」を設立している。THERMOS(テルモス)はギリシャ語の「熱」から来たもので、英語読みではサーモスとなる。

燕のサーモス新潟事業所

世界初のステンレス製魔法瓶

その後、1907年、イギリス、アメリカ、カナダでサーモス各社が設立され、以降、世界中に魔法瓶が急速に普及していった。

▶世界企業の新潟事業所

日本酸素が1978年、現在の燕のサーモス新潟事業所で世界初の高真空ステンレス製魔法瓶を開発・発売している。それまでの魔法瓶はガラス製であり、落とすと中のガラスが割れてしまった。その点、ステンレス製魔法瓶は落としても割れない画期的な製品として誕生した。このステンレス製魔法瓶を生産するにあたり、ステンレス加工技術の蓄積のあった燕に工場が設置された。日本酸素は、1980年には日酸サーモを設立、燕で魔法びん事業を行ない、1989年にはイギリス、アメリカ、カナダのサーモス・グループを傘下に収めている。なお、この日本酸素は、その後、大陽酸素と東洋酸素の合併会社大陽東洋酸素と2004年に合併、現在は大陽日酸となっている。

その後、日本の魔法瓶業界の象印マホービン、タイガー魔法瓶もステンレス製魔法瓶に参入。一時期、ステンレス製魔法瓶は、洋食器の対米輸出が途絶えた燕の主要な製品となっていった。だが、1990年代の中頃以降、低コスト、安価な労働力を求めて、魔法瓶業界の各社はアジア、中国に一斉に生産移管をしていった。

2001年には日本酸素の家庭用事業部門であるサーモス事業本部を会社分割。サーモスの本社は東京都港区、そして、芝事業所、中部事業所（名古屋）、関西営業所（大阪）、九州営業所（福岡）、燕の新潟事業所から構成されている。さらに、関連会社がマレーシア、台湾、中国江蘇省、香港、韓国、シンガポール、インドネシア、カナダ、アメリカ、オーストラリア、フィリピン、ドイツ、ロシア等に展開している。2019年4月末時点の国内の従業員数は297人、2019年3月期通期予想の売上額は290億円となっている。サーモス全体としては、魔法びんを中心とした日用品、例えば、断熱性のあるスポーツボトル、タンブラー、弁当箱などを開発、生産し、販売している。

ステンレス製魔法瓶の内部構造

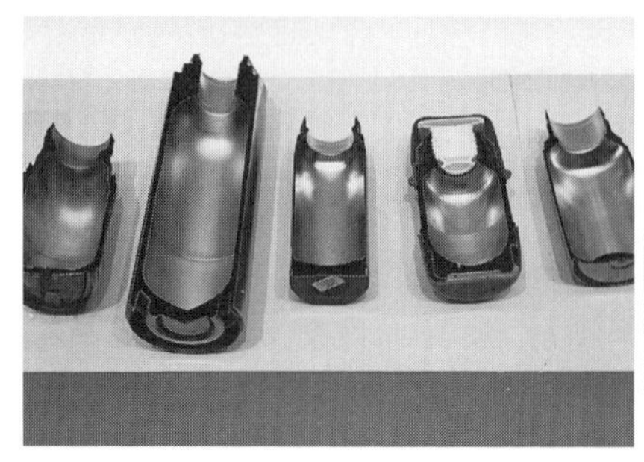

個人用を意識したスポーツボトル

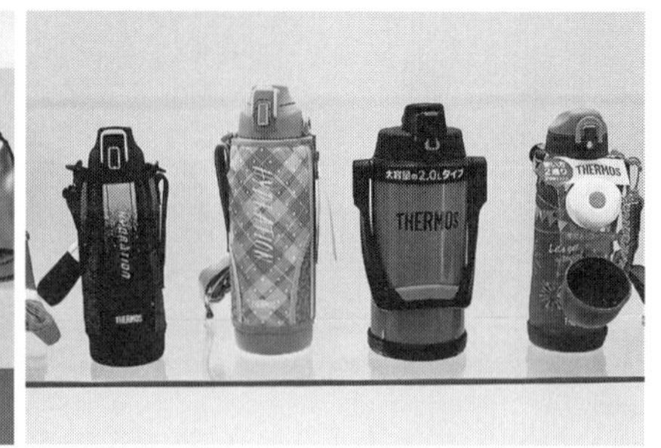

▶生産工場から、開発の立ち上げ、物流センターに

当初、ステンレス製魔法瓶の生産工場として出発した新潟事業所は、2019年で40年を迎える。この間、生産部門はマレーシアを中心に中国、フィリピンなどに移管され、新潟事業所は開発の一部（企画、デザインは東京本社）、品質管理部門、コールセンター、物流センターとなっている。事業所内に真空炉を保有し、一部生産しているが、サーモス全体の生産量からすると1%にも満たない。

現在、アイテム数は500～600種、毎年、新製品を100個程度出し、マイナーチェンジは毎年行なうが、フルモデルチェンジは3年に1回程度とされていた。

世界展開を進めているサーモスにとって、燕（日本）は生産の場ではなく、開発の立ち上げ、さらに、物流センターとしての機能が中心になってきているのである。

（7）世界に展開する電子制御機器メーカー
——新潟は暖房機器のコロナ対応（新潟ダイヤモンド電子）

日本には、自動車、電機等の電子制御機器を供給するメーカーがキラボシのごとく存在している。特に、近年は自動車メーカーの世界的な展開に伴い、車載用電子制御機器のメーカーはいずれも世界規模で工場を進出させている。そして、国内の生産は縮小し、技術センター的な性格のものになり、一部の特定ユーザーを意識した工場を幾つか配置している場合が少なくない。大阪本社のイグニッションコイル（点火コイル）、電子制御機器の大手メーカーであるダイヤモンド電機の子会社（工場）が、燕市郊外の吉田地区に展開している。

▶ダイヤモンド電機グループの輪郭

新潟ダイヤモンド電子は、1984年、大阪のダイヤモンド電機（株式の60%）、三条市の暖房器具メーカーである内田製作所（40%、現コロナ）の合弁で設立された。当初から経営権はダイヤモンド電機側にあり、現在では出資比率はダイヤモンド電機（現ダイヤモンドエレクトリック・ホールディングス）86%、コロナ14%となっている。

ダイヤモンド電機は1939年創業であり、車載用のイグニッションコイルを中心とした電子制御機器のメーカーである。2018年3月期の売上額は単独で238億円、連結で579億円、従業員数は単独で789人、連結で2203人を数えている。主要取引先は国内自動車メーカーは日産以外は全部であり、海外メーカーはクライスラー、GM、ダイムラー、フォードなど世界に拡がり、その他では、LIXILグループ、グローリー、ダイキン工業、東芝キャリア、マックス、三菱重工などである。いわば、独立系の総合電子制御機器メーカーということであろう。

国内は大阪本社・テクニカルセンターを中心に、鳥取工場・テクニカルセンター、三重松坂工場を展開、その他に別法人で新潟ダイヤモンド電子、さらに、

新潟ダイヤモンド電子の社屋

主要生産品

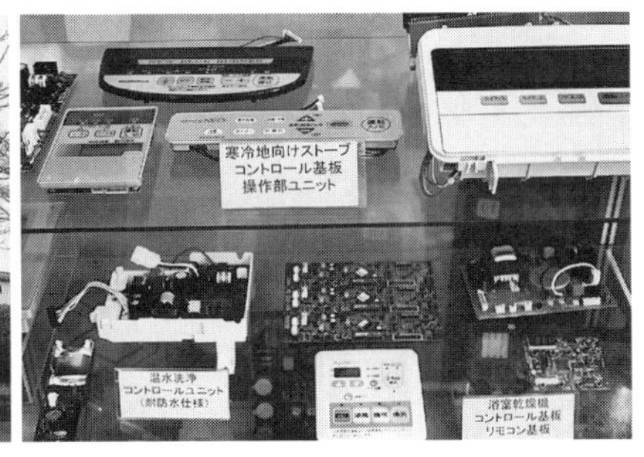

2019年1月には田淵電機の株式66.9%を取得、完全子会社化している。また、海外展開は鋭く、自動車メーカーのいるところに積極的に工場を進出させている。

1982年	米国ウエストバージニア	自動車点火用コイル等の製造・販売
2000年	ハンガリー工場	自動車点火用コイル等、電子制御機器の製造・販売
2004年	中国蘇州工場	自動車点火用コイル等の製造・販売
2007年	インド工場	自動車点火用コイル等、電子制御機器の製造・販売
2011年	タイランド工場	自動車点火用コイル等の製造・販売
2014年	アジアパシフィック（タイ）	自動車点火用コイル等の製造・販売
2018年	ルクセンブルグ営業所	自動車点火コイルに関する営業・技術拠点

特に、2000年代に入ってからは、東欧、中国、インド、タイと次々に工場を進出させてきた。このような動きはダイヤモンド電機に限らず、日本の自動車産業の海外生産展開に沿うものであり、自動車各社のティア1、ティア2、さらに独立系の自動車部品関連産業の共通する動きとなった[3)]。

なお、ダイヤモンド電機は、グループ企業を一括して統括するダイヤモンドエレクトリックホールディングスを2018年10月に設立していった。これに伴い、東京証券取引所市場第二部に上場していたダイヤモンド電機は上場廃止と

チップマウンターが並ぶ

チップマウンターに掛けられる部品リール

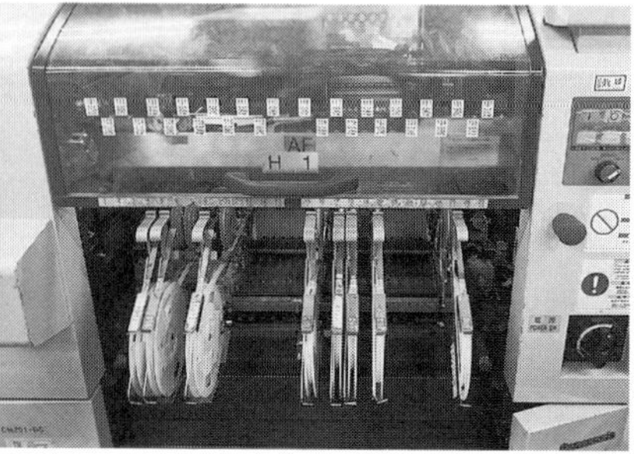

なり、新たにダイヤモンドエレクトリックホールディングスが第二部に上場している。

▶大阪資本が東日本への進出を図る

以上のような枠組みの中で、大阪本社のダイヤモンド電機としては、日本列島の西側の取引が多く、東日本に関心を向けたところ、1965年頃からコロナとの取引があった。風呂釜用のバーナートランス（着火用）を納入していた。他方、1970年代の中頃からはファンヒーターが拡がり始める。先行したのは三菱電機であったが、コロナが暖房機開発を進めるにあたり、ダイヤモンド電機の電子制御技術に関心を抱いていった。こうした事情から合弁に至るのだが、立地候補地としては2、3あったが、吉田における立地条件が一番良いと判断した。

進出当初は、ファンヒーター用イグナイター（着火装置）、暖房制御関係であり、90％以上をコロナに納入していった。転機となったのは1994年、設計部門を持ち始め、主としてコロナ向けに生産していった。国内向け暖房機器関係ということから、リーマンショックもさほどの影響はなかった。

▶現在の事業の輪郭と将来

現在の受注先は、コロナが75％、その他、民生及び自動車関連（25％）、製品はコロナ向けはファンヒーター制御基板、イグナイター、電気ストーブの制御基板、寒冷地向けの大型ストーブ、エアコンの制御基板等である。ファンヒーター関係は年間60～100万枚、部品を協力会社から入れ、チップマウンター（パナサートが多い）にかけていく。かからない部品は手挿ししていた。

新潟ダイヤモンド電子の現在の従業員は正社員約230人、契約社員約20人、派遣社員（10社）20～30人、合計で約260～280人規模であった。男女比は従来は手作りの部分が多く、男性：女性は20：80であったのだが、その後、自動化が進み、現在では男性：女性＝70：30となっていた。採用は毎年、大卒3人前後、高卒2～3人としていた。特に、大卒の理系の採用は難しい。なお、設計陣は17人であった。営業担当は4人、うち2人はコロナ担当、2人はその他担当としていた。仕事の内容は本体のダイヤモンド電機とはかなり異なり、独自に設計陣を抱え、独立的な歩みをみせている。2018年度の売上額は約67億円、近年、右肩上がりに推移している。

大阪資本のダイヤモンド電機の子会社であるが、燕に着地してからも長く、また、仕事の内容はコロナ向けが中心であり、設計を含めて独自性を高めてきている。中長期（5年後）の目標は「売上額100億円」としていた。電子、モーター制御を応用したインバータ技術を得意としており、今後は現在の民生用から工具、冷却装置等の産業用の部分、さらに介護関係を伸ばしていくことを目指しているのであった。

(8) 測定器具のトップメーカー、開発品、物流センターも充実
――三条から進出移転（シンワ測定）

曲尺、直尺のトップメーカーとして知られるシンワ測定。三条市の同業3社が1971年に合併して成立している。渡辺度器製作所、羽生計器、渡誠度器製作所の3社であった。当時は「ライバル同士の合併は珍しく、業界内では注目も警戒もされた」。合併当初は曲尺、直尺の全国シェアは3分の1ほどであったのだが、15年ほど経った1986年の頃にはシェアは60〜70%になっていた。

私は1986年9月にシンワ測定を訪れているが、当時は、三条の本社に加え、燕の現在地を取得、さらに、新規事業としてフレキシブル・プリント基板用の新工場を設立していたが、不況に見舞われ苦しんでいる時期であった[4)]。その

シンワ測定のショールーム

新製品のレーザー光学機器

後、私は2007年にシンワ測定の中国大連工場を訪れたことがある[5)]。2019年4月、燕の工場を再訪した。

▶この30年のシンワ測定の動き

この前後からの動きをみると以下のようなものであった。燕工場の現在地には戦艦大和の羅針盤を作ったとして知られる計測機器大手の北辰電機製作所（当時、本社大田区、現キヤノンの本社、研究所）が1972年頃に進出していた。1983年4月、同業最大手の横河電機と合併、横河北辰電機（現横河、本社三鷹市）となり、業界最大手と2番目の合併として話題を呼んでいた。合併前の1981年には燕の工場は閉鎖され、5万坪以上の土地のうちシンワ測定は3700坪を買い取り、1984年にフレキシブル・プリント基板生産用の設備を入れ、1985年後半から量産体制に入る計画であった。さらに、プリント基板部門に関しては、別会社のシンワ電子を設立、本格化する計画であったのだが、折からの不況により思い通りにはいかず、1990年代中頃には停止、シンワ電子も解散した。

この部門は、現在、ステンレスの箔をフィルムに貼り付け、面で均一に発熱させる「面状発熱体（シート状のヒーター）」として、便座の発熱、バイクのグリップ、液晶の乾燥等に利用されている。銅、アルミ箔のものは他にあるが、ステンレス製はシンワ測定以外にはない。ただし、売上額はシンワ測定全体の5％程度であった。

大連工場は健在であり、従来通り曲尺などの一貫生産に従事している。従業員は270〜280人で推移していた。また、2003年には燕第2工場を建設、2006年にはその隣地に物流センターを設置していた。この物流センターは壮大なものであり、自動倉庫は1050パレット、1万3000ケースを格納していた。さらに、後にみるが、シンワ測定自体、集散地問屋的な性格を帯びてきたことから、多様な中国製品の情報収集拠点として2018年には上海に駐在員事務所を置いていた[6)]。

結果、現在の布陣は、登記上の本社は三条にあり、従業員50人、曲尺、スケール、定規などの在来製品を生産している。基本的には大連工場と同様の製

出荷を待つ燕の物流センター

物流センターに設置された自動倉庫

品展開になっている。現在、実質的な本社は燕にあり、社長以下、総務、開発、営業部門、物流センターの他に、第１工場、第２工場が展開している。第１工場は丸鋸ガイド定規の組立、第２工場は面状発熱体の生産、そして、現在開発製品の主力になりつつあるレーザー光学機器の生産、調整を行なっていた。工場部門が30人、総務、開発、営業、物流を合わせて80人体制であった。国内は110人ということになろう。2017年12月期の売上額は54億6000万円であり、近年、右肩上がりであった。

▶開発と集散地化をめぐる可能性

以上のような経緯から、現在の製品領域別の売上額構成は、曲尺などの在来商品が３分の1、レーザー光学機器、面状発熱体などの開発ものが３分の1、そして、残りの３分の１は工事現場用品の仕入商品となっていた。この仕入商品の中には中国製の黒板、温度計等も入っていた。曲尺等の在来商品は国内ではシンワ測定がほぼ唯一となり、シェアは100％に近い。この部分は右肩下がりとしていた。開発物と仕入商品は右肩上がりであった。シンワ測定の理念は「測るものを通じて、プロとユーザーの皆様に確かなものを供給する」とあるが、在来商品、開発商品、仕入商品という構成の中に、シンワ測定の位置が明確にみえる。

第１は、開発意識が高まっているということであろう。1980年代の中頃に取り組んだプリント基板の時代には開発は明確なものでなかった。測定器具を生産していた関係から、メッキ技術、エッチング技術があり、その延長でプリント基板を目指していた。その後のプリント基板からの撤退以後、「測るもの」の新たな開発に向かい、レーザー光学機器の世界に踏み込んでいった。現在、開発スタッフは約20人、製品開発は12人（男性9人、女性3人）、また、カタログやフリーダイヤル担当8人となっており、順次増員していた。フリーダイヤル等から開発課題が浮かび上がってくることが少なくない。2019年4月には大卒2人が採用されていた。新潟大学理学部と東海大学工学部からであった。比較的安定的に採用できているようであった。

第2は、以前は地元の産地問屋経由で商品を流していたのだが、30年ほど前からホームセンターが登場し、爆発的に拡大していった。この流れの中で、ホームセンターとの直接的な取引が始まったことが、シンワ測定に重大な変化を呼び起こしていった。ホームセンター側から、「工事現場」「測定」を軸にする商品の拡がりを求められ、シンワ測定自体が集散地問屋的な性格を帯びてきた点が指摘される。仕入商品が売上額全体の3分の1に達し、その比重が増えていること、部厚な総合カタログを用意し、さらに壮大な物流センターを設置、2000種以上の製品を自動倉庫で管理しているなどは、単なるメーカーではなく、集散地問屋的な機能を高めていることを意味する。

近年の燕、三条地域の動きをみていると、ステンレス素材を中心にした多様な金属製品の産地化が著しく、他方で、ホームセンター等の登場により、流通の制度的機構が大幅に変わっている。また、かつて東京、大阪に展開し、中心性を帯びていた集散地問屋が力を失い、燕、三条はモノづくりに加え、金物関係の集散地問屋化の傾向を深めている。日本から中国、アジアをめぐる大きな構造変化の中で、シンワ測定はすでにそのような方向に向いているようだが、「測定」を軸にする新たな製品開発、そして、拡がりのある仕入機構の整備、販売力の強化に新たな可能性が拡がっているように思う。

2019年3月、シンワ測定は燕の現在地の隣地5000坪を取得した。計画は未定のようだが、新たな可能性を拡げていくものとして使われていくことが期待される。

2. 金属製品産地の中小機械メーカー

燕が金属洋食器産地に向かうにあたり、当初は手作業によっていたが、第1次世界大戦の頃からの大量生産、大量輸出に向けて生産機械の導入が開始される。当初は近隣の機械産業集積地の長岡から導入されたが、その後、地場で機械製作に従事する中小企業を生み出していった。戦間期の1938（昭和13）年頃に、組合員13名による燕鉄工機械工業組合が組織されている。プレス機械、バフ研磨機械などが製作された。それは、金属洋食器の拡大に伴うものであり、産地の高まりを示すものでもあった。

戦後も1955年に、12名の産業機械関係者が集まり、燕鉄工機械工業組合を結成、その後、この組合は燕機械工業協同組合に組織変更し、2000年の頃には組合員10名を数えていた。ただし、1985年以降の円高に伴う金属洋食器の輸出激減の中で多くの中小機械メーカーは機械生産を停止していった。そして、燕が金属洋食器の単一産地から複合金属製品産地に向かうのだが、新たな中小機械メーカーは後にみるダイワメカニックとテック・エンジニアリング、ハセガワマシーナリ以外に登場していない。幾つかの要素技術を組み合わせる金属製品を発想し、向かっていくことには熱心だが、より複雑な機械工業製品に向かおうとする地場企業は、コンプレッサの北越工業、家電のツインバード工業、除雪機のフジイコーポレーション、荷役機器の遠藤工業、産業機械の柴山機械など以外に見当たらない。

この点に関し、消費財を軸にする金属製品と先端的な機械工業製品とでは、発想が異なり、また加工についても精度が異なることが指摘されている。その結果、燕は装置モノにまとめ上げる存在と、精密機械加工、塗装等の中小企業、さらに、制御系・電子系の技術の蓄積が薄いことが指摘される。今後、燕の金属製品製造に関わる工業集積がどのような方向に向かうかは不明だが、より豊かな集積に向かうためには、先に指摘した課題に応え、より高度な機械工業集積に向かうことが必要ではないかと思う。

(1) 地場産業に機械設備を供給する産業機械メーカー
——研磨、バリ取り機を軸にロボット化（柴山機械）

地域が特定業種の地場産業地域を形成していくと、そこで用いられる機械が地元で生産されていく場合が少なくない。燕の金属洋食器の製造機械を初めて製作したのは、長岡の日本機械製作所の田中豊七氏とされている[7]。その後、日本機械製作所に勤務し、田中豊七氏の指導を受けた早川栄松氏が燕で早川鉄工所を起こしている。さらに、早川鉄工所に勤めていた霜鳥平三郎氏が1935（昭和10）年に霜鳥鉄工所を起こし、金属洋食器製造のための各種機械を製造していった。特に、霜鳥平三郎氏は昭和30年代に多くの弟子を養成し、20数人の独立者を生み出したとされる。

また、遠藤工業の遠藤松次郎氏は、1938（昭和13）年に東京品川の日本の工作機械製造の草分けであった池貝鐵工所と共同開発し、高級な工作機械群を燕にもたらしたことで知られている。

そして、戦前の1938（昭和13）年頃に、早川栄松氏を中心に燕鉄工機械工業組合が組織された。ただし、戦後は燕鉄工機械工業組合は解散を余儀なくされた。その後、1955年、12名の産業機械関係者が集まり、燕鉄工機械工業組合を結成、初代組合長として霜鳥平三郎氏が就いていった。当時は、洋食器製造に関する研磨機、フリクションプレスなどが生産されていた。

その後、この組合は燕機械工業協同組合に組織変更し、2000年の頃には組合員10名、理事長には柴山作榮氏（1936［昭和11］年生まれ）があたっていた。メンバーは、柴山機械、小林鐵工所、丸七鉄工所（現マルシチ）、ハセガワマシーナリ、森井製作所、山崎鐵工所、光新産業、長谷川鉄工所（現リンチピン）、阿部鉄工所、佐藤鉄工所であった。ただし、この燕機械工業協同組合は、現在、解散している。なお、これらの企業の多くは産業機械生産を停止し、部品加工や修理などに展開、現在も存続している。

現在、燕機械工業協同組合の組合員の中で、産業用機械の生産を重ねているのは柴山機械ぐらいとされている。柴山機械の最近の会社案内によると、当社は「古くは燕三条のステンレス洋食器を支えたプレス機・研磨機から、最新の

6軸ロボットを使用した研磨機・バリ取り機・搬送装置など、幅広く製作しております」と記され、得意分野としては、多関節ロボット研磨機、多関節ロボットバリ取り機、多関節ロボット搬送装置、各種専用自動研磨機、各種プレス機械。各種集塵装置、防音・安全ブース、各種専用機、省力化機械の設計・製作としている。

▶創業と柴山家の系譜

柴山家は燕市郊外の松長地区大字長渡の地主の家系であったが、柴山機械の創業者の一人である柴山作榮氏（長男）は農業が嫌いであり、中学を卒業した頃から、自宅で洋食器のプラスチック柄を成形（メラミン樹脂の圧縮成形）していくための油圧ポンプなどを開発していた。作榮氏が28歳になる頃に、父の柴山誠一氏を巻き込み、1964年、㈲柴山機械製作所を設立している。父の誠一氏が初代社長に就いた。ここで、洋食器、器物の研磨に対応する横型自動バフ研磨機を開発、1970年には累計生産台数1000台に達した。最終的には2000台を超えた。この研磨機が柴山機械の基礎を作ったとされている。

その後も地元の洋食器、器物に対応し、製造ライン、油圧のプレス機械、クランクプレスの材料供給装置、制御装置等を作り続けてきた。ただし、燕の洋食器の主力プレス機械であったフリクションプレスは手掛けなかった。2代目

柴山機械の外観

柴山作榮氏

社長となった柴山作榮氏は希有なアイデアマンであり、燕産地に必要な機械設備、自動機等を考案し、提供していった。

3代目社長は誠一氏の次男の柴山富榮氏、そして、4代目の現社長の柴山信榮氏（1949年生まれ）は誠一氏の4男である。現在、柴山作榮氏は会長に任じていた。さらに、5代目には柴山信榮氏の長男であり、現工場長である柴山信一氏（1972年生まれ）が就くことが予定されていた。

▶柴山機械の事業の輪郭

1985年のプラザ合意以降、地場向け機械は全く売れなくなり、燕の機械メーカーの多くは部品加工等に転じている。そのような中で、柴山機械はユーザーを県外に求め、研磨機を焦点とし、ユーザーの多様な要望に応える専用機、自動機等の領域に入っていった。創業以来、多くの産業部門と関わってきたが、食品関連には手を出さなかった。基本はオーダーメイド、100％社内生産としていた。社内には営業（3人）、設計、加工（機械加工、鈑金加工等）、組立、配線、アフターサービスの一通りの機能を揃えている。外注部分は鋳物（長岡）、部品加工、塗装、特殊加工、電気ボックス、電気回り（購入）であり、大半は燕市内で対応可能であった。創業以来、設計は柴山作榮氏一人であったのだが、1989年にCAD（Computer Aided Design）を導入、現在、設計部隊は6人となっている。現在、研磨、バリ取り等の産業用機械領域で燕・三条地域にはライバルはいない。

このような事業に対して、従業者は41〜42人（女性6人）、平均年齢45歳前後、一番若い人で20歳、高齢は65歳であった。採用はハローワークを中心にしているが、近年厳しくなっている。2017年は2人、2018年は4人の採用であった。2019年については5人（設計1人、製造4人）の募集をかけていた。

ユーザーの数は約1000社、通年では100社ほどであり、毎月7〜8件の依頼が来る。燕、三条の範囲の受注先は10〜20％であり、新潟県外が60％ほどの構成になっていた。主な納入実績としては、地元は遠藤製作所、コロナ、北越工業に加え中小の洋食器メーカーなどがある。全国的には石川ガスケット、三

柴山機械製プレス機（サミット工業に設置）

柴山機械の多関節６軸ロボット付装置

恵技研工業、ホンダ技研工業、ホンダエンジニアリング、ショーワ、LIXIL、ナチ常磐、ダンロップスポーツ、ダンロップゴルフクラブ、ブリヂストンスポーツ、横浜ゴム、本間ゴルフ、ヨネックス、日立金属などがあげられている。受注価格は下は50万円から、クルマの自動化ライン等は5000万円～1億円のものもある。

▶人手不足の中での専用機、自動機の要請

2008年のリーマンショックの際は、受注がストップしたものの、1年で元に戻った。最近の傾向としては、燕の研磨職人等がいなくなり、地元から自動機の要請が高まってきていることが指摘されていた。例えば、ものづくり補助金の出た2018年は3カ月で多関節ロボット付こば磨り機7台ほどの受注があった。このような事情から仕事の切れることはなく、忙しい思いを重ねていた。

今後の見通しは、5年先ぐらいまでは現在のスタイルで行くとしていた。燕、三条地域では、人手不足が著しく、特に、研磨の領域の職人不足が深刻に語られている。そのような事情の中で、自動化は各社にとっての緊急の課題になっている。しばらくはそうした要請が重なっていくことが予想される。また、柴山機械は「研磨」「バリ取り」「搬送装置」を得意としてきたが、自動化の要請は全日本レベルで全産業領域、全加工・組立領域で一気に拡大していくことが予想される。そのような課題にも応えられる専用機、自動機のメーカーとして向かっていくことが期待される。

(2) ブルボンを退社し、地元で独立創業の専用機メーカー ――FA 事業と環境事業に展開（ダイワメカニック）

省力化を目指して独特の専用機械、自動化機械を設計・製作する領域がある。専用機メーカー、自動機メーカー、装置屋などとも呼ばれている。受注生産、個別生産である場合が多く、必要に応じて多様な要素技術を組み合わせていく。そのため、工業集積の濃密な東京の大田区、東大阪市、あるいは地方では諏訪・岡谷、浜松などで発展してきた。この点、地方の場合、要素技術の多様性を期待できないことから、一通りの機械設備等を保有せざるをえない。そのような事情から、地方に孤立的に展開する専用機メーカーの場合は、専用製作以外に、部品加工、あるいはモデルタイプの自社製品を持つ場合が少なくない。

燕小池工業団地に、燕地区では数少ない専用機メーカーのダイワメカニックが立地していた。

▶ブルボンを退職し独立創業

燕には金型の手彫りで定評のあった細川金型が存在していた（2003 年頃廃業）。本書第 5 章 3―(2)の武田金型製作所の武田修一氏は、細川金型で修業したことで知られている。細川金型の創業者の長男が細川哲夫氏（1955 年生まれ）。家業を継ぐ気はなく、父も継がせる気はなかった。中学卒業後は長岡高等工業専門学校（長岡高専）機械工学科に進学、1975 年に卒業、柏崎市の製菓業ブルボン（当時北日本食品工業）に入った。

当時のブルボンの社長は「他社でできない機械を開発しろ」と激を飛ばしており、設計課に配属された細川氏は、1 年目で生地を巻く連続機械を開発、大きく貢献した。これはタバコの巻き機械を応用するものであった。2 年目にはアメリカに出された。

1984 年 3 月末、ブルボンを退職し、燕市内の自宅で機械設計専門の㈲ダイ

創業者の細川哲夫氏

ダイワメカニックの工場内部

ワ機械設計事務所を１人で開設している。その頃、市内の丸七鉄工所に勤めていた長岡高専の先輩から「手が足りないから手伝って欲しい」といわれ、プレス、射出成形機の供給装置などを設計した。ただし、丸七鉄工所は経営不振に陥っていった。

その後、金型をやっていた父から富士通フロンテック新潟事業所の仕事を紹介された。この仕事は大量に出たことから、自宅の横に５人ほど入れる部屋を作って対応した。それでも足らず、1990年、新幹線燕三条駅の近くに土地を求め、２階建、延床面積240～250坪の施設を設置した。当時、従業員は8～9人になっていた。その頃には新潟鐵工所の仕事が来るようになり、ユーザーからは「機械までまとめて欲しい」との要望が重なり、1994年の頃には敷地の裏に140坪ほどの組立工場を設置し、ボール盤、フライス盤、旋盤、溶接機を入れ、電気設計（４人）も開始している。1997年には現在の社名㈱ダイワメカニックに変更している。

だが、主力になっていた新潟鐵工所が2001年に倒産、8000万円の不渡りをかぶった。その後、しばらくは仕事がストップした。それでも手狭感があり、2014年には燕小池工業団地の現在地を取得、新工場（100×30 m）を建設した。大型の専用機、あるいは長いラインの製作も可能になった。

▶本格的な専用機メーカーの展開

ダイワメカニックのHPには、大きく二つの事業部門が記されている。一つはFA事業部であり、各種専用機、搬送設備、プラントの計画・設計・製造・据付工事・保守点検、電気制御の設計・盤製作・配線工事・起動立合いとされていた。もう一つは環境事業部であり、電解水生成装置の販売・保守点検・運用サポート、業務用生ゴミ処理機等の食品リサイクル機器の販売・保守点検等とあった。

現在の従業員数は32人、機械設計10人、電気設計4人、発注3人、現場11人、事務3人の構成であり、機械設備はMC、フライス盤、横フライス盤、旋盤3台、ラジアルボール盤、溶接機等であった。機械加工系は内部で対応しているが、鈑金は燕から富山の範囲で外注に出していた。これでも要員が足りない状態であり、総員40人ぐらいを期待していた。これまでは全て中途採用であったのだが、今後は新卒採用に踏み出す構えであった。ただし、当面は忙しく、新卒を育てていく余裕もないとしていた。

現在の主力の受注先はエンジニアリング会社準大手のライオンエンジニアリング（本社東京両国、工場は茨城をはじめ全国）をはじめ20〜30社であるが、細川氏は「今後、地場の仕事が増える」とみていた。燕周辺は人手不足が著し

ダイワメカニックの組立職場

く、今後、自動化を積極的に推進していかざるをえない。ようやく、燕の工場主もそのような意識になってきつつある。ただし、燕の中小企業者の場合、自動化等の経験が乏しく、「何ができるのか。仕様書の作り方」から指導という状況である。

燕地区では、初期の頃に洋食器用のプレス周辺機器、および研磨関係の機械製造業者はいたが、これまで本格的な専用機メーカーは育っていない。ダイワメカニックと次にみるテック・エンジニアリングぐらいであろう。現在、燕では洋食器の刃磨り、こば磨りの職人の高齢化が著しく、今後に懸念を残している。これに対し、国のサポイン事業（戦略的基盤技術高度化支援事業）の補助金を確保し、長岡技術科学大学と共同でロボット化の研究に取り組んでいた。その場合、モノの認識、評価がポイントとされる。この案件には、機械商社の山善にも入ってもらっていた。

全国的な人手不足により、自動化、省力化への関心は深く、現状、全国のどこの専用機メーカーも手一杯の状況である。ダイワメカニックも同様であり、なかなか新規の領域に踏み込めない。FA 事業部に加えて設置した環境事業部は、モデルタイプの製品の販売を意識しているのだが、なかなか手が回らないようであった。

ここまで走り抜いてきた細川氏も 2019 年には 64 歳、これだけの事業にしてきた次の課題は事業承継となろう。細川氏の子供はまだ小さく、今後、承継のあり方が問われているようであった。

（3）加工部門が充実する専用機メーカー
——家電販売店の技術者が独立創業（テック・エンジニアリング）

洋食器産業が発達した燕の場合、それを支える産業用機械部門として、プレス機械、研磨関連機械を供給する産業用機械メーカーが成立した。ただし、その後、洋食器部門が壊滅的状況になっていく中で、産業用機械メーカーは存立基盤を失い、退出し、あるいは部品加工、修理部門に移行していった。特に、地域需要の大幅な減退に加え、さらに、その後の電子制御部門の発展についていけなかったことが指摘される。戦前、戦後に成立した燕の産業用機械メーカ

創業者の阿部眞氏

組立中の専用機

ーの中で、現在、存在感を示す柴山機械があげられよう。

このような事情の中で、燕にようやく全国レベルの専用機メーカーが2社登場してきた。先にみたダイワメカニックとテック・エンジニアリングであろう。

▶新たな専用機メーカーの登場

テック・エンジニアリングの創業者の阿部眞氏（1956年生まれ）は寺泊の出身、高校は燕工業高校（現新潟県立県央工業高校、三条市）機械科（定時制4年）を卒業、燕の家電販売店に勤める。日立、ソニー、ビクター等の製品を扱っていた。販売部門と工事部門に合わせて13年勤めた。工事部門では電気、ガス、水道工事も経験した。阿部氏は29歳で独立することを考えていたのだが、なかなか辞めるタイミングがつかめず、3年ほどのお礼奉公を重ね、ようやく1989年、32歳で独立創業した。工場を間借りして制御盤屋として2人でスタートした。受注先は近間の鉄工所、機械メーカーなどであった。

だが、制御盤の部分は、機械製作の最終部門であり、常に納期にしわ寄せが来ることになる。そのため、機械メーカーそのものになる方が良いのではと考え、すでに治具等の設計を経験していたことから、阿部氏は「機械屋になることを強く意識し、スタッフを集め、現在の形になってきた」と語っている。

ユーザーは自動車部品メーカーから始め、相談を受けてやれそうなものからやり、うまくいくと次につながっていった。これまでの実績をみると、実に壮大なものだが、いくつかあげると、空き缶処理装置、O・リング抜取検査装置、魔法瓶全品検査ライン、超音波洗浄装置、メッキライン自動化改造、液晶ガラス基板搬送ライン制御ソフト、プリント基板ハンダ処理検査システム等などがある。全体的には自動車産業、エレクトロニクス産業、建築設備部品産業、暖房機器産業、環境エネルギー産業、キッチンウェア産業などを対象に、生産用自動組立装置、自動精密検査装置（ロボット、画像処理機器、レーザー機器を主体とした構成）等を、設計、製作、設置までを一貫して行なうことになる。1〜2台の専用機が多く、最大でも50〜60台であり、ラインの場合は一式2〜3億円の仕事もある。

これまでの納入先のリストをみると、これも壮大なものであり、全国に及んでいる。代表的なところでは、リケン、ブラザー精密工業、自動車部品工業、東芝、理研機械、JX金属、ダイヤメット、パナソニック、日本精機、菊水酒造などに加え、地元の柳田製作所、ヤナギダ、新越ワークス、シゲル工業、ゴトウ熔接等もあげられている。地元企業の自動化、省力化に貢献し、さらにその活動は全国に拡がっていることがわかる。現在、受注残は1年分を抱えていた。

1995年に現在地に移転したが、その後、隣地を次々に取得、新工場建設を重ね、スタッフも拡充し、2019年6月現在では従業員は32人を数えている。2019年4月には新卒1人（高卒）、中途採用3人（24歳、26歳、31歳）を採用した。この数年は年間4人程度の採用を重ねてきた。平均年齢は35歳という若い集団を形成していた。だが、新卒がなかなか採れないことが悩みとされていた。

▶専用機製作と加工機能の充実

私は全国の専用機メーカーを訪れているが、このテック・エンジニアリングほど加工機械が充実しているところをみたことがない。機械加工専業企業でもこれほどの設備体制を備えているところは少ない。主要機械設備をみると、5軸横型複合MC（オークマ）、5面加工MC（オークマ）、同時5軸MC（松浦

三菱電機製のワイヤー放電加工機

オークマ製の５面加工機

機械)、5軸複合加工機（オークマ)、MC3台（OKK、DMG森精機)、同時5軸MC（オークマ)、大型NC旋盤（大日金属)、レーザー加工機（三菱電機)、ワイヤー放電加工機2台（三菱電機、ソディック)、細穴加工機（三菱電機)、NCベンダー（アマダ東洋工機)、三次元CNC座標測定器（東京精密）等であった。

これだけの加工設備を展開している背景は、当初、加工を全て外注していたところ、加工賃の半分を持っていかれたことによる。19年前の2000年には加工の内部化に踏み込み、現在では内製化率は95%に達している。現在、外注は塗装（三浦鈑金、寺泊)、熱処理（ヤナギダ)、メッキ（燕周辺）にすぎない。なお、急速に事業拡大、人員拡大、加工設備の充実を進めてきたが、工場がたこ足状に設置されており、大型の設備、ラインを組み立てていくスペースがないことが気になった。これは次の課題となろう。

2016年2月段階では従業員は22人であったのだが、2019年6月には32人になっていた。機械設計4人、電気設計4人、ソフト設計3人に加え、加工・組立・工事部門が16人、管理部門5人から構成されていた。専用機メーカーとして興味深い構成になっていた。阿部眞氏も2019年で63歳、後継が気になるところだが、子供2人（女、男）も入社していた。長男（1988年生まれ）は大学の工学部を卒業後、東芝プラントシステム（横浜）に6年勤め、2年前に入社していた。後継も万全ということであろう。

現状、年間200件ほどの仕事をしているが、そのうち商社経由が120件ほどにのぼる。今後は、直接受注を増やしていくことが課題とされていた。この専用機の仕事、一度うまくいくと、次を頼まれるという場合が少なくない。実績と信頼関係が基本であろう。

また、将来にわたって人手不足傾向が強く、各業界で自動化、省力化が求められ、専用機メーカーは忙しい思いを重ねている。ただし、そのような状況がいつまでも続くわけではない。景気後退期もあろう。専用機の世界は意外に起伏が大きい。そのような事態が生じた場合には、優れた加工機械設備を駆使し、部品加工を受けていくなどの体制も必要となろう。専用機製作と部品加工を組み合わせながら、新たな可能性を切り拓いていくことが期待される。

（4）地元産業に専用機を提供
——相談を受け、考えていく（ハセガワマシーナリ）

地場産業が発達してくると、それを支える製造機械、専用機械の必要性が生じ、地元に産業用機械メーカー、専用機メーカーが成立していく場合が少なくない。金属洋食器に展開した燕の場合は、戦前期からプレス、研磨関係の機械設備製造に従事するメーカーが生まれていった。そのようなメーカーの一つに長谷川鉄工所があった。そして、そこから新たな専用機メーカーのハセガワマシーナリが独立創業していった。

▶平成の時代に、地元の専用機メーカーから独立創業

ハセガワマシーナリの創業者の長谷川博氏（1948 年生まれ）は燕の生まれ。高校は燕工業高校（現新潟県立県央工業高校）機械科の第 3 期生として卒業している。戦後の団塊世代が高校に進学する直前の頃に、全国に普通高校、専門高校が大量に開学したが、その多くは近年統廃合されている。燕工業高校もそのような軌跡をたどっている。卒業後は本家筋にあたる長谷川鉄工所に入った。

長谷川鉄工所は、燕の古い産業用機械メーカーであり、洋食器産業を支えるものとして専用機製作に従事していた。研磨機械、集塵機、板磨り機（長尺もの）、柄のもなかの溶接治具等を生産していた。最盛期 16～17 人ほどの従業員がいたのだが、加工能力に乏しいためさほどの台数は出せなかった。現在は縮

創業者の長谷川博氏

ヤマザキマザックのMC

小し、従業員3人で㈱リンチピンとして専用機を製作している。

長谷川博氏は20年ほど長谷川鉄工所で修業を重ね、その後、独立創業していくが、すでに1989年にはハセガワマシーナリとして企業登記しており、3年後の1992年に実質的にスタートしている。現在地を300坪取得し、現在では1200坪に拡大していた。長谷川氏43歳の船出であり、長谷川鉄工所からは4人のメンバーが付いてきた。四半世紀が経った現在、4人のうち2人はまだ在籍していた。当初はやりかけの仕事であった洋食器の先端の圧延機（ロール）を製造した。その後は、産地の器物、雑貨関係の仕事に従事してきた。プレスの後工程、フチ巻機、溶接、圧延の自動化等に従事してきた。やや周辺的な仕事が多かった。

燕の洋食器産業も100年の歴史を重ねており、機械化も進んでいるのだが、近年、下請が減少しており、メーカーサイドからすると「なんとかしたい」として相談に来る場合が少なくない。長谷川氏は「下請をあてにしていた時代の機械と、自分でやるときの機械は違う」と指摘していた。この点は極めて重要な指摘であろう。

▶地元の産業の事情を深く理解し、専用機を提供

現在の仕事は、一つは器物、雑貨のスピニング（伸ばす）関係、もう一つは

専用機の製缶ものベッド

修理中の専用機

研磨、溶接関係が多い。最近の仕事は、楕円のロールを巻くための四角・楕円変形渕部溶接機（3台）、渕巻加工機、ピンセット等合わせ目研磨機、横型パイプ両端同時切断機、ヤスリ表面研磨機、100トンリンク式油圧プレス、へら絞り加工機、槌目加工機、スピニング装置等がある。大半は1台のみである。

受注は相手から打診があり、「考えてみましょう」ということになり、注文、見積となる。専用機の場合、前例のないものが多く、見積はなかなか難しい。ユニット単位の積み重ねとなるが、なかなかうまくいかない。経験が重なってきた現在では80〜90％程度は適合する。

現在の従業者は15人（女性3人）、28歳から上は73歳までが在籍している。加工が6人、組立が2人の構成であった。女性の中には計測器やワイヤーカット放電加工機を操作する人もいる。生産は年間10台前後。1台100万円程度のものから、上は4000〜5000万円ほどのものもある。機械設計は社長の長谷川氏と50代の従業員の2人で行なっている。金属部品加工と機械の組立は社内で行なっているが、制御盤等の電気設計は外注に依存していた。燕から弥彦村あたりまでの4〜5軒であり、いずれも従業員4〜5人規模のところであった。社内の加工設備は、CNC複合フライス盤（倉敷機械）、門型MC（ヤマザキマザック）、立型MC（ヤマザキマザック）、NC横中ぐり盤（東芝機械）、CNC旋盤（ヤマザキマザック）、平面研削盤（岡本工作機械）、内面研削盤（トヨタ工機)、ワイヤーカット放電加工機（西部電機）などであった。

長谷川氏の子供は3人（女、女、男）であり、長女は看護士、長男（42歳）は新潟産業大学（柏崎）を卒業、入社し、機械加工、設計まで対応していた。後継は問題なしということであろう。また、次女も入社しているが、その子息は埼玉の工系の大学に在籍しており、CADを学んでいることから、今後を期待していた。

このように、ハセガワマシーナリは伝統のある産業機械メーカーから独立した燕では比較的新しい専用機メーカーであり、地元の仕事を主体に興味深い足跡を重ねてきた。今後については、少人数で地元から県内にかけての仕事に従事していく構えであった。地元の産業の事情を深く理解しており、それを支えるものとして歩んでいくことが期待される。

(5) ニッチトップを目指し、除雪機等に向かう
——農機の里で独自性を高める（フジイコーポレーション）

新潟県燕市といえば、スプーン、フォーク等の金属洋食器産地として知られているが、燕市郊外の小池地区（旧小池村）のあたりは、特に戦後は「小池の脱穀機」といわれるほど農機の生産が盛んであった。洋食器全盛の1977年の『工業統計』によれば、当時の燕の農業用機械製造の事業所は59、従業者数は640人、製造品出荷額等は84億2492万円を計上していた。当時の燕市（旧燕市）の出荷額は1696億円であったことからすると、その約5%を占めていた。2016年現在の燕市の農業用機械製造（従業者4人以上）は、13事業所、従業者226人、出荷額は38億3600万円となっている。

この燕市小池の農機をみていく場合、フジイコーポレーションの存在が興味深い。小池の農機の歩みはフジイコーポレーションの歩みともいえそうである。

▶小池の農機の歩み

燕商工会議所の50周年記念として2001年に刊行された『試練革新の歩み 燕商工会議所50周年史』によると、小池の農機の歩みは以下のようなものであった[8)]。

「新潟平野を大きく蛇行する信濃川は米どころを支える巨大な大自然の恵みでもあったが、ひとたび氾らんすると手に負えない暴れ川でもあった。このため曲尾の不作が相次ぐ年も多く、生活に困窮した農民が出稼ぎを余儀なくされることがしばしばであった。はっきりとした文献はないが、九郎兵衛または藤次郎（宮大工か）という人が岩代の国（福島県東部）から唐箕や木製農機具の製作技術を覚えて小池村に持ち込んだのが当地における農機具産業のはじまり」としている。

「明治の中期から終わりにかけて200戸足らずの小池村に30戸から40戸の農機具家庭工業が創設され、男は製造に従事し、女はかついで近村への販売に精出した」とされる。当時は商品に屋号をつけて販売した。例えばフジイコーポレーションの場合は、屋号の「勇七」を商品のブランドとして、万石、唐箕を売り出していた。

大正の終わりから昭和の初めにかけては、「人力による万石、唐箕、脱穀機が研究開発され、[…] 昭和に入るや農村電化の国家方針に基づき、動力脱穀機が開発され」ていった。

最盛期の1950〜1955年の頃にかけては、「新潟県が全国の動力脱穀機の約50％近くを生産し、その50％以上を小池村の8社（藤井農機、小池農機、森田農機、熊谷農機、藤沢農機、笹川農機、田中農機）で占め、[…] 小池村の脱穀機が全国にその名をとどろかすに至った」のであった。現在でも、小池のあたりを通り掛かると「〇〇農機」の看板を目にすることが少なくない。

▶フジイコーポレーションの歩みと輪郭

このような小池の農機の中で、現在、存在感を示すのがフジイコーポレーションであろう。

1865（慶応元）年　藤井勇七氏が小池村にて「勇七」と称し、千歯の生産を開始する

1915（大正4）年　藤井兄弟社を創設、人力（足踏式、手回式）稲扱機を製造販売

1929（昭和4）年　動力脱穀機の生産を開始

1950年　藤井農機製造㈱設立
1956年　テイラー（小型耕運機）の製造販売を開始
1960年　プレス事業を開始
1961年　全自動脱穀機を開発、金型事業開始
1968年　ハーベスタ（自走式自動脱穀機）を製造販売開始
1970年　コンバイン（刈取り脱穀併用機）を製造販売開始
1972年　除雪機製造販売開始
1976年　鋼材事業を開始
1980年　スイスに除雪機輸出を開始
1986年　除雪機が南極で使用される
1990年　社名をフジイコーポレーション㈱に改称
2002年　乗用草刈機の製造販売開始
2004年　ハンマーモア（草刈機）の製造販売開始
2005年　高所作業機（果樹園用）の製造販売開始
2009年　経済産業省「元気なモノ作り中小企業300社」に選出される
2012年　内閣総理大臣表彰「第4回ものづくり日本大賞」優秀賞受賞

2019年現在の従業員数は142人、「機械事業（小池）」「ダイレスプレス事業（大曲）」「鋼材事業（物流センター）」の三つから構成されている。「機械事業」は従業員が約75人、売上額の50%強を占める。内訳は除雪機50%、農機

フジイコーポレーションの本社

会社の入口の道路際に除雪機を展示

35%、部品 15% の構成であった。「ダイレスプレス事業」は従業員 50 人、売上額構成は 30〜35%、「鋼材事業」は従業員 15 人で神戸製鋼のコイルセンターを展開、売上額構成は 15〜20% であった。

▶事業の特色

事業構成をみると、かつての脱穀機、テイラー、ハーベスタ、コンバイン等は姿を消し、農機の領域にあるのは草刈機、高所作業機あたりであり、農業機械専業メーカーではなくなっている。現在主力の除雪機は、農機時代に冬季の需要を期待して開始したものであり、農機具の製造ラインがそのまま使えたこと、豪雪地帯で雪の経験が深かったこと、さらに、雪国の農機販売店から冬季の事業として歓迎されたことなどによって具体化した。

また、鋼材事業やダイレスプレス事業は、戦後の農業機械の金属化、プレス部品の拡大に伴いスタートしている。その後、市場の変化、多種少量化に直面し、「金型数の削減」「工程削減」「部品削減」を強く意識し、独自の「アクア成形法」「ドロミテ成形法」を開発、運用している[9)]。「アクア成形法」は、液圧を利用し、金型は片方だけで済む絞り技術であり、材料に対し均等かつ垂直に水圧がかかるため、深絞り加工時に板厚の減少が少ないという特性がある。「ドロミテ成形法」とは、1 型で複数種類の部品をプレス成形するものであり、その後、3 次元レーザーにより部品を切り出していく方法である。成形された形状がイタリアのドロミテ山塊に似ていることから命名された。

かつては脱穀機、ハーベスタ、コンバイン等の時代の先端をいく領域を手掛けていたのだが、農機の領域はクボタ、ヤンマー、井関農機、三菱農機（現三菱マヒンドラ農機）の 4 大メーカーとの格差は大きく、特許等を譲渡し資金を確保、フジイコーポレーション自体は「ニッチな市場」に踏み込んで存立基盤を確保していくというやり方をとってきた。例えば、家庭用の除雪機はホンダ、ヤマハ、ヤンマーがライバルだが、フジイコーポレーションの場合は、大型機種に展開して差別化していた。そうしたあり方により、現在の製品構成、事業領域を形成している。

現行の大型除雪機　　　　　　　　　高所作業機

資料：いずれもフジイコーポレーション

▶環境にフレキシブルに対応、多様性を重視

150年以上の歴史を重ねるフジイコーポレーション、現在は5代目の藤井大介氏（1957生まれ）が代表取締役社長に就いている。藤井氏は長男であったのだが、継ぐ意志はなく、高校から東京に出て、大学は慶応義塾大学経済学部を卒業。海外のMBAに行くことを希望していたのだが、1981年、指導教授の紹介により慶応義塾大学大学院経営管理研究科（通称慶應ビジネススクール、MBA）に入学する。わが国初のMBAコースであり、その4期生であった。国際金融の仕事がしたく、海外経済協力基金（OECF、現国際協力銀行[JBIC]）に就職する。

1983年の秋、OECFに勤めて半年後、父親の危篤が伝えられ、帰郷すると、すでに他界していた。当時の従業員は334人、ハーベスタ、除雪機をやっていた。金融機関からは手形決済を求められ、藤井氏は「気がついたら社長にさせられていた。OECFには退職願いを出した覚えもない」と語っている。最終的には「家族同然の社員を路頭に迷わすことはできない」として受け入れていった。その後のフジイコーポレーションの歩みは、MBAの経験も活かし、戦略的な展開を重ねている。海外でも戦える「尖った商品」「ニッチでハイエンドなグローバル市場を狙った事業展開」「多様な人材の活用」が意識されている[10]。

人材の採用、活用については、最近は厳しいとしながらも、外国人の高度人材を4人雇用していた。インド人、韓国人、バングラデシュ人であった。2019年4月の採用は2人（高卒）、さらに8月に新潟大学に留学しているトルコ人を採用することになっていた。藤井氏は「今は採れない時。採れる時に採っておく」と語り。将来については、「環境に順応していくしかない。フレキシブルに多様性を持たせ、人材の多様化も必要」とみているのであった。

（6）集団就職した農機メーカーから独立創業
——農家の重労働を軽減することを目指す（ホクエツ／丸越工業）

戦前期から洋食器によって産業化の進んでいた燕は、戦後の高度成長時代は福島県や宮城県の若者の集団就職の場でもあった。このような集団就職でやってきた若者が次々に独立創業していったことが注目される。また、旧小池村のあたりは、「小池の脱穀機」として脱穀機の産地として知られていた。現在でも燕市内には少なくとも13社の農機メーカーが存在している。人口8万人、金属洋食器で知られる燕の片隅では、かつての脱穀機の伝統を踏まえた小規模な農機メーカーが展開している。

▶農機産地で独立創業

ホクエツのHPでは、事業内容として「農業機械および農業資材の卸販売、『家庭用精米機』・『米びつ』等の日用品・家庭用雑貨の販売。介護福祉機器用具および環境衛生機器の販売、梱包資材および梱包機器の販売」としてある。2018年の「製品カタログ」では、春関連機器として、種籾脱水機、脱芒機、肥料混合機、苗箱農薬散布機、ハコベルコン（苗箱のコンベア）、ナエローラー、パレットトロッコ、育苗箱洗浄機、ナエコンテナ、苗シューター、また、秋関連機器として、ハイホッパー、昇降機、米袋用リフター、玄米キャッチャー、搬送機器、ライスプール（貯蔵）、フレコン計量タンク、乾燥機用集塵機、籾がらコンテナ、さらに、畑関連機器として、まめ太郎（枝豆のもぎ取り）、大豆粗選機、そば粗選機、里芋毛羽取機等が掲載されていた。当面、農業機械周辺機器が主力だが、介護福祉機器、環境衛生機器の領域までを視野に入れていた。

２代目社長の浅野智行氏

主力の一つ／種籾脱水機

このホクエツ、1973年に北越物産としてスタートしている。創業者の浅野金六氏（1938年生まれ）は、宮城県の農家の出身、6人兄弟の末弟であった。中学卒業後、集団就職で燕を訪れ、小池の藤井農機製造（現フジイコーポレーション）に入社、営業部長まで勤め、1973年、35歳で独立創業している。日本の農業は水稲が中心であり、田植機、トラクター、コンバインが3種の神器とされ、クボタ、ヤンマー、井関農機、三菱マヒンドラ農機の4社の寡占となっている。その他に全国に中小の農機メーカーがあるが、それらは北海道の大規模農業に特徴的な大型機械などの地域的な特性に応じた農機[11]、先の3種の神器の周辺機器、さらに、多様な農作業を軽減するための機器の生産に向かっている。

このような枠組みの中で、ホクエツは「農家の重労働を軽減する」ことを目指し、1977年には自社工場を設置、商品企画、開発、設計、製造、販売に従事している。なお、開発製造部門は丸越工業として別会社にしている。工場には鈑金、機械加工、溶接（組立）部門が設置してあった。塗装部門は燕市内の専業者に委託していた。ホクエツが販売会社で従業員約40人、丸越工業が28人の構成であり、つばめ物流センター内の一体の敷地の中に展開していた。

▶ホクエツの事業の輪郭

なお、ホクエツの燕本社は従業員20人程度であり、その他の20人は全国の米どころに設置されている営業所に駐在している。営業所は、現在、北海道(三笠市)、青森（青森市)、秋田（潟上市)、山形（東田川郡三川町)、岩手(紫波町)、宮城（黒川郡大衡村)、福島（郡山市)、関東（小山市)、北陸甲信(金沢市)、西日本（岐阜県羽島市）という展開になっている。大半は2人体制だが、西日本は駐在1人であった。農機具は不意の急ぎの要請もあり、米どころ各地に一定のストックが必要であること、また、夜間にも修理が必要な場合がある。農機関連は世界的にこのような仕組みになっている。また、代理店を置いて対応している場合も少なくない。

ホクエツの主力のユーザーは、有力農機メーカーのクボタ、ヤンマー、井関農機、三菱マヒンドラ農機、その他JAなどである。各社の販売店で一緒に売られている。ただし、これらのユーザーは買取りはしてくれない。にもかかわらず、各社の色を塗装することを要請してくるが、ホクエツは断っていた。各社の販売店はホクエツの商品をそのまま販売している。

▶日本の農業の変質とこれから

現2代目社長の浅野智行氏（1963年生まれ）は、1998年、35歳の時に社長に就任している。振り返ると、日本の農家数は1960年の頃は約600万戸とされたものだが、その後、激減し、また、兼業化が進み、現在では農家数は約

溶接部門にはロボットを投入

プレス部門

130万戸となっている。この間、1970年には「減反政策」に踏み込んでいく。さらに、1980年代の中頃からは富山県あたりから機械の共同利用、集落営農化が進みはじめ[12]、東北では大規模受託経営が一般化していった。浅野氏が社長に就任する前後あたりから、日本の農業は大きく変わっていく。全体的には水稲栽培は大規模化の方向に向かい、また、脱米の色合いも強いものになりつつある。

このような事情の中で、水稲の大規模化の反面、野菜、果樹、畜産への関心が高まり、さらに、従事者の高齢化の問題等も進んでいる。いまや水稲栽培だけではなく、多様な部門、しかも全般的な高齢化の中でのあり方が求められている。そのような事情の中では、ホクエツが向かっている方向は、時代を指し示しているように思える。水稲関連の周辺機器から、畑関連機器の展開、そして、介護福祉機器、環境衛生機器まで視野に入っていた。これらの領域は標準化できるものと、できないものがある。個別の事情を受け止めたオーダーメイドも必要になってこよう。そうした領域に木目細かく対応していくことが期待される。

(7) 集塵装置からエンジニアリング企業に
——全国の「困った」に対応（吉田工業）

「工場環境エンジニア」と記した吉田工業2代目社長の吉田智氏（1975年生まれ）の名刺の裏側には、「御社の工場、こんな事でお困りではありませんか」とあり、「・粉塵や悪臭がひどく健康被害が心配・塵や埃が製品に付着し不良品が出る・作業場の汚れがひどく毎日の掃除が大変・集塵設備があるが効果が出ない・設備の掃除、メンテナンスをやる時間がない」と記されている。いわば、工場環境のエンジニアリング企業ということなのであろう。

▶アミューズメント企画会社を経て家業に入る

吉田工業の創業は1980年、現2代目社長の吉田智氏の父（1946年生まれ）が、地元の野水機械製作所に勤めた後、同僚と2人で独立し、その年に現在地に引っ越してきた。当時はまだ洋食器が盛んな時代であり、1970年代に入っ

２代目社長の吉田智氏

生産されたダクト類

てから進んだ集塵機の導入がまだ行なわれていた。従来のバフ研磨工場は換気扇だけであり、粉塵が舞い、環境は劣悪であり、一気に集塵機の設置が進んだ。

だが、1980年代の中頃以降になると、洋食器の生産の減少、集塵機設置のピークが過ぎ、その吸引技術をベースに木工関係に着目、新潟木工団地のプレカット工場の仕事などを重ねた。このような多様な業種、工場の仕事を重ねながら、工場の空気関係全般を扱うようになっていった。

吉田智氏は新潟大学工学部機械システム工学科の出身、卒業後は新潟市内のアミューズメント企画会社（パチンコ店）に勤めた。吉田氏によると「パチンコは確立論の世界」であり、直ぐに店長になり、その後、会社のNO.2になった。「ここまで昇りつめたらもういい。今度は経営者になりたい」と父に相談すると、「ウチに入ったら」といわれた。家業の集塵機のことは当初関心がなかったのだが、改めて家業を見直すと、仕事に魅力を感じ、2005年、30歳の時に７年勤めたアミューズメント企画会社を辞め、家業に入った。

▶拡がりのあるエンジニアリング企業に

その戻った頃がインターネットの始まりの頃であり、直ぐにHPを載せた。キーワードとして「集塵機、設計、施工、塗装ブース、クリーンルーム、局所排気」などを入れると、上位に上がっていった。吉田智氏が入る前の仕事はほ

吉田工業の設計部門

吉田工業の製造部門

ぼ燕から新潟の範囲であったのだが、以後、県外の仕事が増え、北海道から沖縄までに拡がり、県内の仕事は40％に減少、県外が60％に達している。かつては燕の研磨の集塵機や木工所の集塵機などが多かったのだが、現在、業種はバラバラであり、鉄鋼から食品にまで至っている。件数も年間700～1000件に至り、どんどん増えていた。

仕事はユーザーと接触し、設計を出し、材料を調達し、加工・組立し、設置・メンテナンスをしていくという流れになる。加工組立に関しては本社工場内にシャーリング、プレスブレーキ（2台）、三本ロール（3台）、溶接機（5台）等があり、3人を張り付けている。基本的には外注依存の体制であり、材料の切断、曲げ等の1次加工は材料屋に任せ、電気回りは弥彦の専門業者、さらに、設置は相手先の地元で探すというスタイルを採っていた。いわば、設計開発主体のエンジニアリング企業といえそうである。

現在の従業員は24人、女性は3人（事務）であり、製造が3人、残りの18人は一部に見習いがいるが、基本的には各人が「設計—営業—施工管理」を1人で行なう。年齢は22歳から65歳まで在籍しており、仕事の難易度によって割り当てていた。一人前になるには、簡単なもので2年、一通りできるためには5年程度かかる。一人ひとりが「スペシャリスト」を目指していた。ここまで独立した人はおらず、辞める人もいない。採用はこの1年で6人（中途3人、新卒3人）、中途は社員の紹介等が多く、新卒は県内の大学卒であった。大卒は文系が多いが、吉田智氏は「技術より、ユーザーの困っていることへの対応」が重要であり、「文系が良かったりする」と語っていた。

吉田智氏が2代目社長に就いたのは2015年、そこから4年が経つが、人員は1.5倍、売上額は2倍になっていた。「吸引」を専門としている会社は少なく、労働基準監督署から紹介されるケースもある。また、最近は海外からの照会もある。このような事情から吉田智氏は「吸引」にこだわらず、「困っている人にどう対応するか」に関心が移り、「なんでもやりたい」、「人、技術者を動かす人を作り、連携、協力していく」ことをイメージしていた。

また、燕、三条については、小さな加工業者に加え、ユーザーも多く、連携、協力できる可能性は大きい。集塵装置から出発し、2代目が入る頃からインターネットが普及し、受注先の拡がりが生じてきた。それに対し、総合力が問われるエンジニアリング企業として、スペシャリストの育成、連携と協力の体制を形成し、何にでも対応できるあり方を模索している。極めて時代対応力に優れた取り組みといえそうである。燕の産業集積に新たな可能性を導くものとして注目される。

3. 金型製造業の拡がり

製品や部品の量産を支えるものとして金型がある。金属のプレス型、鍛造型、鋳造型、ダイキャスト型、合成樹脂の圧縮成形型、射出成形型、押出成形型、真空成形型、それにゴム成形型、ガラス成形型などがある。金型企業の大半は中小企業であり、分野ごとに専門化している場合が少なくない。また、これらは従来ヤスリとタガネで製作したものだが、1970年前後からは工作機械の性能と幅が拡がり、現在では、MC、NCフライス盤、研削盤、放電加工機、ワイヤーカット放電加工機等を駆使し、一品の生産となる。戦後の電気・電子・半導体産業、自動車産業の発展と歩調を合わせ、職人的技能と工作機械の発展により、日本の金型技術は世界一とされている。

元々は東京の墨田区、大田区あたりで深められていったのだが[13)]、現在では全国各地に優れた金型企業が拡がっている。燕の場合は、洋食器のプレス金型から始まり、特に絞り型で興味深い発展を示し、また、輸出規制のあった洋食器に対し、プラスチックの柄は規制外であったことから、圧縮成形型、射出成形型の金型企業も大量に発生した。1980 年段階の燕市の金型・同部品メーカーは 213 事業所、従業者 854 人であったのだが、その後、小規模層が減少し、2016 年は従業者 4 人以上規模で、62 事業所、従業者 715 人、製造品出荷額等は 91 億 0500 万円とされている。

「金型製造業の拡がり」とするこの節では、燕市内にある有力金型メーカーに注目し、その存立、発展の可能性と課題をみていくことにする。

（1）金型と射出成形に展開
——電子機器から自動車部品に（齋藤金型製作所）

齋藤金型製作所、私は 1986 年 9 月に訪問している。洋食器の柄を生産するための熱硬化性樹脂の金型製作から出発していた。その後、熱可塑性樹脂の金型に入り、さらに、射出成形部門にまで展開していた。1986 年当時の主力の受注先は魔法瓶の日酸サーモ（現サーモス）、三菱金属（新潟市）であり、世田谷に東京営業所を構え、カシオ計算機（羽村）、不動化学（材料関係、大阪市）あたりとも取引していた。当時、燕地区では金型と成形の両方を手掛けている中小企業は他にみあたらなかった [14]。

当時の従業員数は約 75 人、技術 13 人、金型 27 人、成形 21 人、その他であ

２代目社長の齋藤裕一氏

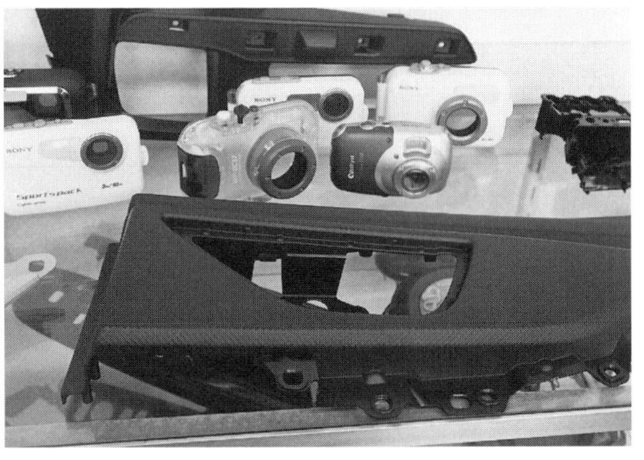

齋藤金型製作所の製品

った。また、主要設備は、MC1台（牧野フライス）、NCフライス盤4台（牧野フライス、大阪機工）、フライス盤10台（牧野フライス他）、NC放電加工機1台（牧野フライス）、放電加工機2台（牧野フライス）、ワイヤーカット放電加工機1台（牧野フライス）、CNC治具研削盤1台（和井田）、平面研削盤4台（岡本工作機械他）、三次元測定器1台（ミツトヨ）、射出成形機17台（日精樹脂工業等）から構成されていた。NC機は1975年から導入していた。設備的には牧野フライスが目立ち、また、燕周辺の金型企業としては突出しているように思えた。

▶受注先はカメラ関係から自動車関連に

齋藤金型製作所の創業は1955年、燕市内の田中金型で修業した先代が始めている。ミシンのモールド部品の金型、洋食器の柄からのスタートであった。また、現在の成形部門の前身のサカイ合成は、創業者の兄が1964年にスタートさせていたのだが、1968年に齋藤金型製作所に統合した。以来、齋藤金型製作所はモールド成形用の金型と射出成形の2部門体制を採ってきた。

当初は燕の洋食器関係が多かったのだが、その後、1985年のプラザ合意以降の円高により、洋食器は激減、その後は、国内大手メーカーのコンパクトカメラの防水装置の金型、成形が主力になっていった。これはダイビングを楽しむ人びとが水中で写真撮影をするためのものであり、コンパクトカメラを格納する防水性に富んだ透明のプラスチックボディであった。この仕事は金型製作、成形、組立までをやった。リーマンショックの頃まで続き、一時期は齋藤金型製作所の売上額の70〜80%を占めていた。

リーマンショック後は、この仕事はなくなり、むしろ、自動車関係に展開している。自動車のドア回りの比較的大型のプラスチック成形品であり、ホンダ、スバル、日産系をメインに、一部にトヨタ関係からも受けていた。これらの仕事は型がメインであり、成形の仕事はない。成形の仕事は長岡の自動車部品メーカーの小さな部品を受けていた。自動車部品関連の実際の受注先は神奈川の日産系部品メーカー、群馬県のスバル系部品メーカー2社等であり、型売りだが、現在では売上額の約80%を占めている。その他は雑貨品等であった。か

MC を操作する

金型の調整

つてあったコンパクトカメラ関係はゼロになり、燕市内の仕事は雑貨が少しある程度にすぎず、ほぼゼロに等しい。また、受注形態も型＋成形は少なくなり、90％以上は型売りとなっていた。なお、世田谷の東京営業所は廃止し、2000年からは北関東の自動車関連を視野に販売力強化のため埼玉駐在事務所（さいたま市）を置いていた。

▶設備体制も充実

この間、設備体制は相当に充実してきた。金型関係ではMC８台（牧野フライス）、NCフライス盤２台（牧野フライス）、その他フライス盤７台（牧野フライス、大阪機工）、NC放電加工機４台（牧野フライス）、ワイヤーカット放電加工機３台（牧野フライス）、成形部門の射出成形機は17台（日精樹脂工業14台、東芝機械３台）の構成であった。相変わらず牧野フライスが多いが、MC、放電関係の機械の充実ぶりが目立った。

現在の２代目社長は齋藤裕一氏（1963年生まれ）、創業者の長男である。齋藤裕一氏は地元の高校を卒業後、横浜の大学の経済学部に進学、その後、牧野フライスに入社している。牧野フライスでは機械の操作説明などに従事し、４年で家業に戻った。1990年頃であった。当時の従業員は60人ほどであった。金型の加工現場、CAD／CAMなどに携わり、30歳を超えてからは営業にも従事した。２代目社長には2007〜2008年頃に就任したのだが、直後にリーマンショックとなり、売上額は半減した。カメラ関係はそこでゼロになった。そ

射出成形部門

ほぼ完成した射出成形用金型

のような状況は2013年頃まで続き、2016年頃にまずまずの状況になった。先代は7～8年前に他界している。

▶自動車の次の可能性を求めて

現在の従業員は約50人、金型関係30人、成形関係20人の構成であった。カメラ関係の組立があった頃の従業員は100人ほどであったのだが、現在は半減している。定年は60歳としてあり、65歳までは1年契約の再雇用。その後は個々人との調整としていた。近年、若い人が入ってこない。2019年度の新卒の採用は不調に終わったが、その後、ハローワークを通じて中途が3人入ってきた。20歳、23歳、30歳であった。齋藤裕一氏は今年55歳だが、後継として10年以上在籍している従兄弟の子息（30代半ば）をイメージしていた。

電子、カメラ等は海外移管され、現状、金型企業にとって国内で期待できるのは自動車関係しかない。ただし、国内の自動車生産・市場は減少気味であり、今後の動向が気になる。日系自動車メーカーの海外生産は国内の倍の規模になっており、金型の現地化は相当に進んでいる。現状では神奈川県の自動車部品メーカーが受けて、当社が製作したものが海外に送られていくこともある。それらも次第に現地化される懸念もある。

金型は個別生産、一品生産であるものの、本来量産のための道具であり、趨勢的に国内で量産が減っている現在から将来にかけて、市場全体は縮小していく可能性が高い。齋藤金型製作所としては、間口を拡げて対応していくことを目指していた。齋藤金型製作所の特徴は「難度の高いもの」としていた。電子関係や自動車は量産の色合いが強く、次世代産業とされる航空機等の生産ロットははるかに小さい。この電子、自動車と航空機との間に医療機器がある。この医療機器の世界は小ロットのものから量産のものまである。しかも難易度が高く、生産過程のトレーサビリテイも厳しい。このあたりにも関心を抱き、新たな可能性に向かっていくことが期待される。

(2) 金属洋食器産地で独自の方向を向く
——燕の金型屋としては最後発の一つ（武田金型製作所）

金属製品の量産に不可欠な金型、昔はヤスリとタガネを基本に製作されていた。その後、フライス盤、研削盤、ボール盤等の工作機械が投入され、この30〜40年ほどは、放電加工といった新たな加工法が一般化し、さらに、工作機械のNC化によるNC旋盤、NCフライス盤、MCなどの革新的な工作機械が基本になってきた。また、設計もコンピュータをベースにするCADが普通になってきた。この金型を焦点とする機械金属加工の領域は、近年の技術革新の影響を濃厚に受けてきた。

40〜50年前には、ヤスリとタガネ、あるいは200万円ほどで中古のフライス盤、研削盤、ボール盤と貸工場を用意できれば独立創業が可能であったのだが、近年は、MC、放電加工機、研削盤は不可欠であり、初期投資に1億円前後はかかる。このような事情から、この十数年、全国的に金型の領域で若者による独立創業はほとんどみられない。金属加工の町・燕の金型部門の最後発の独立創業者の一人とされる武田金型製作所が展開していた。

▶金型部門で燕の最後発の独立創業

武田金型製作所の創業社長である武田修一氏（1954年生まれ）は、高校を卒業後、地元の細川金型（ダイワメカニックの関係企業）に修業に入る。戦後の燕はステンレス製のスプーン、フォーク、ナイフ、さらに金属器物といわれる鍋、ポット等ハウスウェアの世界的な産地として歩んでいた。燕の中でも細川金型は伝統的な方法であるヤスリ、タガネで金型を作っていた。当時の従業

創業者の武田修一氏

西部電機製のワイヤーカット放電加工機

員は4〜5人であった。5年ほど修業を重ね、武田氏は1978年5月に23歳で独立創業した。当時はNC工作機械が普及する前の時代であり、武田氏は中古の旋盤、研削盤、ボール盤等を500万円ほどで調達し、燕市下太田（JR東日本弥彦線燕駅の近く）の自宅を改造してスタートしている。父と2人の旅立ちであり、翌年には三条市から夫人を得て3人になった。独立に際して、細川金型からは「燕の仕事は安いから、手を出すな」といわれた。以来、武田金型製作所は燕の仕事はほとんどやっていない。なお、この間、1998年には工場を現在地の燕市西燕町に移転している。敷地面積1200 m^2、建物1100 m^2となった。

独立創業後7年ほどたった頃にプラザ合意（1985年）となり、円高が急進、対米輸出を基本にしていた燕の洋食器は壊滅的な打撃を受けるのだが、洋食器をやっていなかった武田金型製作所にはほとんど影響がなかった。この間、仕事をもらいにいって設備を聞かれ「フライス盤もないのか」といわれ、初めてフライス盤のことを知る。さらに「どこで修業したのか」と聞かれ、「細川金型」と応えると相手は納得してくれた。そのため、独立後1〜2年でフライス盤を入れ、3〜5年後にはワイヤーカット放電加工機とCADを入れた。MCを入れたのは10年後ぐらいであった。

デモ用のワイヤーカット加工品

プレス製品サンプル／順送型

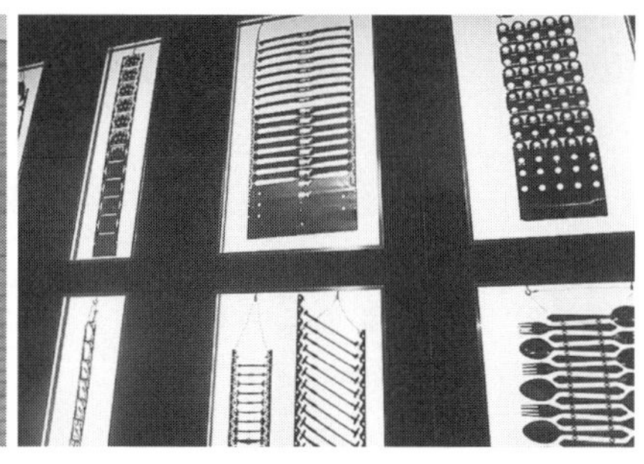

▶燕の伝統を受け継ぎながら、燕の仕事はしない

修業先の細川金型に「燕の仕事はするな」といわれたことから、当初は地元の工具屋からの紹介を受けていった。その後、次第に口コミでユーザーは拡がっていった。お客がお客を呼んでくれた。さらに、燕、三条地域は上越新幹線燕三条駅の近くに、1988年、「新潟県県央地域地場産業振興センター（現燕三条地場産業振興センター）」を開設し、地域産業振興の牽引役としていく。このセンターからの紹介も武田金型製作所に効果的に働いていく。さらに、近年はネット、東京、横浜あたりの展示会での受注も増えている。

現在の受注の80%は自動車関係、残りは建築金物等であった。以前はアップルなどの音響、家電関係もあったのだが、それらの多くは中国に移管されていった。現在の主力になっている自動車関係は、野島製作所（三条、ホンダ関係）、三芝工業（山形、ホンダ、トヨタ関係）、目黒プレス工業（福島）、関プレス（日立、日産関係）、高木製作所（愛知、トヨタ関連）、東海理化（愛知、トヨタ関連）、パワージェクト（トヨタ関連）などであり、1社で30%を超えないことを原則としていた。また、ソーラーパネルのフレーム等の建築関係はサカタ製作所（長岡）あたりと付き合っていた。燕の基本である金属洋食器・器物の仕事はしていない。燕に立地し、その金属加工の伝統を引き継ぎながらも、燕の本流とは一線を画した取組みを重ねてきたのであった。

MGNETの製品／名刺入れ等

▶関心を多方面に拡げ、次に向かう

金型屋といえば、職人技能と先進的な工作機械を駆使する専門的加工企業とのイメージが強いが、武田氏は「下請町工場からの脱却」を強く意識し、多様な取組みを重ねている。キッカケになったのが、2003年、新潟県が主導した「マグネシウム合金の加工技術の確立」に取り組むプロジェクトであり、それに積極的に参加していった。当初は燕、三条地域の中小企業20社程度が参加し、20アイテムほどを意識して研究開発を重ねていった。

マグネシウムは軽量で、資源の量も多いことから、次世代の材料とされているのだが、加工が非常に難しい。むしろ、国内よりも韓国からの問い合わせ、依頼が多かったのだが、あまり大きな成果を上げることはできなかった。現在、燕、三条地域でマグネシウムに関わっている企業は、武田金型製作所と三条の田辺プレスの2社のみのようである。田辺プレスは杖、介護機材等に展開、武田金型製作所は名刺入れに展開していった。マグネシウム合金の板をヒーターで300℃ほどに熱してからプレスしていった。

マグネシウム合金の名刺入れは、2006年には完成した。ただし、しばらくは売れずに苦労するが、その後、ネット販売などで注目され、現在では自社ブランド製品となっている。その後は、iPhoneのケースなどにも展開、そのために別会社のMGNETを2011年に設立、商品開発、ファクトリーショップ(名刺入れ専門店)、ネット販売に展開している。このMGNETについては武田氏の長男の武田修美(おさみ)氏（1980年生まれ）があたっていた。

現在の武田金型製作所の従業員は16人（男性14人、女性2人)、それに武田氏夫妻という布陣であった。現場をのぞくと、MC4台、NCフライス盤4台、平面研削盤3台、成形研削盤3台、ワイヤーカット放電加工機5台といったプレス金型製作の基本的な機械設備に加え、トライ用のプレス機を3台（60〜200トン）備えていた。ワイヤーカット放電加工機の5台は全て西部電機製であった。福岡本社の西部電機製の放電加工機を設置している企業は東日本ではあまりみかけないが、武田氏は「使いやすい」と語っていた。

武田氏も2019年には65歳。後継者が気になるところだが、「長男が継ぐがどうかはわからない。従業員の設計部隊5人に原価計算などもさせ、資金の流れや経営も理解させている。彼らから後継者が出てくるかもしれない」と語っていた。燕の金属加工の伝統の中で育ち、他方、燕以外のところに受注先を求め、燕の金型屋約60社の最後発の独立創業者の一人といわれる武田氏は、関心を多方面に拡げ、次の可能性に向かっているのであった。

(3) 元地主が射出成形金型に展開、リーマン後に2倍 ——鶏卵業も兼営（清和モールド）

地域の産業化が進むと、地域的な雰囲気として人びとが新たな事業化に熱心になり、新規創業が進んでいく場合が少なくない。郊外の農家の人びともそのような地域的な状況に刺激され、新たな事業化に向かっていく。燕市道金の元地主の一家が興味深い取組みを重ねていた。

▶地域的雰囲気に刺激されて独立創業

燕市郊外の道金地区、農地が拡がっているが、不意に清和モールドの社屋がみえてきた。駐車場の横には「卵の自動販売機」が並んでいた。岡山県の瀬戸内に面した西側では道路際に卵の自動販売機がよくみられるのだが、東日本ではみたことがない。金型と卵、不思議な気持ちにさせられた。

大型の MC が並ぶ

敷地内に卵の自動販売機を設置

清和モールドの創業者は清水啓而氏（1947～2002 年）、地主の清水家の次男であった。若い頃は燕のトヨタパブリカの販売店に勤めていたのだが、同僚が三条の金型企業の共和工業に転職し、誘われて 27～28 歳の 1975 年頃に共和工業に移っている。当時、共和工業は従業員 400～500 人を数える燕～三条を代表する企業の一つであった（現在は三井化学の傘下に入り、従業員は約 330 人）。清水啓而氏は共和工業では仕上部門にいた。そして、清水啓而氏は 1986 年に独立創業していく。

他方、兄で現社長の清水眞佐夫氏（1940 年生まれ）は農業（鶏卵）に従事していたのだが、弟に刺激され、近くの金型屋に入り、弟の独立に合わせ手形で機械設備を購入して提供していった。当初は金型の磨き、修理、精密肉盛溶接などから始めている。当時は女性が 15 人ほどいた。この磨きの仕事は「かけた時間分、もらえた」。また、肉盛溶接の部分は共和工業の構内で仕事をすることも多かった。

1988 年には OKK の MC を導入、プラスチック成形用金型の設計製作に本格的に参入していった。清水啓而氏は磨きの技術は高かったのだが、金型の設計技術がなく、低空飛行を重ねながら、見よう見まねで進めていった。2002 年に初代の清水啓而氏が他界、兄の清水眞佐夫氏が 2 代目の社長に就くのだが、その頃から従業員の待遇改善を図り、定着が進み、技倆も向上していった。

最終の磨き工程は女性が担当

細かい仕事で女性に向いているとされる

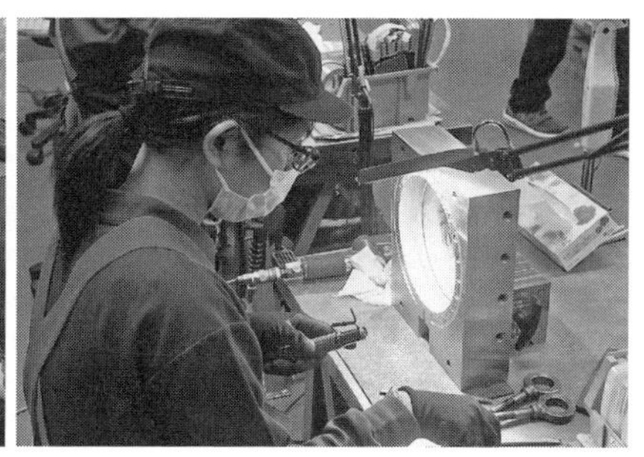

▶積極的な設備投資で、売上額は倍増

現在の従業員は25人＋家族・親族（役員等）4人の計29人であった。うち女性が7人、特に、最終の磨きの現場は女性主体で形成されていた。この間、機械設備投資には意欲的であり、ほぼ毎年、大型の工作機械を導入している。現在の主要設備は、MC11台（マキノ3台、DMG森精機3台、OKK5台）、グラファイト加工機1台（OKK）、横中ぐり盤1台（東芝機械）、放電加工機2台（ソディック）、ワイヤー放電加工機2台（ソディック、三菱電機）、ガンドリル1台（ミロク）、トライ用の射出成形機3台（東芝機械2台、日精樹脂工業1台、170〜850トン）、平面研削盤2台（岡本工作機械）、精密成形研削盤1台（黒田精工）、自動磨機1台（ナガセインテグレックス）などに加え、光ファイバーレーザー溶接機1台が設置され、設計のCAD関係では、3次元CADが3台、2次元CADが3台、3次元CAMが6台、2次元CAMが3台用意されていた。さらに、金型が大型であるため、クレーンは10トン（1基）をはじめ、7.5トン（1基）、2.8トン8基、2.5トン4基の構成になっていた。大物金型に従事している事情が伝わってきた。なお、金型に不可欠な熱処理は燕市との境にある渡辺製作所（新潟市）に出していた。

主たる受注先は約10社、燕、三条の範囲で6〜7社、関東圏が3〜4社であった。製品分野は衣装ケースなどの大物の日用品が多い。自動車、電機関係は少ない。金型材料のモールドベースなどは韓国から輸入していた。このような事業環境の中で、リーマンショック前の売上額は4億円弱であったのだが、現

2代目社長の清水眞佐夫氏（左）と清水啓輔氏

在では8億円と倍の規模になっていた。清和モールド側は「同業が閉鎖すると、その後釜に入っている」と語っていた。この時代、設備投資にも意欲的であり、積極的な事業展開が注目される。

この清和モールドには、初代社長の長男で、現社長の甥にあたる清水啓輔氏（1976年生まれ）が2007年に入社していた。清水啓輔氏は新潟大学大学院生産システム工学科修了、2001年に金型の標準化で注目されていたインクス（2009年民事再生法適用申請）に入社している。6年ほど勤めて家業に戻ってきた。現在は専務取締役に就いていた。後継も万全ということであろう。農家の素人集団から始まった清和モールド、果敢に設備投資を進め、国内では少なくなってきた大物の射出成形型に特化し、注目すべき成果を上げているのであった。

なお、社長の清水眞佐夫氏が取り組む鶏卵部門は、最大2万羽を飼養していたが、現在では1万2000羽、1日に約8000個の卵を生む。40%は問屋に売り、60%は自動販売機で売っていた。価格は1個25円から50円に設定されていた。また、清水眞佐夫氏はこの他にも、㈱シミズを経営、地元有力企業であるツインバード工業の協力企業となっている。豊かな農業地帯の地主であった清水家は、多様な事業を重ねているのであった。

(4) 精密部品の順送金型に展開
——電子部品、自動車部品まで（エーワン・プリス）

燕には洋食器、器物関係の金型メーカーは多いのだが、電子部品、自動車関連の小物の精密金型、順送金型に従事しているところはほとんどない。燕市郊外の佐渡地区に精密・順送金型のエーワン・プリスが立地していた。「エーワン」はA1（より良い）、「プリス」は「プレシジョン」を短縮化したとしていた。精密に向かうことが意識されていた。

▶暖房機メーカーの仕事から電子、自動車関係に

遠藤家は佐渡地区の農家であったのだが、現2代目社長の遠藤慎二氏（1959年生まれ）の兄が市内の石黒金型（現在はない）で修業し、独立に向かう。石黒金型は三条の暖房機メーカーのプレス型の生産に従事していた。自宅の敷地の中に工場を建設、1981年に創業した。次男の慎二氏は大学を卒業して直ぐに兄の創業についていった。当時は三条の暖房機メーカーが主力であり、プレス用の順送金型、単発金型、治具などを生産していった。慎二氏は他で修業した経験はない。

創業して10年ほどが経った1990年、兄は退職し、千葉の模型（エンジンな

2代目社長の遠藤慎二氏

エーワン・プリスの社屋／奥は自宅

ど）企業に転職、現在はその役員を務めている。この段階で慎二氏が２代目の社長となった。当時、三条の暖房機メーカーの比重が高かったのだが、暖房機メーカーの仕事は季節性が強いことから、他分野を模索し、多方面からの紹介を受けて電子関係、自動車関係に入っていった。特に、その頃紹介された石川県のプレスメーカーから小物の絞り技術を教えてもらい、その後のエーワン・プリスの基礎技術となっていった。その頃から電子関係の実装用小物の金属部品を手掛けるようになっていく。接点、ジョイント、カバーなどであった。

ただし、2000年代に入ると電子関係の海外移管が進み、近年は自動車関連が主体になっていく。ステンレスのモール（飾り）、文字盤、フレキシブル基板（抜き型）等のメーター部品などが増えていった。近年の得意先は群馬県の自動車部品メーカー約30%、長岡の自動車部品メーカー約20%、その他はい

MC（三菱重工製）

ワイヤーカット放電加工機（ソディック製）

金型の組立

小物の精密部品

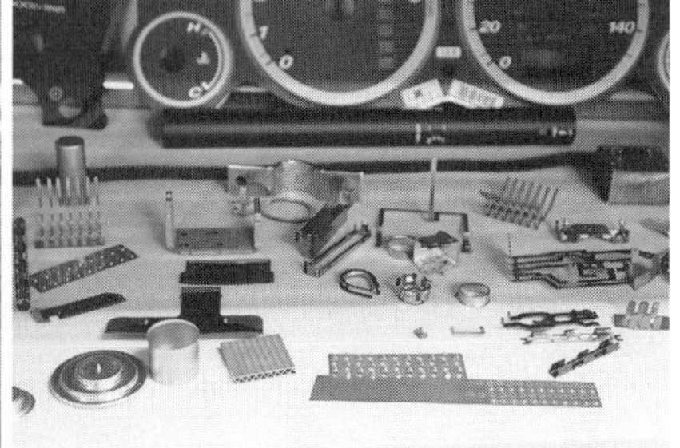

ろいろとされていた。燕市内の仕事は治具、包丁の柄（もなか、吉田金属工業［第２章2―(4)］)、関東の仕事のOEMなどもある。基本は売り型であり、試作から立ち上げていく。

▶医療機器なども視野に、燕の新たな担い手

電子関係、自動車関係の精密、小物のプレスの順送金型生産に従事する金型メーカーは、関東地区、東北地区には少なくないが、燕地区にはほとんどみられない。特徴としては、切削を軸にMC、放電加工、ワイヤーカット加工を絡ませていくことになる。燕市内からの仕事は少ないが、市内の材料商、また、燕三条地場産業振興センターあたりからの紹介がかなり来ていた。材料商からは海底ケーブルの端末、地場産業センターからはピアノ部品、医療機器関連などが届いていた。他地域からすると、燕の金属加工集積が期待され、材料商や地場産業センターあたりへの問い合わせが来るということであろう。

医療機器関連ではハサミ、針などがある。この領域、関東地区がメインであったのだが、職人の高齢化等により、燕への問い合わせが増えているようであった。この点を受け止め、地元では燕市医療機器研究会を組織し、次世代産業として取り組んでいく構えをみせている。遠藤慎二氏が会長に任じていた。実績としては、針の製造装置にチームで対応し、6台の納入実績を重ねていた。医療機器部門はこれからの産業とされ、燕でも意欲的に取り組んでいた。

現在のエーワン・プリスの従業者は10人、男性９人、女性１人（事務）の構成であった。現状、4～5人足りないと受け止めており、設計、金型調整要員の充足を期待しているのだが、なかなか難しい。ずっと募集はしているのだが、２年前に１人入り、その後はない。金型の場合、「技術は覚えられる。むしろ、考える力、応用力が必要」としていた。

兄と創業して40年近くを重ね、遠藤慎二氏も60歳になる。後継者としては、姉の息子（50歳ぐらい）が30年前から入り、設計に従事しており、彼を期待していた。燕の地で小物、精密、順送金型に展開し、かつての暖房機部品から電子、さらに自動車関連、そして、医療機器部門への関心を高めているエーワン・プリスは、明らかに発展過程にある。燕では少数派だが、機械金属工業集

積の高度化に向けて、その担い手として期待できる部分が少なくない。現状、自宅の敷地に設置されている工場は手狭になり、遠藤慎二氏は「ここでは拡張できない。近くに移転かな」と語っているのであった。

(5) 洋食器から出発、電機、自動車部品の金型
——展示会を通じて新たな領域を拡げる（新武）

金属洋食器、器物で歩んできた燕の場合、プレス金型の専門的な金型企業が多数集積していった。一時期までは燕の内部で多くの仕事があったのだが、1990年代以降、特に洋食器部門は激減し、それに関連していた金型企業は新たな対応を求められていく。洋食器以外に活路を求める企業、縮小し、あるいは退出していった企業も少なくない。このような事情の中で、燕以外、また、洋食器以外に活路を求め、新たな可能性を見出している中小金型企業も存在している。

ここでみる新武は、ヤスリ職人であった創業者が洋食器の金型メーカーとしてスタートしたが、2代目が入社する頃になると洋食器は縮小、新たな対応を迫られていく。そのため、洋食器以外として電機、建築金物、自動車部品へと展開、燕以外を求めて東京の展示会等に積極的に参加していった。そして、自社の存立基盤を「素材、形状からして機械化できないところ」に求め、新たな素材への対応、次世代の宇宙、航空などへの関心を深めているのであった。

▶電機、建築金物、自動車部品のプレス金型に展開

新武の創業者である齋藤弘氏（1940年生まれ）は、地元中学校を卒業後、地元有力企業であった蒲原機械工業（現富士通フロンテック）に入社している。蒲原機械工業では組立、金型の現場にいた。齋藤弘氏は「自分は仕上のヤスリ職人であった」と語っている。当初から将来独立創業することを目指しており、そのための修業として1965年には、燕の町工場（金型）に2〜3年所属し、その後、友人の金型屋を経て、1972年、32歳の時に自宅で独立創業、齋藤夫妻による船出となった。当初の名称は新武金型製作所であり、地元の洋食器のプレス金型製作を目指した。

創業者の齋藤弘氏（左）と２代目社長の齋藤智則氏

自動車部品向け順送プレス金型

なお、「新武」の名称については、齋藤弘氏は「当時活躍していた西武鉄道の堤康次郎氏を尊敬しており、『武』をいただき、新潟の『新』と合わせた」としていた。２代目社長の齋藤智則氏（1972年生まれ）は「展示会などで、名称に関心を持たれることも少なくない」と語っていた。

当初は旋盤、シェーパー、コンターマシン等の設備でスタート、洋食器のプレス金型を製作していた。だが、洋食器は1985年のプラザ合意以降の円高で急減し、その後は、地元の小池農機、大島農機（上越）などの部品生産にも従事していったのだが、そのうち、これも下火になっていった。そのような事情の中で「何にでも取り組む構え」で、1990年代の末の頃から電機部品、建築金物、自動車部品等のプレス金型に向かっていった。

現在では地元燕の仕事はほとんどなく、有力な受注先としては、自動車部品関連は茨城の日産系企業、愛知のトヨタ系企業、埼玉のホンダ系企業、建築金物は長岡市、見附市の企業などであった。その結果、現在のユーザーのカテゴリー別では、自動車関連が50％、建築金物系が30％であり、その他は大手医療・介護用ベッドメーカーの部品などであった。自動車関連は完成車両メーカーごとの系列になっている場合が多いのだが、ティア２、ないしティア３の位置にある新武の場合は、日産系、トヨタ・ダイハツ系、ホンダ系、スズキ系な

OKK の MC 作業

ソディックのワイヤーカット放電加工機

ど多方面の取引先とつながっていた。これらのユーザーとは展示会への出展がキッカケになっている場合が大半であった。

現在の新武の従業者数は8人、うち家族が4人（齋藤弘氏夫妻、齋藤智則氏夫妻）、その他が4人であった。主要な機械設備はOKKのMC 4台、ソディックのワイヤーカット放電加工機3台を中心に平面研削盤（黒田精工）、トライ用のプレス（アイダ、200トン）などが置かれていた。小規模で良質な現場を形成していた。

▶2代目の頃から、視野が燕から全国に

新武の2代目社長は齋藤智則氏、柏崎の新潟産業大学を卒業、燕の遠藤製作所（第3章2—(1)）に就職する。遠藤製作所では子会社（鍋関係）に出向し、大阪営業所に所属していた。大阪では量販店（イオン、ダイエー、ジャスコ、地方スーパー等）に対して鍋などを販売していた。4年ほど経った26歳の時に退職し、家業に戻った。1990年代末当時の新武は、すでに洋食器からは離れ、電子部品の順送型を中心に、マルス電子（寺泊）、アルプス電気（小出）、東芝ホームテクノ（加茂）、さらに、長岡の建築金物メーカーなどの仕事に従事していた。だが、その後、マルス電子は倒産、建築金物の仕事は海外移管になるなど不安定な状態が続いた。

このような事情の中で、商工会議所青年部の先輩である切削加工の長谷川挽物製作所（第7章1—(1)）の長谷川克紀氏に相談すると、展示会に出展することを勧められる。燕の場合は燕三条地場産業振興センターが東京ビッグサイトの機械要素展に共同出展のためのブースを構え、燕、三条の中小企業の出展を促している。新武は10年ほど前から出展していった。これまでは燕から県内程度の視野しか持っていなかった齋藤智則氏は、大きな刺激を得ていった。新たなユーザーとの接点ができ、また、展示している企業同士の交流も生まれていった。また、自動車産業中心の名古屋の展示会では、「自動車関連と電機関連の両方の仕事ができる」として注目された。これらの機会により、新武は燕〜新潟県内といったところから視野を大きく拡げることができた。

齋藤智則氏は、自社の特徴を洋食器から電機、自動車、建築金物、医療機器など何にでも対応できる「多様性」と認識、素材的にも薄物から厚物、新たな素材への対応まで進めている。金型部門はプレスとモールド、また、自動車と電機、薄物と厚物等、専業化が進んでいるのだが、これまでの多様な経験から「何にでも対応可能」としていた。このような事情の中で、齋藤智則氏は「ウチの仕事は、いずれユーザーができるようになる」と受け止めており、さらに、「素材」「形状」の研究、また、脱自動車を意識して、研究開発を重ね、宇宙、航空の分野にまで踏み込むことを目指していた。

このように、燕の洋食器で育ったプレス金型企業が、時代状況も変わり、2代目に移行するあたりから、視野を燕から県内、さらに全国へと拡げ、多様な可能性に向かおうとしているのであった。

4. 地域産業の基幹的存在として進む

本章でみた大規模工場、中小機械メーカー、そして金型メーカーはいずれも、一つの完結した自社独自の製品を持っていた。そして、製品にまとめ上げるにあたり多様な要素技術を組み合わせていく。この点が、単一の加工に終始する加工企業とは異なる。いわば、地域の要素技術、中小加工企業を組織化し、新たな可能性を生み出す存在ということができる。地域工業が高度化していくためには、このような需要創出型、あるいは、要素技術をまとめ上げる組織力に優れる企業の存在が不可欠である。

消費財、資本財に関わらず、独自製品を開発、発展させる企業は魅力的なものであり、地域工業集積に重大な影響を与える。現在、日本の工業集積地をみると[15)]、このような影響力のある展開を進めている機械企業が数多く存在しているのは、東京大田区、東大阪市、そして、静岡県浜松、長野県諏訪・岡谷のあたりであろう。多様な要素技術からなる基盤技術が厚く、開発力、組織力に優れた展開を示している。他方、日本の工業集積地の代表的なものの一つである東京の墨田区は、燕と似たような状況にあり、消費財の生産が主体であり、企画力、開発力に優れた機械関連メーカーは少ない。

また、機械メーカーの場合、事業規模が大きくなると世界的な展開となり、地域との関わりは乏しくなる。本章のケースでは富士通フロンテック、パナソニック、サーモス、新潟ダイヤモンド電子などはその典型であろう。ただし、また新たなものを生み出していくための技術センター、マザー工場化が進むことが期待される。地域サイドからすれば、それに応えられる高いレベルの基盤技術の蓄積、人材の育成・提供が求められてこよう。

ツインバード工業やフジイコーポレーション、さらに、柴山機械、ダイワメカニック、テック・エンジニアリング、ハセガワマシーナリ、フジイコーポレーション、ホクエツなどの中小規模の機械メーカーの場合は、地域の工業集積との関連は深く、地域工業集積を牽引していく役割が期待される。

金型企業の場合は、元々、洋食器、器物、さらに洋食器のプラスチック製柄の金型から出発している場合が多い。それでも現在では、自動車、電機等の領域にまで踏み込み、全国的な展開になっている場合が少なくない。金型は機械工業技術の枠を成すものであり、その集積と高度化は地域技術の高さを示すものである。消費財関連の金属製品産地として歩んできた燕にとつて、その集積と高度化は新たな可能性を蓄積していくことになる。

このような意味で、大規模機械製品メーカー、中小機械メーカー、金型企業群のこれからは、機械金属工業集積地である燕の将来に重要な影響を与えていくことが予見される。

1） 北越工業の歩みは、北越工業株式会社社史編纂チーム編『北越工業株式会社80年史』2018年、を参照した。

2） ツインバード工業の創業以来の歩みについては、ツインバード工業『ツインバード工業創立60周年記念誌』2011年、を参照した。

3） 近年の自動車関連部品企業の世界的な展開については、関満博編『中国自動車タウンの形成——広東省広州市花都区の発展戦略』新評論、2006年、を参照されたい。

4） この時期のシンワ測定については、本書補論1を参照されたい。

5） 中国大連のシンワ測定に関しては、補論3を参照されたい。中国工場は、1994年に稼働されており、2007年当時の従業員は255人、在来の曲尺等を生産し、95%は日本に戻していた。

6） シンワ測定の概要については、『新潟日報』2018年4月29日から5月20日にかけて4回に渡った「万物をはかる シンワ測定（三条市）」が参考になる。

7） 燕の産業用機械の歩みについては、燕商工会議所編『試練と革新の歩み 燕商工会議所50周年史』2001年、190〜192ページを参照した。

8） 前掲書、194〜201ページ。

9） 親松豊・河面勇太郎「多品種少量生産におけるプレス加工の最適化」（『プレス技術』第54巻第2号、2016年2月）。

10） 福島路・小笠原沙耶「ダイバーシティと内なる国際化——フジイコーポレーション株式会社」（地域発イノベーション事例調査研究プロジェクト編著『地域発イノベーションV 東北から世界へ挑戦』南北社、2016年）。

11） 北海道の農機の事情については、関満博『北海道／地域産業と中小企業の未来』新評論、2017年、を参照されたい。

12） 集落営農、大規模受託については、関満博・松永桂子編『集落営農——農山村の未来を拓く』新評論、2012年、関満博「『富山型』集落営農モデルの展開」（『明星大学経済学研究紀要』第48巻第2号、2016年12月）。

13） 大田区の事情については、関満博・加藤秀雄『現代日本の中小機械工業——ナショナル・テクノポリスの形成』新評論、1990年、墨田区については、関満博『メイド・イン・トーキョー——墨田区モノづくり中小企業の未来』新評論、2019年、を参照されたい。

14） 当時の齋藤金型製作所については、本書補論1を参照されたい。

15） 以下の工業集積地についての参考文献は、第2章脚注16）に掲示してある。

第6章　研磨、表面処理系企業の集積

第1次世界大戦の頃から金属洋食器生産に踏み出した燕、当初は真鍮を母材に、銀メッキ、ニッケルメッキをつけ、朴（ほお）の木の木炭で研磨したとされている。その後、動力が入った頃からバフ（buff）研磨、電気メッキが採用されていく。さらに、戦後は電解研磨法が確立され、燕の洋食器産業に重大な貢献をしていった。初期投資が少なく、比較的参入が容易なバフ研磨は、燕郊外の農村地域に広く浸透し、農家の副業として地域の就業、稼得機会として重要な役割を演じていった。

これら燕の研磨技術は洋食器、器物といった消費財を対象に発展したものであり、「美しく仕上げる」ことが目的とされてきたのだが、近年は自動車部品、半導体関連等に起用されることも多くなり、工業用としての可能性の幅を拡げている。ただし、この研磨業界、職人の高齢化と閉鎖が相次ぎ、かつて4380人もいたとされる研磨職人が600人前後まで減少、関係者は危機感を覚えている。そのために、後継者育成のための「磨き屋一番館」（第8章3―(3)）なども設置されている[1)]。

他方、表面処理部門としては、電解研磨、メッキ、アルマイト、さらに熱処理の領域が注目される。電解研磨は研磨を化学的に行なうものであり、金属の表面を化学的に削り取っていく。これに対し、メッキ、アルマイトは金属の表面に異種金属の膜を形成したり、化学的に表面を改質するものである。また、熱処理は金属の加工による変質等を調整するものである。これらはいずれにおいても一定の機械設備が必要とされる装置型の事業であり、かなりの投資規模を必要とする。大規模工場では内部化している場合もあるが、多くは、地域工業全体に対するセンター的な役割を演じ、100～数百の受注先を必要とする。いわば、地域工業集積の共有機能的な意味を帯びている。

このような特殊な機能が幅広く集積していることは、燕の可能性の幅を拡げるものとして注目される。

1. 研磨系企業の展開

戦後、スプーン、フオーク、ナイフといったステンレス製洋食器、さらに金属器物（ハウスウェア）を発展させた燕には、多様な金属加工の要素技術が集積し、技術レベルを上げていった。その代表的なものの一つに金属研磨という領域がある。表2―5の『工業統計』によれば、1970年には1702事業所、従業者数4380人を数えた。それぞれ、製造業全体の56.9%、23.5%を占めた。2002年以降、『工業統計』は従業者4人以上規模の集計となったため、全体像はみえないが、2016年の金属研磨製造業は35事業所、従業者436人と報告されている。この金属研磨、従業者1～3人の比重が高く、現在、業界では従業者は600人ほどとされていた。

また、金属研磨に関しては、バフ研磨、バレル研磨、電解研磨、手磨き、ラッピング等があり、それぞれに特徴がある。バフ研磨は「見た目」「質感」に優れ、バレル研磨は「ローコスト」「統一感」に優れる。また、電解研磨は「ローコスト」「統一感」に加え、隅々まで研磨されるが、油膜が付き、クリア感に乏しい。さらに、ラッピングは「精度」に優れる。このように金属研磨といっても幅が広く、必要に応じて適切な方式が採用されていく。

これらの中で、洋食器、器物で来た燕の場合、バフ研磨の比重が高く、少し規模の大きいところは電解研磨主体となっている。その他に、バレル研磨に従事している研磨企業もある。逆に、電機や自動車などの工業製品でよく使われるラッピングはあまりみることがない。洋食器、器物といった消費財に展開したことから「美しく仕上げる」ことが目指されてきた。それでも、近年は自動車部品、半導体関連などの工業部品関連の仕事も増えていることも注目される。

（1）家族規模で伝統的なバフ研磨を究める
――タンブラーから機械部品まで（山﨑研磨工業）

バフ研磨が優越する燕の中でも夫妻で腕が良いとされる山﨑研磨工業、10

年ぶりに訪れた[2)]。10年前は山﨑研磨工場と称していたのだが、2013年に法人化し、㈱山﨑研磨工業に改称していた。山﨑正明氏（1957年生まれ）が2代目社長、夫人の直子さんが取締役、長男の雅文氏（1986年生まれ）が専務取締役になっていた。

▶親子３人でバフ研磨を究める

山﨑研磨工業の創業は1954年、正明氏の父がナイフ刃物研磨を中心にスタートした。1963年には、銅、雑貨等の仕上研磨加工に入り、1998年には工業用微細部品の鏡面研磨、サニタリー配管部品の内面研磨加工を手掛け、2003年からはiPodなど各種モバイル・IT機器の研磨加工を行なってきた。この間、山﨑正明氏は2002年の金属研磨仕上競技大会で最優秀賞を受賞、夫人の直子さんも女性として初めて奨励賞を受賞している。この業界、後継者不足が問題にされているが、長男の雅文氏が大学卒業後、2007年に家業に入ってきた。現在は、親子３人で仕事をしている。2003年には、話題となったバフ研磨の約40事業所による共同受注グループ「磨き屋シンジケート」（補論3）の設立に際し、有力事業所として参加していたのだが、「共同受注は難しい」として10年前には脱会していた。

夫人の山﨑直子さん（左）と２代目社長の山﨑正明氏

建材部品の研磨にかかる

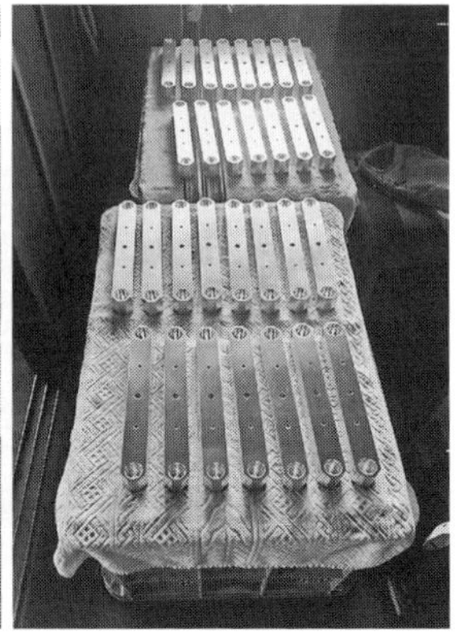

バフ研磨の作業場

▶積み重ねた技術を活かす

バフ研磨は、粗仕上げ（エメリーバフ）、中研磨（サイザルバフ）、つや出し（仕上バフ）の大きく３工程があるが、特につや出しの際のバフ研磨の場合、バフの固さ等が問題になる[3)]。ワークの状況、上がりの方向によって多様なバフが選択されていく。

このバフ研磨の場合、回転するバフに研磨剤を適宜塗布していくが、ワークの表面を削り取るものであり、粉塵が発生する。現在、どこのバフ研磨の事業所を訪れても巨大な集塵機を備えており、粉塵の98％程度は回収されている。ただし、このような集塵機が普及したのは1975年頃からであり、それまでは換気扇で排気するだけであった。また、実家が燕郊外の農家であり、両親が冬にバフ研磨に従事していたとする直子さんは「1950年代から1960年代は、冬の動力が余っている時に、農家はみんなバフ研磨をしていた」と語っていた。当然、当時は集塵機はなかった。

現在の山﨑研磨工業の取扱品目は、タンブラー、ビアマグカップ、モバイル機器筐体、サニタリー配管部品等であり、2010年からはオリジナル商品として「ステンレスタンブラー」の製造・販売を開始している。現在の主たる受注先は５社ほど。全体的に器物が多く、地元の加工屋から来る医療機器関係がやや増加し、他方、IT 関連の仕事はなくなり、自動車関連も減少していた。直子さんは「今年は仕事が少ない。地場の仕事が動かない」と語っていた。

10 年前の冬、ストーブを囲んで語らっている時、家業に入ったばかりの雅文氏が「営業をしていない。まずいのではないか。知ってもらうことが必要ではないか」と問うと、正明氏は「常に新たなものに挑戦してここまできた。探して来てもらえるような存在でいたい」と応えていた。そして、現在、60 代に入ってきた正明氏は「60 歳を機に、積み重ねた技術を活かせるようになった」と語っていた。ワークの微妙な違い、ユーザーの求めるものを的確に受け止め、確かな仕事が燕の片隅で重ねられているのであった。

このバフ研磨、洋食器の柄の周りを研磨するこば磨(す)り等の初歩的なものは、農村の副業のレベルで対応できるが、仕上げの鏡面加工や、精密機械部品の研磨となると相当の熟練を要する。いわば創造性と経験を踏まえた職人芸的な部分がある。そのような技が系統的に継承されることが求められているのである。

(2) バフ研磨からバレル研磨に転換、次に向かう
——3D プリンター品を滑らかに研磨(徳吉工業)

近代工業技術は日に日に進化しているが、研磨の世界も例外ではない。燕においては、当初のバフ研磨から電解研磨、バレル研磨などに向かった中小企業も少なくない。いずれも重要な技術なのだが、細かな部分の精密な研磨が要求され、また、3D プリンターの普及による新たな造形方式に対応する研磨も必要とされてきている。燕の研磨工場の若手の 2 代目経営者が、2019 年、ドイツのワルサートローバル(WALTHER TROWAL)社の製の最新式のドラッグフィニッシュ装置を導入、新たな可能性に向かっていた。現在、ドラッグフィニッシュ装置を入れている加工業者は全国的に徳吉(とくよし)工業以外にいない。

従来のバレル研磨はワークと砥石(バレルメディア)をバレルの中に一緒に入れて研磨するものだが、このドラッグフィニッシュ加工は、ワークを上から掴んで回転する砥石の中に漬け込み研磨する。エンドミルなどの切削工具のエッジホーニング、軸モノ切削品の表面仕上げ、その他の大きく重いワークの研磨、そして、金属 3D プリント品の研磨をイメージしていた。

▶バフ研磨からバレル研磨に転換し、家業を重ねる

徳吉工業は、現2代目社長の徳吉淳氏（1972年生まれ）の燕出身の父が地元のバフ研磨屋に住込みで修業。1969年、現在地を買い取って創業している。当初は銅製鍋の外側を研磨していたが、ステンレス器物の外側も研磨するようになっていった。その後、本体だけではなく、洋食器の柄などの複雑かつ細かな形状のものも研磨して欲しいとの要望が重なり、バフ研磨では難しいことから、1974年頃からバレル研磨に参入していった。

2代目の徳吉淳氏は高校までは燕で過ごし、卒業後は東京府中のソフトウエア会社に勤めた。そのソフトウエア会社は近くの東芝エンジニアリングにSEを派遣しており、入社早々の4月には東芝府中工場の構内にある東芝エンジニアリングに派遣されていった。だが、その年の12月には父から「忙しいから帰って来て欲しい」といわれ、辞めて家業に入った。徳吉淳氏19歳、1991年のことであった。

中学生の頃から手伝いはしていた。戻った工場にはバフ研磨機とバレル研磨機があり、入社早々、徳吉淳氏はバレル研磨担当となっていった。当時の社内は、父母と叔父の3人のメンバーであり、その3人は円筒形のバフ研磨、徳吉淳氏が細かな加工ができるバレル研磨ということになった。

2代目社長の徳吉淳氏

左は3Dプリンター品（ナイロン系樹脂）、右はバレル研磨後

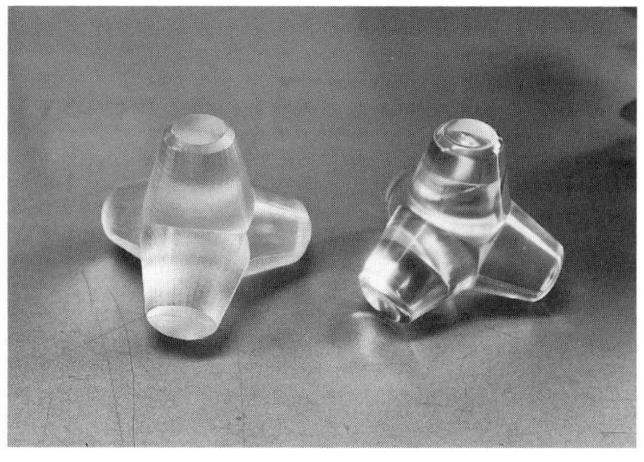

それから四半世紀、燕の洋食器の仕事は激減したが、器物中心にきた徳吉工業の仕事はあまり変わらず、燕周辺の器物、自動車部品等の仕事に従事してきた。ユーザーは地元の器物メーカー、自動車部品のプレス加工屋、さらに、メッキ屋等であった。この間、2003年にはバフ研磨を停止し、バレル研磨専業となった。設備は回転式バレル研磨機1台、振動式研磨機3台が設置されていた。燕地域内の仕事は毎日20〜30件入ってくる。県外の仕事は不定期としていた。2010年には先代が他界し、徳吉淳氏が2代目社長を引き継いでいる。そして、現在の従業者は、徳吉淳氏夫妻、母、長男の家族4人から構成されていた。長男は4年前に高校卒業後、即入社してきた。

▶3Dプリンター品の研磨に新たな可能性

このような枠組みで事業を重ねてきたのだが、2015年の頃には県外から3Dプリンター品の研磨の要請が入るようになり、バレル研磨機で対応していた。依頼者は3Dプリンターの販売会社やモックアップ関係（モデル屋）などが多かった。

このような中で、『日刊工業新聞』の記事で3Dプリンター品の研磨加工が紹介されてからは、首都圏方面の企業からの打診が少なくない。また、東京ビッグサイトの展示会に出展したところ（2019年3月）、同じ展示会に出展していた3Dプリンターメーカーの関心を呼び、新たな依頼が増えていた。依頼者側は、「いろんなレベルで10個。感じを知りたい」という場合が多い。3Dプリンターで作成したものは「ザラザラ感があり、段差がある」場合も少なくなく、依頼者としては、研磨によって見栄えがよくなることを期待していた。

当面は、このようなレベルであり、まだ事業的にはさほどではないが、3Dプリンター品が実際の部品、あるいは製品として使われるようになってくれば、研磨の必要性は高まっていく。特に、部品として使われていくようになれば、滑らかさだけでなく、加工精度も問題になっていく。このようなテーマに取り組んでいく必要がある。それは、精密さが求められる工業部品に向けての新たな開発課題ともなろう。

ドラッグフィニッシュ装置は導入したばかりだが、展示会への出展、HPへ

バレル研磨機

振動研磨機

WALTHER TROWAL 社製のドラッグフィニッシュ装置

の掲載と重ねているうちに、多方面からの問い合わせが来始めている。このような事情の中で、徳吉淳氏は「バレル研磨はもちろんやる。だが、これからは切削工具、3Dプリント品、特に金属3Dプリント品等を焦点にドラッグフィニッシュ加工に力を注ぎたい」と語っているのであった。3Dプリンターによる成形品の場合、現在のところザラザラ感、段差が気になるが、3Dプリンター自身の進化に加え、研磨の世界にも新たな可能性をもたらしている。この領域での先行者である徳吉工業は、さらに新たな可能性を求めて一歩踏み込んでいくことが期待される。

(3) 自動車部品 70% のバレル研磨企業
——脱自動車、高付加価値に向かう（東商技研工業）

スプーン、フォーク、ナイフ、器物できた燕の場合は、研磨はバフ研磨、電解研磨が主流であった。その燕の分水地区に「地元の仕事はほとんどない。自動車部品中心にやってきた」というバレル研磨専業の中小企業が立地していた。ここで採り上げる東商技研工業は、現在、従業者 25 人を数えるが、全国的にみても、従業者 20 人以上のバレル研磨専業の企業はあまりみあたらない。

東商技研工業の HP には、「バレル研磨によるバリ取り・研磨加工・光沢仕上げを行なう会社です。回転バレル研磨、遠心バレル研磨、振動バレル研磨、サンドブラストなど各種バレル研磨加工により、精度の高い研磨を実現しています。小ロットから量産まで、試作を含めて対応しております」と記してあった。

▶義理の息子が２代目に就任

東商技研工業の創業は 1970 年、燕市（旧分水町）出身の平野幸三氏（1944 年生まれ）が始めている。当初は地元の洋食器のバフ研磨に従事していたのだが、早い時期からバレル研磨に転じ、主として自動車部品関係を手掛けてきた。自動車部品の加工単価は低いものの、量が大量に出る。自動車産業は深い分業関係、あるいは下請関係を形成しているが、バレル研磨は３次、ないし４次に位置付く。このような事業は大きな付加価値を得ることはないが、比較的安定的に推移してきた。また、燕は現在では自動車部品関係の仕事をしている中小企業もあるが、少し前までは洋食器一色で推移していたことから、東商技研工業は地元とは疎遠な関係にあった。

現２代目社長の今野祐樹氏（1977 年生まれ）は千葉県印西市出身。ボクシングで大学に入っていたが、３年で中退、新幹線燕三条駅の近くのスポーツクラブにアルバイトで入り、１年後には正社員となった。このスポーツクラブには５年ほど在籍し、その間、現在の夫人と出会っている。夫人は同じスポーツクラブでフリーのエアロビクスの指導員として働いていた。その後、今野氏は

２代目社長の今野祐樹氏

バレルメディア（砥石）各種

新潟市体育館、新潟県サッカー場の運動施設、さらに、民間病院の運動施設の立ち上げなどに従事し、自分の施設が欲しくなっていった。ただし、そのためには多額な資金が必要であることが痛感された。

その頃、夫人の父の平野幸三氏から「会社に入らないか」と声をかけられた。2007年、30歳の時であった。それまで、義父が何をやっているかも知らなかった。初めて会社に来て、そのまま入社。現場、検査、総務などを巡り、ISO9001の認証の対応も経験、２代目社長には2016年に就任している。なお、燕で研磨を始めた企業の名称が「東商技研工業」とは理解しにくいが、今野氏は「義理の父に聞いたが、いつもはぐらかされて、よくわからない。どうしょう、どうしょうと考え、とうしょう（東商）になったらしい」と語っていた。

▶自動車部品を中心に受注

今野氏が入社した頃は、社長、今野氏を含めて従業者31人、自動車部品約70％の構成であった。当時、地元燕の仕事はほとんどやっていなかった。2013年の今野氏が専務時代、債務超過になっており、メインバンクから指導を受け、中期経営計画の作成、社長交代を勧告された。そして、今野氏が作成した中期経営計画がその通りに進み、今野氏は2016年に２代目社長に就任している。今野氏は従業員の若返りを考えていたのだが、2016年には高齢の従業員7人が退職、一気に若返り、平均年齢も35歳となったが、仕事量は落ちなかった。

仕事の性格上、ユーザーの数は多い。約200社を数える。燕市内は30社ほどであり、洋食器、器物の表面をわざと粗くする加工などを受けている。主力の受注先はアドバネクス（旧加藤スプリング、柏崎）である。この部分が全体の25%、2番目がダイヤメット（新潟市）の12%であった。その他には大手自動車・電動工具部品向けのバネなどがある。

主力受注先との受注から納入までの一連の流れは、まず、見附の運送業者に委託し、毎日9:00頃にダイヤメット向けの部品を乗せて新潟市に行き、荷物を降ろし、次の加工分を乗せて11:00頃に東商技研工業に戻ってくる。次に12:00にアドバネクスなど3社分を乗せて柏崎に向かう。納品し、次の分を乗せて16:00頃に東商技研工業に戻ってくるというものであった。全体的には在庫分は3日ほどとされていた。

全て加工賃仕事であり、材料としてはバレルメディア（砥石）、コンパウンド（洗剤）、そして水を大量に使う。また、洗浄の一部は近くの外注に出していた。燕には洗浄専業者が数軒、確認される。バレル研磨の加工単価は最低で5銭／1個、3年前の平均加工単価は56銭であった。この3年で単価を上げ、現在の平均加工単価は倍の1円8銭になっていた。現在のメッキ、研磨、塗装等の小物の大量に処理する世界では、いまだ銭単位の単価がまかり通っている。現在の売上額（加工賃）は2億2000万円ほどとなっていた。

韓国製の回転バレル研磨機

サンドブラスト

▶新たな領域への挑戦

前社長時代は自動車部品を中心に仕事を受けていたが、今野氏はより付加価値の高い小ロットのものを視野に入れていた。自動車部品は大量に来るが、加工単価は低く、作業は単純で、またスペースを取る。こうした事情から今野氏は新たな領域に挑戦していた。一つは、チタンのバレル研磨による鏡面加工であり、医療系などに採用され始めている。また、割れにくいとしてチタンの印鑑材が注目され、その鏡面加工を受けていた。

それらを含めて、今野氏は次の課題として、以下の点をあげていた。

第1に、最低単価の引き上げである。現在、有力なバレル研磨工場が少なくなり、既存ユーザーに対する価格交渉力は高まっている。そのような取組みは不可欠であり、また、単価のとれる受注先の開拓も必要であろう。医療系、食品加工機械、航空・宇宙のあたりも視野に入れる必要がある。

第2に、コンパウンド（洗剤）の使用量の見直しを意識していた。売上額に占めるコンパウンドは7% 程度にあたり、節約、改善の意義は大きい。

第3に、若返りを意識していた。

このように、東商技研工業は1970 年の創業以来、バレル研磨専業で、主として自動車部品の低価格量産の世界にいた。2016 年に社長が交代し、課題と新たな可能性がみえてきた。2代目社長の今野氏はスポーツ業界から入ってきた方であり、エネルギーに溢れ、この新たな課題に応えようとしていた。全国的にみても、一定規模のバレル研磨専業は貴重な存在であり、情報を幅広く発信し、次の可能性につなげていくことが求められよう。

(4) 彫金から手磨きの鏡面加工に転換、ナノに向かう
――大物から微小物まで、溶接肉盛も（今井技巧）

元々、燕の研磨は、洋食器や器物を美しく仕上げるためのものであった。だが、近年ではそのような日用消費財に加え、自動車、半導体、液晶、航空などの機械工業関連部門でも精密研磨加工の必要性が増し、それへの対応が求められている。そのような中で、燕には「手磨き」をベースに興味深い鏡面加工に従事する超精密研磨企業が存在している。

▶1985年に彫金から鏡面加工に転換

今井技巧の創業は4代前の1926（大正15年）年、東京で飾職人であった初代に燕から声がかかり、今井彫金所として燕で創業している。弟子を数人抱え、彫金（金属彫刻）に従事していた。洋食器全盛時代には洋食器の柄の彫金の仕事が多かった。この仕事は3代目の今井道雄氏（1949年生まれ）の頃まで続いた。だが、1980年代前後になると、MC等のNC工作機械や放電加工等の発展により、彫金は容易なものとなり、また、中国への生産移管も始まっていく。当時は、燕には約100人の彫金師がいたのだが、現在、燕の彫金師は数人になっている。

そのような状況の中で、今井技巧は1985年に彫金から鏡面加工に転換することを決意していく。当時、2代目が彫金（仕事の20%程度）、3代目が1人で鏡面加工（80%）の割合で取り組んでいった。彫金に比べ鏡面加工の精度は厳しく、主たる受注先であった新潟市の大手金属メーカーからは、ダメ出しの連続であった。そのうちに伎倆が上がり、営業活動をしたこともないのだが、お客がお客を呼んでいった。当時を振り返り、3代目の今井道雄氏は「朝の8時までに持ってこいといわれ、土日もなく夜中の12時までやった。親と子供がいたから頑張れた」と振り返っていた。当時、燕には1〜2人規模の鏡面加工に取り組む磨き工は沢山いたのだが、現在では高齢化し伎倆も低く、対応できていない。難しい仕事は今井技巧に来ていた。

3代目社長の今井道雄氏（左）と4代目社長の今井大輔氏

今井技巧の加工サンプル／14000番まで

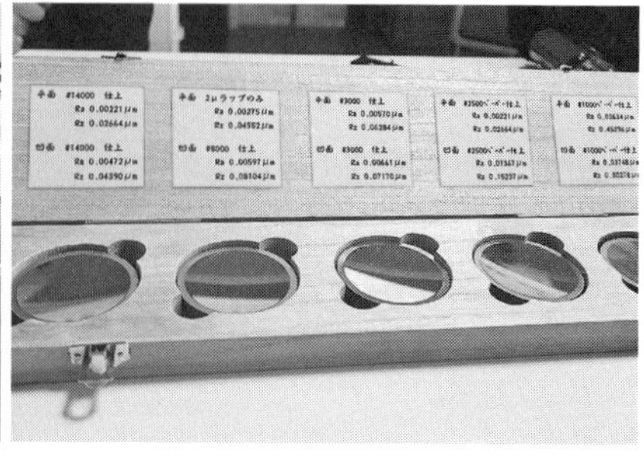

左が鏡面加工されたもの。右はバフ研磨

1997年には現在地の吉田下中野に移転、同時にドイツ製のレーザー溶接機を導入している。金型などの鏡面加工をしていると、表面に欠陥がみつかることが少なくない。これらを溶接により肉盛し、鏡面研磨をかけて仕上げていく。さらに、2016年には増築し、同時に4.8トンのクレーンを導入、微小物から自動車のバンパーの金型などの大物まで対応できる体制となった。

▶ウチでできなければ、他は無理

手磨きの場合、小さな電動工具を使うが、研磨の方式としては、「軸で回す」「面で回す」「往復でやる」の3通りしかない。これに加え、超音波を使う場合もある。研磨材は、多様な砥石、サンドペーパーであり、ダイヤで磨くこともある。この世界では表面粗さを何番という言い方をするが、3000番で約6ミクロン、1万4000番で1ミクロンとされる。番数が上がるほどに表面粗さは小さくなる。今井技巧の場合は、これまでの最高はナノのレベルの2万4000番まで対応したことがある。

現在の今井技巧の従業員は16人、男性12人、女性4人の構成であり、15人は現場に入っていた。中には、事務職で入り、途中で研磨工に転じた経験6年の女性もいた。今井道雄氏によると、「3年やってダメな人は無理。現在、

事務から転じて6年の女性

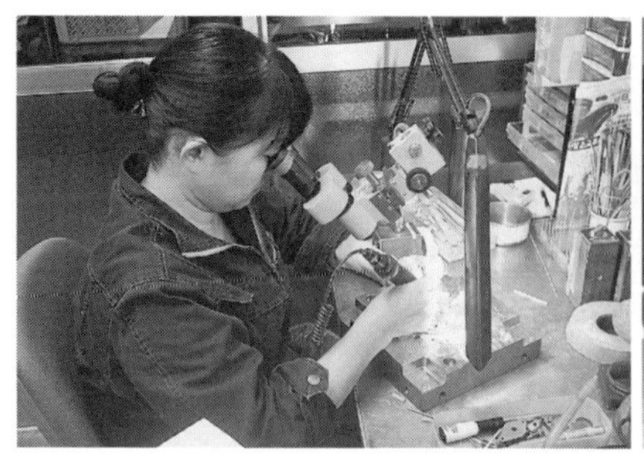

細かな手作業が重なる

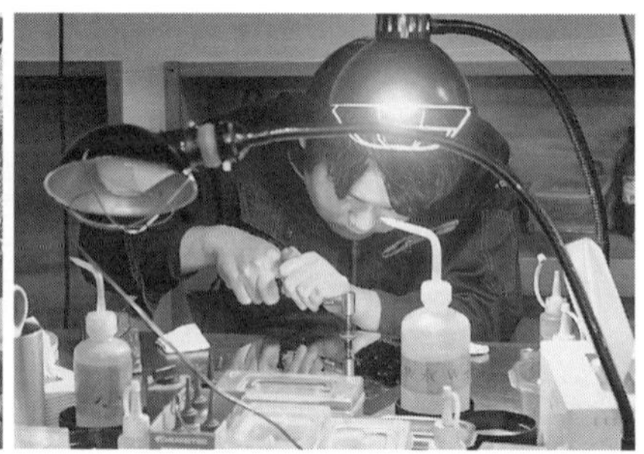

社内では4代目が一番いける」と語っていた。4代目の今井大輔氏（1975年生まれ）、3代目の後ろ姿をみながら25年、2016年には社長に就任した。今井家の家業は初代から4代目まで80年以上、直系男子できていた。

現場は14人が手磨き加工、2人がレーザー溶接に就いていた。手磨き室は3室、クリーンブースが二つあった。要求される表面精度にしたがって使い分けていた。

特に営業はしていないが、口コミで増加し、現在のユーザーは約400社、年間を通すと300社ほど。金型部門が多く、燕から全国にわたっていた。近間の富士通フロンテックからは、大手自動車部品メーカーのトランスミッションのプレス型の鏡面加工を受けていた。この鏡面研磨の仕事、工程の最終に位置しているため、納期の関係でしわ寄せがくる場合が少なくない。3代目と4代目は口を揃えて、「ウチでできなければ、他は無理。特に納期的に無理」と語っていた。このような特殊かつ濃密な仕事が燕産地の片隅で積み重ねられているのであった。

(5) バフを製造、燕から全国のバフ研磨工場に供給
——新素材など、新たな可能性に向かう（富所バフ）

洋食器全盛の1970年の頃には、燕には研磨事業所1702、従業者4380人を数えていた。その大半は従業者1～2人の家内工業であり、農村部の副業的な場合も少なくなかった。特に、研磨の中でもバフ研磨が多かった。富所（とみどころ）バフ

の創業者である富所國雄氏（1942 年生まれ）によると、当時は燕市旧市内に 500～600 工場、周辺の旧吉田、旧中之口あたりに 200～300 工場ほどあったとされている。最大でも従業者 10 人ほどであり、その場合は自動研磨機を入れていたようであった。

なお、バフ研磨の場合は、エメリーバフ、サイザルバフ、仕上げバフの３段階があり、バフの素材もそれぞれ異なる。最初のエメリーバフの場合は、綿布を 10 mm ほどに重ね、ミシンを渦巻き状にかけていく。渦巻きの密度によって固さが異なり、仕上がりも異なっていく。次の中間仕上用のサイザルバフは、サイザル（麻）を放射状に絞り込むものである。このサイザルの原産地はアフリカ、ブラジル、中国南部[4] とされていた。最後の仕上バフは、厚織地、綾織地、キャラコ等を１枚ずつ織り目をずらし、積み重ねて中心の穴回りに 1～3 回ミシンをかけたものである。

いずれの場合も、モーターに取り付けたバフホイールを回転させ、研磨剤を塗布しながらワークを押し当てて研磨していく。直径は 20 mm から最大で 50 cm ほどであり、洋食器の場合は 20 cm ほどであった。なお、研磨剤（コンパウンド）は固体から液体まであり、また、素材的には硬い酸化アルミナから、酸化クロム、酸化鉄などが使われている。

創業者の富所國雄氏

エメリーバフ（左）とサイザルバフ

▶バフ事業の輪郭

富所バフの創業者の富所國雄氏は地元燕の出身、中学校卒業後、1958年、燕市内の研磨剤、バフの販売商社であった神田商事に勤める。営業職に任じ、燕市内から吉田、中之口、巻などのバフ研磨工場を回った。33年間ほど神田商事に勤め、1991年に現在地の近くの自宅で独立創業、バフの製造と販売に向かった。バフの製造は材料を丸く打ち抜き、重ねてミシンかけするもの、また、中心に金具を固定するものなどがあり、家族を中心に一部に近隣のパートタイマーを起用してここまで来た。この間、研磨作業に従事したことはない。

主材料のサイザルは三条の岡田商店から仕入れていた。抜き型や穴型は埼玉の金型屋から入れていた。現在の従業者は富所國雄氏夫妻、長男の富所猛夫氏（1974年生まれ）夫妻、長姉の家族5人が基本であり、時々パートタイマーを頼んでいた。男性陣は材料の準備、金具の締め込み、そして、営業（猛夫氏）に就き、女性陣がミシンかけに就いていた。注文によりミシン目を変え、固さを調整していた。富所バフでは、直径の大きなものから小さなものまで対応していた。6 cmから48 cmまで、1 cmきざみ、5 mmきざみであり、最小は20 mmまで受けていた。現在の燕地区の同業者は5社。以前はもう少しあった。

かつての販売先は燕周辺で100工場ほどあったのだが、現在は80工場程度であった。大半は従業者1～2人規模のところであった。定期的に巡回し、注文を取っていた。売上額の規模は最盛期に比べて60～70%減としていた。こ

各種の穴型

らせん状にミシンかけ

サイザルバフの金具締めに従事する２代目社長の富所猛夫氏

の10年の売上額はほぼ横ばいであった。燕地区は自然減の状態であり、むしろ、ユーザーは埼玉、大阪、名古屋、四国（松山）、兵庫などに拡がっていた。

▶バフ研磨に新たな可能性を

２代目の富所猛夫氏は、学校卒業後に１年ほど他に勤めていたのだが、父から「現在地に工場を建てたので、帰って来い」といわれ、「無理やり戻された」と語っていた。22〜23歳の頃であった。しばらくはやる気が起きなかったのだが、29歳で結婚し、やる気が出てきた。現在は原材料の裁断等の用意、金具の締めつけなどに加え、各地に営業に出ていた。

この研磨の世界も技術革新が進み、要求も高度化、多様化してきている。近年、不織布を圧縮したスコッチバフが注目され、艶消しなどに多様な要求が出ている。特に、不織布、研磨剤の製造販売企業である徳島の企業からは、開発のパートナーとされ、試作、評価を繰り返していた。富所猛夫氏は「通常の業務に加え、この打合せに時間が取られる」としていた。

工業品、あるいは通常の日用品においても、表面処理、研磨の世界は日々進化している。バフ研磨においても、バフの素材、作り方、また、研磨剤も多様化し、新たな可能性に向かっている。そのような事情の中で、研磨工場は減少したとはいえ、燕地域のバフ研磨の現場の拡がりは大きく、深い。それらの現場とのやりとりの中で、素材や使い方などの新たなあり方を目指していくことの意味は大きい。金属の研磨技術を最大の特色の一つとしている燕地域おいて、新たな可能性を切り拓く担い手の一人として次に向かっていくことが期待される。

(6) 下請のバフ研磨から新商品開発へ ——産地問屋型メーカー（片力商事）

燕のような地場産業地域では多様な仕事が生まれるが、資金の乏しい人びとは、初期投資の小さい事業からスタートしていく場合が少なくない。洋食器の燕では、それは「バフ研磨」ということになろう。現在では大型の集塵機が不可欠になり、初期投資は500万円前後とされているが、1970年頃までは換気扇だけであり、参入のための障壁は極めて低かった。そして、下請的なバフ研磨から始めた人びとの中からは、洋食器のメーカーに転じていく場合も少なくなかった。

▶下請のバフ研磨業からメーカーに転身

片力商事の前身は手磨き工としてスタートした片山力氏（1930［昭和5］年生まれ）夫妻であった。片山力氏は燕出身の次男であり、1958年に実家で創業したものの、兄が帰って来たために実家を離れ、1975年に現在地で㈲片力自研を起こしている。当時は研磨中心であり、新発田方面から集団就職を受け入れていた。従業員は10人前後であった。当時、集団就職で来た人びとは、社長の自宅の2階と工場の2階で寝起きしていた。

1970年代は1971年のニクソンショック、1973年の第1次オイルショックと続き、仕事が減少し、工賃低下を迫られていた。このような事態に対し、片山力氏は、「まとめる仕事にしていく」「スプーン、フォークも自前で作る」「材料も自分で買う」「工賃取りからメーカーに」と考え、1980年には商事会社の㈲片力（かたりき）商事を設立していく。当然、「片力」は片山力氏の名前から取った。

現2代目社長の片山透氏（1958年生まれ）は加茂暁星高校を卒業後、「手が

２代目社長の片山透氏

片力商事のバフ研磨工場／集塵機が目立つ

足りない」ことから即、片力商事に入社している。片山透氏は小学６年から家業を手伝っており、抵抗はなかった。片山透氏が23～24歳になる1980年代前半の頃になると、「国内販売をやろう」「オリジナル商品をやろう」ということで、エポキシ樹脂の柄をつけたスプーン、フォークなどを開発、卸団地（現つばめ物流センター）の企業に売りにいった。社内で企画し、彫金、金型、プレス、こば磨り、バレル研磨等は外注し、社内で自動研磨（仕上げ)、洗浄を行なっていた。この形態は現在も変わらない。当時、１日に１人3000本が常識であったバフ研磨の自動化を図り、１日１万本を達成して注目を浴びた。そのため、客もついてきた。当時の従業員は15人ほどであった。

▶生産性の高いバフ研磨部門とアイデアに富んだ商品開発部門

現在の自社企画品としては、一般のスプーン、フォークの他には、介護系の洋食器、「鱗トル」と称する魚の「ウロコ取り器」、チタンのキャンプ用品などがある。特に「ピティーシリーズ」として20年前から市場に出しているシリコン製のヘルプスプーンは、口あたりもよく、赤ちゃんから介護の現場でも好評を得ていた。片力商事の場合、お客から「求められるもの」に応えて開発されたものが少なくない。例えば、ヘルプスプーンの場合は、介護の現場の要請に応えたものであり、特に日本摂食嚥下リハビリテーション学会を紹介され、大会時に1000本を配ったところ、ブレークしたとされる。

販売は産地問屋経由のものもあるが、小売店、ラーメン屋、仕出屋、給食センターに直に卸している場合が少なくない。特に、片山氏によると、「チェーン店のオーナーと付き合うと」、一気に20～30店に納品できることもある。

このような事業モデルを形成し、現在の従業員は30人を数える。研磨工15人、営業・事務で15人であった。研磨工の内訳は男性12人、女性3人であり、中にはかつての集団就職でやってきた人が3人残っている。最高齢は72歳であった。営業・事務15人は男女半々程度であり、ネットの専門家が3人（女

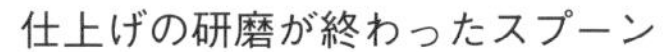
仕上げの研磨が終わったスプーン

バフ研磨作業

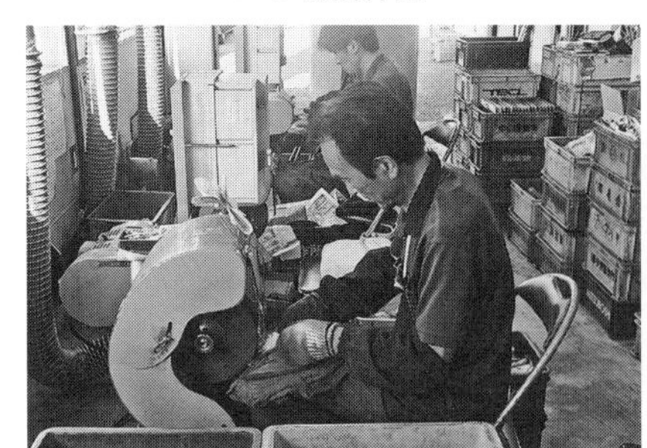

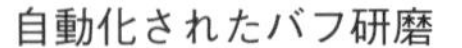
自動化されたバフ研磨

性)、開発担当1人（男性）がいる。研磨の現場は男性中心、総務、営業は女性が目立つ職場であった。自動化された研磨の部分は、8人体制であり、小さなスプーンは1日3万5000〜4万本、大きなものでは2万〜2万5000本を研磨していた。

この片力商事の場合、バフ研磨から出発し、自動化に意欲的に取り組み、生産性の高いものになっていた。さらに、下請から脱却を目指し、自社製品の開発に向かい、ユーザー直の道筋をつかみ、魅力的な商品群を提供していった。現状、バフ研磨部門と商品開発・販売部門という大きな2部門体制で興味深い成果を上げているのであった。

2. 表面処理系加工業種

表面処理、特に化学的な処理を行なうものとしては、メッキ、アルマイト、電解研磨、熱処理がある。現在ではかなり大がかりな機械設備を必要とする装置型の産業といえる。また、一部に特定企業の専属のものもあるが、大量の受注先を抱える地域工業のセンター的役割を演じている場合が少なくない。ただし、近年は全国の工業集積地域の縮小が目立ち始め、個別の集積地だけでは仕事が足らず、かなり広域的に仕事を受け止めるケースが増えてきた。物流事情が改善され、全国的に仕事が動いている状況である。

他方、特にメッキ、電解研磨等の事業は投資規模が大きくなり、さらに、廃水処理等問題があり、今後、新たに参入してくる可能性は低い。機械金属工業に不可欠な加工機能なのだが、全国的にみると縮小傾向が著しい。その意味では比較的多数の企業が残っている燕の表面処理企業の意義は大きい。

本節では、燕で育った電解研磨、メッキ、アルマイト、そして、熱処理のケースを採り上げるが、いずれのケースも燕にとどまることなく、広く東日本や全国を視野に入れていた。また、全国のユーザーにしても、表面処理は悩みの種であり、一定規模の表面処理企業を維持している燕に期待される点は少なくない。

（1）金属の表面処理の世界で新たな可能性を
——工学博士が２人いる中小企業（中野科学）

ステンレス、チタンといった金属製品に展開してきた燕には、表面処理に関わる中小企業が少なくない。バフ研磨、バレル研磨、手磨き、電解研磨など、その層は厚い。そのような中で、科学的に究めようとしている中小企業が存在し、全国的に注目を浴びている。創業当時の社名は中野化学工業所であったのだが、1995年には中野科学に変更されていた。化学だけではなく、物理等を含めた科学的な方向を模索するという思いが込められている。現在の２代目経営者自身、社会人入学で母校の新潟大学大学院に入学、博士（工学）を取得、さらに、新潟大学卒の若い女性の博士（工学）も在籍するなど、博士が２人いる中小企業でもあった。

▶中野科学の歩みと事業の輪郭

中野科学の創業は1956年、創業者は現世代の一つ前であった。燕の研磨技術で、戦後、一つの画期となったのは、戦前から研究を進めてきた燕の東陽理化学研究所（現日本軽金属グループ）が電解研磨法を開発、確立させたこととされている[5)]。だが、この東陽理化学研究所に加え、もう一つの流れがあったとされる。中野科学の創業者はそちらの流れの側におり、1956年、自宅で中野化学工業所としてスタートしている。

２代目社長の中野信男氏（左）と中野俊介氏

ステンレス板への着色製品

2代目の現社長の中野信男氏（1949年生まれ）は、新潟大学工学部（電子）を卒業後、東京稲城の富士通機電（現富士通フロンテック）に入り、ATMの技術開発に就いていた。その後、創業者（父）が他界し、1977年頃に家業に戻り、2代目社長に就任している。その後の中野科学の歩みはまことに興味深い。

1986年　ステンレス魔法瓶の自動不動態化装置を導入
1992年　日本で初めての全自動電解研磨装置を導入
1993年　ステンレスの酸化発色を始める
1998年　酸化発色を利用した自社製品ブランド「SUStain Product」を立ち上げ
2002年　マグネシウムの陽極酸化を始める
2006年　各種金属の電解複合研磨を始める
2013年　アルミニウムの電解研磨を始める
2014年　チタンの電解研磨処理を始める
2017年　酸化発色を利用した自社製品ブランド「As it is」を立ち上げる

このように、中野科学は常に表面処理技術の開発の先端に立ち、また、自社製品開発も意欲的に重ねてきた。事業内容としては、ステンレス・アルミ・チタンの電解研磨、ステンレス・チタンの酸洗処理、ステンレスの不動態処理、各種金属の電解複合研磨、各種金属の化学処理、ステンレスの酸化発色、ステンレスの染色、チタンの陽極酸化、マグネシウム合金の陽極酸化、マグネシウム合金の化成処理等とされていた。

▶高学歴、技術者集団の表面処理企業

中野科学の方針として、「特色のない仕事は価格競争になる。特色のある仕事をする」ことが基本にされていた。現在の事業のカテゴリーは、第1に「電解研磨」であり、技術力に特徴があり、事業的にも安定している。受注先は地場が半数程度であり、首都圏、長野、東北が多い。第2は「酸洗い」。第3は「電解複合研磨」であり、金属を鏡のように磨く。光学機器、半導体製造装置などに用いられる。この部分のユーザーは東北に多い。第4は「ステンレス、

電解研磨の職場

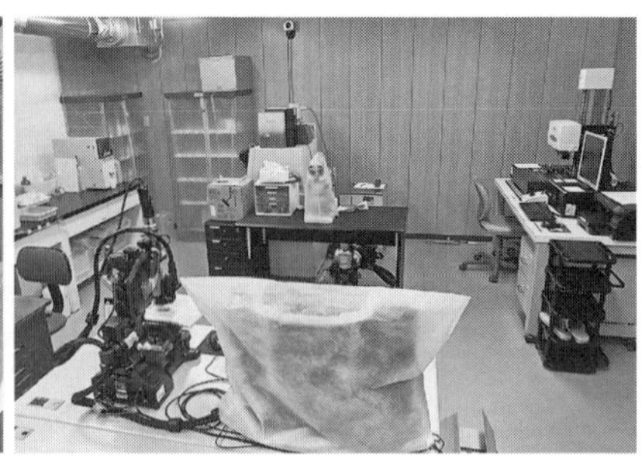

試験・測定室

チタンの酸化発色」であり、特に、ステンレスの発色を得意とし、食品関係の工場、医療機器などに用いられている。受注先は全体で1000社、毎月仕事のあるところで100〜200社であった。最大の受注先でも20%程度であった。東日本全体に幅の広い受注先を確保している。

中野科学の場合、技術営業が基本であり、営業の専任は置いていない。近年はWebからの問い合わせが多く、毎月、30〜40件はある。現在の受注先の3分の1〜2分の1はWebから始まっている。その他、展示会、口コミ等も少なくない。燕で生まれ、燕で発展してきた中野科学はその特徴が鮮明であり、近年、多様な媒体を通じて全国からの関心を呼んでいるのであろう。

現在の従業員は30人、その他役員4人（社長夫妻、長姉、長男［専務]）。一番若手が19歳、20代が10人から構成されている。また、大卒者が10人（新潟大学、長岡技術科学大学、名古屋大学等）。化学専攻が多いが、物理専攻、生物専攻もいる。全体的に高学歴、技術者集団であった。また、開発部門は専属の3人で構成されているが、実質、現場兼任を合わせて5人で対応していた。試験・測定室も充実しており、大学の研究室のような雰囲気もあった。

▶研究開発、技術開発型中小企業として展開

後継を期待されるのは中野信男氏の長男の中野俊介専務（1982年生まれ)、地元の高校を卒業し、大学は京都産業大学経営学部。大学在学中から継ぐことを意識していた。最初の就職は京都のパッケージ関係の企業、4年ほど営業職

に就き、家業に戻った。文系の知識、経験しかないために、三条テクノスクール（職業能力開発校、旧職業訓練校）に２年間在籍（出向）し、ヤスリ、キサゲから機械加工、機械組立まで学んだ。中野俊介氏は「良い経験になった」と振り返っていた。

次が期待される中野俊介専務は「特徴のある仕事をしていきたい」としていた。ユーザーからの評価が高く、また、ユーザーから「こんなことできないか」の声から始まる技術開発も少なくない。燕の中小企業の中で最も研究開発、技術開発に最も意欲的な企業ということになろう。

現状、社屋に入ると独自開発の機械設備群で満杯であり、狭隘になってきているが、最近、近くに2000坪の工場用地を取得、2020年には新工場を竣工させる計画になっていた。今後も表面処理の世界で、研究開発、技術開発主導型の企業としてさらに新たな可能性に向かっていくことが期待される。

(2) 電解研磨とアルマイト加工に展開
――若い３代目が引き継ぐ（増田化学工業）

ステンレスの洋食器、器物で来た燕の場合、表面処理の研磨部門が興味深い発展を示した。特に、戦後直ぐの頃から、化学的に処理する電解研磨が普及していった。燕の東陽理化学研究所が戦前から研究を重ねてきたものであり、戦後、一気に燕に普及していった。ただし、一定の設備が必要なことからバフ研磨と異なり、工業的な生産となり、ある程度の規模を必要とする。燕の洋食器最盛期の頃は30工場ほどがあったとされている。その代表的な工場として増田化学工業が展開している。

▶電解研磨から出発し、アルマイト加工にも展開

燕の電解研磨に関しては東陽理化学研究所が果たした役割が大きいが、燕には電解研磨に関するもう一つの流れがあったとされる。増田化学工業の創業者はそちらサイドで修業し、燕市内の借工場で1960年にスタートしている。２代目社長となる増田郭氏（1946年生まれ）は、中学時代から家業を手伝っており、卒業して直ぐに入社している。当時、従業員は２～３人であった。当初

2代目の増田郭氏

3代目社長の増田浩一氏

電解研磨された製品群

は缶切りなどの雑貨から開始したが、次第に洋食器、器物に移っていった。さらに、1980年の頃には金網などの領域に入っていった。

この間、燕市内の工場は手狭となり、中小企業高度化事業による燕で初めての工業団地である連棟の共同工場の燕第一器物工業団地（洋食器共同工場㈿、3棟に展開）に1967年に入居している。だが、その後の発展により工場は手狭になり、拡大を意識して共同工場の部分を売却、1978年には現在地（吉田地区）の吉田金属センターに移転し、併せて燕に少ないアルマイト加工設備を導入している。移転の頃の従業員数は10人ほどであった。そして、この移転を契機に、事業は電解研磨、アルマイト加工、酸洗、バレル研磨という形になった。なお、アルマイト処理とは、「陽極酸化処理とも呼び、アルミニウムの表面を陽極に、主に強酸性の水の電気分解により酸化させ、コーティングする表面処理」する。アルミニウムの耐蝕性、耐磨耗性の向上、及び、その他の着色等の付加を目的とする。着色アルマイト、硬質アルマイト、梨子地アルマイトなどが知られる。

▶広い範囲の加工センター的機能を演じる

現在地に来てから得意先の数も増え、現在では約900社（常時来るところで400〜500社）を数える。70％は燕地区からだが、新潟県全域から福島、石川、長野、関東に及んでいる。燕以外の受注先はHP、燕三条地場産業振興センタ

一、燕商工会議所等からの紹介の場合が少なくない。電解研磨の仕事は地元の燕が多いが（70％程度）、機械部品、雑貨等のアルマイト加工は県外の物が少なくない。この間、従業員は23人＋家族6人の計29人規模となっている。電解研磨、アルマイト加工は3K職種なのだが、増田化学工業の場合は環境整備に意欲的であり、採用は順調に進んでいた。2018年も20代の中途採用が3人を数えていた。

事業は4つ、大きくは電解研磨（50％）とアルマイト加工（35％）であるが、付帯の加工として酸洗（10％）、バレル研磨（5％）という構成になる。このバレル研磨の担当は1人だけであり、アルマイト加工、電解研磨がらみのもの以外は受けていない。いずれの分野も拡大基調であった。現在、このような領域は新規の創業はなく、全体的に縮小気味であり、一定の能力のある当社のようなところに仕事が集まってきている。特に、アルマイト加工は燕にもう1社あるだけであり、大物ができるのは増田化学工業だけである。年間売上額（加工賃）は3億1000万円に達していた。

なお、広い範囲の加工センター的位置にある増田化学工業の場合、常時400～500社の取引先を抱えているが、配送には一切タッチしていない。全て先方の持ち込み、引き取りの形態をとっていた。納期は2～3日が普通であり、早いものは朝に受けて昼に出荷の場合もある。量の多いもので1週間程度とされていた。このような形式は創業以来維持していた。「価格でサービスしない」が原則であり、利益を重ねてきた。かつては6カ月程度の受取手形もあったの

治具に部品を引っ掛ける

電解研磨設備

だが、その後なくなり、現在では全て現金決済となっていた。極めて興味深い事業展開といえる。

▶発展的な企業の課題

3代目社長の増田浩一氏（1981年生まれ）は、高校を中退し、19歳で入社している。ずっと現場に従事してきた。ここまで順調であり、仕事の全てを把握できている。2代目から3代目への交代は、浩一氏37歳の2018年10月であった。2代目は会長となり、当面、代表権は2人で持っていた。会長は現場好きであり、現在も毎日工場に来ていた。

3代目に就いた浩一氏は、「4つの事業領域の周辺に何かを加えたい。例えば、光沢のない電解研磨、また、サンドブラスト」と語っていた。また、ここまで事業を拡大してきたため、工場が建て詰まりしており、従業員も増えたことから駐車場の確保に苦慮していた。「倍の面積が欲しい」としていた。クルマ通勤が普通の燕においては、発展的な企業は駐車場の確保、工場の拡大余地の確保が大きな課題になっている。このような事業体が増えている現在、燕市としても新たな事業用地の確保が必須になっている。

（3）電解研磨にサンドブラストを加え、受注先が拡大
——若い3代目が新規分野に向かう（広一化学工業）

複合金属製品産地に向かう燕に表面処理に特化し、興味深い足取りを重ねている中小企業が存在している。洋食器全盛の先々代の頃に「バフ研磨」から開始し、その後、「電解研磨」に向かう。さらに、表面処理の幅を拡げることを意識し、「サンドブラスト」の世界に入り、現在では燕の企業からの受注額は半分以下となり、遠くは札幌、広島あたりからも受注する興味深い展開になっていた。

▶バフ研磨から、電解研磨、サンドブラストへ

広一化学工業の創業は1952年、燕の洋食器の対米輸出が盛んになった頃であった。現専務で3代目が予定される廣田誠悟氏（1981年生まれ）の祖父廣

3代目社長を予定される廣田誠悟氏

メッキ工業団地の中の広一化学工業

田一雄氏が1人でステンレス製金属洋食器のバフ研磨から出発した。燕には家族規模のバフ研磨の事業者が多いが、このような時代にスタートした場合が少なくない。

1958年の頃になると、この研磨、表面処理の世界に「電解研磨」という方法が登場してくる。地元の有力企業である東陽理化学研究所が戦前から研究を重ね、1958年頃に技術を確立させていた。この電解研磨、手動のものから、大きな吊り下げメッキと同様の装置的なものまで多様だが、1960年頃から、燕に広く普及していった。広一化学工業もその頃に電解研磨に転換していった。なお、広一化学工業の「広一」は創業者の名前から採り、「化学工業」としたことは、当時の意気込みが伝わってくる。2代目は廣田一雄氏の長男の廣田誠一氏（1950年生まれ）が就いた。

3代目社長を予定される廣田誠悟氏は高校卒業後、技術習得を狙い東陽理化学研究所に入社し、3年半勤めたが、職場はベンダー、クランクプレスの部門であり、電解研磨の部門には就けなかった。家業に戻った2000年代初頭の頃は、従業員7〜8人で、地場の家庭用品が多く、取引先も少なかった。ワークは取引先が持ち込んできて、引き取っていった。

その後、燕の仕事だけでは食えないと考えていた頃、2008年に中国で四川大地震が発生する。電解研磨の主要材料のリン酸は中国内陸の四川省のあたりが大産地であり、日本はそこから輸入していた[6]。地震により輸入が途絶え、価格も高騰した。そのため、他分野への進出を考え、表面処理の領域ということで「サンドブラスト」に注目していく。すでに2007年には設備を入れてスタートしていた。2008年9月のリーマンショックにより、電解研磨の仕事は30〜40%減少したが、サンドブラストがうまく立ち上がり、リーマンショック後の景気後退を乗り切ることができた。

▶サンドブラストの依頼が増える

サンドブラストは、燕あたりでもやっているところがなく、ゼロからのスタートであったが、県内外の関係しそうな企業に電話で営業をかけていくうちに、問い合わせがくるようになった。特に、小千谷地区の自動車部品メーカーからの依頼のあたりから拡がっていった。当初はクチコミであったが、HPを載せてからは、全国から受注が来るようになっていった。

電解研磨の客とサンドブラストの客は全く別である。電解研磨の受注先は年間でみると100社前後、燕の範囲で件数的には60〜70%、売上金額では燕は50%程度であった。近年、燕の電解研磨業者は減少気味であり、この数年で3〜4社が退出している。その場合、当方に依頼が来ることが少なくない。現在の燕の電解研磨業者は、家族規模のところを除いて、10社もないとされていた。広一化学工業では、この電解研磨部門については、積極的にアプローチは

電解研磨の自動ライン

サンドブラスト

かけてはいない。

新規事業領域のサンドブラストは、現在の受注先は20社程度、燕の範囲が40%。むしろ、県外が多く、60%の構成になっていた。札幌から広島まで拡がり、件数的には長野県からの依頼が増えていた。

▶毎年売上額20%増を続けるが、人手が足りない

リーマンショック後の2010年のあたりから、特にサンドブラストの要請が高まり、広一化学工業の売上額は6期連続、前年比20%増を続けている。問題は人手が足らない点が指摘されていた。廣田氏が戻った2000年代初頭の頃は従業員7〜8人であったが、2017年3月現在では17人（女性6人）となっていた。仕事自体が手間のかかるものであり、また、検品の仕事も多い。人手があれば、さらに拡大できる見通しであった。

サンドブラスト加工は、鉄製部品の錆び落とし、溶接や熱処理後の表面の改善、ステンレスなどの梨子地化などの効果がある。規模の大きい熱処理企業などは社内に設備しているが、中小の鉄工所では設備がない。そうした企業に対しては専業のブラスト業者が必要になるのであろう。宅配便が普及している今日、距離的な制約は劇的に改善されている。

広一化学工業の保有設備をみると、自動電解研磨装置（4台)、手動電解研磨装置（1台)、自動電解研磨後処理装置（1台)、自動サンドブラスト装置（1台)、手動サンドブラスト装置（5台)、タンブラー型ショットブラスト装置（1台)、ブラストマスク製版機（2台)、磁気・電磁バレル研磨機（1台)、回転バレル研磨機（1台）等となっていた。地場産業の金属洋食器のバフ研磨からスタートし、その後、電解研磨に代わり、さらに、新たにサンドブラストに展開してきたことがよくわかる。このような展開に対し、「金属溶射もやったらどうか。専業は極めて少ない」と提案すると、廣田氏は「実は、考えている」と応えるのであった。

ユーザーも、電解研磨とサンドブラストは別とされ、受注先の地域的範囲は劇的に変わってきた。複合金属産地を目指した燕において、広一化学工業は表面処理の専門業者として興味深い方向に向かっているのであった。

(4) 宇宙・航空機部品の機能メッキから装飾メッキまで
――抗菌メッキで自社製品開発（高秋化学）

メッキには、表面の防錆に加え、美しく仕上げるための装飾メッキと、機能性を求める機能メッキがあり、一般的にはそれぞれ専門化が進められている。燕の場合には金属洋食器産地ということから、装飾メッキは早い時期から成立していたが、機能メッキで発展するための契機が見出しにくかった。そのような中で、航空・宇宙部門の部品の機能メッキに著しい成果を上げているメッキ加工業が存在している。

▶銀メッキで創業し、近年は航空・宇宙関係のメッキに従事

高秋（たかしゅう）化学の創業者は現4代目社長高橋靖之氏（1984年生まれ）の曾祖父である高橋秋三郎（しゅうざぶろう）氏。以前は高秋工業として研磨業に従事していたのだが、1931年に真鍮製洋食器への銀メッキを目的に高秋化学は設立されている。燕では最も古いメッキ企業となる。社名の「高秋」は、創業者の名前から採っている。なお、高橋秋三郎氏は1958年4月に燕市長に就任したが、翌月に急逝された。また、2代目社長の高橋甚一氏（1935年生まれ）は1996～2006年まで燕市長に任じていた。

1973年には現在地の燕小池工業団地に移転、1985年には最新式コンピュータ制御全自動メッキ装置を導入している。その頃は洋食器の対米輸出が止まり、燕は大きな転換期を迎えていくのだが、人工衛星部品に厚めの金メッキを必要としていたJAXA（宇宙航空研究開発機構）の目にとまり、求められた機能を発揮することに成功していった。また、その同じ頃、メカニカルシール、特殊バルブの世界のトップメーカーであるイーグル工業がメカニカルシールに金メッキをできる企業を探しており、3代目社長の高橋正行氏が対応、これもうまくいった。ここから、高秋化学は航空・宇宙部門等の機能メッキに入っていった。高秋化学が航空・宇宙部門に入って既に34年を数える。

航空・宇宙関係のJISQ9100の認証は2010年に取得し、H-Ⅱロケットの開発段階から参画している。また、大手重工業メーカーから小ロットの品質管理

高秋化学の現場と４代目社長の高橋靖之氏

の厳しいエンジン部品も受けていた。

▶４代目が新たな領域を切り拓く

現在の売上額の構成は、装飾メッキ40%、機能メッキ60%であり、さらに、機能メッキの中で、航空・宇宙の占める割合は80〜90%にのぼる。４代目社長の高橋靖之氏は、「航空・宇宙関係はなるべくメッキをしない方向、簡易化に向かっており、今後、航空・宇宙で仕事が増える可能性はない」と語っていた。このような状況に対し、３代目社長で現会長の高橋正行氏は「商社を通さないで県外のホテル、レストランの修理需要を取り込むこと」を目指していた。高秋化学は装飾メッキとして金、銀、プラチナ、ニッケル、パラジウム、インジウム等を得意としており、そのような方向に視野が向いていた。

４代目社長の高橋靖之氏は、中学校までは燕で過ごし、高校からアメリカ留学し、大学はウィスコンシン州立大学、経営学と哲学を学んだ。その後、上海に１年半ほど滞在している。当時、高秋化学で「中国ビジネスをやろうか」という機運が盛り上がり、中国語人材の必要性が生じ、高橋靖之氏が中国に向かい、上海外語大学に通った。ただし、半年ほどで中国ビジネスの難しさを痛感、進出は断念した。

その後、高橋靖之氏は帰国、高秋化学に入社している。メッキの基礎知識に乏しいため、全国メッキ組合が実施している夜間のメッキスクール（湯島）に1年、同時に大田区京浜島のメッキ団地に隣接するメッキスクールの「ハイテクノ」にも通い、1年で二つのメッキスクールを修了している。2011年4月に高秋化学に戻った。その後は、現場、営業と重ね、「65歳で引退する」としていた3代目社長から、2017年1月に4代目社長を引き継いでいる。現在、会長、社長の2人が代表権を保有している。

なお、高秋化学は神戸製鋼所が開発した抗菌メッキ（ニッケル）のライセンスを2000年に取得し、病院のドアの抗菌メッキなどに携わってきたが、ここに来て、独自商品の開発に踏み込んでいた。高橋靖之氏は「加工業では限界がある。商品を持ちたい。メーカーになりたい」と語っていた。現在、ホームセンター等に、スマホケースに貼り付ける抗菌バリア、台所の排水口のヌメリの発生を抑制する抗菌プレートを提供している。これらの抗菌力は強く、各所で評判が立っていた。今後も多様な抗菌製品を提供することを考えていた。

30年前には従業員は50人を数えていたのだが、現在は21人（男性70%、女性30%）、採用は苦しいが、この1年で20代3人（女性1人）、30代2人（女性1人）の計5人を採用していた。なお、高秋化学には外国人はいない。

金属洋食器の燕で装飾メッキ（銀）で育っていたのだが、34年ほど前にJAXAの人工衛星部品の金メッキで注目され、その後、航空・宇宙といった先端分野の機能メッキに従事し、高い技術力を評価されてきた。だが、4代目

高秋化学のメッキ現場

抗菌仕様の自社製品

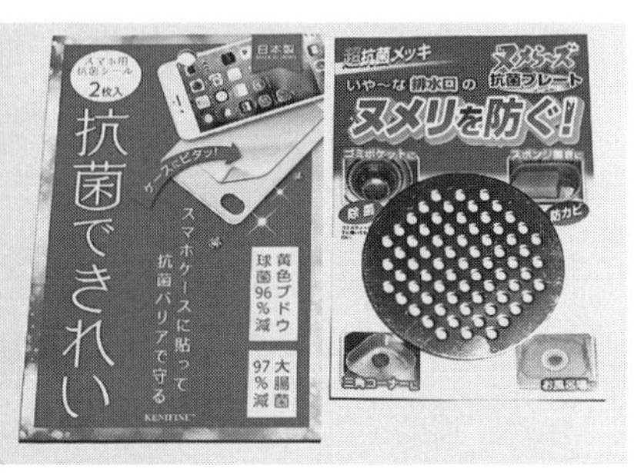

となってきた現在、加工業に加え、メーカー的展開、自社製品の開発に関心が向き始めている。当面は抗菌メッキを軸に考えているようだが、絶えざる加工技術の高度化、そして、多様な技術を応用した独自製品の開発に向かうことが期待される。

(5) 高級ホテル用洋食器・器物の金銀メッキ
——全国から神輿の修理依頼なども(スワオメッキ)

高級ホテルの会食や宴会で使用される金銀の洋食器、器物等には、ほとんど金銀メッキがふされている。それらの金銀メッキ加工業は、当然、洋食器・器物産地である燕に立地していることが予想されるが、意外に少ない。スワオメッキ社長の鈴木孝明氏(1948年生まれ)は、「同業者はいない。少しかぶるところが2社ほど」と語っていた。全国の神輿、神社等からも大量に修理品が寄せられることからしても、全国的に貴重な存在のようであった。

▶金銀メッキの専門加工業の輪郭

スワオメッキの「スワオ」の由来は、創業者の鈴木孝明氏の「ス」ともう一人の創業者の岡田吉晴氏(1954年生まれ)の「オ」をとって、中に「和」を入れたとしていた。岡田氏は鈴木氏の夫人の弟であった。岡田氏は燕市内のメッキ屋に勤めており、鈴木氏は金属加工・販売の会社に勤め、メッキも少し経験していた。両人と鈴木氏の夫人の3人で語り合い、ホテル関係のメッキをや

創業者の鈴木孝明氏

岡田吉晴氏

鈴木康仁氏

ろうということになり、プラザ合意の２年後の1987年に３人と従業員４人の計７人により現在地でスタートしている。洋食器の燕産地の大きな転換期の頃であった。

当時は急激な円高により、洋食器の対米輸出は激減し、燕は苦境に陥っている頃であったが、他方でバブル経済が始まり、大都市では高級ホテルの建設ラッシュとなっていった。スワオメッキは、そのような高級ホテルのオープン時に納められる商品の金銀メッキを主力とし、良い時代を過ごした。ただし、そのような需要は20年ほどで終わった。

スワオメッキが扱う金メッキは深みがある。オリンピックの金メダルと同じ色味の「イエローゴールド」、赤味のかかった深みのある「山吹ゴールド」、そして華やかな「ピンクゴールド」の３種と、純銀メッキの４種類であった。山吹ゴールドとイエローゴールドは24金であり、少し銅やコバルトを入れることもある。ピンクゴールドは金75%、銅25%の合金であり、18金といわれる。メッキの膜厚は金の場合は0.1ミクロン、銀の場合は3.8〜4ミクロンであった。この膜厚は、例えばスプーンの場合は、ツボの裏、ハンドルの表の２カ所を計測し、その平均値で表す。また、金メッキの場合、スプーン１本の金の使用量は0.02〜0.04 gであり、一般的利用で３年とされていた。修理の場合は内外をバフ研磨を掛けてからメッキしていく。

このような守備範囲から、スワオメッキの設備展開は、メッキ槽は金の３種

左から、イエローゴールド、山吹ゴールド、
ピンクゴールド、シルバー

メッキ工場

対応（3 槽）と銀（3 槽）の 6 槽がメインであり、いずれも大物のメッキを意識して、銀のメッキ層は深さ 1200 mm となっていた。宴会テーブルに乗せる大きな架台もメッキ槽に一気に漬けることができる。この他に、神輿の部品、ネジなどの部品用のバレルを 2 台保有していた。

▶スワオメッキのメッキ

ユーザーは燕市内の問屋、メーカーであり、そこから注文が来る。最大のユーザーは市内の数社の高級品を扱うホテル用器物メーカーであった。また、このようなホテル関係以外では、全国の神輿、山車、神社、仏壇、仏具等の金具の金銀メッキの修理等を大量に受けていた。鈴木孝明氏は「他で困ると、ウチに来る」と語っていた。

取扱例としては、以下のようなものがあげられていた。

- 全国各地の有名ホテル、レストランの洋食器、器物
- 海外へのカクテルシェーカー
- 関東、関西のお祭りに使用する神輿、山車
- 神社、仏閣等の建築金物、伝統工芸品
- 仏壇、仏具
- 工業製品（反射板等）
- オールドカーパーツ
- 芸術家の作品
- 列車「ななつ星」の部品
- ステンレス製カップの内面金メッキ、全面金メッキ

▶意欲的な若者が承継

2 人の創業者も 70 歳近くなり、事業承継が意識されるが、鈴木孝明氏の次男の鈴木康仁氏（1982 年生まれ）が意欲的に取り組んでいた。康仁氏は 3 兄弟の末弟、上に兄が 1 人いるが、薬剤師になっている。康仁氏は中学生の頃から継ぎたいと思っており、20 歳の頃には意志決定したと語っていた。大学は日本大学工学部（郡山）の物質化学に進んだ。卒業後は修業を意識し埼玉のベ

アリング工場に勤め、次に新潟市の会計事務所に3年半世話になり、2009年に家業に戻った。

現在の従業者は、従業員13人と役員4人の17人体制であり、ほぼずっとこの位の人員で対応してきた。康仁氏は中学生の頃から手伝いをしてきたが、現在は現場で学びながら「だいぶわかってきた」と語っていた。現在はメッキの新技術、IoT、AI、品質管理向上等に意欲的に取り組んでいた。将来については、「今のものを継続しながら、より高度にしていく」構えであった。

燕市の「電気めっき」業は、1990年には27事業所、従業者数273人を数えていたのだが、2016年には事業所数（従業者4人以上）14事業所、従業者数142人となっている。全国的に製造業の事業所はピーク時の半数ほどになり、特にメッキ関係は大都市で退出が著しい。今後、新たにメッキ業を起こすことは考えにくく、残っている企業に期待される点は大きい。機械金属工業の要素技術の中で、メッキは基幹的なものの一つであり、その重要性は高い。先人が築き上げてきた技術と信頼をベースに、より高みに向かっていくことが期待される。

(6) 新潟県内最大の熱処理業
——長さ2000 mm、装入重量2000 kgまで（ヤナギダ）

機械金属工業の体系上、熱処理は最も基礎的な加工機能の一つとして重要な位置にある。熱処理は鋼の硬さや粘度を調整することにより加工を容易にし、あるいは、製品の強度や耐疲労性、耐磨耗性を増すために施される加工とされる。一般には「焼きなまし（焼鈍）」「焼きならし」「焼き入れ」「焼き戻し」で知られている。「焼きなまし」は、鋼の結晶を調整し、鋼を柔らかくして加工を容易にするための処理方法である。「焼きならし」は鋼を標準状態に戻し、加工の影響、例えばプレスによる結晶の変形を戻し、機械的性質を向上させる。また、以上の冷却に対し、加熱を伴う「焼き入れ」は鋼を硬く、強くするための加工であり、「焼き戻し」は焼き入れ、または焼きならした鋼の硬さを減じ、粘りを増すために行なわれる。

熱処理は全ての機械金属部品に施されるわけではなく、鍛造品、金型、自動車の重要保安部品、船舶や農機、建機の駆動部品等に限られているため、専業の加工業者の数は少ない。熱処理専業者は日本全体で約700社、新潟県の専業は燕と三条で3〜4社、その他長岡と新潟市に幾つかとされている。

規模の大きい鍛造企業、金型企業、そして、熱処理を必要とする特殊なプレス部品を製造している加工業などは、自社内に設備を保有していることが少なくない。そのため、熱処理専業の加工業の場合、自動車、工作機械、農業機械、建設機械等の部品、さらに金型などのメーカーからの広い範囲の受注を受け止める加工センター的役割を演じていく。また、中京地区や関東地区のような自動車産業の集積している地域では、有力部品メーカー（ティア1）の専属となっている熱処理企業もあるが、一般的には、熱処理企業は数百の単位の受注先を抱えている場合が少なくない。

▶大物の熱処理から、精密熱処理まで

燕市の旧吉田町の工業団地（金属センター）の一角に真空熱処理業のヤナギダが立地している。ヤナギタの創業は1947年、現3代目社長の柳田利弘氏（1971年生まれ）の祖父が洋食器研磨業として出発した。祖父は早世し、2代目の父柳田忠利氏（1940年生まれ）は18歳で家業を継いでいる。1955年には洋食器製造に転じ、1965年には熱処理加工を開始している。1971年に法人化

3代目社長の柳田利弘氏

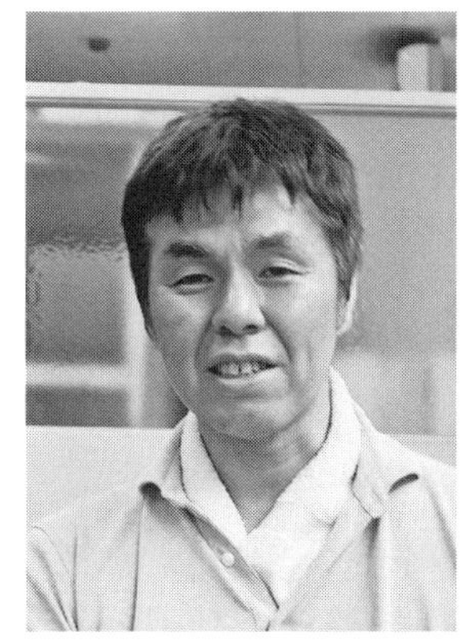

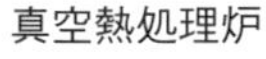

真空熱処理炉

し、㈱柳田製作所（第7章2—(5)）となった。1989年にはコマツ産機製レーザー加工機も導入している。さらに、1997年からは独トルンプ製のレーザー加工機を導入している。このレーザー加工機の導入は、柳田利弘氏の高校生の頃であったが、大当たりし、柳田製作所の基礎を築いた。このレーザー部門は叔父（父の弟）の柳田健治氏が管轄している。現在、レーザー加工機は13台導入している。なお、熱処理に入ってからは、洋食器の製造は停止した。

2001年には、柳田製作所から熱処理部分を分離独立させ、精密熱処理専門の県央熱処理を設立、さらに、2006年には大物加工を中心とした熱処理部門を独立させ、ヤナギダとしていった。結果、本体の柳田製作所はレーザー加工専門の企業となった。そして、2017年12月に県央熱処理とヤナギダが合併し、ヤナギダとなった。柳田製作所の社長には柳田健治氏が就いている。ヤナギダの社長は柳田忠利氏が就いていたが、2019年4月、専務であった柳田利弘氏が3代目社長に就任した。柳田製作所の従業員は94人、ヤナギダの従業員は10人ほどであった。

柳田利弘氏は、元々、継ぐことを考えており、地元の高校を卒業後、熱処理の修業のために東京の大田区糀谷の高橋焼入工業所に入社、精密熱処理を学び、帰郷した。その頃は県央熱処理が設立された頃であり、ずっと精密熱処理に携

IHI製の装入重量2000 kgまで可能な真空熱処理炉

わってきた。2017年12月にヤナギダと合併する前は県央熱処理の社長に任じていた。

▶複合金属製品産地の中の熱処理業

主要設備は、大物熱処理に向けては、IHI製大型2トンタイプの2室型真空炉、3室連続型真空炉が設置され、また、自動車、工作機械、治具、刃物、測定器具等に対応するために、窒素対流式真空熱処理炉3台、真空油冷型真空熱処理炉2台を保有している。設備展開からすると新潟県最大とされていた。

主要な取引先は燕の洋食器、刃物関係に加え、大手業務用冷蔵庫メーカーからは間接的に大物厨房用品部品を受けていた。常時付き合っている企業は年間でみて約100社、毎日20〜30件の仕事がある。ロットは1個から数千個まで、燕〜三条の範囲の得意先（20〜30件）については、毎日、納品かたがたクルマで巡回していた。自動車部品関連の仕事はあまりしていない。バイクのマフラーの一部は手掛けていた。

熱処理の場合、炉の熱を落とさないために24時間操業が一般的だが、ヤナギダの場合は、3交代制をとり、各2時間ほどの残業となっていた。また、1回の炉にどれだけ入れるかにより、利益が違ってくることも熱処理のもう一つの特徴であろう。熱処理によりワークは微妙に変形するが、その矯正も適宜行なっていた。100分の2〜3㎜ほどには矯正していた。

燕の洋食器組合は、プラザ合意後の1980年代末に「脱洋食器、複合金属製

炉に投入する前の準備

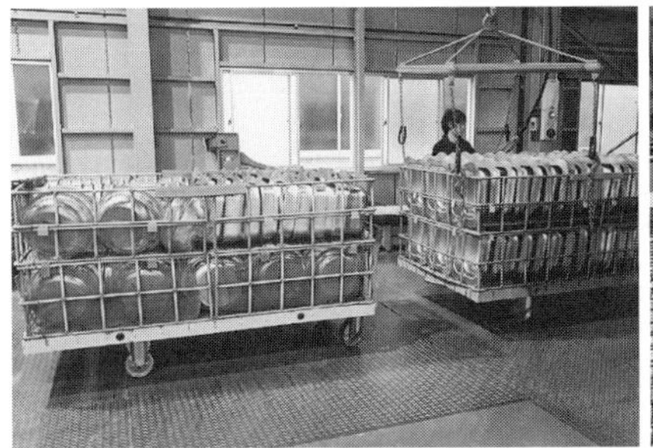

新たな炉を入れる工事中

品産地への展開」を掲げるが、柳田製作所の場合は、それを前後する頃から、熱処理とレーザー加工に転換し、大きな成果を上げてきた。それぞれが地域の機械金属工業集積の中で重要な役割を演じるものになっているのであった。

3. 独特な機能を高め、市場を広く展開

この章では、バフ研磨、バレル研磨、電解研磨、メッキ、熱処理といった表面処理の領域に入る事業部門をみてきた。燕の場合には、洋食器、器物といった消費財に展開したことから、美しく仕上げることが最大のテーマとなっていた、メッキなどはいわゆる装飾メッキというべきものであった。金属の消費財、装飾財がある以上、このようなあり方の必要性は高い。

他方、熱処理のように素材の改質に関わる部門は、刃物などでは死活的なものであり、燕、三条のあたりで発達していったことは興味深い。近年、このような熱処理部門は、刃物などの消費財はもとより、自動車、半導体、航空、宇宙、医療機械等の先端的な工業部門でもその重要性は一段と増している。メッキにおいても燕のこれまでの装飾メッキに加え、半導体などに関連する機能メッキの世界もある。

このような機械などの工業製品の場合、要素技術の一つひとつが高い精度が要求されていく。表面精度ばかりではなく、材質そのものが問われている。そして、全国的にみてこのような表面処理関連の工場が減少し、新たな参入が期待できない現在、燕、三条、長岡、新潟あたりの企業は、全日本レベルで新たな高度な要求に応えられる企業として高まっていくことが求められている。事実、近年、東北地方の企業で表面処理を新潟方面に依存しているケースは少なくない。

かつて大量の表面処理企業を抱えていた東京の大田区などでは退出が進み、その機能を維持することが難しくなっている。燕、三条、長岡、新潟の表面処理に期待される点は大きい。内面の高度化に努め、市場を東日本から全国までを意識し、日本のモノづくりを支えるものとして高まっていくことが期待される。

1）「磨き屋一番館」については、第8章3—(3)を参照されたい。

2） 2007年の頃の山崎研磨工場の状況等については、補論4を参照されたい。

3） バフの製造については、第6章3—(5)の富所バフの項を参照されたい。

4） 近年、サイザルの生産地として中国南部の広西チワン族自治区が大きく登場している。その間の事情については、関満博・池部亮編『「交流の時」を迎える中越国境地域——中国広西チワン族自治区の北部湾開発』新評論、2011年、第5章を参照されたい。

5） 東陽理化学研究所については、本書補論2を参照されたい。

6） このような事情は、関・池部編、前掲書、第4章を参照されたい。リン酸原料の生産地の四川省のあたりから、原材料は真っ直ぐ南下し、広西チワン族自治区の沿海地域の工場で精製され、そこから日本に輸出される場合が少なくない。

第7章 地域の基盤技術の展開

1985年のプラザ合意以降の円高を契機に、燕は産地として重大な意志決定を下している。それまでは金属洋食器の対米輸出向けの単一製品産地であったのだが、以後、個々の企業が個性的な方向に向かい、全体として「複合金属製品産地」に向かっていった。

それから約30年、マスコミに採り上げられる機会はめっきり減ったが、燕は各企業が個性的な方向に向かい、新たな興味深い複合金属製品・複合加工産地に変貌してきた。他の伝統的な地場産業地域が軒並み壊滅的な状況に追い込まれている中で、ひとり燕だけが新たな方向に向かっているようにみえる。

この点、洋食器、器物の時代には、関連企業として、プレス、スピニング、溶接、彫金、研磨、メッキ等の表面処理、さらに、器物の部品となる丸モノの切削加工等の関連加工部門が成立していたが、ポスト洋食器、器物の時代、複合金属製品産地に向かう現在、関連加工部門に大きな変化が生じている。例えば、プレス部門は縮小し、精密鈑金部門が拡大発展していること、機械加工部門も従来の洋食器、器物関係から飛躍し、特殊材の専門加工等に向かう部分も生まれている。さらに、洋食器からの転換として多方面にわたる加工部門が発生、そして、燕のエリアを越え、全国を対象に基礎技術、特殊技術を提供するなど、多方面の取組みを重ねている。加工部門において、複合加工基地化が進められているようにみえる。

この章では、燕において近年みられる要素技術、加工部門の幅の拡がりに注目していく。

1. 機械加工系業種

機械金属工業は、燕に広く展開した金属製品に加え、家電やOA機器のような消費財、産業用機械製品、産業資材の金属製品、金型、さらに実に多様な加工機能から構成されている[1)]。例えば、第2章の図2—3の「機械金属工業の相互関係概念図」(89ページ) で示すように、「素材」から始まり、「成形工程」「除去工程」「仕上工程」「組立工程」からなり、「再生」も重要な要素となってきた。そして、これらの各工程がさらに細分化されていく。「成形工程」をみると、「溶融結合加工」として製缶、鈑金、溶接、小組立などがあり、「塑性加工」として鍛造、プレス、絞り、粉末冶金等、さらに、「溶融成形加工」としては、鋳造、ダイキャスト等がある。そして、このそれぞれの加工機能はさらに細分化されていく。機械金属工業が高度化していくと、それぞれの要素技術の高度化、専門化がいっそう推進され、それが地域の基盤技術となり、高いレベルの機械金属製品の生産が可能になっていく。

これらの中で、機械加工系の加工機能としては、切削、研削がある。切削は丸棒を旋削する旋盤加工、角モノを刃物を回転させて削るフライス加工が基本であり、その他のボール盤、ラジアルボール盤、歯切盤、スロッター等の刃物で金属、樹脂等を削ることになる。この30年ほどはNC化 (数値制御) されたNC旋盤、NCフライス盤、さらに、MC等の高性能の「工作機械」が投入されている。また、近年の放電加工機、ワイヤーカット放電加工機等は、金属加工、金型製作に不可欠なものとして導入されている。

研削は刃物の代わりに砥石を使うものであり、平面研削盤、円筒研削盤などがある。これらの機械は「工作機械」と分類されている。また、第5章で検討した金型については、切研削の機械加工が基本であり、大きく分類すれば機械加工業種となろう。

これらの機械加工系業種のうち、燕は洋食器、器物が発展したことによりプレス金型、その後のプラスチック製柄のための樹脂成形型といった金型が発展していった。ただし、金型企業の場合は、外部に対して部品加工を行なうことはあまりなく、燕には機械加工専業の中小企業は極めて少ない。さらに、半導体関連等の精密研削などの加工部門はほとんどみることもない。このような全体的な事情の中で、この節ではいくつかの興味深い切削系の機械加工企業をみていく。

(1) 難削材、特殊材の切削加工に展開
——燕から世界を目指す（長谷川挽物製作所）

私は2017年3月13日、数年ぶりに燕を訪れて商工会議所主催の講演会に臨んだが、講演終了後の質問に長谷川克紀氏（1963年生まれ）が真っ先に立ち、「10年ほど前の講演会の際、先生の『これからは、加工だけでなく、素材か消費に向くべきだ[2)]』という指摘を受け止め、『素材』に向かい、新たな可能性をみつけました」と語っていた。

▶自動旋盤とベンチレースの組み合わせ

長谷川挽物製作所の創業は1953年、遠鐵製作所（現エンテック［第3章2—⑽］）に勤めていた先々代（祖父）が始めている。社名が示すように、旋盤を軸にする「丸モノ」の切削加工として出発している。2代目は婿養子であり、現在の3代目には長谷川克紀氏が就いていた。長谷川氏は福井工業大学を卒業し、父の指示により工作機械のミヤノ（現シチズンマシナリー）に勤めた。上田工場に3年勤めて退職し、家業に戻ってきた。燕が苦境にあった1980年代末の頃であった。

当時の長谷川挽物製作所は従業員10人、NC自動旋盤を軸に、金属ハウス

3代目社長の長谷川克紀氏

自動旋盤が多用されている

ウェア（器物）のつまみ（ステンレス、アルミ、真鍮）などを削っていた。当時の受注先はほぼ燕であり、現場は職人の世界であった。この職人の世界、実力がものをいうが、長谷川氏は必死に取り組み、6年をかけて周囲から一目置かれるようになった。その頃から、燕商工会議所青年部の活動に積極的に関わり、先輩から経営と営業を学んだ。

長谷川挽物製作所の現場に入ると、まず、材料置き場が目を引いた。全て丸棒だが、特殊材、ステンレス材、鉄材、アルミ材、銅材、樹脂材が色分けされてキチンと格納されていた。特に、特殊材については、チタン、チタン合金、タングステン、モリブデン、コバール、バイタウム、インコネル、インバー、マグネシウムなどが置いてあった。特殊材に向かっていることが伝わってきた。次の刃物のチップ置き場も圧巻であり、実に多種多様なチップが揃えられていた。

主要な加工機械はNC自動旋盤であり、主軸台固定形自動旋盤のミヤノ（シチズンマシナリー、17台）を中心に、主軸台移動形自動旋盤（スイス型）のシンコム（シチズンマシナリー、3台）、DMG森精機（1台）、タカマツ（1台）、MCはDMG森精機（3台）、ファナック（1台）が置かれ、その他としては横フライス盤、ターレット旋盤が装備されていた。自動旋盤を軸に1個からの加工に応えていた。さらに別室に入ると、卓上のベンチレースが20台は装備されていた。むしろ、この部分が長谷川挽物製作所の最大の特徴かもしれない。しかも、このベンチレースの部分は過半が女性によって担われていた。長谷川氏は「このような緻密な仕事は女性に向いている」と語っていた。NC機と手技がうまくミックスし、特殊材の加工を可能にしていた。なお、2018年にはファナックのロボドリル、シチズンマシナリーの大型自動旋盤（シンコム）を導入していた。

従業員は増加基調にあり、現在は47人、女性が15人（パートタイマーを含む）を占めていた。女性の大半は加工現場にいた。機械加工系の事業所で、これだけ現場に女性が進出しているケースは珍しい。特殊材・難削材、NC自動旋盤・ベンチレース、そして、女性の進出が長谷川挽物製作所の大きな特徴のようにみえた。

女性が目立つ現場

ベンチレースが 20 台もある

▶特定産地依存から、次は「海を越える」

また、一大金属製品産地の燕から工作機械等に展開する長岡あたりまで、加工機能の拡がりが大きい。そのために、付帯の加工を地元に依存できることも、燕の大きな特徴である。事実、メッキ、熱処理、電解研磨、ラッピング、ワイヤー放電加工、ターレットパンチプレス加工等も燕から長岡の範囲で可能であり、長谷川挽物製作所は軽ワゴン車で回って対応していた。比較的軽量な金属製品産地である燕と、工作機械等の重量級の機械製品産地である長岡は至近の位置にあり、両者を合わせると幅の広い対応が可能とされている。

かつての受注先は大半が燕のハウスウェア関連であったのだが、現在の受注先の燕の比重は 20% 程度となり、東京、大阪などの県外が 50% を超えつつある。特に、歯科のインプラント向けのものなど、医療機器関係の比重が増えている。また、火力発電所関係も増加していた。受注先のリストには 414 番まで記されていた。実際の受注は月に約 80 社、年間でみると 150 社程度であった。

20 年ほど前には、ステンレスの次はチタンといわれ、燕産地を上げてチタンに取り組んだものだが、長谷川挽物製作所はチタンからさらにインコネル、マグネシウムなどに展開、新たな可能性をつかんできた。長谷川氏は「素材で食べていく。素材は経験の蓄積」と語っていた。特殊材の世界は宇宙・航空機関連、さらに、医療機器関連に可能性の幅は広い。新たな特殊材が生まれると、切削、溶接、プレスなどの可能性が問われてくる。加工技術が確立しなければ実用化はできない。そのような興味深い領域に、長谷川挽物製作所は踏み込んでいるのであった。

また、ここに来て長谷川氏の関心は海外に向いている。「次は山ではなく、海を越える」としていた。特に、航空機関連部品の台湾輸出を開始している。長谷川氏の判断では台湾の航空機産業の動きは鋭いとして、さらに一歩踏み込む構えであった。

長谷川氏自身は大学卒業後ミヤノで修業しているが、子息（26歳）は法政大学法学部を卒業後、工作機械メーカーのDMG森精機に修業に行っている。長谷川氏は「あと1年ぐらいで戻したい」と語っていた。金属洋食器で来た燕の場合、機械加工系の中小企業としては金型部門は充実しているものの、機械加工専業は乏しい。長谷川挽物製作所は、加工の難しい素材に挑戦し、市場を全国に求めていたのだが、次は海外の可能性を模索しているのであった。

(2) 自動旋盤を駆使して、デザイナーとの仕事に踏み出す
——2代目は挽物屋にこだわる（和田挽物）

金属加工の中でも、ロクロ、旋盤を駆使する棒材の旋削加工は「挽物」といわれている。特に、精密な時計部品などで発達した領域であり、世界的にはスイス、国内では長野県の諏訪・岡谷地域で顕著にみられた。1980年代の末に諏訪・岡谷地区の現場に入ったが、大半の中小企業は挽物屋であり、自動旋盤の台数は少なくとも20〜30台、多いところでは300台も並べていた[3)]。現在、時計は一部の機械式高級腕時計を除いてクオーツ式に変わっており、国内で数百台の自動旋盤を並べている工場はない。機械式の腕時計の場合、金属部品を中心に部品点数は100点前後になるが、液晶表示のクオーツの腕時計の場合は、電子部品を中心に10点前後とされている。金属部品はほとんど使われていない。

現在の日本国内の自動旋盤主体の工場は多くて50台程度であり、しかも得意なはずの量産ではなく、1個、2個の小ロット生産にも応じている。自動旋盤は量産用に開発された機械であるものの、1度セットすると多様な加工が可能であり、少量生産でも広く使われるようになっている。先の長谷川挽物製作所などもそのような流れの中にいる。

２代目社長の長谷川哲和氏

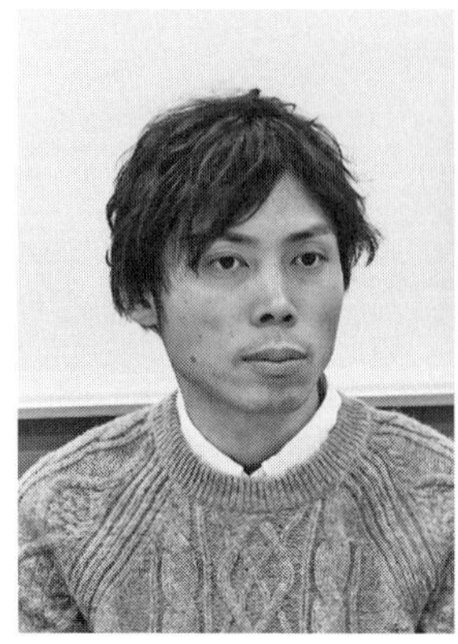

和田挽物のデザイナーの仕事

金属洋食器、器物で来た燕の場合、洋食器の柄、器物の部品に挽物加工が必要とされ、それほど多くはないが、挽物専業の中小企業がいくつか存在している。

▶燕洋食器産地の挽物屋として展開

2019 年 6 月に和田挽物の 2 代目社長に就任した長谷川哲和氏（1980 年生まれ）は、創業者兄弟の次男の子息。創業者兄弟は同じ会社に勤めていたが、叔父が先に独立創業し、燕市の東太田の自宅で卓上旋盤 1 台を買ってスタートしている。父は勤め先で工場長を務めていたのだが、トラブルがあり、退職して叔父のところに合流してきた。叔父が社長、父が専務であった。1981 年に法人化し、1989 年に現在地の燕市大関の工業団地に移ってきた。専務の父は 2014 年に他界している。叔父には娘 2 人がいるが、後継者にはならない。長谷川氏が後継の 2 代目ということになった。

長谷川氏は地元の加茂高校を卒業後、1 年はフリーター、さらに 1 年は東京に出ていた。2 年ほど自由に暮らした後、和田挽物に入社した。その頃の従業者数は 17～18 人であった。和田挽物は元々、洋食器の部品加工に従事しており、洋食器の柄の削り出しなどを得意としていた。1990 年前後のバブル経済の頃は、燕の洋食器メーカー 1 社に 80％ も依存していた。

機械設備はNC自動旋盤11台（シンコム、ミヤノをメインに、一部にツガミ）を中心に、自動旋盤、卓上旋盤、転造盤、ボール盤等が配置されていた。現在の従業者数は21人（男性11人、女性10人）、家族従業者は会長の叔父、長谷川氏、そして、母であった。なお、和田挽物の場合、現場作業に女性が多いことに気付く。母もパートタイマーの作業員として働いていた。叔父は高齢化し、かなり前から実質的に長谷川氏が経営していた。

▶地域の加工機能の組織化、自社製品も視野に

受注先は、レジャーアイテムが売上額の約20%、県外の芝生管理部品約30%、三条の作業工具約10%の構成であり、その他は洋食器、器物などが細々ある。ロットは1点から1万点まで。1点ものは、試作、デザイナーもの、さらに個人からの注文もある。

長谷川氏は「部品加工だけでなく、組立までやると利幅が出る」と語っていた。外注先も多く、メッキ4社（燕2社、三条2社）、溶接4社（燕、3社は専業、1社はプレスと兼業）、プレス3社（燕）、バフ研磨4社（燕3社、新潟市1社）、熱処理3社（長岡、刈羽、新潟市）であった。やはり燕を中心に新潟は機械金属工業の要素技術が豊富であることがわかる。このような外注依存、

一世を風靡したカム式自動旋盤

シチズンマシナリーの NC 自動旋盤

現場に女性が目立つ／ボール盤加工

組織化により、長谷川氏は「この先、10～20 年、一緒にやっていける人とやりたい。若い世代を組織し、そのまとめ役になりたい」と語っていた。後にみるように、デザイナー等との付き合いにより、視野が燕から拡がってきた事情がうかがわれる。

従来、和田挽物の仕事は下請加工ばかりであり、長谷川氏は「違ったことをやりたい」と考えていた。5年ほど前から、クリエーター、デザイナーとの付き合いが始まり、新たな世界に踏み込みつつある。キッカケは新潟在住の曲加工、打刻などに従事していた人で、まとめ屋的な機能になり、大手企業、デザイナーと付き合い、加工を燕などに振ってきた。燕の中小の金属加工企業としては意外な経験になり、新たな世界が拓けていった。クリエーターで全国の加工業者を組織し、多様な製品開発を行なっている近年注目のセメントプロデュースデザイン（大阪）の金谷勉氏とも付き合っていた。

クリエーター、デザイナーの人びとも、機械金属工業の加工企業との出会いに新たな可能性を感じたのではないか。精密な仕事をしてきた燕の金属加工に新たな美しさをみたのではないかと思う。和田挽物の場合、この5年ほどでいくつかの実績を上げている。今後は「デザインに精密を求めたもの。自社製品をデザイナーとコラボレーションして開発したい」と語っているのであった。

現在の場所は手狭になり、新たな用地の取得も視野に入っていた。和田挽物は 2019 年5月末まで「和田」と名乗っていたのだが、デザイナー等との新たな付き合いの中で、長谷川氏は「和田挽物の名称の方がインパクトがある」と

「挽物」にこだわっているのであった。

(3) 旋盤加工専門企業としてアジアに向かう
——ベトナム高度人材を採用（イワセ）

洋食器で来た燕の場合、プレス、表面処理、研磨といった領域の加工企業は少なくないが、切研削の専業企業はあまり存在しない。東京で創業した旋盤加工専業の中小企業が故郷の燕（吉田）に戻り、興味深い取り組みを重ねていた。HP には「新潟の町工場が世界に発信」とあった。

▶レンズ加工から、機械、半導体装置部品等に転換

イワセの創業者の瀬戸高光氏（1937 年生まれ）は東京の出身、江東区深川でサラリーマンであったのだが、1964 年に池袋でベンチレース 1 台を入れ、吉田出身の夫人と 2 人でレンズ加工に入っていった。現在、レンズ加工はほぼアジアとなっているが、当時は東京の板橋、八王子、さらに長野県の諏訪・岡谷が一大生産地であった。10 年ほどが経った 1973 年には池袋の土地を売却し、夫人の故郷の吉田に移ってきた。その頃から、レンズ加工は一気に台湾に移行していった。自動旋盤中心の旋盤加工では、洋食器は手掛ける部分が少なく、レンズもなくなり、機械部品の領域に入っていく。富士通フロンテック、また、

2 代目社長の瀬戸光一氏

イワセの加工品

三条の暖房器具のコロナの仕事などを受けていった。なお、社名のイワセは、創業者の瀬戸氏の「セ」と夫人の旧姓の岩方の「イワ」をとって命名している。

現社長の瀬戸光一氏（1964年生まれ）は東京の生まれ。燕の高校を卒業し、日立製作所の習志野工場に入る。産業用モーター、PCの組立、生産管理などを経験し、9年ほどで家業に戻った。当時はコロナの丸モノ、六角モノなどを削っていた。家業に戻った瀬戸氏は日立時代のつてを頼って、日立の中条工場（胎内）、多賀工場（茨城）などの仕事を受けていく。この間、レンズなどの取扱いを止め、OA機器のシャフト、ピンなどの領域に向かっていった。さらに、ケーエスエス（小千谷）から半導体関連のミニチュアボールネジの領域に入っていった。このミニチュアボールネジの精度は厳しく、仕事の質が大きく変わっていった。現在では、このような高精度、高難度の仕事が中心になっている。

受注の範囲は径が3φ～300φまでとしている。これに対応して、主要機械設備は、NC自動旋盤がシチズン2台、スター精密3台、ツガミ1台を基本に、NC旋盤がヤマザキマザックの複合機（INTEGREX）2台、DMG森精機1台、曙機械工業1台の編成になっていた。なお、熱処理、メッキ（黒染、無電解ニッケル、クローム、亜鉛）等は近隣に外注していた。得意とするところは、複合旋盤加工、NC旋盤加工、転造、ねじ切り加工、キー溝加工、マシニング加工（樹脂）などとしている。

受注先は京都から青森の範囲で約300社。うち毎月来るところが30社ほどとしていた。むしろ、地元の仕事は少なく、一部、キャンプ用品などを受けている。イワセは中小企業の受注ネットワーク組織として知られるNCネットワークに早い時期から加入しており、数年前には表彰も受けているが、その頃からネットで「旋盤加工」と入れると最初に出てきたため、全国からの問い合わせが増えていった。

受注先の業種は60%程度が半導体関連の前工程の位置決め部分のボールネジなどだが、最近は業況が悪化している。そのため、インターネット経由で機械部品、モデルガン、キャンプ用品なども手掛けていた。

NC 自動旋盤群

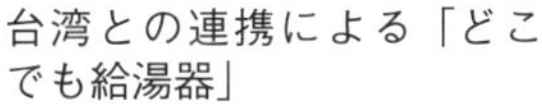

台湾との連携による「どこでも給湯器」

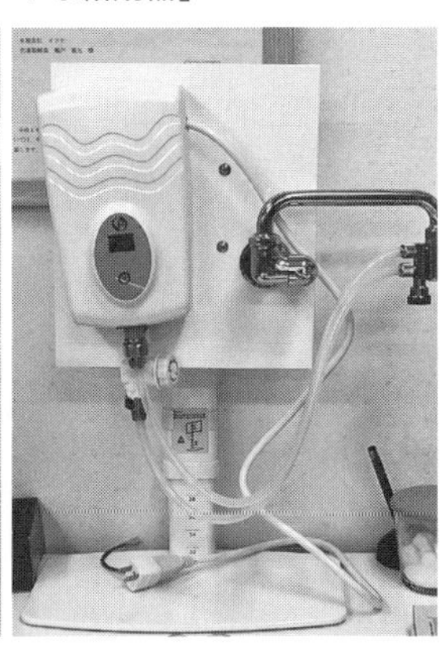

▶ベトナム高度人材の採用、アジアへの展開

現在のイワセの従業者は、瀬戸社長夫妻、母（事務）、妹夫妻、弟の家族従業者6人に加え、ベトナム人の高度人材、新卒者（2年前）、若い女性（派遣で来て、その後、正社員）の全体で9人であった。その中でも、すでに7年も勤めているベトナム人の高度人材が興味深い。

2011年、燕の若手社長5人ほどでタイに視察に行く機会があった。アマタナコン工業団地を訪問したが、日本の大手企業が列をなしていた。このままでは日本では仕事がなくなると痛感、「国際化しなければダメだ。留学生を入れよう」と考えた。その頃、新潟市にある環日本海経済研究所（ELINA）が、新潟県内の留学生を対象に、新潟県内の企業との合同就職セミナーを開いた。イワセが参加すると5人が面談にやってきた。ベトナム人、中国人、バングラデシュ人であった。その場で「JR吉田駅まで来れば、迎えに行く」と伝えると、ベトナム人がやってきた。彼はハノイ出身、ホーチミンの日本語学校で学び、新潟大学工学部に留学してきた。そして、彼はそのまま新卒で高度人材として入社、現在はCAD／CAMや製造に携わっている。

なお、その吉田での面接の際、彼は当時新潟大学工学部のベトナム人留学生のガールフレンドを連れてきていた。彼女は大学院修士課程に進学するが、その後、瀬戸氏がゴトウ熔接に紹介、現在はマーケティング担当として働いている。この2人はその後結婚し（子供1人）、将来日本に帰化する予定になっていた。このような事情の中で、瀬戸氏が彼らのために住宅を取得、帰化後に住宅ローンを組ませ、譲渡する計画になっていた。燕の中小企業に2人のベトナム人高度人材が在籍しているが、そうした事情によるのであった。

このような経験を重ね、瀬戸氏は台湾企業との連携で「マイクロナノバブル発生装置」「どこでも給湯器」などの自社製品開発にも踏み出し、さらに、ベトナム、ミャンマーとの連携でアシスト自転車の製造、販売にも展開していた。このアシスト自転車は、川崎の企業がJICAに申請して採択されたものであり、旋盤加工はイワセ、溶接はゴトウ熔接、そして、部品加工はベトナム、組立はミャンマーで行ない、ミャンマーで販売するものである。ミャンマーでは最大都市のヤンゴンでは市街地へのバイクの乗入れは禁止されているが、アシスト自転車の潜在的需要は大きいとの判断であった。

ベトナム人留学生の採用、台湾との連携、さらに、ベトナム、ミャンマーへの展開と、イワセは新たな可能性に向かっているのであった。

(4) 角モノ、丸モノの切削加工
——大卒も入る機械加工企業（小林鉄工）

ステンレス製洋食器、器物を中心に展開してきた燕の場合、機械加工系の金型部門は充実しているのだが、切削系、特に角モノ（フライス加工）の部品加工に従事する機械加工企業は少ない。その燕の郊外に「こまったときの小林鉄工」の大きな看板を掲げた中小企業が展開していた。HPを眺めると、角モノ（フライス系）、丸モノ（旋盤系）の両方に対応しているようであった。世間一般では、旋盤系の加工企業はかなり存在しているが、フライス系の専門加工企業は少ない。燕では初めて出会った。

▶旋盤加工から、角モノ、専用機まで

小林鉄工の創業者は現2代目社長の小林豊氏（1950年生まれ）の父。旧燕市生まれの父は、吉田の蒲原機械工業（現富士通フロンテック［第5章1—

２代目社長の小林豊氏

小林鉄工の社屋

(4)]）に入り、旋盤工として歩んできた。父は1961年頃に自宅にベルト掛旋盤を１台入れ、１人でミシン部品などの旋盤加工からスタートした。長男の豊氏は地元の高校を卒業後、燕の遠藤工業（第３章2—(2)）に入社、旋盤職場に勤務、1969年、19歳で家業に戻った。当時は、汎用旋盤、ボール盤ほどの設備であり、父の他には女性が２人いた。1984年には現在地を取得し、新工場に移った。その当時は従業員として２人ほど男性が増えていた。まだ、従業者数人の規模であった。

その頃の燕は、サーモス（第５章1—(6)）を中心にステンレス製魔法瓶がブレークした時代であり、地元で魔法瓶製造を行なっていた会社から「治具が作れないか」との打診があり、対応していくと、次第に溶接・組立の専用機の要請も入っていった。当初は旋盤加工が本職であったのだが、次第にフライス盤、MCなども入れ、設計、専用機製作までできるようになっていった。「こまったときの小林鉄工」のフレーズは、市内のユーザーの多様な「困った」に応えてきたことから生まれた。

▶「こまったときの小林鉄工」

現在の設備体制は、角モノ対応は、最新の５軸加工機１台（マザック）、横型MC1台（東芝機械）、立型MC9台（マザック５台、オークマ２台、DMG

森精機２台)、丸モノ対応は、最新の立型CNC旋盤１台（マザック)、CNC旋盤15台（マザック)、複合加工NC旋盤３台（マザック１台、DMG森精機２台)、横中グリ盤２台（東芝機械）が、工場の左右に分かれて配置されていた。その他としては、汎用旋盤５台、汎用フライス盤３台、ターレットフライス盤１台、三次元測定器２台（東京精密、TESA）も用意されていた。全体的にマザック色が濃厚のようにみえた。当初は量産も多かったのだが、その後、少量生産に向かい、現在では１個から対応、100個程度が普通であった。

ユーザーはどんどん変わり、400〜500件ほどあるが、常時あるところは100社程度。燕市内からは治工具などを受けてきたが、最近はスポット程度であり、むしろ、燕から日帰りが可能な範囲に拡がっていた。西は石川、南は東京、北は山形から仙台のあたりまでであった。１個を受けてうまくいけば、長く続いていく。量の少ないもの、難しいものをできるだけ受けるようにしていた。

専用機については、豊氏自らが設計してきたが、高齢になってきたためにこの５年ほどは受けていない。豊氏によると「燕には１品加工の機械加工屋はみない。専用機メーカーはいくらかいるみたい」との受け止め方であった。また、豊氏は「専用機のレベルが上がっており、付いていけない部分もある。また、若い人に教えるのは難しい」と語っていた。

何に使われるかわからないが、小ロットものが来る

▶大卒が毎年入る機械加工企業

現在の従業者は約30人、家族関係は、豊氏の他に3歳年下の弟（専務）、そして、子息の小林大士氏（1980年生まれ）が入っていた。専務は以前燕市内のホースリールなどの園芸用品を製造する本宏製作所で設計の経験がある。後継者を予定される大士氏は、東京で勤めていたが、結婚を契機に30歳で家業に入ってきた。設計、加工等の経験はない。そのため、大士氏は事務所で管理部門に従事していた。従業者30人のうち女性は5人、うち2人は現場に入っていた。

なお、近年、新卒採用は非常に難しいが、小林鉄工では、この数年、大卒の新卒が毎年1～2人入っていた。2018年が2人、2019年も2人採用していた。2019年は理系（新潟大学）、文系、各1人ずつ採用していた。豊氏によると「高卒採用の方が難しい。彼らは大企業指向」と語っていた。従業者30人規模の加工業で大卒の新卒採用はあまり見掛けないが、豊氏は「工場がキレイだからかな。希望者には工場をみてもらい、それで決めてもらっている」と語っていた。若い従業員が圧倒的に多く、不思議な空気が流れていた。

今後については、豊氏は「息子に任せる。別に現場仕事ができなくても構わない。近間にはライバルはおらず、全国ネットワークがある。その中で仕事をしていけばよい」としていた。

ステンレス製洋食器、器物で来た燕は、切削系、特にフライス系の部品加工の仕事は少なかった。そのような中で、治工具などから専用機製作までを受け、

汎用フライス作業

工作機械群が並ぶ

「こまった」に応えてきた。そのような事情から小ロットのもの、難しいものを普通にこなし、機械設備も旋盤系、フライス系をバランス良く配置し、何にでも対応できる形を形成している。ユーザーも全国的に拡がり、多様な可能性に応えているのであった。

(5) かつての専用機製作をベースにフライス加工に向かう
――3代を重ねる（小林鐵工所）

ステンレス製洋食器産地として歩んできた燕の場合、戦前にはプレス機械、ロール機械、研磨機械などの産業用機械を生産する中小企業が生まれていく。その中の一つに初期の機械メーカーとして霜鳥平三郎氏が率いる霜鳥鉄工所があった。この霜鳥鉄工所は燕の洋食器生産のためのプレス機械、研磨機械などを生産しており、多くの弟子を育てた。その一つに小林鐵工所がある。

▶専用機から大物機械加工に展開

小林鐵工所の創業者である小林三郎氏（1941 年生まれ）は東京の生まれ、戦時中に先祖の郷里である燕に疎開、終戦を迎えた。戦後はそのまま燕に在住し、産業機械製造の霜鳥鉄工所に入った。その後、燕で結婚し定着していった。小林三郎氏は 25 歳になる 1966 年に燕市内の旧燕市役所の近くで独立創業していく。当初の仕事は洋食器向けのプレス機械、ロール機械、研磨機械などの製作であった。1990 年には燕市大関の現在地に移転している。

1985 年のプラザ合意以降は、洋食器向けの専用機の注文はなくなり、その後しばらくは器物、金属雑貨関係の専用機製作で糊口をしのいできた。これも次第に終わっていった。専用機製作に関連して工場内には工作機械が大量にあり、これを使って「何かやれないか」ということで部品加工に転じ、県外の仕事を受け始めていく。工場全体の動きとしては、1994 年に増設、2001 年に増設、2008 年に NC5 面加工機（オークマ）、2014 年 NC 旋盤（大日金属）、2014 年 CNC 横中ぐり盤（倉敷機械）、2016 年長尺 NC 旋盤（大日金属）を導入するなど、近年、大物機械加工設備を積極的に導入している。

その結果、現在の主要設備は、CNC 5 面加工機（オークマ）、門形 MC（オ

左から２代目社長の小林政人氏、長男、創業者の小林三郎氏

オークマのNC5面加工機

ークマ)、門形NCフライス（オークマ)、立MC（オークマ)、CNC横中ぐり盤（2台、倉敷機械)、横中グリ盤（倉敷機械)、立形NCフライス盤（山崎技研)、万能フライス盤（武田機械)、ラム形フライス盤（大隈豊和)、NC旋盤(3台、大日金属)、旋盤（3台、大日金属2台、ワシノ機械1台)、平面研削盤(岡本工作機械)、溶接機（5台、ダイヘン）等の構成になっている。全体的には角モノの大物に強い構成であろう。

近年、専用機は高度化しており、あまり手掛けていない。複雑、高度な専用機の場合、機械製作技術に加え、電子系の制御技術が問題になるが、燕の従来型の専用機メーカーではなかなか対応できない。この制御系の技術が燕全体の一つの課題になっている。

▶大物機械加工を軸に幅を拡げていく

現在の仕事は、第1に機械加工関連であり、MC、フライス加工をベースにする角モノが多い。受注の約80%を占めていた。ほとんとどが単品加工であった。月に10〜15件ほどであり、受注先は燕、長岡、新潟の範囲で約80%を占めるが、最終の納品の大半は県外から海外となる。その他の20%は、機械製作、修理、メンテナンス、また、他社製機械のメンテナンス、部品加工も受けていた。機械加工がメインであり、付帯の溶接（アルミ)、熱処理、メッキ、塗装等は近隣の外注先に依存していた。特に、塗装については県外依存であっ

倉敷機械のNC横中ぐり盤

大日金属製の長尺旋盤

た。

現在の従業者は2代目社長の小林政人氏（1956年生まれ）の他に現場4人、事務2人の計7人の構成であり、小林社長の夫人、長男、次男も入っている。リーマンショック以前には従業者は倍ほどいたのだが、現在は半減している。売上額もリーマンショック以前のほぼ半分であった。

3代目を期待される長男は大学の機械工学科の出身、電子ビーム、レーザーの受託加工で著名な東京の企業に3年ほど修業に出て、家業に戻ってきた。

当初は洋食器製造向けの専用機から出発したが、1985年のプラザ合意以降は、専用機製作は減少し、むしろ、大物機械加工用設備を積極的に導入、県外の仕事を意欲的に受けている。近年、全国的に小物の機械加工の企業は過剰気味だが、大物機械加工、角モノ加工は全国的にみてやれるところが少ない。東京、横浜あたりの展示会等にも出展し、受注の幅を拡げていくことが必要であろう。また、その先には改めて専用機製作へも踏み込んでいくことが期待される。

(6) 産業機械製造から出発、修理、改造を手掛ける
――燕に唯一の機械修理メーカー（阿部鉄工所）

金属洋食器製造が盛んであった燕には、戦前期からプレス、研磨等の産業用機械を製造する中小企業が成立していた。戦後すぐの頃には約10社が記録されている。だが、その後、洋食器生産が急減したこと、また、仕事量の減少に

加え、機械そのものが電子制御等の技術を必要としてきたために、燕の産業用機械メーカーは衰微し、現在、古くから産業用機械を製造してきた中小企業で、依然として生産しているところは、柴山機械（第5章3—(1)）しか残っていない。大半は退出するか、部品加工に転じていった。ここで検討する阿部鉄工所は、この10年来、新たな産業用機械は生産していないが、機械の修理、改造等を担う燕では唯一の企業となっていた。

▶機械修理、改造、大物機械加工を得意

月潟（現新潟市）出身の阿部竹吉氏（1927［昭和2］年生まれ）は、燕の初期の頃の代表的産業機械メーカーの霜鳥鉄工所に勤め、旋盤工として働いていた。その後、勤めながら自宅にベルト掛けの旋盤を設置し、内職もしていた。創業は1962年、ベルト掛けの旋盤1台、1人で出発した。始めた時期が遅かったことから、なかなか大型機械の製作を手掛ける機会がなく、しばらくは小さな機械を製作していた。

その後、1970年代に入ると、パワープレス（20〜30トンクラス）も製作するようになり、累計で100台は製造した。ユーザーは燕、三条の範囲であり、他社よりも良いものを心がけた。燕を特徴づけるフリクションプレスは10台ほど製造した。また、容器の縁切り機械も30台ほど生産している。ただし、法令が変わり、プレス機の場合、急停止装置が必要になったが、対応できず、この10年以上、機械の製造は行なっていない。

創業者の阿部竹吉氏

2代目社長の阿部仙人氏

改造中の工作機械

現在は、プレス機の構成要素であるダイクッションの製造、機械の修理、改造に携わっている。2019年6月に訪問すると、工場ではフリクションプレスの中心の太いネジの再生、工作機械の改造等を行なっていた。フリクションプレスのネジの再生は、一部が欠けたことから、原寸で図面を起こし、新たに加工していた。このような仕事が多いようであった。現在、燕では、こうした仕事は阿部鉄工所以外はやっていない。同業が退出したため、仕事に困ってはいなかった。さらに、阿部鉄工所には大型の横中ぐり盤（倉敷機械）、正面旋盤（津田製作所）、NC旋盤（大日金属）、立フライス盤（武田機械）等が備えられており、大物機械加工を得意としていた。

また、プレス機械の場合、自動車の車検と同様の検査が毎年必要になる。検査のためには動力プレス特定自主検査の資格（動力プレス検査官）が必要とされる。燕、三条の範囲では新潟県プレス特定自主検査協議会（7名、燕5名、三条2名）が結成され、検査にあたっている。全国的にみて、このような組織を形成しているところはない。また、先の7名の中で、鉄工所で併置しているのは阿部鉄工所だけであり、他は検査専業であった。阿部鉄工所には資格保有者が3人在籍していた。阿部鉄工所は機械修理、改造、そして、検査業務に就いているのであった。

▶機械金属工業集積地に不可欠な機能

現2代目社長の阿部仙人（ひさと）氏（1955年生まれ）は、長岡の高校を卒業し、東京北区の中央工学校で一年設計を学び、1975年に家業に戻った。当時は従業員が5〜6人、ベルト掛け旋盤は既になく、普通旋盤、シェーパーなどが置いてあった。1979年には現在地に着地している。建屋は二つだが、隣地（元印刷工場）は7〜8年前に購入した。現在は倉庫として使っていた。

現在の従業者は12人（うち役員2人）、現場は男性9人、事務は女性3人から構成されていた。若い従業員が意外に多く、現場の中の3人は30歳前であった。地域工業にとって重要な役割を演じていた。なお、創業者から2代目への承継は2001年であり、創業者の阿部竹吉氏は会長になったのだが、生来の機械好きから毎日4回は工場に来ていた。92歳になられるが、ホンダの軽ス

横中ぐり盤加工　　　　フリクションプレスの大型ネジを原寸で再生

ポーツカー（S660）を乗り回していた。

阿部鉄工所の課題の一つは「後継者」。阿部仙人氏は娘2人、長女は燕で異業種に勤め、次女は嫁に行っており、いずれも期待しにくい。ただし、5年前から親戚の若者（28歳）が入社している。機械金属工業の現場では、経営者が女性である場合も増えてきた。娘と親戚の若者、いずれの可能性もあるのではないかと思う。

いずれにせよ、機械修理、改造等は機械金属工業集積地では不可欠なものであり、阿部鉄工所の意義は極めて大きい。そのような事業が燕の集積の中で行なわれているのであった。

2. 鈑金系、プレス系加工業種

金属板の切断、穴あけ、曲げ、溶接等を行なう事業として精密鈑金が拡がっている。この領域、以前は雨樋、屋根などに使われる金属板の手加工から出発していった。いわゆる「ブリキ屋」仕事として成立していた。だが、その後、配電盤、工作機械、産業用機械の筐体などに広く金属板が用いられるようになり、金属加工の新たな領域として登場してきた。さらに、金属加工の一つの領域である金型を用いるプレス加工に対して、金型を用いない小ロットの加工としても注目され、シャーリング、パンチプレス、プレスブレーキ（ベンダー）、レーザー加工機、ウォータージェット加工機、3D溶接機、ロボット、そして溶接を基軸に次第に「精密鈑金」といわれるようになっていった。精密鈑金の言葉が生まれたのは1970年代の頃ではないかと思う。最初に精密鈑金という言葉を使ったのは、この領域の草分けの長野県岡谷の平出精密といわれている[4)]。

この精密鈑金、筐体やケースなど輸送コストの大きい場合が多く（空気を運ぶ)、機械工業が発達している地域で成立している場合が少なくない。需要地立地の色合いが濃い。この点、金属洋食器からスタートした燕の場合、金属製品産地といいながらも、中小物の日用品が多く、逆に筐体などの要請はなく、精密鈑金が成立する条件は乏しかった。

ただし、近年、燕の各地で精密鈑金に向かう中小企業が次々と生まれている。そして、これらの鈑金加工企業は、市場を燕の範囲を大きく越え、少なくとも関東から東日本全体にまで視野を拡げ、興味深い取組みをみせている。この節では、近年目立ち始めた燕の精密鈑金関連の中小企業に注目していく。

(1) レーザー加工機を大量導入、劇的発展
──レーザー加工機13台、トラック12台で直送（柳田製作所）

近年、精密鈑金の主要な機械設備としてレーザー加工機が広く普及している。プレスやパンチプレスに比べて、レーザー加工は「2次加工が不要」「反り・歪みが少ない」「加工できる板厚が幅広い」などの特徴を有する。日本国内のレーザー加工機のメーカーとしては、アマダ、三菱電機が有力であり、世界的にはドイツのトルンプ（TRUMPE）が最有力とされている。トルンプの世界シェアは70%程度とされるのだが、日本国内ではアマダが圧倒的なシェアを占めている。

▶洋食器の研磨から、熱処理、レーザー加工に向かう

燕市郊外の吉田の地に、レーザー加工機13台、うち11台がトルンプ製を備える柳田製作所が立地している。寡聞ながら、トルンプ製をこれだけ備えている鈑金加工業は国内ではみたことがない。壮大な設備展開であった。

柳田製作所の創業は1947年、燕市出身の創業者が洋食器のバフ研磨業とし

て出発している。創業者は早世し、2代目の柳田忠利氏（1940年生まれ）が18歳で家業を継いだ。1955年には洋食器製造に踏み出し、熱処理の必要性が生じ、1965年には熱処理加工にも入った。その後、洋食器の輸出が円高により急減したことから、1974年には洋食器の製造を停止し、熱処理専業に踏み出していった。この部分は、現在、第6章2―(6)のヤナギダが承継している。

1980年代の末頃に、「レーザー加工機というものがある」ことを知る。レーザー加工機に注目した柳田健治氏（1947年生まれ）は、兄で社長の柳田忠利氏と話し合い、1989年にコマツ産機製のレーザー加工機を7000万円で導入した。新潟県では早い時期のレーザー加工機の導入であった。格納用の施設を合わせて8000万円ほどかかった。当初は軌道に乗らず苦慮したが、2カ月ほど無料で提供し、次第に仕事が集まるようになっていった。

当時は熱処理部門が5〜6人、レーザー加工部門は3人ほどで対応していた。熱処理部門は競争相手も増え、減少気味であったのだが、レーザー加工部門はどんどん伸びていった。レーザー加工部門は全国的には後発であったが、単価を下げ、短納期を徹底させることにより、次第に評判を得ていった。

この間、設備投資は積極的であり、1993年までの間にコマツ産機製のレーザー加工機は4号機まで入れ、その後、毎年、三菱電機製、住友重工製、松下電器製などで7号機までを入れていったが、1995年からは一気にトルンプ製

3代目社長の柳田健治氏

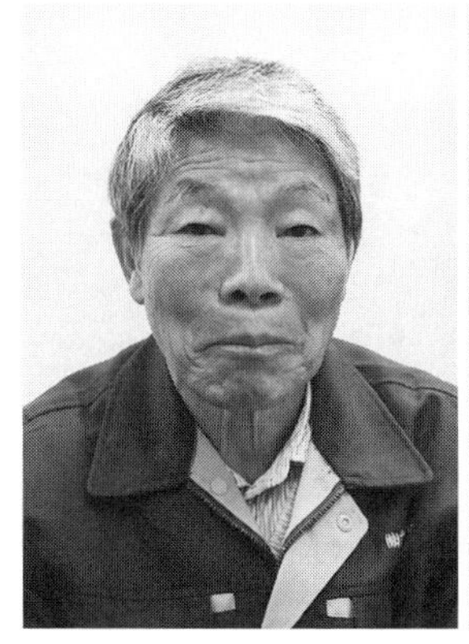

自動供給機付きのトルンプ製レーザー加工機

に転換していった。この間、コマツ産機がレーザー加工機から撤退し、トルンプの代理店となったことからトルンプへの転換が促進された。現在では、トルンプ製レーザー加工機が11台、三菱電機製が2台の全体で13台の構成になっている。2018年だけでもトルンプ製レーザー加工機を3台入れ替えている。全国的にも、これだけトルンプ製レーザー加工機が導入されているケースはみたことがない。

この間、2001年には熱処理部分を分離独立させ、精密熱処理部門を別会社の県央熱処理とし、2006年には大物加工を中心とした熱処理部門を独立させ、ヤナギダとしていった。結果、柳田製作所はレーザー加工専門の企業となった。さらに、2017年には県央熱処理とヤナギダが合併し、ヤナギダとなった。柳田製作所の社長には、2006年、柳田健治氏が就いている。ヤナギタの社長には兄の柳田忠利氏が就き、その後、柳田忠利氏の長男の柳田利弘氏が3代目を承継している。

▶リーマンショックを乗り越えて際立った発展

柳田製作所のもう一つの特徴は、配送用トラック12台（3トン8台、4.75トン4台）を自社保有し、一部に運送会社に頼むことはあるが、基本的には直送体制をとっていることにあろう。このことが圧倒的短納期を実現する背景になっている。この結果、柳田製作所の取引先は約2000社、年間の鋼材使用量は約8000トンにものぼる。使用する鋼材の大半は自社調達していた。この鋼

至る所にレーザー加工機

第４工場まで展開

材だけで月に1億円に達していた。

リーマンショック以前の従業員数は25〜30人、売上額は10〜12億円であったのだが、ショック後5年ほどは苦労したが、その後回復、現在の従業員は94人、2017年度の売上額は25億円、2018年度は28〜30億円を視野に入れていた。リーマンショック直前の取引先は大半が新潟県内であったのだが、現在は周辺の県まで拡張し、北関東、福島、山形にも営業に出ていた。日本の機械金属系加工業種の中小企業の中で、この間、これほどの発展を示したところはみたことがない。

現在は、レーザー加工を中心に、一部にベンダー4台を保有し、曲げなどの加工を提供している。柳田氏に「これからは、曲げ、穴あけ、溶接等を拡げ、付加価値を高める方向に向かうのか。それとも徹底してレーザー加工に向かうのか」と問うと、柳田氏は「徹底的にレーザー加工を深堀りしたほうが良いのかもしれない」と語っているのであった。ステンレス洋食器、器物で来た燕は、現在、多様かつ特異な加工機能で際立ち始めた中小企業が少なくないが、その中でも柳田製作所は異彩を放っているのであった。

(2) 精密鈑金から自社製品に展開
——バリ取り機で高い評価(エステーリンク)

燕の中でも、比較的工業集積の薄い郊外の分水地区。そこに精密鈑金から集塵機、さらにバリ取り機といった領域で自社製品を保有する中小企業が展開していた。

エステーリンクの創業者は齋藤孝二氏(1951年生まれ)、地元中学校を卒業する前から溶接工をイメージし、職業訓練校(1年)で溶接を学び、三条で4年ほど修業、1973年、自宅で齋藤鐵工を立ち上げている。鈑金・溶接が好きで楽しかったのだが、設備投資のための資金を獲得することが難しかった。創業は第1次オイルショックの頃であり、仕事がなかったのだが、日本通運に勤めていた父のつてで紹介された農機具の仕事で息をついていた。設備は中古のシャーリング、ベンダー等であり、従業員1〜2人であったのだが、1984年には新潟県内で初めてレーザー加工機(渋谷工業製)を導入している。そして、

2代目社長を予定される齋藤隆範氏

自社製品のバリ取り機「メタルエステ」

1986年には現在地である燕市笈ケ島（おいがしま）の地に着地した。

▶近くに仕事がなく、装置もの製作に向かう

元々、近隣には精密鈑金の仕事はなく、1980年代中頃から三条の企業のOEM生産としてバフ研磨関係を意識した集塵機の製造に入っていった。このあたりが、工業集積地で精密鈑金の仕事が豊富にある他の地域と異なっている条件であったように思う。その後、エステーリンクのメイン事業がバリ取り機となっていくが、早い時期から集塵機といった装置ものを手掛けてきたことが大きい。1990年の頃には従業員は29人になっていた。

精密鈑金に従事しているとバリの問題が強く意識される。エステーリンクの場合、集塵機の経験があったことから、2000年にはバリ取り機の開発に踏み出し、2003年には新潟県の助成を得ていった。2006年には自社製品のバリ取り機「メタルエステ」を完成させ、販売に入っていった。現在の従業員は70人、売上額の40%が鈑金加工、50%がバリ取り機、10%が集塵機等の構成になっていた。売上額構成だけをみると、精密鈑金の加工業というよりも、バリ取り機メーカーのようにみえる。なお、本章に登場している鈑金加工の熊倉シャーリング、柳田製作所、阿部工業もメタルエステを導入しており、その評価

は高い。

▶装置物を手掛ける精密鈑金企業

だが、工場に入ると、鈑金関係の機械設備の充実ぶりは相当のものであった。ベンダー、ターレットパンチプレス、レーザー加工機の多くはドイツのトルンプ製を中心に装備され、さらに、機械加工系の設備もオークマ、三菱重工の大型の門型MCが設置されていた。精密鈑金部門だけでも東日本でも指折りの設備体制となっていた。また、機械加工系の設備は大型のものが目立つが、それらは地元の燕、三条であまり見掛けないものが多い。おそらく、自社製品のウエイトが高くなり、得意の鈑金ばかりではなく機械加工部門の充実が必要になってきたことによるであろう。現状、機械加工部門としてはまだ限られた設備体制だが、機械装置メーカーに向けて一貫生産体制を目指していることが強く伝わってきた。

周囲に精密鈑金のユーザーが少なく、集塵機のOEM生産をキッカケに機械装置部門への関心が高まり、それがバリ取り機に結びついていったのであろう。金属製品産地として著名な燕、三条地区だが、多様な金属製品とプレス、メッキ、研磨等の加工部門は充実しているものの、機械装置にまとめ上げる企業がないとされるが、エステーリンクの取組みは、そうした課題に対する一つの挑戦のようにみえる。

▶次の課題は設計、開発力、顧客サービス

ここまでの企業に育て上げてきた齋藤孝二氏の後継を期待されるのは長男の齋藤隆範氏（1977年生まれ）、スポーツマンで地元の高校を出てから東京の専門学校に通い、一度東京大田区蒲田の専用機メーカー東京精研社（現トータル・サウンド・スタック）に勤めている。当時、隆範氏はスノーボートに夢中であり東京精研社には1年もいなかったというが、大田区を代表する専用機メーカーの空気を吸ってきただけでも意味があるのではないかと思う。そして、数年が経ち、25歳の時に結婚と同時にエステーリンクに入社している。

なお、1995年に社名を齋藤鐵工から変えているが、社内公募して決めた。

トルンプのレーザー加工機

オークマの門型５軸 MC

ヨーロッパ製の３次元定盤

「エステー」に齋藤が残っているようにみえる。また、「リンク」はユーザーとのリンク、スタッフと技術のリンク、製品とユーザーとのリンクといった様々な局面におけるリンクを深く意識していた。隆範氏と付き合うと、エネルギーのある人で、社内のこと、機械のこと、さらに外部の諸般の情報への関心が深く、積極的に取り組んでいることが伝わってくる。

父がここまでの企業にした次の課題は、しっかりした加工部門を基礎に、装置ものの製作の幅を拡げていくことではないかと思う。自社製品で次々ヒット作を提供していくことはなかなか難しい。そうしたことも視野に入れながら、受託開発型の機械装置メーカーに向かい設計開発力を高めていくことが課題にされるように思う。燕市にありながらも、旧分水町という少し距離をおいた場所で、精密鈑金で実績を重ね、自社製品も提供できている企業の次の課題は、設計、開発力、顧客サービスの強化であることはいうまでもない。

(3) 個性的なステンレス家具等に展開
——M＆Aを重ねる（アベキン）

近年、中小企業における後継者不足問題が顕在化し、事業承継をどのようにしていくかが、技術の承継、雇用問題を含めて、特に地域において大きな問題になっている。引き継がれる中小企業の価値と意義をどうみるのか、さらに、引き継ぐ力のある企業が存在するのか等が問われている。燕市郊外の小池地区、江戸期の頃から農機具の製造で著名であった。現在でも、1000人ほどの地区ながらも、人びとの事業意識が高く、農機具を中心に中小企業が集積する地区として知られている。

その小池地区で、オフィス家具などに展開する中小企業が、この2年の間に後継者のいない地元中小企業2社をＭ＆Ａしたとして注目されている。

▶オフィス家具を軸に、デザイナー物まで一貫生産

アベキンの創業は1947年、小池出身の阿部藤次郎氏が洋食器の研磨加工を開始している。また、地元の小池は農機具産地であったことから、農機具の仕事にも展開していった。そのため、プレス、溶接、塗装、組立までを設備していった。1963年には法人化し、阿部金属工業所を設立、以後、1972年プレス工場、1974年塗装ライン、1976年組立工場と工場設備を充実させ、製缶・鈑金品の一貫生産体制を築き、2代目社長の阿部博氏の頃には、農機から台車などまでの製造にも入っていった。

現3代目社長の阿部隆樹氏（1973年生まれ）は、もの心付いた頃には家業を継ぐ構えであり、大学卒業後、7年ほど東京のオフィス家具関連企業で修業を重ね、2003年、家業に戻っている。その後、リーマンショックとなり、不況が続き、さらに、日本のモノづくり産業のアジア、中国シフトが顕著に進ん

アベキンのマネージメントオフィス

3代目社長の阿部隆樹氏

でいた。そのため、年間8～9億円ほどであった売上額が5億円に落ち込み、2003年には債務超過が1億円ほどになっていた。

このような状況の中で、付加価値の高いものを手掛けることを目指し、3年で債務超過を脱出、2019年の現在は自己資本比率54％にまで回復している。この間、阿部氏は2011年に3代目の代表取締役社長に就任している。アベキンの会社案内をみると、事業内容は「店舗什器、ディスプレイ、オフィス家具等の製造販売」とある。売上額の60～70％を占めるオフィス家具は、オフィス家具最大手メーカーのオカムラなどに加え、現代美術家のデザインの家具なども製作している。また、店舗関係では、大手百貨店やアパレルなどの店舗の中のショーケース等を受けていた。これらは、先方のデザインに対して、設計から対応していた。さらに、除雪器具（スノーダンプ)、ガソリン携行缶などの自社製品も保有していた。

全国レベルの有力企業、さらに芸術家等の難しい仕事、そして自社製品を備えるなど、金属製品の複合的な工業集積を形成している燕の中では、先端に近いところで仕事をしているようにみえる。新しいタイプの燕の中小企業といえる。

▶この２年で２件のＭ＆Ａを実施

このような枠組みの中で、アベキンはこの２年で地元中小企業２社をＭ＆Ａしたことで注目されている。第１号（2017 年６月）が燕の金型・プレスの阿部製作所であり、第２号（2018 年５月）は同じ小池地区の鈑金、バフ研磨の矢部工業であった。後継者問題が深刻化している近年、力のある中小企業にはＭ＆Ａの紹介が少なくない。アベキンにもこの３年で７件ほどの引き合いが来ていた。

第１号のＭ＆Ａ案件となった阿部製作所は従業員 20 人ほどの金型・プレス企業であり、最有力のバイクメーカーの大型バイク用ブレーキパーツ、人気の腕時計ブランドの裏蓋などを手掛けていた。２代目社長の阿部宏平氏（1937 年生まれ）は、70 歳の頃から後継者問題に悩んでいたが、81 歳に至るまで解決できず、取引先の地元信組の協栄信用組合に相談、2017 年２月にアベキンを紹介される。アベキンの阿部隆樹氏は決算書から高収益企業と判断、さらに、大型バイクや腕時計の重要部品を金型からプレスまで展開している技術力を受け止め、Ｍ＆Ａに踏み込んでいった。

第２号案件の矢部工業は付き合いのある会計事務所からの紹介であった。矢部工業は従業員 10 人、ステンレス製品の鈑金、バフ研磨などに従事していた。この二つのＭ＆Ａにより、アベキンを中心にアベキン・グループを形成し、製缶・鈑金、金型・プレスの能力を高めることができた。

溶接ロボット

静電粉体塗装ライン

アベキン・グループに入った阿部製作所

矢部工業

▶グループ化により能力を拡げ、活性化を図る

現在、アベキンは従業員74人、売上額11億7000万円、阿部製作所は従業員20人、矢部工業は従業員10人となり、グループ全体で103人、連結の売上額は15億5000万円、粗利益率は57〜58%という高収益企業となっている。なお、3社の社長には阿部隆樹氏が就き、阿部製作所、矢部工業の前社長は各社の会長職に就いていった。この間、従業員の採用に意欲的であり、アベキンは、2018年3人、2019年3人を採用している。

M＆A後のグループのマネージメント上、興味深い点が幾つかある。第1は、各社の前社長を会長職に置いていること、第2に、全体のマネージメントは阿部隆樹氏が担うが、阿部製作所と矢部工業の名前はそのまま残り、いずれも35歳の工場長を置いていること、第3に、グループ化にあたり、労働条件、職場環境をアベキンに合わせて改善したことなどであろう。

さらに、もう一つ注目すべきは、2018年と2019年に採用した若手を阿部製作所と矢部工業に出向させていることであろう。特に、阿部製作所の工場長には、新たにヘッドハンティングした35歳の人材を工場長に就けている。また、矢部工業の工場長は以前から勤めている人材を就けた。中小企業の場合、最大の資産は社長である場合が多く、もう一つの資産は従業員であろう。前社長を会長として残し、また、活性化のために労働条件、環境条件の改善に加え、若手を投入することにより活性化を図っているのであった。

中小企業の後継者問題、事業承継問題は、日本の地域産業、中小企業の最大の課題となっている。そのような時代状況の中で、積極性と可能性に満ちた取組みが期待されるのだが、アベキンは一つのモデルケースとして、後継者問題に悩んでいた地元の優れた中小企業をＭ＆Ａし、新たな可能性に向かっているのであった。

(4) 地元大手企業から独立創業、精密鈑金から組立まで ——域外から仕事を取る（エスシービー）

工業集積地では、大手企業から独立創業していく場合が少なくない。燕市の中でも旧吉田町には、富士通関連のATMの完成品生産の富士通フロンテック（第5章1—(4)）が存在し、鈑金、機械加工等の多様な加工機能を内包していることから、いくつかの加工分野で独立創業がみられる。だが、近年は機械金属工業関連の加工機能の場合、初期投資が大きくなっており、この20〜30年、新たな新規創業はほとんどみられない。そのような事情の中で、25年ほど前の1993年にベンダー１台で創業し、その後、タ一レットパンチプレス、パンチレーザー複合機等の導入を重ね、組立、配線までの完成品組立までを行なう企業にまで発展していった中小企業が旧吉田町の一角に存在していた。

この中小企業は後発であることから、地元の中小企業とバッティングすることを避け、果敢に関東地区などに受注先を求め独自な領域を切り拓いている点でも注目される。

▶1993年に創業、25年で急拡大

エスシービーの創業者は澤田仁氏（1953年生まれ）、地元の中学を卒業し、15歳で東京品川の福井製作所に入社している。福井製作所は鈑金加工業であり、従業員は40人規模、ほとんど手作りの鈑金加工業であった。20歳になる頃に帰郷し、地元大手の富士通機電（現富士通フロンテック）に入社している。当時、富士通機電はその後の主力となるATMの立ち上げの時期であり、アマダのターレットパンチプレス、ベンダーなどが導入され筐体などを製作していた。澤田氏はそうした部門に配置され、富士通機電には10〜11年ほど在籍した。その後、巻町（現新潟市）の鈑金加工業の五十嵐コンピュータプレスに

創業者の澤田仁氏

アマダのパンチレーザー複合機

転じ、ここでも10年ほどの経験を重ねている。この五十嵐コンピュータプレスは入社当時、従業員3人ほどであったのだが、退職する頃には60人規模に成長していた。ここまでの鈑金加工の経験、そして、急成長する鈑金加工の事業をみながら、澤田氏は1993年、40歳の時に独立創業していった。

エスシービーは現在までに旧吉田町を中心に4カ所ほど工場を移転している。創業の地は現在地の近くの旧吉田町であり、100坪の土地に15坪の工場を建て、アマダのベンダーを入れ、1人でスタートしている。受注先は富士通機電の協力企業（燕）であり、鋼板を曲げる仕事だけであった。その後に、プレス機も入れた。なお、社名のエスシービーは、「澤田」「クリーン」「ベンディング」から採っていた。また、この頃、その後に2代目社長となる竹平芳考氏（1968年生まれ）が入社してきた。

1997年には、近くに300坪の土地を取得し、130坪の工場を建て、ターレットパンチプレスと溶接部門を開始している。3回目は2004年、旧分水町で競売物件を取得、工場は2カ所体制となった。そして、2012年には現在地を取得、土地1500坪、工場550坪となった。さらに、2016年には隣地300坪を取得し、270坪の工場を建設している。わずか25年ほどで、土地は18倍、工場は55倍になっている。現在の主要設備は、パンチレーザー複合機2台、ターレットパンチプレス2台、ベンダー10台、シャーリング1台、プレス2台

(80 トン、100 トン)、溶接機 11 台などとなっている。設備の大半はアマダ製で構成されていた。現在の従業員数は 48 人（男女半々）となっていた。また、5 年ほど前の台湾視察の際に工場内で iPad が用いられていることをみて、アマダと調整、4 年前に導入している。全員に iPad を持たせ、工場内には紙の図面はない。

▶発展的な事業展開、次の可能性も

澤田氏は「自分はガムシャラに働いた。利益は全て会社に投入してきた。給料もあまりとらなかった」と述懐していた。現在の主力取引先は、東京に本社を置く大手通貨処理機メーカー、銀行端末の紙幣の選別機、読取機などであり、大物の筐体は秋田に外注するものの、小さな部品の加工、配線、完成品組立まで行なっている。この仕事が全体の 40% を占めていた。

2 番目は東京に本社を置く大手空気清浄機器メーカーであり、その部品加工を担っている。この部分が売上額の 10% 程度を占めていた。精密鈑金加工の場合、次のステップとして配線組立まで展開し、さらに、開発力を身に着けてメーカー（受託生産、自社製品）に転じていく場合も少なくない。エスシービーの場合は、精密鈑金で深めていくのか、あるいはメーカー的な存在に向かうのか、発展的な事業展開にあり、いずれの可能性も高いように思える。

鋼板等の材料は自社調達であり、燕、福島、仙台の材料商から仕入れている。いずれも対応は早いと評価していた。外注先は秋田（筐体)、燕（メッキ)、埼玉、群馬（塗装）に依存していた。燕地域は塗装が脆弱としていた。

なお、澤田氏は 2019 年 1 月に会長となり、創業の頃から一緒だった竹平芳考氏に社長の座を譲っている。当初から「次は貴方。自分は 65 歳で退く」としていた。澤田氏は子供 2 人（女性)、1 人は経理として入社しており、もう 1 人の連れ合い（43 歳）が入社している。澤田氏の 1 日は、2:30 に起床、4:00 には出社して NC 機を起動させる。8:00 頃に帰宅して朝食、しばらく横になり、10:00 頃に出社、夕方まで仕事をするというスタイルであった。社長を交代してからは昼には帰宅していた。

燕地域の場合、洋食器が激減したため、プレス加工業などの仕事がなくなっ

金型自動装入のベンダーの新鋭機

手作業には女性が多い

配線組立から完成品まで

ていった。そのような事態の中で、他部門への事業転換が課題になっていたが、澤田氏はプレス加工業から精密鈑金への転換を模索していた阿部工業の阿部貴之氏の要請に応え、1年間3人を受入れ、精密鈑金の技術を伝えていった。3人が帰るときには「ウチの仕事もして欲しい」と伝えているのであった。

洋食器以後の燕の金属製品・加工において、その新たな方向として精密鈑金が大きく拡がりつつあるが、その指導的な立場として、エスシービー、そして、澤田仁氏が重要な役割を演じているのであった。

(5) 10年前に後継者が入り、劇的に転換
――シャーリング専業から精密鈑金へ（熊倉シャーリング）

燕市小池で鋼板を切断するシャーリング業から出発し、10年ほど前に家業に戻ってきた2代目の頃から、一気に精密鈑金加工業に転じ、興味深い足取りを重ねている中小企業が展開していた。

▶農家が鋼材の切断を開始

熊倉家は元々、燕市小池の農家であり、水稲栽培に加え、労働牛、山羊（乳とり）、養鶏（鶏卵）なども抱えていた。この小池のあたりは戦前から「小池の脱穀機」で知られ、脱穀機等を中心にする農機具メーカーが多いところであった。中心的なメーカーとしては、現在、除雪機などに展開しているフジイコーポレーション（第5章2―(4)）がある。戦後は新潟県の各地から仕事を求めて燕、三条に人が集まり、小池のあたりには従業員宿舎、映画館もあったとされる。

このような状況に刺激され、熊倉正氏（1950年生まれ）は、材料商に知り合いがいたことから、見よう見まねで鋼板の切断であるシャーリング加工に入っていく。1970年に自宅の敷地でスタートした。材料商を通じ、燕、三条で発生する鋼材の切断に従事してきた。ただし、切断だけでは付加価値が低く、バブル経済崩壊の1990年代の初めには、タ一レットパンチプレスを導入、一部に穴あけ等の部品加工を手掛けていった。

▶リーマンショック直前に戻り、大後悔

熊倉正人氏（1981年生まれ）は、3人兄弟の長男ながらも継ぐ気はなく、父にも「好きにしていい」といわれたことから、地元の高校を卒業後、日本大学生産工学部（習志野）に学ぶ。就職は日本IBMに入り、日産自動車の担当となり、メールサーバーの仕事をしていた。だが、3年ほど経った頃に父から連絡があり「戻ってこないか」ということになった。正人氏は了解し、1年ほどオーストラリアにワーキングホリデーで滞在し、2008年6月に家業に戻った。

２代目社長の熊倉正人氏

鋼板のシャーリング加工

だが、その直後の2008年9月にはリーマンショックとなり、正人氏は「大後悔」と語っていた。暇で仕事はなく、この間、半年ほど中小企業大学校三条校に通っている。「何か新しいことをしないとまずい」との認識を得ていく。

このような事情を受けて、正人氏はレーザー加工の世界に入っていく。それまでは、ターレットパンチプレスまでは行なっていたのだが、レーザー加工への参入以来、ベンダー、溶接等も手掛け、仕事の質が大きく変わっていった。現場に入ると、当初からの第１工場は従来からのシャーリング加工場であったが、第2、第３工場は先端的な精密鈑金加工場となっていた。主力の機械は自供給装置のついたタレパン・レーザーの複合機、ターレットパンチプレス２台、レーザー加工機１台、ベンディングロボット１台、ベンダー５台、スポット溶接機3台、さらに、地元燕のエステーリンクのバリ取り機「メタルエステ」も導入されていた。主力の設備はアマダ製であった。

▶10年で仕事が劇的に変わる

このような展開により、従業員数は2009年の16人から2018年末には42人に拡大していた。男性22人、女性20人の構成だが、女性の15〜16人はターレットパンチプレス、ベンダーなどのオペレーターとして就いていた。採用はハローワークを通じているが、入社した人ができるだけ続くように配慮してい

熊倉シャーリングの全景

た。

事業的には10年で3倍近くなっているが、特に営業活動をしているわけではなく、口コミ、人づてで拡大していた。正人氏は「設備が営業」と語っていた。そして、近年は燕関係の仕事は一部に農機関係があるだけで、大半は市外となっていた。最大の受注先は見附市の建築金物、木材のプレカットのタツミ、仮設住宅、工事現場、仮設店舗等の金物部分を受けていた。このタツミが受注の約20%、次いで、コイルセンターの藤田金屬（本社新潟）の三条工場が20% を占めていた。この仕事は鋼板が届き、切断、部品加工まで手掛けていた。この藤田金屬の仕事は実質的には三条の外山（とやま）産業グループの仕事が多く、ホースリール、宅配ボックス、郵便ポスト、バーベキューセットなどになっていく。さらに、最近は放送機器関連の仕事を県内商社から受けていた。10年前とは受注先、仕事の内容も根本的に異なっていた。同業に近いところは燕市内に10社ほどあるが、仕事の内容が異なりライバル関係にはない。むしろ、協力してもらうことが多い。

▶37歳で社長、次に向かう

2018年11月、父の熊倉正氏は会長となり、熊倉正人氏が代表取締役社長に

自動供給機付きのタレパン・レーザー複合機

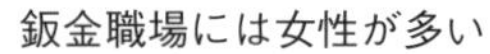
鈑金職場には女性が多い

就任した。37歳であった。代表権も正人氏1人とした。68歳の会長は毎日出社しており、経営には口を出さないが、現場では色々指導していた。また、正人氏の65歳の母も現場に出ており、ターレットパンチプレスを動かしていた。農家から鋼材のシャーリング加工業に転じ、そして、10年前に後継者が入り、精密鈑金加工業として新たな取組みを重ねてきた。

明らかに事業的に可能性が拡がっている。正人氏は次の課題を「仕事の質を高める」「当社しかできないものをやる。シャーリングかな」と語っていた。シャーリングにより鋼材の歩留りを高め、均質に切ることをイメージしていた。このような社内的な改善で対応できるものに加え、切断から部品加工までの一連の流れをスムーズにし、ユーザーに対して優れた「サービス」を提供していくことも課題となろう。2代目が入社して10年、次の可能性に向かっていくことが期待される。

(6) 2代目がプレスから精密鈑金に転換
——工程の進捗状況をタブレットで管理（阿部工業）

この数十年、金属板の部品加工の世界は小ロットが可能な精密鈑金により大きく拡がってきた。特に、従来プレス加工に従事していた中小企業が精密鈑金に移行していく場合が少なくない。この20年ほど、国内はプレスを使う量産の仕事は激減し、海外に進出するか、あるいは精密鈑金に転換するかが課題になっていたようにみえる。

金属洋食器、器物で来た燕の場合、プレス加工業者は沢山いたのだが、特に1980年代後半以降の金属洋食器の激減の中で、プレス加工から精密鈑金に向かった中小企業は少なくない。燕市横田の1896（明治29）年7月の信濃川の大氾濫、堤防の切れた通称「横田切れ」の「横田破堤記念碑」が立っているあたりに、プレス加工から精密鈑金に転換した阿部工業が立地していた。

▶幾つかの修業を重ねる

阿部工業の創業者は燕出身の阿部修氏（1947年生まれ）、地元の農機具メーカーである藤井農機製造（現フジイコーポレーション）に勤めていた。当時のフジイコーポレーションは小型の除雪機、田植機、コンバインなどを生産するメーカーであり、一部に大手農機メーカーからのOEM生産を受託していた。このフジイコーポレーションから独立創業していった中小企業は少なくない。

阿部修氏は26歳になる1973年には、自宅の敷地の中で独立創業している。当時の300～500貫のピンクラッチ・プレスを入れ、家族で始めた。農機具の部品生産を重ねてきた。その後、阿部工業はアマダの順送プレスを導入、長岡の阿部製作所（金型、プレス）を通じて、県外の建築金物部品生産に展開していった。

現2代目社長の阿部貴之氏（1972年生まれ）は、阿部修氏の長男、大学進

2代目社長の阿部貴之氏

アマダのベンダーが並ぶ

学の予定で合格はもらっていたのだが、父から「今から働けば、クルマも手に入り、小遣いもある」と口説かれ、大学進学は取り止め、先の阿部製作所に修業に行った。なお、クルマはローンを組んで18歳の時に取得している。

阿部製作所には1年半ほど世話になり、家業に戻った。当時は順送プレス9台（45〜200トン）と溶接機（半自動、ロボット）数台の編成であり、従業員は10人未満、阿部製作所から金型を預かり、その受託加工の仕事であった。阿部製作所の仕事は、配管支持の金具がメインであった。その後、量の出るプレス加工は1990年代の中頃から一気にアジア、中国に移管されていく。阿部製作所もベトナムに工場を展開していった（2006年）。

このような事情の中で、阿部貴之氏は、30歳になる2002年、父に鈑金加工をやることを頼み、了承を得る。とりあえず借金で中古のベンダー1台、新品を1台導入した。見よう見まねでスタートするが、「精密鈑金をやりたい」との思いが募り、地元のエスシービーの澤田仁社長に頼み込んだところ、受け入れてもらい、1年間、阿部氏を含め3人を派遣、精密鈑金の基礎を教えてもらった。エスシービーからは「ウチの仕事もして欲しい」といわれた。

▶有力企業との直取引で認識を新たに

2006年に会社に戻り、新工場棟を建て、機械設備を入れた。機械設備だけで2億円ほどの投資となった。だが、2年後の2008年9月にはリーマンショックとなる。当時の精密鈑金の受注先は複数の大手メーカーの通信機器、ATM等の部品加工であり、3〜4次協力企業であった。そして、この領域、リーマンショックにより仕事量は激減していく。その後、3期連続で赤字になり、1億円前後の債務超過となった。当時、修業先の澤田仁社長からは「初志を貫徹しろ」と激励された。

それに励まされ、ISO9001の認証取得に向かい、さらに、新たな生産管理システムを導入していく。ここから「命懸け」の取組みを重ね、阿部貴之氏は2011年に2代目社長に就任、以来、8期連続で黒字となり、自己資本比率も20%を超えるようになってきた。この間、大手通貨処理機等のメーカーとの付き合いが深まり、直接の口座が取れ、現在では売上額の30%程度となって

タブレットによる進捗管理

エステーリンクのバリ取り機「メタル・エステ」

いた。なお、現在の阿部工業の受注先は約300社、常時動いているところは50〜60社とされていた。また、地元燕の比重は20%以下であった。現在の従業員は42人、そのうち女性が12人ほどであった。

そして、この通貨処理機メーカーとの付き合いは、阿部貴之氏に重大な影響を与えていく。通貨処理機、自動販売機を主力とするメーカーの場合、近年のキャッシュレス化の影響は大きく、すでに通貨関係からセキュリティ部門への転換を意識し、さらに、工場の生産ラインへの人型ロボットの投入を進めている。このような先端的な動きに刺激され、阿部工業では1年前から、従業員全員にiPadを持たせ、現場で進捗管理ができる体制を形成しつつある。なお、このシステムの導入については、新潟県が助成金を提供しているが、阿部工業は第1回目の2017年度の対象となった5社のうちの1社であった。燕では阿部工業だけであった。

▶刺激的な環境で積極的な取組み

プレス加工から精密鈑金に転じて十数年、事業は劇的に変わってきた。かつての3〜4次下請の位置から、大手通貨処理機メーカーとは直取引となっていった。3〜4次の位置と直取引とでは情報の量、質共に異なり、刺激的な環境になってきた。例えば、阿部工業の場合、外注として塗装、電解研磨、メッキ、洗浄などを地元燕の加工業者に依存している。これらの中でも、塗装部門は新潟県内は脆弱との判断を下していた。このような認識は、高いレベルの仕事に従事することによるものであろう。そのため、難しいものは塗装せずに、生地のままユーザーに送っていた。このようなことから、自身で塗装に踏み込むことも意識されていた。ただし、塗装の初期投資は大きく、M＆A、あるいは業務提携による新たな可能性も模索していた。

現在、阿部氏は燕商工会議所工業部会（会員約1400名、長谷川克紀部会長）の9人いる副部会長の1人に任じていた。自身がプレス加工から精密鈑金に転じ、多様かつ先鋭的な認識を重ねてきたことから、地域全体のレベルアップを意識し、商工会議所活動にも意欲的に取り組んでいるのであった。

(7) 鉄の溶接から、ステンレスの精密鈑金へ
——食品、医療、介護に向かう（大倉製作所）

分水地区、燕市の郊外を形成しているが、洋食器を中心とした燕の工場の外延化はあまりみられない。全体的に純農村的な景色が続いている。この分水地区の最大企業は照明関係のパナソニック・ライティング事業部新潟工場（第5章1—(5)）であり、従業員は約1200人を数える。その他に、コンプレッサのトップ企業である北越工業（第5章1—(1)、吉田地区）は元々、分水地区から出発している。そのため、分水地区、吉田地区には北越工業関連企業として育ったところも少なくない。

▶鉄板の溶接でスタートし、精密鈑金へ

大倉製作所の創業者は大倉政人氏（1949年生まれ）、北越工業の協力企業であった分水の古沢製作所に勤める。独立創業は1977年、近間の場所を借りて鉄板の溶接を開始している。2〜3年後には現在地に移転している。当初は北越工業関係の鉄板の溶接がメインであり、次第に受注先が増えていった。

2代目社長となる大倉龍司氏（1976年生まれ）は、巻工業高校（現巻総合高校）電気科を卒業、新潟市の設備業者に就職、ガス、水道の配管などの仕事に従事し、3年ほどで退職、その後、燕で数年アルバイトを重ね、25歳で家業に戻った。この頃までは家業を継ぐ気はなかった。当時の従業員は3人、ステン

大倉製作所／後方は新工場

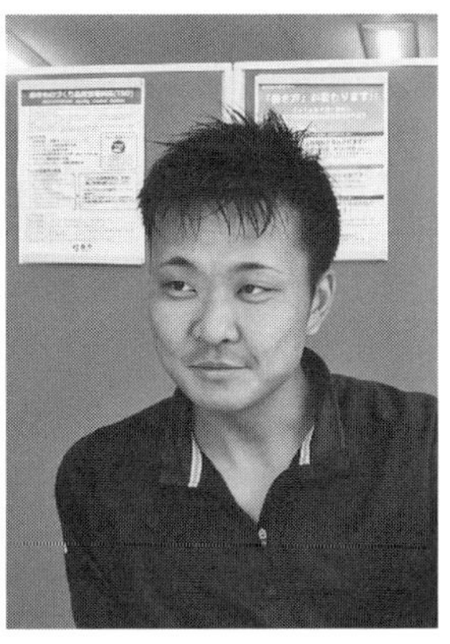
２代目社長の大倉龍司氏

三菱電機製レーザー加工機

仕上げの工程

レスの仕事を始めた頃であった。まずは溶接、ベンダー、ターレットパンチプレスに取りついた。数年後にはレーザー切断加工機（小松産機）を導入、次第にステンレス素材の精密鈑金に重心を移していった。ただし、現状ではステンレスだけでは十分ではなく、ステンレスと鉄をバランスさせることを考えていた。2019 年５月には本社工場（第１工場）の裏に第２工場を建設した。第１工場は鉄板の切断、曲げが中心、第２工場はステンレスの切断、溶接、組立までとしていた。

この間、従業員を増やし、現在は 14 人＋役員４人（実質２人）の、実質の従業者は 16 人（全員男性）となっている。採用はハローワークを通じているが、毎年３人前後が応募してくる。毎回、1〜2人を採用してきた。現在の仕事量では従業員は足りているが、将来を見通すと増やす方向でいた。

▶精密鈑金から次の可能性に向けて

現在、ステンレスの比重が高くなってきた。事業分野としては食品、医療、介護、そして半導体製造装置等の産業用機械のカバー、筐体、搬送部品などが目立つ。半導体関連は2017年までの数年間は絶好調であったのだが、2018年以降大きく減少している。これも５Gが始まれば、事情が変わることが予想されるが、まだ、見通せる状況ではない。

この点、食品、医療、介護は日本産業の中でもほとんど唯一可能性を感じられるものであろう。これに加えて、航空・宇宙、自然エネルギーも興味深い。ただし、これらは時間がかかる上に、生産ロットは小さい。また、政策によって大きく影響される部分もある。そのような意味で、少量から中量を範囲とする食品、医療、介護の領域を目指すことは的確な見方となろう。2008年秋のリーマンショックの際には、日本の精密鈑金関連は30〜50％程度仕事が減少したが、医療関係だけは影響がなかった。それだけ底固いということであろう。

食品については、農産、畜産、水産の地域の現場に課題があり、それを受け止めて形にしていくという取り組みが必要であろう。いずれも人手不足が際立っており、自動化の要請は大きい。

医療、介護に関しては、各方面でファブレスのベンチャー企業が登場しており、彼らのイメージを具体化していくための「モノづくり」の担い手が求められている。機械設計、電子制御、加工、組立の総合力が求められる。全国で成功しているこのタイプの中小企業をみると、機械設計から入り、加工・組立に至るケースと、精密鈑金を母体に機械設計、電子技術を身に着けていく場合がみられる。

大倉製作所は鉄の溶接からスタートし、ステンレスに入り、2019年は新工場を立ち上げ、次の方向に向かいつつある。大倉龍司氏は「機械による精密鈑金よりも、手作りで行きたい」としており、鈑金加工よりもモノづくり、完成品生産をイメージしているようにみえる。次の方向としては、そのようなあり方が挑戦のしがいがあり、また、可能性も大きく拡がっていくように思える。

(8) 屋根材、太陽光架台に展開
——建築金物全般に向かう（スワロー工業）

日本の建築様式は独特であり、伝統的な和風建築から、近代的な鉄筋コンクリート造、また、重量鉄骨をベースにした超高層建築、タワーマンションなどがある。また、依然として尺貫法の世界でもあり、世界標準とは異なった世界を形成している。このため、建築資材の輸出、輸入は限定的である。

現在、東京オリンピック景気を背景に、超高層のタワーマンションの建設が東京都心などで盛んだが、他方で、壮大な規模の空家問題も底流に横たわっているなど、建築をめぐる状況は実はまことに難しい。

▶家庭用金物の卸から屋根材のメーカーに

スワロー工業の創業は、現3代目社長原田雅史氏（1972年生まれ）の2代前の祖父の原田頓吾氏の頃であった。祖父は外地から復員して直ぐの1945年、市内秋葉町にて家庭用金物の卸売業原田金物店を設立している。燕、三条の家庭用金物を集めて県外に売りに行っていた。1960年頃になると経済の高度成長が始まり、住宅の建築ラッシュが始まる。これを受け止め、1960年には建築金物卸売業に進出していった。

1981年には、オリジナル商品の開発に進み、協力工場を組織し、製造を開始している。1996年には市内花見の工場を借りてプレス機を導入、製造業に踏み出していった。そして、1998年には花見の工場を返却し、小関の現在地に自前の工場を建設している。その後、現在地に第2工場（2012年）、第3工場（2014年）と増設を重ねてきた。

現在の主力商品は大きく二つ。一つは雪止めを中心とした屋根材であり、もう一つは太陽光パネルの架台であった。屋根材は1960年から開始しており、オリジナル商品の開発もこの屋根材からスタートした。現在、この屋根材は売上額の50～60％を占めている。東北、北海道、信州、北陸が主要な市場だが、沖縄以外は九州、四国にまで販売している。積雪地の場合、法令により雪止め

３代目社長の原田雅史氏

300 トンプレス

の設置が義務づけられている。この雪止めは海外に規準がなく、輸出は難しい。逆に、中国、台湾からの輸入はある。

太陽光の架台は2008年頃からスタートし、2014年の頃は売上額の50%を超えていた。技術的には雪止めの応用であり、比較的容易に参入できた。ただし、ピークは2014～2015年の頃であり、電力の買上げ価格が低下すると共に減少、現在は売上額の30～40%になっている。また、スワロー工業の場合、風力発電関係には手を出していない。

工場をのぞくと、基幹はトランスファープレス、300トン（アイダ）、250トン（コマツ）、200トン（コマツ）と３台あり、その他に小さなタンデムプレスが10台ほど並んでいた。その他にはベンダー（アマダ）２台が設置されていた。材質的には鉄製が70%、ステンレス製30%の構成であり、塗装、メッキは燕、三条の範囲で外注していた。自社製品のウエイトが多いことから製品在庫も多く、立体自動倉庫に1000パレット、さらにその周りに500パレットほどが積み重ねられていた。

販売先は、全国の鉄鋼２次製品問屋、屋根商社、電材商社、瓦メーカー（三州、石州など）であり、太陽光の架台は、太陽光パネルメーカー、あるいは設計・施工に従事するシステムインテグレーターといわれる存在であった。

▶縮小する市場をどう突破していくか

現３代目社長の原田雅史氏は、地元の高校を卒業後、親の紹介で取引先である群馬の２次問屋に修業に出た。屋根作りの現場、配送、営業などを経験し、５年弱で家業に戻った。その頃は、自前の工場を展開し始めたばかりであり、従業員は20人ほどであった。家業に戻ってからは現場、出荷、配送などに一通り従事し、2012年１月、２代目社長の原田新三郎氏（1942［昭和17］年生まれ）が会長となり、原田雅史氏が３代目社長に就いた。この年に社名を現在のスワロー工業に改称した。

現在のスワロー工業の従業員は正社員が58人、パートタイマー、派遣社員で20人前後の全体で80人ほど。男性が70％、女性は30％であり、女性は梱包、出荷等に就いていた。採用は、2019年４月の場合、男子４人の大卒が採れた。県内の私立の文科系大学からであった。中途に関してはマイナビなどで随時対応していた。原田氏によると「なんとか採れている」という状況のようであった。

今後については、住宅の屋根が基本であることから、住宅着工の動向が気になる。新設住宅着工件数は、1990年には167万戸であったのだが、2018年は95万戸、そして、2030年には60万戸と予想されている。ピーク時の３分の１近くにまで低下することが見通されている。屋根材に関しては、燕、三条の範囲で何社かライバルはいるが、当方のシェアは30％でほぼ固定化している。

このように、成熟経済、人口減少、少子高齢化の中で、新設住宅着工件数が

工場内の金型置き場

構内に設置された雪止めと太陽光関係

趨勢的に低下し、さらに、シェアが固定化している場合、どのようなことが起こるのであろうか。ライバル間で熾烈な生き残り競争が生じると、ほぼ不毛の結果となることが予想される。そうでなければ、各社とも新設住宅着工の減少カーブにほぼ等しく売上額は減少していくであろう。その場合、どうすればよいのか。一つは、他の領域、事業分野に取り組むことであろう。技術的な連続性の期待できるもの、あるいは、販売経路等の関連性の強い部門が視野に入る。もう一つは、国内市場が縮小している状況下では輸出が必要になる。ただし、建築関係は各国地域で規準が異なり、スムーズにはいかない。それをどう突破していくかが課題となろう。

もう一つの可能性は、全く新たな事業を作り上げていくことであろう。それは、新規創業に近い取り組みとなる。現状のままでは、確実に縮小する。そのような事態に対して、新たな事業を創始するほどの意識で、次に向かって進んでいくことを期待したい。

(9) 試作、1個から対応の製缶・鈑金加工に展開
——若い後継者が入り、次に向かう（丸田工業）

どこの街にも、プレス、切断、溶接、組立を行なう古い形の鉄工所的形態の金属加工企業が存在している。プレス、ノコ盤、溶接、旋盤、ボール盤等の機械が基本であり、職人的技能を背景に、多様な要請に応えていく。街の中の事業所の多様な金属加工の要請に応え、また、修理・メンテナンス等にも対応していく。場合によると、個人の家庭の手すりや階段の製作まで引き受けていくこともある。特に、図面がなくても、対応可能としている場合が少なくない。

燕地域、機械金属工業の集積は大きく、多様な加工機能、要素技術を蓄積し、それが地域の基盤技術となっている。その中に、一見、製缶・鈑金の領域にあり、何でも屋的鉄工所にみえながらも、試作から1個ものまでを高いレベルで受け止めていく製缶・鈑金加工を中心とする従業者6人の中小企業が存在していた。

▶製缶・鈑金の何でも屋として、１個から対応

丸田工業の創業は現社長の丸田脩氏（1949 年生まれ）の一つ前の世代の頃であり、三条出身の父が溶接業を開始し、三条のあたりから仕事を貰い、戦後の 1945 年頃に燕の仮住まいの一角でスタートしている。現在は市街地化されている燕市杣木の現在地のあたりは田であったのだが、1960 年に移ってきた。当時は洋食器の全盛期であり、大量にバフ研磨が行なわれていた。だが、その頃のバフ研磨工場は換気扇だけであり、集塵機を付けていなかった。バフ研磨の現場でようやく集塵が課題とされてきた頃であった。丸田工業はそのような要請に応え、簡易なサイクロン式集塵機を考え、バフ研磨の現場の要請に応えていった。だが、この仕事も本格的に事業化するところも出てきて、丸田工業は 1975 年の頃までには手をひいていった。

次に出てきたのが超音波のトリクレン洗浄機であり、丸田工業の場合は、槽を作る仕事が増えていった。その後、これも専業化に向かうところも出てきたことから手をひいた。丸田氏は「いつも走りの頃に手掛け、専業が出てくる頃には止めた。専業であったところは皆消えた」と語っていた。また、「当方は 10 人前後、何でも引き受ける」としていた。

丸田氏は地元の高校を卒業後、新潟の空調の設備関係の会社に勤め、営業、設計などに携わっていた。設計も「見よう見まねでやっていた」と語っている。

２代目社長の丸田脩氏

後継者の丸田修司氏

24歳になる1973年には家業に戻ってきた。当時は洋食器関係の仕事が多かったが、いつの間にか洋食器や器物以外の仕事が増え始めていった。近年は厚物、骨格といった製缶物よりも薄物の鈑金系の仕事が多い。

現在の受注先は50〜60社だが、常時動いているところは30〜40社であった。地域的には燕地域が80〜90%だが、納品は県外という場合も少なくない。ロットはほぼ1個という場合が多く、あっても1桁台、リピートも少ない。このように、丸田工業の仕事は製缶から鈑金にかけての1個ものが基本であり、多様な受注先からの要請に応えていた。なお、HPには、丸田工業の特徴として以下の三つの点が掲げられている。

① 単品、多品種少ロット、試作品に特化したものづくり

② ホッパー、ダクト形状、特注品が得意

③ お客様の課題を解決します

とあり、特に、「現物を持ち込んでの製作承ります」「製品の修理承ります」「製品の改造や追加工を承ります」「手書きのイラストや写真からでも製作可能です」とある。さらに、加工としては、ロール加工、鈑金加工、曲げ加工を得意としていた。

▶無駄な設備がなく、工房的な現場

丸田工業の主要設備は、レーザー加工機1台（新潟鐵工所）、プレスブレーキ（ベンダー）3台（東洋工機［現アマダ］2台、協立油機）、ターレットパンチプレス1台（日清紡）、3本ロール機6台（吉喜制作所等）、テーパーロール加工機1台（ハセガワマシーナリ）、CAD／CAM1式（FAサービス）、溶接機15台（パナソニック等）、プレス機3台（アマダ等）、その他、ラジアルボール盤、卓上ボール盤、プラズマ切断機、高速カッター、メタルソー、バンドソー等が用意されていた。工場内は整備され、使いやすい工房的な雰囲気を醸し出していた。

この丸田工業、ここまで従業者数は多くて10人程度で推移してきたが、現在は6人であった。社長とその弟2人、社長の長男の丸田修司氏（1980年生まれ）、一般の従業員2人の構成であった。丸田修司氏は5~6年他で修業（溶

接）して家業に戻っていた。最近、丸田修司氏がHPを作成したが、東京や三重県からの仕事も舞い込んでいた。三重からの仕事は、太鼓屋からであり、アルミ、ステンレス製の胴体を作成している。ロットは1点から10点ほどのものであった。

仕事の仕方は、全員多能工であり、図面を受け取ると、1人で全てをやっていく。1人前になるには10年とされ、観察していると、ボール盤に取りついていたかと思うと、次には溶接作業に入っていた。各機械設備が工場内に適宜配置され、作業者が動いて機械設備にスムーズに取りつくという形になってい

ベンダーによる曲げ加工

ロール加工機が大口径から小口径まである

完成した製品／フランジだけは外注、他は内作

た。

丸田脩氏は、「大きくすることに意味はあるのか」「現在のニッチ分野でいいのかな」と語っていた。このように興味深い展開を重ねている丸田工業だが、一つ気になるのは、後継者の丸田修司氏（39歳）以外の従業者全員が60歳を超えているという点であろう。丸田脩氏は「この点が、息子のプレッシャーかな」と語っていた。

良質なモノづくりの場を形成し、創造性の高い仕事なのだが、表面的には3K職種にみえる。ハローワーク等を通じて求人しても、応じてくる若者はいない。丸田修司氏が家業に戻って7〜8年、燕商工会議所青年部の活動にも積極的に参加し、それを通じて新たな仕事、取引先も増えている。また、わかり易いHPを作成し、新たな受注先も増えている。仕事の質も大きく変わりつつある。ただし、若者は入ってこない。

丸田工業に限らず、このような局面を打開することは難しい。職場をオープンにして現場をみてもらい、また、職業訓練校、工業高校等のインターンなどの受入れなどを通じて、モノづくりの良さを発信し、若者の関心を惹いていくことが必要なのであろう。地域の多様な要請に応える金属加工業として、丸田工業は興味深い歩みを重ねているのであった。

(10) プレス加工業がキッチンツール企業をM＆A
——中空の柄、メタル丼を展開（関川工業）

金属洋食器、金属器物の全盛時代には、メーカーそのものの多くが社内にプレス加工機能を保有していた。そのような中でも、特殊な柄（ハンドル）専業などのプレス加工専業者も存在していた。だが、現在、洋食器は激減しており、プレス専業の加工業者の多くは退出し、先の阿部工業のように精密鈑金等に事業転換していった場合も少なくない。燕市吉田地区に古い形のプレス加工業を維持している関川工業が立地していた。工場に入るとプレス機が並んでいるが、伝統のフリクションプレスが3台設置してあり、往時を偲ばせる雰囲気が漂っていた。

▶関川工業の成り立ちと現在の輪郭

関川工業の2代目社長の関川大介氏（1963年生まれ）は、地元育ち、東京国分寺の東京経済大学に学ぶ。当初から家業を継ぐ構えであり、文系の大学だけでは不十分と考え、東京新宿の工学院大学の専門学校（機械工学）に2年間通った。その後、2年ほど社会勉強を重ね、27歳の時に家業に戻った。

関川工業の創業は1962年、叔父が洋食器製造を営んでいたのだが、父がその手伝いに入り、その後に独立創業している。洋食器ではなくプレス加工での旅立ちであった。仕事は中空の柄であり、左右分をプレスし、溶接して中空にしていった。通称「もなか」という。ただし、洋食器の中空柄の仕事は激減し、この25年ほどは包丁のステンレス製中空柄が90％を占めるものになっている。

主力である中空柄の主たるユーザーは市内包丁メーカー2社であり、本数でGLOBALブランドの吉田金属工業が80％、藤次郎が20％の比重であった。吉田金属工業の場合は材料支給であるが、藤次郎の場合は材料は当方調達であった。金型は当方から地元の金型屋（3社）に発注していく。現在、金型の預かり分は200〜300型ほどにのぼる。

その他の製品としては、数％のレベルだが、医療用のピンセットの板からの粗取り、さらに、近年はステンレス製の中空のラーメン用丼「メタル丼」がある。これは、当初、大阪のつけ麺屋が汁が冷めないとして採用し、調理・厨房機器の総合商社のカンダが全国に発信していった。油圧のプレス（150ト

関川工業のプレス場。右が2代目社長の関川大介氏

プレス加工

ン）で絞るものであり、種類は30、月産で600個ほどを生産していた。この仕事はすでに10年ほどを重ねていた。

関川大介氏が社長に就任したのは2006年、その頃、従業者は10人ほどであったが、その後、洋食器関係の仕事が減少したことから少し減らし、現在は関川夫妻に加え、現場の従業員は5人の計7人で動かしていた。この社長就任の頃が、包丁の柄に切り替わった頃であった。1980年代にO157が発見され、ヨーロッパで問題とされ、15年ほど前から包丁の柄がステンレスに替わっていった。それにより、ステンレス製の中空柄の仕事が一気に舞い込んできたのであった。

なお、関川工業の機械設備体制は、油圧プレス（150トン）、クランクプレス（9台、30～120トン）、それにフリクションプレス（3台、1500～2000貫）というものである。大半は燕の地場企業製だが、現在ではそのようなプレス機械メーカーはなくなり、新規に入れたものはコマツ、アイダ製になっていた。燕製機械の修理は近くの阿部鉄工のみであり、依頼すればプレス機の製作にも応じてくれるようであった。

▶M＆Aによりキッチンツール企業を買収、新たな可能性に向かう

関川氏の印象では、かつてプレスの仕事は相当にあったのだが、現在は半分程度とされていた。当面、仕事は取れるのだが、地元では30年前の「洋食器価格」、あるいは「中国価格」とされ、利益は出ない。プレス加工業者は相当退出、ないし事業転換に向かっている。中空柄の同業者としては、外山製作所（燕）、相重（燕）の2社が認識されていた。これらの同業者とは横のつながりはない。また、関川工業は燕商工会議所には入っているものの、工業部会には入っていない。会議所経由の受注はこの20年間で3～5件にすぎない。燕三条地場産業振興センター経由の受注もこれまで2～3件程度であった。情報源としては受注先、友人としていた。

このような事情の中で、2017年におたまなどのキッチンツール関係企業の「おたまや」を買収している。このおたまやの前身は㈱水野といい、10年前に倒産している。この水野を関係者3人で引き取り、再建に向かっていった。3

ステンレス包丁の柄の金型

フリクションプレス加工

人のうちの1人が社長を兼任していたのだが、忙しくなり、買ってくれるところを探していた。関川工業も一部に取引しており、事情はわかっていた。この物件を土地、建物ほどの価格で関川工業が買収（M & A）した。従業員は21人、62歳のリーダーと58歳の工場長がいることから彼らに任せていた。関川工業もおたまやも、いずれも下請企業であり、将来的には統合を考え、キッチン周辺の家庭雑貨の総合メーカーをイメージしていた。

日本の刃物業界は輸出を中心に拡大基調であり、関川工業としては仕事内容はほとんど変わらないまま、洋食器から包丁へと対象業界を転換させることに成功していた。さらに、今後はキッチンツール全体への視野を拡げていた。

なお、関川大介氏には長男と長女がいる。長男（27歳）は宇都宮のホンダ技研の金型部門に修業に行っており、2020年頃には家業に戻ってくることになっていた。初代は27歳で創業、2代目は27歳で家業に入り、3代目候補もほぼ同じ年齢ぐらいで家業に戻ることが予定されていた。古い地場産業地域では、このようにして家業が承継されていくのであった。

（11）中小物プレスで国内に残る、海外も視野に
——意欲的な設備展開、M & A も進める（協立工業）

1990年代以降、日本の製造業の海外移管が進んでいった。特に、繊維、日用品の領域の海外移管は凄まじく、繊維の場合は国内需要の98％がアジア、中国製となっている。このような状況は機械金属系の領域でも進み始め、特に電子部品関連部門、量産部門は海外移管が著しい。国内に残るのは特殊なもの、数の出ないもの等に限定されてきたようにみえる。金属洋食器、器物で来た燕のプレス加工に従事していた中小企業が、量の出ない中もの部品のプレス加工企業として興味深い展開を重ねていた。しかも、社長は32歳という若者であった。

▶中もの、小ロットのプレス加工に展開

協立工業の創業は1962年、現4代目社長の森下一氏（1987年生まれ）の母方の祖父である河田善治氏によりプレス加工として出発している。河田善治氏の一人娘は警察官（山岳救助隊）であった森下喜美夫氏（その後、河田姓に）に嫁いでいた。森下喜美夫氏はその後、警察官を辞め、協立工業に入社、1997年に2代目社長に就いていった。だが、河田喜美夫氏は2007年に52歳の若さで早世、夫人の河田妙子さんが3代目社長に就いていく。

4代目社長となる森下一氏は幼少の頃は山岳救助隊員であった父の仕事の関係で富山、長野で育ったが、小学校に入る前に燕に来ている。中学校を卒業後、家業にアルバイト的に入り、2年後に高校に進学した。だが、高校卒業直前の

4代目社長の森下一氏

協立工業の製品群

頃に父が急に他界、20歳で協立工業に入社している。母の河田妙子さんは専業主婦であり、経営のことは何もわからなかったが3代目社長に就いてもらい、森下一氏は取締役として再出発した。当時の従業員は約30人、売上額は7~8億円の企業であった。なお、森下一氏は父の旧姓の「森下」姓を引き継いでいた。

そして、2008年9月にはリーマンショック。当時すでに地元の仕事は半分ほどになり、トラック部品（排気、燃料系、日野、三菱ふそうの2~3次）に参入して数年の段階であったのだが、仕事量は激減する。そのため、展示会に出展するなど営業努力を重ねたが、当時は仕事がなかった。

その後、HPを充実させ、また、多方面からの紹介を受けながら、新たに医療機器、環境、鉄道部品等の領域に展開していった。これらは、HPへの問い合わせから始まる場合が多かった。振り返ると、プレス加工の多くは海外に移管され、中もの、小ロットに対応できる加工業者がいなくなっていたことがそのような流れを生み出してきたように思える。森下一氏は「国内で他にできるところがなくなっている。仕事は安定し、現在は成長過程にある」と受け止めていた。なお、トラック部品に関しては、完成車組立工場の多くがタイに移管されており、仕事は減少傾向にある。

2018年度の売上額は11億円弱、90%は県外の仕事になっている。医療、環境、鉄道関係が主力になってきた。得意な技術は「深絞り」としていた。生産ロットは、200~300から、多い場合でも2000~3000であった。医療関係はメーカーから直接、装置系のフィルターの絞り部品等を受けていた。また、プレスに関しては量産のトランスファープレス、順送プレスは行なっておらず、少量生産向けの単発のタンデムプレスを設置していた。現在、国内でこのような設備体制となっているところは少ない。中もの、小ロット生産に対応できる形であろう。最大800トンのプレス機が用意されていた。

このような事情から、この6期連続で黒字となり、自己資本比率も70%に達している。優良中小企業といえる。

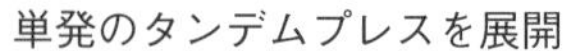
単発のタンデムプレスを展開

▶金型企業をＭ＆Ａ、さらに先端的なレーザー加工機を導入

この間、2017年には取引きのあった星野金型（燕）を買収している。星野金型は中もののプレスの深絞り型を得意にしているが、経営者が70歳になり、後継者がいなかった。「どうするのか」ということになったが、森下一氏サイドから「負債を含めて引き継ぎましょうか」と打診し、買収している。星野金型には10人の従業員がいたのだが、そのまま引き継いだ。現在は機械設備投資を加え、また、協立工業から３人を出向させていた。

現在の従業員は協立工業が正社員40人＋派遣が10人前後の計50人、星野金型10人の陣容であった。現在、全国的に深絞りの金型屋は減少しており、残っているところに仕事が集中している。星野金型は協立工業の仕事が半分、残りの半分は他社から受けている。勝ち残りの一つのスタイルであろう。

また、ここに来て、協立工業は意欲的な機械設備投資に踏み出していた。一つは、ドイツのKUKA製の多関節ロボットであり、タンデムプレスに付設し、省力化を意識していた。もう一つは、最先端のファイバーレーザー加工機であり[5]、スイスのBystronic製を導入していた。ファイバーレーザー加工機に関しては、現在、開発が活発化しているが、その導入は現在国内で10台ほどであり、新潟県では最初の導入となった。プレスからより少量の精密鈑金への意

KUKA（ドイツ）製の多関節ロボット

Bystronic（スイス）製のファイバーレーザー加工機

欲がみてとれる。

また、2019年6月には、ベトナムの大卒3人を研修で受け入れていた。1人は金型、2人はプレスであった。森下一氏はベトナムの中小企業に出資する構えであり、将来の海外展開を視野に入れていた。森下一氏は「今後、30年を考えると、深絞りの海外展開が不可欠」とみているのであった。

20歳で入社し、29歳で4代目社長に就任、少量の深絞りのプレスの領域に可能性をみて、新たな領域に踏み出している。さらに、ベースとなる深絞り型の企業を傘下に収め、省力化や先端的な加工機械への関心も深く、高額なファイバーレーザー加工機を導入していた。機械金属系事業所の海外移管、退出が進み、国内の技術基盤の将来が懸念されているが、医療、環境等の次世代産業を支えるものとして、協立工業の取り組みが期待される。

3. 多様な加工業種、基礎技術の展開

洋食器、器物に展開した燕の場合、関連加工機能としてはプレス、研磨、表面処理等が大量に発生したが、その他にも興味深い加工機能が形成されていった。スピニング加工、へら絞り、洗浄、溶接、彫金、鍛造、プラスチック成形なども一定の成立をみせた。そして、主力であった洋食器が減退していく中で、関連企業も退出していった場合も少なくない。

だが、中には形を変え、他分野に可能性を求めて甦っていく場合も出てきた。それは、加工機能においても、さらに、製品展開においても指摘される。独自性がさらに高まっているということができる。また、洋食器製造に従事していた企業の中には、特殊な加工機能に転じていったものもある。「燕の歴史は事業転換の歴史」とされるが、燕の事業者は旺盛な事業意識を背景に、新たな可能性に向かっている。

このような特殊な加工機能や新たな領域での製品展開は、燕の地域産業を豊かにしている。そして、これらの集積は燕の新たな産業展開の基盤となり、周囲に刺激を与えていくことになろう。この節では、燕の多様な加工機能に展開している中小企業に注目し、燕の地域産業のこれからの可能性をみていくことにしたい。

(1) スピニング加工専業として展開
——あと7～8年、70歳まで。息子はわからない(三和機販)

金属加工の中で、プレスで絞っていくものに加え、旋盤に筒状の金型を付け、回転させて絞っていくスピニング加工というものがある。漏斗や照明器具、また、燕ではコップや魔法瓶の成形などに多用されている。量産が可能な場合には専用機化が進められ、大手の工場では社内に数台導入されている場合が少なくない。例えば、燕ではチタン製のタンブラーを生産しているSUS(第3章2—(6))などでは専用機が設置されている。あるいは、へら絞りのミノル製作所あたりにも数台入っていた。

だが、全国的にみても、能力のあるスピニング専門の企業は、日本スピンドル製造(尼崎)、大東スピニング(群馬県邑楽町)の2社であり、スピニング機8台も導入している専業企業は、燕ではここで検討する三和機販以外に存在しない。

▶専業者の少ないスピニング加工

現2代目社長の片岡亨氏(1956年生まれ)の父は、燕の本家筋の片岡機工に所属し、富士機械製造(現FUJI、知立)のスピニング機械の販売や修理に

スピニング加工品を手にする２代目社長の
片岡亨氏

スピニング用の金型

従事していた。仕事は暇であり、デモ用としてスピニング機を入れて加工にも踏み出したのだが、加工の方が伸びていった。このような事情の中で、片岡亨氏は成蹊大学工学部機械工学科を卒業、父の指示により富士機械製造に入社している。当初から３年を予定していた。３年後に燕に戻り、父と２人で、1982年、三和機販を現在地でスタートさせている。

当初は、加工だけでなく、スピニング機の販売もしていたことから、社名を「三和機販」とした。富士機械製造はその後、スピニング機の生産は停止し、電子部品の実装機（チップマウンター）の最有力企業の一つとなっていった。既に20年以上、FUJIはスピニング機を生産していないことから、部品の提供も行なってくれない。

三和機販の受注先は燕地域だけであり、最大の受注先は鍋（アルミ、ステンレス）、墓の花立のウルシヤマ金属工業（北陸アルミニウム［高岡］の子会社、巻）が全体の３分の１程度。多いときには50%になる。２番目は燕のホリエ（第３章2―(7)）のチタンのコップ、タンブラーのスピニング加工が30%程度。このホリエの仕事はここ10年ほど続いており、市内の寿金属工業でプレスされたものを受取り、三和機販でスピニング加工されていく。チタンの場合は加工硬化するために、バーナーで焼鈍しながら加工していく。その他は燕地域の小さなところが数社であった。かつては松下電工（現パナソニック㈱ライフソリューションズ、第５章1―(5)）のナイター施設の照明用傘を受けていたのだ

スピニング加工（1）

スピニング加工（2）

が、大阪に移管され、現在はなくなっている。一部、パナソニックの試作的なものはウルシヤマ金属工業を通じて受けていた。

なお、三和機販の機械設備はスピニング機が8台、全て富士機械製造のものであった。また、近接的な機能であるへら絞りが必要な場合は、市内の専門業者に依頼するが、高齢化が著しく、将来に不安を抱いていた。金型は地元の型屋に依存していた。現在、100型ほどを預かっていた。このように、三和機販はスピニング加工専業企業として燕地域周辺の有力2企業に大きく依存し、その他、地域で発生する仕事を受けてきた。

▶高齢化と事業承継の問題

現在の従業者は片岡夫妻＋正社員3人＋パートタイマー1人（女性、7年経験）の計6人の構成であった。正社員の3人はいずれも30年の経験者であった。正社員は60歳前後の場合が多く、65歳まで定年を延長し、その後はアルバイトに切り換えていくことを考えていた。近年、ハローワークを通じて募集しても応募はない。

また、後継者が気になるところだが、片岡氏の子息3人（男性）ともあまり期待できる状況ではなさそうであった。長男は看護士、3男は調理師であり、次男（26歳）は少し（3年）手伝いをしていたのだが、カナダにワーキングホリディ（1年）に行ってしまった。片岡氏は「無理に継がせない。このような職人仕事は5〜10年程度の修業が必要であり、自分の強い意志がないと無理。

自分は30歳位から面白くなり、真剣に取り組んできた」、「今後は、やれるうちはやる。70歳ぐらいまで7〜8年、このスタイルでいく。息子はわからない」と語っているのであった。

このような特殊な職人仕事で、3K色の強い業種の場合、近年、従業員も後継者も期待しにくい。だが、このような仕事がなくなれば困ることも少なくない。主力受注先が職人と機械設備を引き取っていくのか、あるいは、それなりの規模の機械工場が引き取っていかないと、技術が途絶えてしまう。この点は、三和機販だけの問題ではなく、地域の中小企業、産業集積に広く共通するものになっているのである。

(2) へら絞りで独立、職人の養成を目指す
——特殊技能を次世代に（ミノル製作所）

現在の燕産地の金属製品は、ステンレス製のハウスウェア、テーブルウェア、建築金物から、刃物、理美容用ハサミなどまでと幅は広い。そして、これらの製品を作り上げていくための多様な加工機能が幅広く重層的に形成されている。とりわけ、かつての洋食器時代に培われたステンレス研磨技術などは、現在では、航空機の主翼の研磨、H-Ⅱロケットの先端の研磨などに採用されるなど、先端技術分野とも深い関わりをもっている。

そのような特殊技術の一つに「へら絞り」という領域がある。このへら絞り、金属の丸い板を旋盤で回転させ、2本のへら棒で成形していくものであり、陶芸のロクロによく似ている。へら棒から伝わる感触で力を加減して成形していく。現在、このへら絞りの領域、全国でも限られたものになってきた。特に、著名な企業としては東京大田区の北嶋絞製作所があるが、そこでは直径7〜8mの円盤を回転させ、H-Ⅱロケットの先端を成形している。金属製品産地の燕にも多くのへら絞り業者がいたのだが、現在では10人程度、そして、高齢化も進んでいる。現役の多くは80代とされている。

このような事情の中で、40代前半の若者が家業のへら絞りをベースに、新たな企業を立ち上げ、さらに、若い職人の育成にも取り組んでいた。

創業者の本多貴之氏

へら絞り工の養成

▶承継というよりも独立創業

本多貴之氏（1975年生まれ）の家業はへら絞り、両親が数人のパートタイマーと共に個人事業主の「本多絞り」の名称で長年取り組んできた。本多氏自身は地元の燕工業高校（現新潟県立県央工業高校）に進んだものの、中退し、自動車整備等の仕事を転々とし、19歳の時に家業に戻った。他にやることもなく手伝っていたのだが、ほとんど興味は持てなかった。本多絞りはスピニング加工も行なっており、本多氏は当初は手作業のへら絞りが嫌でスピニング加工に従事していた。ただし、メインがへら絞りであることから、夕方の17時頃から20時頃まで嫌々へら絞りの練習をしていた。

当初はこのような状況であったのだが、そのうち、本多絞りに貴重な2代目が入ったとの噂がたち、引っ込みがつかなくなり、本多氏は「そのままいてしまった」と振り返っていた。その後、次第に自分で成形できるようになり、面白みが生まれ、また、難しいものもできるなど上達も実感され、30歳の頃にはへら絞りにのめり込んでいった。

1944年生まれの父（本多稔氏）は早くから「65歳で辞める」といっており、2010年前後にはリタイアし、本多氏に本多絞りは任された。燕産地では最も若いへら絞りの経営者となった。だが、同業を見回すと80代が主力であり、若い後継者、職人が育っていなかった。このような事情の中で、本多氏は家業の承継だけではなく、若い職人の養成も意識し、本多絞りを拡大発展させるものとして2017年にミノル製作所を設立している。また、80代の職人が活躍できる場の提供も意識していた。ミノルは父の名前の「稔」から採った。本多氏は「承継というよりも独立」と語っている。

併せて、2017年2月に元彫金工場であった現工場を取得している。土地建物代は三条信用金庫からの融資、機械設備代は日本政策金融公庫からの融資となった。本多氏は「オール借金」と語っていた。融資側も事業の意義と本多氏の意欲をかったのであろう。へら絞りという特殊な領域で新たな事業体が燕に成立してきたのであった。

▶職人の養成、新たな可能性を向かう

新工場は大きく二つに分かれる。一つはへら絞り部門、もう一つはやや機械化が進んでいるスピニング加工部門から構成されていた。本多氏、従業員1人、パートタイマー2人の4人でスタートしたのだが、従業員は病気で退職していった。現在は本多氏の他には事務員の女性1人、現場は6人の計7人の構成であった。なお、現場の6人のうち4人はへら絞りの見習いであった。この見習いの人びとを1〜2年で育てて、3年ほどいてもらって、その後は独立していくことを期待していた。この見習いの人びとはハローワーク、その他の紹介で集まっていた。

現在の受注先は地元の厨房用品メーカーが50%、材料商関係が40%、そし

円盤の切り抜き加工（サークルシャー加工）

スピニング加工

て、燕産地からの単発の仕事が10％程度であった。単発の仕事は製品が何になるかわからないものが多いが、利益率は高い。私たちが業務用の厨房品を目にする機会はあまりないが、実に多様なものがある。絞りを必要とするものも少なくない。消滅する懸念のあるへら絞りの領域で、若い人が独立創業し、発展的な事業として取り組み、また、職人の養成にも踏み込んでいるなど、燕産地での注目度も高い。魅力的な新工場を設置し、へら絞り、スピニング加工を軸に、ミノル製作所は新たな可能性に向かっているのであった。

(3) ロストワックス鋳造の専業企業
——自社製品にも展開（新潟精密鋳造）

溶かした金属を型で造形する鋳造には、砂型鋳造、グラビティ鋳造（低圧鋳造）、ダイキャスト、ロストワックス等多様なものがあるが、数千年前から仏像等を作る際に用いられてきたロストワックスが最も古い鋳造法とされている。特に優れた特徴は複雑な形状を造形できることにあり、エンジン部品や戦闘機部品、機関銃部品等の軍事技術としても発展した。主な工程は、金型—ロー模型製作—鋳型製作—脱ロー—焼成—鋳造—砂落とし、切断—仕上げ—熱処理—表面仕上—検査となる。

1990年の頃には国内に100工場前後存在していたのだが、現在は30工場ほどに減少している。新潟県は比較的多く、新潟精密鋳造の他に、藤田合金（燕）、太平洋精密鋳造（上越）、カトメ（加茂）、ユニバーサル（三条、ハサミ）、林ロストワックス工業（柏崎市西山）がある。なお、林ロストワックス工業は日本最大のロストワックス企業だが、生産の本体は中国大連（従業者1000人規模）に移行し、国内は倉庫機能となっている[6]。

▶脱サラして修業し、新規に創業

新潟精密鋳造の創業者佐藤紀男氏（1942［昭和17］年生まれ）は、分水の織物機械製造の永田精機に勤めていたのだが、ロストワックス部品を使い始め、これは面白いと考え、1973年、脱サラして創業している。ただし、技術的基礎がないことから、住友精密鋳造（西東京）、関東特殊製鋼（辻堂）に教わりに行った。ただし、当時、そのいずれの工場もロストワックスは止めていた。独立創業した後は、この２社の協力工場として出発した。

扱い品の材質はほとんどステンレスであり、材料は地元のスクラップ業者や関東の商社から入れている。主要な営業品目は、耐熱鋳鋼熱処理治具、計測機器部品、医療機器部品、バルブ・ポンプ・圧力部品、工業用ミシン部品、繊維機械部品、製紙・印刷機器部品、食品機械部品等である。受注の40％程度は自動車部品関連であり、名古屋方面の自動車メーカー、トランスミッションメーカーの熱処理工場である。これらは商社を通じて取り引きされている。その他としては、一般機械関連であり、北海道の牧草刈取機メーカー（千歳）、計

２代目を予定される佐藤剛氏

鋳造工程

鋳型を搬送する

仕上げの研磨工程

測機器メーカー（坂城、圧力部品）、岡山県津山の食品加工機械メーカーなどとは直で取引している。

現在の従業員は50人（男性30人、女性20人）、採用は比較的順調であり、2019年4月は中途を3人採れた。ハローワーク経由よりも、人づてが多い。

後継予定者で専務取締役の佐藤剛氏（1975年生まれ）は、地元の高校を卒業、新潟市の専門学校（経営学）に2年通い、関東特殊製鋼で2年修業し、家業に戻ってきた。従業員は、当時も現在とほぼ同様の50人弱が在籍していた。佐藤剛氏は30歳ぐらいまでの7〜8年を現場で過ごし、その後は営業等に従事している。父で社長の佐藤紀男氏は77歳、そろそろ引き継ぐ体制となっていた。

▶自社製品にも取り組み

次第に2代目の時代に近づき、2013年には若者の感性でステンレス鋳造の鍋を生産。2015年からは自社製品展開を意識し、地元の地名を冠した「地蔵堂」ブランドでステンレス鋳造品の花器、蚊やり、風鈴、華皿、カトラリーレスト、包丁等を企画デザインし、世の中に投入した。ネットに載せると反応があり、売れるのだが、人手不足もあり生産力が追いつかない。現在では、ネットは閉鎖し、ふるさと納税の返礼品に載せているだけであった。それでも納期に対応できないほどの人気である。ただし、これら自社ブランド品の売上額は全体の2％程度にすぎない。海外についても、展示会に出したこともあるが、

熱処理治具

自社製品のステンレス製鍋

生産能力不足からなかなか対応できない。現状、海外輸出は台湾に風鈴を100個単位で出している程度であった。

日本ではロストワックスの鋳造工場は激減しているが、中国では逆に急増している。中国全体で500工場はあるのではないかと思う。しかも、人件費水準が上がっているとはいえ、コストは日本の50%程度とされている。3K職種的色合いが濃く、また、初期投資が大きいことから、今後、国内では減少することがあっても新規創業はない。鋳造法の中でも、ロストワックスでしかできないものもある。貴重な一定規模のロストワックス工場として機械部品等、さらに、独自な自社製品に向かっていくことが期待される。

(4) 製缶、鉄道車両部品に展開
——経営幹部がMBO（新興）

数十年にわたり事業を展開していても、その承継は非常に難しい。中小企業の多くは、家族、親族にそれを求めていく場合が少なくない。家族、親族以外の場合、事業的に成功している企業ほど株価が高くなり、第3者が引き継ぐことは容易でない。また、社内に適当な人を求めても、株価の問題、また、個人保証の問題があり、具体化していくことは難しい。近年における中小企業の事業承継は、現代中小企業をめぐる最大のテーマの一つとなっている[7)]。

燕の小関工業団地の中に、興味深い事業承継した中小企業が展開していた。

▶農機、鉄骨、製缶から鉄道車両に

新興の創業は戦後直ぐの1947年、燕市又新の石川家が石川農機としてスタートしている。当初は鍬などを手掛け、その後、耕運機などを製造していった。1965年には新興機械と改称し、1968年には鉄骨及び建築金物の生産に入っている。1970年には遠心分離機の製造を開始し、製缶事業に参入していった。その後、多様な製缶ものの製造を重ねていくが、大きな転機となったのは、1990年、現在地の燕市小関に鉄骨製作第1工場を稼働させたことであろう。1994年には社名を現在の新興に変えている。

さらに、大きな転機となったのは、1996年、JR東日本関連の電車部品製造

に踏み込んだことであろう。1994年には鉄骨製造を停止し、2007年には建築の仕事からは完全に手をひいた。以後、鉄道車両関係を主体に、モニュメントなどを制作してきた。例えば、2003年に東京お台場に星空をみるための大きな装置を設置したが、現在でも活躍している。この装置、外側からはボルトがみえないため、図面を保有している当方以外には解体できない。

このように農機から出発した新興は、その後、鉄骨、製缶、鉄道車両等に展開してきたが、現在は、鉄道車両（製缶もの）78％、農機の販売10％、車両以外の製缶もの12％の構成になっている。主力の鉄道車両は1996年から開始しているが、主体はJR東日本の新幹線車両、山手線車両とされていた。例えば、運転台ユニット、背面ユニット、乗務員室構体、車両の上に載せられる抵抗器カバー、冷暖房装置カバー、その他、取付金具など、月に1200種類に対応している。ロットは4個から600個ほどとされていた。

材料は鉄、ステンレス、アルミ、銅（端子）などである。鉄道用品は軽量で薄い特殊材を使用、製鋼メーカーからは1年前に予約することを求められている。なお、鉄道車両関係は、「3年後まで仕事がみえる」とされていた。

機械設備は、最新式ファイバーレーザー加工機（アマダ）、ターレットパンチプレス（アマダ）、プレスブレーキ3台（アマダ、東洋工機）、門型五面加工機（東芝機械）、その他、溶接機、静電塗装機等が装備されていた。製缶工場

4代目社長の安達光男氏

NCプレスブレーキ群

なのだが、JR関係ということで管理も厳しく、独特の雰囲気を醸し出していた。また、隣地は現在整地中だが、第3工場（1720 m^2）として2019年10月に竣工する予定であった。

▶経営幹部によるMBO

新興の創業家は石川家だが、現在の4代目社長の安達光男氏（1951年生まれ）は創業家とは縁戚関係等はない。石川家と安達氏との関係は、新興が西燕にあった頃、隣に安達氏が住んでおり、自然に入社していったことに始まる。当時、安達氏は25歳であった。1976年頃のことであった。石川家の2代目は石川忠氏、2011年に代表取締役社長を退任、夫人の石川照子さんが3代目社長に就く。ただし、その次の世代に適当な人材がいないために、安達氏に打診があった。安達氏は2015年、4代目の代表取締役社長に就任していった。

なお、この場合、安達氏が新興の株式を買い取った。いわゆるMBO（Management Buy Out）ということになろう。なかなか、これだけ思い切った対応はとれないと思うのだが、安達氏は「現在のユーザーは自分が開拓したところ」「引き継ぐ前の15年間、経営計画は自分が作っていた」「事業の将来も良くわかっている」と語るのであった。私は数件のMBOのケースをみているが、新興ほどの資産があり、株価も高そうなケースは初めてみた。極めて珍しいケースではないかと思う。

その安達氏も2019年には68歳、後継者が気になるところだが、安達氏の次

ファイバーレーザー加工機（アマダ）

組立の現場

男（38歳）を11〜12年前に会社に入れていた。長男は裁判所勤めであり、次男は洋食の料理人であった。最初はモノづくりの現場をやらせ、現在は営業職に就かせていた。将来について、安達氏は「現在の社用を続けていく。1〜2つの別の事業ができれば、M＆Aも考えていく。全く別の分野は難しさがあるが、何かやりたい」と語っているのであった。早い時期から経営幹部となり、経営計画も作成し、事業の事情と将来もよく展望できていたことが、このようなMBOにつながったのだと思う。安達氏の「事業家意識」ということであろう。

(5) 溶接を基本に、鈑金、機械加工にも展開
――ベトナム高度人材、実習生も（ゴトウ熔接）

金属加工の中で、溶接の必要性は高い。特に、ステンレスの洋食器の場合、ナイフの刃と柄を溶接し、また、器物の場合は本体と付属品の溶接が一つのポイントとなる。さらに、魔法瓶のような真空技術との関連では真空チャンバーの中で溶接するなど、多方面の溶接技術が求められる。また、溶接は「心の技術」ともいわれる。溶接された外側からはわからないが、内部がしっかりとしていないと、問題を起こす懸念もある。洋食器、器物から多様な鈑金加工の比重が増えてきた燕において、その重要性がいっそう高まっている。

▶魔法瓶の仕事がゼロになる

ゴトウ熔接の創業は1968年、現2代目社長の後藤英樹氏（1968年生まれ）の父（1941年生まれ）が燕で修業し、旧吉田町の自宅で1人で洋食器の溶接から始めた。その後、燕でステンレス製魔法瓶が取り組まれ、サーモス、象印マホービン、タイガー魔法瓶の御三家がこぞって燕で生産していた。このような中で、燕の中小企業が積極的に取り組んでいった。和田ステンレス工業（第3章2―⑶）、SUS（第3章2―⑹）、東陽理化学研究所（補論2―3―⑴）等の有力地場中小企業が魔法瓶に取り組んでいった。

ゴトウ熔接は知り合いの紹介で地元の魔法瓶製造業者の下請として仕事を始めたのだが、この仕事は半年で終わってしまった。次に別の地元魔法瓶製造業

2代目社長の後藤英樹氏（左）とチャン ティ ゴック アンさん

溶接されたサンプル

ロボット溶接職場

溶接現場は女性が多い

者の下請となり、しばらくは、その100％依存で歩んできた。ただし、この仕事も2006年には終了していった。魔法瓶各社は一斉にアジア、中国に生産を移管していった。このような事情から、ゴトウ熔接の仕事はゼロになり、当時、15人ほどいた従業員も3人に減っていった。

後継者の後藤英樹氏は地元の高校を卒業後、東京蒲田の日本工学院電子科で2年学び、地元のツインバード工業に7〜8年在籍、1996年頃に家業に戻っていた。その後、10年ほどは魔法瓶の仕事で忙しい思いをしたのだが、一気に仕事を失う。この2006年には父と社長を交替し2代目社長に就任している。父、後藤氏、そして、40代の従業員3人の計5人の再出発であった。

▶地元の有力企業の仕事に行き着く

途方に暮れて、大阪の大手魔法瓶メーカーに営業をかけ、いくらか仕事をもらった。燕の友人たちも仕事を出してくれた。その後、2008年のリーマンショックとなり、また、仕事が止まってしまった。その頃、近所の年配の人が地域の若手のリーダーを探しにゴトウ熔接を訪れてきた。「それどころではない。仕事がない」と告げると、「ウチに来なさい」といわれた。訪れるとGLOBALブランドのステンレス製包丁の吉田金属工業（第3章2―(4)）の社長（元）であった。以後、吉田金属工業の仕事が柱になっていった。燕のような工業集積地ではこのようなことが起こる。

以後、仕事は順調に推移し、現在の主要な受注先は吉田金属工業（50%以上）、その他は地元のステンレス容器メーカー、そして、新潟県内に本社を置く直線運動案内機器メーカーとなっていった。当初の溶接に加え、プレス、切削、バフ研磨までを内部化して応えていった。この間、従業員規模は約30人に拡大している。主要設備をみると、溶接機はプラズマ溶接機（9台）をはじめ約50台、ロール機（約10台）、プレス機（6台、80～200トン）、スピニング機（10台）、自動旋盤、バフ研磨機などから構成されていた。また、自社製品の「すしトング」を開発していた。

自社製品の「すしトング」

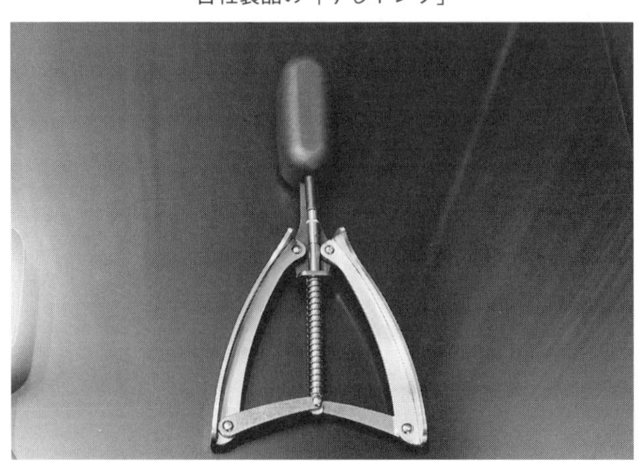

▶ベトナム人材を起用、新工場も建設、精密鈑金に向かう

ゴトウ熔接、この10年で大きく発展してきたが、従業員構成が興味深いものになってきた。約30人の従業員のうち9人（女性）がベトナム人であった。中でも、現在マーケティング担当のチャン ティ ゴック アン（Tran Thi Ngoc Anh）さんはハノイ郊外の出身。ベトナムで半年日本語を学び、来日。盛岡の日本語学校を経て新潟大学工学部に入学し、大学院修士課程（福祉人間工学科）を修了している。先にみたイワセの紹介で2014年にゴトウ熔接に入ってきた。外国人高度人材採用ということになる。3年ほど現場を経験、その後、生産・販売担当と重ね、現在はマーケティング担当となっていた。連れ合いもベトナムから新潟大学工学部に留学してきた人材であり、先のイワセに高度人材として勤めている。地方の中小企業の人材調達の新たな試みであろう。

その他の8人は技能実習生であり、東京の産学連携事業㈿を受け皿に2016年から年間3人を受け入れている。2019年には1期生の3人が3年の期間を終えるが、うち1人が5年に延長することになっていた。外国人を受け入れる先駆的な取組みを重ねているといえよう。

また、ゴトウ熔接は隣地の土地300坪を取得し、270坪の新工場を2019年3月に竣工させている。後藤氏は「優秀な社員が集まってきた。ステンレス包丁の溶接をベースに、精密鈑金にシフトしていきたい」として、新工場に関しては現工場の機械設備を移設するのではなく、新たに精密鈑金の機械設備を装備することにしていた。溶接をベースに、プレス、スピニング加工、切削、バフ研磨と重ね、次のイメージは精密鈑金、装置ものに向いていた。その新たな取組みも期待される。

(6) 洋食器製造から金属の洗浄専業へ
――トリクレン洗浄から炭化水素系洗浄まで（本間産業）

金属製品・部品の場合、加工工程で油や汚れが付着するが、その洗浄が不可欠となる。規模の大きな工場の場合は社内に洗浄設備を設置していることが多いが、中小の工場の場合は洗浄設備を保有することは難しく、外部の専業の洗浄企業に依存していく。また、社内に設置している場合でも、大型のものや仕

事の繁閑により外部依存が必要になる場合も少なくない。

また、この洗浄の世界、従来は洗浄力の強いトリクレン洗浄が一般的であったのだが、発癌性があるとされ、近年、水質汚濁法、大気汚染防止法、労働安全法等の規制強化により使用が厳しくなり、特に、ヨーロッパのRoHS規制（鉛フリー）、大手企業のISO等に対応するためには、トリクレン洗浄以外の新たな洗浄法が求められている。

このような事情の中で、トリクレン洗浄から新たな炭化水素系洗浄までの機能を備え、さらに、一定の加工能力を備えた洗浄専門の中小企業が燕に存在している。燕は金属製品産地であったことから、洗浄専門の中小企業は10社（従業者数人規模）ほど展開しているのだが、ここでみる本間産業は炭化水素洗浄を有する燕地区最大規模の工場であり、全国的にみてもその存在感は大きい。

▶洋食器の製造販売から洗浄に転換

本間産業の会社案内には、「金属製品全般（ステンレス・鉄・アルミ・その他）の仕上げ・脱脂洗浄・包装・梱包等を行なっている洗浄業者（洗浄受託業者）です。[…] 長年培ってきた多くの実績と知識・ノウハウがあり、製造工

燕市小池の本間産業／右は2019年7月竣工の新工場

程で発生する油・汚れ等を、環境汚染に配慮して安全な方法で洗い落とします」とし、「RoHS 規格、ISO14000 対応の環境に優しい炭化水素系洗浄導入」「洗浄時の傷・スレ・打痕をつけないよう細心の注意を払っています」「洗浄力の強力なトリクレン洗浄も行なっています」と記してある。

この本間産業の創業者は本間光彦氏（1952 年生まれ）、創業は 1979 年だが、その前に地元燕の洋食器メーカー、さらに洗浄専業の工場（従業者 3 人）に 6 年勤めている。サラリーマン当時は創業する気はなかったのだが、1978 年に父が癌を患い、頼る親がいなくなり、「やってみるか」ということで洋食器製造を始めた。当初は 1 人で洋食器メーカーから注文をもらい、外注先に生産委託していった。当時の燕産地は絶好調であり、仕事はいくらでもあった。だが、プラザ合意後の 1988 年にはメインのユーザーが倒産し、不渡りその他で 4000 万円をかぶってしまった。この洋食器の事業は 1988 年 12 月まで従事していたが、「洗浄の仕事」をしたくなり、中古の雑貨・金属器物用の超音波洗浄機を 1 台購入、1989 年、プレハブを借りて夫妻とパートタイマー 2 人の 4 人でスタートしている。

1995 年には現在地を取得、工場を建設している。この段階で洋食器の製造販売からは完全に手をひいている。この間、トリクレン洗浄の規制が厳しくなってきたことから、2012 年には炭化水素系洗浄器 VONOVO（ジャパンフィールド製、埼玉）を特注で作ってもらい導入している。2018 年には ISO9001:2015 の認証を取得している。

現在地に移転して以来、ユーザーの数は増え、現在では約 250 社、常時流れているところは 100 社ほどであった。このうち燕、三条地域は 90 社ほど、長岡や静岡（沼津）、さらにスポット的に関東、大阪、兵庫あたりからも来る。本間産業の特徴は大型のものに対応できるところにあり、最長 4 m のワークの洗浄も可能としていた。最大のユーザーは金網の新越ワークス（第 3 章 2—⑸）、長岡の自動車関連企業、沼津の大手電機メーカーであり、この 3 社で 50% 弱の比重となる。ワークは基本的には先方の持ち込み、引き取りの形になっていた。また、地元燕のビールのステンレス製容器（業務用）を生産している和田ステンレス工業（第 3 章 2—⑶）分についてはパレットごと引き取り、

超音波洗浄器

炭化水素系洗浄機

左から、創業者の本間光彦氏、子息の尚貴氏、祐治氏、健示氏

洗浄後、配送していた。

▶子息３人も集結し、洗浄の世界で独自的な展開に向かう

本間光彦氏には３人の子息がいる。本間尚貴氏（1973年生まれ）、本間祐治氏（1975年生まれ）、本間健示氏（1979年生まれ）である。2019年には67歳になる本間光彦氏は2020年２月に長男の本間尚貴氏（現専務取締役）と代表を交替することにしていた。本間尚貴氏は、地元の高校を卒業後、地元有力商社の江部松商事（第８章1—⑶）に12年間勤め、現場６年、営業６年を重ね

ていた。尚貴氏は家業に戻る気はなかったのだが、2003年、父の光彦氏がヘルペスウイルス菌により顔面神経痛となり、入院、通院となった。さらに、母親が他界した。次男の祐治氏は18歳で家業に入っていたが現場に従事していたため、誰も事務・支払い業務等ができない事態となり、尚貴氏が江部松商事を退職し、2003年に家業に入った。

先に入っていた弟の祐治氏に現場仕事を教えてもらい、10年ほど現場を重ねていった。その当時からトリクレン規制が厳しくなり、炭化水素系洗浄機を入れることを模索、3年ほどレンタル契約で導入し、実質、2年で買い取っていった。当初は新越ワークス向けをイメージしていたのだが、思うように行かず、長岡の自動車部品メーカーのダイカスト部品の洗浄を受けるあたりから事業が軌道に乗っていった。現在の本間産業の従業者は家族4人を含めて14人、末弟の健示氏は2017年に入ってきた。現状、燕だけでなく、全国的にみても本間産業は洗浄専業としては最大規模となっている。

全体的な傾向として、大手の自動車関連のティア1、ティア2のあたりは洗浄設備を保有しているのだが、首都圏、名古屋圏のあたりでは増設が難しく、当方に打診してくる。RoHS規格、ISO14000対応がさらに進み、洗浄の意義が高まっている。そのような中で、本間産業は現在地の隣地（農地）を取得し、新たに400坪ほどの工場を建設、2019年7月末に竣工した。この工場拡大により、新たに炭化水素系洗浄機を4000万円で導入する計画になっていた。

このように、本間産業は洋食器から洗浄に転換し、さらに、環境対応としてトリクレン洗浄から炭化水素系洗浄に向かい、可能性のある新たな事業機会ととらえて家族全体が集まり、洗浄の世界で独自な存立基盤を形成しているのであった。

(7) カチオン電着塗装で存在感を高める
――三条のメッキ加工企業から分離独立（山忠）

メッキと共に、金属等の表面に皮膜を形成し、防錆、装飾を行なうものの一つとして「塗装」がある。塗装の方法としては、はけ塗り、ローラーブラシ塗装、ヘラ塗り等の手作業によるものがあり、機器を使うものとしては、エアスプレー塗装、浸漬塗装等があり、装置を使うものとしては、霧化した塗料をマイナス、製品をプラスに帯電化させ、電気的引力で吸着させる「静電塗装」、水溶性樹脂液中に製品を浸漬し、直接電流を流して塗装する「電着塗装」、粉体にした塗料を静電や溶射により製品に付着させ、加熱溶解し塗膜を形成する「粉体塗装」等がある。

これらの中で、カチオン系の電着塗装は、塗料にプラス電荷を持った陽イオンがあり、陰イオンのアニヨンと結びつくことで強い密着性を発揮する点を利用したものである。均一な膜厚に塗装でき、焼付け後には非常に強い防錆性、耐蝕性を発揮することから、自動車の塗装の下塗りとして使われている。さらに、コストパフォーマンスに優れていることから、様々な局面で使われている。

▶三条のメッキ屋が燕に塗装で進出

旧吉田町と旧燕市が接する大通川流域のあたりには工業団地が拡がっているが、その一角に山忠の社屋が建っている。この山忠、元々、三条市のメッキ企業である帰山(かえりやま)鍍金の吉田工場として、1984年に建設されたのだが、1989年に分離独立し、塗装専業の山忠となった。帰山鍍金とは、戦前創業のメッキ企業であり、主として暖房器具のコロナの協力企業であった。ニッケルクローム（装飾系）、亜鉛メッキ、電解研磨、黒染等を担っていた。現在は三条に2工場、従業員60人ほどの企業である。3年ほど前には地元からの要望の多かった溶融亜鉛メッキも手掛けている。

1980年代の初めの頃に、三条に所有していた余剰地を郵便局に売却したため余剰資金が生じ、新たな事業として自動車系を意識し、硬質クロームメッキ、カチオン電着塗装の工場の建設を考えていった。だが、三条には適地がなく、大通川流域に着目、現在地を取得し吉田工場を建設した。カチオン電着塗装1ライン、及び排水処理施設でスタートしている。当初は仕事のあてもなく、人件費の半分ほどの売上額しか立たなかった。1989年には帰山鍍金から分離独立させ、山忠となり、帰山忠家氏が初代社長に就いている。社名の山忠はそこから採っている。

その頃から仕事が順調に進み、塗装ラインを次々に増設し、2010年には斜

２代目社長の太田文男氏

塗装ライン

向かいの東陽理化学研究所の金型・設計部門の土地建物を買収、第２工場としている。全体の敷地面積は 9450 m^2、建物総面積は１万 7963 m^2 に達する。設備増設も著しく、現在ではカチオン電着塗装を基軸に、溶剤・粉体塗装、金属製品焼付塗装、プラスチック製品の塗装も手掛けている。現在の従業員数はパートタイマーを含めて 96 人、３分の１は女性が占めていた。燕地区の場合、塗装が脆弱とされているが、その中で、この山忠は飛び抜けた存在になりつつある。他の燕の塗装業者は従業員 30 人規模が２社、10 人規模が１社とされていた。採用については、女性が多いため、友人、主人を連れてくる場合も少なくないようであった。

通常、塗装業の場合、関東や中京では特定企業専属の場合もあるが、地域の加工センター的性格を帯び、大量の受注先を抱えている場合が多い。山忠は、燕、三条地域で 600～700 社の受注先があり、毎月来るところが約 200 社に及ぶ。燕地区が３分の１、三条地区が３分の１、加茂、見附、巻が残りだが、最終的には県外に送られていく場合が少なくない。全国的にカチオン電着塗装をやれるところが少なく、遠くは三重、青森からも来る。業種的には、自動車（トラック、建機）３分の１～４分の１、建築金物３分の１、その他となる。ワークの大きさは小指ほどから２m ぐらいまで。ロットは１～２個から、多い場合は５万から 10 万個に及ぶ。現状、手一杯であり、6:00～22:00 まで動かしていた。

▶発展的な展開をみせる山忠

現2代目社長の太田文男氏（1960年生まれ）は、三条の出身、東京理科大学機械工学科を中退、東京で5～6年を過ごし、三条のプレス企業で生産管理に就いていた。仕事がら山忠に出入りすることが多く、夫人に出会うことになる。夫人は帰山忠家氏の娘であった。太田氏は1991年には山忠に入社している。その頃は家電、自動車が中心であり従業員は十数人であった。

その後、設備投資を重ね、塗装のバリエーションを増やしていった。2004年にはプラスチック製品への塗装に対応するクリーンルーム仕様のスピンドル塗装ラインを億単位の資金をかけて建設している。これらはカメラ、携帯端末によく使われた。下請受注産業であることから、時代の流れに大きく左右される。その後は第2工場新設、粉体塗装ライン新設、前処理ライン新設と設備投資を重ね、事業を大きく拡大してきたのであった。2005年には第2代目社長として太田氏が就いていった。

山忠の塗料の在庫は十分であり、いきなりの注文にも応えられる形を売りにしていた。また、最近の傾向として、検品の重要性が高まり、全数検査、抜き取り検査もあり、また、中国からの輸入の不良品だけの塗装も引き受けていた。能力の高い塗装企業はますます守備範囲が広いものになってきている。

このような事業展開に対し、太田氏は「少し手を拡げ過ぎたかな。どこかの

手加工の吹き付け塗装

ワークの掛け外し

系列に入らずに独立的に行く」と語っていた。この業界、今後、新規参入は考えにくく、貴重な存在として存立基盤は固い。数百の得意先を抱えているが、最大受注先でも総売上額の6%程度であり、2〜3%のところが5〜6社というものであった。

ステンレスは塗装をする場合がほとんどないことから、燕には塗装業は十分発展しなかった。だが、ポスト・ステンレス時代になると、特に精密鈑金部門などでは塗装の重要性が高まる。そのような新たな構図の中で、山忠の担うべき役割は大きい。自分は「中継ぎ」と語り、山忠の後継者として、三條機械製作所の設計に在籍していた28歳の子息を2018年に呼び戻していた。それらを含めて、燕にとっては希少な「塗装業」として、山忠に期待される点は極めて大きい。

(8) プラスチック射出成形で地場産業を支える ——簡易金型にも展開(新潟合成)

新潟合成のHPには、「[…] 100〜500個ほど作成できればという場合には、簡易金型でオリジナル製品作成をお手伝いします。[…] 混色(マーブル・2層・サンドイッチ)成形・2色(同材料2色・異材質2色)成形・インサート(金属・樹脂・フィルム)成形等の特殊成形品も可能です」と記してあった。

▶射出成形と簡易金型製造

新潟合成の創業は昭和30年代(1950年代後半)、現2代目社長の福島之広氏(1959年生まれ)の父が自宅でベークライトを材料に洋食器の柄を製造していた。この合成樹脂成形の業界、1963〜1964年頃に日精樹脂工業(長野県坂城)が射出成形機(インジェクション)を世に送り出し始め、一気に世界に普及していった。当時の燕には洋食器の柄向けの熱硬化性樹脂向けの圧縮成形機(コンプレッション)しかなかった。熱可塑性の原料を用いる射出成形の生産性は高く、一気に射出成形が普及していった。

新潟合成が射出成形に入るのは1960年代の後半、当時は粉末オレンジジュースのマドラーなどを製造していった。燕の異種柄とされた熱硬化性のメラミ

２代目社長の福島之広氏

新潟合成の射出成形部門

ン樹脂製は、輸出コンテナに入れると夏の高温の場合、割れなどが生じ、一気に衰微し、インジェクション材料に変わっていった。現在、熱硬化性材料で残っているのは給食容器、鍋のつまみ、高圧電流用などとされている。新潟合成においても、現在は熱硬化性の要求がある場合は外注に依存していた。

現在の新潟合成の機械設備体制は、射出成形機７台（日精樹脂工業）、立型射出成形機１台（新潟鐵工所）、ロボドリル１台（ファナック）であった。ロボドリルは簡易金型製作に用いられていた。

主力の射出成形の取引先に関しては、江部松商事、藤次郎等であり、燕地区で十数社、売上額では80％を占めていた。ただし、これらのいずれもかつては１ロット１万以上であったものが、現在では千の単位であり、場合によると500もある。その他は県外であり、特に群馬県、山形県の自動車関連が少なくない。群馬県は自動車部品関係であり、山形県はディーラーオプションの専門メーカーであった。これらが20％程度となる。新潟合成はリピートのない場合には、簡易金型で対応していた。

金型に関しては基本的には燕の３社に外注している。なお、簡易金型の部品に関しては、中国へ依頼していた。一つは中国杭州であり、ラフなものだが、群馬県在住の中国人に手配してもらい、航空便で毎月１個程度を受け入れていた。なお、この杭州関係は日本国内口座に振り込む形で対応していた。もう一つは日本に10年滞在した経験のある大連のローカル企業であり、寸法精度は出る。この場合は直接に取引し、現物確認が済んだ後、送金していた。

▶プラスチック射出成形業の行方

従業者は社員6人と役員4人の全体で10人の構成であり、役員は前社長夫人（母）、福島之広氏夫妻、福島氏の弟であり、福島氏の子供2人（男性、30歳、28歳）は会社に入っていない。福島氏は「後継者問題はペンディング。子供はまだわからず」としていた。

福島之広氏は高校までは燕、大学は東海大学応用物理学科（平塚）に進んだ。卒業後は日精樹脂工業（坂城）に3年勤め、射出成形機の金型、配線、組立等に従事してきた。26歳の時に新潟合成に入社、成形、営業、受注、納品等の仕事を重ねてきた。この間、受注が減少し、ロットも小さくなったことからロボドリルを導入、簡易金型の製作の方向に向かっていた。

樹脂成形の世界は、量産ものの大半は中国、アジアに移管されている。そのため、国内は量の出ないもの、特殊なものに限られてきた。また、中小物は海外移管され、国内は超大物、超小物に傾斜している。また、2018〜2019年は華為技術（ファーウェイ）問題からスマホのカメラ部分の部品などが止まって

ファナックのロボドリルと金型置き場

おり、超小物に展開していた国内の射出成形企業も苦しんでいる。日本国内の射出成形で比較的動いているのは、輸送コストの大きい大型衣裳ケースなどの領域であろう。

このような事情の中で、燕市では燕市医療機器研究会を組織し、大学や病院からの受託研究に従事している。新潟合成もそのメンバーに入っていた。プラスチックの成形の業務は、どのような事業分野とも深く関わる。また、素材開発など技術革新の焦点の一つでもある。電機、自動車と来た次の航空・宇宙、医療、新エネルギーのいずれにも深く関わり、新たな可能性に向かっていくことが期待される。

(9) パナソニックの協力企業、自社製品の開発も
——有力企業の門前企業として展開（ワイテック）

和釘に始まり、銅器、ヤスリ、煙管、矢立等と展開し、金属洋食器に向かった燕には、これらに関連する以外の事業所は極めて少ない。他方、燕の郊外を形成する旧吉田町、旧分水町はこれまで有力企業の誘致を重ねており、パナソニック、富士通等の有力企業の工場の誘致に成功している。そして、そのような誘致有力企業の門前企業というべきものも幾つか成立している。分水地区のパナソニックの照明器具工場であるパナソニック㈱ライフソリューションズ社ライティング事業部新潟工場（元松下電工㈱新潟工場）に近接して、インバータ照明器具の部品を生産するワイテックが展開していた。なお、ワイテックによると、燕地域で電子部品関連の事業所は、当方に加え、パナソニック㈱ライフソリューションズ社ライティング事業部新潟工場（分水）、新潟ダイヤモンド電子（吉田、[第5章1—(7)]）、ユタカ電子（分水）ぐらいとされていた。

▶基板のハンダ付けで出発、工場部門を分離しワイテックを設立

ワイテックの前身は、ヤコーといい、現ワイテック相談役の八子（やこ）昇氏の父によって1975年に創業されている。アルプス電気（小出）の協力工場として磁気ヘッドの部品生産に従事していた。当初は旧分水町の市街地の中の創業者の自宅の隣で操業していたのだが、その後、直ぐに現在地に移転している。アル

２代目社長の白倉良志美氏　　　　浄土真宗本願寺派用の「寺院向LED輪灯」

プス電気の仕事は磁気ヘッドの中に樹脂を入れて、先端を研磨するものであった。当時は従業員20人ほどで対応していた。

その後、1980年からはプリント配線基板（ビデオ基板）の生産に取り組み、1981年からは日本精機（長岡）の協力工場としてプリント配線基板（自動車、バイクの電子メーター基板）の生産を開始、1988年からは日本精機の連結子会社であるエヌエスエレクトロニクス（長岡）の協力工場となり、さらに、ネミックラムダ（現TDKラムダ、本社東京、長岡テクニカルセンター）、シャープ新潟電子工業（現新潟電子工業、新潟市）と取引き、プリント基板（産業用電源・ワープロ・FAX・カラーコピー等の基板）の生産に従事してきた。また、1990年には、シャープ新潟電子のワープロ用電源基板のアートワーク設計を開始している。

そして、1991年には現在の主力の一つである松下電工新潟工場の協力工場として、部品（インバータ照明器具）の生産を開始している。1995年には従来のハンダ付け組立に加え、チップマウンター（九州松下製、その後、ヤマハ製）を入れた。ただし、その後、仕事全体のロットが小さくなり、チップマウンターは5~6年で廃止している。

このような事情の中で、1999年にヤコーの工場部門を、同じ場所でワイテックとして分離独立させていった。そして、ヤコーは健康食品、化粧品の販売、

エヌエスエレクトロニクス向けのプリント基板製造

パナソニック向けの加工

エステサロン（柏崎、長岡）の経営となり、現在は従業者4人、代表者には八子昇氏が就いているのであった。

▶主力2社の小ロット、即時性の求められる部分を担う

現在のワイテックの従業員は約30人、男性は4人だけであり、残りの25～26人は女性（パートタイマー5人）で構成されている。大半が分水の近所の人びとであった。最近は採用に苦労しているが、定着は割に良いという評価であった。ワイテックになってからは、仕事の大半はパナソニック・ライティング事業部新潟工場向けとエヌエスエレクトロニクス向けのものである。いずれも部品は支給されている。

パナソニックまではクルマで5分程度の位置にあり、ベースライトのリード線の加工（曲げ、カット）であり、1日に3～4万個の加工を行なう。パナソニックの仕事は「H+4」方式とされ、先方の発注指示から4時間で納入する。部材は前日までに届いており、1日に2回（9:00と13:30）納入していく。パナソニックは年間に休みがなく、ワイテックも土曜日は返上して仕事をしている。この仕事は5～6人の女性で対応していた。

エヌエスエレクトロニクス向けのものは、機械実装ができない小ロットのもので、ロットは1から多くて200、300である。すでにある程度機械実装された基板を受取り、機械実装できない部分をハンダ付けしていく。部材は2日前に届いており、1～1.5日で納品する。この部分は8:30～17:40分の操業として

おり、20人前後で対応していた。

▶国内回帰、RoHS対応など、新たな課題と可能性

代表取締役社長の白倉良志美氏（1961年生まれ）は、地元の出身、巻工業高校（現巻総合高校）電子科を卒業、当初、分水町の電器店に勤めた。当時はカラーTVの修理の仕事が多かった。この関係で、パナソニックの研修（辻堂）も経験している。元々、コンピュータに関心があり、21歳の時にヤコーに移籍した。その後、ヤコーにもコンピュータが入り始め、社内の情報処理システム、生産システムを構築していった。白倉氏は2013年に代表取締役社長に就いていた。

この間、2012年にISO9001レベル認証（パナソニックが管理者の第二者認証）、自社製品開発販売開始、2018年にはISO9001の認証取得（第三者認証）、2018年にはRoHS対応ラインを設置している。なお、自社製品は「寺院向けLED輪灯」というものであり、浄土真宗本願寺派の寺院向けの灯明である。この仕事は八子昇氏が本願寺派の宗徒であり、灯明をLEDで作れないかということになり、白倉氏が2年ほどをかけて完成させている。宗派により灯明は微妙に異なっているが、それをLEDで表現していくことになる。本願寺派は西日本に多いのだが、新潟県の寺院ではかなり納入実績がある。仏具屋のカタログに掲載されており、受注があれば生産していた。この部分は白倉氏1人で対応していた。

今後の課題としては、一つに、中国生産部品の国内回帰が進められており、いくらか量産が求められることから、その対応をどう進めるか、また、RoHS対応ラインの動かし方が求められていた。もう一つは、エヌエスエレクトロニクス向けの検査装置を受け始めているが、配線に加え、生産技術も求められていた。ワイテックとしても、より付加価値の高いものへの展開を考えており、そのような新たな要請にうまく応えていくことが求められていた。さらに、そのもう一つ先には、自社製品の開発が目指されているのであった。

燕地域では少数派とされる電子部品の組立事業に従事し、厳しい納品体制を求められ、さらに受託の検査装置の生産技術を高め、自社製品にまで踏み出そ

うとしているワイテックは、電子制御系の技術が脆弱とされている燕地域において、新たな役割を演じていくことも期待される。

(10) 地域の塗装の多様な要請に応える
——物流センターに立地（志田塗料店）

地域の産業が活発化していくと、多様な事業が登場してくる。つばめ物流センターに立地する志田塗料店は、元々、仏壇屋であったのだが、漆の修業に行っているうちに、これからは漆ではなく塗料と見定め、塗料の調合、販売の仕事で創業している。だが、戦後の燕は塗装の必要の乏しいステンレス製品を主力としていったために、あまり仕事はなく、燕の小池の農機具、三条の鉄製品向けに事業を展開していった。だが、その後、燕はステンレス製品ばかりでなく、多様な金属製品に向かっていったため、新たな可能性も出てきているようであった。

▶成り立ちと事業の輪郭

志田家は元々、燕の仏壇屋であり、志田宗夫氏（1929［昭和4］年生まれ）は、大阪の漆問屋で6年ほどの修業を重ねた。だが、当時すでに漆は下降気味であり、塗料が良いのではないかということで、東京のロックペイント（本社大阪）でさらに2年修業を重ね、1955年、燕で志田塗料店を開店している。当時、ステンレス製品に塗料を用いることはほとんどなかった。また、塗料はシンナー等の危険物を扱うことから市街地立地は難しく、消防署からも指摘され、1977年には現在のつばめ物流センターに移転している。周囲には民家はなく、センター内の一部の卸売業者は塗料を取り扱ってくれた。

この間、1972年には新潟市に新潟支店を開店、燕本社8人、新潟支店5人の全員で13人（うち親族5人）の体制になっている。主たる業務は、塗料・溶剤・接着剤・工業薬品・塗装機械・器具・空圧機器・シーリング材・化学研磨材・防錆材・防錆紙の販売、塗装・表面処理プラントの設計・施工、各種販売・卸売事業、塗装工事となっている。

仕入れの特約店等は、ロックペイント、アトミクス、日本特殊塗料、大日本

２代目社長の志田収氏

志田塗料店の扱い商品

塗料、アネスト岩田、菱江化学、日本パーカーライジング、スリーエムジャパン、大泰化工、早川塗料製品所、ダンケミカル、菊水化学、江戸川合成、大塚刷毛製造、コバックス等であり、販売先は、新潟市、燕市、金属製品製造業、金属塗装工場、自動車鈑金塗装工場、建築塗装店、看板店、小売店等となる。

なお、オーダーにしたがって調色を行ない、また、塗装設備については設計、構成を行ない、具体的な製造は設備業者に任せていた。設備の新規受注は少なくなっているが、修理は多い。

▶機械金属工業地域の塗装店

新潟県では、塗装の専業者は燕、三条、加茂に多い。この範囲で受注先は約200社。常時あるところで100社を数える。燕の本社の取引先は、塗装業者が大半であり、工場（メーカー、塗装専業等）50%、建築金物関係20%、自動車整備工場20%、その他が10%であった。メーカーが塗装工場を持っている場合が少なくない。ただし、近年、小規模な事業所の廃業やＭ＆Ａが目立っているようであった。なお、近隣に同業者が数軒ある。

燕の洋食器関連では、柄の接着剤、柄のキャラクターものの「色入れ」があり、それらは当方が扱っていた。

現在の社長の志田収氏（1960年生まれ）は志田宗夫氏の長男、2001年に2

調色は社内で行なう

代目社長に就任している。3代目については、志田収氏の長男（1993年生まれ）が、現在、メーカー、商社に修業に行っており、近いうちに戻ることになっていた。後継も問題なしということであろう。

業務用塗料の市場は、工場関係、建築金物関係、自動車整備工場と幅広い。だが、人口減少、少子高齢化等により、市場は全体的に縮小気味であろう。そのような流れに対しては、既存取引先の掘り起こし、メッキ等の近接部門の代替技術（技術開発）としての提案、さらに、塗装周辺の事業の取り込みなどが必要になるのではないかと思う。機械金属工業の興味深い集積を示している燕・三条地域に立地する塗料店として、新たな可能性を模索し、提案していくことが課題とされよう。

4. 独自性を高め、金属加工基地の技術基盤を形成

この章では、燕の加工業種の中でも、機械加工、精密鈑金、プレス、スピニング、へら絞り、ロストワックス鋳造、製缶、溶接、洗浄、塗装、電子部品組立のケースをみてきた。これに加え、先の章の研磨、表面処理などが、燕の金属加工を構成する要素技術であり、これらが燕の金属製品製造の基盤技術とな

っている。本書では、各加工機能のわずかなケースを上げたにすぎない。各加工機能は少ないところで３社程度、多ければ100を超える中小企業が積み重なっている。

この点、洋食器、器物の時代には、各加工機能は同質的な内容であった場合が多いのだが、ポスト洋食器、器物の時代になると、個々に特殊化、専門化を進め、独自的なものに向かっていった。先に指摘したように、地方型の地場産業の場合には単一製品産地となり、製品も加工機能も同質化していくのだが、現在の燕が置かれた環境は従来とは大きく異なり、多様性、先端性を求められる先進国型工業、あるいは大都市型の工業に向かうことを求められている。それは、独自性に優れた特殊な製品、加工機能に向かわなければ、存立基盤を確保できないことを意味する。明らかに、燕の金属製品、加工機能はそのような方向に向いているのである。

そして、もう一つの特徴として、かつての燕という狭い空間的な範囲で完結していた産業展開が広域化している点が指摘される。本章で採り上げた各中小企業の受注先、あるいは、外注先の範囲はどんどん広域化していることが痛感された。それは広域高速体系が整備されてきたこと、通信・物流条件が良くなってきたことなどが大きく作用している。加えて、人びとが広い範囲の交流の中で新たな可能性を実感できる環境になってきたことが重要であろう。可能性の空間的範囲を大きく拡大しているといってよい。

それにも関わらず、燕の事業者たちが燕にこだわるのは、製造業、加工業を展開していく上で、事業環境が良好であること、また、事業意識の高い人びととの刺激的な環境を求めてであろう。かつての洋食器、器物といった単一製品産地であった頃は、ベクトルは明確であり、周囲をみながら並走すれば良かった。だが、複合金属製品産地、複合加工基地に向かい始めた燕は、各事業体の独自性が求められ、周囲の独自的な取組みが新たな刺激になっている。この点は、プラザ合意以降の30年の間に痛感されたことではないか思う。それは、新たな燕の地域産業基盤となっていくであろう。

そして、各メーカー、加工業者が独自的な方向に向かうことは、多様性を生み出し、そこから、また、新たな可能性が期待される。洋食器メーカーから特殊な加工業への転換などは、そのような文脈から発生している。そして、それらがさらに刺激的な関係を作ることにより、可能性の幅を拡げていくであろう。燕の地域産業は、さらに高次な方向に向かっているのである。

1） 機械金属工業の加工機能については、関満博・加藤秀雄『現代日本の中小機械工業――ナショナル・テクノポリスの形成』新評論、1990年、関満博『空洞化を超えて――技術と地域の再構築』日本経済新聞社、1997年、同『現場発ニッポン空洞化を超えて』日経ビジネス人文庫、2003年、を参照されたい。

2） このような指摘については、関満博「円高と空洞化（1）『素材』『サービス』に可能性」（『日本経済新聞』経済教室、2010年9月28日）を参照されたい。

3） このような事情については、中小企業研究センター『機械工業における中小企業の地域工業集積からみた新たな展開と課題――大田区・諏訪地区・米沢地区』1986年3月、関満博・辻田素子編『飛躍する中小企業都市――「岡谷モデル」の模索』新評論、2001年、を参照されたい。

4） 平出精密については、関満博『ニッポンのモノづくり学』日経BP社、2005年、第4章を参照されたい。

5） ファイバーレーザーは、他のレーザー方式と比べ、ミラー、レンズを使っていない。ファイバーによるため集光性が高く、消費電力が低く、高出力が可能とされている。さらにメンテナンスも容易とされ、今後、大きく普及していくことが見込まれている。

6） 林ロストワックス工業の大連工場については、関満博編『メイド・イン・チャイナ――中堅・中小企業の中国進出』新評論、2007年、第3章を参照されたい。

7） 中小企業の事業承継の問題については、関満博『日本の中小企業――少子高齢化時代の起業・経営・承継』中公新書、2017年、を参照されたい。

第8章 卸売業、関連部門の展開

地場産業地域の場合、事業者が増加し、経済が拡大するにつれ、多様な機能が成立してくる。まず、第1は産地商業資本の産地問屋（産地卸）であり、産地商品を中央の集散地問屋につないでいく。また、使用する原材料のうち地元で調達できない場合には、材料商社（卸）や1次加工業者が広範に成立し、小規模な産地生産者に資材を供給していくことになる。金属製品の燕の場合には、全国各地の織物地場産業などと異なり原材料基盤がなく、鋼材の仕入れは小規模生産者にとって死活的な課題であり、そのような状況に対して多様な圧延事業者、鋼材商社が成立していった。さらに、運輸等の物流業者も成立してくるであろう。

また、以上のような流通事業者に加え、配送に必要される包装資材の紙器関連の業者も成立してくる。対米輸出時代にはスプーン、フォーク等はダース箱といわれる小さな箱が大量に必要になっていった。当時は、組箱、ダンボール箱等の組立型の箱はなく、箱は空気を運ぶことから紙器製造業者は需要地である地場産業地域に成立していった。また、印刷関連事業も成立していくであろう。地場産業地域では、当該商品の生産部門ばかりでなく、実に幅広く多様な関連産業を成立させていったのであった。

特定の生産物を生産する生産者、また、流通業者が増えてくると、業界団体が設立されていく。特に、燕の場合は輸出産業化に向かい、さらに、輸出先との経済貿易摩擦も懸念され、早い時期から生産者による燕洋食器工業組合（1926［昭和元］年）が設立されていた。戦後は特に対米経済貿易摩擦の調整機関として1957年には日本輸出洋食器調整組合（現日本金属洋食器工業組合）が設立されている。現在、燕市では、この日本金属洋食器工業組合と器物（ハウスウェア）関連の日本金属ハウスウェア工業組合、そして、流通業者による協同組合つばめ物流センター、燕市商工会議所、吉田商工会、分水商工会が主要な経済団体とされている。

また、燕の場合には、地元中小企業の技術支援、ビジネス支援のための施設である新潟県県央地域地場産業振興センター（現燕三条地場産業振興センター）が早い時期（1988年）に設置されていたが、近年は、懸念される研磨工の育成のための燕市磨き屋一番館（2007年）、さらに、長期インターンシップ学生を受け入れるための宿泊施設のつばめ産学協創スクエア（2018年）を開設している。これらは、地域産業振興のための支援的色合いの施設として提供されている。

このように、地場産業、地域産業の発達している燕においては、多様な関連事業が成立し、また、それらの振興のための取組みが重ねられているのである。

1．集散地問屋化に向かう産地卸売業

戦前期から金属製品の産地であった燕の場合、地元に産地問屋、物流事業者が生まれ、中央の集散地に製品を送り込んでいた。戦後になると、対米輸出向けの洋食器が一気に盛んになるが、力のある事業者はアメリカの輸入業者との直貿、ないしは中央の輸出業者を通じる間接貿易の形態をとったが、小規模生産者の場合は地元の産地問屋に依存する形態であった。また、国内販売分の多くも産地問屋経由であった。この国内販売分に関しては、中央の集散地問屋を経由し、地方問屋、小売店と流れていく。この集散地問屋を軸にする「集散地問屋システム」というべきものが、江戸期以来の生活用品関連の基本的な流通システムであった[1)]。

だが、洋食器の対米輸出の消滅以降、燕をめぐる流通構造は劇的に変わっていった。力のある生産者は当時勃興してきたホームセンター等との直接取引となり、力のない生産者は産地問屋依存となった。そして、この燕の産地問屋は燕製品に加え、自らリスクを背負い独自な自社製品を開発する製造問屋へと向かい、さらに、他地域、海外産をも含む集散地問屋的性格のものに転換していった。また、生産者の側でも、力のあるところは、仕入れ商品を増やし、ホームセンター等に供給する集散地問屋業務を兼営することにもなっていった。

その背景には、日用品の広範な品揃えと大量仕入れを軸にする量販店の登場、生産から消費者まで流通の短縮化要請等を背景とする流通革命の中で、従来の中央の集散地問屋（問屋街）が力を失ってきたこと、さらに、ホームセンターなどの登場により、産地問屋、有力メーカーに集散地問屋機能が期待されたこと、また、交通、物流面において燕の位置的条件が劇的に改善されたことなどが、そのような動きを促進していったものとみられる。地方の地場産業地域において、産地問屋の集散地問屋化、そして、有力メーカーの集散地問屋化を大規模かつ広範に進めたのは、金属製品、日用品を軸に産地化していた燕が初めてのケースではないかと思う。

（1）信頼をベースにする伝統的な産地問屋
——つばめ物流センターの理事長企業（丸山ステンレス）

伝統的な日用消費財の地場産業産品に関しては、産地問屋が地元の生産者から集荷し、東京、大阪などの集散地問屋に流し、そこから全国の地方問屋、小売店に流れていくという形が形成されていた。そして、生産者、産地問屋、集散地問屋というプレーヤーの中で、どこがリスクを背負うのかは、財の性格、需給関係等の時代状況によりそれぞれの形が形成されていた。燕の洋食器、器物に関しては、基本的には主として産地問屋がリスクを背負うものの、生産者と両立していたようである。

燕の卸問屋の多くは郊外に設置された「協同組合つばめ物流センター（2001年、燕商業卸団地協同組合から改称）」（組合員33名）に集結しているが、そこに現在の協同組合の理事長企業である丸山ステンレスが立地していた。

▶伝統的な産地問屋として展開

丸山ステンレスの創業は1961年、現２代目社長の丸山克繁氏（1967年生まれ）の父（1929年生まれ）が産地卸売業としてスタートしている。スタート以来、製造に着手したことはなく、ステンレスの洋食器、器物を扱ってきた。産地の生産者からの仕入販売であり、オリジナル製品（OEM委託）にも展開してきた。先代は燕の洋食器製造販売の吉川製販（吉川金属、現ヨシカワ）に

つばめ物流センターの丸山ステンレス

２代目社長の丸山克繁氏

勤め、そこから独立創業している。

２代目の丸山氏は高校まで燕におり、卒業後、取引関係はなかったのだが、東京神田（現在は北千住）のデパート問屋であった吉安に修業に入っている。吉安では倉庫２年、営業４年の計６年を経験した。子供の頃から「継ぐのかな」とは思っていた。その頃、父の身体の具合が悪くなり、1991年頃に家業に戻っている。当時、従業員は現在の９人（男性５人、女性４人）とあまり変わらず、10人ほどであった。その頃は、デパート関係、ギフト関係が中心であったが、その後、デパート、ギフトが力を失い、業務用にシフトしていった。現在では業務用がほぼ100％を占めている。

ユーザーは東京（日本橋の合羽橋）、大阪（難波の道具屋筋）の集散地問屋（金物の問屋街）がメインであり、名古屋、福岡、静岡等の準集散地（地方）の問屋もある。全体で100社ほどにのぼる。なお、近年の傾向としては、医療機器関連、病院、工具関係等の商社との付き合いも増えてきた。丸山氏は「厨房から業務用に」と語っていた。事業的にはこれらユーザーから注文を受けていく。燕産地をベースにしたカタログも用意されている。長い取引関係のところが多く、燕をよく知っており、「この商品は丸山ステンレスから買う」というものである。営業担当は３人、１人は合羽橋の集散地問屋担当、１人はそれ以外の担当、社長の丸山氏は新規の担当とされていた。

かつての輸出全盛時代には、東京、大阪の輸出商社に納めていた。受取りは商社のサイトであり、何カ月か先の受取手形であった。なお、丸山ステンレスの場合、丸山氏が入社して以降、輸出関連の実績はない。

作り方は、メーカーと相談し、デザイン、材料等を決め、金型を地場の金型屋（3社）に依頼する。このようなオリジナルの場合の金型の所有は丸山ステンレスとなる。この部分は製造問屋型展開となる[2)]。現在、オリジナルと仕入品の割合は半々程度であった。ステンレス製品はほぼ燕の生産者約100社から仕入れている。合成樹脂製の製品は燕のエンテック（第3章2―⑽）を中心に3社からの仕入であった。全体の90％は燕からの仕入であった。商品コードは4万点ほどあるが、実質的に動いているのは約1000点。毎年、100点ほどの新商品を開発していた。製品的には、ステンレス製品はエコクリーン角型バット、ミキシングボール、樹脂製品はウォーターポット、ピッチャー、タンブラー等であった。いずれも業務用であった。

▶つばめ物流センターの展開

燕市郊外に展開するつばめ物流センター、1972年から燕市が開発し卸問屋を中心に土地を分譲した。当初の面積は約25 haであった。入居者は燕商業卸

丸山ステンレスの出荷場

団地協同組合（現協同組合つばめ物流センター）を組織、組合員企業33社から構成された。その他に、金融機関（3行、第四銀行、北越銀行、簡易郵便局）、運送会社（2社、新潟運輸、中越運送）も含まれている。なお、メーカーの藤次郎、サクライ、ホクエツ（丸越工業）もこの物流センターに立地している。

つばめ物流センターでは組合の共同事業として中越運送、新潟運輸を軸に「共同集荷、共同配送」を実施している。丸山ステンレスの場合は、入荷は各メーカーが用意した運送屋が持ってくる。出荷は中越運送に毎日1回取りに来てもらっていた。中越運送から各地に分散していくことになる。例外的にはヤマト運輸、佐川急便を使うこともある。近年の悩みは、一つに運賃の上昇、もう一つは集荷の締め切り時間が早くなってきたことであった。

なお、丸山克繁氏は2008年に41歳で丸山ステンレスの社長に就き、2014年には47歳で協同組合つばめ物流センターの理事長に就いていた。この協同組合つばめ物流センターは幾つかの共同事業を行なっている。

第1は、組合の会館、駐車場の共同施設利用事業であり、会館には組合事務局、郵便局、さらに、組合員1社の事務所を賃貸していた。

第2は、汚水処理施設（バッキ槽）のメンテナンス。

第3は、販売促進事業であり、燕市ふるさと納税の返礼品の出品、さらに、年1回の青空直売会の実施等である。2017年の青空直売会には37社（組合員は14社）が参加し、5万9000人を集めた。

第4は教育事業であり、新入社員セミナー（約50人）、視察研修（毎年、国内、海外）、中小企業大学校三条校に通う場合の受講料の補助等を行なっている。

第5は、福利厚生事業であり、人間ドック検診補助、野球大会、永年勤続表彰、納涼会などが行なわれていた。

このように、燕の金属製品産地化を背景に、その供給システムとして産地問屋が形成され、物流センターも形成されてきた。そのような中で、近年の懸念は、燕産地に限らないのだが、ネットの普及により特に家庭用品は値崩れが激しい点が指摘されていた。さらに、情報化の進展により、問屋の役割がどのようになっていくかも問われている。そのような事情の中で、燕の産地問屋、物流センターが展開しているのであった。

(2) 早い時期から「総合カタログ」を展開
——燕を代表する業務用調理用品問屋(遠藤商事)

燕市郊外のつばめ物流センターを訪れると、遠藤商事、江部松商事、和平フレイズ等の有力産地問屋、さらに、中越運送、新潟運輸等の物流企業が折り重なっている。名実共に、燕の流通・物流のセンターを形成している。先の第2章でみてきたように、戦後の燕は対米輸出向け洋食器産地として歩んできたことから、流通の主体は都市の輸出商社であり、燕には産地問屋が十分に育たなかった。1980年代中頃以前は、産地流通の主体は有力メーカーと都市の輸出商社であった。産地問屋は小規模であり、小規模メーカーの商品を取り扱い、都市の集散地問屋や全国の地方卸売業者につないでいた。

このような状況が大きく変わるのは洋食器の対米輸出が途絶えた1980年代中頃以降のことであり、国内市場向けの生産が基本となり、産地流通のベクトルが大きく変わっていった。また、商品流通がかつての生産者—産地問屋—都市の集散地問屋—地方問屋—小売店という構図から、量販店、ホームセンター等の登場により大きく変わっていく。燕のような大きな金属製品産地は単なる生産地だけでなく、能力のある集散地的な機能を演じ始め、量販店、ホームセンター等との直接的な関係を形成していく。その頃から燕に登場した有力産地問屋は、単なる産地問屋ではなく、自社ブランドの製品企画を行なう製造問屋、さらに、全国を視野に入れる集散地問屋的機能を帯び、急速に拡大していった。その典型が遠藤商事であろう。

▶総合カタログを作成、1970年代にブレーク

遠藤商事の創業は現3代目社長の遠藤茂氏(1971年生まれ)の祖父の頃であり、1951年、メッキ加工業として出発している。当時はメッキ加工に加え、燕のボウル、バット、三条の刃物などの金属製品の卸売にも従事していた。その後、メッキ加工よりも卸売に可能性をみて、製造業から卸売業に転換する。

２代目社長の遠藤征喜氏

３代目社長の遠藤茂氏

つばめ物流センターの遠藤商事

現会長の遠藤征喜氏（1937年生まれ）が三条実業高校（現三条商業高校）を卒業して入社した1956年の頃の従業員はわずか5人であった。その頃を振り返って遠藤征喜氏は「ずっと4〜5人規模であり、鳴かず飛ばずであった」と語っている。

当時は知名度もなく、産地の金物業者、洋食器業者との取引が出来ず、他の卸売業者の入っていない瀬戸物業者、包装資材業者などをターゲットにし、徐々に取引先の幅を拡げていった。1964年の東京オリンピックの頃になると、モータリゼーションが進み、ドライブイン、郊外レストランが増加していった。このような社会的変化に対し、遠藤征喜氏は「これからは調理器具が売れる」と判断、世間的に家庭用カタログが普及し始めたことを受け止め、レストラン等に向けて、1973年、37ページのカタログを製作していく。その頃は、東京、大阪などの県外の取引先に加え、海外の取引先からの要望に応える形で品物を掲載していった。

また、同時期につばめ物流センターの分譲が始まり、遠藤商事は500坪の土地を取得、1975年に移転。当時売れていたコーヒーポット（エナメル加工）をステンレスで作ったところ大ヒット商品となり、そこから事業が拡大していった。この1970年代中頃から1980年代にかけてが、遠藤商事の転換点であった。

カタログ作成以前の売上額は20億円であったのだが、1年後には30億円に拡大していった。特に1983年に作成したカタログは本格的なものになり、そ

1973年のカタログ（左）と1983年のカタログ　　2019年のカタログ

の後、売上額は倍々に増えていった。最近の2019年のカタログは2538ページ＋インデックスから構成され、8万7000点が掲載され、重量は4kgに及ぶ。業界では「バイブル」とされている。2019年版は18万部を作成した。毎年マイナーチェンジを行ない、2〜3年でフルチェンジしていた。カタログ作成のメインスタッフは7人、それにカタログ製作会社が付き、約3億円をかけて作成していた。配布先は仕入先約2000社、販売先約3000社を中心に、その支店、その先のユーザーにまで幅広く提供していた。また、8万7000点の商品のうち80%は在庫してあり、本州の範囲であれば受注後翌日着で配送できる体制を形成していた。倉庫内の在庫は年商の5カ月分にあたる90億円強となっている。

▶産地問屋、集散地問屋化、そして、次の課題

遠藤商事の現在の従業員数は約300人、男性126人、女性103人、さらにパートタイマーが62人を数える。売上額は200億円にのぼる。事業形態としては、ホテル、レストラン向けの業務用厨房用品の卸売業とされる。約8万7000点の商品のうち、自社ブランド・準自社ブランドといえる商品は約50%、その他の50%が仕入商品となる。約2000の仕入先は、燕地区30%、海外（ヨーロッパ、中国、ベトナム等）10%、東京、大阪を中心とした全国60%と

なる。金物が中心だが、陶磁器、漆器等も扱っている。すでに、遠藤商事は燕の産地問屋ではなく、製造問屋機能に加え、全国規模の集散地問屋ということになろう。

なお、販売先は、ネット通販が15～20％、東京の合羽橋、大阪難波の道具屋筋といった都市の集散地問屋、さらに、食品包装資材問屋、菓子材料問屋などがある。むしろ、在庫の持てないところをターゲットにしていた。

倉庫内物流はシステム化されており、1990年代中頃には業界初となるJANコード（日本工業規格［JIS］で定められている商品識別番号とバーコードの規格）による管理システムを確立している。倉庫は本社倉庫、補充倉庫（A棟、B棟、C棟）から構成され、約1万パレットが収納されている。さらに隣地には物流を依存している中越運送のトラックターミナルがあり、フェンスを外して、フォークリフトで運べる体制をとっていた。

このような体制を形成しているが、燕地区への立地の利点としては、比重はやや低下しているものの、日本を代表する多様な金属製品産地であること、また、本州全域に翌日配送ができる位置にあることを指摘していた。

現3代目社長の遠藤茂氏は遠藤征喜氏の長男であり、高校までは燕におり、柏崎の新潟産業大学を卒業後は燕のコンピュータ関連の企業で3年半ほどSEに任じていた。1997年頃に遠藤商事に入社した。当時はやっとコンピュータ化が始まりだした頃であり、人手による確認作業も多かった。入社後はコンピュータ化と、前述のJAMコードによる業務効率化に取り組み、2011年に3代目社長に就任している。

2代目がこれだけのものにしてきた事業を、後継者として、遠藤茂氏は次の課題として以下の点をあげていた。

第1は、人手不足、特に飲食業における人手不足が指摘されていた。レストランチェーンなどが人手不足から店舗の再編等を重ねている。そのような事情から今期の売上額は約2％減少した。

第2に、売れる道具が変わってきており、また、調理の仕方も変わってきたことが指摘されていた。

要は、人口減少、少子高齢化、成熟化といった未経験の事情の中で、時代の変化を受け止めたあり方が求められている。次の時代をリードするものとして、3代目には、これまでの蓄積と信頼をベースに新たな可能性に向かっていくことが求められているのであろう。

(3) レストラン、割烹等の業務用調理用品に展開
——世界の飲食店を支える会社を目指す（江部松商事）

燕地区には大きな産地問屋が3社あり、通称「御三家」といわれている。業務用調理用品の遠藤商事と江部松（えべまつ）商事、そして、個人向け調理用品の和平フレイズである。いずれもつばめ物流センターに立地し、この40年ほどの間に急拡大を示している。従業員200～300人を数え、巨大な物流倉庫を構え、産地問屋から出発し、自社製品に展開、全国を市場に集散地問屋的な展開を重ねていることが注目される。

▶業務用調理器具に展開

江部松商事の創業者は江部松次氏、戦前の1937（昭和12）年、個人商店として燕の金物、三条の刃物等の卸売業からスタートしている。2代目は江部賢一氏（1937年生まれ）であり、日本橋の問屋に修業に入っている。1964年に開催された東京オリンピックの少し前の頃に、現在に続く「業務用調理用品」

3代目社長の江部正浩氏

つばめ物流センターの江部松商事

の領域に入っていった。主として燕で生産されていた調理用品を買い取り、東京の合羽橋、大阪難波の道具屋筋の集散地問屋に卸していった。

転機となったのは東京オリンピックであり、外食産業が拡大し、一つの大きな産業分野を形成し始めていった。さらに、1970年の大阪万博は大阪方面の外食産業発展に大きく寄与した。江部松商事は東京、大阪市場から開始し、外食産業の全国的な展開に沿って販路を拡げていった。その後、1985年のプラザ合意後の円高により、燕の洋食器産業は大きな影響を受けるが、国内販売であった江部松商事は直接的な影響は受けなかった。

その頃から、仕入販売に加え、オリジナルの自社製品開発に取り組み、「おでん鍋」が大ヒットとなる。そのような流れを受けて、1986年からは当時晴海で開催されていた東京国際ホテルレストランショーに燕の企業としては初めて参加している。なお、江部松商事は以後、毎年、このショーに参加してきた。

江部松商事の事業領域は「業務用の厨房・卓上用品の開発、卸売販売」であり、燕製はもとより、全国各地で生産された調理器具を扱っている。主なユーザーは、ホテル、レストラン・ビストロ、割烹、病院、食品加工工場、個人店からチェーンレストランまで、幅広い業種・業態に及び、アメリカ、ドイツ、フランスなど海外からの製品を含めて約9万点の調理用具を取り揃えている。

これら調理用品はカタログ化されている。カタログは1985年頃から発行を開始し、約9万アイテム、約1700ページのものを約8万部配布していた。仕入先は1000社を超えているが、燕の比重は40％弱であり、構成比は次第に減少している。全国、海外からの仕入が増えている。販売先は全国2000社ほどを数えていた。また、インターネット向けの電子カタログも用意されているが、現状、紙ベースでの注文の方が多いようであった。

▶倉庫面積が40年で20倍に拡大

江部松商事は1976年につばめ物流センターの現在地に着地しているが、その後の拡大には目を見張るものがある。

1976年　現在地に本社2150 m^2 移転

1982年　現在地隣地に配送センター1430 m^2 完成

最新のカタログ

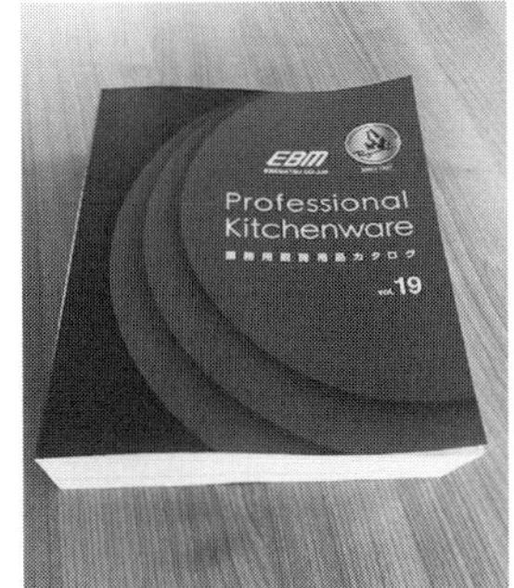

これまでのカタログ

資料：いずれも江部松商事

1989年　第3配送センター6600 m^2 完成

1992年　第3配送センターの隣地に本社屋新築3300 m^2 完成

1996年　第3配送センター5940 m^2 増築

1998年　本社隣地に自動倉庫8250 m^2 完成

2003年　自動倉庫隣地に倉庫6100 m^2 完成

　　　　この段階で、本社、倉庫等で3万3770 m^2 となる

2005年　新倉庫予定地として隣地3960 m^2 取得

2006年　隣地2950 m^2 取得

2007年　自動倉庫隣地に倉庫5600 m^2 増設

2012年　隣地4080 m^2 取得

2013年　自動倉庫隣地に倉庫1万3560 m^2 増設

2014年　新倉庫増設、総床面積約5万 m^2 となる

このように、江部松商事のつばめ物流センターの倉庫は1976年に2000 m^2 強の本社・倉庫から出発し、40年強で20倍を超える約5万 m^2 規模に拡大している。1976年につばめ物流センターに来た頃の従業員は約20人、現在は160〜170人（うち正社員は110人）に拡大している。先の遠藤商事と共に、燕で最も拡大発展した企業といえそうである。この間、燕の金属製品産地はさほどの拡大を示していないことからすると、全国、海外からの仕入が増大し、販売先も全国に拡大するなど、集散地問屋化が進んだことをうかがわせる。

なお、江部松商事は1998年から自動倉庫を導入していたのだが、2013年には撤去していた。メンテナンスがたいへんなこと、注文のロットが小さくなり、人手の方が効率的であると指摘していた。

▶3代目は世界を視野に

現3代目社長の江部正浩氏（1974年生まれ）は、2代目の長男、高校までは燕で過ごし、大学は専修大学経営学部。卒業後は東京の商社で営業職を務め、4年を経験し江部松商事に入社している。承継する気持ちは入社してから強くなっていった。2014年に3代目社長に就任した。

ここまで拡大路線で来たが、今後の人口減少、少子高齢化、人手不足の中で外食産業の出店のスピードは鈍ることが予想される。

そのような点を受け止め、江部正浩氏は、現在のスタイルを維持しながら、海外への展開をさらに強めることを意識していた。外国語版のカタログの作成、海外の厨房に合わせた製品の開発、衛生基準や厨房環境などの違いによる各国地域別の対応など課題は多いが、物流効率化による海外との時間距離の短縮化を図り、「世界の飲食店を支える会社」として向かっていくことを目指していた。燕のメーカーの中には国内市場縮小を受けて海外展開を活発化させているところも少なくないが、産地問屋出身の業務用調理器具の商社も、視野を世界に向けているのであった。

(4) 調理用品の個人需要対象の総合問屋
――食文化創造企業を目指す（和平フレイズ）

個人用・家庭用の調理器具の大手の卸問屋は、パール金属（三条、売上額500億円）、友和（東京中野、700億円）、中山福（大阪、500億円）が知られるが、燕の和平フレイズは125億円とされていた。

かつては業務用調理器具も扱っていたのだが、1989年に撤退し、遠藤商事に引き継いでもらっている。その後は、ギフトをベースにしながら、新たな量販店ルートをターゲットにしてきた。ギフト関係が年々細る中で、実需ベースの量販店、ホームセンターがメインになっていった。ただし、これらも頭打ちの状況であり、次の展開が求められている。当初の社名は和平金属であったのだが、1994年に現在名に改称した。また、2018年にはホールディング制を採用、親会社は和平フレイズMS、販売会社は和平フレイズとしている。なお、社名の「フレイズ」はFresh Wizから採っていた。

▶和平フレイズの創業から最近まで

和平フレイズの創業は1951年、旧吉田町生まれの和平（旧姓北神）寅夫氏（1926［大正15］～2012年）によって三条で和平商店として始められている。和平寅夫氏は召集前は山崎金属工業（第4章1―(2)）に勤め、中島飛行機の新鋭戦闘機「疾風」の車輪カバーなどの生産に従事していた。戦後は金物問屋の当時の御三家の一つとされていた五十嵐省吾商店に勤め、この間、寅夫氏は3男であったことから養子縁組で和平寅夫氏となった。

1954年には三条市に75坪の土地を買い、自宅と倉庫を建設している。当初は三条の金槌等の利器工匠具を北陸などに売りに行っていたのだが、その頃から燕の鍋、カトラリー等を扱うようになり、百貨店関係が大きく伸び始め、名古屋、東海道、大阪、中国、四国、九州と販路を拡げ、1966年には東京進出を果たしている。従業員は16人、売上額も2億8000万円ほどであった。

1975年には現在のつばめ物流センターに600坪の土地を取得し、移転した。

つばめ物流センターの和平フレイズ

2代目社長の和平稔夫氏

当時、従業員は約30人、売上額20億円となっていた。なお、この当初の600坪の土地は、現在は観光バスも停まるアウトレット店の「ストックバスターズ」としている。事業はその後も順調に推移していった。

1989年から1994年のバブル経済後半の頃は、ブライダル需要が多く、間に合わないぐらいであった。特に、モリハナエ等のデザイナーズブランド品があたった。当時の販売先は百貨店問屋の他に全国の式場問屋であった。この間、自主企画品の比重が高まり、60%から80%となっていった。自主企画品は付加価値が大きいものの、反面リスクもある。現在ではブライダル需要は激減、さらに、チョイスカタログの方向に向かっていった。

また、2005年になると、燕の同業の明道[3]の経営が悪化し、第四銀行を通じて営業譲渡の申し入れがあった。当時の和平フレイズは従業員70人、売上額60億円、明道は80人、50億円であったが、同業ながらも事業領域でバッティングすることはなく、引き受けることになった。明道からは従業員約50人が転籍してきた。

▶全国展開と海外展開

なお、和平フレイズは早い時期から全国展開を進めている。東京店（1989

つばめ物流センター内のアウトレット店「ストックバスターズ」

年)、名古屋店（1990年)、大阪店（1991年)、福岡店（1995年)、仙台店（1996年)、札幌店（2005年）に加え、海外も上海事務所（2001年)、上海現地法人（2006年)、韓国現地法人（2013年）を展開している。国内店は営業拠点だが、海外法人は商品の調達拠点とされている。

現在、和平フレイズの国内従業員は約340人（正社員230人、その他はパートタイマー）だが、東京店（東日暮里）の60人を始め全体で営業店には80人が配置されている。東京店は営業・マーケティングに加え、商品開発（イメージ）を担っている。具体的な商品開発は燕で行なっている。

海外法人については、上海市虹橋の事務所に17〜18人のスタッフを置いている。日本人はいない。現地の責任者は在韓中国人であり、全中国から商品を引いてくる。仕入商品、オリジナル（委託生産）もある。さらに、別に物流センター（30人、日本人ゼロ）を設置し、品質管理、検品を行なっていた。少し前まで、中国製には不良品が多かったのだが、近年、人手不足から機械化が進み、不良率は下がり、0.5%程度とされていた。韓国法人（4人、日本人ゼロ）は商品の調達拠点であり、1990年頃から仕入れており、2013年に法人化した。韓国製は中国製より価格は高いが、納期が最短1週間であるなど、機動力がある。ただし、2018〜2019年は日韓関係が悪化し、現在、モノは動いていない。

▶新たな時代状況、環境変化に対応する

現在の販売先は、量販店、ホームセンター等の実需ルートが70%を占め、増加基調であった。通販系が20%ほどある。そして、10%が百貨店の外商、ギフト関係だが、この部門は縮小気味であり、売上額もかつての60億円から10億円に後退している。なお、実需ルートはかつては問屋ルートが多かったのだが、その後、直販が増えた。ただし、直販の場合はなかなかフォローができない。そのような事情から、現在は直販、問屋（東京、大阪）経由を半々に編成していた。

自社企画品と仕入品、国産と海外品（特にアジア、中国)、直販と問屋経由等、和平フレイズが携わっている事業は、これらの微妙なバランスを必要とする。特に、かつてのブライダル等のギフトは急減しており、一時期賑わったホームセンター等も頭打ちの様相を示し、ネット通販が拡がっている。まさに「先の読めない状況」ということであろう。

このような時代、経営者は時代状況、環境変化を受け止めた舵取りが必要とされる。これからは、国内的には人口減少、少子高齢化、成熟化が基本であり、市場は確実に縮小し、質的な変化が生じてくる。また、対外的には中国、アジアのものとは差別化された商品を送り出していくことが基本となろう。

現在の2代目社長の和平稔夫氏（1955年生まれ）は創業者の次男。すぐ上の兄が27歳で早世。稔夫氏は当時20歳で短大にいたのだが、兄の葬儀の1週間後には「出張に出された」。社長には先代が70歳になる1996年、40歳で就いた。以来22年になる。現在は新たな転換期なのであろう。後継は兄の子息の常務（44歳）が意識されていた。稔夫氏は「海外に販路を求める必要がある。ネット販売が主流になってきた」と語っているのであった。

(5) 100円ショップ向けの卸売業
——平成の時代に急拡大（エコー金属）

平成の約30年間の間に大きく事業を拡大した存在として100円ショップがあげられる。現在、全国に約7000店といわれ、毎年500〜600店開店し、300店が閉鎖されている。100円ショップトップの大創産業（東広島）が創業したのは1972年、「100円SHOPダイソー」直営1号店の高松店（香川県）を出店したのが1991（平成3）年、ここから100円ショップの歴史が始まる。それからおよそ30年、1991年度の大創産業の売上額は約60億円、2018年度の売上額は4600億円にのぼる。この27年で77倍に拡大している。

現在、年間売上額100億円以上の100円ショップは5社。1位は大創産業、国内3278店、海外1992店を数える。第2位はセリア（大垣）、売上額1700億円、1592店。第3位はキャンドゥ（新宿）、707億円、1016店。第4位はワッツ（大阪市）、460億円、1288店。第5位は音通（吹田）、168億円、59店である。

これら100円ショップの拡大に歩調を合わせ、納入業者も急成長を示した場合が少なくない。燕のエコー金属がその一つの典型であろう。

▶30年で飛躍的発展

エコー金属の創業者は田野隆夫氏（1949年生まれ）、元々は地元の農家の出であり、長岡高専機械科を卒業、北越工業（第5章1—⑴）に入社している。北越工業ではコンピュータの設計に従事していた。4年半ほど在籍し、「営業」をやりたいとして地元有力産地問屋の明道に入る。その頃、父が保証人になっていた企業が倒産し、土地、建物を取られ、さらに2000万円の債務が残った。サラリーマンのままではどうにもならず、明道を4年半ほどで退職し、1978年5月、夫人と2人で現在地に近いところで独立創業する。田野氏は「食うため」と語っていた。

明道時代と同じ商売と考えたのだが、明道ルートとは異なるメーカーを探し、明道の頃の得意先に売っていった。苦節10年、ようやく90％は明道以外のルートを確立することができた。平成に入る頃になると、100円ショップが登場し、大発展していく。それらに地元燕の商品を持っていき、買ってもらった。当時は中国の鄧小平の改革、開放の時代。燕で小売価格980円のものが、中国製は10分の1の価格であった。

このような状況の中で、韓国勢が中国東北、台湾勢が福建省に進出していく。

エコー金属の配送センター

創業者の田野隆夫氏

日本勢はやや遅れた。燕の企業の中で、100円ショップ対応で対中進出が最も早かったのはミネックスメタルであった。その頃から商社が中国製のサンプルを持ち込んできた。ただし、当初は輸入すると90%は不良品であった。その後、中国製は日に日に改善されていった。中国の100円ショップ向け卸市場としては浙江省の義烏市が知られる[4)]。売場面積20万m^2規模の建物が数十棟並び、100円ショップに並ぶようなものが壮大な規模で展開している。

エコー金属は、そのような市場とは直接取引きせず、商社を介在させていた。現在の商品の仕入先は燕地区（三条も含む）からが40%、中国、台湾、韓国、ベトナム等から60%の構成になっていた。取扱商品の99%は大創産業等の100円ショップ向けであり、ほぼ主要全社と付き合っていた。通常、100円ショップでは1万2000種類の商品が売られているが、エコー金属ではダイソー向けが300アイテム、セリア向けは1000アイテムが採用されていた。エコー金属ではライバルは300社とみていた。また、エコー金属は燕にあることから、ユーザーからは金物が得意と受け止められていた。

▶新たな事業を切り拓く

商売の仕方としては、エコー金属の名前で出す場合が多く、デザイナー7人を擁し、主としてパッケージのデザインを行なう。商社が持ってきた商品を検討し、各ユーザーと調整し供給していく。卸売価格は小売価格の50%が目安であった。仕入価格はそのさらに3分の1〜4分の1程度であろう。エコー金

ショールームに展示された燕製品

ショールームのその他商品

属の場合、国内販売が85％程度であり、海外販売が15％前後となる。海外からも毎日注文があり、大阪南港に届けて終わりとしていた。海外向けもほぼ毎日の出荷であった。

2018年度の売上額は110億円、毎年4％ほどの売上増を続けていた。2019年6月現在の従業員は137人（女性40％）、採用は特に問題はなく、2019年4月には新卒が8人（男性5人、女性4人）、短大卒が1人、高卒7人であった。

苛烈な半生を生き延び、これだけの事業にしてきた田野氏も古稀を超えた。田野氏の3人の子息のうち2人が会社に入っていた。長男（44歳）は本間製作所（第4章2—⑷）に3〜4年在籍した後に入ってきた。現在、専務取締役に就いていた。次男（43歳）は20歳になる前から入社しており、現在、取締役部長に就いていた。後継も懸念なしということであろう。

燕では、遠藤商事、江部松商事、和平フレイズといった産地問屋がこの数十年の間に急拡大を示し、集散地問屋化を進めているが、それとは別系統の新たに登場してきた100円ショップ対応の事業として、エコー金属は新たな可能性を切り拓いていった。さらに、エコー金属の取扱商品の40％は燕地区（三条も含む）ということからすると、燕地区の中にかなり低価格量産に従事しているところが一定部分あることを示している。それは、燕の産業集積の一つの側面を示すであろう。

(6) ファブレスメーカー＆商社として展開
——インターネットを通じた海外取引も（エムテートリマツ）

燕市郊外のつばめ物流センターには、燕の有力な産地問屋が集積している。そのつばめ物流センターの近くにエムテートリマツの新社屋が拡がっていた。この数年、燕では産地問屋、メーカーの事業用地取得、魅力的な新社屋建設が活発であり、次の時代に向けた体制整備が進んでいるようにみえる。エムテートリマツのリーフレットには「業務用厨房用品、給食関連備品、金属洋食器、テーブルウェア、金属線材加工品の企画・受注・在庫管理・物流。ファブレスメーカー＆商社として国内・海外に営業・物流を展開します」とあった。

3代目社長の鳥部一誠氏

2017年建設の新社屋

▶時代の流れを受け止めて発展

3代目社長の鳥部一誠氏（1965年生まれ）によると、祖父で創業者の鳥部松治氏は運送の仕事をしていたが、事故で足を怪我したため力仕事ができなくなり、家族が生きていくために、1937（昭和12）年、燕、三条の地場産品を行商する個人の金物卸からスタートしたとされる。その頃の客は町の荒物屋、金物屋であった。2代目で父の鳥部勝敏氏（1935［昭和10］年生まれ）は、定時制高校に通いながら、籠をかついで仕入、販売に従事していた。この父の代の頃には、ギフト関係が売れて、東京日本橋の合羽橋などの問屋に販売していくようになる。その後、さらに、業務用厨房用品の世界に入っていった。1970年代以降は、新たな業態、事業分野が拡がり、ホテル、レストラン、給食センター、ゴルフ場、またホームセンター、厨房業者、設備業者などへも供給していった。

この間、1975年にはつばめ物流センターに移転、1990年には社名を鳥松製作所から現在のエムテートリマツに改称、2010年には鳥部一誠氏が3代目の社長に就任していった。なお、エムテートリマツの社名だが、「トリマツ」は初代の名前から採ったもので、「エムテー」は初代の頭文字（MT）である。一誠氏は「アルファベット表示のMT・Torimatsuの字画が良い」としていた。

鳥部一誠氏の代になる頃には、町の荒物屋、金物屋はなくなり、ホームセンターもやや下り坂になっていく。その頃からは、外食産業のセントラルキッチン、給食関連の食品工場に注目、包装資材部門や厨房大手との付き合いを深めていった。平成の時代は「食」に関する環境が大きく変わり、エムテートリマツは「ファブレスメーカー＆商社」を強く意識し、業務用厨房の領域に展開していった。一誠氏は「色々な需要が出てきている」ことを受け止め、機動力のあるファブレスメーカー＆商社を目指したいと語る。

また、近年はインターネットを通じた海外との企業間電子商取引への関心を深めている。電子商取引は現在ではアマゾンが最大手だが、海外との取引に関してはアリババを使っている。海外の展示会にも参加しているが、来場者はコンサルタントばかりであり、代理店を紹介しても商談にはつながらない。むしろ、アリババを通じてアメリカ、オランダ、中国、タイなど世界中の業者から注文が届く。一つ商品を出すと、他のものはないのかと問い合わせを受けることも多く、鳥部一誠氏は「まるで釣をしているようだ」と語り、その成果に注目していた。現在、ネットを通じた海外の比重は売上額の約15% だが、これを30% に高めることを目指していた。そのためには、企画力、生産・販売の機動力が求められていこう。

▶フードビジネスのプロをサポートするファブレスメーカー＆商社

エムテートリマツの現在の従業員は83人、男女はほぼ半々であった。採用は中途が多く、新卒も募集すれば来るが、複数の企業に応募している者も多いようで、辞退が出る場合が少なくない。4代目に関しては、鳥部一誠氏の子息（26歳）が大学のデザイン学科に進み、プロダクトデザインを学び、卒業後はスポーツ用品の開発に関わりたいとして、現在は他社にいる。プロダクトデザイナーは燕に少なく、エムテートリマツの今後を切り拓く人材として期待されていた。

鳥部一誠氏は「世界中、食品工場はどこにでもある。可能性は大きい」とし、創業82年の現在の年商約30億円を、100周年には100億円を掲げていた。多様な産地問屋が展開する燕において、「フードビジネスのプロをサポートする厨房ツール」の提供を目指し、「ファブレスメーカー＆商社」を強く意識するエムテートリマツは、独自な存在感を示しているのであった。

2. 関連産業の展開

産地が拡大発展していくにしたがい、実に多様な機能が生まれてくる。直接関連する部門だけでも、先の産地問屋に加え、多様な資材関係の生産者・卸問屋・納入業者、また、運輸・物流関係の事業者等が代表的なものであり、印刷業、紙器・ダンボール等の包装資材事業者、不動産業者、弁護士、司法書士、会計士、税理士、社会保険労務士、その他のサービスを提供する存在も派生してくるであろう。これらに加え、産地産業の発展に伴い、飲食業をはじめとするあらゆる事業分野を刺激し、地域の産業全体が活性化し、多様な事業分野が重層的に形成されていくであろう。

他方、地域産業の縮小は逆に作用していく。限界的な事業部門、事業者は退出を迫られ、あるいは事業転換を余儀なくされていく。先の章でみた洋食器メーカーの他分野への転換は、そのようなうねりの中で生じたものであった。そして、それは洋食器メーカーにとどまらず、関連事業部門全体にも及んでいく。この節では、資材部門、運輸・物流部門における新たな取組みをみていくことにする。

(1) 吉川グループを形成し、鋼材卸、生活用品等の生産も
——東京支店の営業を充実、全国を対象に（吉川金属／ヨシカワ）

地場産業地域には、多様な機能が集積していくが、特に重要なものの一つは材料商であろう。これらの材料商は材料の販売ばかりでなく、産地メーカーに受注先を紹介したり、製品の販売まで担う場合も少なくない。燕においては、鋼材卸（ステンレス等）が重要な役割を演じており、特に吉川金属、明道（みょうどう）メタルが知られている。

▶戦後の燕のステンレス産地化を支えた

吉川金属の創業は1946年とされているが、その前身が吉川権太郎商店とし

て既に大正時代に存在している。煙管問屋であった。戦後の立ち上がり以前は、吉川雪松商店の名称であったのだが、戦後の再開時の名称は吉川金属とされていた。戦後の創業者は吉川雪松氏であった。戦後しばらくは輸出できない状態であったのだが、進駐軍の洋食器需要という特需（設営用特需）が発生していった。当初は真鍮素材にメッキ（銀、ニッケル）であったのだが、朝鮮戦争前後から銅の価格が高騰し、ステンレスに変わっていった。

当時、国内では日本ステンレス（直江津）がステンレス鋼を生産しており、そのスクラップを吉川金属が買い取り、社内で圧延して板材として産地のメーカーに供給していった。燕地区では吉川金属が最初のステンレス鋼材卸ということになる。その後、ステンレス洋食器の対米輸出が拡大していく中で、材料部門を担う吉川金属も発展していった。

この間、1952年には自ら洋食器製造に乗り出し、別会社の吉川製作所（現ヨシカワ）を設立している。このヨシカワは最大時には従業員280人ほどに達していたのだが、その後の洋食器市場の縮小により、洋食器の生産は停止、現在ではステンレス主体の多様な業務に就いている。家庭用台所用品、電気温水器、調理場のステンレスフードなどである。ヨシカワの現在の従業員は180人ほどである。

また、1988年には、洋食器を協業組合の形で生産していた近くのカットウェルを買収、吉川金属の100％子会社にし、包丁の柄、防災用品（自社製品のエレベータ用防災キャビネット）の生産に従事している。ここには約30人の

メタルセンター工業団地（旧吉田町）の吉川金属

大正時代の燕の煙管

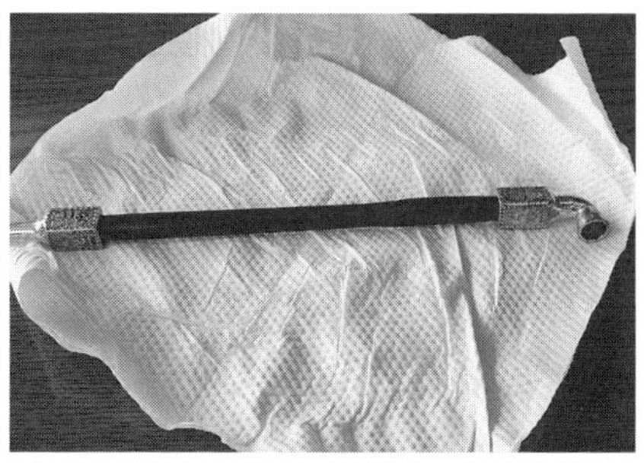

従業員がいる。なお、協業組合とは、戦後の中小企業の近代化促進政策の下で、連続する工程を担う中小企業数社を協業組合として組織し、あたかも1工場のように再編するものであり、大規模化、合理化を進めようとするものであった。中小企業高度化事業の一つとして有利な資金が提供されていた。特に、印刷・製本関連、製靴業関連で推進されたが、現在は株式会社に再編されるなど、ほとんどみられないものになっている。

本体の吉川金属の従業員は約80人であり、グループ全体では約300人ということになる。現在のヨシカワグループの総帥は3代目の吉川力氏（1963年生まれ)、吉川金属、ヨシカワの代表取締役社長に任じている。カットウェルの代表取締役には吉川グループの田邉明氏が就いている。

▶グループ3社で一気通貫を目指す

基幹の鋼材の仕入先は多様であり、日本製鉄、JFEスチール、日新製鋼（現日鉄ステンレス)、日本金属等のステンレス鋼材、チタン材などを仕入れていた。特定メーカーの専属、系列ではなく、独立的にコイルセンターを形成している。受注先の要請により各社のコイル材を調達し、スリッターで必要な幅に切り分け、さらに、シャーリングで切断、プレス機、ターレットパンチプレス等で穴あけ等まで対応している。最大のユーザーは近くの三条の大手暖房器具メーカー、次は神奈川県厚木のトラックの荷台やシャッターを生産している企業であり、その他、燕のステンレス加工企業に広く提供している。

洋食器全盛の頃は、輸出商社がアメリカのバイヤーを連れてくると産地メーカーの取り合いとなり、吉川金属が材料を供給、ヨシカワが梱包して輸出商社に渡すという場合が多かったが、対米輸出が消滅して以来、洋食器メーカーの多くは他分野に変わり、分散化していった。

現在の吉川グループは、3社で材料調達から生産、販売までの一気通貫体制をとっており、特に、この3年ほど前から自社製品の開発を意識し、材料と販売は吉川金属、デザインはヨシカワ、製造はカットウェルの分担のスタイルをとっていた。また、グループ3社を通じて、現在は「実現屋事業部」「ライフスタイル事業部」を形成している。現在のユーザーだけではジリ貧であり、今

ステンレスのコイル材

シャーリング（切断）作業

後は多方面にわたって一気通貫で向かっていくことを意識していた。

実現屋事業部は、「世の中にないもの、あったらいいな」といったものを開発していく。特に、吉川金属の東京支店（草加、以前は墨田区八広）が拠点とされ、営業員15〜16人で対応しており、新たな事業を引き起こしていくことをイメージしていた。ライフスタイル事業部は、ヨシカワの東京支店（八丁堀）が主として営業担当（15〜16人）になり、新たな事業を切り拓いていくことになる。

▶燕をベースに多方面に展開

吉川力社長は「100年続く会社にする」ことを目指しており、「上場はしない」「燕に居続けたい」としていた。かつての燕の洋食器メーカーにステンレス鋼材を提供するものから、吉川グループ自体は全国を対象とするものに大きく変わってきている。その意味では市場は燕から遠くなってきたものの、燕には協力企業が100社ほどあり、「ここでまとめることが可能」と受け止めていた。今後、グループ一体で生き残り、「グループは水道局を目指す」としていた。パナソニックの創業者松下幸之助氏の「いつでも直ぐ水がでる」体制を築くということであろう。

採用については、順調にきていた。2019年4月採用は3人（大卒1人、テクノスクール［職業能力開発校］2人）であった。毎年、2〜3人で推移していた。この他に中途も採用していた。燕・三条地域では「燕三条産業カレンダー」を作成しているが、休日は105日に設定され、各社の事情により調整が原則になっている。吉川グループの場合は、2019年からは120日の休日としていた。関係者からは「待遇が良い」と評価されていた。

このように、当初の燕の洋食器メーカーにステンレス鋼材を提供するという鋼材卸業から、現在は全国を視野に入れ、また、鋼材ばかりでなく多様な生活用品等を生産販売する企業に大きく変わってきた。市場は全国ということになろう。そのため、東京に支店（営業所）を置き、グループ全従業員の10%を東京に配置、活発な営業活動を重ねている。さらに、今後については、新たな時代に則した商品開発に努め、材料から企画・デザイン、生産、販売までを一気通貫でこなしていくことを目指しているのであった。洋食器の燕からの飛躍を目指す一つの取組みとして興味深い。

(2) ステンレス薄板の圧延・加工
——韓国サムソン物産傘下で展開（明道メタル）

大正時代に金属洋食器生産が開始されて以来、燕には原料供給の伸銅所、圧延所が形成されてきたが、現在では地場で成立した洋食器用ステンレス材の圧延等を行なう事業所は、小規模に提供する久保田伸銅所以外に存在しない。現在、三星金属工業（5—1—(3)）は電炉メーカーとなり、鉄筋用棒鋼に転じ、洋食器用ステンレス材の圧延は停止している。また、明道（みようどう）メタルは他産業向けのステンレス材の圧延・加工を行なっている。いずれも、洋食器との関係はなくなっている。さらに、三星金属工業は合同製鐵傘下、明道メタルは韓国のサムソン物産傘下となっているのである。

▶明道メタルの歩みと輪郭

明道メタルの前身は、1899（明治32）年設立の明道ヤスリ製作所であり、明道吉之助氏により開始されている。明治末から大正、昭和にかけての軍需産業勃興期において、ヤスリは不可欠なものとされていた。一時期、燕は日本最大のヤスリ産地とされ、全国の70%程度をまかなっていた。終戦後の1945年には社名を明道金属に改称、1948年には燕の地場産業化をしてきたステンレ

吉村陽三氏

ステンレス薄板の冷間圧延

ス製洋食器、器物にステンレス材を供給する役割を担っていく。1953年には電気炉を新設し、ステンレス鋼の溶解まで行なっていった。ただし、この電気炉は昭和30年代には停止している。その後の、明道メタルの主な歩みは以下の通り。

1966年　冷間4重圧延ロール新設。コイル圧延開始。これがその後の明道メタルの基軸的な事業となる

1967年　20段圧延ロール新設。薄物生産開始

1970年　光輝焼鈍炉（BA）を設置

1982年　テンションレベラー工場を稼働

1983年　冷間4段圧延機をZ—High18段圧延機に改造

2004年　明道メタル㈱を新設し、明道金属㈱より事業継承

2008年　サムソン物産が株式100％を取得

この間、明道家は初代の明道吉之助氏以来、4代を数えたが、明道メタル設立の2004年に、その役割を終えた。洋食器用ステンレス材の生産はこの段階で終了している。現在の事業は、ステンレスを中心にした以下のようになっている。

①　精密圧延……………一般コイル、バネ材の生産

②　流通業務……………薄板・厚板・棒鋼・アングル・パイプ他の販売

③　スリッター…………各種スリット、ラウンドエッジ加工、オシレート加工

④　切削加工……………プラズマ、レーザー、シャーリング

⑤　加工品………………プレス加工、各種加工品

⑥　線材・棒鋼加工……直線カット、ロール研磨

一般的には、大手メーカーのやらないもの、面倒なもの、精度のいるもの、小ロットのものなどに対応している。具体的には、注射針材、自動車部品の駆動輪の止めバンド、腕時計の裏蓋材などである。ちなみに、ステンレス製注射針材のシェアは50％に及び、腕時計の裏蓋材は月産15トン、有力時計メーカーの全世界分を供給している。

▶第四銀行の支援、サムソン物産の買収による支援

このようなステンレスの薄板の圧延の事業は、それほど一般的なものではなく、限られた企業が従事している。この業界の第1位は日本金属（本社東京港区）であり、板橋、岐阜県可児、白河工場を展開、月間4500トンを生産している。第2位がナス鋼帯（大阪市本社、滋賀工場）で月間1200トン、第3位が明道メタルであり、月間1000トンとされていた。この3社が上位3社であり、その他に中小企業が10社ほどある。

2018年12月期の売上額は134億円、従業員は約200人（女性15％）。この明道メタルの前身である明道金属は、2004年4月、第四銀行を中心とした企業群による事業再建支援を受けることになっていった。事業再建のスキームは、「明道金属株式会社は、フェニックス・キャピタル株式会社および当行（第四銀行）の支援を受け、遊休資産などを分離し、平成16年4月1日に明道メタル株式会社として新しくスタート致します[5)]」というものであった。

さらに、2008年には韓国のサムソン物産100％の子会社となっていった。現在の社長の吉村陽三氏（1944年［昭和19］年生まれ）は、和歌山県生まれ。阪和工材（本社大阪市）の横浜の事業所が長かったのだが、2009年9月からサムソン物産の依頼を受けて明道メタルの社長に就いていた。サムソン物産はサムソン・グループのリーダー企業であり、その鉄鋼部門が海外展開において、

圧延ロール／左は使用後、右は使用前

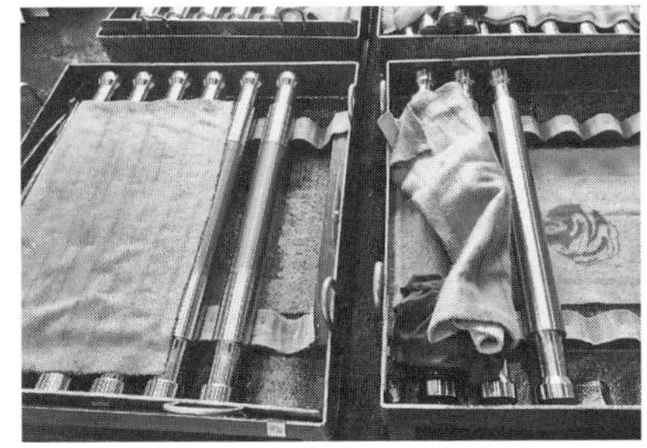

圧延された薄板の巻取り

明道メタルの技術を必要とし、事実上、買収したということであろう。現在、サムソン物産からは韓国人が２人駐在していた。１人は経理・人事等、もう１人は営業統括であった。

燕の洋食器の歴史を支えた主要な材料供給企業であったのだが、洋食器産業が壊滅状態になり、材料供給の機会も乏しく、他の分野に転換を進めてきたものの、なかなか期待通りにはいかなかったということであろう。それでも、設備は老朽化したとはいえ、蓄積された技術は貴重なものであり、他の事業分野で活かされている部分もある。さらに、素材部門はいずれの産業分野においても、技術革新のコアとなっていく。そのような観点から新たな可能性に向かっていくことを期待したい。

(3) ステンレス薄板のコイルセンター
――創業は燕、本社は新潟市（藤田金屬燕支店）

ステンレス製洋食器で繁栄した燕。当然、材料供給部門が成立し、各メーカーに供給してきた。洋食器が激減したものの、現在でも燕を中心とした半径5km の範囲に、ステンレス薄板のコイルセンターが７カ所も展開している。燕地区はステンレスの消費地としては京浜地区、中京地区、阪神地区に次いで全国で第４位の位置にある。半径10km 圏に限ると、燕は日本最大のステンレスの消費地ということになる。ただし、自動車の量産部門はない。

この燕市に、東日本最大の鋼材商社である藤田金屬の燕支店（ステンレス・

特殊鋼事業部）が展開している。

▶東日本に展開する藤田金屬

藤田金屬の創業は1892（明治25）年に遡る[6]。藤田甚蔵氏が燕で創業している。当初は鎚起銅器の生産から始め、その後、ヤスリの製造販売に従事した。1928（昭和3）年には鋼材問屋を兼営していったことも記録されている。戦後は大工道具、農機具関連で再開するが、1947年頃は燕、三条の地域は疲弊しており、これからは「材料」と考え、1948年には新潟市に移転していった。

1949年には新潟切断工場を開設、1954年には東京営業所開設、1958年には長岡営業所、山形営業所を開設、1961年には燕営業所、三条倉庫、1962年には三条営業所、1965年には仙台出張所を開設するなど、東北から東日本全体に支店、営業所、コイルセンターを設置していった。現在はステンレス・特殊鋼事業部、薄板事業部、建材事業部、厚板事業部の4事業部体制をとっている。

ステンレス・特殊鋼事業部は燕支店、関東支店（埼玉県伊奈）、三条特殊鋼センター、薄板事業部は三条支店、長野コイルセンター（東御）、松本コイルセンター、東北コイルセンター（岩沼）、北上出張所、郡山コイルセンター、建材事業部は新潟支店、新潟ヤード重量仮設ヤード、新潟ヤード軽量仮設ヤード、新潟支店岩沼出張所、長岡建材営業所、山形建材営業チーム、秋田建材営業チーム、北陸建材営業所富山ヤード（射水）、北陸建材営業所金沢ヤード（白山）、厚板事業部は、新潟鋼板センター以下、各地にレーザーセンター等が

ステンレスのコイル材

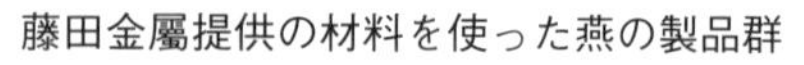

藤田金屬提供の材料を使った燕の製品群

展開されている。鋼材に関し、ほぼ北東北から関東、長野、北陸の範囲に営業所ないしコイルセンター等を配置している。なお、全国的にみても、ステンレス材、鉄鋼材、建材の三つの領域をまとめて扱っている鋼材卸商は他にない。

これだけの事業で、2018年3月期の売上額は366億円、従業員は434人を数えていた。なお、3代目社長の今井幹文氏は2018年に他界され、4代目社長には今井幹文氏の長男である27歳の今井幹太氏（1991年生まれ）が2018年10月に就任している。今井家は創業家の藤田家の縁戚関係にあたる。4代目社長就任にあたり、今井幹太氏は「先代が会社を組織的に管理するために事業部制を敷いていた。事業部長が各部門を統括していたことで突然のトップ交代にも、会社として機能不全となることもなく皆が業務を遂行できている」と語っている。今井幹太氏は青山学院大学卒業後、伊藤忠丸紅鉄鋼に4年ほど所属し、藤田金屬に入社していた。

▶燕支店の機能と現状

明治期に燕で誕生した藤田金屬は、1948年には新潟市に移転していたが、1961年に国鉄燕駅前に燕営業所を開設している。さらに、同年、別会社として燕プレス工業を設立している。これらが、その後、ステンレス・特殊鋼事業部の燕支店として現在の形になっていく。現在の燕支店の陣容は45人（女性5人、事務)、現場は23人、運送は外部の運送会社に委託していた。

ステンレス材メーカーは、平成元年以前は全国7社体制であったのだが、その後、合併等が進み、現在は3社となっている。2019年4月には新日鐵住金ステンレスと日新製鋼が統合し、日鉄ステンレスとなり、その他には日本冶金工業（工場、川崎)、もう一つJFEスチールの3社となった。各社の多少の得手、不得手はあるものの、価格や品質はほとんど変わらないものになってきた。具体的な仕入は中間に商社（伊藤忠丸紅鉄鋼）を入れている。当方は手形で支払い、商社が2%の口銭を取り、現金でメーカーに支払う形になっていた。取扱品はステンレス（ニッケル系、磁気なし）304、430が中心であり、大半がコイル材であった。もう一つはクローム系のニッケル材（磁気あり）である。

販売先の70%は新潟県内であり、県外（関東～東北）が30%程度となる。

コイル材をスリッターにかける

プレス加工も行なう

なお、燕だけでユーザーは110件にのぼる。50代後半の燕支店長によると、「入社した1990年代の初めの頃は器物が全盛であり、航空機の食器にステンレス製が使われていたものだが、9.11の同時テロ以降、ステンレス材は使われなくなってきた」「当時は洋食器、器物で月に1000トンは出たが、現在は洋食器に限ると5トン程度。むしろ、建築金物系が月に300〜500トン単位」としていた。建築金物の鉄からステンレスへの転換、また、精密鈑金が盛んになり、ステンレス使用も増加している。それでも、リーマンショック後はトータルで10％前後減少のようであった。燕支店は2019年4月は4人、大卒1人、高卒3人を採用した。将来を考え、採れる時に採っておく構えであった。

▶各事業部、支店ごとの付加価値の獲得課題

藤田金屬は東日本全体に支店、営業所、コイルセンターを展開していることにより、互いの連携が取れている。ステンレスの取扱は燕支店と関東支店以外になく、東北方面の支店から紹介されることも少なくない。藤田金屬は事業部カンパニー制を採っていることから、事業部単位で将来を構想していくことになる。ステンレス・特殊鋼事業部の場合、全体的に市場が縮小しており、出来るだけ2次加工、3次加工を加えた付加価値の取れる形をイメージしていた。このような点は支店単位で考え、事業部でまとめていくことになっていた。半製品を届ける、あるいはＭ＆Ａも視野に入っているようであった。

かつてのように、仕入先が多く、価格、品質に差があり、それをうまく組み

合わせながら利益を出していくということは望みにくくなっている。仕入先が限られ、価格、品質も平準化し、利益を得る場面が少なくなってきた。さらに、成熟化、人口減少が事業機会の幅を狭めている。このような事情の中で、鋼材商社にも付加価値を得るための努力が求められているようであった。

(4) ステンレス圧延の中小メーカー ——地場に加え、海外にも展開(久保田伸銅所)

燕の洋食器産業化が進む中で、関連産業が成立してくるが、その一つに金属材料の圧延加工がある。当初は1926(大正15)年の燕洋食器組合の設立と同時に共同伸銅所が設置され、組合員の材料供給に重要な役割を果たした。戦後になると、民間の伸銅所が設立されていく。当初は真鍮材の圧延であったのだが、朝鮮戦争以後は材料転換が起こり、ステンレスの圧延に変わっていった。だが、その後、燕の洋食器生産は停滞し、韓国、中国、インドネシア等に移管され、当初は日本から材料を供給したものの、現在では各国に材料メーカーが成立し、洋食器関連のステンレス材の海外への供給はゼロとなっている。

そのような枠組みの中で、燕のステンレス圧延業は難しい事態に直面している。

▶産地の材料部門を担う

久保田伸銅所の前身はヤスリ製造であり、現2代目社長の久保田元雄氏(1957年生まれ)の祖父の時代は、燕の中心部の中ノ口川に沿ったあたりでヤスリ工場を経営していた。父の久保田元作氏(1918[大正7]年生まれ)は第2次世界大戦時は満州、南方に派兵され、終戦を満州で迎えた。その後、シベリアに抑留され、1949年に帰還している。久保田元作氏は戦前に燕の共同伸銅所の営業を務めており、家業のヤスリは難しいと判断、しばらくは東陽理化学研究所[7]の設立に関わっていた。

その後、材料関係で独立したいということになり、1951年、1人で久保田元作商店を始めている。特殊鋼メーカーから材料を買い取り、共同伸銅所で圧延してもらい、それを洋食器メーカーに販売していった。その後、資金も貯まり、

右から２番目が久保田元雄氏、右が村山充氏、左が久保田明広氏

協力者もいたことから圧延工場の計画を作り、1959年には圧延事業の久保田伸銅所を設立していった。さらに、1967年には旧吉田町に吉田工場（圧延工場）を設置している。現在の久保田伸銅所の配置は、旧自宅のあった所に本社、さらに、吉田工場、西燕工場（熱処理、研磨）の３カ所体制となっている。吉田工場が上工程、西燕工場が下工程となる。

なお、圧延事業の流れは以下の通り。主力のホットコイル材については、6段冷間圧延を行ない、レベラーカットしていく。さらに、これらは熱処理（焼鈍）し、表面研磨され、切断、梱包、発送ということになる。主要設備は、6段冷間圧延機（日立製作所）、２段冷間圧延機４台（日立製作所）、連続焼鈍炉２台（東築工業）、表面研磨機（大石鉄工所）、ショットブラスト（新東工業）、酸洗設備（東邦工機）、ロール研磨機（シギヤ精機）、レベラーカット（住倉工業）、シャーカット（相沢鉄工所）などであった。

▶地元の洋食器対象から、新たな領域に向かう

創業からしばらくは洋食器材料100％であったのだが、その後、洋食器の生産が韓国、台湾に移行していく。この間、韓国、台湾への材料供給もあったのだが、その後、国産化され輸出はゼロになっていった。さらに、洋食器生産は

韓国、台湾から中国、インドネシア、ベトナムに移行していった。現在では洋食器材の海外輸出はゼロになっている。この間、新たな販売先、新たな地域を模索したのだが、思うような成果をあげていない。最盛期の頃は従業員50人ほどを数えていたのだが、現在は23人（女性5人）となっている。

現在の事業分野は、洋食器関係が20%、包丁、ハサミ、医療機器等の刃物が40%、度器、園芸用品その他が40%の構成である。なお、久保田伸銅所は器物の材料は扱っていない。販売先の地域は、新潟県内50%、県外（関、三木など）20%、輸出（ASEAN、中近東）30%であり、県外、輸出は刃物材が中心であった。刃物材はライバルが多く、高級材は福井県武生がある。燕、三条地域では、燕の明道メタル、アイチテクノメタルフカウミ（愛知製鋼系）、三条の野水工業があり、4社で燕圧延工業組合を組織していたこともあるが、現在は解散していた。当方は量産向けの中低級材を得意としている。ユーザーは燕、三条地域では度器関係、刃物関係であり、県外では岐阜県関（問屋）が多い。

洋食器の停滞以降、試行錯誤を重ねているが、今後は新しい分野、地域を模索することを目指していた。特に、海外にチャンスがありそうだとみていた。久保田伸銅所は何にでも対応可能な設備を有していることから、ステンレス材以外の金属、例えばチタンなどにも取り組んでいきたいとしていた。

現在、会社には社長の久保田元雄氏を始め、長女（事務）、姉の子息（甥）の村山充氏（1979年生まれ）、長女の連れ合いの久保田明広氏（1988年生ま

6段冷間圧延工程

圧延の追加工

れ）の４人が入っている。村山氏は燕の出身、東京の大学を卒業し証券会社に８年ほど勤め、９年前に入社してきた。主として対外関係業務に従事していた。久保田明広氏は狭山市の出身、東京の大学（商学部）を卒業し、警備会社を経て３年前に入社していた。

洋食器事業は相当に縮小し、現在では刃物関係が重点になっている。村山氏が入ってからは刃物材の海外輸出も増加している。そのような点に着目し、多様な特殊材の加工のノウハウを高め、また、海外市場の掘り起こし等に努め、次の可能性に向かっていくことを期待したい。

(5) 燕産地の発展と共に歩み、東日本全体を視野に
――パッケージ部門で存在感（ほしゆう）

地域で特定部門の産業が発展・集積してくると、周辺に関連産業部門が登場してくる。ここで検討する「ほしゆう」の場合は、燕の洋食器産業、三条の刃物、作業工具産業の発展の中で、そのパッケージ部門を担うものとして歩んできた。だが、主力の洋食器産業は1985年のプラザ合意以降の円高で衰微し、また、1990年代の後半の頃からは中国からの輸入も拡大、地域の仕事が漸減していく中で、蓄積された技術と生産能力を発揮させていくために東京方面、さらに、東北などの東日本全体に視野を拡げ、パッケージ、POP、販促用什器等の領域で新たな可能性を切り拓いていた。

▶燕、三条地域の歩みに寄り添って発展

パッケージ、特に箱もの（紙器といわれた）の場合は、箱自体は空気運ぶために需要地に立地することが合理的であり、かつては日用財の一大生産地を形成した東京下町の墨田区のあたりに大量に発生した。家庭内職などによるいわゆる「貼り箱」という世界であった。だが、技術革新の中で、箱の世界もホチキス止め、組立箱、たたみ箱（糊付け）、また、ダンボール箱が登場し、事業としての拡がりが大きくなり、空間的な供給範囲も大きく拡がっていった。特に、表面に印刷していくための印刷部門などが一体化され、ダンボールなどでは自動化も進み、狭隘な東京下町では限界があり、近年は地方の大きな工業団

燕本社内のショールーム

地の中で生産されている場合が少なくない。箱の需要地立地の概念は大きく変わっていった。

「ほしゆう」の創業は1957年、星野雄二氏が旧吉田町の一角で星雄紙器の名称の個人営業でスタートしている。燕、三条地域の地場産業にパッケージを供給するものであった。この星野氏の兄は晒工場を営んでおり、当初はその端ぎれ、作業用軍手などを洋食器工場に供給するところから始めた。その後、燕の洋食器の対米輸出が活発化する中で、スプーン、フォーク等の輸出用ダース箱（白い紙箱）の生産をメインにしていく。1967年にはオフセット印刷部門、ダンボール部門に拡大、1969年には現在地の燕市吉田東栄町に移転し、1977年には法人化している。㈱ほしゆうへの改称は1991年、星野雄二氏の名前から採った。

洋食器でスタートした燕は、そのプレス技術を応用し、器物にも展開していく。その海外輸出用の箱の生産も始まり、さらに、国内的にはブライダル需要が高まり、美粧ケースの必要性も生じていった。そのような事情からオフセット印刷部門を充実させた。ほしゆうは常に燕、三条の地場産業の発展動向に寄り添って事業を展開していった。この間、初代の星野雄二氏は1990年に他界、夫人の星野恵子さんが継承し、その後、1997年に子息の星野光治氏（1961年生まれ）が3代目、実質2代目を継いでいる。

▶地場産業の関連部門として育ち、より広い範囲に向かう

2000年代に入る頃になると、洋食器、器物は中国からの輸入が増え、パッケージされて輸入されることから、地元でのパッケージの仕事が減少していった。そのため、他分野を模索し、新潟には「鏡餅」「清酒」が多いことから、食品、土産物、特に食品のパッケージに注目していく。この点、ほしゆうは「地元の洋食器、器物の発展で形成した生産力を、その後は食品等に展開、市場も東日本全体に拡げた」としていた。

リーマンショック直前の頃の売上額は20～21億円であったが、2017年は24億円に拡大していた。領域別の売上額の構成は、食品関係60%。この部分には農産物の山形のサクランボ用パッケージなども含まれている。現在では燕、三条関係は15%程度に縮小していた。10年前の従業員は100人前後であったが、2018年末では116人、女性が30%程度であった。採用は比較的順調であり、2018年度は現場3人、管理・営業部門4人の計7人を採用していた。

このように従来の地元中心の事業から、関東から東日本を営業範囲とするようになり、1988年には東京営業所（6人、当初浜松町、現在麹町）、1998年には秋田営業所（4人）を設置している。東京営業所には魅力的な展示ブースも展開している。秋田営業所はかつて秋田の包材商社と一緒に営業していたが、そこの社員が独立してほしゆうの仕事がしたいということで、営業所とした。

独 Heidelberg の6色オフセット印刷機

紙箱の折りの工程

従来は仙台と札幌に営業所を置いていたのだが、現在は閉鎖し、秋田営業所が東北から北海道を視野に入れている。

工場と機械設備は壮大なものであり、主要工程は内部化しているが、一部オフセット印刷を三条の企業に外注、また、抜き型については、燕の専門業者に依存していた。この燕、三条地域は洋食器、器物、刃物、作業工具といった領域で、日本を代表する地場産業を発展させたのだが、ほしゆうレベルの規模のパッケージ関連の企業を他に2社生み出している。燕に2社、三条に1社の計3社が、地場産業で育ち、そして、いずれも東日本、全国へと展開しているのであった。狭い空間的な範囲で生まれ育った地場産業地域の中小企業が、母体の事業が縮小していく中で、新たな可能性を見出し、より広い範囲を視野に入れて踏み出したケースとして、このほしゆうの取組みが注目される。

(6) ダンボールの一貫生産メーカー
——国内から海外まで（森井紙器工業）

ダンボール製造の最大手のレンゴーが設立されたのは1909年、日本のダンボールの歴史はここから始まる（草分けのレンゴーは「段ボール」と表記している）。かつて、輸送用の箱としては木箱、紙箱が使われていたのだが、現在ではダンボールの比重が圧倒的に高い。ダンボールの市場はほぼGDPの動きにリンクしており、縮小傾向の紙の部門の中で、唯一ダンボールだけはマイナス成長になっていない。現在でも、毎年、1〜1.5%の成長は確保している。業界全体でみると、60%強は食品及び食品加工部門に使われている。通販、宅配用のシェアは7%程度だが、現在は二桁成長にある。なお、日本のダンボールの回収、再生は世界最高とされ、回収率は95%、再生率は92%に上っている。

地場産業の発達した燕で、森井紙器工業がダンボールの原紙から製品までの一貫工場として発展してきた。

４代目社長の森井康氏

ダンボール原紙生産のコルゲートマシン

▶森井紙器工業全体の事業の輪郭

森井紙器工業の創業は1919年、現４代目社長森井康氏（1965年生まれ）の曾祖父森井富作氏が当時の燕の地場産品であった煙管、ヤスリ、茶こしなどを入れる紙箱の製造から始めた。その後、紙器、貼箱等、多様な包装材の生産に向かったのだが、1963年に経営危機に直面する。1965年、その後３代目社長となる森井富夫氏（1939年生まれ、現特別顧問）が富山で修業した後に家業に戻り、ダンボール生産に集中していった。当時、輸送用の箱は木箱が主流であったのだが、このダンボールへの転換が大きな転機となった。

1980年には現在地の吉田金属センター工業団地に移転、オイルショック時にダンボールの原紙が入らないこともあり、この段階でコルゲートマシンを導入して原紙の生産に入り、ダンボール製造の一貫生産工場となった。国内向けは新潟県内を中心に山形、福島、秋田、富山、長野あたりまでである。売上額は2014年の28億7000万円から、2018年度は30億6000万円と増加を重ねていた。従業員は110人、生産工場は燕市吉田地区に３工場。山形（鶴岡）、東北（寒河江）、東京（新橋）の３カ所に営業所がある。なお、山形に２カ所の営業所があるが、寒河江はサクランボ、ラ・フランス、リンゴ等の果樹が多く、それらに対応するものとして設置されている。また、グループ会社として、運輸のモリックス運輸（35人）、印版製造、インキ調色のペック（７人）、小ロット対応のオーエムパック（30人）があり、グループ全体の従業員は180人を数える。

業界全体では食品関係が60％とされるのだが、森井紙器工業の場合は、食品・食品加工21％、電気製品20％、金属等加工製品16％、同業者13％、商社10％、青果物9％などであった。生産力の大きいダンボールメーカーとして、幅広い供給先を得ていた。1日の生産種類は約500種、繁忙期には700種に達する。最小の受注ロットは300m、能力の高いコルゲートマシン、さらに、印刷機（三菱重工製EVOL）を備えて対応していた。

この他に、2002年には香港に森井香港有限公司を設立、2006年には中国現地法人の森井包装設計（深圳）有限公司を設立している。この香港、深圳展開は取引きのあった市内企業が現地に進出していたが、当時、現地でダンボールの調達に苦慮しており、そのサポートを意図して進出した。森井包装設計が企画、設計し、現地のダンボール工場に生産委託し、進出している大手日系電機メーカーに供給するというものである。

▶ダンボールを軸にする可能性と拡がり

4代目社長の森井康氏は中学校までは燕、高校は野球がしたく金沢の星稜高校、大学は拓殖大学商学部に進んだ。卒業後は伊藤忠紙パルプで財務、経理を経験し、4年で家業に戻っている。製造2年、その後は営業を中心にしてきた。さらに、数年前には中央大学大学院経営学修士コース（MBA）を修了している。

近年、ダンボールへのニーズが変わってきており、必要なものをピンポイントで提供していくことが求められている。その意味では多種少量化が著しい。森井紙器工業では1個からやる構えであった。また、災害時にはダンボール製の仮設ハウス、仕切り、ベッド等が必需品になってきている。素材としてのダンボールの可能性の幅は広い。小ロット対応に加え、多様な用途に向けた設計能力の充実も課題であろう。また、意外な領域の事業者とのネットワークの拡がりも最近の傾向であり、モノづくりだけではなく、コトづくりも深く意識していた。

ダンボール原紙の製品

三菱重工製ダンボール印刷機 EVOL

採用に関しては、近年は毎年５人ほどを安定的に採っていた。2019 年４月の実績では大卒３人、高卒２人であった。従業員の平均年齢は 35 歳、60 歳定年制だが、５年延長としていた。また、４代目の森井康氏には３人の子供（男性）がいるが、長男（27 歳）は東京の商社、次男（25 は歳）東京の金融機関、3 男（19 歳）は大学１年生であった。長男は戻る方向であり、あと 2〜3 年としていた。

地場産業を支える紙箱業者としてスタートし、50 年ほど前にダンボールに転換、その後、原紙から箱の生産、輸送までの一貫生産企業として歩み、大きな生産力を背景に多様な領域に踏み込んできた。対象領域も幅広く、多種少量にも対応し、次の課題も深く意識しているのであった。

（7）つばめ物流センターの中核的物流企業
——国内物流を担う（中越運送燕ロジスティクスセンター）

産業活動において、物流及び物流企業の重要性が高まっている。かつての物流企業は荷物を運ぶ「運送業」であったのだが、現在では国際物流（通関等を含む）から、機械設備の設置、試運転、さらに、製品の組立、検品までを行なう場合が少なくない。つばめ物流センターには有力な物流企業が立地しているが、その代表的な存在が中越運送の燕ロジスティクスセンターであろう。

▶中越運送の輪郭と燕ロジスティクスセンター

中越運送の創業は1951年、区域事業の免許を取得し、三条市で設立された。翌1952年には加茂町（現加茂市）に本社を移転、さらに、1964年には本社を新潟市に移している。その後の展開は活発であり、新潟を中心に全国各地に支社、営業所、物流センター等を設置していった。東京支社（荒川区）には土浦営業所、宇都宮物流センターをはじめ15拠点、関西支社（寝屋川）には大阪営業所、名古屋営業所、富山営業所、長野営業所等15拠点、新潟支社（新潟）には、柏崎物流センター、燕ロジスティクスセンター、三条物流センター等をはじめ24拠点、その他、国際事業部門として、国際事業部（新潟）、三条燕通関営業所（三条）など4拠点と上海、広州、ホーチミン事務所を構えている。さらに、観光部門にも進出しており、新潟グランドホテル、新潟トラベル、中越交通、万代タクシー、朝日交通なども展開している。いわば、物流から観光にかけての総合的な企業グループということになろう。

営業品目としては、貨物自動車運送事業、貨物運送取扱事業、倉庫業、通関業、航空運送代理店業、梱包荷造包装業、自動車分解整備事業、不動産・施設の賃貸業、損害保険代理業、産業廃棄物収集運搬業等とされている。従業員は約1200人、車両台数約800台等からなっている。

つばめ物流センターの中越運送燕ロジスティクスセンター

このような枠組みの中で、燕ロジスティクスセンターは、中越運送の新潟支社に属し、燕市内を中心に弥彦村、新潟市西蒲区のあたりを対象に国内物流に任じている。燕からは北海道、九州は中1日、沖縄は中6〜7日となる。なお、国際物流は三条の三条燕通関営業所が担うことになる。燕ロジスティクスセンターは燕地区の輸出輸入貨物は預かるが、コンテナで燕〜新潟臨港間を運ぶ。輸入は中国から、輸出は東南アジア向けが多い。この部分は燕ロジスティクスセンターの売上額の10%程度だが、拡大基調であった。

▶燕ロジスティクスセンターの役割

燕ロジスティクスセンターの従業員は105人（男性70%）、約半数は運転手であり、自動車は約80台を数える。4トン車が40台、その他は2トン車、10トン車等であった。操業は24時間体制であり、夜間も5〜6人で対応している。夜間に入ってくる荷物も少なくない。倉庫は自社倉庫3500坪（2〜4階）以外に2700坪、800坪がある。倉庫の面積は全体で8200坪ということであろう。なお、燕ロジスティクスセンターの最有力ユーザーである遠藤商事、江部松商事は自前の倉庫を持っており、燕ロジスティクスセンターの倉庫は利用していない。また、燕ロジスティクスセンターと遠藤商事は隣接しており、フェンスを外しフォークリフトで荷物を動かしている。燕ロジスティクスセンターの売上額（物流費）は月1億8000万円にのぼり、オール中越運送の事業所の中でトップとなっていた。なお、物流企業の利益率は2〜4%程度とされている。

燕ロジスティクスセンターの主たるユーザーは、つばめ物流センター、吉田メタル工業団地、さらに、小池地区、弥彦村の企業であり、これだけで取扱額の75%はいく。1日あたりでみると、貸切が20〜30台／1日、全国配送が10トン車20〜30台／1日であり、多い日には九州に10トン車4台が行くこともある。例えば、遠藤商事の部厚なカタログは5冊単位にまとめられ、10トン車8〜9台で全国に小口輸送されている。中越運送の判断では、「思っている以上に、燕からモノが動く」とされていた。また、つばめ物流センターの企業と燕ロジスティクスセンターとは共同集荷・共同配送の体制もとっているのであった。

ユーザーからは「引き取り時間が早くなってきた。中小ロットを受けてくれない」といわれ、物流企業からは「ユーザーのリードタイムが厳しくなってきた」とされる。世の中のスピードが早くなり、小口化し、周辺のサービスも必要になるなど、物流をめぐる動きは活発化している。そのような場の担い手として、物流企業に期待される点は大きい。

(8) 地場の金属物流から、国際物流、組立・検品業務
——3代目が上海で修業し、新たな可能性を拓く(ツバメロジス)

地方の地場産業地域では、その生産資材の搬入、製品の輸送等に関わる運送業者が成立してくる。燕の場合には、金属洋食器生産のためのステンレス鋼材の調達・輸送、さらに、製品の輸出のための名古屋港への輸送が本流であったために、そのような物流業務が成立していった。だが、1985年のプラザ合意以降、輸出業務はほぼゼロになり、産地の構造転換が求められた。物流業においても取り扱う品物がなくなり、新たな取組みが求められていった。小さくなった地元の仕事に固執し、縮小均衡を求めるか、大手の物流事業者の下請に転じるか、あるいは、全く別の領域を切り拓くかの選択を迫られることになった。

このような事情の中で、後に3代目社長となる若者が中国上海で物流・検品業務の修業を重ね、「国際物流」の可能性を痛感、さらに、中国・アジアからの製品輸入に伴う不良品の多さを受け止めた「検品」業務の重要性を見極め、新たな事業体に転換していった。

▶ツバメロジスの歩みと事業の輪郭

ツバメロジスの創業は1962年、金属洋食器の生産、対米輸出が活発な頃であった。寺泊出身の山田正茂氏が燕で商売をやることを意識し、燕に向かい、燕鋼材運輸㈱を設立、金属専門の運送会社としてスタートする。名古屋の鋼材屋から鋼材を預かり、燕の洋食器メーカーに届け、さらに、輸出用洋食器を名古屋港に運ぶという仕事であった。当時は運送だけの仕事であった。

その後、洋食器の輸出はほぼなくなり、2007年頃までに平台のトラックから箱型のトラックに替えた。その頃から吉田地区の富士通フロンテック(第5

3代目社長の山田剛弘氏

ツバメロジスの本社

資料：ツバメロジス

章1—(4)）製のATMを運ぶ仕事が中心になっていった。当時は、10トントラック40台ほどを数えた。名古屋を往復する洋食器の運送の仕事から、地元の富士通フロンテックの製品を全国に輸送する仕事に変わっていった。当時は輸送のみであり売上額は7億円ほどであった。2代目社長の山田貢一氏（1954年生まれ）が洋食器以後を切り拓いた。

3代目の山田剛弘（よしひろ）氏（1983年生まれ）は、地元生まれ、新潟高校を経て金沢学院大学経営情報学部を卒業している。卒業後は金沢で佐川急便に勤め、セールスドライバーを1年経験、2007年に家業に入った。その頃、2代目社長の友人が上海で日本向け輸出の家庭用品の検品事業の会社を始めることになり、山田剛弘氏を出向で出すことを求められた。仕事はパール金属（三条）、海外にも展開している家具、衣類、日用雑貨を扱う大手小売業向けのものであり、日本人2人でスタートし、その後、ツインバード工業の広東省深圳〜東莞の委託工場（約30工場）のものも手掛けるようになり、スタッフは40人ほどになっていった。

この中国での経験は大きなものであり、山田剛弘は2009年に家業に戻り、隣の敷地（元紙問屋）を買収、約50人のスタッフで新潟検品物流センターを開設している。組立、検品業務であり、当初は国内向け雪止金具、照明器具等からスタートした。この間、1988年には鋼材のシャーリング機を導入、厚物鋼板の切断事業を開始、1996年には倉庫業務の認可、1999年には産業廃棄物の収集運搬業務の認可、さらに、2007年には社名をツバメロジスに変更している。また、国際物流業務は2017年から開始し、同時に上海法人（上海燕好企業管理有限公司）を設立している。この上海法人は、物流、輸入（調達）業務に就いている。これらを重ね、ツバメロジスは「海外から国内までの一貫したロジスティックス」企業に変身していった。

▶国際物流から検品業務まで展開

現在のツバメロジスの従業員は140人（うちパートタイマー50人）、輸送が70人、売上額9億円、倉庫10人、3億円、国際物流（フォーワーディング）5人、1億4000万円、検品（組立）5人＋パートタイマー50人、1億円の計約15億円規模となっている。現在、国際物流は日中間が中心であり、無印良品の中国輸出（菓子類など）から開始し、現在では毎日40フィートコンテナ1台を動かしていた。大手の物流業者は中国に着いた後がなかなかできないのだが、ツバメロジスはその部分を手掛けていた。

また、中国製については、雑貨家庭用品は20%程度の不良品がある。自動車のシートの縫製品は20%程度の不良、また、中国ローカルの電気・電子部品は1〜2%程度の不良とされていた。電気・電子部品の場合は、装置型の生産方式を採用している場合が増え、生産も安定してきたが、雑貨・繊維・家庭用品等は依然として労働集約的な生産方式を採っている場合が多く、不良が発生しやすい。また、電気の事情の悪いところでは、停電等によりミシンのトラブルが発生し、不良が大量に出ることも少なくない。これは中国に限らず、ASEANあたりでも生じている。このような事情から、特に、繊維、日用品等は検品の重要性が高まり、第三者検品機関による検品を経ないものをユーザーは受け取らなくなっている。ここに、新たな事業分野として「検品」の重要性が高まっている[8)]。

現在、この検品に関しては雑貨、日用品が中心だが、産業用としては、地元のパナソニック、北越工業のものを手掛けている。将来的には航空機部品あた

ツバメロジスの構内

検査物流センター

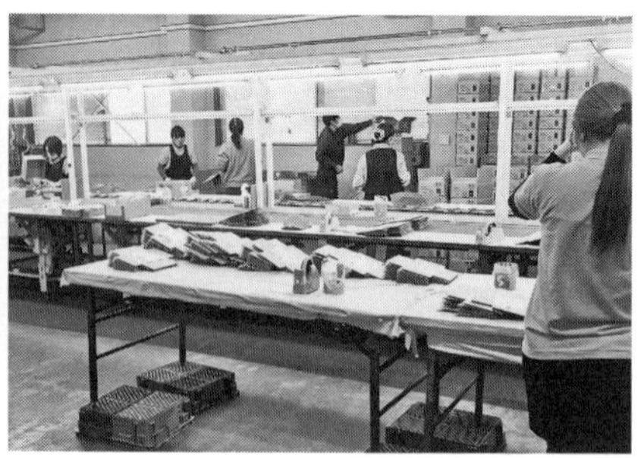

りまでを意識していた。

▶アジア、中国の拡がりと新たな可能性

1990年頃までは、日本の国際物流は対米輸出が中心であったのだが、1990年代中頃以降、アジア、中国の比重が増えてきた。日本企業のアジア、中国進出・現地生産・日本への輸入、また、中国ローカルへの生産依存等が高まり、さらに、2010年代に入り、アジア、中国が市場となり日本製の輸出も増えている。このような事情の中で、国際物流は拡大し、特に、途上国内における物流の取組みの重要性が高まっている。現地工場、ユーザーまでの物流、機械設備の設置・立ち上げ・保守、さらに、現地の生産工場の生産管理技術の指導、通関、フォーワーディング、そして、検品・修正業務等が大量に発生している。

このような事情の中で、物流企業の担う領域が拡大深化している。上海で現地の物流、生産の現状を経験してきた若者が、新たな課題と可能性を受け止め、興味深い事業に取り組んでいるのであった。なお、山田剛弘氏は、2019年5月に3代目社長に就任した。

3. 産地組合、支援機関等

戦後の燕市をめぐる産業関連の組合、支援機関（施設）等は、以下のように設置されていった。

1949年　燕商工会議所設立

1957年　日本輸出金属洋食器調整組合設立（現日本金属洋食器工業組合）
　　　　燕プラスチック工業協同組合設立

1960年　吉田商工会設立、分水商工会設立

1962年　新潟県立燕工業高等学校開校（2004年、三条の県央工業高等学校に統合）

1964年　日本輸出キッチンツール工業組合設立（現日本金属ハウスウェア工業組合）

1973年　燕市産業史料館開館
　　　　燕商業卸団地協同組合設立（現協同組合つばめ物流センター）

1988年　新潟県県央地域地場産業振興センター設立（現燕三条地場産業振興センター）

1990年　燕研磨工業会設立

2007年　燕市磨き屋一番館開設

2018年　つばめ産学協創スクエア開設

これらの中で、燕の事業者団体としては、燕商工会議所、吉田商工会、分水商工会、日本金属洋食器工業組合、日本金属ハウスウェア工業組合、協同組合つばめ物流センターがある。そして、技術支援、ビジネス支援団体が燕三条地場産業振興センター、人材育成としては、燕市磨き屋一番館、つばめ産学協創スクエアが用意されている。なお、県立燕工業高等学校は三条市の県央工業高等学校に統合された。現在、燕市には、大学、高専、工業系の高校、さらに、職業能力開発校（旧職業訓練校）はない。

本節では、これらの中から、いくつかの組合、支援機関等をみていく。

（1）日米経済貿易摩擦対応のスキームを作る
——1990年代中頃に組合の役割が変わる（日本金属洋食器工業組合）

21世紀に入り2010年代の後半になって、米中経済貿易摩擦が重大な問題になってきた。振り返ると、第2次世界大戦後の国際経済貿易摩擦としては、日米経済貿易摩擦が焦点であった。日本製品がアメリカに集中豪雨的に輸出され

たため、アメリカ政府が国内事業者保護のために関税などにより輸入規制を行なおうとするものであった。戦後の世界の経済体制はGATT＝WTO体制による「多国間自由貿易」の推進とされているのだが、そのGATT＝WTOの主要なプレーヤーであったはずの日米が保護貿易的な方向に向かうという、一見、奇妙な取組みが重ねられてきたのであった。

▶日本金属洋食器工業組合の前史／1926年設立の燕洋食器工業組合

戦後、対米経済貿易摩擦に対応することを目的に、1957年、日本輸出金属洋食器調整組合が設立されるが、それ以前の1926（大正15）年には「燕洋食器工業組合」が設立されている[9)]。この組合は、第一次世界大戦後の大不況により国際経済が悪化し、政府は国際収支改善のための中小企業輸出振興対策として「輸出組合法」「主要輸出品工業組合法」を施行する。この法律により全国の中小企業業種22業種が指定となり、新潟県では燕の金属洋食器が唯一指定された。

これに対し、業界は速やかに組合設立準備に入り、1926（大正15）年、燕洋食器工業組合を設立、全国で8番目の認可となった。併せて、共同施設として共同伸銅所が設置され、主原材料が共同施設により供給されていった。組合

かつての日本金属洋食器工業組合会館

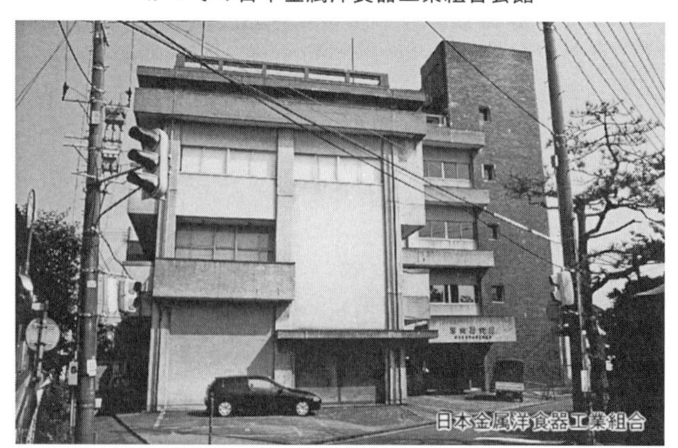

資料：日本金属洋食器工業組合

は輸出振興基本対策に基づき、「秩序ある輸出市場の確立」と「輸出品の検査業務」を実施し、品質の向上、企業の安定を図っていった。

戦後は、アメリカの対日輸入制限に対応するために全国組織の日本輸出金属洋食器調整組合が1957年に燕に設立され、燕洋食器工業組合の業務は新組合に移行した。旧組合は共同伸銅所の材料供給業務のみを継続していったのだが、戦後の1950年頃以降、素材が真鍮からステンレスに劇的に転換、伸銅業務は廃止に至った。そのため共同工場はステンレス圧延設備に切り換え、ステンレス素材の圧延とステンレス材供給業務に転換したのだが、ステンレス素材の商品が広く出回るようになり、旧組合は1992年に解散に至っている。

▶輸出自主規制の仕組み

日米経済貿易摩擦といえば、1970年代の繊維製品、1980年代〜1990年前後の半導体、工作機械、電動工具、自動車が思い浮かぶが、戦後の最初の日米経済貿易摩擦は、金属製洋食器を焦点とするものであった。その背景と具体的な歩みは第2章で詳述したが、日本側がアメリカ側の受け入れられる輸出数量を提示し、日本側は輸出カルテル（組合）を形成、組合員間で輸出量を割り当てるというものであった。なお、日本の独占禁止法では「カルテルは原則禁止」とされているのだが、二つだけ適用除外がある、一つが輸出カルテルであり、もう一つが中小企業による共同行為（中小企業協同組合法）であった。

そして、1959年のアメリカによる金属洋食器の関税割当制度の実施以降、日本側は全国の金属洋食器輸出業者による協同組合（1957年当初は日本輸出洋食器調整組合、1958年に日本輸出金属洋食器工業組合に改称）を結成、その本部を燕市に置き、日本側の輸出事業者による「輸出自主規制」を重ねてきたのであった。振り返ると、この対米「輸出自主規制」というやり方は、1950年代後半の時期に金属洋食器を焦点に編み出され、その後に続く繊維、カラーTV、半導体、工作機械、電動工具、自動車等に適用されていったのであった。

ただし、金属洋食器についていえば、1973年の変動相場制への移行後の円高、さらに、1985年のプラザ合意以降の円高の中で、実質的に対米輸出はゼロになり、輸出自主規制の意味はなくなっていった。輸出割当を行なっていた日本輸出金属洋食器工業組合の意義は乏しくなり、1979年の段階で、さらに名称を変更、現行の日本金属洋食器工業組合に変更していった。

▶円高により自主規制の意義がなくなる

この点、この間の組合員数の動きが興味深い。

1956年に米国洋食器製造業者が輸入制限を求め始めるが、その翌年の1957年7月に日本輸出洋食器調整組合が設立されている。当初、組合員73名で出発している。1959年11月にアメリカは洋食器の対日関税割当制度を実施するが、この年には組合員は倍増し176名となった。その後、組合員数は微増していくが、第1回目のアメリカの割当制度廃止（1967年）の頃には組合員は214名になっていた。さらに、アメリカが関税割当制度を復活させた1971年には組合員は247名とピークを迎えたのであった。

そして、変動相場制による円高が始まった翌年の1974年には226組合員に減少、その後、円高効果により実質的に輸出自主規制の必要性がなくなってからは組合員の減少が重なり、「金属洋食器の輸出検査品目からの削除（1994年）」「輸出入取引法の廃止（1995年）」「輸出デザイン法の廃止（1997年）」と続く中で、1997年には105組合員になっていくのであった。1973年以降の円高、1985年のプラザ合意以降の一段の円高と続き、金属洋食器の対米輸出はほぼゼロになっていった。組合により緻密に集計されていた生産、輸出統計等も1995年前後には廃止されていった。そして20年が経過し、2018年現在の日本金属洋食器工業組合の組合員数は39組合員に減少している。

▶1990年代後半の日本金属洋食器工業組合をめぐる状況

私は1997年8月に、日本金属洋食器工業組合を訪れ、当時の第7代理事長であった青柳芳郎氏と面談し、意見交換を行なったが、まことに興味深いものであった。

青柳氏によると、「戦後、進駐軍の土産物としてアメリカで金属洋食器が評判になり、輸出が開始された。その量が急速に拡大し、1955年頃からアメリカで輸入制限運動が始まり、燕側も1958年1月に市民約3000人を集める洋食器輸入制限反対市民大会を開催、翌月には燕市長、市会議員、商工会議所会頭、業界代表等が陳情団として渡米した。1957年7月にはすでに日本輸出洋食器調整組合を設立している。日米経済貿易摩擦の最初のケースであった。この過程で自主規制という方式を編み出した。洋食器の次は繊維製品であった」というものであった。

その後、この自主規制の枠の中で、組合運営の柱は「輸出企業としての登録認証」「調整行為（割当)」「デザイン登録（模倣防止)」の三つであった。組合員にならなければ輸出の枠は得られず、途中からは組合員への登録も制限されていった。独占禁止法の適用除外のいわゆる輸出カルテル行為ということになろう。

このような機能も1973年以降の円高、さらに、1985年のプラザ合意以降の急速な円高による輸出競争力の低下により意味をなさないものになり、1995年前後には幾つかの制限は解除され、先の三つの機能を前提に成り立っていた日本金属洋食器工業組合は、事実上、実質的な経済的影響力のない親睦的な組合へと転化していったのであった。

1997年当時の組合の事業の柱は、①経営に関すること、②海外展開への対策、③国内販路の拡大、④新分野開拓、の4つとされていた。少し前の輸出自主規制の調整機能とは大きく次元が異なっていった。

そのような時代状況の中で、1990年から2000年までの10年間の理事長を務められた青柳氏は「産地を金属を主体にした複合産地にしたい。それに必要なあらゆるものを生み出していきたい」と語っていたのであった。

▶日本金属洋食器工業組合の新たな課題

2018年には組合員39名に縮小した日本金属洋食器工業組合をリードするのは第10代理事長は燕物産社長の捧和雄氏。輸出自主規制・割当という実質的な経済的影響力はなくなったものの、業界をめぐる新たな課題に対しての取組みを重ねていた。

現在の組合の課題は「後継者育成」と「市場開拓」に置かれていた。「後継者育成」は、洋食器事業者の事業承継の問題であり、もう一つは特にナイフ研磨工の育成が意識されていた。事業承継の問題は、金属洋食器だけの問題ではなく、全国的かつ全事業分野にわたるものであろう。この点の最大の焦点は当該事業の現状及び将来に可能性を見出せるかがポイントになろう。また、研磨工の育成についても、同様の課題を乗り越えていかなくてはならない。

「市場開拓」に関しては、少し前までの中国製品の躍進が一段落し、高品質なモノへの要求が高まってきた。それは欧米、日本ばかりでなく、中東、アジア、中国の経済発展の中で顕著にみられる傾向であろう。日本金属洋食器工業組合としても、2019年2月に20数年ぶりに、ドイツの展示会アンビエンテに16社分の製品を持ち込んでいた。落ち着いてきた先進国市場、また、豊かになってきたアジア、中国市場に対し、高品質な燕の洋食器を投入していくことの意義は大きい。新たな販売の方式を編み出し、次の可能性を引き出していくことが求められているように思う。

例えば、日本の刃物や家具の産地はこの30年、円高、安価な中国等の途上国製品に打ちのめされてきたのだが、この10年、岐阜県の関の刃物、北海道の旭川の家具は世界的に評価され、新たな可能性に向かっている[10)]。さらに高品質に向かい、デザイン性の優れたモノに高めていくことにより、先進国市場、豊かになってきた途上国市場にも受け入れられていく取組みが重ねられることが期待される。

(2) 技術支援、ビジネス支援のセンター
——30年以上の実績を重ねる(燕三条地場産業振興センター)

現在、燕、三条地域の産業支援の中核的役割を果たしている燕三条地場産業振興センターは、燕市と三条市の境界上に位置し、上越新幹線燕三条駅(1982年11月開業)から徒歩5分、北陸自動車道三条燕インターチェンジ(1978年9月供用開始)から自動車で5分程度の位置にある。交通利便性は際立っている。

この1980年前後は、全国的に地域産業振興、ハイテク産業振興が強く意識された時代であり、テクノポリス法(1883年)、民活法(1986年)などが次々と施行され、各地に多様な地域産業振興のための拠点整備が進められた。燕、三条地域においては、背景に金属洋食器産業の集積する燕市、刃物、利器工匠具の集積する三条市があることから、そのような動きに応え、多様な取組みを重ねていった。

▶燕三条地場産業振興センターの歩み

燕三条地場産業振興センターには、中核施設が二つ並んで設置されている。一つが当初設立された燕三条地場産業振興センター（愛称メッセピア）であり、もう一つがリサーチコア（愛称）である。当初設立された地場産業振興センターは、1980年、国が示していた地場産業総合振興対策に基づき、1981年以降、地場産業と中小企業の振興を図る支援機関として、都道府県、市町村、地元中小企業団体の出資あるいは出捐により全国各地に設置された公益法人であり、現在全国に27カ所存在している。

リサーチコアは1986年に施行された民活法によるものであり、「工業技術（デザインを含む）に関する地域における研究開発および企業化の効果的推進と地域の産業構造の高度化を促進するため」のものとされている。開放型試験研究施設、人材育成施設、交流施設、研究開発型企業育成支援（インキュベート）施設から構成されている。現在、全国に12カ所が設置されている。なお、民活法は2006年5月に廃止された。

国に新たな産業政策が出てくると、燕、三条地域は常にその焦点となり、先駆的な対応を重ねてきた。この間の流れは以下のようなものであった。

リサーチコア（左）とメッセピア

リサーチコアの各階

階	
7F	マルチメディアホール・研修室5,6・ラウンジ
6F	研修室1～4・情報研修室・講師控室1～3
5F	産・学・官共同研究開発室1～6・ 資料室
4F	デザイン開発室1,2・異業種交流プラザ1～3 技術経営総合相談室1,2
3F	事務室　・交流サロン・デザインギャラリー
1F	エントランス・ホール・テクノセンター

1986年6月　地場産業振興センター建設準備室設置

1986年11月　㈶新潟県県央地域地場産業振興センターを設立

1986年12月　メッセピア（愛称）建設に着工

1988年5月　メッセピア竣工、開業

1989年4月　新潟県工業技術センター三条試験場入所開設
（現新潟県工業技術総合研究所県央技術支援センター）

1991年7月　新潟県信用保証協会県央支店入所開設

1993年3月　新潟税関支署三条燕派出所入所（インランドデポ）開設

1997年10月　リサーチコア（愛称）建設準備室を設置

1998年6月　リサーチコア建設に着工

1999年3月　リサーチコア竣工、開業

2010年4月　㈶燕三条地場産業振興センターに名称変更

2013年4月　一般財団法人燕三条地場産業振興センターに移行

2016年3月　メッセピアが道の駅「燕三条地場産センター」を開業

2016年4月　公益財団法人燕三条地場産業振興センターに移行

▶施設の概要

財団法人燕三条地場産業振興センターの出捐団体は、新潟県（1000万円）、三条市（1000万円）、燕市（1000万円）、三条商工会議所（600万円）、燕商工会議所（150万円）、日本金属洋食器工業組合（150万円）、日本金属ハウスウェア工業組合（150万円）、燕商業卸団地協同組合（現協同組合つばめ物流センター）（150万円）、自己資金（200万円）の計4400万円であった。三条市側と燕市側が均等に負担したということであろう。

施設の概要は以下の通り。

1988年に開業したメッセピアは、総工費37億9540万円。機能は①地域企業の商品展示・即売事業、②燕三条駅観光物産センター事業、③他地域との連携販売事業、④貸館事業、レストラン運営事業からなり、事業費（2016年度予算）は6億8131万円、職員32人であった。なお、メッセピアは5階建であり、1階は事務室、物産館に加え、奥が多目的ホール（1800 m^2、移動式椅子

メッセピア（燕三条地場産センター）の物産館

物産館内部

で2000人収容）となっており、上越新幹線沿線では最大級の展示会場として利用されている。2階は新潟県信用保証協会県央支店、3階は新潟県工業技術総合研究所県央技術支援センター（8人）、4階は新潟税関支署三条燕派出所（インランドデポ）と貸室、5階は貸室から構成されている。

1999年開業のリサーチアは、総工費17億9450万円。機能は①新市場販路開拓事業、②企業開発力強化事業、③燕三条ブランド推進事業、④海外販路支援事業、⑤企業人材育成事業からなり、事業費（2016年度予算）3億6114万円、職員21人であった。なお、リサーチコアは7階建、1階は2階まで吹き抜けであり、エントランスの他に、新潟県の起業化支援センター（貸室、3年単位）、3階は事務室、交流サロン、デザインギャラリー、4階はデザイン開発室、異業種交流プラザ、技術経営総合相談室、5階は研修室、6〜7階はホール、研修室からなっている。

これらの施設の供用に先立ち、燕市は1985年4月に燕市新産業誘致開発機構を設置し、現在の燕三条地場産業振興センターの産業振興部のような事業に携わっていた。三条市も同様の機関を設置し、センター建設後は入居、別々に活動していたのだが、1996年に両市の機能は一体化し、地場産センターの一部門となり、さらに、現在はセンターの産業振興部に引き継がれている。

リサーチコア設立当初は、燕市、三条市からそれぞれ4人ずつの職員が出向していたのだが、現在は各1人ずつになっていた。プロパー職員が増えたということであろう。

現在の組織体制は、専務理事の下に総務部（6人）、営業推進部（26人）、産業振興部（9人）、燕三条ブランド推進部（12人）の計4部、総員54人である。営業推進部は物産観光・施設課（23人）、燕三条駅観光物産センター（3人）であり、売上額は約4億円となり、年々増加している。インバウンドの外国人観光客が年間約3000人を数え、ここに来て毎年1000人の増加となっている。特に、台湾からの観光客が目立つ。

産業振興部は企業支援課（4人）、技術開発課（5人）で構成されるが、企業紹介、新商品企画デザイン、技術、特許、IT活用、支援制度、専門家派遣などに従事している。燕三条ブランド推進部は、展示会への共同出展、海外展開などに従事し、2017年度の実績では、機械要素技術展（東京ビッグサイト）、関西機械要素技術展（インテックス大阪）、おおた工業フェア（大田区産業プラザPiO）などに参加した。また、海外については、ドイツのアンビエンテ、ニューヨーク・ナウ、シンガポール、マレーシアの展示会などに出展している。

また、専務理事を除く職員53人の構成は、燕市、三条市からの出向2人（各1人）、JETROからの出向1人、センター職員が30人、臨時職員20人となっている。

▶燕三条地場産業振興センターの機能と成果

燕三条地場産業振興センターを特色付ける技術支援の中核施設である機械装置・測定機器の、この30年にわたる変遷が興味深い。設立当初の1988年の頃は、機械加工、熱処理、2次元CAD／CAMといった機械設備が導入され、開放利用、利用指導等が行なわれていたのだが、2000年代に入ってからは、機械加工と2次元CAD／CAMは停止され、新たに雰囲気熱処理装置、万能塑性加工試験機、3次元デザインCADシステム、光造形モデル製作装置、3Dプリンターに加え、形状測定、高速撮影、表面加工、材料分析などの領域を充実させてきた。標準的な金属加工機械から、各種の測定関係などが充実していった。

この間、産学官連携による共同研究開発も大きく推進されてきた。1990年代は、銅電鋳転写型等の金型技術、チタン混合粉末による粉末焼結、形状記憶合金等の材料応用、レジン金型等の塑性加工、ウォータージェット等の機械加工、酸化チタン薄膜等の表面改質等がテーマであったのだが、2010 年代の現在は、3Dプリンターをベースにする金型技術、コバルトクロム合金といった材料応用、刃物の刃先形状評価といった計測評価、異種材接合・非鉄金属材料等の溶接等の表面改質、小型風力発電装置などに向かっている。次世代型産業を育成していく意欲が伝わってくる。

また、金属加工で著名な燕、三条には多方面からの問い合わせが少なくない。燕三条地場産業振興センターがその受け皿になり、新たな取引も開始されている。常設の商品展示場、大型のメッセ会場、技術支援、販売支援等、燕三条地場産業振興センターは地域産業、地域技術のセンターとして興味深い実績を重ねてきたのであった。

(3) 金属製品産地の人材育成事業
——金属研磨技能者を育成(燕市磨き屋一番館/燕研磨振興協同組合)

燕市の製造業(2016 年)は、従業者 4 人以上規模で事業所数は 699、従業者数は 1 万 6680 人、製造品出荷額等は 4450 億円を維持している。その中で、金属製品は燕市製造業事業所の 48.1% を占める。なお、燕市の場合、特に金属研磨業は従業者 1~2 人の場合も多く、従業者 3 人以下を含めると、製造業全業種の事業所数は 1841 となる。基幹の金属製品は従業者 4 人以上が 336 事業所であるが、従業者 3 人以下を含めると少なくとも 800 事業所前後となる。さらに、その中でも、金属研磨業は、従業者 4 人以上が 35 事業所、従業者 436 人、出荷額約 36 億円であるが、個人事業主など 3 人以下を含めると、事業所数は約 250、従業者約 600 人と推定される。地方中小都市の中で、燕市は日本を代表する中小工業都市、金属製品都市としての性格を依然として維持している。

とりわけ、燕市の金属製品製造業において、金属研磨は小規模ながらも際立った特色を示しており、伝統のステンレス製金属洋食器ばかりでなく、工業製品全般、例えば、金型の研磨、航空機の主翼の研磨などにも採用されており、その利用可能性の幅は広い。

磨き屋一番館の研修風景

若い女性も参加

▶磨き屋一番館の設立と燕研磨振興協同組合

このような枠組みの中で、近年、全体的に小規模零細な金属研磨業において、事業者の廃業、従事者の高齢化が進んできた。このままでは金属製品産地そのものが縮小し、産地が衰退するとの認識の下に、後継者の育成、新規開業の促進、技術高度化による産地産業の振興、体験学習による金属研磨技術の普及を図ることを目的に、2007年3月末、燕市は燕小池工業団地の一角に「燕市磨き屋一番館」をオープンさせた。資金は合併交付金を利用し、敷地面積約1584 m^2、建物は鉄骨造平屋建約733 m^2となった。施設内容は技能訓練室、開業支援室（3室）、研究開発室、検査・測定室、会議室、管理運営諸室から構成されている。

なお、この施設に関しては、燕の主要金属研磨事業所14社により2009年9月に設立された燕研磨振興協同組合に管理運営が委託されている[11)]。主要業務は三つ。一つは「優れた研磨技術の伝承」とされ、「にいがた県央マイスター」の高橋千春氏（1961年生まれ）が一人ひとりに3年をかけて、研磨技術を指導、伝承する。二つ目は「新規開業の支援」とされ、新規開業者に対する安価な貸工場として、施設内に研磨機・集塵機を備えた開発支援室を3室用意している。三つ目は「ものづくり現場を知る」ことを目的に、小中高校生、一般の人びとに向けた体験講座を開催している。

高橋千春氏

筆者も体験でビアカップを磨く

▶技能伝承と開業支援の取組み

メインの技能伝承については、研磨設備・集塵機を9セット設置し、毎年受講生3人×3年=9人の確保を目標としている。訓練対象者は、新卒者や求職者以外に就業者も可能としており、毎年4月にスタートしている。新卒者及び求職者については受講生を組合が雇用し、就業者の場合はその企業からの出向となる。さらに、新卒者及び求職者の場合は月15万円の奨学金が支払われる。訓練時間は勤務時間とし、勤務日は燕三条産業カレンダーに基づく。1日8時間労働であり、残業や休日出勤は原則として行なっていない。

また、組合で仕事を受注しており、それを実技研修で加工することにより、収益確保と技能向上につなげている。この収益部分に燕市の補助を加えたもので奨学金が支払われている。訓練指導には県央マイスターがあたっており、組合員からの受注に加え、外部顧客からの受注も順調に推移していた。

スタート以来、技能伝承はすでに12期となり、2018年10月現在、1年生3人、2年生1人、3年生2人の計6人が参加していた。1年生の1人は若い女性であった。年齢の分布は18歳から35歳、20代が多かった。これまで24人が卒業しているが、新規開業が2人、その他は市内の金属研磨業等に就職していた。3年の訓練ではなかなか即開業は難しく、市内企業に就業しながら、さらに技術を高め、資金を蓄積し、開業を目指すことが期待されていた。

施設内に設置されている開業支援室は3室、使用料は月電気代込みで6万3000円に設定されていた。なお、金属研磨業の開業の初期投資としては機械設備に400～500万円ほどとされる。

▶体験学習と製品の販売

体験学習は予約制であり、県央マイスターの高橋千春氏が指導にあたっていた。小人用のスプーン磨き体験は材料代込みで800円、燕市内の小中学生は無料とされていた。大人用のビアカップ磨き体験は1500円であった。これらは持ち帰ることができる。筆者も高橋氏の丁寧な指導の下で体験したが、粗磨き、仕上げ磨きと行ない、意外な出来ばえになり感動した。内面の研磨は難しく、体験では外面の研磨を行う。内面はすでに研磨されていた。燕の金属ビアカップは内面に微妙なヘアラインを入れており、ビールの泡立ちを良くし、まろやかな味にしてくれるところに大きな特徴がある。また、磨き屋一番館では県央マイスターが製作した魅力的な製品も販売されていた。

このように、磨き屋一番館は金属製品産地の基礎技術である金属研磨の技術の承継、開業支援、そして技術の普及に大きな役割を演じていた。1985年のプラザ合意以降の円高の中で、金属洋食器の単一製品産地であった燕は、複合金属製品産地へと向かい、技能承継、開業支援等を重ねながら、新たな可能性に挑戦し続けているのであった。

(4) 大学と提携し、モノづくり人材育成の研修生プログラム
——地元産業人の寄附で宿泊施設(つばめいと／つばめ産学協創スクエア)

多様な金属製品で世界的にも著名になってきた燕、全国的に製造業事業所、従業者の減少が著しいが、燕はさほどの減少にはなっていない。一時期、リーマンショックにより、製造品出荷額が4334億円(2007年)から3360億円(2010年)まで落ち込んだが、その後、回復し、2015年には4413億円となっている。1980年代末に「泣かないツバメ」「複合金属製品産地への転換」を目指した燕は、全国の他の地場産業地域が衰退している中で、ほとんど唯一甦ってきたものとして注目される。

だが、人材確保難は燕においても深刻なものになっている。このような事態の中で、燕の産業界の人びとが結集、「つばめ産学協創スクエア」という興味深い施設、機能を創出、大学と提携し、モノづくり人材育成のための研修生プログラムをスタートさせている。

▶つばめ産学協創スクエアとつばめいと

このつばめ産学協創スクエアの構想は産業界から発案され、燕市の2016年度の委託事業とされた「つばめ産学協創スクエア調査事業」から開始されていった。そのコンセプト、イメージは、以下のように述べられている[12)]。

「燕は、名実ともに金属加工業の世界的な拠点のひとつです。次世代を担う新たな法人が生まれ出ることはもちろん、次世代を担う若者が燕の既存法人に所属したいと感じることが増えれば、燕の未来が明るくなることは言うを待ちません。私たちは、燕の明日を担う『人』のために活動しています」としている。そのための方向として、以下のような提言をしている。

① 全国の大学と連携し、実践的な研修プログラムを展開したい
② 全国の企業の生きた情報を参加する人びとに届けたい
③ 燕の企業内に新しい価値を持った人材を生み出したい
④ 燕を経験した人材を各地に増加させたい
⑤ 燕において起業を促進し新たな活性化につなげたい

そのための拠点施設「つばめ産学協創スクエア」が2018年2月13日にオー

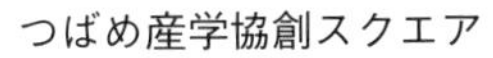
つばめ産学協創スクエア

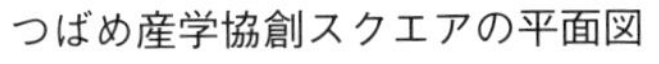
つばめ産学協創スクエアの平面図

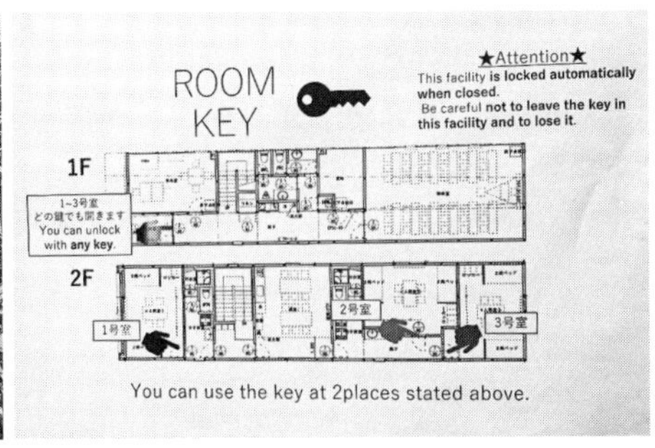

プンした。場所は市内宮町商店街の高橋書店の跡地。土地の所有は燕市。その土地に2階建、延床面積185.48 m^2 の建物を建設した。この建設費用約8000万円を地元産業界が寄附で集めた。市は民間の「公益社団法人つばめいと（代表理事は山後春信氏、新越ワークス社長）」に事業の実務を委託する方式をとっている。

居室は2段ベッドが二つ入る4人居室が3室。各室、折り畳みベッドを二つ追加により最大18人が宿泊可能。公益社団法人のため、料金はとれない。その代わり、1週間単位のシーツのクリーニング代＋光熱費として2000円弱を徴収する。なお、クリーニング代等はインターン先の企業が負担する。インターン学生は無料となる。また、インターン先の企業への送迎は各社が行なう。なお、JR東日本弥彦線の燕駅は徒歩5分程度の位置にある。周辺には飲食店、買い物施設もある。

食堂には自炊のための施設が整っている。冷蔵庫、電子レンジ等の家電、その他食器等は基本的に燕企業製を置いていた。食堂のテーブルは2卓、椅子は12脚用意されていた。研修室は36席、インターン生は自室か研修室で学習する。トイレは3カ所、シャワールームは2カ所設置されていた。なお、つばめいとの隣は燕市最後の銭湯である玉宅湯であり、一般の料金400円に対し、宿泊している研修生は200円とされていた。差額の200円は受入企業が負担していた。

その他に事務室が用意されていた。この施設を管理運営し、インターン希望者と企業を結びつける役割を担うのが「つばめいと」。常駐の専務理事は、新潟大学自然科学系（工学部）助教の若林悦子さんが兼務している。若林さんは、2017年度の1年をかけて、首都圏からその周辺の大学に紹介に回っていた。

この施設、最大で6カ月利用を想定していた。私は開設4カ月後の2018年6月29日に初めて訪れたが、当日は長岡技術科学大学のタイ人留学生2人が利用していた。2カ月の予定であった。この2人は、それぞれ、厨房用金網製品の新越ワークス（第3章2―(6)）と精密機械加工の長谷川挽物製作所（第7章1―(1)）にインターンで入っていた。各社が送迎していた。

一般の企業のインターンの場合、宿泊、交通費等は自己負担である場合が少

学生と企業をつなぎます

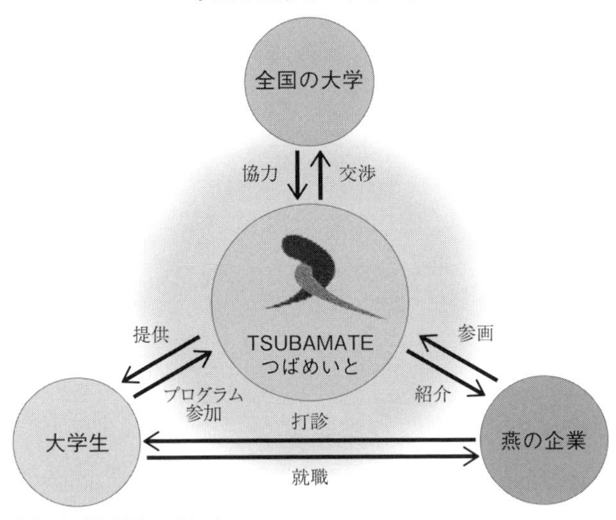

資料：公益社団法人つばめいと

食堂

補助ベッドを入れて各室６人宿泊可能

なくない。また、長期のインターン先をみつけることは容易でない。そのような意味で、人材育成、特にモノづくり人材の育成において、まことに興味深い取組みがスタートしたと思う。利用実績では、地元の新潟大学工学部のデザイン、公共政策の部門の学生が目立っていた。なお、2018年4月から9月末までの半年間に利用者は220人を数えていた。特に、夏休み期間中は満室の日もあり、お断りした場合もあった。

2018年10月9日に再訪すると、2019年2月までの長期インターンとして長岡技術科学大学の日本人学生が2人滞在し、新越ワークスとツインバード工業（第5章1—(2)）に通っていた。なお、当日は、若い経営者、技術者を研修室に集めてIoTの研究会が開催されていた。経営者、技術者の集まる場ともなっていた。このような取組みは全国的に例がなく、新たな人材育成の仕組みとして興味深いものになっているのであった。

4．地域産業の展開を支える

金属洋食器の対米輸出の単一製品産地を形成した燕は、洋食器メーカー、プレス、金型、研磨、溶接、表面処理等の関連加工技術を発達させたが、1985年のプラザ合意後の円高の中で失速し、多くの中小企業を退出させることになった。そして、残された中小企業は、本書のケースを通じてみたように、新たな可能性に向かい、従来の単一製品産地とは異なった複合金属製品・多様な加工機能の集積地を形成していった。

このような課題は、当然、産地の事業展開を支えてきた産地問屋、資材、紙器、物流企業にも及び、本章でみたような多様な取組みを引き起こしていった。全体的な傾向としては、産地の動向を見極めながら、他方で視野を拡げ、新たなビジネスモデルに転換していったことが注目される。その最大の変化の底流には日本国内の人口減少、少子高齢化、対外的には特にアジア諸国地域の経済発展があり、さらに、交通体系、物流・通信条件の劇的な変化がある。そして、燕に限定されることなく、全国、さらに海外との新たな関係を形成していったことが指摘される。燕の取組みは全国から少なくとも東アジアの範囲に拡がっているということであろう。

そのような意味で、商流、物流を含め、仕事のやりとり、事業の発想が少なくとも燕から解放され、東アジアレベルに拡がってきたことを意味する。意欲的なメーカーは、さらにヨーロッパ、アメリカ、中東にまで視野を拡げ、新たな可能性に踏み出していることが注目される。燕の金属製品、加工技術は狭い新潟の片隅から、東アジア、あるいは世界に向けたものになりつつある。燕で生まれ育った産地問屋、物流、その他の関連企業等もそうした変化を受け止めたあり方が課題になっているのであろう。そのような可能性に踏み込んでいる関連企業も登場していることが注目される。

そして、このような時代、地域産業振興を担う行政、さらに燕商工会議所、吉田商工会、分水商工会、燕三条地場産業振興センター、日本金属洋食器工業組合、日本金属ハウスウェア工業組合、つばめ物流センターといった地域中小企業に大きな影響を与える諸団体は、以上のような動きを牽引し、さらに地域中小企業がより発展的に活動していける条件を作っていくことが求められる。各中小企業が新たな方向に向かうための高度で幅の広い技術支援、海外までも視野に入れた販売支援、さらに人材育成支援が求められていく。

技術支援に関しては、産学官連携の推進、海外の企業を含めた他地域の企業との連携等は当然であり、世界に開かれたオープンイノベーションへの取組みも課題になろう[13)]。また、販売支援に関しては、日本ばかりでなく世界の有力な展示会等への出展支援、その後の商談等の支援等も求められる。そして、その先には、世界のデザイナーが参加してくるような魅力的なメッセの開催も課題となろう[14)]。なお、このような取組みを進めていくためには、地元中小企業の意識改革が不可欠であることはいうまでもない。

そのような意味を含めて、燕の最大の課題は「人材育成」となろう。現状、燕には大学、高専、工業系の高校、職業能力開発校（旧職業訓練校）はない。燕で人材育成を手掛けているものとしては、若手後継者が集う燕商工会議所青年部、研磨工の育成を目指す磨き屋一番館、そして、最近始められたインターン学生を受け入れる「つばめいと」ということになろう。燕は伝統的に企業間、経営者間の交流は活発であり、刺激的な関係を形成しながら、技術支援、経営・販売支援等も顕著にみられた。この点は、燕をめぐる地域産業・中小企業振興の最大の特質かもしれない。

磨き屋一番館、つばめいとといった現場の技術者育成の施設の必要性は高いが、若い経営者、後継者の育成には特にハードな施設は必要ではない。彼らの多面的な交流の場を設定し、さらに、世界的な技術、市場的な可能性の先端的な情報などを適宜、提供し、刺激的な環境を作っていくことが望まれる。それは、彼らの企業家精神を高め、次に踏み出していくエネルギーを提供していくことになろう。人との出会い、新たな情報との出会いが重要なのであり、それを受けて一歩踏み出していく事業者の育成が課題とされるであろう。それが、世界の先端に立つ複合金属製品産地、複合加工機能産地を形成していく動因になるであろう。

燕市の産業振興担当、燕商工会議所、吉田商工会、分水商工会、幾つかの経済団体も、そのような取組みの中で育ち、燕の地域産業、中小企業と歩調を合わせ、魅力的な燕地域産業、中小企業の集積する活力豊かな地域を形成していくことが期待される。

1）　集散地問屋システムについては、関満博『伝統的地場産業の研究——八王子機業の発展構造分析』中央大学出版部、1985年、関満博「地場産業における流通制度の諸問題」(『成城大学大学院創設20周年記念論文集』1988年3月)、を参照されたい。

2）　このような産地問屋の製造問屋化は、日本の消費が必需品の消費を示す「基礎的消費」から、差別化された商品を求め始める「選択的消費」が始まった1970年代に入ってから顕著に進む。このような事情については、中込省三『日本の衣服産業』東洋経済新報社、1975年、が有益である。

3）　明道については、本書補論2を参照されたい。

4）　浙江省の義烏市の壮大な中国小商品市場については、関満博『中国市場経済化と地域産業』新評論、1996年、第11章、さらに最近の事情については、伊藤亜聖『現代中国の産業集積戦略——「世界の工場」とボトムアップ型経済発展』名古屋大学出版会、2015年、を参照されたい。

5）　第四銀行「明道金属株式会社に対する事業再建支援のお知らせ」2004年2月20日。

6）　藤田金屬の歩みについては、『藤田金屬株式会社125th』2017年、を参照した。

7）　東陽理化学研究所については、本書補論2を参照されたい。

8）　このようなアジア、中国製品の検品の問題については、関満博「中小企業の競争力㊤新領域開き承継・起業促せ」(『日本経済新聞』経済教室、2018年3月2日）を参照されたい。

9）　戦前の燕洋食器工業組合については、荒澤茂市『燕市産業の起源と変革』1997年、

30～31ページを参照した。

10) 旭川家具については、関満博『北海道／地域産業と中小企業の未来——成熟社会に向かう北の「現場」から』新評論、2017年、第7章を参照されたい。

11) 燕研磨振興協同組合、磨き屋一番館については、燕研磨振興協同組合『研磨技能者養成のため「燕市磨き屋一番館」を管理運営』刊年不明。『燕市磨き屋一番館事業概要』http://www.tsubamekenma.com/ を参照した。

12) 『つばめ産学協創スクエア コンセプトノート』2017年3月。

13) このようなオープンイノベーションについては、関満博『メイド・イン・トーキョー——墨田区モノづくり中小企業の未来』新評論、2019年、第2章、同『地域産業の「現場」を行く 第8集』新評論、2015年、第230話、第231話を参照されたい。

14) 日本の家具産地としては、ほとんど唯一復活したとされる旭川は、1990年から3年に1度の「国際家具デザインフェア旭川（IFDA）」を開催しているが、近年は世界的なものになり、100カ国、1200～1300人のデザイナーが参集してくる。家具の世界では最大のフェアになってきている。このような点については、関、前掲『北海道／地域産業と中小企業の未来』第7章を参照されたい。

終 章　燕地域産業と中小企業の未来

江戸初期の頃の和釘の導入以来、約350年にわたり金属製品産地として歩んできた燕、近代に入ってからは、第1次世界大戦によりヨーロッパが戦場になり、必需品の洋食器の生産が難しく、燕がそれに応えていったことが、その後の燕の金属洋食器産地化のキッカケとなった。さらに、第2次世界大戦後の円安構造の中での対米輸出により、燕はステンレス製洋食器の世界的な産地となっていった。

そして、1985年9月のプラザ合意以降の超円高に直面、対米輸出はゼロになり、洋食器からの転換が課題にされていく。この時期が、明治期の和釘の消滅、第2次大戦後のステンレス製洋食器の対米輸出の拡大と並び、燕の産業史上、最大の転換期の一つとなった。これに対し、燕は「洋食器といった単一製品産地からの脱皮、ステンレス技術をベースにした個々の企業が独自な方向を向くという複合金属製品産地に向かって」いった[1)]。

それから四半世紀、従来の産地を構成する企業が同質化し、巨大な生産力を形成、低価格量産品を大量にアメリカに輸出していくという低開発国地域型の産業展開を止揚し、高級品、独自製品の開発に努め、高付加価値型、先進国型の展開に踏み出し、見事な成果を上げてきた[2)]。それは、製品部門ばかりでなく、加工部門や関連部門も同様であり、各部門の高度化、専門化、個性化が進められ、多様性に応えられる集積を形成していった。

そして、何よりも興味深いのは、燕の人びとの企業家精神であろう。若い経営者、後継者が多く、互いに刺激しあいながら新たな事業に取り組もうとしている。ごく普通に「新たな環境に適応していく」という言葉が語られる。そして、それを実践していくところに燕の人びと、中小企業の特質があるように思う。これまでの事業転換の歴史が、そのような意識を植え付けているのであろう。

本書を閉じるこの章では、燕のそのような特質を受け止めながら、当面する課題、さらに、今後のあり方と、新たな可能性をみていくことにする。

1. 複合金属製品産地、複合加工基地への模索

この四半世紀の取組みにより、燕には興味深い独自製品を保有するメーカーが大量に登場し、さらに、加工部門や関連部門でも優れた中小企業を大量に生み出している。1970年代の頃までは、メーカーというべき存在は鎚起銅器のような伝統的な工芸品等を除くと金属洋食器、あるいは、金属器物（ハウスウェア）以外にはほとんど目立たず、また、加工機能としてはプレス、金型、研磨、表面処理、彫金、溶接以外にはあまりみられなかった。だが、近年、独自製品を保有するメーカー、多様な加工機能や関連部門が育ち、さらに高度化していることが指摘される。加工部門や関連部門は幅を拡げ、高度化し、燕ばかりではなく、少なくとも東日本の範囲を対象とする広域的な複合加工基地、業務基地としての性格を強めている。

また、流通においては、産地問屋の製造問屋化、集散地問屋化が顕著にみられ、さらに、メーカーにおいても関連商品を含めて販売する集散地問屋化もみられる。金物から厨房用品に関しては、集散地は東京日本橋の合羽橋と大阪難波の道具屋筋が担っていたのだが、現在は、燕に移行していることが注目される。さらに、物流の拠点としての性格を強めていることももう一つの特徴であろう。

（1）多様な独自製品を展開するメーカー

本書を通じてみたように、燕の独自製品を保有するメーカーとしては、伝統的な鎚起銅器を継承する玉川堂をはじめとする伝統的な工房群、さらに、新たな伝統を作り上げている刃物の藤次郎、吉田金属工業（GLOBAL）、銀器の早川器物、銅器の丸新銅器、ヤスリの柄沢ヤスリ、理美容ハサミのシゲル工業等が存在している。また、洋食器部門は現在大きく縮小しているものの、構造調整は相当に進み、燕物産、山崎金属工業、小林工業、荒澤製作所、サクライ、

大泉物産等の幾つかの限られた高級品を生産するメーカーがレベルの高い国内市場、ヨーロッパ市場に向かいつつある。洋食器も新たな時代を迎えつつあるということであろう。

洋食器と並ぶ器物部門では、ステンレス製器物を究めようとする玉虎堂製作所、新素材に挑戦するイケダ、高級化に向かう本間製作所、多様な事業分野を目指す三宝産業、日本メタルワークス、チタンのアウトドア製品に向かう燕器工、製菓用具の杉安製作所、仏具金具からテーブルウェアに向かう田辺金具、プレス加工をベースにケトル等に向かうタケコシ、鉄製鍋に向かうサミット工業などが独自な方向を向いている。

▶新たな製品領域への展開

また、新たな製品領域に展開している企業としては、ゴルフクラブの遠藤製作所、荷役機器に展開する遠藤工業、業務用ビール樽・電子材料容器の和田ステンレス工業、金網・アウトドア製品等の新越ワークス、チタンの魔法瓶・真空タンブラーのSUS、チタンの発色技術のホリエ、土木用水平器のエビス、ステンレス家具に展開するアベキン、メッキ加工業から家電メーカーに転換したツインバード工業、測定器具から光関連の独自製品に向かうシンワ測定、作業工具のツノダ、また、洋食器からの転換としては、福祉器具等に向かう青芳、カーブミラーの燕振興工業などが注目される。

これらの他に、地場資本（鋳造）から東京証券取引所第一部上場企業になっているコンプレッサ・高所作業車のトップメーカーの北越工業、さらに、素材関連の鉄筋用棒鋼を生産する電炉メーカーの三星金属工業、進出企業としては、照明器具のパナソニック㈱ライティング事業部、ATM生産のマザー工場である富士通フロンテック新潟工場、ステンレス製魔法瓶の開発者であり、技術センター、物流センターを展開するサーモス、電子制御機器メーカーの新潟ダイヤモンド電子、測定器具のシンワ測定などの有力工場も展開している。

また、地元から発展した中小機械メーカーとしては、研磨・バリ取り機を得意とする柴山機械、エステーリンク、専用機メーカーのダイワメカニック、テック・エンジニアリング、ハセガワマシーナリ、除雪機のフジイコーポレーション、農機具のホクエツ、エンジニアリング企業に向かう吉田工業等が展開している。さらに、金型部門は当初の洋食器、器物への対応から飛躍する齋藤金型製作所、武田金型製作所、清和モールド、エーワン・プリス、新武など、多様性、専門性に優れた企業が集積している。

これらの企業の多くは元々洋食器に深く関連して成立してきたのだが、中には、燕の刺激的な環境の中で、独自にメーカーとして展開してきたところも少なくない。人口約８万人規模の地方小都市で、これだけ多様な独自製品を保有するメーカーが存在しているところはない。しかも、大半が地場企業なのである。さらに、進出企業についても、富士通フロンテックは地元中小企業を買収しての進出であり、サーモスは燕のステンレス加工技術に注目しての進出であった。

▶集積の課題

このように、金属製品関連のメーカーは多数集積しているのだが、機械金属工業の本流を成し、その技術高度化の担い手であり、周辺への波及力の大きい工作機械、専用機械、産業用機械、さらに、電気機械、輸送用機械、精密機械等のメーカーは乏しい。この点に関連して、地域に機械設計技術、電子的な制御技術が発達していない点が指摘されている。全体とすれば、あくまでも「複合金属製品産地」なのであり、「機械金属製品産地」とはなっていない。

今後、燕がどのような方向に向いていくかは定かでないが、多様かつ高度な機械金属製品に向かうとするならば、需要を創出していく力、多様な要素技術を統合していく力、さらに、制御系の技術の蓄積が不可欠であろう。いずれにしても、それらは人的な側面が強く、企業家精神の醸成、そして、製品構想力、機械設計、電気・電子設計の技術者の育成等がカギになっていくように思う。

(2) 加工部門の充実と課題

また、加工部門については、燕の場合、洋食器に関連するプレス、金型、研磨、溶接、表面処理等が発達していたのだが、近年は多様な部門を充実させていることが注目される。機械金属工業の加工機能とその連関については、第２

章の図 2—3（89 ページ）に示してあるが、各要素技術はさらに内部で専門化を進め、全体として壮大な機能を構成していく。そして、それらが燕といった狭い地域的範囲に集積していくことは、燕の機械金属工業全体の高度化のための基盤技術となり、新たな可能性を生み出していくであろう。

このような領域については、第 6 章、第 7 章で取り扱ったが、研磨系、表面処理系、機械加工系、鈑金・プレス系、さらに、スピニング加工、へら絞り、洗浄、溶接、鋳造、塗装、プラスチック成形、電子組立などの中小企業を幅広く集積させていることが注目される。

▶充実する加工部門、関連部門

本書で採り上げた加工部門の中小企業の中には、バフ研磨を究める山崎研磨工業、バフ研磨からバレル研磨に転換した徳吉工業、規模の大きいバレル研磨に展開している東商技研工業、彫金から超精密な手磨きに転換した今井技巧、多様なバフの製造に向かう富所バフ、バフ研磨から独自商品の開発に向かう片力商事、表面処理技術の先端に立つ中野科学、電解研磨からアルマイトまでを手掛ける増田化学工業、電解研磨からサンドブラストまで拡げた広一化学工業、金銀メッキのスワオメッキ、航空・宇宙関連の部品のメッキに展開する高秋化学、洋食器から熱処理に転換したヤナギダなどの研磨、表面処理関連中小企業がある。

また、機械加工業種では、難削材等の素材に向かい、さらに、市場を海外に求めようとする長谷川挽物製作所、デザイナーとの付き合いの中で新たな方向に向かおうとする和田挽物、世界を視野に入れるイワセ、旋盤加工から角モノのフライス加工にまで拡げた小林鉄工、フライス加工を特色とする小林鐵工所、地域で唯一になってきた機械修理、改造の阿部鉄工所が存在していた。

鈑金・プレス系では、最新のレーザー加工機を 13 台も展開する柳田製作所、鈑金加工ながらも、独自なバリ取り機を開発しているエステーリンク、個性的なステンレス家具に展開するアベキン、精密鈑金から組立まで展開するエスシービー、シャーリングから精密鈑金に展開した熊倉シャーリング、洋食器のプレスから精密鈑金に転換した阿部工業、鉄の溶接から精密鈑金に向かう大倉製作所、屋根材、太陽光架台に向かうスワロー工業、一個から対応する製缶の丸田工業、プレス加工企業ながらもＭ＆Ａでキッチンツールに展開する関川工業、中もののプレス加工で独自な方向を向いている協立工業などがある。

また、特殊な加工機能としては、スピニング加工の三和機販、へら絞りで独立創業したミノル製作所、ロストワックス鋳造の新潟精密鋳造、鉄道部品に展開する新興、溶接から精密鈑金に向かうゴトウ熔接、洋食器製造から洗浄に転換した本間産業、カチオン電着塗装に展開する山忠、プラスチック成形で地域産業を支える新潟合成、電子部品組立のワイテック、塗料関係の志田塗料店などが存在している。さらに、金属洋食器のプラスチック柄を作るものとて生まれたプラスチック成形企業の中からは、給食用メラミン食器に向かうエンテック、日用品で興味深い商品を次々に展開している曙産業もある。

また、材料関係としてはステンレス鋼材を幅広く扱う吉川金属、藤田金屬燕支店、特殊ステンレス材の圧延に従事する明道メタル、海外輸出に向かう久保田伸銅所、包装関係のほしゆう、森井紙器工業、そして、物流の中越運送燕ロジスティックスセンター、ツバメロジスなどが注目される。

このように、燕の加工企業、関連企業は、従来の洋食器関連の部門から、多様な要請に応えられる形に大きく転換してきている。また、従来の燕の加工企業は燕内部の仕事に終始していたのだが、加工機能を高める中で、受注先を近県から東日本全体に求めるようになり、他地域の加工企業が縮小している中で存在感を大きなものにし、全体として東日本の機械金属工業の基盤技術として、さらに東日本ほどの範囲の複合加工基地として高まっていることも注目される。そして、それを支える資材部門、物流部門、包装等の部門が充実の度合いを高めているのであった。

▶幾つかの部門の充実の課題

このような中で、近年、特に加工部門の中では精密鈑金部門の充実ぶりが著しいのだが、関係者の間では「塗装」が十分ではないと指摘されている。燕の現状では、コンプレッサの北越工業、専用機のダイワメカニック、除雪機のフジイコーポレーション、農機具のホクエツ／丸越工業、ステンレス家具のアベキン等では塗装部門が内部化されているが。ステンレスが中心であった燕の場合、元々、専業の塗装業は少ない。有力な塗装専業企業としては、カチオン電着塗装の山忠以外にみえない。このあたりも燕の手薄な部分であろう。

また、半導体製造装置、真空機器、医療機器、航空・宇宙関連などの先端的な部門に属するメーカーが近場になかったことから、それらを支える基幹的な部分を構成する精密機械加工、精密研削加工、ラッピング等も成立していない。東北地方では、近年、半導体製造装置、真空機器、医療機器等の有力企業が展開し、また、次世代産業としての航空・宇宙、新エルギーなどへの関心が高まり、それに刺激されて精密機械加工、精密研削加工の中小企業が技術レベルを上げ、新規の独立創業もみられるようになってきている[3)]。

そのような意味で、機械金属工業の求められる技術水準はますます高まり、加工機能の幅の拡がり、内面の高度化が求められている。そのような意味で、金属製品産地からより高度な機械金属工業集積地に向けて、日本の機械金属工業の高まりに関わる部分での要素技術の拡がりと高度化は燕にとっても新たな課題であろう。

(3) 集散地化に向かう産地問屋、有力メーカー

日本における伝統的な日用品の流通構造の主流は、産地メーカー—産地問屋—中央の集散地問屋（問屋街）—地方問屋（準集散地問屋もある）—小売店というものであった[4)]。だが、このようなスタイルは1970年代に入る頃から大きく変質していく。最初の変化はアパレル関係から生じたのだが、製造問屋という存在が登場し、自らリスクを負って企画し、全国の優良生産者を組織し、小売店に直接販売していくものであった。小売店は、従来、集散地の問屋街を回って仕入れていたのだが、製造問屋との直接的な取引の中で、差別化された商品を手にすることができた。このような方式はアパレルから始まり、バッグ、靴、インテリア製品、日用品へと進んでいった[5)]。

次の大きな変化は量販店に加え、ホームセンターの登場であろう。大量かつ廉価な仕入れを必要とする彼らは、中央の集散地問屋を飛ばし、産地問屋、さらには有力なメーカーに関連する商品を取りまとめて入れてくれることを求め

るようになっていった。産地の側も、メーカーの側もかつてのデパート、小売店の力の落ちていることを痛感し、量販店、ホームセンターと直接的に取引し、さらに、周辺の商品をも取りまとめる集散地問屋的な性格を帯びていったことが注目される。

▶キラボシのごとく展開

燕には、このような製造問屋、集散地問屋というべき存在がキラボシのごとく展開している。巨大な総合カタログを展開している遠藤商事、江部松商事、和平フレイズに加え、100円ショップ専門のエコー金属、ファブレスなエムテートリマツ、丸山ステンレス、さらに、佐藤金属興業もこの範疇に入るであろう。

実際、燕の有力な産地問屋は魅力的なショールームと部厚なカタログを備え、自社企画の製品群に加え、燕の商品ばかりでなく、全国から海外の商品までも総合的に扱っている。まさに、産地問屋の製造問屋化、集散地問屋化ということができる。さらに、こうした流れは燕の有力メーカーにまで及んでいる。メーカー群の中で最も典型的な動きを示しているのは、測定器具のシンワ測定と金網・アウトドア製品に展開する新越ワークスであろう。いずれも固有の自社製品を持っているのだが、全国の量販店、ホームセンター、アウトドア関連の小売店などに直接販売する力を備え、合わせて関連商品を仕入れ、集散地問屋的な機能も発揮していることが注目される。いわば力のある商品を保有しているメーカーの集散地問屋化ということができる。

▶地域全体の集散地化

地方において、力のある独自商品を開発生産するメーカーで、このような集散地問屋化を進めているケースは個々にはあるが、地域全体として集散地問屋化を進めているところは、燕、三条以外にはないのではないかと思う。日本橋等の中央の集散地問屋がかつての流通革命の焦点とされ、存在感を低下させ、また、物流機能にも問題が生じている現在、上越新幹線で東京まで約1時間40分の位置にあり、本州全体の中心に位置するなど物流条件にも優れている燕、三条は新たな集散地として機能し始めているということであろう。そのような新たな可能性が拡がっており、燕の産地問屋、有力な製品メーカーは、近年、集散地問屋的な機能を高め、可能性の幅を拡げているのであった。

だが、燕の金属製品、厨房用品、アウトドア製品等の集散地化は、一般の人びとにはほとんど理解されていない。現状、一般の人びとは燕三条駅と燕三条地場産業振興センターの展示場にしか足を踏み入れることはない。この点、つばめ物流センターの各社のショールームは壮大なものであり、魅力的な商品に出会うことも少なくない。一般の人びとも入りやすい集散地として、さらに、多様なモノづくりとの出会いの場として、開かれたものであることも必要ではないかと思う。モノづくりと消費者の出会いの中から新たなモノも生まれてくる。これからのモノづくりと流通はそのようなものに向かっていくことが求められているであろう。

(4)「工場の祭典」と、その拡がりの可能性

そのような意味で、2013年から開始されている「工場(こうば)の祭典」の意義は大きい。この「工場の祭典」の前身は2007年から三条市で開催されていた「越後三条鍛冶まつり」であり、それを拡大発展させるものとして構想され、実施されている。「普段は閉ざされた工場や、ものづくりの魅力を伝えるにはどうしたらよいのだろうか[…]職人の高齢化や工場の後継者不足など、この地域が抱えている問題を打破するために、始まりました[6)]」とされている。

毎年10月初旬の4日間開催されてきた。初年度の参加企業は54社、来場者数は1万0708人から始まり、年々拡大し、2018年の実績は参加企業109社、来場者数5万3345人となり、2019年は10月3〜6日の4日間、113社の参加が見込まれている。毎年、100ページを超える魅力的な『KOUBA(日本語、英語併記)』(「燕三条 工場の祭典」実行委員会)というブックレットが発刊され、シャトルバスを通し、2018年には7コースが提供されていた。1000円の有料チケットを購入すれば、期間中何度でも乗車できる。

近年、全国の工業地域でこのような取組みが開始されているが、燕、三条地域の「工場の祭典」は参加企業の数、業種等の拡がり、そして、来場者数から

して最大規模のものであり、参加者に大きな感動を与えている。燕、三条のモノづくりの実力と可能性を指し示すものであろう。

また、燕、三条地域では商工会議所が中心になり燕三条トレードショウ実行委員会を組織し、BtoB向け、全国から海外への発信を意識して「燕三条トレードショウ」を2016年（2016年は「燕三条卸メッセ」の名称）から燕三条地場産業振興センターの展示場で開催している。2016年の参加者は43社、2018年は141社に拡大している。2019年開催の「第4回燕三条トレードショウ」は10月2〜3日の2日間にわたって燕三条地場産業センターで開催される。出展は生活雑貨、業務用厨房商品、園芸用品、利器工匠具、DIY商品、ギフト商品、介護用品等である。来場者は5000人を予定されている。地元開催の燕、三条地域の展示会としては最大規模のものである。

2019年は先の「工場の祭典」にしても7回目、「燕三条トレードショウ」は4回目。2019年度は開催が1日重なっているが、今後は、この二つを一体化し、全体として魅力的なフェアにしていくことが望まれる。この二つが相乗効果を発揮し、さらに、デザイナー、クリエーター等を惹きつけるフォーラム等となり、興味深いイベントなっていくことが望まれる。世界的に展示会は盛んだが、モノづくりを本格的に組み合わせているものはない。燕、三条のモノづくりの可能性をアピールし、世界的に関心の抱かれるイベントにしていくことが期待される。

2. 地域産業と中小企業の行方

「地場産業の歴史は、事業転換の歴史」といわれる中で、燕は1985年のプラザ合意以降の円高に直面、個々の中小企業が独自的な方向に向かい、高品質で独自な製品を保有するメーカー、加工技術の幅を拡げ、高める加工企業、そして、産地問屋の製造問屋化、集散地問屋化、さらに、有力メーカーの集散地問屋化という興味深い展開を重ねてきた。それは、高度経済成長期の頃までの低価格量産、海外輸出という低開発段階での事業展開モデルを止揚し、個々に独自化、多種少量化、高品質化等の先進国型の展開に踏み込んでいることを意味しよう。

最後に、この節では、そのような流れを促進し、世界の人びとに豊かさと幸せを提供し、さらに、燕の人びとが豊かに暮らしていくための地域産業と中小企業の課題と可能性をみていくことにしたい。

（1）地域的雰囲気と高い事業意識

信濃川の洪水に悩まされてきた燕。現在でこそ、燕を含む新潟県西蒲原地方は、豊かな越後平野の中でも最も優れた水稲地帯を形成しているが、大河津分水が完成する大正時代までは、泥田と農業の低生産性に悩まされ続けてきた。それを克服する手段としての工業化が推進され、江戸初期から、和釘、銅器、煙管、ヤスリ、矢立などの技術を導入、地域の産業化に向かっていった。このあたりから、産業化の意味が人びとに浸透し、それが地域的な雰囲気となり、高い企業家精神、事業者意識を育んできたように思える。

そして、燕の中には、鎚起銅器の玉川堂のように200年を超えて深めている工房もあれば、他方で、洋食器、器物、魔法瓶、そして、業務用ビール樽・電子材料容器と進んできた和田ステンレス工業、あるいは、ミシン用ドライバー、ミシン部品、器物、洋食器、そして、ゴルフ用品と転じてきた遠藤製作所のように、環境の変化に適応しながら事業転換を重ねてきた企業もある。

また、鋳物から始まり、コンプレッサ、高所作業車と展開し、東京証券取引所第一部上場企業にまでなった北越工業、メッキ加工から始まり、器物、そして、ミニ家電メーカーとなり、東京証券取引所第二部上場企業となっているツインバード工業等、事業者意識が旺盛で、新たなことに取り組み、大きな成果をあげてきた企業も少なくない。

▶企業家精神旺盛な取組み

このような取組みが周囲に刺激を与え、地域的な雰囲気となり、多くの若者を駆り立てていったように思う。近年は、精密鈑金周辺で新たな可能性が生じ、洋食器・熱処理からレーザー加工に転換し、躍進を重ねている柳田製作所、洋食器向けプレス加工から精密鈑金に転じた阿部工業、鋼板のシャーリングからやはり精密鈑金に転じた熊倉シャーリング、地元有力企業の富士通フロンテック新潟工場を経て独立創業し、目覚ましい進化を遂げているエスシービー、洋食器の研磨、農機具、プレス、鈑金と展開し、オフィス家具に新たな可能性を見出し、M＆Aを重ねて事業基盤を充実させる方向に向いているアベキン等、その企業家精神、事業者意識には目を見張るものがある。そのような取組みが、燕の活力となっているのであろう。

このような意識がベースにあり、燕は興味深い方向に向かっているのだが、他方で、新規創業の停滞、事業後継者難、各加工部門での職人不足などが生じてきている。これは、経済社会が成熟化し、人口減少、特に若者の減少、就業意識の変化、そして、高齢化等が絡み合って生じている現象であり、燕だけの問題ではなく、全国的、歴史的、構造的な問題でもある。

このような問題に対しては、事業を起こし、推進していくこと、優れた技術者・職人・職業人になっていくことが創造的な人生、豊かな暮らしを送れることを地域的な雰囲気としてさらに高めていくことが必要であろう。そして、そのような環境の中で、多様な人材育成が推進されていくことが課題となろう。起業家育成、事業後継者の育成、技術者・職人・職業人の育成が地域産業社会の中で推進していくことが求められる[7)]。

(2) モノづくりをベースに幅広いネットワークを形成

江戸期の産業化の頃には、他地域から技術者を招き、技術修得を重ね、基礎素材の鉄は日本海と信濃川の舟運で他地域から導入、燃料の薪炭は信濃川上流から入れ、製品の販売は三条商人によって三国峠を越えて江戸に向かうというネットワークを形成していた。江戸後期から発展したヤスリは材料として鋼を必要としたが、これは玉鋼の本場の島根県安来の玉鋼を舟運を通じて新潟から導入していた。燕の金属製品は、早い時代から幅の広いネットワークを形成していたことが指摘される。

大正期の真鍮製洋食器は、東京や大阪の商社との付き合いの中で市場を切り拓き、鎚起銅器以来の加工技術を高度化させ、長岡あたりの機械工作技術を受け入れ、プレス、研磨の機械化に踏み込んでいった。また、材料調達については、共同施設を組合で設置し、安定供給の仕組みを形成していったことも興味深い。

戦後のステンレス製洋食器の時代には、ステンレス素材の調達のために、業界、燕市、新潟県が一体で取組み日本製鉄（当時八幡製鐵）などからの資材調達ルートを確保してきた。対米輸出がメインの時代、アメリカのバイヤー（輸入商社）を取り込み、アメリカ市場を切り拓いていった。なお、この時代までの生産の仕組みは、燕地域内部でのメーカー、加工企業の拡がり、製品、加工技術の高度化を促したことが注目される。

▶独自化とネットワーク

洋食器の対米輸出が途絶えた1980年代末からは、各メーカー、加工企業の独自化が進み、燕企業の活動の幅はさらに大きく拡がっていく。独自製品に向かったメーカーは、東京のデザイナーとの連携等によりデザイン・企画力を高め、流通ルートを新たに切り拓いていく。世の中に新たに登場したホームセンター、100円ショップ直などの形態も広範にみられ、また、東京に直営店の設置など独自化を進めていく。この流通ルートの拡がり、独自化に対して、製品の展示、新たな取引先の紹介等、燕三条地場産業振興センターの果たした役割は少なくない。

生産に関しては、加工企業の高齢化、退出などにより、メーカーは内部化を進めている場合も多いが、燕に拡がる多様な加工企業とのネットワークも必須とされている。また、加工業サイドでは技術の高度化を進め、受注先の範囲を従来の燕地区から東日本全体向けている場合も少なくない。製造業全体の縮小の中で、日本全体で基盤技術部門の縮小、脆弱化が懸念されているが、燕の加工企業は独自に技術の高度化を進めながら、少なくとも東日本の範囲での能力（技術力、生産力）に優れた集積を形成し、存在感を高めていることは注目される。加工企業の中からは「燕の範囲から山（三国峠）を越え、次は海（海外）を越える」という存在も登場しつつある。

▶新たな「出会いの場」の形成

国内外の有力な展示会への参加、海外企業との接触の中で新たなネットワークが構築されつつある。全国のメーカー、加工企業からも「加工は燕三条、長岡等の新潟が多くなってきた」との声を聞くことも少なくない。このような傾向は、燕地域のメーカー、加工企業の充実を促し、さらに、日本のモノづくり、基盤技術のベースとして燕地域の存在感が高まっていることを意味しよう。燕地域のモノづくりが高まっていることの実績が、新たなネットワークの形成につながり、次への可能性を高めている。

その場合、燕のモノづくりのショーウインドであり、ネットワークの拡がりを推進する燕三条地場産業振興センターや、取引先の紹介、また、若手事業者、後継者の育成に努める燕商工会議所、吉田商工会、分水商工会の役割はますます大きくなるであろう。また、壮大な規模で行なわれている「工場の祭典」は、一般の人びとと工場との「出会いの場」となり、人びとに燕のモノづくりの意味を痛感させ、また、工場サイドには新たな勇気を与えていくことになる。そのような取組みから、新たな形の「出会いの場」、新たな形の「産業メッセ」となっていくことが期待される。

(3) 素材、開発、加工、組立、サービスの充実とオープン・イノベーション

モノが世の中に登場し、私たちの手元に届き使われてくまでには幾つかの段階がある。最初に「素材」があるが、「素材」そのもので私たちが直接使用、幸せを享受できるものは非常に限られており、それを享受できる形に変えていかなければならない。この行為を「開発」という。ただし、「開発」されただけではまだ使えない。そのためには「加工」「組立」等の仕組みの形成が必要であろう。そして、初めてそれが私たちの手に届き、使用、享受することができる。そして、そのためには流通などの多様な「サービス」が付加されていかなければならない。この一連の流れがスムーズに進むことによって私たちは「幸せ」を手にすることができる。

図終―1　日本産業の向かうべき方向

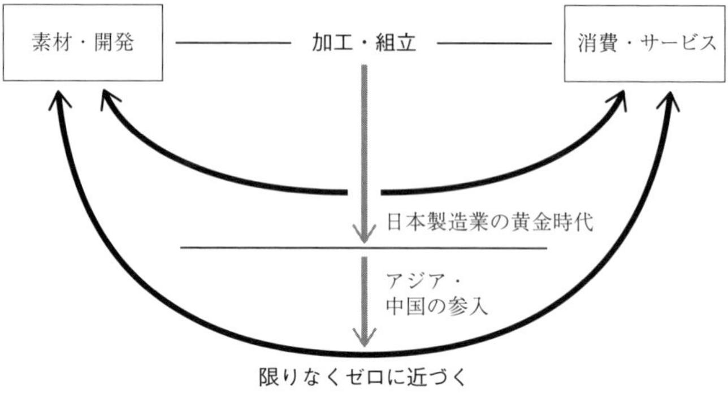

素材・開発　――――　加工・組立　――――　消費・サービス

日本製造業の黄金時代

アジア・
中国の参入

限りなくゼロに近づく

▶「安くて良質」を超えて

第2次世界大戦後の高度成長期の頃までの私たちには、すでに先行的に「開発」された「素材」があり、私たちの先輩たちは必死に「加工」「組立」することに精力を注ぎ、「安くて、良質なメイド・イン・ジャパン」を作り上げ、世界から称賛されていった。ただし、「加工」「組立」の世界は、1990年代に入るとアジア、中国の進出する領域となり、メイド・イン・ジャパンは一気に競争力を失っていく。成熟した先進国の日本が成すべきことは、新たな「素材」を生み出し、「開発」を重ね、世の中により豊かな「幸せ」を届けていくことであろう。そこには、当然、優れた「サービス」が必要とされる[8]。

そのような意味で、ステンレス素材を軸に優れた加工技術を基礎に「安くて、良質なメイド・イン・ジャパン」を提供してきた燕の次のステージは、「素材」「開発」、そして、優れた「サービス」の提供ということになろう。その場合、その背景に高度な「加工」「組立」の技術が担保されていなくてはならない。優れた「素材」、それに豊かな価値を与えるための「開発」、確実な「加工」「組立」、そして、人びとに愛されていくための「サービス」をいかに提供していくかが問われている。世の中の「困った」に応える、そして、人びとを「幸せ」にすることが事業の基本であり、先の「素材」「開発」「加工」「組立」「サービス」を通じてそれを表現していくことが求められている。

▶オープン・イノベーションの課題

さらに、もう一つ。生活の必需品を提供してきた一つ前の時代とは異なり、より豊かな「財」「サービス」を求められている現在、作り手、使う側、そして、それに関係する多様な要素が、知恵を出し合い新たなモノ、サービスを生み出していくものとして「オープン・イノベーション」が必要になろう。基礎的消費の低開発段階で、さらに、先行するモノ、サービスがあるならば、「加工」「組立」に精力を投入することで一通りの成果をあげることができた。だが、先進段階では「新しい価値」を生み出していかなければならない。その場合、多様な経験と立場にある人びとが知恵を出し合っていくことが不可欠であろう[9)]。「新たな価値」の創造の場として開かれた「オープン・イノベーション」の燕が形成されていくことを期待したい。「工場の祭典」もそのようなあり方に向かう取組みの一つとして注目される。モノづくりの現場である燕にそのような「出会いの場」を作り、さらに先端的な消費地にもそのような「場」を用意し、新たな可能性を見つけ出していくことが求められる。

（4）未来型の「メイド・イン・ツバメ」に向かう

1985年のプラザ合意以降から続く調整過程の中で、燕の製造業、モノづくり産業の向かうべき方向は次第に明らかになってきた。少なくとも、前例のない新たな部門、やり方に向かうという意味では、今後は「みんなと同じことをやる時代ではない」ということであろう。先進国としての新たな時代状況、成熟化、人口減少、少子高齢化といった新たな社会課題に対して、それに向かう新たなモノ、コト、さらに新たなサービスを生み出し、必要なところに提供していくことが求められている。

▶一次方程式の時代から連立方程式の時代へ

私は1973年から今日までの45年間、全国各地から中国、アジアの製造業の「現場」をみ続けてきたが、1985年（プラザ合意）～1992年（バブル経済の崩壊）を境にするそれ以前の十数年と、それ以後の四半世紀の日本の製造業の「現場」は全く別の国のように思えてならない。

図終—2　一元一次方程式から多元連立方程式の時代へ

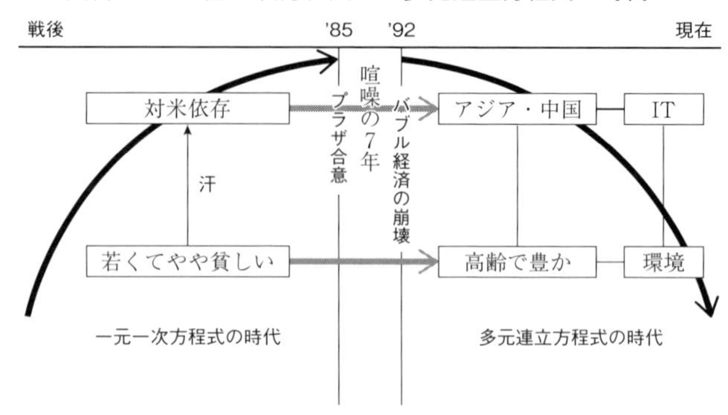

一つ前の時代の「現場」では、まだ若い経営者は顔を真赤にして「未来」を語ってくれたものだが、バブル経済崩壊以降は「未来」を語る経営者に出会うことは少ない。一つ前の時代の人びとはまだ若く、豊かさを信じ、目標をアメリカと見定めて必死に向かっていった。身体の「汗」の量が成功につながっていった。当時を振り返って、成功した70代から80代の中小企業の経営者は「あの頃は、頑張れば誰でも成功できた」と語っている。「頑張る」「身体に汗」が基本の単純な「一元一次方程式」の時代であった。

だが、喧騒のバブル経済を駆け抜けた1990年代中盤に入ると、私たちの置かれている構造条件は大きく変わってきた。対外的にはアメリカとの関係は相変わらず大きいものの、一つ前の時代には考えることもなかった「アジア、中国」が大きく登場してきた。また、国内的には「成熟化」し、「人口減少」「少子高齢化」が際立ってきた。さらに、「IT」と「環境」は基本的な条件になってきた。

▶問題「発見」が課題

変数が四つ以上もある「多元方程式」「連立方程式」の時代に置かれているといえそうである。しかも、かつての一次方程式の時代には方程式そのものが明示されていたのだが、現在は自らそれを作り出していかなくてはならない。「問題発見能力」が問われることになろう。それは、モノづくり産業に限らず、すべての事業活動に共通する構造的な課題となっている。そして、私たちは、このような課題にこの四半世紀、うまく応えていない。

だが、リーマンショック（2008年)、東日本大震災（2011年）を経るあたりから、ようやく変化の兆しがみえるようになってきた。この間、繊維、日用品、電子部品から始まり、半導体、液晶など、さらに、自動車の海外移管が進んだ。国内では素材部門、開発部門、加工部門、また、丁寧なサービスの提供など、いずれも質が問われるものになってきた。特殊化に向かう（ウチしかできない)、幅の広い機能を身に着け高いサービスを提供する、あるいは、市場の開けてきた世界（アジア、欧米）に向かうなどがみられるようになってきた。日本のモノづくり中小企業が独自かつ小さな世界企業に向かっていくことが期待される。

半導体、液晶に象徴される量の出る部分の喪失、自動車メーカーの海外展開、これらにより、日本のモノづくり産業の基底を形成していた中小企業は、現在、大きな構造転換の中に取り込まれている。先の図終―2に示した「グローバル化」「成熟化」「人口減少」「少子高齢化」が基本的な構造条件となってきた日本のモノづくり産業のこれからは、開発も加工も際立った先端の領域を視野に入れる、幅の広い機能を身に着けサービス機能を高める、先進国として世界をリードするモノ、コト、サービスを生み出し、世界に貢献していくことが課題になってこよう。

▶個々の独自化と全体としての多様性

振り返るまでもなく、日本は豊かになり、反面、成熟化により新たな社会課題を抱えている。他方、情報、才能があふれ、新たなモノ、コト、サービスを生み出していく条件を豊かにしている。それらに深くコミットし、幅の広いネットワークをベースにしながら、個々の中小企業が創造性の豊かな方向に向かい、新たなモノ、コト、サービスを生み出していくことが求められる。それは、かつての輸出向低価格品、中級品生産に終始してきた燕の産業、中小企業が、個々に自立的なものとなり、さらに、創造的企業として生まれ変わっていくことを意味する。燕のモノづくり産業集積の未来は、豊かな日本を舞台にする新たな先導的な「メイド・イン・ツバメ」に向かうことにあろう。

1985年のプラザ合意以降の苦しみからの脱却の足取りの中で、燕の事業者たちは新たな方向を見出しつつある。それは個々に独自化を進めることであり、全体としての多様性を生み出し、可能性の幅を拡げていくことであろう。それはキャッチアップ型で推移してきたわが国の産業展開の大きな転換を意味する。燕はその先端に立ち、豊かな産業化の担い手となっていくことが期待される。

1） この間の事情は、関満博・福田順子編『変貌する地場産業——複合金属製品産地に向かう“燕”』新評論、1998年、を参照されたい。

2） このような構造転換に関しては、関満博『フルセット型産業構造を超えて——東アジア新時代のなかの日本産業』中公新書、1993年、同『空洞化を超えて——技術と地域の再構築』日本経済新聞社、1997年、同『現場発ニッポン空洞化を超えて』日経ビジネス人文庫、2003年、を参照されたい。

3） 近年の東北地方の半導体製造装置、真空機器、医療機器等を焦点とする精密機械加工、精密研削等の要素技術の動きは、関満博『「地方創生」時代の中小都市の挑戦——産業集積の先駆モデル・岩手県北上市の現場から』新評論、2017年、を参照されたい。

4） 日本の伝統的な集散地を軸にする流通構造については、関満博『伝統的地場産業の研究——八王子機業の発展構造分析』中央大学出版部、1985年、を参照されたい。

5） このような集散地制度、製造問屋の登場等については、中込省三『日本の衣服産業』東洋経済新報社、1975年、関満博「ファッション化、小零細化の中の製造問屋型生産組織——横編メリヤス業の構造変動」（『商工指導』第335号、1979年10月）、同「地場産業における流通制度の諸問題」（『成城大学大学院創設20周年記念論文集』1988年3月）を参照されたい。

6） 燕市役所『広報つばめ』第275号、2017年9月1日。

7） 地域産業における人材育成については、関満博『現場主義の人材育成法』ちくま新書、2005年、同『二代目経営塾』日経BP社、2006年、同『地域を豊かにする働き方——被災地復興から見えてきたこと』ちくまプリマー新書、2012年、関満博編『元気の出る経営塾——ガンバル中小企業』オーム社、2006年、同編『地域産業振興の人材育成塾』新評論、2007年、を参照されたい。

8）　この「素材・開発」「加工・組立」「消費・サービス」を軸にする発展モデルについては、関満博「新しい『日本のサービス』の付加が新領域を招く」（『商工ジャーナル』第35巻第3号、2009年3月）、同「円高と空洞化（1）「素材」「サービス」に可能性（『日本経済新聞』経済教室、2010年9月28日）、を参照されたい。

9）　先進段階における新たな価値の創造については、関満博『地域産業に学べ！モノづくり・人作りの未来』日本評論社、2008年、同「中小製造業存続の条件 小さな世界企業を目指せ」（『日本経済新聞』経済教室、2016年2月18日）、同『日本の中小企業——少子高齢化時代の起業・経営・承継』中公新書、2017年、を参照されたい。

補論1　1987年／燕、三条にみる地方工業集積地の構造問題
――広域的リンケージと都市型工業への課題

私が燕市、三条市を初めて訪れたのは1986年9月末、1985年9月のプラザ合意後の急速な円高の中で、当時の通商産業省の事業で、輸出型地場産業として知られたこの二つの地場産業都市の産業構造分析を目的とした調査であった。この調査の結果は、燕市新産業誘致開発機構『燕市金属加工業の技術振興方策に関する調査報告書』1987年3月、として公刊している。

上越新幹線に乗り、1986年9月27日夕方、燕三条駅に若手研究者と2人で初めて降り立った。宿泊はなぜか燕市内の旅館「ホテル三條屋」であった。他に宿泊施設は見当たらなかった。早速、市内の繁華街で飲食をと思って外に出掛けたのだが、「居酒屋」は全く見当たらなかった。地場産業の発達している都市では「飲食街」、特に夜の「飲食街」が盛んであることは一般的なのだが、期待は外れた。やむなく、商店街の中にポツリとあった天ぷら屋に入った。意外な思いをした。

翌日、燕市内の企業を幾つか訪問した後に、隣の三条市役所を訪れたのだが、職員の方から「昨晩はどうされました」と聞かれ、「参りました」と応えると、彼は「燕には居酒屋やバー、スナックはありません。三条には800軒ほどあります」といわれた。その晩は三条の夜の華やかさに驚いた。「燕は職人のまち。三条は問屋さんが多く、商人のまち」であることを初めて知った。

1970年代以来、何度かの円高に苦しめられていたが、プラザ合意直後の1986年から1987年の頃は、戦後、一本調子で輸出型地場産業として歩んできた洋食器の燕、作業工具（車載用工具）の三条の最大の転換期であったように思う。先の『調査報告書』を踏まえ、地方型工業の典型を燕と三条に求め、当時、私の地域産業研究のベースであった東京の大田区、墨田区、多摩地域との対比を意識し、地方工業の燕、三条地域、大都市工業としての東京圏工業と置き比較分析を行なってみた。30年ぶりに読み返してみると、全国でほとんど唯一生き残った地場産業の燕、三条の地域産業構造転換の前後の事情が把握できる。そのような意味で、補論の形で本書に再掲することにした。

なお、この補論1の初出は、関満博「燕・三条にみる地方工業集積地の構造問題」（『商工金融』第37巻第2号、1987年2月）である。

1985年9月のプラザ合意以降の国際経済調整、円高傾向が続く中で、日本産業は大きな構造調整に直面している。特に、輸出型産地として編成されてきた地方工業集積地の多くは、地域全体が輸出向け量産の特定生産物に終始してきたため、事態はいっそう深刻なものになっている。従来から日本列島はあらゆる産業分野をフルセットで抱えるところに特色があったのだが、円高以降の国際分業体制再編の中で、低加工度で低コスト量産を旨とする部門の海外移管、付加価値の高い先進的部門の強化という先進国型産業構造への転換が急速に進められている。

現在、すでに最も動きの鋭い東京圏においては、低コスト量産を前提にする産業分野の存続の条件は乏しいものになり、先進国型の高度工業集積への構造調整が進められている[1)]。おそらく、こうした傾向はますます強まり、東京圏の工業集積は求心的に高まり、他方で、地方との格差をいっそう際立たせていくことになろう。そうした流れの中で、本補論1の事例研究で扱う新潟県の燕市、三条市といった輸出向特定生産物の低コスト量産を特色としていた地方工業集積地は、現在のスタイルに踏みとどまることはできず、否応なく先進国型の製品展開、生産流通構造を模索していかなくてはならない。

以上のような日本産業全体の先進国型産業構造、高度工業集積への課題を意識しながら、本補論1は、産業展開のスタイルを、とりあえず、先進国型のものを「大都市工業」「大都市工業集積」、地方の在来型のものを「地方工業」「地方工業集積」として二分し、いわゆる地方工業集積地においても、先進的な「大都市工業」的内容に変身していかない限り、新たな時代を期待できない点を論じていく。国民経済全体の先進国型への移行、アジアNIESとの補完関係の強化、通信、輸送手段の発展による地域条件の大幅な変化などの中で、低コスト量産に安住していた地方工業集積地は、いま、「大都市工業」「先進国型工業」への内面的な変革を基本的な課題として与えられているのである。

1. 地方工業と大都市工業

工業の存在形態は、産出する財の特性、発展段階などによって実に多様なも

表補1―1　地方工業と大都市工業

地方工業（燕、三条、地方、東アジア諸国地域）	大都市工業（墨田区、大田区）
【財の性質】実用品の量産	**高級品の少量生産**
①　原材料立地	需要地立地
②　同質タイプ財の量産（産地全体が同一タイプ）	多品種少量生産（原型は一品生産）
③　見込生産（市場から遠い）	受注生産（市場の中）
④　安価な生産要素（低地価、安価な労働力）	高価な生産要素（高地価、高い人件費）
⑤　低コスト生産	付加価値の高いもの
⑥　機能性重視	審美性、特殊性重視
基礎的消費対象（下級財）	選択的消費対象（上級財）
【生産と流通】単線型	**多元的**
⑦　同質的タイプの生産者	個性的な生産者
⑧　工程単純（繰り返しの量産）	工程複雑（個々の受注により変化）
機械化、自動化への要因大	手作業の部分多い
⑨　関連業者の幅狭い（限られた機能）	幅広い関連業者（幅広い機能）
特異な熟練不必要	高度な熟練必要
⑩　効率性を背景にする社会的分業	多様性を背景にする社会的分業
⑪　生産工程が縦系列に固定化	柔軟な生産組織
（系列生産）	（オープンな社会的分業）
⑫　生産はある程度安定的	個々の生産者の受注変動大
生産期間は長い	迅速性要求
⑬　生産の現場的	製品開発力内蔵
⑭　流通過程が単線型	多元的な流通組織
⑮　モノカルチャー的	多くの産業が重合

のになり、実際には微妙なスペクトルを構成する。このスペクトルに対し、分析する側は目的にしたがって対象を幾つかに類別し、その相互関係、段階的把握等を行ない、発展のための具体的な課題と方法を明示していく。本補論1における地方工業、大都市工業の概念は、工業の存在形態を空間的、地域的側面から二分するものであり、その対比的な検討の中から、フルセット型産業展開に顕著であった日本産業の次の時代の基本的なあり方として、地方にあろうとも、環境諸条件変化の中で、理念型としての大都市工業への転身が不可欠である点を指摘していく。

なお、その場合、製品分野別にある程度、地方型、大都市型の区分が可能であると同時に、特定製品分野、産業分野内においても、存在形態として地方型、大都市型を指摘できることにも注意が必要である。例えば、出版、印刷、ファッションなどは大都市型の典型とされているが、それぞれの分野においても、低コスト、量産を目的に地方に発達する部分と、高感度製品の生産を目指し、大都市で発達する部分とが認められる。あるいは、個別企業の中でも、研究開発、試作部門といった中枢機能の大都市への集中、量産部門の地方展開などにみられるように、製品分野、産業分野に限らず、個別企業内においてさえ、地域的展開の側面において際立った対照を示している。

ここでは、まず、地方工業と大都市工業のそれぞれにみられる構造的特質に注目しながら、円高以降の日本産業の構造的課題を認識していくことにしたい。

(1) 地方工業と大都市工業の基本的な特質

まず、地方工業と大都市工業の存立前提をみていくと、現在ではその影響は薄くなっている場合が多いが、発生形態として、原材料を基盤にしているのか、あるいは需要地を基盤にしているかが重要であろう。特に、地方の工業については原材料基盤に強く規定される場合が多く、仮に産地全体が多数の生産者によって構成されるにしても、産出製品が同一タイプのものになり、周囲からは特産物生産、全体として同質的タイプ財の量産と受け止められることが多い。この点、17 世紀初め、江戸から釘鍛冶職人を招き、その技術を人びとに普及させるところから出発したとされる燕、三条の金物産地化は、主製品となった和釘は製造工程が単純であり、副業的生産を可能にしたという意味で、地方的色彩を濃厚に帯びるものであった。さらに、鍛造用の燃料は信濃川の支流からもたらされた。副材料としての木炭は金物工業成立の重要な基盤となっていた[2)]。

また、この地方工業は次第に地域の基幹産業としての役割を担っていく場合が多いことから、生産力の拡大と共に生産の安定化が不可欠となる。さらに、市場からは相当に離れ、しかも限られた製品分野にとどめられており、全般的に特産物の見込生産になる場合が少なくない。そして、原材料基盤と共に、低地価、安い人件費といった安価な生産要素がもう一つの存立前提になり、何よりも低コスト生産が課題とされていく。

このように、原材料基盤を前提とする産地全体としての特定生産物の量産、また、市場的視野の乏しい見込生産、さらに、安価な生産要素を前提とした低コスト生産、これらにより、地方工業の製品展開は限られた製品分野の中で、機能性を重視する基礎的消費対象の、いわば下級財、実用品の生産に特色を示すものになっていく。まさに、燕の和釘、そして洋食器、三条の作業工具などは、こうした特質を濃厚に示すものであった。そうした事情から、基礎的消費の旺盛な高度成長の時代、あるいは低価格量産品の市場が開けていた時代には一世を風靡することが可能であった。

これに対し、広大かつ高度な市場を内包する大都市においては、地方工業とは対照的な製品展開、工業展開がみられる。もちろん、大都市内部においても、製品展開、生産方式は多様なレベルを構成するが、そうした重層性に加え、大都市では最も先鋭的な要請が発生する点が重要である。最も先鋭的な需要とは、例えば、手描友禅などの最高級呉服、特殊仕様の専用機などが指摘される。これらは審美性、特殊性を重視する選択的需要を受け止める上級財というべきものであり、需要のスタイルは一品物、生産のスタイルは多種少量生産、さらには、一品の受注生産が原型となろう。そして、このような製品要求に応えることで、これが日本産業全体の製品展開、生産展開のプロトタイプとなっていく。このような側面に注目するならば、大都市はあらゆる製品、産業のプロトタイプ創出機能を保有しているということができる。

また、大都市は高地価、高い人件費は基本条件となっており、低コスト生産が至上命令となる地方工業とは異なり、付加価値の高いものを生産していかなくてはならない。こうした事情から、大都市工業は高級品の受注生産、多種少量生産を基本的な特質としていくであろう。

(2) 対照的な生産流通構造

以上のような地方工業、大都市工業の存立前提を背景に、それぞれの生産流通構造は対照的な内容を示していく[3)]。

狭い範囲の実用品の量産に向かいがちな地方工業の場合、徹底した合理化を進め、繰り返しの量産に適合した内容に自らを編成していく。生産設備の専用機化などはその典型といえる。こうした事情の下で、地方工業は特定生産物の産地を形成し、多数の生産者によって構成されても、その生産者は極めて同質的なものになり、多様性は認めにくい。それぞれが独自性を主張しても、外部からみるならば、ほとんど同質的なタイプということは避けられない。

さらに、同じようなタイプの製品を繰り返し生産していくことから、合理化、効率的生産への要請は大きく、工程の分解が進み、自動化、機械化への誘因は大きい。こうした流れの中で、生産設備の専用機化が進むであろう。安価な労働力を大量に利用することと、自動化、専用機化が進むということは相矛盾するものではなく、実は、極めて同質的な発展過程の中に位置づけられていく。

また、産出製品が限られた内容であることから、生産の社会的分業が発達するにしても、特異な加工機能を周辺に十分に生み出すことは難しい。つまり、産地全体として特定製品分野に関連する加工業者以外を成立させることはない。しかも、効率的生産を求める中で社会的分業が成立してくるため、単純化の要請が強く、特異な熟練も成立しない。極めて単純かつ同質的な内容の加工機能による生産体制が築かれる。さらに、常に同じような製品を作り続けていくことから、生産工程が縦系列に固定化し、いわば系列生産の形態が産地の中に多数併存する。そして、それらの系列はほとんど同質的な内容にとどめられていくのである。

また、この点は流通過程においても同様である[4)]。多数の生産者が存在することから多様な流通のスタイルが期待されるが、現実的には同質タイプ財を全体として大量に流通過程に乗せるという事情から、流通の制度的機構は単線型のスタイルに統一されていくことが多い。

これに対し、大都市工業の場合、特殊かつ高度な製品の多種少量生産、受注生産が基本であることから、個々の生産に必要とされる加工機能の編成は異なっていく。そのために、特殊な加工機能を保有する高度な熟練、幅広い関連加工機能が周囲に豊富に成立していなくてはならない。しかも、常に繰り返しで生産されるわけではないことから、個々の加工業者の受注変動は大きなものとなる。そうした事情を回避していくためには、総体として多様な発注主体が豊富に存在しなくてはならない。つまり、そうした条件は大都市においてのみ成立し、個性的かつ特殊な機能を保有する生産者の広大な拡がりが期待されることになる。

このような多様かつ高度な機能が広範に成立することについては、先鋭的な要請を発信する発注主体が豊富に存在することに加え、要請が多様かつ高度であることから、個々の加工業者の保有する機能が幅の狭い範囲で特殊化、高度化せざるをえないことも注目される。この点、手工的熟練に依存する場合でも狭い範囲で特殊化、高度化が課題となるであろうし、また、技術の先端化の中で設備機械が高額化しているという事情の下では、狭い範囲の特殊化、専門化は存立の基本前提になっていく。多種少量が推進され、要求される内容が高度になっていくほど、特殊化された多様な専門加工業者が広範に拡がっていく。このあたりに、大都市工業における社会的分業が形成されていく背景をみていかなくてはならない[5)]。

そして、このような特殊かつ専門的な加工業者の広範な存在を前提に、個々の受注に対応する生産組織が編成されていく。それは繰り返しの量産を特色とし、生産工程を縦系列に固定化し、系列生産的色彩を強めている地方工業とは対照的に、個々の製品を完成させるに向けての必要な加工機能を必要に応じて組織化するという柔軟な生産組織であることを意味する。こうした形態であるならば、生産組織に限らず、流通組織においても多様性を示していくであろう[6)]。生産流通の全体系の中で、あらゆる要請を受け止められる形が構造化されている。そこに、大都市工業の特質をみていく必要がある。

したがって、そうした構造の中では、先鋭的な要求に応えられる製品開発力というべきものが内蔵されることになり、新たな要求に応える中で、開発力の強化、専門的な加工機能の深化が進められていこう。この点は、特定生産物の繰り返し生産に終始し、開発力を保有しない生産の現場的な地方工業とは対照的であろう。その結果、大都市においては製品分野、産業分野はいっそう拡がり、内面はより高度化されていく。これに対し、地方工業ではモノカルチャーの制約から逃れられないまま、特定製品領域の中での効率性追究という方向に一元的に突き進んでいくのである。

(3) 大都市工業への転身の課題

以上のように、地方工業と大都市工業は製品展開、生産流通の基本構造において際立った対照を示している。そして、このような対照的な内容を両極として、日本産業はプロトタイプ創出機能から在来製品の低コスト量産機能までをフルセットで保有するという展開をみせてきた。しかも、プロトタイプ創出機能と量産機能が一国内で有機的な循環過程、補完関係を形成し、製品分野別、機能別に地域的な分業関係を形づくってきた。また、高度成長期までは、低価格量産部門が外貨獲得の先兵となり、プロトタイプ創出機能の自立化への下支えとしての役割を果たしてきた点も見落とすわけにはいかない。

しかしながら、ニクソンショック、オイルショック以降の国際経済調整をしのいできた日本産業も、1985年のプラザ合意以降の円高傾向の中で大幅な構造調整を余儀なくされてきた。いわゆる重厚長大産業、あるいは、在来型の低コスト量産を前提にしていた産業群の多くは、円高不況とコスト競争力低下の中で国内に維持することは難しくなり、海外に生産移管をせざるをえない。いわば、地方工業の多くは、今後とも国内に存立条件を見出していくことは難しい。つまり、本補論1でいう大都市工業的な内容に日本産業全体が移行していかざるをえないのであろう。

この点、国内的にも地方工業的展開を維持する条件は見出しにくくなっている事情にも注意していく必要がある。

先端技術の発展を媒介にする通信、物流手段の急速な発展の中で、大都市圏と地方圏との経済的諸条件は接近し、全国レベルでの全般的都市化が進んでいる。反面、中枢的機能の東京圏への集中と地方圏の空洞化も懸念される。このような国土全体の同質化の動きと、格差拡大の動きが同時的に発生していることが、現在の地方圏の困難を増幅している。この同質化と格差増大の全体構造を明らかにすることはここの目的ではないが、工業サイドから若干の指摘を行なうと、次のような点が重要であろう[7]。

先に検討したように、産業展開をトータルにみた場合、プロトタイプ創出機能から在来製品の低コスト量産機能までの多様な機能が認識される。これらは微妙なスペクトルを構成するが、現実の立地選択に関しては、地域間の経済的諸条件格差を鋭く反映していく。この単純な類別は先の理念型としての地方工業、大都市工業という二つの極で理解される。

こうしたトータルな産業展開を日本は一国内にフルセットで抱え込んでいたのだが、近年のドラスティックな環境諸条件変化の中で、地方型の工業を維持することは難しい。地方工業のスタイルで展開してきた部分の多くは、その存続発展の条件を失い、逆に、大都市型の工業的発展のための条件を与えられつつあるが、従来からの構造的制約があまりにも強く、製品の展開力、生産流通の基本構造において内面的な対応力を備えていないため、急速に困難に追い込まれている。新製品、新技術の開発、新市場の開拓を課題にしても、構造化さ

図補 1—1　信濃川テクノバレー圏域市町村の位置と製造品出荷額等

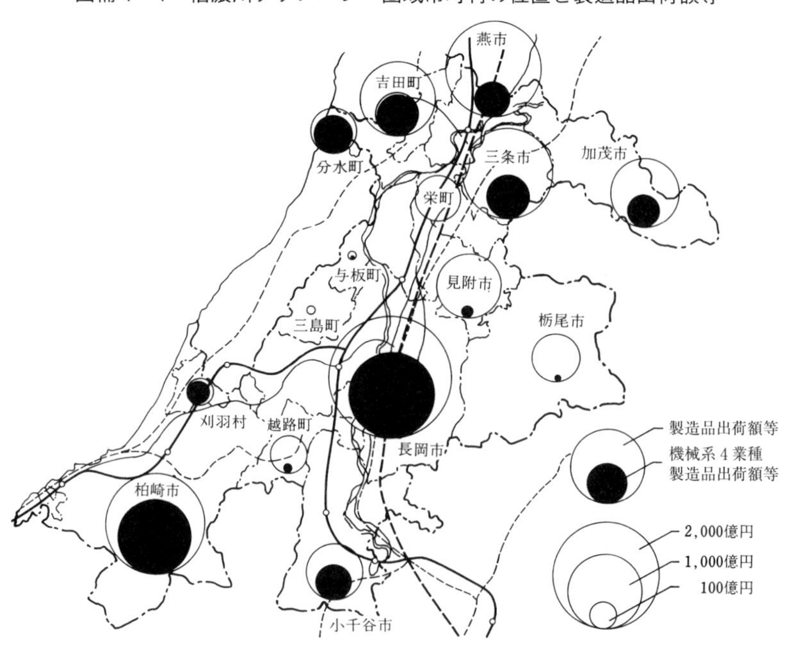

注：①機械系 4 業種とは、産業中分類の一般機械、電気機械、輸送用機械、精密機械。
②信野川テクノバレーについては、章末の注 14）を参照されたい。
資料：『工業統計』1982 年版
出所：新潟県『信野川テクノバレー形成基本構想』1985 年、17 ページ

れている製品展開のパターン、生産流通の制度的機構のままでは、大都市工業的な内容への転身を図ることは難しい。

地方工業においても、通信、物流をはじめとする基礎的条件は大都市工業として展開しうるレベルに近づきつつある。そうした底流としての全般的な都市化過程と工業サイドの構造的制約のギャップを乗り越えるには、長く、困難な試練を必要としよう。そして、現実的には、地方圏における通信、物流手段の急速な改善により、中枢機能はいっそう大都市圏、それも東京圏へ一極集中するという皮肉な結果を生み出している。日本全体が全般的な都市化過程にあり、そして、国内に全ての産業をフルセットで抱えることが難しいという時代状況の中で、地方工業の多くは現実的な対応に苦慮している。

以上のような点からすると、現在の製品展開のスタイル、生産流通構造のままでは、地方の工業は衰退のサイクルから逃れられないであろう。長い間にわたって築き上げられてきた構造的特質を正しく見極めながら、先に指摘した大都市工業的なものへと変身していく必要がある。ただし、体質化している低コスト量産の下級財の生産、一元的な生産流通構造を打破することは容易ではなく、長く辛い試行錯誤を必要とするだろう。

産地を構成する全ての企業が産地に構造化している常識というべきものを打破し、独自的な方向を模索する中で、全体としての多様性を形づくっていくことが必要である。そして、そうした努力を積み重ねてはじめて、全国レベルでの都市化過程に照応する大都市型の企業としてのあり方が展望され、多様性を築き上げる中で全体として大都市工業としての展開力を身に着けていくことが期待される。

2. 燕、三条地区工業の当面する課題

ここまで検討したように、地方圏に広範に発達した工業集積地の多くは、従来の形のままでは将来を展望することはできず、何らかの形で大都市型の内容に自らを変革していかなくてはならない。特に、本補論1での事例分析の対象となる燕市、三条市の工業は、円高以降の構造調整の中で新たな対応を迫られ

表補1—2　信濃川テクノバレー圏域市町村の主要工場（従業員200人以上／1986）

事業所名	主要製品	資本金（万円）	従業員規模
（燕市）			
明道金属㈱	特殊鋼冶延帯鋼	10,000	D
㈱遠藤製作所	キッチン用品、ゴルフ用品	4,000	D
小林工業㈱	スプーン、フォーク、ナイフ	2,000	D
（三条市）			
㈱内田製作所本社工場	石油ストーブ、エアコン	35,000	C
トップ工業㈱	作業工具	7,400	D
㈱新潟井関製作所	田植機	5,000	D
（吉田町）			
エアマン電子㈱	電気音響機器	1,000	D
富士通機電㈱吉田工場	電子計算機、金型、同部品	24,000	B
木村食品工業㈱	食料品製造、包装もち	4,800	C
（分水町）			
北越工業㈱	コンプレッサ、エンジン発電機	100,000	C
（加茂市）			
東芝熱器具㈱	石油ストーブ、民生用電気機器部品	300,000	B
新潟コンバータ㈱加茂工場	変速機	10,000	C
東電プラスチック㈱	アイロン	1,200	D
㈱マルス電子加茂工場	磁気ヘッド	900	D
（見附市）			
㈱第一合繊	ポリエステル長繊維	−	D
第一ニット㈱	男子用メリヤス外衣	680	D
（栃尾市）			
鈴倉織物㈱	ポリエステル長繊維	10,000	B
（長岡市）			
内田機械工業㈱	石油機器、金属工作機械	4,500	D
㈱オーエム製作所長岡工場	立旋盤、鉄くず	166,000	D
倉敷機械㈱	金属工作機械	166,000	D
玉川機械㈱長岡工場	粉末成形プレス、非鉄金属くず	30,000	D
㈱ツガミ長岡工場	旋盤	363,000	B
㈱新潟鐵工長岡工場	射出成形機	1,636,400	D
ユニオンツール㈱長岡工場	超硬工具、精密測定器	6,000	D
アルプス電気㈱長岡工場	磁気ヘッド	1,926,500	D
ネミック・ラムダ㈱	スイッチング電源	25,000	C
ヘルツ電子㈱	磁気ヘッド	1,500	C
㈱大原鉄工所	雪上車、建設・鉱山機械	4,500	D
日本精密㈱高見工場	四輪車用計器	33,000	D
日本精密㈱本社工場	測定器、自動車部品	33,000	B
日魯新潟畜産㈱	食肉、ぎょうざ	3,000	D
（越路町）			
岩塚製菓㈱	米菓	9,000	B

(小千谷市)			
加賀工業㈱小千谷工場	ローラーチェーン	4,800	D
日本ベアリング㈱	スライドボールベアリング、鉄くず	8,800	C
越後製菓㈱高梨工場	もち	23,400	C
(刈羽村)			
ニイガタ・メーソンネーラン㈱刈羽工場	自動調節バルブ	50,000	D
(柏崎市)			
理研鋳造㈱	機械用銑鉄鋳物	2,000	D
㈱内田製作所柏崎工場	石油ストーブ	3,500	C
㈱加藤スプリング製作所柏崎工場	薄板バネ	261,450	D
崇立工業㈱	石油ストーブ、民生用電気機器品	90,000	D
柏崎シルバー精工㈱本社工場	タイプライター	10,000	C
小松造機㈱柏崎工場	モーターグレーダ、鉄くず	32,000	C
新潟ウオシントン㈱柏崎工場	ポンプ部品	50,000	D
㈱リケン柏崎工場	ピストンリング、自動車用内燃機部品	423,000	A
理研機械㈱	金属工作機、鉄くず	2,400	D
㈱研精社柏崎工場	電気音響機器部品、カメラ部品	6,000	D
新潟ソーワ㈱	TV 受信機	6,000	D
新潟日本電気㈱	入出力装置	10,000	C
北日本食品工業㈱駅前工場	米菓	50,000	
北日本食品工業㈱本社工場	ビスケット	50,000	B

注：従業員規模　A—1000 人以上、B—500～1000 人、C—300～499 人、D—200～299 人。
資料：通産省編『全国工場通覧』1987 年版

ていること、また、上越新幹線（1982 年 11 月開業）、関越自動車道（1985 年 10 月全線開通）の開通により東京圏へのアクセスが大幅に改善されたことから、近年の日本産業をめぐる構造転換の焦点の一つとされている。

そうした視点に立って、ここでは平面的な地域構造分析は避け、燕、三条地区の代表的企業の存立構造と当面する課題に注目しながら、地方工業集積地の構造問題を浮き彫りにし、大都市型工業へ向けての具体的な課題をみていく。地域の代表的企業に内面化されている構造問題は、地域工業全体の課題を象徴している。

(1) 洋食器の低迷と多様化への模索（青芳製作所）

燕市の製造業は 1984 年の『工業統計』（表補 1—3）によると、事業所数 2903、従業者数 1 万 6595 人、製造品出荷額等 2029 億円となり、各々新潟県全体の 13.9%、6.0%、5.4% を占めた。特に、事業所数は市町村別では県下第 1

表補1—3　燕市の製造業（1984）

区分	事業所数		従業者数		製造品出荷額等	
	（件）	（%）	（人）	1事業所当り（人）	（万円）	（%）
全業種	2,903	100.0	16,595	5.7	20,296,904	100.0
金属製品	2,314	79.7	1,619	5.0	12,000,409	59.1
金属洋食器	407	14.0	3,640	8.9	4,609,396	22.7
利器・工匠具・手道具	32	1.1	243	7.6	239,899	1.2
作業工具	13	0.4	76	5.6	86,207	0.4
やすり	27	0.9	159	12.2	67,475	0.3
製かん鈑金	123	4.2	441	3.6	231,048	1.1
金属器物	252	8.7	2,539	10.1	4,255,050	21.0
打抜プレス製品	130	4.5	555	4.3	332,261	1.6
金属彫刻	59	2.0	135	2.3	45,283	0.2
電気めっき	24	0.8	314	13.1	330,204	1.6
金属研磨	1,138	39.2	2,629	2.3	756,139	3.7
その他の金属表面処理	18	0.6	108	6.0	51,717	0.3
ボルト・ナット等	17	0.6	94	5.5	68,249	0.3
その他の金属製品	74	2.5	686	9.3	927,481	4.6
一般機械	273	9.4	2,067	7.6	2,228,088	11.0
農業用機械	41	1.4	435	10.6	622,187	3.1
金型	168	5.8	927	5.5	778,888	3.8
その他	64	2.2	705	11.0	827,013	4.1
鉄鋼	31	1.1	674	21.7	3,531,688	17.4
非鉄金属	5	0.2	57	11.4	95,803	0.5
電気機械	11	0.4	85	7.7	29,112	0.1
輸送用機械	17	0.6	104	6.1	110,272	0.5
精密機械	6	0.2	55	9.2	35,824	0.2
プラスチック製品	137	4.7	588	4.3	517,376	2.5
機械金属工業	2,794	96.2	15,249	5.5	18,548,572	91.4

注：ここでいう機械金属工業とは、産業中分類の鉄鋼以下精密機械までの7業種とプラスチック製品を含む。
資料：『工業統計』

位であり、零細な事業所が多いものの（1事業所当り平均5.7人）、工業集積としては後にみる三条市と共に新潟県を代表する。

主要な事業分野は、ステンレス製のスプーン、フォーク、ナイフ等の金属洋食器、また、金属器物といわれるハウスウェアを中心とする金属製品製造業であり、2014事業所（構成比79.7%）を占める圧倒的な基幹産業となっている。このほかには、金属製品を支える金型が168事業所を数え、機械金属工業分野が全製造業の事業所ベースで96.2%、出荷額ベースで91.4%を占めるなど、燕市は金属洋食器、ハウスウェアを中心とする一大地場産業地域を構成している。

ところで、このように機械金属工業が卓越してはいるものの、金属洋食器、ハウスウェアという特定生産物に著しく傾斜することから、加工機能、設備体制が著しく制約され、円高、NIESの追い上げが続く中で、輸出に大きく依存していた燕市の工業は、新たな発展方向を見出すことが難しいものになっている。

燕市の機械金属工業の主要な加工機能は、プレス、メッキ、研磨、金型に特徴的にみられ、しかも、洋食器、ハウスウェアという限られた製品の量産であることから設備の専用機化が進み、他の製品分野への応用可能性が閉ざされている。さらに、日用的な消費財であることから、装飾性が重視され、先端技術分野で要求されているような高難度、高精度の多種少量生産との間には大きな距離がある。しかも、産地全体が同質化しており、現在製品分野以外への展開力を持たない。まさに、先に指摘した地方工業の典型といってよい。おそらく、基礎的消費の旺盛な時期、対米輸出が開けていた時代には十分な発展を期待できる形態であったのであろう。

▶金属洋食器からの飛躍の課題

ところで、ここで検討する青芳製作所は燕市郊外の燕小池工業団地に工場を構え、1985年頃まではスプーン、フォークなどの洋食器の専業メーカーであり、従業員は最盛期には40数人、月産130万本ほどの生産を維持していた。設備体制はステンレス板の打ち抜きから、プレスによる成形、さらに一部の研磨部門を内部化し、メッキ、研磨等を地元の約100の加工業者に外注する形をとっていた。

しかしながら、輸出依存度70%[8]という状況の中で、円高以降、急速に仕事量の減少に追い込まれ、1985年前後には月産30万本へと最盛期の4分の1以下に落ち込んでいる。従業員も1986年11月現在で27人、外注先も30軒ほどに絞り込んでいた。このような低迷は燕の洋食器業界の全般的な傾向であるが、青芳製作所はこうした事態に対して、洋食器以外の分野へ進出することにより、出口を見出そうとしている。そして、この他分野への進出の模索の中に、燕市製造業の構造的な問題が浮き彫りにされている。

この点、青芳製作所の新分野への展開状況は以下の通りである。

第1は、アルミ製の建築用フードの生産であり、1970年代の中頃から手掛けてきた。受注先は東京であり、青芳製作所は2次下請の位置にある。ただし、社内に鈑金の能力がないことから、具体的な生産については燕市内のプレス鈑金業者3軒にオール外注の形をとっていた。

第2は、真珠養殖用のハサミ、メスなどの器具であり、三重県伊勢の真珠養殖組合から直接受注していた。受注量はさほど期待はできないが、付加価値は高い。

第3に、1986年から始めたものだが、柏崎の企業からフロッピーディスクのアルミダイキャストの筐体の研磨を受けている。さらに、ドア用のハンドルの研磨といた領域も手掛けている。この研磨の部分は社内の余剰人員を当てる形で内部化している。ただし、この研磨もそれほど高い精度を要求されるわけではない。

このように、青芳製作所はポスト洋食器時代に向けて幾つかの分野に踏み込んでいる。その結果、1986年の売上額構成は、輸出向洋食器が50%、国内向洋食器が10%、燕市内の共同展示場での売上が10%、そして、残り30%が先の新しい分野となる。また、洋食器については、今後、さらに減少すると受け止めており、新分野を定着させていく中で、次第に外でまとめさせることを考えていた。

このような青芳製作所の新分野への進出努力は一定程度評価されるものの、企業を支えられるだけの新分野を見出し、定着させていくには乗り越えていかなければならない課題はかなり大きい[9)]。この点、以下のような課題が指摘される。

第1に、従来分野に隣接する金物の領域で新分野を想定するという堅実な取組みといえるが、設備体制の制約からできるものが限られている。フロッピーディスクの筐体の研磨にしても、社内の研磨機を利用するわけではなく、余剰人員による手作業によるものであり、このままでは事業としての展望は見出しにくい。いわば、これらの領域は、国内でも末端の内職的な仕事にすぎない。ここから事業化をどう見通していくのか、さらに、それなりの設備体制をとろうとするのか。その種の判断を下すためには、受注見通し、資金力、高齢化した従業員構成などを十分に考慮していく必要がある。

第2に、フロッピーディスクのように、先端技術分野に若干関わっているものの、新規受注先といえる部分は、日本産業全体の動きの主導的な部分とは言い難い。この点は、従来、洋食器という特殊な世界で限られた受注先を相手に商売をしていたという燕市の工業全体の問題とも関連する。つまり、技術高度化への刺激を受ける厳しい受注先、産業分野から置き去りにされていることが指摘される。

▶足元を見直し、新たな可能性に向かう

この点、おそらく、先端産業の側の燕工業への認識はかなり低いものとみられ、具体的な取引にまで発展しにくい。そうした枠を突破する企業が燕の中に出現し、周囲の認識を変えていくことが求められる。かつての繁栄の元であった洋食器の壁は厚い。産地の常識を突き破る企業家精神の旺盛な事業家の登場が待たれている。

こうしたあり方に加え、燕工業全体としては、青芳製作所にみられたような、内職的な作業を余剰工場スペース、余剰人員で受け入れていくというやり方も必要になってこよう。専用機化された設備を入れ替えることは容易でないが、次への展開の過渡的な形態として手作業による金属加工、組立などはさほどの負担にならない。交通条件も大幅に改善され、時間距離も東京圏の中とさほど変わらないものになってきた。そうした条件の中で、中量以下の手作業を必要とする加工、組立などに展開する条件は整ってきている。近年、どこの工業集積地も工場誘致に血道を上げているが、周辺に比べてかなり地価が高いといわ

れる燕の工場用地では具体性に欠ける。償却済の余剰スペースを安く提供するという形での競争力を今一度見直していく必要がある。そして、過渡的な時代をくぐり抜ける中で、次の時代のあり方を身に着けていかなくてはならない。いわば、燕市内の余剰スペースを新産業を生み出すためのインキュベータとして位置づけていくことも必要であろう。

ともかくも、在来分野の低迷の中で、新分野に進出していこうとするには大きな困難が伴う。特に、設備的、技術的に限られた内容しか備えていない燕市の工業の場合は、設備的、技術的連続性を期待しにくい。また、低価格量産の輸出を軸に形成された流通の制度的機構を通じて新たな製品分野を期待することも難しい。そして、地価の高騰の中で工場誘致も思い通りには進まないであろう。

このような状況の中で、激しい企業家精神と技術的な展開力が内部に形成されることが最も好ましいが、多くは期待できそうにない。当面、燕工業の次の時代への共有財産は、ステンレスの加工技術に加え、償却済の工場スペース、余剰人員ということになろう。これらを見つめ直し、東京圏の動向を見通しながら、次の可能性に立ち向かっていくことが求められているのである。

(2) 金型と射出成形に展開（齋藤金型製作所）

燕工業は金属洋食器、ハウスウェアのプレス加工を主体に歩んできたことから、市内に金型工場を一定程度発達させている。1984年の『工業統計』によると、金型製造業は168事業所を数え、地方工業集積地としてはかなりの集積である。ただし、全体としては洋食器、ハウスウェアといった消費財に関連するものであり、技術的な範囲等には大きな課題がある。

こうした中で、ここで検討する燕の金型業界で最有力とされる齋藤金型製作所の現状と当面する課題は、金型工業ばかりでなく、燕市工業全体の今後のあり方に大きな示唆を与えるであろう。

▶標準的なモールド金型、射出成形に展開

齋藤金型製作所は、現経営者が燕市内の金型工場で修業し、1959年に創業、

ミシン部品、洋食器のハンドルなどのモールド金型の製作を開始している。その後、1965年前後に三菱金属（新潟市）の協力工場となり、金型製造業としての技術的基盤を確立していく。さらに、1968年には射出成形部門を設立、プラスチック金型製作から射出成形までを備えるトータルな展開に踏み出す。1987年の従業員数は、事務5人、技術13人、金型27人、成形21人、組立9人の計75人で構成されている。

主要設備は、MC（マキノ）1台、NCフライス盤（マキノ、大阪機工）4台、フライス盤（マキノ他）10台、NC放電加工機（マキノ）1台、放電加工機（マキノ）2台、ワイヤーカット放電加工機（マキノ）1台、CNC治具研削盤（和井田）1台、平面研削盤（岡本工作機械他）4台、三次元測定器（ミツトヨ）1台、NC自動プロ（マキノ、ファナック）2台などの金型関係の他に、射出成形機（日精樹脂工業他）17台からなっている。NC化は1975年から着手していた。金型製造業としては一定の設備内容になっていた。

主要な受注先は魔法瓶の日酸サーモ（吉田町）、三菱金属をはじめ約50社、うち金型関係の受注先は30社、成形関係は20社だが、燕市内はわずかであり、福島から東京方面に拡がっていた。さらに、東京方面の受注先の開拓のため、1986年春には世田谷区に東京営業所を設置した。現在の東京方面の受注先としては、カシオ計算機（羽村町）、不動化学（材料商）などがある。

以上のように、齋藤金型製作所は燕市の製造業企業としてはかなり独自的な発展を示し、全国レベルでみても一定の水準に達している。ただし、やはり以下のような点において、燕市工業の制約から十分に飛躍できていないように思う。

第1は、成形部門の併設の経緯は経営者の兄の事業を併合したものだが、常に設備機械の先端化が求められる金型部門への投資が阻害されないかという点である。齋藤金型製作所の金型部門は、事実上、40人体制であり設備も一定の水準に達している。ただし、専門化、高度化の著しい金型製造業においては、CAD／CAMの導入、より精度の出る研削盤の導入、恒温室、クリーンルームの設置も始まっている。こうした点からすると、まだ、齋藤金型製作所の場合は設備的な課題が残っている。もっとも、設備体制も受注内容によって大きく規定されるものであり、今のところは受注内容に適合的であるのであろう。

ともかくも、成形部門の併設は燕周辺の環境条件の下で、成形にも事業機会があることを反映しているのであろうが、より付加価値生産性が期待でき、機械設備の先端化が進んでいる金型部門の充実にとっての阻害要因にならないようにみていく必要がある。基本的には、金型部門における高度化、専門化こそが本来の課題ということであろう。

第2は、以上のような体制をとっている背景の一つとして市場関係の特質が大きく影響しているようにも思う。地元に有力な受注先を期待できないことから[10)]、受注先は広域的なものになり、焦点がはっきりしていない。東京営業所を設置して東京方面の受注に意欲をみせていることは興味深い。燕の金型製造業がさほどの社会的評価を得ているわけではない中で、齋藤金型製作所の積極性は評価できる。すでに人件費が安いなどということが国内の競争条件ではなくなってきた金型部門において、設備と技術を高度化させる中で、東京圏から世界の先端技術部門にアプローチしていくことが必要であろう。従来の受注先の殻に合わせて設備体制をとるのではなく、内部の充実をもってさらに大きな世界に飛び込んで行く必要がある。そうしたところに、独自化が期待される次の時代の齋藤金型製作所をみていかなくてはならない。

▶独自性の強い金型集団の形成の課題

金型製造業は機械金属工業の中でもかなり自己完結型的な色合いが強く、しかも生産期間がある程度長いという事情から立地選択の幅は広い。それにもかかわらず、金型製造業が東京圏に集中しているのは、発注主体に恵まれていることに加え、手直し等に伴うフェース・トゥ・フェースの必要性が意外に大きいという事情が働いている。むしろ、そうした中から技術の高度化が進められていくのであろう。この点を重視するならば、一定程度、金型製造業の集積のみられる燕は、東京圏に前進基地を設け、燕は生産基地だという考え方をとる必要がある。東京圏で一定の評価を得ながら、燕の生産集団を充実させ、知名度、評価を高めていく必要がある。

金型製造業は比較的自己完結型であり、孤立分散的に独自化できる余地が大きく、個々の企業の努力が成果に結びつく場合も多い。反面、周囲に波及するものは意外に少ない。そうした事情はあるものの、洋食器、ハウスウェアなど、低価格日用消費財に今後を期待できない燕市の工業は、金型部門は将来を期待できる部分であろう。先端的な仕事を東京圏に求めていく中で、個々の企業が高度化、専門化、独自化を進め、燕市内に多様性に富んだ一大金型集団を築き上げていく課題がある。ただし、それも低価格の領域に向かうならば、韓国、台湾などの NIES 勢に押し流されてしまう懸念が大きい。東京圏の金型業者と技術面で競争できるような方向を課題とすべきであろう。

(3) 円高、NIES の追い上げによる困難（相伍工業）

燕市に隣接する三条市の製造業は 1984 年の『工業統計』によると、事業所数 2240、従業者数 1 万 5312 人、製造品出荷額等 1614 億円となり、各々、新潟県全体の 10.8%、5.5%、4.3% を占めている。事業所数は燕市に次いで新潟県第 2 位であり、三条市と燕市を合わせると 24.6% を占める。主要な事業分野は作業工具、利器工匠具を中心とする金属製品製造業であり、1391 事業所（構成比 62.1%）、7653 人（50.0%）、743 億円（46.1%）を示している。この他には、金属製品を支える金型、鍛工品なども多く、機械金属工業は全製造業の中で、事業所の 79.5%、出荷額の 83.9% を占める。

三条市の金属製品は燕市ほどには輸出依存度は大きくない。1984 年の三条市の調査によれば、比較的輸出依存度の大きい金属製品の間接輸出はかなり多いものの、直接輸出は出荷額の 6.3% であった[11)]。やはり低価格、低加工度の日用消費財部門に大きく傾斜するものであることから、円高傾向の中で NIES 製品との競合を余儀なくされ、著しい困難を迎えることになっている。

三条市の機械金属工業の主要な加工機能は、作業工具、利器工匠具を軸に編成されていることから、鋼材、鍛造、プレス、メッキ、金型等を基本とする。しかも、さほど高い加工精度を必要としないことから、先端技術部門からはかなり距離を置かれている。また、加工度の高い独自な機械工業製品を保有する製品開発型企業も乏しく、技術高度化への展開力を地域内に期待することも難しい。先端的技術開発力の欠如、加工機能の限定性という、加工度の低い特産

表補 1—4　三条市の製造業（1984）

区分	事業所数 (件)	事業所数 (%)	従業者数 (人)	従業者数 1事業所当り (人)	製造品出荷額等 (万円)	製造品出荷額等 (%)
全業種	2,240	100.0	15,312	6.8	16,144,056	100.0
金属製品	1,391	62.1	7,653	5.5	7,434,993	41.1
利器・工匠具・手道具	413	18.4	1,521	3.7	737,197	4.6
作業工具	109	4.9	1,337	12.3	1,311,410	8.1
手引のこぎり・のこ刃	119	5.3	272	2.3	97,309	0.6
農器具	59	2.6	241	4.1	201,617	1.2
製かん鈑金	59	2.6	234	4.0	133,803	0.8
打抜プレス製品	151	6.7	918	6.1	840,876	5.2
電気めっき	20	0.9	296	14.8	258,453	1.6
その他の金属表面処理	276	12.3	559	2.0	96,225	0.6
ボルト・ナット等	30	1.3	192	6.4	179,078	1.1
一般機械	168	7.5	1,968	11.7	2,353,313	14.6
農業用機械	28	1.3	533	19.0	899,101	5.6
金型	65	2.9	488	7.5	404,179	2.5
鉄鋼	90	4.0	834	9.3	2,038,429	12.6
鍛工品	46	2.1	345	7.5	552,175	3.4
鉄鋼シャースリット	28	1.3	239	8.5	702,377	4.4
非鉄金属	7	0.3	56	8.0	72,578	0.4
電気機械	12	0.5	111	9.3	86,983	0.5
輸送用機械	27	1.2	414	15.3	617,968	3.8
精密機械	39	1.7	462	11.8	431,462	2.7
プラスチック製品	46	2.1	452	9.8	508,102	3.1
機械金属工業	1,780	79.5	11,950	6.7	13,543,828	83.9

資料：『工業統計』

物を生産していた地方工業集積地の典型を燕市と同様に三条市にもみていかなくてはならない。

▶車載用作業工具で対米輸出

ここで検討する相伍（あいご）工業は、三条市の代表的な産出製品である作業工具の有力メーカーであるが、円高、NIESの追い上げの中で新たな分野への転身を余儀なくされているという意味で、三条市の工業が直面する問題を典型的に示している。

相伍工業の創業は1928（昭和3）年、鍛造農具、山林用具などの農機具類を製造するところから出発している。戦後しばらくは東南アジア戦時賠償向けの農機具生産に従事していたが、1950年代中頃からはスパナ、レンチなどの作業工具の分野に入り、折からの自動車産業の拡大、輸出増に歩調を合わせ、事業を拡大していった。特に、車載用の作業工具は自動車の対米輸出の好調の中で急拡大を示し、相伍工業の主力製品となっていく。1977年頃には売上額15億円、従業者230人を数えるまでに至った。

だが、その後の自動車の対米輸出自主規制、アジアNIESの追い上げ、さらに、プラザ合意後の1985年秋以降の急激な円高の中で、一気に縮小に追い込まれていく。1986年の売上額は12億円、従業者数130人に減少、今後もさらに縮小していくことが予想されていた。おそらく、今後も車載用作業工具の回復の見通しはなく、韓国製、台湾製、さらに中国製の参入も予想され、国内生産を維持していく条件はみえない。作業工具の分野が縮小していく中で、他の新分野を見出していかない限り、次の時代を期待することは難しい。

このような状況の中で、相伍工業は作業工具以後の時代を機械加工に転じることに置いているようだが、現状の設備体制、技術水準からの飛躍が現実のものにならない限り、十分な成果を得ることは難しい。スパナ、モンキーレンチを主力製品とする相伍工業は、バリ取り、面仕上げなど農家内職的な部分以外の工程の大半を内部化しているという極めて自己完結的性格が強いメーカーであるが、むしろ、そのことゆえに、新たな時代状況への適応力を見出しにくい点が指摘される。

この点、まず、一貫生産に顕著な相伍工業の各工程の主要設備は以下のように編成されている。

金型部門は、鍛造型を作るわけであり、NCフライス盤（浜井）1台、汎用フライス盤10台、放電加工機（ソディック）2台、汎用旋盤4台、彫刻機2台などから構成されている。この部門は5～6人で担当されている。

鍛造部門は3トンを最大に1/8トンまでのエアハンマー8台、300トンを最大に12台の鍛造用プレスを中心に編成されている。

熱処理部門は、連続式焼入焼戻炉、連続式焼鈍炉、金型用電気炉を各1基ずつ装備している。

機械加工部門は、専用のトランスファーマシン2台、フライス盤30台、ブローチ盤12台、プレス26台、自動研削盤5台、MC1台などからなっている。

仕上部門は、自動ロータリー研磨機3台、自動研削盤3台、バレル研磨機7台からなっている。

▶設備、技術の高度化の課題

以上のように、相伍工業の設備体制は生産力の豊かな汎用の作業工具の一貫メーカーとして、金型、鍛造、熱処理、機械加工、仕上までのかなりの設備を備えている。ただし、その設備体制は作業工具という枠の中で一貫の量産を進めるために編成されたものであり、他の分野への転身を考えるならば、かなりの設備的な再編成、技術的な高度化を図っていかなくてはならない。現在の設備体制で比較的容易に転身できるのは、建設機械等の部品加工などであろう。ただし、そこも競争条件は厳しい。

また、部門別にみると、鍛造は構造不況業種であり、金型は設備的に脆弱である。熱処理、機械加工、仕上のいずれについても、近年要求されている高度加工の条件を満たす内容になっていない。各部門にはかなりの設備が設置されてはいるものの、それは作業工具という特定製品の製造に関しての十分な設備であったにすぎない。個々の部門別では専業の高度な加工業者に太刀打ちできる内容ではない。

以上のような意味で、機械加工を軸にする新たな分野に転じるという課題は、設備体制、技術水準においてもかなりの大幅な再編が行なわれなくてはならない。100人規模の機械加工業者として歩むには、乗り越えなくてはならない課題は相当に大きい。

おそらく、こうした事態に対し、相伍工業の側では、一面、商社的な機能を強めていくことが予想される。作業工具で名前の通っているブランドと、築き上げられている流通チャネルを利用し、作業工具、及び、それに関連する部門の仕入、販売などの形態も強まっていこう。そうした商社機能への転身、機械加工業者への転身という課題にどのように取り組むのか、相伍工業をはじめとして、作業工具、利器工匠具で歩んできた三条市の工業の課題はかなり重い。

ともかく、新たな時代状況の中で、先端技術分野に対応できるような精密加工の課題がなによりも重要であろう。全国的にみても、切削・研削系の充実している工業地域としては京浜地区以外に十分みられない。例えば、精密機械工業集積地とされる長野県の諏訪岡谷地区にしても、自動旋盤による小物の部品加工の比重が高く、フライス系の単品加工などはほとんどみられない[12)]。この点、三条については技術的な課題は多いものの、フライス系は一定程度発達している。このあたりを一つの狙い目にして、地方における機械加工の充実した工業集積地へと変身していくことも必要であろう。

ただし、車載用の作業工具、利器工匠具に終始し、商社経由で仕事をしていた三条市の中小企業は市場的な視野に乏しく、東京圏で進められているような先端技術分野における多様な製品開発、治工具製作などの情報に乏しい。今後はそのような情報に飛び込んでいく中で技術水準を上げ、在来の加工度の低い低中級品の量産のスタイルからの飛躍を具体的なものにしていかなくてはならない。在来の地方工業としての展開から、高度、多様、迅速性などの要請に応えられる大都市型の専門加工業への転身が課題とされている。

(4) 地域工業集積の制約と新分野進出の課題（シンワ測定）

作業工具の一つの延長上にある測定器具についても、三条市は一定の発展を示した。ここで検討するシンワ測定は曲尺の部門で全国の60〜70%のシェアを占める三条市を代表する企業の一つとして注目される。このシンワ測定は地元の中小企業3社が前向きに1971年に合併して設立され、特に、1970年代中頃に入ってからのホームセンター、DIYの普及をバネに急拡大を示し、測定器具関係で1200種にものぼる製品展開をみせながら、業界トップ企業としての位置を不動にしてきた。その後、製品領域を拡げ、測定器製作の技術を活かしながら、照明器具、電気器具、時計、玩具などのファンシーな消費財の分野にまで踏み出している。

図補1—2　曲尺、直尺の生産工程

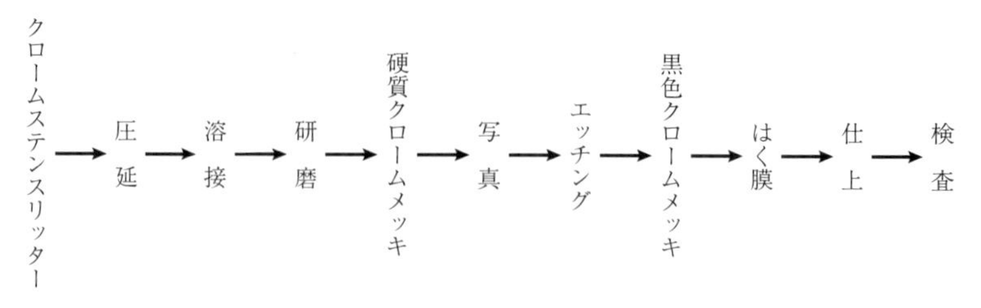

このような展開を示しているシンワ測定だが、やはり地方型の工業として一貫の量産体制をとっているという事情から、新分野への進出には大きな課題が残されている。

この点、まず、圧倒的な量産体制を築き上げている主力製品の曲尺、直尺の生産工程に注目すると、図補1—2のようになっている。そして、このような一貫量産体制を築き、大きなシェアを確保しているために、市場においても一定の価格形成力を身に着けている。だが、このような市場を対象にしている限り、大きな飛躍は望めない。そのために、新分野への模索を続けているのだが、特にエレクトロニクス系の技術、及び、先端技術分野への市場的な見通し等を備えていないため、画期的な新分野への展開は実現されていない。

こうした事情の下で、1983年、隣の燕市から撤退する北辰電機製作所の工場敷地の一部を買収、プリント基板の一貫生産工場を約10億円の投資で設立した。プリント基板への進出は、先の曲尺、直尺の生産工程で示したように、メッキ、エッチングなどの技術的連続性が認められたこと、近隣にプリント基板工場が見当たらないこと、さらに、市場拡大が見通せたことなどによる。

だが、1985年に入ってからの半導体不況、円高不況の中で、プリント基板業界は大幅な減産にみまわれ、過剰生産力が深刻になっている。当然、立ち上がって間もなく、十分な受注先を確保していないシンワ測定のプリント基板部門（別会社のシンワ電子）は低水準操業を余儀なくされている。

以上のように、シンワ測定は在来部門からの飛躍という意味で、技術的連続性が期待できるプリント基板の一貫生産工場建設という大投資を実施したが、タイミングが悪く、思い通りの成果を得るに至っていない。東京の杉並区にシンワ電子の本社、営業、開発部門を置き、東京圏からの受注、研究開発の刺激を期待しているが、現状、必ずしも十分な形になっていない。現在の従業者は211人、うち120人がシンワ測定、90人がシンワ電子に従事しているが、売上額構成はシンワ測定が80%、シンワ電子が20%であるなど、シンワ測定への負担はかなり大きい。

▶地方工業集積地の限界からの飛躍

このような歩みについては、燕、三条といった地方工業集積地の制約を如実に示すものとして検討されていかなくてはならない。

この点、まず第1に、地域の工業集積が限定的なものである中で、新分野に踏み出すためには、当初から全工程を内部化するという一貫生産のスタイルをとらざるをえない場合が多い。このことは、また、工程のバランスを考えると、かなり大きな設備投資を不可避なものとし、当初から量産のスタイルをとらざるをえない。周囲に外部化できる工業集積、技術集積があるならば、一貫生産は不可避なものではなく、また、小単位生産をスムーズに進められるフレキシブルな設備体制が可能となる。この点は、工業集積が十分ではない地方工業の重大な問題を象徴するであろう。そして、このことは、地方工業において、巨大な設備投資が不可避な先端技術分野に乗り出していくには、資金力に加え、よほどの市場的な見通しを備えていかなくてはならないことを示唆するであろう。

第2に、在来的な測定器具の分野で圧倒的なシェアを占めているにもかかわらず、測定器具のエレクトロニクス化、デジタル化といったME（Micro Electronics）化の課題について、何ら具体的な成果を上げていない点も指摘される[13)]。このことは、作業工具、金属洋食器同様、低加工度の域から飛躍できるだけの技術蓄積を、企業としても、地域としても備えていないことを意味しよう。産地全体のシェアが大きく、量が出たことに安住し、1970年代に入ってきてから急速に発展、普及したエレクトロニクス系技術とは無縁なところで、実は世の中の流れからは置き去りにされていたのである。このあたりは、在来分野で一定の成功を納めた企業、地域の限界といえよう。

以上のように、地方工業集積地、しかも、特定の製品領域に展開し、単純な加工、量産を旨とし、地域ぐるみ同質的な展開に終始してきたところは、新たな製品分野、産業分野に転身していこうとする際、大きな制約に直面する。現在の技術との連続性、あるいは、製品分野や流通媒体との連続性を前提にするならば、その展開方向は限られたものであり、体質的には従来とほとんど変わらないであろう。このあたりに、地方工業集積地の限界と課題をみていかなくてはならない。

3. 広域的な工業集積地のリンケージの課題

先に、地方工業集積地の再生に向けて、個々の企業の独自的な大都市型の企業への転身、全体としての多様性と展開力を備えた工業集積地の形成という課題をあげたが、現在の限られた機能の集積の中では個々の企業における独自化への努力は並大抵ではない。大都市域のように事業機会に恵まれ、多様な機能を周囲に期待できるという条件があれば、スムーズな大都市型企業への転身も期待される。

こうした事情からすれば、燕、三条といった一元的な製品展開、生産流通構造にとどめられている地方工業集積地は、個々に内面の高度化を進め、自立的な展開力の備わった大都市型工業に転じることは、よほどのことがない限り難しい。燕の特殊化、専用機化されたプレス、装飾メッキ、バフ研磨、あるいは、高い精度を必ずしも必要としない三条の作業工具、しかも、いずれの機能も多数の生産者によって担われていても、内容的に大差ないとするならば、個々の企業が自立的に独自的展開を進めようとしても、その支持基盤を周りに求めることは難しい。こうしたところが、地方工業集積地の基本的な制約条件になっている。

もちろん、こうした事情を解消し、多様性に裏付けられた展開力を備える自立的な大都市型工業に転じていくことは今後の最大の課題となるのだが、それがスムーズにいかないところに地方工業集積地の悩みがある。しかも、それは燕、三条ばかりでなく、全国のどこの地方の工業集積地においてもほとんど共

図補 1—3　信濃川テクノバレーの概念図と各市町村

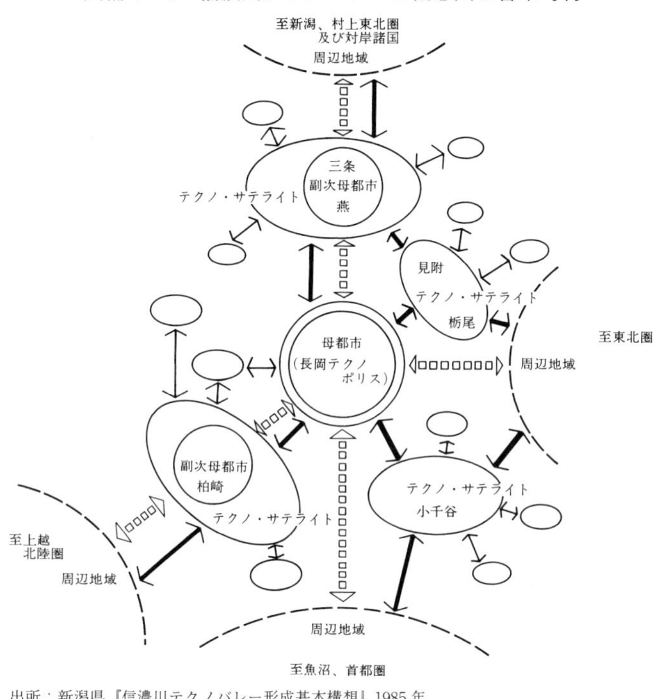

出所：新潟県『信濃川テクノバレー形成基本構想』1985 年

通する課題となっている。そして、日本産業の先端技術化が深まるほどに、東京圏と地方圏との格差構造は際立ち、地方工業の再生、自立化はますます難しいものになっていくことが懸念される。

このように、個々に独自化していくことが難しいならば、それぞれ特殊化されている工業集積の中身を再検討し、幾つかの工業集積総体の中から多様性を見出していくという視野が必要とされる。この点において、燕、三条、長岡、柏崎などの信濃川流域に広く展開するそれぞれに特殊性を帯びた工業集積地をトータルな視野に入れる「信濃川テクノバレー構想」の意義は大いに評価されるであろう [14)]。

長岡は鉱山機械以来の機械工作技術、あるいは鋳造などの加工機能が卓越している。柏崎は鉱山機械のメンテナンスから出発し、大物加工に特色がある。

三条には作業工具、利器工匠具に関連して鍛造、機械加工に一定の蓄積がある。また、燕においては、特殊化された内容とはいえ、プレス、金型、メッキ、研磨の技術が認められる。これらは、個々に特殊化され、内容も限られたものであることから十分な展開力を備えているわけではないが、信濃川流域程度の範囲でみると、かなりの多様性として認識できる。個々の工業集積地の特殊化された機能を他に提供し、他からも欠けている機能を受け入れるといった開かれた視野の中で、加工機能の限定性を補いあっていかなくてはならない。当然、こうした相互補完も限られた内容であるが、一つの産地という狭い世界に安住し、他への視野を備えることのなかった産地企業の視野を解放することの意義は大きい。地域の常識を打破するそのような条件づくりを流域全体で考えていく必要がある。

さらに、このような信濃川流域といった範囲に分布する工業集積地のリンケージに加え、最も先端的な動きを示し、事業機会にも恵まれ、また、加工機能の著しい多様化と内面の充実している東京圏工業とのリンケージを何らかの形で作り上げていくことも必要だろう。

地方工業集積地の最大の課題としては、加工機能の限定性に加え、事業機会が乏しいこと、さらに、難度の高い加工要求を出す発注主体に恵まれていないことなどが指摘される。仮に、巨大企業の分工場が進出するにしろ、それは巨大企業の中における地方型工場というべきものであり、地方の技術高度化への契機とはなりにくい。また、こうしたタイプの工場は円高傾向の中で海外に転出していく懸念も大きい。そして、地方の工業集積地はますます活力を低下させていくのである。

こうした事情からすれば、現在、求心的な高まりを示し、独自化された中小の製品開発型企業や高度に専門化された加工機能を保有する加工業者が続出している東京圏の中に自らの発展課題を求め、地方型企業から独自的な大都市型の企業へと変身していくことが必要であろう。そして、東京圏の先鋭的な企業群とのリンケージの中で独自化した企業が幾つか現れ、地方工業の活力豊かなリーディング・カンパニーとして登場してくれば、地域工業に強烈なインパクトを与えることになろう。現在の地方工業の制約の中に埋没しているならば、全国レベルの全般的な都市化過程、そして、東京圏への中枢機能の集中という動きの中で、大都市工業への転身の可能性はますます薄らいでしまうであろう。

現在においても、地価、人件費が安いことをセールスポイントに地方の自治体は工場誘致に血道を上げているが、生産要素が安いという条件で誘致される工場はあくまでも地方型の内容にとどまり、地域に波及するものは少ない。ましてや、趨勢的な円高の中では、海外立地への誘因ばかりが高まるであろう。むしろ、先端型の大企業が戦略的な拠点として進出に意欲を示すような地域工業の側における内面の高度化こそ課題にされる。

そうした点からすれば、地域の中に閉塞し、衰退に身を委ねているのではなく、現在最も鋭い形で求心的な高まりを示している東京圏の中に飛び込み、自己変革を進めていくというところに地方工業の一つの戦略的な意義があろう。現在、すでに、燕、三条などの地方工業集積地の中にも、東京圏に営業所を出している企業も現れている。そうした東京圏へのアクセスを地方圏は全体として取り組み、地方工業活性化の呼び水としていかなくてはならない。

全国レベルでの全般的な都市化過程の深まりという同質化傾向と、実質的な東京圏と地方圏の格差拡大という対照的な流れの中で、今や、地方圏は東京圏とのリンケージを深めていかない限り、新たな時代を展望することは難しい。先端型企業の誘致に挫折し、また、地域資源を前提にする自立的な地場産業の形成にも十分な期待を抱くことが難しくなっている現在、地方工業の再生と活性化は、広域的リンケージという開かれた視野の中で事業機会を見出し、自ら独自な専門化された内容に高まっていくという企業家精神の高揚に求められよう。そこに、構造調整を迎える日本産業、そして、その中での地方工業の基本的な課題をみていかなくてはならない。

1） 東京圏における工業の高度化の動きは、東京都大田区『ナショナルテクノポリス大田区における高度工業集積の課題』1986年3月、東京都墨田区『墨田区機械金属工業の構造分析——インナーシティにおける発展課題』1986年12月、関満博「多摩川上流域における高度工業集積の課題」（『商工金融』第36巻第9号、1986年9

月）を参照されたい。

2） 燕、三条の金物産地化の経緯は、土田邦彦『三条金物』野島出版、1977年、が有益である。

3） 特に、地方工業の内面的な特質については、関満博『伝統的地場産業の研究——八王子機業の発展構造分析』中央大学出版部、1985年、を参照されたい。

4） 大都市工業、地方工業の流通構造の対比的な分析については、関満博「地場産業における流通精度の諸問題」（『成城大学大学院創設20周年記念論文集』1988年2月）を参照されたい。

5） 大都市工業における社会的分業の形成については、関満博「都市型専門企業による社会的分業体制の形成——印刷業を事例として」（『商工指導』第323号、1978年10月）を参照されたい。

6） 大都市工業の生産流通の多様性については、関満博「東京における和装染色加工業の発展方向——新たな都市手工業への再生」（『商工金融』第33巻第8号、1983年8月）を参照されたい。

7） 大都市圏と地方圏との同質化と格差拡大の構造的な分析については、安東誠一『地方の経済学』日本経済新聞社、1986年、が有益である。

8） 燕の金属洋食器、ハウスウェアの輸出については、新潟社会経済リサーチセンターによると、1982年段階で、各々、出荷額に対して61.8%、35.2%を占めていた（野口祐編『先端技術と地場産業』日本経済新聞社、1986年）。

9） 中小企業の新分野進出についての一般的な課題については、関満博「構造調整下における中小企業の新分野進出の諸問題」（『商工指導』第434号、1988年9月）を参照されたい。

10） 表補1—3に示した信濃川テクノバレーの範囲の有力工場をみても、在来型の製品分野や大企業の量産部分を担う分工場といった場合が多く、地域の工業全体をリードするような先鋭的な内容を備えた工場は少ない。また、燕、三条の加工業者については、各々の産地の中に受注先が限られている場合が多く、長岡、柏崎といった近隣の工業集積地にさえ視野を拡げている場合が少ない。こうしたところが、やはり、在来的な製品分野で自己完結的な産地を形成してきた地方工業集積地の限界といえよう。

11） 新潟県作業工具協同組合（ほとんどが三条の製造業者によって構成されている）によれば、作業工具の出荷額のうち輸出額の比率は、1984年40%、1985年37%であった。この点、三条市の資料の場合には、金属製品製造業として内需中心の利器工匠具なども含まれていること、さらに、間接輸出が含まれていないことなどのため、輸出比率が相当に低めに出ていることに注意が必要である。

12) 諏訪岡谷地区の機械金属工業の内面的な問題ついては、中小企業研究センター『機械工業における中小企業の地域工業集積からみた新たな展開と課題——大田区・諏訪地区・米沢地区』1986年3月、を参照されたい。

13) 近年における中小企業のME化に関連する問題については、関満博「ME化が中小機械工業に及ぼす影響」(『調査月報』国民金融公庫、第305号、1986年9月)を参照されたい。

14) 信濃川テクノバレー構想は、既にテクノポリス建設をスタートさせている長岡地域を中心に、自然的、社会的一体性を有する周辺8市6町1村にテクノポリス効果を波及させながら、各々の地域が相互自立、連携し合って高度技術に立脚した産業開発を促進し、ハイテクベルトを形成しようというプロジェクトである。その基本的な考え方については、新潟県『信濃川テクノバレー形成基本構想』1985年、を参照されたい。ただし、この基本構想については、先端技術分野に大きな期待を抱いているが、そうした先端技術分野が地域に根付いていくための、地域の固有技術、企業の存立構造、そして、現在の集積の基本構造について十分な検討がなされているわけではない。今後に続く基本計画、実施計画の中で、そうした最も基本的な点についての検討が十分に行なわれていく必要があるだろう。

補論2　1998年／複合金属製品産地に向かう燕
——新規事業分野への展開

1986年9月末に輸出向洋食器産業の燕市に初めて入って以来、その後、継続的に訪れていた。1971年のニクソンショック、1973年の第1次オイルショック以降の急速な円高に苦しめられ、1985年9月のプラザ合意以降の円高は致命的であった。特に圧倒的な存在であった洋食器の対米輸出が事実上、消滅していった。そのような状況の中で、燕の中小企業経営者たちは「泣かないツバメ」「ツバメ返し」として、新たな事業分野に立ち向かっていった。みんなが同じ方向を向く洋食器の単一製品産地、対米輸出型産地から、個々が独自化していく方向に向かっていった。

全国の300とも500ともいわれた地場産業の大半が、時代対応力を失い衰微していく中で、燕の中小企業の取組みは際立っており、ほとんど唯一生き残り、新たな形で甦っていった。プラザ合意から10年を重ねた頃には、すでに成果が現れてきていた。そのような時期に、私たち地場産業研究に向かっていた若手研究者8人で燕の総合的研究を行なうことを意識し、1997年の1年をかけて現地調査を重ねた。その成果は、関満博・福田順子編『変貌する地場産業——複合金属製品産地に向かう"燕"』（新評論、1998年）として刊行した。この補論2は、私の執筆したものの一部（第3章 新規事業分野への展開）である。

その頃の燕の全体像は、先の書籍をみていただくにして、燕の製造業の代表的な企業の当時の取組みは、燕の向かう方向を如実に示しているのであった。

日本の地場産業の一つの典型とされる燕市工業のこれまでの歩みは、金属加工技術をベースにした事業転換の積み重ねであった。特に、戦後は対米輸出を視野に入れたステンレス製洋食器（スプーン、フォーク、ナイフ）を主軸とするものであったのだが、1971年のニクソンショック、1973年のオイルショック以降の円高基調の中で、燕は大きく揺り動かされていく。特に、1985年9月のプラザ合意以降の一段の円高は、ステンレス製「金属洋食器」と「金属ハウスウェア」という二大製品分野で世界的にも稀な特色のある輸出型地場産業を形成してきた燕にドラスティックな転換を求めるものであった。

それ以後の燕は、「泣かないツバメ」「ツバメ返し」が基本となっていく。かつてのように大きな国際経済調整の波が及ぶ度に、霞が関に陳情団を繰り出し、多方面からの同情をかってきたという姿勢から、自立的な中小企業、自主的かつ独自的な地域産業を形成していこうとの立場を鮮明にし始めている。1997年3月に発表された燕市の『燕市産業振興基本計画[1]』は、市職員と業界人による手作りのものだが、燕は「20世紀の〈燕金属産地〉から21世紀の〈燕金属・新素材製品産地〉へと発展させていく」との強い意思が表明されている。全国各地で『地域産業振興計画』作りが盛んだが、『燕市産業振興基本計画』は、その内容の高さ、さらに、関係者の手作りであることなどからも、燕の集中力の高まりを示すものとして注目されよう。

以上のような点を受け止め、この補論2では、燕の「金属・新素材製品産地」へ向けての中小企業の具体的な取り組みを振り返り、新たな可能性をみていくことにしたい。

1. 金属・新素材製品産地へ向けて

1985年9月のプラザ合意以降の円高は燕に大きな打撃を与えたが、地域の内部では次第に反発のエネルギーを蓄積させていく。度重なる円高による国際競争力の低下に加え、韓国、台湾、中国等のアジアの発展途上諸国地域との競合が激化し、従来のような低価格量産型、輸出型では将来はないとの危機感が高まっていった。さらに、日本社会の成熟化は燕自身の置かれている立場を深く認識させることにもなった。それは従来のキャッチアップ型から、自立的かつ独自的な企業展開、地域産業展開が不可欠との受け止め方に高まってきたことを意味しよう。

地域産業の将来のイメージについても、この10年、多様ないい方がされるようになってきた。例えば、「複合金属加工基地」という言い方から始まり、「金属・新素材製品産地」、さらに「金属製品のメガ・ターミナル」(『燕市産業振興基本計画』)などの言い方まで登場している。それは、燕をめぐる経済社会環境が大きく変化し、燕を構成する人びとの認識が次第に変わりつつあることを示している。21 世紀に向けて、燕は大きく変化し、現在はまさに、その途上の中にある。かつてのステンレスによる「金属洋食器」の単一製品産地から、ステンレスの加工技術を活かした「複合金属加工基地」へ、さらに、次世代の金属といわれるチタン等の加工技術の開発に向かい、そして、それらの幅広い金属加工技術をベースに、多様な金属製品の個性的かつ自立的な製品開発、集散拠点をイメージするなど、新たな可能性の輪が一段と深く認識されている。それは「金属洋食器」からの転換などというよりも、燕に新たな「地域産業」を形成していくほどの意味を帯びているように思う。21 世紀を目前に、燕は新たな旅立ちを迎えようとしている。

事実、1996 年末の燕市製造業の製造品出荷額等に占める金属洋食器の比重は 12.6% に低下し、金属器物（ハウスウェア）を含めても 34.6%（1984 年、43.7%）となった。むしろ、二大製品分野以外の比重が著しく高まっている。例えば、金属洋食器を統括している日本金属洋食器工業組合の指導方針も、かつての金属洋食器の「出荷、生産調整」「デザイン登録認証」といった内向きのものから、現在は「経営に関すること」「海外展開への対策」「国内販路開拓」「新分野開拓」という 4 本柱に変わってきたことも注目されよう。事実、これまでの組合の柱であり、設立以来の基本でもあった「調整行為」を 1994 年 12 月に全て廃止している（生産調整廃止は 1987 年 12 月、出荷調整とデザイン登録認証廃止は 1994 年 12 月）。

▶燕の新製品分野

むしろ、関係者の現在の関心は、新製品分野、新素材分野に向かっている。組合が把握する新製品分野としては、以下のようなものがある。ミシン部品、工具、ゴルフクラブ、農機具、加工機械、道路用品、ポンプ・ポンプ部品、自動車部品、マホービン、電気器具、医療器具、建築金具、鋳物、刃物、暖房器具、花立、物流機器、米洗器、ホームマラソン機、ゴルフボール、家庭用金具、建設機械部品、ステンレス浴槽、腕時計外装部品、剣道面、眼鏡金具、腕時計用金属バンド部品、真珠養殖器具、キーホルダー、医科器用ピンセット、電気オーブントースター、ホットパネル、電子回路基盤、ゴルフ用小道具、防火ホ

表補2—1　ケースで採り上げた企業の概要（1997）

社名	創業	従業員数	従来の事業分野	新たな事業分野
山崎金属工業	1919	120	対米輸出向高級洋食器	鋼材卸売、宝飾品
早川器物	1948	53	国内向高級洋白洋食器	輸出への関心
小林工業	1868	100	洋食器の草分け、輸出	ハウスウェアへの展開
日本メタルワークス	1959	37	キッチンツール	医療機器、建築関連、共同受注
藤寅工業	1953	75	ステンレス包丁	包丁の高級化、キッチンツール
燕振興工業	1919	80	金属洋食器	カーブミラー、道路標識
明道	1937	150	洋食器、ハウスウェアの卸売	集散地問屋化
東陽理化学研究所	1950	250	電解研磨	カラー発色、深絞り
ホリエ	1984	13	貴金属メッキ	チタンのカラー発色
青芳製作所	1955	30	金属洋食器	テーブルウェア、福祉器具
サクライ	1946	49	洋食器の国内販売	転写技術
エンテック	1951	38	業務用メラミン食器	多様な樹脂製品
遠藤製作所	1947	360	洋食器、ゴルフクラブ	タイ工場を展開（950人規模）

ースリール側板、タラップ、炭酸水製造ポット、手作り豆腐器、遠赤外線焼物プレートセット、波型オーブンパン、石油ストーブ天板、万能焼スタンド、保温加湿トレー、卓上メモ台、エレクトロクッキングベセル、ドア取手、焼却炉、食事皿、灰皿、カードホルダーケースなどがある。

事実、燕製品の展示販売所である燕小池工業団地（洋食器センター）内の「共同展示館つばめ」（1979年オープン）、新幹線燕三条駅の「観光物産センター」（1985年）、新潟県県央地域地場産業センター（1988年）などで展示即売されている製品は、家庭用品から建築小物に至る実に幅の広いものになっており（製品アイテム数5000点前後）、しかも、年々、展示品の内容が幅広く、レベルも高くなっていることが注目される。燕（三条も含めて）は、金属・新素材の家庭用品・日用品の一大生産地として衣替えを進めているということであろう。以上のような近年の燕をめぐる基本的な動きを意識し、以下では、燕の中小企業の個々のケースをみながら、「金属・新素材製品産地」「金属製品のメガ・ターミナル」への歩みを素描していくことにしたい。

2. 在来分野での独自化

燕における金属洋食器メーカーは『工業統計』(1996年)によると269事業所だが、日本金属洋食器工業組合に加入している主要企業は1997年8月現在、109社(燕、吉田、巻、弥彦の燕地区で大半、燕地区以外では、岐阜県関が5社、東京が1社となる。三条にはいない)である。これらの企業のうち、現在では、洋食器専業の企業はわずか10社ほどにしかすぎない。いずれの企業も洋食器以外の分野に踏み込んでいる。その結果、組合員の出荷額約1000億円のうち、金属洋食器の比重は約35〜40%に低下している。1975年頃まではほぼ全額が金属洋食器であったことからすると隔世の感を覚える。

また、表補2—2によると、金属洋食器生産のピーク時であった1984年の場合は76.4%が輸出であったが、出荷調整を廃止した1994年には、輸出の比重は48.9%に低下している。この間、輸出額でみると、1984年の319億円から1994年は98億円と3分の1以下に低下した。なお、1995年以降はさらに減少、低下しているとみられるが、出荷調整廃止以後、組合は独自な統計を作成していない。燕においては、1994年末の出荷調整廃止は、洋食器への求心力を一

表補2—2　金属洋食器の出荷・輸出統計

区　分	国　内		輸　出		合　計		輸出額の
	数量	金額	数量	金額	数量	金額	比率
1984	9,279	9,825,435	66,600	31,941,585	75,879	41,767,020	76.4
1985	9,595	10,230,857	59,581	27,584,110	69,176	37,814,967	72.9
1986	9,395	10,779,236	51,734	20,211,268	61,129	30,990,504	65.2
1987	9,590	10,353,255	48,549	16,830,305	58,139	27,193,560	61.9
1988	9,579	10,676,640	44,433	16,636,633	54,012	27,313,273	60.9
1989	9,795	11,332,548	45,732	17,225,497	55,527	28,558,045	60.3
1990	9,656	10,836,091	48,470	18,568,680	58,126	29,404,771	63.1
1991	9,659	11,958,696	47,080	20,398,341	56,739	32,357,037	63.0
1992	8,965	11,139,624	45,314	20,611,344	54,279	31,750,968	64.9
1993	9,662	10,007,779	37,146	14,108,371	45,697	24,116,150	58.5
1994	8,977	10,245,355	30,881	9,815,795	39,858	20,061,150	48.9

単位：数量1,000ダース、金額1,000円、比率%。
資料：日本金属洋食器工業組合

表補2—3　燕金属製品企業の海外進出（1997年9月現在）

進出企業名	所在地	進出事業内容	進出年月	進出国
杉山工業	燕市	ハウスウエア販売	1970年	アメリカ
山崎金属工業	燕市	洋食器販売	1980年	アメリカ
遠藤製作所	燕市	ゴルフクラブ生産	1989年	タイ
ヤクセル	燕市	洋食器製造	1994年	中国
ツインバード工業	吉田町	家電製品（輸入品の品質管理）	1996年	韓国

注：①かつて燕金属洋食器関連の企業は十数社が海外進出していたのだが、現在ではここに掲げた5社に加え、サクライの中国深圳特区への補償貿易程度となっている。
②ヤクセルの本社は、岐阜県関市。
資料：燕市商工課

段と低下させているのであろう。

以上のような状況の中で、各メーカーは新たな独自的分野を模索しているが、ここでは、まず、在来分野での独自化をベースに、次の方向を模索している企業を採り上げていくことにする。

(1) アメリカ高級市場へ向かう（山崎金属工業）

山崎金属工業は1919（大正8）年に山崎文言氏が創業した燕でも歴史を重ねる有力メーカーの一つである。当初は銀の加工から入り、昭和初期には職人的技能を軸に純銀のスプーン、フォーク等を製作、宮内庁などに納入していた。戦時中は軍需工場に指定され、学徒約1500人を受け入れ、中島飛行機の隼戦闘機の尾翼製作に従事していた。こうした軍需工場化は当時の燕の一般的な姿であった。そして、戦後は1948年頃から再スタートし、当初は進駐軍向けから始めていった。

▶ブランドの確立とアメリカへの進出

山崎金属工業の現経営者であり、3代目社長である山崎悦次氏（1940年生まれ）は、創業者の4男として生まれ、1964年に入社する。入社当初から「燕の洋食器はいずれ構造不況業種になる」と判断、「流通改革」を意識する。従来の燕の場合は、都市の輸出業者から海外の輸入業者を経由し、小売店に供給されていたが、山崎金属工業は「直貿」を模索していく。さらに、1971年、ニクソンショックに直面し、自前の世界的ブランドが必要との認識を深め、1975年頃には山崎氏自らアメリカに長期滞在し、世界のデザイナー（洋食器、ステンレス以外の分野）20人ほどとの交流を深めていく。そして、「日本は箸の文化であり、洋食器の拡大はあまり期待できない。ボリューム、価格ともに期待できるのはアメリカ」との判断の下に、1980年には、ニューヨークに直販会社の現地法人 Yamazaki Tableware in Inc. を設立する。

当初は知名度がなく、輸入業者の抵抗等にも直面し、困難を窮めたが、1981〜1982年頃にデパートで、ヤマザキの最高級ステンレス製品は「安い（銀の3分の1の価格）」「ケアが楽」「デザインも斬新」との評価を受け、基盤を形成していった。現在では「ヤマザキ・ブランド（YAMACO）」は、ホテル、レストランを除くアメリカのテーブル・トップ市場で第2位のシェア12%（1996年）を占めている。何よりも「ブランドを重視」し、メイド・イン・ジャパンであること、自社工場で生産すること、ディスカウントはしない、さらに、コピーされても、コピーしないを原則にしていった。流通資本に依存し、輸出向けの中級品から低級品の領域で低価格量産を手掛けていた多くの燕のメーカーとは異なり、自らアメリカに進出し、独自なブランドの確立、流通経路の模索を通じ、強固な存立基盤を確保した。先の洋食器工業組合員約100社の中でも、最大市場であるアメリカに本格的な現地法人の販売会社を設立した企業は他に見当たらない。それだけ、山崎金属工業の積極性が注目される。1991年には、ノーベル賞90周年記念晩餐会で山崎金属工業の製品が使用されたが、それは、最高級ステンレス製品、独自なブランドを模索し続けてきた山崎金属工業の一つのエポックとなった。

▶他分野の模索

以上のような展開に踏み出しては来たものの、1990年代に入ってからの一段の円高は、重大な影響を及ぼしている。従業員数をみても、1950年代から1970年代の最盛期には350人規模であったが、現在では120人規模に縮小している。また、事業的には、すでに1952年にステンレス鋼材の卸売業にも踏み出し、1975年からはトヨタの自動車部品生産も開始、そして、1991年からは固有技術である金属加工技術にロストワックス鋳造技術を付加し、宝飾製品部門にも参入している。

こうした中で、自社工場生産を原則にしていた山崎金属工業も、1990年代の円高には耐えきれず、一部を韓国企業2社へのOEM供給委託に踏み切っている。まだ品質的には問題があるが、韓国のコストは山崎金属工業の50％程度、燕一般の30％であり、また、インドネシアは韓国の70％、中国は韓国の50％という受け止め方である。

現在の山崎金属工業の売上額の70％はステンレス鋼材の卸売、30％程度が金属洋食器だが、金属洋食器の地域別売上額は、アメリカ60％（自社ブランド)、欧州30％（各国一流メーカーのOEM)、日本国内10％（自社ブランド）である。宝飾品等はこれからということであろう。現状、アメリカ市場に関しては、ジェネレーションXといわれる世代が消費をリードしており、価格破壊が著しい。こうした事情から韓国への生産依存を深めているが、いずれアメリカ市場は回復するとの見方である。山崎金属工業としてはブランド力を高めて、本業は死守するとの構えであり、さらに、本業で培った金属加工の固有技術を活かしながら、宝飾品等への展開を模索している。「金属・新素材製品産地」への展開を課題にしている燕にとって、独のゾーリンゲンや英のシェフィールドのような世界的な産地ブランドを確立していくにあたって、果敢にアメリカに進出し、独自なブランドの確立に取り組んでいる山崎金属工業には、先導的な役割を演じていくことが期待される。

(2) 国内の特定市場へ展開（早川器物）

『工業統計』(1996年）によると、燕のステンレス製金属ハウスウェアを示す「金属器物」の事業所数は423を数えるが、完成品まで製作するメーカーというべき企業は燕の周辺を含めて約80事業所程度と推定される。金属ハウスウェアは通産省の定義では、ステンレス鋼、普通鋼、銅、真鍮、洋白（洋銀、ニッケルシルバー）製の卓上用、厨房用器物、並びにキッチンツールとされており、素材別、製品分野別、販売先別（輸出用と国内用、デパート、一般、業務用等）等によって、ある程度専業化されている。ここで検討する早川器物は洋白を素材とし、国内のホテル、レストラン向けの製品に特化している企業であり、燕地区には専業の同業者はいない。

早川器物の創業は1948年、家族従業者4人で銅製の急須、茶壺の生産から開始する。1950年の頃には、カクテルシェーカー、パンチボール等の進駐軍キャンプ向け製品も手掛け、次第に洋白に転じながら、1963年の頃には、アメリカからポット類の受注に成功していく。ただし、燕のハウスウェアの輸出は一般的に洋食器の付属物という色合いが強く、器物業者の自立性は乏しいものであった。事実、燕のハウスウェアは急須、薬罐等の銅の和食器といった伝統を背景にするものの、本格的には洋食器に引きずられて輸出から開始された。

以上のような事情を受けて、早川器物は洋白の宴会用テーブルウェア専門の企業としての道を歩んでいく。洋白とは別名洋銀、ニッケルシルバーなどともいわれている。素材的には、銅50〜70%、ニッケル5〜30%、亜鉛10〜35%の合金であり、純銀の持つ肌合い、質感を身に着けながら、優れた耐蝕性等を備えるものであり、古くから銀の代用品として使用されてきた。いわば、テーブルウェアとして銀製とステンレス製の中間に位置する。ステンレス製に較べると、価格は約2.5倍ほどであり、ステンレスは機械化が容易であるのに対して、洋白は手仕事の比重の高いロー付け、研磨などの職人的熟練を要する。したがって、最大顧客（90%）のホテル、レストランでも、グレードの高いところで用いられる。国内で同業者は東京に小規模（従業者2〜3人規模）なところが6社のみであり、事実上、国内の洋白宴会用テーブルウェア市場では早川器物が独占している。

▶新たな問題

以上のように、早川器物は金属ハウスウェアの中でも特殊な領域に展開しているが、昨今の円高、国内経済の成熟化の中で、次への展開に苦慮している。

早川器物の場合、元々、国内が中心だが、輸出比率は最大で40%程度を占めたこともある。1ドル＝180円が限界であり、現在の為替の水準では輸出はできない。早川器物の経験からすると、見本を持ち込まれて製品化するという経験は、燕全体の加工技術高度化に大きく寄与したのであり、外からの刺激は非常に重要だという。輸出が止まっている現在でも、輸出への期待は依然として大きい。

また、国内経済の成熟化の中で、高級ホテル、レストランの建設が停滞し、市場が縮小しているという点も問題にされている。4〜5年程度のサイクルのリフォームはあるものの、早川器物の製品の耐用年数は約30年とみられ、更新需要にはかなり時間がかかる。さらに、早川器物は従業員53人から構成されているが、仕上げの研磨工の高齢化が進み、技能承継に問題が生じつつあることも懸念される。

以上のような事情を背景にしつつも、早川器物としては、ホテル、レストラン関係を主体にしながらも、一般のデパート等にも関心を抱き、さらに、輸出の可能性も模索している。ただし、輸出については、これまで海外向けに自ら販売活動をした経験もないことがネックとなっている。ステンレスの洋食器、ハウスウェア産地といいながらも、燕の中には、早川器物のような独特な素材と製品分野に展開している企業も広く存在している。「金属・新素材製品産地」「金属製品のメガ・ターミナル」を意識するならば、こうした機能を、全体の可能性を拡げるものとして位置づけ、世間に幅広くアッピールしていくことも必要であろう。

3. ステンレス加工をベースにする展開

燕金属洋食器メーカーの新分野への展開において、最もポピュラーなケースは、ステンレス加工をベースにするというものであろう。ステンレスは難加工材として知られ、また、溶接も難しい。全国的にみても、ステンレス加工技術が集積している地域はほとんどない。他にはメガネフレームの溶接技術に優れる福井県鯖江市、食品加工機械をベースにする切削系の岡山県津山市ぐらいであろう。燕の場合は、個々の企業の加工技術というだけでなく、切削、プレス、絞り、溶接、研磨に至る基本技術が地域的に集積している。そして、個々の企業の新製品、新分野進出にあたって、そうした技術集積が効果的に働いている。

事実、以下のケースにみるように、燕はステンレス加工をベースに新たな領域に踏み出す企業を大量に登場させている。

(1) 洋食器からハウスウェアへ（小林工業）

事実上、戦後にスタートしたステンレス製の金属洋食器生産は、1950年代に入ってからの対米輸出により急速に拡大したのだが、反面、輸出枠があるために、各社は自由な生産拡大をすることができなかった。輸出枠を保有しない生産者は、規制のない木製やプラスチック製ハンドルのついた洋食器を生産、輸出していた。さらに、生産拡大の方向を、洋食器の隣接分野であるキッチンツールから金属ハウスウェアへ向けていった企業も少なくない。このような拡がりが燕地域の加工機能の多様性を生み出し、その後の新分野進出に重大な影響を与えたことも興味深い。

ところで、ここで検討する小林工業は燕の洋食器の草分け的存在の一つとして知られている。創業は1868（明治元）年とされ、金物製造から出発し、2代目の頃には真鍮製の家庭用金物を手掛けていた。洋食器に入るのは1915（大正4）年とされている。当時、第1次世界大戦が勃発し、欧州の洋食器生産が停滞したため、金物製造で知られていた燕に打診があった。真鍮製にニッケルメッキが主流であり、燕では小林工業を含む3社が従事した。これが、燕が洋食器に入っていくキッカケとなった。

▶自社ブランドと品質の追求

第2次大戦中は、名古屋造兵廠監督工場として軍刀の鍔の生産などに従事していたが、戦後はいち早く工場を整備し、素材としてもステンレスに注目、また、小林工業のブランド名である「ラッキーウッド（LUCKY　WOOD)」の商標を設定している。燕では、この「LUCKY　WOOD」と先の山崎金属工業の「YAMACO」が世界で通用するブランドとされている。

戦後は1948年8月の貿易再開により輸出向け生産を開始、1950年には早くも通産大臣から輸出貢献企業として表彰されている。その後、工場近代化と設備の充実に努め、1951年には中小企業庁により、第1回中小企業合理化モデル工場の指定を受けた。そして、1961年にはアメリカ、カナダの市場調査の際に、欧米の模倣ではないオリジナルのデザインと高品質が不可欠との認識を強め、以後、自社ブランドによる高品質なオリジナル製品の追求を最大の課題としていく。販売ルートも、アメリカを中心に自力で開拓し、エリア別に広範な代理店網を築き上げた。さらに、1979年にはオーストラリアにシドニー支社を開設している。

主力の洋食器は最盛期の1975年頃までは生産の60%は輸出したが、現在では5%程度に縮小し、内需が中心となっている。国内市場はデパート（高級品)、量販店、通信販売、業務用（ホテル、レストラン）などに分かれるが、小林工業の場合には、高級品中心であり、デパート（50%)、業務用（30%）が主力である。純銀から金銀メッキ、ステンレス製品までの幅広い領域を手掛けている。国内では、この「LUCKY　WOOD」ブランド製品が、最も著名な燕ブランドとされている。

▶金属ハウスウェアへの展開

ところで、1975年頃までの最盛期には従業員数は350人ほどを数えていたが、現在では約100人にまで縮小している。小林工業は燕の最有力企業の一つであったことから、主力の洋食器の輸出減退が大きく影響している。この間、1967年の頃に、ホテル関係に納入しているアメリカ企業からの委託（OEM）で、金属ハウスウェアの生産を開始している。燕の他の有力企業の中には、洋食器にこだわって転換の遅れたところもあるが、小林工業の場合には、比較的早い段階で金属ハウスウェアに進出したことが、その後、効果的に働いた。現在の小林工業の生産の中で、金属ハウスウェアが占めるのは20%だが、次第にその比重は高まりつつある。

品質にこだわってきた小林工業は、洋食器とハウスウェアを両輪として、外注依存は30～40%というものの、デザイン・企画部門、金型部門、加工部門（プレス、鍛造、メッキ、研磨）の全工程を保有する企業として展開している。金属洋食器から金属ハウスウェアへという燕の本流を歩んできた典型的な企業ということができよう。

だが、問題は、次のステップではないかと思う。今後も徹底的に洋食器とハウスウェアの分野で究めていこうとするのか、あるいは、他の分野に踏み込んでいくのかの分岐点に立っているのではないか。小林工業を特徴づけるものは、「ブランド力」があることと、内部にステンレス加工の高い技術を一貫して保有していることであろう。この貴重な経営資源をどのように評価していくかが、次への大きな関門であるように思う。従来事業の範囲で、小さくとも良心的な仕事をしていくのか、あるいは、「ブランド力」と技術力を武器に、果敢に新分野を切り開いていくのか、いずれを選択するにしても、相当の思い切りと集中力が鍵になっていくことはいうまでもない。

(2) 雑貨から建材まで(日本メタルワークス)

ここまでみた企業群は、燕の中でも歴史と伝統を踏まえた有力企業というべきものだが、ここで検討する日本メタルワークスは、1959年に先代が夫婦2人で創業した後発企業である。当時すでに対米輸出の出荷枠は洋食器工業組合により管理されており、新規参入者には洋食器の輸出枠は与えられなかった。そのため、日本メタルワークスは当初から、おたまなどのキッチンツールを地場の問屋からの受注で生産していた。

当時の国内は高度成長期の中にあり、しばらくは「作れば、売れる」時代が続いた。その後、中東戦争が勃発する頃までは、一時、中近東向けが増加したものの、さらに、その後はアメリカ向けにシフトしていく。そして、10年ほどは対米輸出向け金属ハウスウェアの仕事に従事し、1985年のプラザ合意の頃までは、生産量の80～90%は対米輸出が続いていった。この仕事は波はあったものの、ロットはまとまり、現金決済であるなど、たいへんに魅力的であった。このように、主力の洋食器の輸出枠の外でも、燕においては1950年代中頃から1960年代にかけて企業が大量に独立創業し、一つの時代を謳歌したのである。

だが、1985年のプラザ合意後は事態が一変する。急激な円高により輸出は一気に激減し、燕の洋食器業者の廃業も始まりだした。そのため、国内市場を模索し、東京、大阪に仕事を求めて営業活動を続けるが、事態の改善にはつながらず、週休３日などが続く。この間、40人ほどの従業員のうち、やむなく７人に退職してもらうほどの事態となった。

▶チャレンジ精神と進取の気性

その後、しばらくして積極的な受注活動の成果が現われ、店頭用厨房器具、医療機器、建築関連等の部門の仕事が動き始めていく。ともかく、ステンレス加工に関連するものは何でも手掛けていった。1992年の頃には、そうした新たな分野が軌道に乗り始め、新規分野と金属ハウスウェアの比重は７対３の構成になっていった。新規分野の受注先は東京から大阪の範囲のメーカー、商社、さらにベンチャー企業など８社であった。新規分野の仕事の中でも、医療機器、建築関連等は納期、精度、コストが厳しく、従来の燕の仕事とは全く異なるものであった。いわば、日本メタルワークスはより高い技術分野に果敢に取り組み、新たな局面を見出したということであろう。そうした意味で、プラザ合意後の日本メタルワークスの歩みは、「金属・新素材製品産地」を標榜する燕にとっての一つのあり方を示すものであった。

日本メタルワークスの会社案内には、経営理念として「生活文化のメタルワークの創造に努める」とあり、得意な分野として「小量中量鈑金加工、小量中量絞り加工、深絞り、異形絞り加工、研磨を仕上げとする部品および製品の加工、各種異種素材を組み合わせてのアッセンブリー」と紹介されている。さらに、主な製品として、業務用、家庭用ハウスウェア、医療機器、製菓器具、自動車部品、建築用品、線材加工品、レストラン厨房用品、住宅関連パーツ、製缶鈑金、バス、ラバトリー用品、空調および厨房用フィルター、ディスプレー什器等が示されている。およそ、これらの部門は、従来の限られた燕の製品の低価格量産とは異質な世界であり、メタルワークをベースに何にでも取り組むという姿勢を示している。プラザ合意後の燕から、新たなタイプの企業が登場してきたということであろう。

▶共同受注グループの形成と期待

以上のような流れをリードしてきたのは、２代目社長の坂口作弥氏（1962年生まれ）である。事態が悪化してきた時期に経営を引き継いだことが、彼のエネルギーになっているように思う。洋食器とハウスウェアに縛られて飛躍できない企業が多い中で、日本メタルワークスの取り組みは際立っている。さらに、こうした苦難を経ることにより、坂口氏自身は燕の幅の広い技術集積への目が開かれていったようにみえる。会社案内には、各主要工程の外注先が示され、「社内加工の出来ない工程については、周辺企業の協力を得て、お客様のご要望にお答えいたします」と明示されている。

そして、こうした認識を前提に、燕商工会議所青年部を母体とする「共同受注グループ21」（メンバー30社）のリーダーの1人として燕の技術集積を再評価し、「1企業の対応として、困難であったコスト、技術品質、納期等の問題を、協議・協調・協力し、グループ全体として取り組み、困難を可能にしていくことにより、21世紀を共に歩んでいく事を主旨として」、新たな歩みに踏み出している。事実、これら30社に集約されている技術的な可能性としては、切研削の精密加工、鍛造、鋳造、製缶・鈑金、溶接、スピニング加工、プレス、金型、彫刻・彫金、メッキ・発色・アルマイト加工、研磨、パイプ加工、線材加工、熱処理、塗装、スクリーン印刷・腐食加工、刃物、木型、木工、プラスチック成形、ゴム成形、紙器にいたるまでの領域をカバーしている。「共同受注グループ21」の歩みはこれからだと思うが、金属洋食器とハウスウェアに終始してきた燕地域においても、長い金属加工の歴史の中で地域に内面化されてきた多様な機能に目を向け、それらの協調と協力により新たな可能性の輪が拡がっていくことが期待される。プラザ合意後の困難は、むしろ、地域技術の再評価を促し、若手の経営者を中心に、新たな動きを導いているといってよさそうである。

（3）ステンレス加工をベースに刃物への展開（藤寅工業）

全国的には包丁の出荷額は年間150〜160億円ほどといわれ、最大産地の岐阜県関が全体の半分（70〜80億円）を占め、新潟が4分の1（35〜40億円）、そして、残りが堺（10億円前後）、武生（6億円前後）、さらに、山形、土佐などでも伝統的な生産が行なわれている。そして、新潟の中では三条が打ちハガネの和包丁で知られている。新潟県央では、作業工具、刃物の三条、ステンレス製洋食器、ハウスウェアの燕といった認識の仕方が一般的であろう。

▶ステンレス包丁からの出発

以上のような基本的な構図の中で、1953年に燕で創業した藤寅工業は当初から農機具部品に加え、農用刃物を生産、1955年頃には包丁の生産にも入っていく。当初の包丁は、ステンレス製の果物ナイフといった程度であり、隣接する三条の刃物業者からは相当に低くみられていた。その後、藤寅工業の製品は鋼をステンレスで挟み込む「ハガネ割り込み」という製品に展開し、さらに、素材開発にも努め、DP法（内部脱炭防止法）で特許を取得するなど、独自な技術開発を重ねてきた。

この間、社内の生産能力充実に意をつくし、1968年の吉田工場建設以来、果敢に工場を増設、プレス、熱処理、研削、研磨、マーク入れ、刃付け、組立等の主要工程を一貫して備える製造システムを構築するに至っている。外注も30〜40軒ほどを組織しているが、大半は研磨と刃付けであり、内職的な所に依存している。これら外注先の大半は燕市内であり、刃物の本場である三条には刃付けで1〜2軒依存するのみである。分業がある程度進んでいる三条に比べ、燕に本拠を置く藤寅工業の場合は、一貫生産が不可避とされたのであろう。三条の関連業者に対しては、「遠い」という認識のようである。いわば、三条は気になるが、それとは独立的に事業化していったということができる。

▶自社ブランドとOEM供給

現在の従業員数は75人（男性26人、女性46人）、売上額約15億円を数え、新潟の刃物企業としてはトップクラス、全国的にも5本の指に入る企業に成長してきた。包丁市場は家庭用の場合、ステンレス系が80%を占め、本職用はハガネ仕様が圧倒的である。藤寅工業自身はステンレス系の量産を得意としており、本職用の和包丁は伝統的に堺が強いとしている。売上構成をみても、ステンレス系の洋包丁が70%、和包丁が20%、そして、調理ハサミなどのキッチンツールが10%となっている。明らかに和包丁は漸減傾向にあり、耐久性に優れるステンレス系の洋包丁の比重が伸びている。また、家庭では包丁は1～2本しか保有しないという状況の中で、ステンレス系の万能包丁が主流になり、量販店の上代価格で980円、1980円程度のものが主力となっている。

さらに、包丁全般の最近の傾向としては、量販店の売上額が半分を占め、また、ブライダルの引き出物（カタログによる選択）として包丁がベスト5に入っている。包丁も台所の特別な存在から、今や使い捨ての時代に入り、キッチンツールのありふれた一分野として位置づけられてきた。この点、包丁からキッチンツールへと関心を深めている藤寅工業の歩みは、燕自体の金属洋食器産地、輸出産地から、国内向けの日用品全体の産地、集散地化の動きと歩調を合わせるものであろう。

また、藤寅工業自身、高級品には「藤次郎」というブランドを付け、技術レベル確保の求心力として位置づけているが、他方、売上額のほぼ半分は地元産地問屋ブランド製品のOEM供給である。燕のステンレス加工技術をコアに、自社ブランドによる高級品生産により技術の裏付けを担保し、そして、事業的には燕の日用品の総合産地化、集散地化の流れに沿っているところに、伝統的な製品と目される包丁部門で独自的な存立基盤を確保してきた藤寅工業の真骨頂をみることができる。

（4）カーブミラーと道路標識への展開（燕振興工業）

燕の金属洋食器メーカーで新分野に展開した典型として知られている燕振興工業は、1919（大正8）年にナイフ製造企業として創業している。燕の最古参の1人である。戦時中は軍需工場として兵器部品の製造にあたっていたが、戦後は金属洋食器の一貫メーカーとして歩み、1ドル＝360円時代には輸出貢献企業として表彰されている。だが、ニクソンショック、オイルショック以後、赤字経営が続いた。

先代社長は、燕市の交通安全協会の会長に長らく就いており、当時、ガラス製、プラスチック製であったカーブミラーに関心を抱いていた。反射性、耐久性に優れる製品として、ステンレス研磨の可能性を模索していく。早くも、ニクソンショックの1971年には開発に着手し、1973年には日本交通安全協会会長の推奨品の認定を得るまでにこぎつけ、さらに、同年、道路鏡工場を新設する。ただし、こうした製品は従来の金属洋食器とは流通経路が全く異なり、多くの苦労を重ねる。当初アプローチした東京の商社が出だしに倒産するなどもあり、燕振興工業自身が全国を回る苦労を重ね、各県に代理店を置くことに成功していく。ステンレス製道路鏡は耐久性、反射性（ステンレスは曇りにくい）に優れ、瞬く間に全国に普及していった。現在、カーブミラーのシェアは、ガラス10%、ステンレス35%、プラスチック（アクリルの裏に真空蒸着）55%となっており、これでほぼ固定している。さらに、安全協会の規定では耐久5年であるが、この20年来、取り替え需要はほとんどない。カーブミラーは燕振興工業のこの20年を支えたが、すでに5〜6年前から成熟期を迎えているのである。

▶道路標識への展開

この間、本業であった金属洋食器の比重はドラスティックに低下し、対米輸出はゼロ、香港のデパート（そごう）直に一部輸出するのみであり、国内販売中心に切り替わっている。むしろ、現社長の小柳孝礼氏（1951年生まれ）は、「私はシャジ屋」だとの構えを崩さず、洋食器については、社内一貫体制の維持を前提に、さらにデザイン開発に意をつくし、1985年には「グッドデザイン商品選定」を受けた。現在の燕振興工業は、洋食器部門（売上の20%）、反射鏡部門、道路標識部門（2部門で80%）という3部門体制をとっており、従業員80人で、バランスのとれた経営を指向している。

反射鏡の次に取り組んだ道路標識は、1978年に工場を完成させ、素材メーカーの住友スリーエムの新潟県で唯一の特約加工販売店となり、現在では、燕振興工業の重要な事業部門となっている。さらに、この道路標識の延長として、1995年からグラフィック・サイン・システムという領域を手掛け始めている。このシステムは、道路標識等に写真を張りつけるものであり、カラー写真1枚あれば、どのようなサイズの標識等の生産も可能となる。従来の写真は耐光性に乏しく、4週間ほどで褪色が目立ったが、当システムでは4年間は保証できる。

このシステムはスリーエムが開発したものであり、カラー写真をスキャナーにかけ、スリーエムの特殊フィルムに転写するものであり、光透過タイプ、反射タイプ等の多様な製品が可能になる。当面、道路標識としては反射タイプが注目され、昼夜を通じて優れた視界性を発揮するものとして期待されている。ただし、燕振興工業が導入したスリーエムのシステム全体で1億円以上の投資となっており、当面、標識だけではペイしないことから、広告代理店、室内装飾業などにもアプローチしている。さらに、小柳氏自身は、このグラフィック・サイン・システムが柱になればと期待しながらも、相当厳しいとも受け止めている。今後は、単なるメーカーとしてだけでなく、県内から隣接県ぐらいの範囲で工事を含めた受注活動を進めていきたいとしている。

輸出産業として海外に目が開かれていながらも、実際は燕の中に閉塞していた洋食器メーカーが、海外市場を失い、国内に目を向け、ステンレス加工という在来技術を契機に新たな分野に進出、さらに次のステップに向かおうとしている。それは、地域全体が一つの製品に身を委ねることができた時代から、個々の企業が独自的に新たな領域に踏み込んでいかざるをえない時代になったことを意味しよう。そうした先駆的な課題に応えようとする企業の歩みとして、燕振興工業の、この20数年の歩みが注目される。おそらく次の課題としては、非常に大きな努力を要しようが、新たな領域で確固たる固有技術を確立し、独自的な存立基盤を形成することであろう。

(5) 産地卸売業から集散地的機能へ（明道）

燕、三条地区の産地卸売業者は、燕で約300軒、三条で約1000軒といわれる。一般にこの地区の卸売業者としては三条の方が歴史的に古い。燕は金属洋食器を中心として家庭用・業務用金物を得意とし、三条は刃物、工具等に重点がある。燕の地場の有力メーカー（従業員50人程度以上）の場合は、直接に都市の問屋、あるいは直接欧米の輸入商社と結合していることが多く、燕の卸売業者は地場の中小メーカーの製品を取りまとめてきた。また、輸出に比重の高かった燕には、地場に輸出商社は存在していなかった。

現在、燕の約300の卸売業の中の有力なところは、1972年度から郊外に建設された物流センター内に設置された燕商業卸団地協同組合（33社）に組織されている。なお、物流センターは組合の他に金融機関、トラックターミナル、その他関連機関、公共用地（道路、水路）などから構成されている。

▶全国販売ネットワークとオリジナル商品の開発

燕商業卸団地協同組合の理事長企業でもある明道（みょうどう）は、1937（昭和12）年に前会長の明道太計巳氏によって、キセルの製造販売業として創業した。戦時中は一時営業を停止していたが、1947年に明道権治商店を設立、本格的に洋食器、ハウスウェア等の地場産業製品の販売を開始した。1972年には明道㈱に改称、さらに、1975年には卸売団地に物流センターを新設した。そして、1995年には、新社屋と共に燕では最大級のショールームを備えた近代的な物流センターを完成させている。当初から、地場産品を中心に、国内販売が基本とされていた。この間、燕産地自身が輸出向けの停滞などにより、国内に向かい、また、国内の流通構造が大きく変化していく中で、燕を代表する産地卸売業者である明道の性格も変わっていく。1989年の東京営業所の開設に始まり、1992年は大阪営業所、1994年には仙台オフィス、札幌営業所、福岡営業所、名古屋オフィスを相次いで設立し、全国規模の販売ネットワークを形成している。

また、流通構造変革の中で、主力は量販店向け（約30%）となり、そのうち、都市の問屋を飛ばした直接取引の形態が30〜40%になってきた。ただし、デパート向け（約25%）に関しては依然として都市のデパート専門問屋を経由している。その他の45%は業務用、ギフト関係などだが、また、ホームセンターが量販店化する中で直接取引が増加しつつある。そして、この10年ほどの傾向だが、こうした量販店等との直接取引の拡大の中で、幅の広い分野製品の取り扱いが求められ、仕入先も地場にとらわれないものになってきた。事実、明道の仕入先（約250軒）は大半が燕だが、刃物は岐阜県の関、フライパンなどはアジアからの輸入に頼るなどとなっている。全国レベルでの家庭用品・厨房用品の集散地である合羽橋の問屋街は倉庫機能に乏しく、また、流通構造変革のターゲットとされ、むしろ、土地価格が安く、広大な倉庫機能を保有する燕の産地卸売業者に、合羽橋に代わる幅広い商品の集散機能が求められているようにみえる。

▶金属製品のメガ・ターミナルへ

こうした事情の中で、燕の卸売業者としては、全国的な販売ネットワークの構築に加え、商品の企画開発機能の充実が求められ、明道の場合は、オリジナル商品40%、受注先からのOEM委託が20%に上り、産地メーカー等からの仕入商品は40%程度となっている。さらに、明道の扱う商品アイテム数は2万を超えている。先の明道の物流センターに設置されているショールームには金属製品ばかりでなく、家庭用、業務用の多様な製品が陳列され、あたかも集散地問屋のショールームを見る思いがした。燕の地元においても、郊外に建設された物流センター（卸売団地）を単なる産地卸機能ではなく、全国を視野に入れた集散地機能を持たせたいとしており、情報通信機能の充実、物流機能の充実が課題とされ、併せて商品開発能力の拡充は急を要している。高速交通体系の中に組み込まれ、位置的条件を飛躍的に拡充してきた燕は、従来の単なる金属洋食器、ハウスウェアの生産地から、幅の広い「金属製品のメガ・ターミナル」へと向かって大きな一歩を踏み出しつつある。そして、その場合、物流センターに集結した産地卸売業者のリーダーシップが一つの重要なポイントとなることはいうまでもない。

4. 新技術、新素材、新分野への挑戦

ステンレス製品産地として歩んできた燕にとっての新たな分野の多くは、第3節でみたように、地域の固有技術であるステンレス加工に関連するものが多かった。これに加えて、昨今は新技術や新素材に注目し、新たな可能性を模索しようとする企業や、全く新たな分野に踏み込む企業も登場しつつある。特に、この節で検討するケースは、次世代の金属といわれるチタンの加工技術の追求、さらに、形状記憶ポリマーの燕の伝統的な家庭用品への応用、あるいは、全く新たな事業分野に向かったものであり、燕に新たな可能性をもたらすものとし

て注目される。『燕市産業振興基本計画』で提示された「金属・新素材製品産地」のイメージは、こうした企業の取り組みから鮮明化されてこよう。かつて、新素材であったステンレスを掌中に納めてきた燕は、次世代の技術、素材等に果敢に取り組んでいる。

(1) 超深絞りと表面処理技術の高度化（東陽理化学研究所）

東陽理化学研究所の創立は戦後の1950年となっているが、前身は戦前に燕の大手10社で設立した日本金属洋食器貿易に遡る。戦前のこの会社は輸出の一手受注などを目指すものであったが、戦後、解散命令を受ける。これに対して、当時の専務が電解研磨の研究陣だけを残し、日本最初のステンレス電解研磨専門企業として1950年に東陽理化学研究所を燕に設立した。当時の燕のステンレス研磨は手作業によるバフ研磨であり、工業的な電解研磨は周囲からは相当の妨害を受けた。だが、この電解研磨技術はステンレス製洋食器製造のネックとなっていた研磨工程の大幅な合理化を実現させることになった。設立の経緯からして、東陽理化学研究所は他の燕の多くの企業とは性格が大きく異なっている。

▶事業拡大の歩み

1961年には、業務提携していた日本金属の板橋工場（埼玉県戸田市に移転）の中に東陽理化学を設立し、ステンレスの黒色発色の技術開発、さらに、アルマイト処理部門を設置する。併せて、東陽理化学大阪工場も設置している。また、1973年、日本金属と共同出資で東陽理化学工業を燕に設立し、ステンレスのカラー発色を日本で初めて企業化していった。

そして、こうした表面処理技術の充実に加え、特殊なステンレス製品分野にも挑戦していく。1979年にはステンレス製溶接構造容器の内製化、1984年には金型部門の設置、及び温間プレス技術によるステンレス製深絞り容器の量産を開始している。また、この時期にはハード磁気ディスクの機能皮膜の開発にも成功している。1987年には、ステンレス、チタンの超々深絞り加工技術（USDD＝Ultra Super Deep Drawing）を開始し、1990年にはUSDD技術によりチタン製カメラボディの量産をスタートさせ、1992年には対向液圧プレス技術を導入、チタン製一眼レフカメラボディの量産にも踏み出している。

以上のように、東陽理化学研究所、及び、そのグループはステンレス加工技術の集積地である燕をベースに、ステンレス、チタンの表面処理技術、深絞り加工技術を深く追求している企業として注目される。ただし、現在、事業的に燕産地との関係は乏しくなっている。事実、燕の企業からの受注は表面処理（電解研磨）だけにすぎず、売上に対する比重はわずか4%程度でしかない。燕の大半の企業が家庭用品、業務用厨房用品を主体としている中で、東陽理化学研究所は先端的な技術への関心を深め、精密な加工精度等を要求される領域に関心を深めていった。

現在の従業員数は燕の東陽理化学研究所と東陽理化学工業を合わせて約250人、東京と大阪の東陽理化学が110人の合計360人である。これらの人員のうち、燕にある研究開発部門は15人で構成されている。また、売上額規模は53億円、深絞りの魔法瓶関係（象印マホービン、タイガー魔法瓶、日酸サーモ）40%、建材関係20%が主力となっている。

▶独特な固有技術

以上のような技術指向型の東陽理化学研究所の特に注目すべき技術は、表面処理技術と超深絞り技術であろう。

表面処理技術としては、ステンレスの電解研磨、化学研磨、不動態化処理、硬質クロームメッキ、アルマイト加工、硬質アルマイト処理、着色染色などの技術に加え、特に、ステンレス、チタンのカラー発色技術が注目される。この発色技術は色素を付着させるのではなく、ステンレス、チタンの表面に酸化皮膜を着け、その厚さによって光の波長をコントロールし、その反射光を干渉させることによって目的の色を出す。現在、国内で、この技術を保有している企業は、東陽理化学研究所の他には、同じ燕のホリエと、神戸に1社あるのみである。

また、難加工材であるステンレスの深絞りに関しては、従来は、直径に対して1.4倍までが常識であったが、USDD技術では、焼鈍しないでも直径に対していくらでも絞ることができる。さらに、従来の加工法よりも工程が短縮（金型も少ない）され、加工費も安くなる。この技術は、東陽理化学研究所の場合、現在ではステンレス製魔法瓶に広く用いられている。

さらに、1992年にスェーデンのラガン社から導入した液圧プレス成形も東陽理化学研究所を特色づける技術である。この液圧プレス成形は液体を満たした液圧室に剛体のパンチを押し込み、液圧室内に発生するパンチに対する液圧を利用して、薄板をパンチに押しつけながら目的の形状を得る加工法である。金型のダイスにあたる部分を液体に置き換えてあるため、金型はパンチ側のみでよく、金型コストを大幅低減できる。この加工法ではチタンの加工も比較的容易であり、カメラボディ生産などにも採用されている。

以上のように、東陽理化学研究所は表面処理と深絞りに独特の技術蓄積を重ねており、全国的にみても、その個性は際立っている。ステンレス製の日用品等に終始してきた燕に、技術指向型の企業の存在感が高まってきたことは、「金属・新素材製品産地」形成に新たな可能性を導くものとして注目される。

(2) ベンチャー・ビジネス的展開（ホリエ）

「可能性を信じて突き進むのがベンチャー」と言う堀江拓尓氏（1945年生まれ）は、16歳の時から激しいベンチャー精神で開発に明け暮れてきた。1984年に39歳で独立するまで主として燕を中心に9社ほどを渡り歩き、表面処理技術を身に着けていった。独立当初は自社開発した全自動トリクレン洗浄機によるステンレス厨房用品の洗浄に従事していた。そして、1981年には貴金属（金、銀）のメッキ業務を開始する。堀江氏自身は、この金銀メッキが本職という。そして、1988年、NKK（日本鋼管）がチタンの建物内装材をホリエに持ち込み、発色を依頼されたのがチタンとの出会いとなった。

▶独自技術の開発

チタンは鋼に比べて比重は約3分の1、強度は同等、耐食性も抜群という特性を保有している。このチタンが単体の金属として使用されるようになったのは第2次世界大戦後であるが、価格が高く、難加工性という事情から、航空機や人工衛星の機材用などとして用いられてきた。だが、その後の研究開発により、人体への親和性が良く、抗菌性があり、金属アレルギーを及ぼしにくいなどの特性が明らかになり、一気に注目を集めていった。一般には人工骨やメガネフレーム等で親しまれている。こうした特性に加え、堀江氏はチタンの持つ発色性に着目し、チタンに深く惹き込まれていった。

チタンの発色は先のステンレス発色技術と同様に、酸化皮膜の厚みをコントロールすることにより、光の反射光の干渉を促す。ホリエは試行錯誤を重ねながら、目的の色を100% 再現できる技術（カラーリング・プロセス）を確立していく。併せて、耐薬品性の高いマスキング剤をブレンドすることにより高度な表面処理を可能にし、さらに、腐食が最も難しいといわれたチタンのエッチング技術なども確立していく。そして、こうした技術の複合により、チタンの発色と製品化に新たな可能性を導き出した。さらに、こうした技術の大半はホリエのオリジナル技術であることから、機械設備の自社開発を余儀なくされている。こうしたことが、ホリエの独自性の確立につながったことも注目されよう。

▶商品化の現状

チタン・カラーリングの商品化については、先の内装材の発色から始まったが、後に、トヨタの高級車であるマジェスタのドアの開口部分に、「CROWN MAJESTA」のロゴの入った黄金色のスカッフプレートとして採用された。そして、こうした経験を積み重ねる中で、自社開発の商品化に踏み込んでいく。1992年にはチタン・カラーリングによるチタンアートの商品名「カレント」を発売、1993年には光抗菌性のあるピアス「ティピア」を発売している。そして、1995年には表札などのチタン製デザインプレートの量産を開始している。ピアスに使用されるチタン材の価格は10円ほどのものだが、商品の上代価格は2000円ほどになる高付加価値な内容になっている。

現在のホリエの従業員は13人（男性6人、女性7人）、売上額1億2000万円だが、独自な領域に果敢に踏み込んでいるベンチャー企業として活力にあふれている。今後、追随者が出てきても、常に研究開発を進め、数歩先に行こうとしている姿勢は新たな可能性に踏み込んでいる企業の勢いであろう。当面の商品開発は先のようなものだが、今後、技術開発に加え、「軽い、身体に良い、発色性に優れる」というチタンの特性を幅広く受け止めた商品開発、流通体制の確立等が求められていこう。「金属・新素材製品産地」を目指す燕にとって、これまでの地域の技術集積を背景に、独自的なベンチャー企業の成立の可能性を示唆するものとして期待される。

(3) 福祉分野で形状記憶ポリマーの製品化（青芳製作所）

青芳製作所は日本洋食器工業組合理事長の青柳芳郎氏（1925［大正 14］年生まれ）が 1955 年に創業し、一代で築き上げた燕洋食器メーカーの典型であり、また、プラザ合意以後の燕の困難の中で、新たな独自的分野に取り組み始めている典型ともいえる企業である。青芳製作所は燕市郊外の燕小池工業団地に工場を構え、1970 年代中盤までは洋食器の専業メーカーとして歩んできた。従業員数も最盛期には 40 数人を数え、月産 130 万本ほどの生産を上げていた。洋食器 100%、輸出 70% 以上であった。1970 年代に入ってから円高に悩まされ続けたが、1985 年のプラザ合意は決定的なものであった。1986〜1987 年は燕にとっても最も苦しい時期であり、自殺者、倒産が続出した。青芳製作所も、1986 年には月産 30 万本と最盛期の 4 分の 1 に減少し、従業員数も 30 人を割り込んでしまっていた。

▶新分野の模索

こうした事態に対し、青芳製作所は新規事業分野を模索していく。当初、三つほどの分野に取り組んでいく。第 1 は、アルミ製の建築用フードの生産であり、東京の企業からの 2 次下請であった。第 2 は、真珠養殖用のハサミであり、伊勢の養殖組合から受注した。第 3 は、柏崎の企業からフロッピーディスク用のアルミダイキャスト製筐体の研磨加工であった。これらはしばらく取り組んでみたが、新分野として定着させることはできず、建築用フードがいくらか続いている程度である。

こうした苦難の時期を経るうちに、輸出が期待できない状況下では国内しかないとの判断を下し、しかも洋食器以外という認識を固めていった。そして、これまで営業経験がないという事情の中で、「市場が欲しがるモノを作って、持っていくべき」と考え、洋食器に近いテーブルウェアに関心を深めていく。当時、後継者となるべき長男（1961年生まれ）と娘婿（1955年生まれ）が入社していたことから、彼らに自由にやらせるようにした。若い感性が魅力的なテーブルウェア製品を次々と開発し、見本市、カタログ、雑誌等を通じて、次第に消費者に認知されるようになった。さらに、早い時期に専門のデザイナーを入社させ、30歳前後の女性をターゲットに商品開発を進めていった。従業員規模は10年前と同様だが、売上額は5倍に達している。1997年春にはイメージを一新させる新社屋、工場に移転し、若い人中心の活気のある企業として甦ってきた。現在では金属洋食器は全体の40%、輸出は8%に減少し、逆に輸入が20%となってきたことも興味深い。輸入は欧米製品の仕入れ、また、台湾企業に当方企画のものを作らせている。「カジュアル・プロダクツ」が現在のコンセプトであり、青芳製作所は10年をかけて、華やかなテーブルウェア専門企業に完全に衣替えしてきた。

▶形状記憶ポリマーと福祉器具

以上に加えて、まだこれからの事業ではあるが、形状記憶ポリマーをベースにした福祉器具の領域に踏み込んでいる。形状記憶ポリマーとの出会いは、1990年頃、東京の新素材展であった。この形状記憶ポリマーは三菱重工名古屋研究所が開発したポリウレタン系のプラスチック新素材であり、設定温度以上に加熱すると硬いプラスチック状態から柔らかいゴム状態になり、設定温度以下でその状態を固定化できる。さらに材料特性として、変形量が大きく、軽量で、変形の繰り返し利用に強い。将来的には、日用品、医療品、医療機械、工業製品など様々な分野で用途開発が期待されている。

こうした新素材に出会った青芳製作所は、信濃川テクノポリスの新材料委員会を通じて三菱重工を紹介され、新製品開発に踏み出していく。特に、青芳製作所は得意としてきたスプーン、フォークといった洋食器のハンドルに形状記憶ポリマーを利用していくことをイメージしていく。ハンドルを個々人の事情に合わせて自在に変形できれば、障害者、高齢者、幼児等に「食事の楽しさを提供できる」のではないかと考えていく。そして、最初に開発されたのが「WIIL・1」という商標のスプーン、フォークであった。この商品は1992年に中小企業長官賞を受賞し、さらに、1994年にはフィラデルフィア美術館主催の「日本のデザイン——1950年以来展」選定作品にも選ばれた。その後、開発は一段と本格化し、理学療法士を加えて「WIIL・2」、作業療法士を加えて「WIIL・3」へと進化している。

以上のように、若い後継者を軸に幅の広い独自的なテーブルウェアのメーカーに転じた青芳製作所は、さらに、形状記憶ポリマーという次世代の素材に出会い、得意の洋食器の分野で福祉に応えられる独自製品を世に送り出すなど、階段を大きく駆け上がってきた。こうしたことが可能であったのは、危機感と新たな時代への関心であったからにほかならない。この青芳製作所のケースは、地域の中小企業に大きな勇気を与えている。

(4) 転写技術応用の模索(サクライ)

燕の場合、戦後、雨後の筍のように新規創業があり、全体として巨大な生産力を形成していくのだが、多くの金属洋食器メーカーは輸出を指向し、あるいは輸出出荷枠を得られなかった後発企業はハウスウェア等に進出していった。そうした中でも、地域産業の動きを冷静に眺めながら独自な方向を歩んだ企業も稀にみられた。ここで検討するサクライの場合は、「国内の比重が高い問屋的メーカー」をポジションに、燕を取り巻く経済社会環境変化に敏感に応えながら今日に至り、さらに新たな方向を模索している。

▶問屋的メーカーの歩み

サクライは1946年、初代社長桜井武男氏(1925年生まれ)が煙管、銅器などの産地製品を行商する桜井武男商店(1953年にサクライに改称)として出発する。その後、進駐軍向け食器納品商社(東京)との付き合いが生まれ、注文に応じて燕のメーカーに作らせて納品していった。こうした中で、次第に燕全体が輸出向け生産に向かうが、サクライは国内販売にこだわり、1980年代中頃まで国内100％でやっていく。この間、国内にも洋食器を使うレストラン等が増加してきたこと、また、日本人向けのサイズ、デザインが求められてきたことから、1955年頃には自社ブランドを起こし、メーカーに生産委託してきた。ただし、輸出が活発な頃には小ロットの国内向け生産は嫌われ、やむなく1967年には燕郊外に建設された中小企業共同工場（工場アパート）に入居し、初めて工場を保有する。

その後、1976年には現在地の物流センターに本拠を移すが、この間、ホテル、レストランの高級化が進み、サクライもそれに対応して1981年には登録商標「SAKS」ブランドを開始する。さらに、デザイナー・ブランドが求められ、1994年にはフランスのELLE社とライセンス契約を結ぶに至っている。商品企画に関しては、70％は自社企画、30％が産地問屋、消費地問屋のOEMである。

生産に関しては、内作は12％程度であり、88％は燕の協力工場（主力6社）に依存（成形まで）している。金型も当然近くに100％外注している。また、1997年春から中国広東省深圳に工場を保有する香港企業と業務提携を結び、プレスとバフ研磨の1ラインを提供し、10年間の間に製品で返済するという補償貿易[2)]の形をとった。中国依存はまだ3％程度にすぎない。

直接の販売先は産地問屋（燕、三条地区で170〜180件の口座がある）が70％であるが、現在、消費地問屋の垣根が低くなり、サクライとしても県外の消費地問屋の口座が100件にも及んでいる。これらの中で、常時動いているのは40〜50件程度である。そして、こうした問屋を通じてホテル、レストラン、デパート、量販店などに納入される。さらに、これらの他に1980年代中頃以降、日系の商社を通じてシンガポール、マレーシア等へ業務用の輸出もある。輸出の割合は5％程度である。

▶転写専門企業の設立

国内専門の問屋的メーカー、また、1980年代中頃以降の輸出開始など、燕の中では特異な歩みをみせてきたサクライは、1987年には住宅関連への展開を意識し、特殊表面処理事業部を三条に設立、さらに1989年には別会社トラストとして独立させた。このトラストの事業は「転写技術」であり、金属を始め、陶器、石、布など、液体と気体以外は何にでもイラストや写真をフルカラーで転写できるという画期的な技術を保有している。当面は屋外の掲示板、建物内装用のタイル等に利用されているが、発色性、耐久性、耐光性などに優れることから、将来的にはテーブルウェア、インテリア、エクステリア、環境設計等に幅広く利用されていくことが期待されている。なお、この転写技術は登録商標「HVS」として扱われ、さらに、製法特許、実用新案特許をサクライが保有している。

現在のサクライの従業員数は49人、売上額15億8000万円に対し、トラストは12人、4億3000万円である。創業者の長男の桜井薫氏（1949年生まれ）が引き継いでいるが、企業理念として「食文化と住環境創りに貢献する」ことを掲げている。先代が基礎を築いた洋食器事業に新たに転写事業を加え、経済社会環境の変化を敏感に見つめながら、時代に適応していくことが事実上の2代目経営者の桜井氏に期待されている。

(5) 熱硬化性樹脂の給食器に展開（エンテック）

1957年のアメリカの洋食器輸入規制の動きに伴い、規制外のプラスチック製、木製ハンドルの洋食器生産が拡大していく。現在、燕にはプラスチック成形業者（1996年『工業統計』）は108事業所、従業者647人、製造品出荷額93億9000円とされるが、これらの大半は1950年代中盤以降に事業化されたものである。事実、1956年には23事業所、従業者数94人であったが、ピークの1977年には166事業所、636人となっていった。このような中で、エンテック（当初、遠鐵製作所）は、1949年に油圧プレス1台、ハンドプレス2台で創業した燕のプラスチック成形業の草分け的存在であった。そして、熱硬化性樹脂を利用した圧縮成形による漏斗、コップ、茶托、菓子器などを生産していた。その後、1952年から会津漆器の生地の生産なども行なっていた。

▶圧縮成形と射出成形

1957年の出荷規制以降、洋食器ハンドルへのプラスチック利用が急拡大を示し、さらに金属フライパン等のハンドル、ツマミなどにも大量に採用されていく。いわば燕のプラスチック成形業は、燕金属洋食器産業の発展と拡大によって基礎を築いたといってよい。また、現在、圧縮成形で用いられている熱硬化性のメラミン樹脂は1962年頃から使われるようになり、当初の洋食器ハンドルから、その後は学校給食、病院給食、社員食堂等の食器として広く利用されるようになった。このあたりの業務用メラミン食器がエンテックの主要製品となっている。

なお、圧縮成形とは、メラミン樹脂の粉末を雌雄1対の金型の空洞部に入れ、型締めして温度（160～170℃）と圧力（150～200 kg／㎠）を加えると、一定時間後に空洞部の形に硬化した製品が出来上がる。この間、転写紙を入れると、自在に模様を転写することもできる。このメラミン樹脂製品は丈夫で軽いという特性から、大量に取り扱われる給食用食器などに最適なものの一つとされている。現在、メラミン食器を生産している企業は全国で10社ほどだが、新潟県ではエンテックのみである。

当初、こうした圧縮成形から出発した燕のプラスチック成形業者の多くは、その後、熱可塑性樹脂であるポリプロピレンを利用した射出成形業に変わっていく。この射出成形法は熱を加えると軟らかくなる熱可塑性樹脂を高温でドロドロに溶かし、高圧をかけて金型の中に射出し、急冷・固化させて成形するものであり、現在のプラスチック成形業の主流となり、家庭用品から工業用品まで幅広く用いられている。また、食器としては、このポリプロピレン系の食器に加え、最近では同じ射出成形により生産されるポリカーボネートを利用した食器も使われている。素材の多様化、成形方法の多様化により、プラスチック製品は家庭用、業務用、工業用等に幅広く用いられることになった。エンテックの生産設備も、圧縮成形機、射出成形機が基軸であり、必要に応じて、メラミン、ポリプロピレン、ポリカーボネート等の樹脂が利用されている。

▶製品展開と流通

洋食器が低迷している現在、エンテックの主要製品は業務用メラミン食器、しゃもじ、シール容器、ポリカーボネート製の皿枠などとなっている。材料別には熱硬化性樹脂による食器が30%、熱可塑性樹脂による家庭用品が70%の構成であり、やや可塑性樹脂の製品が増加気味である。現在の従業員数は38人、売上額は10億円強である。近年、金属洋食器のハンドル等は極度に減少し、金属洋食器の燕産地とはかなり距離が出来てきた。

ただし、燕自身が「金属・新素材製品産地」「金属製品のメガ・ターミナル」に向かおうとしている現在、家庭用品、業務用品の幅を拡げるものとして、プラスチック製品の存在には大きな意味がある。金属洋食器、ハウスウェアを扱っていた産地問屋が、近年、家庭用品、業務用品全般の集散地問屋的内容に変わりつつあり、また、取扱製品の幅を拡げる意味からも、地場のプラスチック製品メーカーの存在は重要になろう。事実、エンテックの製品も、産地の有力問屋である遠藤商事、江部松商事などの総合カタログに載ったものに大量の引き合いがあるなどは、そうした事情をうかがわせる。燕金属洋食器、ハウスウェア産地が複合的、総合的な内容に大きく変わりつつある現在、その可能性の幅を拡げる担い手の１人として、圧縮成形、射出成形の一定規模の企業となっているエンテックに期待されるものは大きい。エンテック自身にも、そうした変化を冷静に観察し、次の可能性を模索していく積極性が求められている。

(6) 転業の歴史を経てゴルフクラブ・メーカーへ（遠藤製作所）

「地場産業の歴史は事業転換の歴史」といわれるが、燕産地の中でもここで検討する遠藤製作所は、その典型というべきものである。1947年に独立創業し、ミシン組立用ドライバーの生産からスタート、キッチンツール、洋食器に転じ、その後、現在の主力であるゴルフクラブに進み、そして、海外進出を果敢に模索し、大規模な生産工場をタイに展開するなど、遠藤製作所の歩みは燕の中でも特に際立っている。

▶事業転換の歩み

創業社長である遠藤栄松氏（1930年生まれ）は、半年の見習い修業の後、親戚にミシン部品メーカーがあったことから、２人ほどを出向させ、1947年に真鍮ハンドルの大小２本セットのミシン組立用ドライバー生産から出発する。

だが、その直後の朝鮮戦争勃発に伴い真鍮の価格が高騰したことから撤退し、ミシン部品メーカーに転ずる。その頃、燕の洋食器は破竹の勢いで拡大していたことから銀行に相談するが、「もう遅い」とたしなめられ、逆に器物を勧められる。それを受け、対米輸出規制の始まった1957年にキッチンツールを手掛け始め、おたま等の7ピースセットで販売し、対米輸出の波に乗った。当時、生産の99%は輸出に向けられていた。

この間、キッチンツールを扱っていたバイヤーから洋食器の生産を勧められる。だが、洋食器は出荷調整の枠があり、金属洋食器工業組合に加入したが、最低枠の6000ダース／年しか与えられなかった。この点、異種材ハンドルの洋食器は枠外であることから、1959年には、プラスチックハンドルの洋食器に果敢に挑戦し、さらに、ハウスウェアにも参入、その後、飛躍的な発展を遂げる。そして、1966年には現在地に本社工場を新築したが、その頃から次第に業績が上がらなくなるなどの困難に直面する。当時、すでに従業員数は170～180人規模になっていた。

こうした中で、1968年にはゴルフシャフトを生産していた友人からゴルフ用品への参入を促され、対米輸出向けのアイアンヘッド生産に踏み出す。当初は赤字が続き、周囲から「社長の道楽」と揶揄されていた。1972年頃からやや上向きになってきたが、1973年の第1次オイルショックは遠藤製作所にとって「歴史的敗北」ともいうべきものとなり、対米輸出に依存していた遠藤製作所の売上額は40%の減少を経験する。さらに、追い打ちをかけるように、1974年には期待した国内で、官庁のゴルフ禁止令が出された。

こうした事態の中で、「輸出が無くなって目が覚めた」として、以後、一転して国内販売に転換することを決意する。1977年には国内販売会社エポンを設立、ゴルフ用品も完成品に転換したが、売上額はさらに激減した。そうした中でも、次の柱をゴルフクラブと見定め、完成品、高級品の生産を強く意識していく。さらに、1978年には洋食器からも完全に撤退した。1978～1979年が遠藤製作所にとっての再スタートというべき時期であった。ようやく1984年頃から目処がつき始め、社内体制も、ゴルフ、ステンレス、精機（ミシン）の3事業部に整理したのであった。

▶タイ進出と現在

1985年のプラザ合意後の円高に直面し、海外進出の検討を開始する。当時、ゴルフ関係の受注が増大し始めたこと、また、研磨工が高齢化し、将来に不安があったなども背景にあった。そして、「穏健、安定、仏教」といった要素を評価して、タイ進出を決定した。1989年にはゴルフ事業部の生産拡大を目的として「ENDO　THAI」を設立、さらに、1992年にはステンレス事業部の生産拡大を目的として「ENDO　STAINLESS　STEEL（THAILAND)」を設立した。このタイ進出はかなり大型の投資であり、「絶対に失敗はできない」「燕で作るモノと同じモノができないとダメ」を基本に背水の陣であたった。

現在の燕の事業所はゴルフとステンレスの2事業部体制に整理され、従業員360人で、研究開発、技術的に難度の高いもの、納期の厳しいものに対応している。売上額は150億円強、ゴルフクラブ60％、ステンレス製品40％の構成になっている。これに対し、タイのENDO　THAIは、1989年に建設したラクラバン工場（従業員数400人）に加え、1994年にはチタンヘッド専門工場としてゲートウェイ工場（250人）を建設している。さらに、ENDO　STAINLESS　STEEL（THAILAND）は1993年8月から稼働し、従業員数300人でステンレス製品の生産に従事している。タイの2法人（3工場）にはタイ人が合わせて950人を数えるが、日本人の駐在はそれぞれの工場に3～4人程度であり、かなり現地化も進み、製品も燕で作るものと遜色ないレベルに達した。そして現在、特に遠藤製作所の生産するゴルフクラブは、ブリヂストン、ダイワ、ヤマハなどの有力メーカーの最高級品の部分に取り上げられ、遠藤製作所は日本のゴルフクラブのトップメーカーとしての評価を得ている。

以上のように、遠藤製作所は何度かの危機を乗り越えながら、激しい企業家精神を背景に、ミシンドライバーからキッチンツール、洋食器、ハウスウェア、そして、ゴルフクラブへと転換してきたことは、燕の他の多くの中小企業にとっての一つの指針となるであろう。さらに、母体である燕に研究開発の拠点を置きながら、タイに信頼できる生産基地を形成している。海外への輸出には慣れているものの、海外進出、アジア進出への視野と意義をあまり感じていない多くの燕の企業の中で、遠藤製作所の歩みは一つの新たな可能性を示すものとして注目される。

5. 反発のエネルギーと豊かな地域産業集積、技術集積の形成

和釘、銅器等の伝統的な地場産業地域から、戦後は一貫してステンレス製洋食器産地、輸出型地場産業として歩んできた燕は、円高の度に大きな危機にみまわれたが、1985年のプラザ合意以降は、むしろ、反発のエネルギーが高まり、内部から個性的な中小企業を生み出している。この補論2で取り上げた企業群がその全てではなく、地域の中ではさらに多様な試行錯誤が積み重ねられている。

例えば、FRPのスノーボードのメーカーに転じたトライアン、洋食器のメッキ技術の精密化に向かい、現在ではH-Ⅱロケットのエンジン部品のメッキを受け止めるまでになってきた高秋化学、上海に金型工場を進出させたツバメックスなどがあり、さらに、近隣にも、24時間フルオートメーションで中国にも負けない洋食器の低コスト生産を可能にしている弥彦の関川製作所、アウトドア製品に転換した三条のパール金属、雑貨で興味深い展開に踏み出した弥彦の笠原プレス、中国天津に電気ノコギリの刃物で進出し、成功している早川製作所、軽家電といった領域で独特な展開に踏み出している吉田のツインバード工業など、この補論2で取り上げた以外にもたいへん興味深い企業が大量に登場している。まさに、燕、三条地域は大きな変革の時を迎えている。

▶新たな「地域産業」の時代を迎えて

振り返ってみると、プラザ合意直後の燕は大きく沈み込み、洋食器の次は何か、産地をどうやって維持するのかなどが語られていた。それまでの燕産地の歩みは「事業転換の歩み」とされながらも、常に産地全体が同じ方向を向くというものであった。和釘、銅器からステンレス製洋食器へ、そして、ハウスウェアへというものであった。それが、歴史のある「産地」「地場産業」というものであった。地域の全体の流れに身を委ねていれば、それなりの時代を過ごせるのが産地であった。景気の良い時期は全ての企業の景気が良く、悪くなれ

ば、皆が悪くなることにより、心理的なバランスがとれていたように思える。それは、産地全体で同質的な製品を作り、全体として巨大な生産力を形成し、怒濤のごとく市場を席巻するというものであり、キャッチアップ型、発展途上国型の産業展開であったようにも思う。

だが、明治以降、百数十年の時が経ち、地域の中小企業が皆で同じ仕事に従事するという時代は終わりを告げている。地域の濃密な産業集積、技術集積をベースにしながら、それぞれが得意な方向を向き、個々に高まり、そして、全体としてバラエティに富んだ集積を形成していくことが望まれている。いわば、皆が同じものを作り、同じ売り方をするという「産地」「地場産業」の時代から、多様性に富んだ企業集積、技術集積を形成し、新たなものを創造していくという「地域産業」の時代が到来している。

そうした意味では、この補論2で検討した企業群の歩みは、燕が新たな事態に踏み込みつつあることを指し示すであろう。異質なものを排除しようとする「産地」「地場産業」の常識ともいうべきものを止揚し、異質なもの、個性的なものを求めて努力する人びとを正当に評価できる新たな「地域産業」形成が求められている。そして、いまだ次のステージへの入口のみえない圧倒的多数の企業に対しては、独自的な道に踏み込んでいる企業の足跡を開示し、新たなエネルギーを蓄積させていくことが必要であろう。そこで、反発のエネルギーを蓄積できないならば、その企業の明日はない。地域産業がこれまで育ててきた幅の広い経営資源を積極的に評価し、さらに、産地としての限界を見定めながら、自らの道を模索していかなくてはならない。それが、また、地域の産業集積と技術集積の奥行きを深め、将来に向けての足腰を強めていくであろう。

1） 燕市『燕市産業振興基本計画』1997年。

2） こうした中国との補償貿易については、関満博『現代中国の地域産業と企業』新評論、1992年、関満博『中国開放政策と日本企業』新評論、1993年、を参照されたい。

補論3　2007年／中国大連に進出する燕、三条の企業
――日本への輸出拠点形成（大連シンワ測定）

中国が1978年末に経済改革、対外開放に踏み出して以来、外資の進出を促すための環境整備が進められてきた。特に、中国沿海の主要都市は巨大な経済開発区を形成し、外資進出の受け皿を形成してきた。大連、天津、青島、上海、寧波、厦門、そして、広東の各都市が思い浮かぶ。これらの都市は互いにしのぎを削りあい、1980年代末頃から興味深い発展をみせてきた。

このような枠組みの中で、日本に地理的にも近い大連は日本企業の最大の受け皿となっていく[1)]。日本から材料、部品を投入し、加工・組立を行ない、日本に戻すという「持ち帰り型生産拠点」を形成した。早い時期の大連進出の企業の多くは、そのような性格が強かった。

だが、1990年代末から2000年代に入る頃には、中国は「世界の工場[2)]」に加え「世界の市場」といわれるようになり、日本企業の中国進出の焦点は「中国市場」というものに変わっていく。特に、電気・電子関係の進出企業の多くは、日本への持ち帰りに加え、現地化を重ねながら、中国市場にも果敢に踏み込んでいった[3)]。

このような大きな変化の中で、食品、家具、建築資材などの部門では、中国の原材料基盤と低賃金構造を意識し、より安定的な形での日本への「持ち帰り型生産拠点」を形成してきた。少し前の時代には、これらの領域では、原材料、部品の品質問題、安定供給問題が強く意識され、中国進出は試行的な意味が強かったのだが、2000年代に入る頃には問題の多くが解決され、大連は各社にとって不可欠な生産拠点となってきたのである。

そして、これらの中からは、さらに一歩進めて、中国での国内販売に関心を抱くところも出てきた。それは中国の事情が変化し、また、進出日本企業も成長してきことを意味しよう。日本の中小企業と中国との関係は、明らかに階段一つ登ってきたのである。ここでは、そうした点に注目し、早い時期から燕、三条の中小企業が中国大連に進出し、興味深い成果を上げているケースとして、シンワ測定の取組みをみていく。なお、この補論3は、関満博編『メイド・イン・チャイナ――中堅・中小企業の中国進出』新評論、2007年、第2章に掲載したものを若干修正して、再録した。

新潟県の燕市、三条市は金属製品の産地として知られている。だが、この隣り合った燕市と三条市では、金属製品としてくくられるものの、産出している製品はかなり異なる。燕はステンレス製のスプーン、フォークといった金属洋食器の産地であり、三条は包丁等の刃物、作業工具といった領域にシフトしている。また、燕は職人の町であり、他方、三条は古くからの問屋の集積地としても知られている。

私自身、1980年代の中頃以降、頻繁にこの二つの興味深い市を訪れてきた。ここで検討する三条が本社のシンワ測定も、1986年の9月にその燕工場を訪れている。大工用の曲尺、直尺、墨壺などを作っていたことが印象的であった。また、早い時期から中国大連の経済技術開発区内に進出していることも了解しており、その大連工場の門前を何度も通過したことがあるが、2007年5月、ようやく訪問することになった。

▶早い時期に大連工業団地に着地

シンワ測定の創業は1971年、地元の渡辺度器製作所、羽生計器、渡誠度器製作所の3社が合併し、三条で新会社を作ったところから始まる。1975年前後には自動メッキ装置や廃水処理施設も完成し、事業が拡大していった。1983

大連シンワ測定総経理の渡辺滋氏

大連経済技術開発区の大連シンワ測定

年には燕工場も完成している。

事業領域は、金属製曲尺、直尺、ノギス、工作機械等の特殊目盛り、写真技術による特殊表面加工、精密エッチング、時計、温度計、湿度計、レーザー光学機器、面状発熱体、各種計測機器というものである。元々は、曲尺、直尺、墨壺等の大工が使う作業具を製造販売していたが、次第に測定全般に拡がり、新たな事業分野としてレーザー光学機器などの領域にまで踏み込んでいる。なお、曲尺に関しては国内シェアの70% を握っている。本社及び本社工場は三条市、その他に燕工場、物流センター（燕）があり、全国にいくつかの営業所を展開している。日本国内の従業員数は約 170 人である。

以上のような枠組みの中で、付加価値の低い曲尺・直尺等の製品の中国生産が模索され、持ち帰り型の輸出生産拠点として大連に注目、1991 年には独資企業の親和測定（大連）有限公司を設立している。当時は丁度、大連経済技術開発区の中に日本企業を立地させるための日本工業団地（現大連工業団地、217 ha）計画が推進されていた時期であり、シンワ測定はその分譲開始を待って、1994 年 12 月に操業開始している。大連工業団地への進出企業としては 4〜5 番目の早さであった。

大連シンワ測定の役割は、日本で作っていては採算のとれないものの移行と位置づけられている。主要な生産品目は曲尺、直尺等のモノサシ、墨壺、レベル、ハカリなどである。製品企画と作業手配書が日本のシンワ測定から送られてくるところから始まる。材料のステンレスはコイル材で三条から送られてくる。樹脂は日本（30%）、中国（70%）、包装資材は 100% 地元を利用している。金型の大半は地元（80〜90%）、一部は韓国製を採用していた。

大連シンワ測定の社内の加工工程は、モノサシについてはプレス、エッチング、熱処理、メッキ、溶接、調整、墨壺に関してはプラスチック射出成形、組立、レベルについてはプレス、塗装、組立ということになる。ほとんど社内で一貫生産できる体制を形成している。特に、メッキに関しては、当初は認可を得られなかったのだが、社内限定という条件付きで特別に許可をもらった。

大連シンワ測定で作られている製品

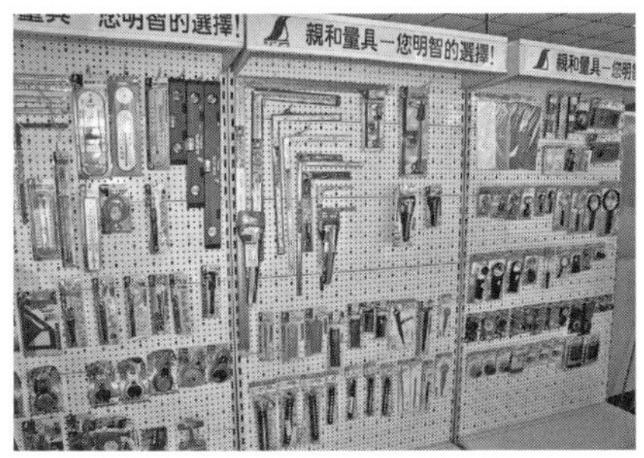

射出成形機で部品を製造

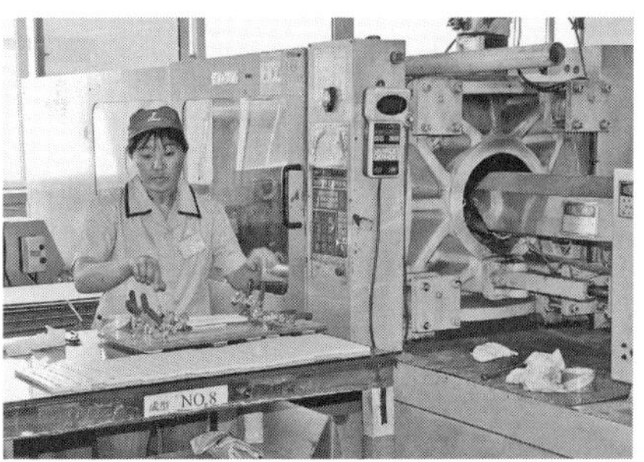

製品の調整

ハカリは大連で生産される

▶次男が大連に長期駐在

この大連シンワ測定で生産されたものの95%は日本のシンワ測定に輸出される。中国国内販売は5%程度である。また、中国の経験を深めていくうちに、中国市場の拡大を痛感することになり、中国国内販売に踏み込んでいくことを目指す。ただし、建築関連法規が日本と中国とでは大きく異なるため、大連シンワ測定で生産しているモノサシ、墨壺の市場は極めて小さい。ただし、日本に輸出される石材などは日本の規格であることから、一部に販売されている。

むしろ、日本のシンワ測定が扱っている商品の中で中国でも売れそうなものが多いことから、大連保税区の中に貿易を目的とする別会社を設立し、日本製を中国市場で販売する業務も開始している。特に、シンワ測定としては購入品なのだが、レンズ物は中国で評判が良い。

以上のような大連事業に関して、従業員数は255人（女性70%、男性30%）。その多くは地元の人であるが、遠い人のためには寮を敷地の中に用意してある。また、立ち上げ時には日本に研修生を十数人出したが、現在では1人しか残っていない。ただし、従業員の定着に関しては「悪くない」との答えであった。

日本人の駐在に関しては、当初は常駐6人、出張者4人という体制であったが、その後、落ち着いてきたことから常駐2人に削減している。総経理（現地社長）は先代社長の次男の渡辺滋氏（1968年生まれ）、立ち上げの1994年から駐在している。家族で駐在し、夫人は事務をみていた。日本のシンワ測定は兄の渡辺徹氏（1966年生まれ）が継いでいる。

渡辺滋氏は住まいも大連経済技術開発区のマンションを購入、子供3人のうちの上2人は現地校に通わせていた。夫人も大連が気に入っているようであった。渡辺氏の大連駐在は10年を超え、すっかり現地化しているようにみえた。日本への出張は年2〜3回（各1週間程度）、長期の休暇の際には、中国以外のASEANなどに向かっていた。夫人、子息を含めて新しい国際人が誕生してきたことを感じさせられた。日本の中小企業の中国、アジア進出において、社長本人、兄弟等の意思決定能力を備えた人材が現地責任者として駐在していくことが不可欠だが、シンワ測定では当初から社長の弟を置き、興味深い成果を上げてきたのであった。

日本の中小企業の中国経験、特に早い時期から日本企業が大量に進出した大連においては、日本の多様な人びとが興味深い取り組みを重ねている。燕、三条の有力中小企業であるシンワ測定は、中国、大連進出により、新たな局面を切り拓いているのであった[4)]。

1） 初期の日本企業の大連進出については、関満博『現代中国の地域産業と企業』新評論、1992年、同『中国開放政策と日本企業』新評論、1993年、同『日本企業／中国進出の新時代——大連の10年の経験と将来』新評論、2000年、を参照されたい。

2）「世界の工場中国」については、中国広東省深圳、東莞を扱った、関満博『世界の工場／中国華南と日本企業』新評論、2002年、を参照されたい。

3） 日本企業の中国進出と現地化については、関満博・範建亭編『現地化する中国進出日本企業』新評論、2003年、を参照されたい。

4） 日本の中小企業の中国進出が開始されたのは1980年代中頃以降。1990年代に入り一気に進出が進んだ。そして、1990年代末頃には、中国は「世界の工場」といわれるようになり、さらに、2000年代に入ると、中国は「世界の市場」といわれるようになっていく。その頃から、日本の中小企業の中国進出は新たな意味を帯びていった。

補論 4　2009年／燕地場産業の新たなうねり

――研磨事業者が共同受注に向かう（磨き屋シンジケート）

金属製品・加工の一大集積を形成した燕、プレス、金型、メッキといった金属洋食器生産のための基幹的な要素技術に加え、伝統的な鎚起、彫金、着色、さらに、研磨、へら絞り、熱処理等、実に多様な技術を蓄積し、現在に残している。これらの燕の要素技術の中で、特に大きな存在感を示すのが「金属研磨」であり、最盛期の1970年の頃は、1702事業所、従業者数4380人を数えた。1事業所あたり従業者数2.6人ほどのものであった。初期投資が少なく、当時の独立創業の焦点でもあった。それは当時の燕の産業化の勢いを現わしていた。

だが、金属洋食器、金属ハウスウェアという燕の一時代を築いた製品群がその後の円高基調の中で衰微していく中で、金属研磨業は1996年には844事業所、従業者数1843人、2016年には従業者4人以上が35事業所、従業者436人、3人以下の個人事業主を含めた事業所数は約250、従業者約600人とされている。最盛期に比べて従業者数は7分の1ほどになった、また、高齢化も著しい。

このような事情の中で、2000年代に入ってから興味深い動きが始まっていく。その一つがバフ研磨企業による共同受注グループ「磨き屋シンジケート」であろう。従来の洋食器、ハウスウェアの鏡面加工から飛躍し、半導体、航空機等の先端産業をも視野に入れ、新たな可能性に踏み出しているのであった。

なお、本補論4の初出は、関満博『地域産業の「現場」を行く 第3集』新評論、2010年、第78話である。

全国には300とも500ともいわれる地場産業が展開し、地域経済を支えてきた。だが、その多くは、1970年代以降、対米輸出の減少、東アジア諸国地域の登場などにより縮小し、かつての勢いはない。

そのような中で、スプーン、フォーク、ナイフなどのステンレス製金属洋食器の一大産地を形成してきた新潟県燕は、ひとり興味深い展開を示すものとして注目される。特に、かつては洋食器メーカーの下支えの役に任じていた零細な「バフ研磨業者」が、自らの技術を別の方向に向け、新たな可能性を切り拓いていることは注目に値する。高められてきた技術が、時代が変わり新たな役割を担いうることを示す興味深いケースとなろう。そして、このような流れが形成されていくと、若者も参入してくるのである。

新潟県燕市と言えば、対米輸出向けのステンレス製スプーン、フォーク、ナイフといった金属洋食器、ポット等の金属ハウスウェア（器物）の大産地として知られてきた。特に、ニクソンショック、オイルショック、プラザ合意、円高等の国際経済調整の際には、マスコミが真っ先に駆けつけ、TV 等で大きく報道されるものであった。

だが、100 年に 1 回とされる 2008 年 9 月のリーマンショック以降の国際経済調整に際しては、燕はほとんど話題にもされていない。私自身、1980 年代から 2000 年の頃までは燕とは深い付き合いを重ねており、1998 年には関満博・福田順子編『変貌する地場産業――複合金属製品産地に向かう“燕”』（新評論刊）というタイトルで燕産地の小著も刊行している。ステンレス製のスプーン、フォーク、ナイフなどの洋食器、ハウスウェアの単一製品産地から「複合金属製品産地」に転換すべきことを論じたものであった。

かつては、「ツバメが泣けば、補助金がおりる」といわれたものだが、現在、いったいどのようになっているのか。ふと気になり、2009 年 1 月末、久しぶりに現地を訪れた。

▶単一製品産地から複合金属製品産地に転換

2007 年の燕の製造業事業所数（従業者 4 人以上規模）は 793 とあり、1999 年の 1060 に比べて 270 事業所の減少（25.5% 減）となっていた。ただし、燕の場合は従業者 1～3 人の規模が 60% 程度を占めることから、現在は 2200 事業所前後と推定される。また、その 3 分の 2 の 1500 事業所ほどが金属製品に関連している。この間の全国の他の地場産業地域に比べて、事業所数の減少の幅はかなり小さい。

現在では、対米輸出向けのフォーク、スプーン、ナイフ、ハウスウェアの比重は劇的に下がり、自動車部品、半導体関係、航空機関係、家庭用品など多岐にわたる製品分野に展開していた。かつての単一製品の対米向け輸出地場産業から、明らかに多様性に富んだ複合金属製品産地に転換している。この数十年、全国的に従来型の単一製品産地からの転換が課題とされていたのだが、燕が最も成功したものとして注目される。2008年秋以降の国際経済調整の時期に、マスコミの話題にのぼらないのは、そうした事情によるのであった。振り返ると、1985年のプラザ合意以降、燕は「もう、泣くのはやめよう」「ツバメ返し」と宣言し、興味深い取り組みに踏み出していた。その成果が現われてきている。

このような中で、燕の金属洋食器、ハウスウェアを底辺で支えてきた金属研磨業者（バフ研磨）の動きが注目される。この金属研磨業は家族的な規模で燕に広く展開するものであり、1970年の頃は1700事業所を数えていた。現在では約600事業所、従業者4人以上の事業所はわずか30事業所、大半は1人から3人といった家族的規模である。

▶磨き屋シンジケート

この金属研磨業に携わる人びとが、2003年に「磨き屋シンジケート」と言う興味深い共同受注グループを結成した。かつてのフォーク、スプーン、ナイフ、ハウスウェア等の仕事は劇的に減少したことから、産地の下請的仕事からの脱却を意識することに加え、磨き屋から始める「地域おこし」を強く意識するものであった。磨き屋シンジケートのリーフレットには「金属研磨・表面処理でお困りの方は磨き屋シンジケートにご相談ください。磨き屋シンジケートは金属研磨のスペシャリストの集団です。お客様のあらゆる要望（技術・ロット・納期）に応じます。試作から量産までお気軽にご相談下さい」とあった。「確かな技術、確かな信頼」をキーワードにしていた。産地の下請的存在であった磨き屋が立ち上がったのである。

磨き屋シンジケートの窓口は燕商工会議所の中にあり、会議所が問い合わせを受け付け、幹事企業（11社）と相談し、幹事企業の中から受注責任企業を決める。そして、その責任企業がシンジケートのメンバー40社の中から協力企業を選択し、仕事をこなしていく。ステンレスばかりでなく、マグネシウム合金、チタンなどの鏡面加工、また、半導体製造装置部品、航空機部品の研磨なども手掛けている。

▶ビール用マグカップの鏡面研磨

この磨き屋シンジケートのメンバーで、夫妻で高い研磨技術を身に着けていると評判の山﨑研磨工場を訪れた。2代目の山﨑正明社長（1957年生まれ）と夫人の直子さん、子息の雅文氏（1986年生まれ）、そして若い女性従業員の4人で構成されていた。山﨑正明氏が家業に入った1970年代の中頃は、輸出地場産業の燕に陰りが出始めてきた頃であり、山﨑正明氏の足跡は燕産地の苦闘そのものを象徴するものであった。洋食器、ハウスウェアからの転換、産業用資材の内面研磨などへも挑戦していく。特に、サニタリー関係の仕事は技術の質が全く異なり必死の対応を重ねていく。一時期を風靡した「iPod」の鏡面加工にも従事していた。

この山﨑正明氏、2002年の金属研磨仕上げ技能競技会で最優秀賞を受賞し、同時に夫人の直子さんは女性として初めて奨励賞を受賞している。

2005年頃、東京ビッグサイトの展示会に、磨きコンテストの課題作品であったステンレス製のビール用マグカップを展示したところ、「売って欲しい」との声がいくつも寄せられた。「『1万円』と言えば諦めるだろう」と思ったが、「それでも」という声に意を強くした。燕商工会議所を中心に「やってみようか」との声が上がり、2006年7月にネット販売でスタートしたところマスコミにも取り上げられ、大反響を呼ぶことになる。

バフ研磨専門の山﨑研磨工場

研磨されたマグカップ

現在、大きめのもの（約480cc）は1万6800円、小さめのもの（約200cc）は1万1000円でネット販売しているが、大きめのものは3年待ち、小さめのもので1年待ちとされていた。そして、この大きめのものを山﨑研磨工場、小さめのものは長谷川研磨が磨いていた。当初から、山﨑氏と長谷川氏は「燕の看板」を背負うつもりで、「全国の玄人が見て、『おー』というものをやろう」と語り合っていた。

このマグカップ、外側は見事な鏡面加工だが、内側は鏡面加工とヘアラインという刷毛目を組み合わせたものであり、ビールの泡がクリーミーになり、長時間維持され、さらに保温性にも優れる。燕の研磨技術の粋というべきものであろう。

▶新たな世界を切り開く担い手に

現在、山﨑研磨工場では、このマグカップが主力だが、月に生産できる数は50〜60個。丁寧な手仕上げであり、それ以上は無理とされていた。現場では50歳前後の山﨑夫妻に加え、子息の雅文氏、それに若い女性の4人が丁寧な仕事に取り組んでいた。

子息の雅文氏は、東京の大学で心理学を学び、大学院進学を希望し研究生として大学に残っていたのだが、2人の妹の学費も考えて進学を断念、家業に戻ってくる。燕の研磨業界では後継者難が最大の課題とされているのだが、雅文氏は「家業は面白いのではないか。人と違った生き方をしたい。ここは相当に

山﨑親子

マグカップを磨く山﨑雅文氏

違う」と判断し、2007年11月に入社している。雅文氏が「やり始めたが、甘くない」と語ると、父の正明氏は「この仕事10年やって、ようやくスタート」「後継者としては保留状態」と応えるのであった。

冬の夕暮れ、工場の隅でストーブを囲みながら、3人と語り合ったが、良質な空気が流れていた。雅文氏が「マグカップがいつまで続くかわからない。営業はしていない。まずいのではないか。知ってもらうことが必要ではないか」と問うと、両親は「常に新たものに挑戦してここまで来た。探して来てもらえるような存在でいたい」と応えるのであった。

産地の変転の中で独自な境地にたどり着いた両親。新しい知識を身に着け、意欲的に家業に取り組もうとしている次の世代。スプーン、フォーク、ナイフ、ハウスウェアで一時代を形成してきた新潟県燕の片隅で、また新たな感性が誕生しつつあるようにみえた。おそらく、このような若者が複合金属製品産地に向かう燕の新たな担い手となっていくのであろう。多くの地場産業が衰退していく中で、日本を代表する地場産業地域である燕は、また新たな世界を切り拓きつつあった。

著者紹介

関（せき） 満博（みつひろ）

1948年　富山県小矢部市生まれ
1976年　成城大学大学院経済学研究科博士課程単位取得
　　　　専修大学助教授、一橋大学大学院教授等を経て
現　在　一橋大学名誉教授　博士（経済学）
著　書　『6次産業化と中山間地域／高知県』（編著、新評論、2014年）
　　　　『震災復興と地域産業 1～6』（編著、新評論、2012～2015年）
　　　　『中山間地域の「買い物弱者」を支える』（新評論、2015年）
　　　　『東日本大震災と地域産業復興 Ⅰ～Ⅴ』（新評論、2011～2016年）
　　　　『地域産業の「現場」を行く 第1～10集』（新評論、2008～2017年）
　　　　『「地方創生」時代の中小都市の挑戦／岩手県北上市』（新評論、2017年）
　　　　『北海道／地域産業と中小企業の未来』（新評論、2017年）
　　　　『日本の中小企業』（中公新書、2017年）
　　　　『農工調和の地方田園都市／山形県長井市』（新評論、2018年）
　　　　『メイド・イン・トーキョー／東京都墨田区』（新評論、2019年）他
受　賞　1984年　第9回中小企業研究奨励賞特賞
　　　　1994年　第34回エコノミスト賞
　　　　1997年　第19回サントリー学芸賞
　　　　1998年　第14回大平政芳記念賞特別賞

メイド・イン・ツバメ
――金属製品の中小企業集積で世界に羽ばたく新潟県燕市――

2019年10月11日　初版第1刷発行

著　者　関　満博
発行者　武市一幸

発行所　株式会社 新評論

〒169-0051 東京都新宿区西早稲田3-16-28
http://www.shinhyoron.co.jp
TEL　03（3202）7391
FAX　03（3202）5832
振替　00160-1-113487

落丁・乱丁本はお取り替えします。
定価はカバーに表示してあります。

装丁　山田英春
印刷　理想社
製本　松岳社

Printed in Japan
ISBN978-4-7948-1131-8